中国常用饲料常规成分及矿物元素含量表

熊本海　廖秀冬　罗绪刚　等著

中国农业大学出版社
·北京·

内容简介

课题组于2014年至2019年针对约占中国整个畜禽饲料98%以上的主要畜禽猪、鸡、牛、羊和鸭的饲料资源及其矿物元素含量与分布进行调查。其中主要畜禽饲料资源包括13种谷实类饲料及加工后农副产品、8种主要植物性蛋白饲料、6种主要动物性蛋白饲料、9种青贮饲料共计36种原料的产量、利用状况及其矿物元素含量与分布。并对饲料样品进行了包括水分、粗蛋白、粗脂肪、粗纤维等常规概略养分与钙、磷、钠等主要常量矿物元素和铁、硒、铅、砷、铬等主要微量矿物元素含量分析。获得相应近4 000种次饲料样本基础数据。这套数据非常全面地反映了我国最常用的饲料中概略养分及主要矿物元素的属性现状，对指导行业设计饲料配方及开发饲料新产品具有重要的参考价值。

图书在版编目(CIP)数据

中国常用饲料常规成分及矿物元素含量表/熊本海等著. --北京：中国农业大学出版社，2023.11
ISBN 978-7-5655-3042-5

Ⅰ.①中…　Ⅱ.①熊…　Ⅲ.①饲料营养成分－调查研究－中国　Ⅳ.①S816.11

中国国家版本馆CIP数据核字(2023)第160258号

书　名　中国常用饲料常规成分及矿物元素含量表
Zhongguo Changyong Siliao Changgui Chengfen ji Kuangwu Yuansu Hanliang Biao
作　者　熊本海　廖秀冬　罗绪刚　等著

策划编辑　张　妍　张　程　　**责任编辑**　张　妍
封面设计　北京中通世奥图文设计中心
出版发行　中国农业大学出版社
社　址　北京市海淀区圆明园西路2号　　**邮政编码**　100193
电　话　发行部 010-62733489,1190　　读者服务部 010-62732336
编辑部 010-62732617,2618　　出　版　部 010-62733440
网　址　http://www.caupress.cn　　**E-mail** cbsszs@cau.edu.cn
经　销　新华书店
印　刷　北京虎彩文化传播有限公司
版　次　2023年12月第1版　2023年12月第1次印刷
规　格　210 mm×285 mm　16开本　26印张　649千字
定　价　150.00元

编委会

虞　洁	四川农业大学	教授
丁雪梅（女）	四川农业大学	教授
田　刚	四川农业大学	教授
王黎文（女）	中国饲料工业协会	研究员
胡友军	广东省农业科学院畜牧研究所	副研究员
胡胜兰（女）	广东省农业科学院畜牧研究所	副研究员
周晓容（女）	重庆市畜牧科学院	副研究员
李素芬（女）	河北科技师范学院	教授
冯敏山	河北科技师范学院	教授
牛一兵	河北科技师范学院	副教授
邹亚学	河北科技师范学院	教授
王润莲（女）	广东海洋大学	教授
任　莉（女）	广东海洋大学	副教授
黄艳玲（女）	西南民族大学	教授
饶开晴（女）	西南民族大学	副教授
王文杰	天津市农业科学院畜牧兽医研究所	研究员
王洪荣	扬州大学	教授
喻礼怀	扬州大学	副教授
侯广田	新疆畜牧科学院	研究员
刘艳丰	新疆畜牧科学院	副研究员
李爱华（女）	宁夏大学	教授
冯艳忠	黑龙江省农业科学院畜牧研究所	研究员
卢永红	上海市农业科学院畜牧研究所	研究员
方热军	湖南农业大学	教授
曹满湖	湖南农业大学	副教授
张石蕊	湖南农业大学	教授
贺　喜	湖南农业大学	教授
游金明	江西农业大学	教授
王自蕊	江西农业大学	副教授
潘　珂	江西农业大学	高级实验师

前　言

饲料是畜牧业赖以发展的物质基础，饲料成本约占整个畜禽养殖成本的60%～70%。饲料工业快速发展的同时，也不断面临一些新矛盾和新问题。突出表现在两个方面，首先，饲料资源短缺愈加严重，我国粮食安全问题正在逐步转化为饲料用粮的安全问题。据农业农村部畜牧兽医局测算，2021年我国饲料用粮占到了粮食总消耗的50%，进口粮食高达1.65亿吨。其中，玉米和大豆的进口量接近1.3亿吨。预计在未来相当长的时期内，饲料用粮的缺口问题将一直存在并制约着我国畜牧业的发展。其次，产地与养殖企业布局不合理，矿物元素添加剂的使用缺乏科学依据以及养殖业排泄物污染问题严重等，严重制约了饲料工业的稳定、健康和可持续发展。逐步摸清我国饲料资源的基本数据信息是克服与解决类似问题的基础，其中就包括饲料原料中最基础的养分数据。

经过多年的研究积累，我国于1983年正式出版了第一版《中国饲料成分及营养价值表》，成为我国饲料生产企业和养殖场(户)配制畜禽饲料的主要依据。20世纪80年代课题组曾对饲料、牧草中的硒含量开展过较系统的普查，绘制了中国饲料、牧草中含硒量分布图，但对饲料资源中其余矿物元素的含量与分布从未在全国范围内组织开展过专门、系统的调查，致使在畜禽矿物元素饲料添加剂配方的设计上存在很大的盲目性，不仅提高了饲料成本，还可能产生副作用，污染环境，甚至影响人类的健康。

科技基础性工作专项项目“我国主要畜禽饲料资源及其矿物元素含量与分布调查”(2014FY111000)由中国农业科学院北京畜牧兽医研究所牵头，包括中国农业科学院饲料研究所、中国农业大学、中国饲料工业协会、广东省农业科学院畜牧研究所、重庆市畜牧科学院、河北科技师范学院、广东海洋大学、西南民族大学、天津市农业科学院畜牧兽医研究所、扬州大学、新疆畜牧科学院、宁夏大学、黑龙江省农业科学院畜牧研究所、上海市农业科学院畜牧研究所、湖南农业大学、江西农业大学、四川农业大学共17家单位共同完成。2014年至2019年课题组针对约占中国整个畜禽饲料98%以上的主要畜禽猪、鸡、牛、羊和鸭的饲料资源及其矿物元素含量与分布进行调查，主要畜禽饲料资源包括13种谷实类饲料及加工后的农副产品(玉米、小麦、大麦、稻谷、米糠、碎米、小麦麸、次粉、玉米蛋白粉、玉米胚芽粕、玉米DDGS、小麦DDGS及喷浆玉米皮)、8种主要植物性蛋白饲料(膨化大豆、大豆粕、棉籽粕、菜籽粕、花生仁粕、亚麻籽粕、葵花籽粕及脱脂米糠粕)、6种主要动物性蛋白饲料(鱼粉、肉粉、水解羽毛粉、肠膜蛋白粉、血浆蛋白粉及血球蛋白粉)、9种青贮饲料(羊草、黑麦草、青贮玉米、玉米秸、小麦秸、稻秸、苜蓿、木薯干和甘薯藤)共计36种饲料的产量、利用状况及其矿物元素含量与分布，并对饲料样本进行了包括水分、粗蛋白、粗脂肪、粗纤维等常规成分与钙、磷、钠等主要常量矿物元素和铁、硒、铅、砷、铬等主要微量矿物元素含量分析。获得相应近4 000种次饲料样本基础数据，并建立相应数据库及其信息共享平台(http://chinafeeddata.org.cn/home_sample.htm)。

基于上述研究采集的饲料样本及测定的原样中常规成分及主要矿物元素数据，本书做如下处理：一是包括3 870种次饲料样本的常规成分及钙磷含量的原样中含量数据及换算为绝干样数据，经系统规范化整理后，按单个饲料及按采样的省份排序，以浏览的模式列在表1-2至表1-37共36个表格中；二是包括3 840种次饲料样本原样中的主要矿物元素(钠、镁、铜、铁、锰、锌、硒、铬、铅、砷)含量，同样经规范化整理后，按单个饲料及按采样的省份排序，以浏览的模式列在表2-2至表2-37共36个表格中。

上述36种常用饲料的类型实际上不能完全反映我国饲料生产企业采购使用原料的范围，在国内大型的饲料生产企业还广泛使用多种新型的饲料原料，如膨化大豆、发酵大豆粕、喷浆玉米皮、玉米淀粉渣及乳清粉等，甚至还有进口的转基因玉米、进口的畜禽肉粉等。因此，项目组在前期收集饲粮样本的基础上，于2022年安排相关研究组收集了南方及北方主要大型饲料厂所采购及使用的饲料原料达120种次以上，弥补了第一部分、第二部分所述饲料类型的不足。此外，针对“我国主要畜禽饲料资源及其矿物元素含量与分布调查”项目开展养分的检测中，未检测饲料中中性洗涤纤维（NDF）及酸性洗涤纤维（ADF）的缺陷，新采集的120种次以上的饲料样本检测补充了NDF和ADF的含量，也是对第一章常规饲料成分表的补充。这两个指标已经成为饲料样本的主要常规成分，对猪及反刍动物的饲料调配具有重要的参考价值。

由于受到时间及经费的制约，本书主要提供的是饲料样本中的常规成分及主要矿物元素的含量数据。由于采集的饲料样本来自全国不同地区，在地域范围上具有代表性，且样本数量相对充足，得到的检测数据基本可以反映我国饲料原料常规成分及主要矿物元素含量的现状，样本的原始数据及对样本进行分级处理后的数据均具有应用参考价值。展望未来，在经费许可的前提下，将进一步拓展其他大样本背景下的饲料养分数据，如饲料有效能、氨基酸及其利用率等数据的检测，那将是一项长期的基础性工作，需要得到国家有关部门的专项支持并通过全国同行的协作才能完成。

本书在编写过程中受到原始数据真伪的制约，如有不妥之处，请广大读者批评指正。

著者

2022年11月

目　录

第一章　饲料常规成分与钙磷含量

第二章　饲料中矿物元素含量

第三章 饲料生产企业典型样本养分数据

第一章
饲料常规成分与钙磷含量

第一节　饲料样本概况

本章主要涉及36种畜禽常用的饲料，含27种精饲料及9种粗饲料。每种饲料所采集的样本来自全国的主要产区。因不同饲料的产地、产品分布及在畜禽饲料中应用的频次及重要程度的差异，采集的饲料样本数有较大的差异。表1-1列出了36种饲料的样本数，样本数总数达3 870种次。其中样本数最多的是玉米，样本数高达1 173个，最少的是肠膜蛋白粉，样本数仅为13个。

表1-1　36种饲料的名称及检测处理的样本数

序号	饲料名称	样本数	对应的表号
精饲料27种			
1	玉米	1 173	表1-2
2	小麦	246	表1-3
3	大麦	28	表1-4
4	稻谷	206	表1-5
5	米糠	121	表1-6
6	碎米	54	表1-7
7	小麦麸	117	表1-8
8	次粉	51	表1-9
9	玉米蛋白粉	88	表1-10
10	玉米胚芽粕	52	表1-11
11	玉米DDGS	96	表1-12
12	小麦DDGS	16	表1-13
13	喷浆玉米皮	35	表1-14
14	膨化大豆	108	表1-15
15	大豆粕	332	表1-16
16	棉籽粕	105	表1-17
17	菜籽粕	150	表1-18
18	亚麻籽粕	19	表1-19
19	花生仁粕	49	表1-20

续表1-1

序号	饲料名称	样本数	对应的表号
20	葵花籽粕	18	表 1-21
21	脱脂米糠粕	71	表 1-22
22	鱼粉	53	表 1-23
23	肉粉	23	表 1-24
24	血浆蛋白粉	32	表 1-25
25	血球蛋白粉	28	表 1-26
26	肠膜蛋白粉	13	表 1-27
27	水解羽毛粉	33	表 1-28
粗饲料 9 种			
28	苜蓿	93	表 1-29
29	羊草	35	表 1-30
30	黑麦草	72	表 1-31
31	青贮玉米	91	表 1-32
32	木薯干	17	表 1-33
33	甘薯藤	20	表 1-34
34	稻秸	84	表 1-35
35	小麦秸	57	表 1-36
36	玉米秸	84	表 1-37

第二节　样本采样点在全国的分布查询系统

项目研究采用 GIS 技术开发了采样点分布及属性数据查询系统，可视化显示所有样本采样点的地理分布位置。很多样本采样点是重合的，即在同一地点采集了不同的饲料样本。在查询系统里如果选取某指定的饲料，如“大豆粕”，可得到该饲料的全国采样分布图，含 332 个采样点。其他饲料可采用同样的方法进行查询。

第三节　饲料样本中的常规成分及钙磷含量

每种饲料的采样地及饲料中的常规成分（干物质 DM、粗蛋白质 CP、粗脂肪 EE、粗纤维 CF、粗灰分 Ash、无氮浸出物 NFE）与钙（Ca）、磷（P）含量分别按饲料的采样地排序，且系统整理了不同饲料样本原样中的常规成分及钙磷含量分别在表 1-2 至表 1-37 中体现。由于每个检测的饲料样本中干物质含量不一，不便进行同类型或同名饲料的养分的比较，或者养分含量规律的研究，本书依据每个饲料原样中的水分，进行归一化处理，全部折算为绝干状态的养分含量，并在每个表的右半部分中体现。当需要了解某特定干物质状态下的某些养分的含量时，例如，干物质为 89％的玉米蛋白质含量，仅需用干物质的小数形式即 0.89 乘以该样本绝干状态下的蛋白质含量，假定为 9.5％，则对应干物质为 89％的原样中粗蛋白质的含量为 8.45％，其他养分都是按干物质的变化比例换算得到的。

一、玉米

表 1-2　玉米样本原样状态及绝干状态下饲料常规成分和钙磷含量　%

序号	原料名称	采样地点	原样状态								绝干状态						
			干物质 DM	粗蛋白质 CP	粗脂肪 EE	粗纤维 CF	粗灰分 Ash	无氮浸出物 NFE	钙 Ca	磷 P	粗蛋白质 CP	粗脂肪 EE	粗纤维 CF	粗灰分 Ash	无氮浸出物 NFE	钙 Ca	磷 P
1	玉米	安徽省安庆市	86.4	7.54	2.93	2.87	1.35	71.7	0.007	0.289	8.73	3.39	3.32	1.56	83	0.008	0.335
2	玉米	安徽省蚌埠市	86	8.05	3.72	2.06	1.28	70.84	0.006	0.285	9.36	4.33	2.4	1.49	82.41	0.007	0.332
3	玉米	安徽省亳州市	88	10.92	3.78	3.01	1.47	68.77	0.007	0.421	12.42	4.3	3.42	1.67	78.19	0.008	0.479
4	玉米	安徽省亳州市	85.8	9.69	2.47	2.39	1.36	69.91	0.008	0.408	11.29	2.88	2.78	1.58	81.46	0.01	0.475
5	玉米	安徽省亳州市	85.4	9.55	3.28	2.34	1.44	68.84	0.007	0.367	11.18	3.84	2.74	1.69	80.57	0.008	0.43
6	玉米	安徽省亳州市	88.1	9.1	3.03	2.34	1.25	72.37	0.011	0.263	10.33	3.44	2.66	1.42	82.14	0.013	0.298
7	玉米	安徽省亳州市	84.7	8.68	3.26	2.2	1.32	69.24	0.007	0.379	10.25	3.85	2.6	1.56	81.74	0.009	0.447
8	玉米	安徽省亳州市	85.4	8.66	3.34	2.15	1.25	70.05	0.006	0.259	10.14	3.91	2.52	1.46	81.99	0.006	0.304
9	玉米	安徽省亳州市	84.3	8.32	3.21	1.97	1.27	69.47	0.006	0.374	9.88	3.81	2.34	1.51	82.46	0.007	0.443
10	玉米	安徽省滁州市	85.2	9.7	2.43	1.96	1.4	69.66	0.008	0.365	11.39	2.85	2.3	1.64	81.8	0.009	0.429
11	玉米	安徽省阜阳市	86.7	9.43	5.56	2.27	1.59	67.85	0.006	0.385	10.88	6.41	2.62	1.83	78.26	0.007	0.444
12	玉米	安徽省阜阳市	87.1	9.31	3.46	2	1.25	71.07	0.005	0.345	10.69	3.97	2.3	1.44	81.6	0.006	0.396
13	玉米	安徽省阜阳市	85.6	9.13	2.97	1.99	1.38	70.14	0.008	0.37	10.66	3.47	2.32	1.61	81.93	0.009	0.433
14	玉米	安徽省阜阳市	88.6	8.86	3.36	2.25	1.31	72.77	0.006	0.384	10.01	3.79	2.54	1.48	82.18	0.007	0.434
15	玉米	安徽省阜阳市	88.6	8.85	3.28	2.01	1.34	73.07	0.004	0.268	9.99	3.7	2.27	1.51	82.52	0.005	0.303
16	玉米	安徽省阜阳市	88.4	8.81	3.36	1.65	1.31	73.28	0.011	0.365	9.96	3.8	1.87	1.48	82.89	0.012	0.413
17	玉米	安徽省阜阳市	88.6	8.83	3.8	2.26	1.26	72.49	0.004	0.309	9.96	4.29	2.55	1.42	81.78	0.005	0.349
18	玉米	安徽省阜阳市	88.4	8.77	3.99	2.41	1.41	71.79	0.005	0.268	9.93	4.52	2.73	1.6	81.25	0.006	0.304
19	玉米	安徽省阜阳市	88.4	8.75	3.31	2.36	1.39	72.59	0.006	0.31	9.9	3.74	2.67	1.57	82.12	0.007	0.351

续表1-2

序号	原料名称	采样地点	原样状态								绝干状态						
			干物质 DM	粗蛋白质 CP	粗脂肪 EE	粗纤维 CF	粗灰分 Ash	无氮浸出物 NFE	钙 Ca	磷 P	粗蛋白质 CP	粗脂肪 EE	粗纤维 CF	粗灰分 Ash	无氮浸出物 NFE	钙 Ca	磷 P
20	玉米	安徽省阜阳市	88.6	8.75	3.23	2.31	1.32	73.01	0.004	0.264	9.87	3.65	2.61	1.49	82.39	0.005	0.298
21	玉米	安徽省阜阳市	88.3	8.7	2.79	2.01	1.15	73.6	0.009	0.367	9.86	3.16	2.28	1.3	83.39	0.01	0.415
22	玉米	安徽省阜阳市	88.2	8.65	2.32	2.55	1.35	73.32	0.007	0.365	9.81	2.63	2.89	1.53	83.14	0.008	0.414
23	玉米	安徽省阜阳市	88.6	8.68	2.76	2.36	1.38	73.44	0.004	0.318	9.79	3.11	2.66	1.56	82.87	0.005	0.358
24	玉米	安徽省阜阳市	88.5	8.65	3.24	1.87	1.31	73.38	0.006	0.335	9.78	3.66	2.11	1.48	82.95	0.007	0.379
25	玉米	安徽省阜阳市	87.8	8.46	3.48	1.87	1.33	72.69	0.008	0.36	9.63	3.96	2.13	1.51	82.76	0.009	0.41
26	玉米	安徽省阜阳市	88.7	8.51	3.31	1.8	1.37	73.7	0.006	0.356	9.6	3.73	2.03	1.54	83.1	0.007	0.402
27	玉米	安徽省亳州市蒙城县	87.1	7.69	3.26	2.28	1.43	72.43	0.004	0.29	8.83	3.74	2.62	1.64	83.17	0.005	0.333
28	玉米	安徽省合肥市	87.8	7.54	3.63	1.88	1.36	73.35	0.006	0.375	8.59	4.14	2.14	1.55	83.58	0.007	0.427
29	玉米	安徽省合肥市	88.6	9.52	3.91	2.2	1.51	71.44	0.008	0.403	10.75	4.41	2.48	1.7	80.65	0.009	0.455
30	玉米	安徽省合肥市肥东县	87.4	8.14	3.21	1.46	1.26	73.33	0.003	0.318	9.31	3.67	1.67	1.44	83.91	0.004	0.364
31	玉米	安徽省六安市	89.3	8.61	3.72	1.96	1.35	73.63	0.007	0.38	9.65	4.17	2.2	1.51	82.49	0.007	0.425
32	玉米	安徽省六安市霍邱县	86.2	8.43	3.5	2.17	1.23	70.89	0.004	0.307	9.78	4.06	2.52	1.43	82.22	0.005	0.356
33	玉米	安徽省宿州市	86.5	9.35	3.29	2.74	1.26	69.87	0.009	0.341	10.81	3.8	3.17	1.46	80.77	0.01	0.394
34	玉米	安徽省宿州市	85.2	8.97	3.16	2	1.28	69.75	0.009	0.327	10.53	3.71	2.35	1.5	81.9	0.01	0.384
35	玉米	安徽省宿州市	86.7	8.49	3.27	2.74	1.2	71.02	0.007	0.332	9.79	3.77	3.16	1.38	81.9	0.008	0.383
36	玉米	安徽省宿州市	85.5	8.34	3.37	2.23	1.27	70.28	0.009	0.327	9.75	3.94	2.61	1.49	82.2	0.011	0.382
37	玉米	安徽省宿州市	86.3	8.39	3.67	2.72	1.05	70.5	0.005	0.303	9.72	4.25	3.15	1.22	81.65	0.006	0.351
38	玉米	安徽省宿州市	87.1	8.39	3.78	2.19	1.11	71.66	0.008	0.295	9.63	4.34	2.51	1.27	82.24	0.009	0.339
39	玉米	安徽省宿州市	85.5	8.08	2.61	1.67	1.1	72.02	0.007	0.299	9.45	3.05	1.95	1.29	84.26	0.008	0.35
40	玉米	安徽省宿州市	86.7	8.82	3.14	2.18	1.39	71.15	0.011	0.347	10.17	3.62	2.51	1.6	82.07	0.013	0.401

续表1-2

序号	原料名称	采样地点	原样状态								绝干状态						
			干物质 DM	粗蛋白质 CP	粗脂肪 EE	粗纤维 CF	粗灰分 Ash	无氮浸出物 NFE	钙 Ca	磷 P	粗蛋白质 CP	粗脂肪 EE	粗纤维 CF	粗灰分 Ash	无氮浸出物 NFE	钙 Ca	磷 P
41	玉米	安徽省宿州市	87.1	8.48	3.27	2.03	1.94	71.39	0.011	0.348	9.73	3.75	2.33	2.23	81.94	0.012	0.399
42	玉米	安徽省宿州市	86.3	8.3	3.28	2.19	2.53	69.95	0.004	0.278	9.62	3.8	2.54	2.93	81.09	0.004	0.322
43	玉米	北京市大兴区榆垡镇	90.8	9.24	3.1	4.2	1.32	72.94	0.005	0.308	10.18	3.41	4.63	1.45	80.33	0.006	0.34
44	玉米	北京市大兴区榆垡镇	90.3	8.4	4.1	2.8	1.27	73.73	0.004	0.314	9.3	4.54	3.1	1.41	81.65	0.005	0.348
45	玉米	北京市大兴区榆垡镇	89.5	8.21	3.7	4	1.25	72.34	0.004	0.322	9.17	4.13	4.47	1.4	80.83	0.005	0.36
46	玉米	北京市大兴区榆垡镇	90.2	8.03	3.7	3	1.32	74.15	0.008	0.277	8.9	4.1	3.33	1.46	82.21	0.009	0.307
47	玉米	北京市大兴区榆垡镇	89.8	7.8	3.1	3.3	0.96	74.64	0.004	0.279	8.69	3.45	3.67	1.07	83.12	0.005	0.311
48	玉米	北京市房山区	90.4	9.24	3.6	2.5	1.32	73.74	0.007	0.363	10.22	3.98	2.77	1.46	81.57	0.008	0.401
49	玉米	北京市房山区	89.8	7.21	3.72	2.61	1.31	74.96	0.015	0.391	8.03	4.14	2.91	1.46	83.47	0.017	0.436
50	玉米	北京市房山区	89.4	6.76	3.5	3.3	1.24	74.6	0.011	0.307	7.56	3.91	3.69	1.39	83.45	0.013	0.344
51	玉米	北京市怀柔区	89.6	8.85	3.8	2.9	1.39	72.66	0.006	0.412	9.88	4.24	3.24	1.55	81.09	0.006	0.46
52	玉米	北京市怀柔区	89.7	8.81	3.9	3.4	1.39	72.2	0.006	0.428	9.82	4.35	3.79	1.55	80.49	0.007	0.477
53	玉米	北京市密云区	90.8	9.3	3.6	2.9	1.18	73.82	0.005	0.307	10.24	3.96	3.19	1.3	81.3	0.005	0.338
54	玉米	北京市密云区	89.7	9.06	3.4	3	1.25	72.99	0.005	0.332	10.1	3.79	3.34	1.39	81.37	0.006	0.371
55	玉米	北京市密云区	89.7	8.84	3.6	3.6	1.2	72.46	0.005	0.33	9.86	4.01	4.01	1.34	80.78	0.006	0.368
56	玉米	北京市密云区	89.3	8.71	3.9	2.7	1.5	72.49	0.007	0.393	9.75	4.37	3.02	1.68	81.18	0.008	0.44
57	玉米	北京市密云区	89.8	8.18	3.92	2.31	1.44	73.91	0.006	0.376	9.11	4.37	2.57	1.6	82.35	0.007	0.419
58	玉米	北京市平谷区	89.8	9.2	4.1	2.6	1.37	72.53	0.006	0.38	10.24	4.57	2.9	1.53	80.77	0.007	0.424
59	玉米	北京市平谷区	90.5	9.19	4.1	2.4	1.34	73.47	0.006	0.314	10.15	4.53	2.65	1.48	81.18	0.006	0.347
60	玉米	北京市顺义区	89.5	7.32	3.8	2.7	1.33	74.35	0.006	0.335	8.18	4.25	3.02	1.49	83.07	0.007	0.375
61	玉米	北京市顺义区	89.4	7.26	3.7	3	1.24	74.2	0.007	0.314	8.12	4.14	3.36	1.39	83	0.008	0.351

续表1-2

序号	原料名称	采样地点	原样状态								绝干状态						
			干物质 DM	粗蛋白质 CP	粗脂肪 EE	粗纤维 CF	粗灰分 Ash	无氮浸出物 NFE	钙 Ca	磷 P	粗蛋白质 CP	粗脂肪 EE	粗纤维 CF	粗灰分 Ash	无氮浸出物 NFE	钙 Ca	磷 P
62	玉米	北京市通州区	89.8	7.9	3.9	3.6	1.38	73.02	0.009	0.38	8.8	4.34	4.01	1.54	81.31	0.011	0.423
63	玉米	北京市延庆区	90.5	8.56	4.4	2.8	1.43	73.31	0.008	0.256	9.46	4.86	3.09	1.58	81.01	0.009	0.282
64	玉米	北京市延庆区	89.7	8.22	3.2	3	1.03	74.25	0.012	0.187	9.16	3.57	3.34	1.15	82.78	0.014	0.209
65	玉米	北京市延庆区	89.8	7.5	4.2	4.6	1.12	72.38	0.006	0.269	8.35	4.68	5.12	1.25	80.6	0.007	0.299
66	玉米	北京市延庆区	89.7	7.35	4	3.9	1.04	73.41	0.006	0.282	8.19	4.46	4.35	1.16	81.84	0.007	0.315
67	玉米	北京市延庆区	89.6	6.11	4.1	3.5	1.14	74.75	0.005	0.275	6.82	4.58	3.91	1.27	83.43	0.006	0.307
68	玉米	北京市延庆区	90.4	6.11	4	3.7	1.15	75.44	0.005	0.279	6.76	4.42	4.09	1.27	83.45	0.005	0.309
69	玉米	福建省福州市福清市龙田镇	86.8	8.07	3.18	2.98	1.05	71.5	0.004	0.266	9.3	3.66	3.43	1.21	82.4	0.004	0.307
70	玉米	福建省南平市建瓯市房道镇	87.4	10.24	3.64	3.33	1.17	68.99	0.003	0.322	11.72	4.17	3.81	1.34	78.97	0.004	0.369
71	玉米	福建省南平市建阳区水吉镇	86.4	7.47	3.38	2.65	1	71.9	0.003	0.245	8.64	3.91	3.07	1.16	83.21	0.004	0.283
72	玉米	福建省龙岩市漳平市	87.8	7.62	3.31	2.61	0.94	73.28	0.007	0.248	8.68	3.77	2.97	1.07	83.5	0.008	0.282
73	玉米	福建省龙岩市漳平市	87.7	7.47	3.43	2.5	0.95	73.36	0.009	0.263	8.52	3.91	2.85	1.08	83.64	0.01	0.3
74	玉米	福建省龙岩市漳平市	87.8	7.29	3.53	2.43	0.89	73.64	0.007	0.256	8.31	4.02	2.77	1.01	83.9	0.008	0.291
75	玉米	福建省南平市建阳区	88.1	7.59	3.73	2.89	0.97	72.85	0.007	0.232	8.62	4.24	3.28	1.1	82.74	0.008	0.263
76	玉米	福建省宁德市福安市	87.5	7.46	3.61	2.7	0.97	72.72	0.007	0.184	8.53	4.13	3.09	1.11	83.16	0.008	0.21
77	玉米	福建省宁德市福安市	87.6	7.42	3.66	2.74	0.97	72.77	0.005	0.189	8.48	4.18	3.13	1.11	83.12	0.006	0.216
78	玉米	福建省莆田市秀屿区	87.5	7.31	3.21	3.23	0.91	72.81	0.007	0.259	8.36	3.67	3.69	1.04	83.24	0.008	0.296
79	玉米	福建省三明市清流县	87.4	7.52	3.52	2.44	0.93	73.03	0.005	0.299	8.6	4.03	2.79	1.06	83.53	0.006	0.342
80	玉米	福建省三明市清流县	87.7	7.18	3.42	3.02	0.95	73.16	0.006	0.198	8.18	3.9	3.44	1.08	83.38	0.007	0.225
81	玉米	福建省三明市清流县	87.6	6.92	3.33	2.48	0.93	73.94	0.007	0.24	7.9	3.8	2.83	1.06	84.41	0.008	0.274
82	玉米	福建省漳州市南靖县	87.8	7.31	3.64	2.84	0.89	73.14	0.006	0.228	8.32	4.14	3.23	1.01	83.28	0.007	0.26

续表1-2

序号	原料名称	采样地点	原样状态								绝干状态						
			干物质 DM	粗蛋白质 CP	粗脂肪 EE	粗纤维 CF	粗灰分 Ash	无氮浸出物 NFE	钙 Ca	磷 P	粗蛋白质 CP	粗脂肪 EE	粗纤维 CF	粗灰分 Ash	无氮浸出物 NFE	钙 Ca	磷 P
83	玉米	福建省漳州市南靖县	87.5	7.25	3.43	2.66	0.95	73.18	0.009	0.28	8.29	3.92	3.04	1.09	83.67	0.01	0.321
84	玉米	甘肃省白银市会宁县	88.5	7.97	3.17	2.34	1.08	73.97	0.008	0.293	9	3.58	2.64	1.22	83.55	0.009	0.331
85	玉米	甘肃省白银市景泰县	88	8.55	2.87	2.18	1.17	73.22	0.018	0.416	9.72	3.26	2.48	1.33	83.21	0.021	0.472
86	玉米	甘肃省白银市靖远县	88.1	8.88	2.87	1.71	1	73.66	0.004	0.295	10.08	3.26	1.94	1.13	83.59	0.004	0.334
87	玉米	甘肃省白银市靖远县	88.7	8.7	3.42	1.96	1.6	72.99	0.006	0.41	9.81	3.86	2.21	1.8	82.32	0.006	0.462
88	玉米	甘肃省定西市安定区	86.6	8.94	2.71	2.33	1.12	71.53	0.006	0.269	10.32	3.13	2.69	1.29	82.57	0.007	0.31
89	玉米	甘肃省定西市陇西县	87	7.22	3.98	2.05	1.02	72.73	0.006	0.21	8.3	4.57	2.36	1.17	83.6	0.007	0.241
90	玉米	甘肃省定西市陇西县	88	7.02	3.19	2.09	1.06	74.66	0.006	0.225	7.98	3.62	2.37	1.2	84.82	0.007	0.255
91	玉米	甘肃省定西市通渭县	84.8	8.36	3.29	1.85	1.12	70.16	0.006	0.273	9.86	3.88	2.18	1.32	82.76	0.007	0.321
92	玉米	甘肃省金昌市永昌县	88.7	8.48	2.54	1.83	1.2	74.6	0.023	0.239	9.57	2.87	2.06	1.35	84.15	0.026	0.27
93	玉米	甘肃省兰州市永登县	88.8	7.53	3.48	1.82	1.16	74.85	0.004	0.32	8.48	3.92	2.05	1.31	84.25	0.004	0.36
94	玉米	甘肃省临夏回族自治州广河县	87.2	8.83	2.97	1.95	1.12	72.3	0.009	0.276	10.13	3.41	2.24	1.28	82.94	0.01	0.317
95	玉米	甘肃省临夏回族自治州积石山县	88	8.9	3.14	2.41	1.11	72.42	0.006	0.325	10.12	3.57	2.74	1.26	82.31	0.006	0.37
96	玉米	甘肃省临夏回族自治州临夏县	86.6	8.79	5.37	1.82	1.12	69.49	0.007	0.211	10.15	6.2	2.1	1.29	80.25	0.008	0.244
97	玉米	甘肃省临夏回族自治州永靖县	88.7	7.41	3.27	1.96	1.19	74.87	0.003	0.359	8.35	3.69	2.21	1.34	84.41	0.004	0.405
98	玉米	甘肃省陇南市徽县	88.4	9.46	4.01	2.44	1.24	71.2	0.007	0.28	10.71	4.54	2.76	1.4	80.59	0.008	0.317
99	玉米	甘肃省平凉市静宁县	87.4	8.51	2.62	1.86	1.04	73.33	0.005	0.263	9.74	3	2.13	1.19	83.94	0.005	0.301
100	玉米	甘肃省平凉市崆峒区	86.5	8.88	3.64	1.98	1.13	70.86	0.005	0.292	10.27	4.21	2.29	1.31	81.93	0.006	0.338
101	玉米	甘肃省平凉市灵台县	86.2	9.21	4.47	2.06	1.22	69.26	0.005	0.25	10.68	5.18	2.39	1.41	80.33	0.006	0.29
102	玉米	甘肃省庆阳市华池县	86.7	7.55	3.04	1.66	1.12	73.37	0.036	0.376	8.7	3.5	1.91	1.29	84.59	0.041	0.433

续表1-2

序号	原料名称	采样地点	原样状态								绝干状态						
			干物质 DM	粗蛋白质 CP	粗脂肪 EE	粗纤维 CF	粗灰分 Ash	无氮浸出物 NFE	钙 Ca	磷 P	粗蛋白质 CP	粗脂肪 EE	粗纤维 CF	粗灰分 Ash	无氮浸出物 NFE	钙 Ca	磷 P
103	玉米	甘肃省庆阳市环县	89.1	8.29	4.34	2.14	1.1	73.24	0.005	0.277	9.3	4.87	2.4	1.23	82.19	0.005	0.31
104	玉米	甘肃省庆阳市环县	86.7	7.78	2.83	1.75	1.01	73.37	0.005	0.258	8.97	3.26	2.02	1.16	84.59	0.005	0.298
105	玉米	甘肃省庆阳市宁县	84.5	9.51	2.63	1.63	1.35	69.37	0.009	0.291	11.26	3.11	1.93	1.6	82.1	0.01	0.345
106	玉米	甘肃省庆阳市镇原县	87.1	8	2.76	2.03	0.95	73.36	0.004	0.24	9.18	3.17	2.33	1.09	84.23	0.005	0.276
107	玉米	甘肃省庆阳市镇原县	86.6	7.69	2.74	2.18	0.86	73.13	0.006	0.207	8.88	3.16	2.52	0.99	84.45	0.007	0.239
108	玉米	甘肃省酒泉市肃州区	89.2	7.71	3.67	1.98	1.19	74.63	0.004	0.349	8.65	4.12	2.22	1.33	83.68	0.004	0.391
109	玉米	甘肃省天水市甘谷县	88.8	8.25	3.46	1.94	1.08	74.04	0.006	0.296	9.29	3.9	2.19	1.22	83.41	0.007	0.333
110	玉米	甘肃省天水市麦积区	88.2	8.41	3.92	1.87	1.31	72.71	0.008	0.232	9.53	4.44	2.12	1.48	82.42	0.009	0.263
111	玉米	甘肃省天水市秦安县	84.9	9.59	3.39	1.82	1.16	68.94	0.009	0.221	11.3	3.99	2.14	1.37	81.2	0.01	0.26
112	玉米	甘肃省天水市秦州区	89.2	10.69	3.4	1.82	1.17	72.16	0.006	0.24	11.98	3.81	2.04	1.31	80.86	0.007	0.269
113	玉米	甘肃省天水市清水县	85.9	8.98	3.81	1.9	1.23	69.94	0.005	0.357	10.46	4.44	2.21	1.43	81.46	0.006	0.416
114	玉米	甘肃省武威市	89.1	8.57	2.8	1.54	1.24	74.98	0.015	0.332	9.62	3.14	1.73	1.39	84.12	0.017	0.373
115	玉米	甘肃省武威市	88.3	8.06	3.2	1.73	0.85	74.49	0.008	0.373	9.12	3.62	1.96	0.96	84.33	0.009	0.422
116	玉米	甘肃省武威市凉州区	86.2	8.87	3.03	1.89	1.22	71.15	0.007	0.333	10.29	3.52	2.19	1.42	82.58	0.008	0.386
117	玉米	甘肃省武威市凉州区	88.2	8.42	3.72	1.72	1.04	73.32	0.008	0.274	9.54	4.22	1.95	1.18	83.11	0.009	0.311
118	玉米	甘肃省武威市凉州区	87.8	7.47	4.06	2.23	1.29	72.7	0.008	0.267	8.51	4.63	2.54	1.47	82.85	0.009	0.305
119	玉米	甘肃省武威市凉州区	89.5	6.81	2.73	1.55	1.18	77.21	0.01	0.31	7.61	3.05	1.73	1.32	86.29	0.011	0.346
120	玉米	甘肃省武威市民勤县	89.8	7.11	3.72	1.53	1.11	76.33	0.031	0.266	7.92	4.14	1.7	1.24	85	0.035	0.296
121	玉米	甘肃省张掖市	88.5	8.41	2.7	1.91	1.12	74.33	0.011	0.483	9.51	3.05	2.16	1.27	84.02	0.012	0.546
122	玉米	甘肃省张掖市甘州区	87.5	9.01	2.07	2.3	1.11	73.03	0.01	0.304	10.29	2.37	2.63	1.27	83.44	0.012	0.347
123	玉米	甘肃省张掖市甘州区	87.2	8.63	5.03	2.01	1.3	70.19	0.004	0.251	9.9	5.77	2.31	1.49	80.53	0.005	0.288
124	玉米	甘肃省张掖市高台县	87.4	7.31	3.15	1.68	1.04	74.2	0.008	0.34	8.37	3.6	1.92	1.19	84.92	0.01	0.389

续表1-2

序号	原料名称	采样地点	原样状态								绝干状态						
			干物质 DM	粗蛋白质 CP	粗脂肪 EE	粗纤维 CF	粗灰分 Ash	无氮浸出物 NFE	钙 Ca	磷 P	粗蛋白质 CP	粗脂肪 EE	粗纤维 CF	粗灰分 Ash	无氮浸出物 NFE	钙 Ca	磷 P
125	玉米	甘肃省张掖市临泽县	87.2	7.77	2.83	2.34	1.02	73.21	0.006	0.249	8.91	3.25	2.68	1.17	83.99	0.007	0.286
126	玉米	广东省佛山市	86.6	7.68	2.4	2.3	1.2	73.02	0.007	0.242	8.87	2.77	2.66	1.39	84.32	0.008	0.279
127	玉米	广东省广州市	87.9	8.23	2.1	2.4	1.2	73.97	0.008	0.413	9.36	2.39	2.73	1.37	84.15	0.009	0.47
128	玉米	广东省广州市	87.2	8.02	3	2.1	1.1	72.98	0.01	0.318	9.2	3.44	2.41	1.26	83.69	0.011	0.365
129	玉米	广东省广州市	88.3	7.85	2.5	2.5	1.3	74.15	0.006	0.499	8.89	2.83	2.83	1.47	83.98	0.007	0.565
130	玉米	广东省广州市	88.3	7.81	2.4	2.7	1.3	74.09	0.008	0.343	8.84	2.72	3.06	1.47	83.91	0.009	0.389
131	玉米	广东省广州市	88.3	7.63	2.7	2.1	1.3	74.57	0.006	0.455	8.64	3.06	2.38	1.47	84.45	0.007	0.515
132	玉米	广东省广州市	88.1	7.5	2.5	2.4	1.3	74.4	0.005	0.428	8.51	2.84	2.72	1.48	84.45	0.006	0.486
133	玉米	广东省惠州市	87.3	7.89	2.8	2.1	1.3	73.21	0.007	0.252	9.04	3.21	2.41	1.49	83.86	0.007	0.288
134	玉米	广东省惠州市	86.7	7.65	2.6	2.4	1.2	72.85	0.007	0.256	8.82	3	2.77	1.38	84.03	0.008	0.295
135	玉米	广东省惠州市	86.6	7.4	2.5	2.1	1.2	73.4	0.007	0.32	8.55	2.89	2.42	1.39	84.76	0.008	0.369
136	玉米	广东省江门市	88.1	7.78	2.7	2.2	0.4	75.02	0.008	0.283	8.83	3.06	2.5	0.45	85.15	0.009	0.321
137	玉米	广东省茂名市	88.2	7.8	3.1	2.2	1.1	74	0.013	0.317	8.84	3.51	2.49	1.25	83.9	0.015	0.36
138	玉米	广东省茂名市	87.9	7.78	3	2	1.4	73.72	0.008	0.312	8.85	3.41	2.28	1.59	83.87	0.009	0.355
139	玉米	广东省梅州市	86.6	9.01	2.6	2.3	1.3	71.39	0.013	0.259	10.4	3	2.66	1.5	82.44	0.015	0.299
140	玉米	广东省清远市	89.4	10.3	3.8	2.4	1.6	71.3	0.009	0.431	11.52	4.25	2.68	1.79	79.75	0.011	0.482
141	玉米	广东省清远市	88.6	8.01	2.7	2	1.3	74.59	0.009	0.268	9.04	3.05	2.26	1.47	84.19	0.01	0.303
142	玉米	广东省清远市	88.1	7.93	2.7	2	1.3	74.17	0.006	0.257	9	3.06	2.27	1.48	84.19	0.007	0.291
143	玉米	广东省韶关市	88.4	8.6	2.9	2	1.3	73.6	0.007	0.349	9.73	3.28	2.26	1.47	83.26	0.008	0.395
144	玉米	广东省云浮市	87.9	9.79	3.1	2.8	1.6	70.61	0.006	0.191	11.14	3.53	3.19	1.82	80.33	0.007	0.217
145	玉米	广东省湛江市	88.3	7.99	3	2	1.2	74.11	0.006	0.35	9.05	3.4	2.27	1.36	83.93	0.007	0.397

续表1-2

序号	原料名称	采样地点	原样状态								绝干状态						
			干物质 DM	粗蛋白质 CP	粗脂肪 EE	粗纤维 CF	粗灰分 Ash	无氮浸出物 NFE	钙 Ca	磷 P	粗蛋白质 CP	粗脂肪 EE	粗纤维 CF	粗灰分 Ash	无氮浸出物 NFE	钙 Ca	磷 P
146	玉米	广东省湛江市	89.2	7.99	2.8	2.5	1.2	74.71	0.007	0.263	8.96	3.14	2.8	1.35	83.76	0.008	0.295
147	玉米	广东省湛江市	88.3	7.65	2.5	1.9	1.4	74.85	0.006	0.337	8.66	2.83	2.15	1.59	84.77	0.007	0.382
148	玉米	广东省肇庆市	87.8	8.04	2.6	2.4	1.3	73.46	0.007	0.46	9.16	2.96	2.73	1.48	83.67	0.007	0.524
149	玉米	广东省肇庆市	88.3	7.73	2.9	1.9	1.2	74.57	0.007	0.254	8.75	3.28	2.15	1.36	84.45	0.008	0.287
150	玉米	广东省肇庆市	87.8	7.39	2.5	2	1.1	74.81	0.005	0.465	8.42	2.85	2.28	1.25	85.21	0.006	0.53
151	玉米	广东省中山市	86.7	7.47	2.4	2.4	1.1	73.33	0.008	0.24	8.62	2.77	2.77	1.27	84.58	0.009	0.277
152	玉米	广西壮族自治区百色市	90	10.1	6.14	1.46	1.38	70.94	0.008	0.345	11.22	6.82	1.62	1.53	78.8	0.009	0.384
153	玉米	广西壮族自治区百色市	89.9	9.39	5.69	1.58	1.39	71.8	0.008	0.383	10.45	6.33	1.76	1.55	79.91	0.009	0.427
154	玉米	广西壮族自治区百色市	90.5	8.5	4.38	1.56	1.31	74.76	0.009	0.422	9.39	4.84	1.72	1.45	82.6	0.01	0.466
155	玉米	广西壮族自治区百色市	88.4	7.82	2.77	1.07	1.23	75.49	0.006	0.672	8.85	3.13	1.21	1.39	85.42	0.007	0.76
156	玉米	广西壮族自治区百色市	90.4	7.9	5.06	1.51	1.17	74.73	0.006	0.256	8.74	5.6	1.67	1.29	82.69	0.007	0.284
157	玉米	广西壮族自治区河池市	90.5	10.01	5.94	2.06	1.63	70.84	0.006	0.295	11.06	6.56	2.28	1.8	78.29	0.006	0.326
158	玉米	广西壮族自治区河池市	90.3	9.72	4.64	1.72	1.26	72.94	0.013	0.292	10.77	5.14	1.91	1.4	80.79	0.014	0.323
159	玉米	广西壮族自治区河池市	90.9	9.21	5.37	1.81	1.15	73.33	0.009	0.23	10.14	5.91	1.99	1.27	80.7	0.01	0.253
160	玉米	广西壮族自治区河池市	89.5	8.98	4.45	1.87	1.4	72.83	0.008	0.303	10.03	4.97	2.09	1.56	81.35	0.009	0.339
161	玉米	广西壮族自治区河池市	90.5	8.93	3.29	1.88	1.23	75.2	0.009	0.373	9.86	3.63	2.08	1.36	83.07	0.01	0.412
162	玉米	广西壮族自治区河池市	90.6	8.92	5.22	2.2	1.27	72.96	0.008	0.241	9.85	5.76	2.43	1.4	80.56	0.009	0.266
163	玉米	广西壮族自治区河池市	90.1	8.63	4.87	1.7	1.25	73.64	0.008	0.343	9.58	5.41	1.89	1.39	81.74	0.009	0.381
164	玉米	广西壮族自治区河池市	91.2	8.58	5.51	1.86	1.36	73.88	0.009	0.258	9.41	6.04	2.04	1.49	81.02	0.01	0.283
165	玉米	广西壮族自治区河池市	90.6	8.38	5.29	1.84	1.3	73.79	0.006	0.228	9.25	5.84	2.03	1.43	81.45	0.007	0.252
166	玉米	广西壮族自治区河池市	90.6	7.92	4.77	1.71	1.22	75.02	0.015	0.237	8.74	5.26	1.89	1.35	82.77	0.017	0.262

续表1-2

序号	原料名称	采样地点	原样状态								绝干状态						
			干物质 DM	粗蛋白质 CP	粗脂肪 EE	粗纤维 CF	粗灰分 Ash	无氮浸出物 NFE	钙 Ca	磷 P	粗蛋白质 CP	粗脂肪 EE	粗纤维 CF	粗灰分 Ash	无氮浸出物 NFE	钙 Ca	磷 P
167	玉米	广西壮族自治区河池市	90.2	7.57	4.88	1.43	1.16	75.15	0.007	0.215	8.39	5.41	1.59	1.29	83.32	0.008	0.238
168	玉米	广西壮族自治区河池市	90.6	7.6	4.63	1.85	1.07	75.46	0.021	0.195	8.39	5.11	2.04	1.18	83.28	0.023	0.215
169	玉米	广西壮族自治区河池市	88.3	6.17	4.79	2	1.17	74.13	0.006	0.197	6.99	5.43	2.27	1.33	83.99	0.006	0.224
170	玉米	广西壮族自治区来宾市	90.8	8.8	4.64	2.68	1.3	73.39	0.007	0.302	9.69	5.11	2.95	1.43	80.82	0.007	0.333
171	玉米	广西壮族自治区柳州市	90.8	9.07	4.2	1.9	1.55	74.11	0.008	0.288	9.99	4.62	2.09	1.71	81.59	0.009	0.317
172	玉米	广西壮族自治区南宁市	91.3	9.2	5.04	2	1.21	73.81	0.005	0.315	10.08	5.52	2.19	1.33	80.88	0.006	0.345
173	玉米	广西壮族自治区南宁市	90.4	8.95	4.01	1.42	1.22	74.83	0.01	0.318	9.9	4.43	1.57	1.35	82.75	0.011	0.352
174	玉米	广西壮族自治区南宁市	88.9	8.68	4.1	1.46	1.32	73.35	0.007	0.708	9.76	4.61	1.64	1.48	82.5	0.008	0.796
175	玉米	广西壮族自治区南宁市	88.8	8.58	5.74	0.98	1.59	71.94	0.006	0.845	9.66	6.46	1.1	1.79	80.99	0.007	0.951
176	玉米	广西壮族自治区南宁市	89.7	8.6	5.38	0.95	1.29	73.5	0.007	0.795	9.59	6	1.06	1.44	81.92	0.007	0.886
177	玉米	广西壮族自治区南宁市	88.7	8.42	3.22	1.03	1.36	74.63	0.004	0.769	9.5	3.63	1.16	1.53	84.18	0.005	0.867
178	玉米	广西壮族自治区南宁市	92.4	8.61	5.29	2.44	1.3	74.73	0.008	0.376	9.32	5.73	2.64	1.41	80.9	0.008	0.407
179	玉米	广西壮族自治区南宁市	89.2	8.21	4.43	0.91	1.41	74.2	0.006	0.827	9.21	4.97	1.02	1.58	83.22	0.007	0.927
180	玉米	广西壮族自治区南宁市	88.2	7.99	3.83	1.56	1.19	73.6	0.005	0.456	9.06	4.34	1.77	1.35	83.48	0.005	0.517
181	玉米	广西壮族自治区南宁市	89.7	7.77	5.16	1.58	1.14	74	0.007	0.298	8.67	5.76	1.76	1.27	82.54	0.008	0.332
182	玉米	广西壮族自治区南宁市	89.4	7.48	4.8	0.9	1.26	74.99	0.006	0.565	8.36	5.37	1.01	1.41	83.85	0.007	0.632
183	玉米	广西壮族自治区南宁市	88.6	7.21	3.64	1.38	1.26	75.14	0.007	0.557	8.13	4.11	1.56	1.42	84.78	0.008	0.628
184	玉米	广西壮族自治区南宁市	88.6	7.16	4.1	1.7	1.28	74.4	0.007	0.369	8.08	4.63	1.92	1.44	83.94	0.008	0.416
185	玉米	广西壮族自治区钦州市	90.5	9.71	2.51	1.45	1.39	75.48	0.009	0.418	10.72	2.77	1.6	1.54	83.37	0.01	0.462
186	玉米	广西壮族自治区钦州市	90.5	8.83	4.64	2.42	1.6	73.05	0.01	0.365	9.75	5.12	2.67	1.77	80.68	0.011	0.403
187	玉米	广西壮族自治区钦州市	89.3	7.96	3.17	1.82	1.86	74.53	0.008	0.377	8.91	3.55	2.04	2.08	83.42	0.009	0.422

续表1-2

序号	原料名称	采样地点	原样状态								绝干状态						
			干物质 DM	粗蛋白质 CP	粗脂肪 EE	粗纤维 CF	粗灰分 Ash	无氮浸出物 NFE	钙 Ca	磷 P	粗蛋白质 CP	粗脂肪 EE	粗纤维 CF	粗灰分 Ash	无氮浸出物 NFE	钙 Ca	磷 P
188	玉米	贵州省安顺市	90.2	9.05	4.02	2.08	1.11	73.9	0.008	0.254	10.04	4.46	2.31	1.23	81.97	0.008	0.282
189	玉米	贵州省安顺市	91.3	9.43	5.4	1.53	1.23	73.71	0.006	0.357	10.33	5.91	1.68	1.35	80.73	0.007	0.391
190	玉米	贵州省安顺市普定县	89	8.89	4.35	2.33	1.42	72.04	0.013	0.377	9.99	4.89	2.62	1.59	80.92	0.015	0.423
191	玉米	贵州省毕节市	90.5	9.47	4.36	1.74	1.21	73.67	0.009	0.378	10.47	4.82	1.92	1.34	81.45	0.01	0.418
192	玉米	贵州省毕节市	90.1	9.34	3.64	1.65	1.31	74.12	0.007	0.362	10.37	4.04	1.83	1.45	82.3	0.007	0.402
193	玉米	贵州省毕节市	90.7	8.69	3.75	2.4	1.19	74.63	0.008	0.196	9.59	4.14	2.65	1.31	82.32	0.009	0.216
194	玉米	贵州省毕节市	90.4	7.6	3.38	1.8	1.1	76.51	0.008	0.217	8.41	3.74	1.99	1.22	84.64	0.009	0.24
195	玉米	贵州省毕节市金河村	89.9	8.86	3.53	1.75	1.27	74.5	0.005	0.335	9.85	3.93	1.95	1.41	82.86	0.006	0.373
196	玉米	贵州省毕节市威宁彝族回族苗族自治县	88.4	8.2	3.22	2.68	1.24	73.09	0.004	0.331	9.27	3.64	3.03	1.4	82.65	0.004	0.374
197	玉米	贵州省黔南布依族苗族自治州都匀市	89.9	8.74	3.67	1.77	1.33	74.35	0.007	0.474	9.73	4.08	1.97	1.48	82.74	0.008	0.528
198	玉米	贵州省黔南布依族苗族自治州贵定县	89.7	8.6	4	1.82	1.24	74.04	0.007	0.642	9.59	4.46	2.03	1.38	82.54	0.008	0.716
199	玉米	贵州省贵阳市	91	9.87	5.32	1.59	1.42	72.83	0.008	0.366	10.84	5.84	1.75	1.56	80.01	0.009	0.402
200	玉米	贵州省贵阳市	88.7	8.76	3.35	2.41	1.3	72.88	0.008	0.22	9.88	3.78	2.72	1.47	82.16	0.009	0.248
201	玉米	贵州省贵阳市	88.9	8.52	3.91	2.6	1.12	72.79	0.008	0.279	9.58	4.4	2.92	1.26	81.84	0.009	0.314
202	玉米	贵州省贵阳市开阳县	89.8	8.3	3.91	1.71	1.16	74.68	0.007	0.328	9.25	4.36	1.91	1.29	83.2	0.007	0.365
203	玉米	贵州省贵阳市开阳县	90	8	3.61	2.28	1.07	75.06	0.005	0.333	8.89	4.01	2.53	1.19	83.38	0.006	0.37
204	玉米	贵州省贵阳市清镇市	89.8	8.4	4.14	1.88	1.37	74.04	0.004	0.426	9.35	4.61	2.09	1.53	82.42	0.005	0.475
205	玉米	贵州省黔东南苗族侗族自治州凯里市	90	7.79	3.69	1.45	1.19	75.92	0.006	0.268	8.65	4.1	1.61	1.32	84.32	0.006	0.297
206	玉米	贵州省黔东南苗族侗族自治州黄平县	89.7	8.01	3.71	1.78	1.37	74.86	0.006	0.679	8.93	4.13	1.98	1.53	83.43	0.007	0.757
207	玉米	贵州省六盘水市	91	9.96	5.2	2.59	1.25	71.99	0.007	0.268	10.95	5.71	2.85	1.37	79.12	0.008	0.294
208	玉米	贵州省六盘水市	90.6	9.8	4.87	1.61	1.36	72.97	0.01	0.272	10.82	5.37	1.78	1.5	80.53	0.012	0.3

续表1-2

序号	原料名称	采样地点	原样状态								绝干状态						
			干物质 DM	粗蛋白质 CP	粗脂肪 EE	粗纤维 CF	粗灰分 Ash	无氮浸出物 NFE	钙 Ca	磷 P	粗蛋白质 CP	粗脂肪 EE	粗纤维 CF	粗灰分 Ash	无氮浸出物 NFE	钙 Ca	磷 P
209	玉米	贵州省六盘水市	90.4	9.75	4.09	1.61	1.18	73.8	0.011	0.252	10.78	4.52	1.78	1.3	81.61	0.012	0.278
210	玉米	贵州省六盘水市	91.4	8.55	4.3	1.54	1.25	75.73	0.008	0.245	9.36	4.71	1.69	1.37	82.88	0.009	0.269
211	玉米	贵州省黔西南布依族苗族自治州	90.7	9.32	3.77	1.61	1.36	74.63	0.006	0.343	10.28	4.16	1.78	1.5	82.29	0.007	0.378
212	玉米	贵州省黔西南布依族苗族自治州	90.6	9.48	4.68	2.4	1.07	72.98	0.007	0.213	10.46	5.16	2.65	1.18	80.54	0.007	0.235
213	玉米	贵州省黔西南布依族苗族自治州	90.7	8.8	3.16	1.56	1.22	75.97	0.008	0.212	9.7	3.48	1.72	1.34	83.75	0.008	0.234
214	玉米	贵州省黔西南布依族苗族自治州	90.1	7.98	3.27	1.46	1.24	76.14	0.008	0.192	8.86	3.63	1.62	1.38	84.52	0.009	0.213
215	玉米	贵州省铜仁市	90.4	7.37	1.46	7.4	4.58	69.6	0.041	0.393	8.15	1.61	8.18	5.07	76.98	0.046	0.434
216	玉米	贵州省铜仁市德江县	89.6	8.73	4.61	1.65	1.49	73.07	0.006	0.721	9.75	5.15	1.84	1.66	81.6	0.007	0.805
217	玉米	贵州省铜仁市德江县	89.8	7.89	4.41	1.57	1.4	74.51	0.005	0.718	8.79	4.91	1.75	1.56	82.99	0.006	0.8
218	玉米	贵州省铜仁市江口县	89.6	8.01	3.69	2.38	1.29	74.24	0.004	0.398	8.94	4.12	2.66	1.44	82.85	0.005	0.444
219	玉米	贵州省兴义市	90.6	9.12	5.66	2.64	1.39	71.78	0.009	0.277	10.07	6.25	2.91	1.53	79.24	0.01	0.305
220	玉米	贵州省遵义市	88.9	8.52	3.91	2.6	1.12	72.79	0.007	0.217	9.58	4.4	2.92	1.26	81.84	0.008	0.244
221	玉米	贵州省遵义市	90	8.59	3.55	1.47	1.19	75.15	0.005	0.261	9.55	3.95	1.63	1.32	83.55	0.006	0.29
222	玉米	贵州省遵义市	91.5	8.63	4.17	1.96	1.55	75.23	0.007	0.372	9.43	4.56	2.14	1.69	82.18	0.008	0.407
223	玉米	贵州省遵义市	89.8	7.87	4.03	1.46	1.24	75.24	0.005	0.273	8.76	4.49	1.63	1.38	83.75	0.006	0.304
224	玉米	贵州省遵义市汇川区	90.4	7.66	3	1.4	1.46	76.84	0.006	0.699	8.48	3.32	1.55	1.62	85.04	0.006	0.773
225	玉米	贵州省遵义市龙坪镇	89	8.62	3.33	2.1	1.65	73.29	0.005	0.471	9.69	3.74	2.36	1.85	82.36	0.006	0.53
226	玉米	贵州省遵义市龙坪镇	88.5	8.05	2.52	1.5	1.04	75.4	0.005	0.325	9.1	2.85	1.69	1.18	85.19	0.005	0.367
227	玉米	海南省东方市八所镇	94.6	16.41	11.83	6.46	2.73	57.12	0.006	0.549	17.36	12.51	6.83	2.89	60.41	0.006	0.581
228	玉米	海南省东方市八所镇	93.4	15.79	11.51	6.15	2.8	57.19	0.007	0.56	16.9	12.32	6.58	3	61.21	0.007	0.599
229	玉米	海南省东方市感城镇	93.7	18.67	11.65	7.1	3.2	53.1	0.009	0.531	19.92	12.43	7.58	3.41	56.66	0.009	0.567

续表1-2

序号	原料名称	采样地点	原样状态								绝干状态						
			干物质 DM	粗蛋白质 CP	粗脂肪 EE	粗纤维 CF	粗灰分 Ash	无氮浸出物 NFE	钙 Ca	磷 P	粗蛋白质 CP	粗脂肪 EE	粗纤维 CF	粗灰分 Ash	无氮浸出物 NFE	钙 Ca	磷 P
230	玉米	海南省东方市感城镇	91. 7	15. 02	10. 78	5. 57	3. 26	57. 12	0. 005	0. 521	16. 37	11. 75	6. 07	3. 55	62. 26	0. 005	0. 568
231	玉米	海南省东方市新龙镇	93. 8	18. 19	14. 71	6. 14	2. 9	51. 83	0. 003	0. 563	19. 4	15. 69	6. 55	3. 09	55. 27	0. 003	0. 6
232	玉米	海南省东方市新龙镇	95. 1	17. 61	14. 99	6. 74	3. 01	52. 7	0. 013	0. 581	18. 53	15. 77	7. 09	3. 17	55. 44	0. 014	0. 611
233	玉米	海南省琼海市万泉镇	93. 1	18. 14	12. 5	7. 28	2. 96	52. 23	0. 004	0. 554	19. 48	13. 42	7. 82	3. 18	56. 09	0. 004	0. 595
234	玉米	海南省琼海市万泉镇	92. 8	11. 28	5. 62	4. 95	1. 92	69. 04	0. 003	0. 388	12. 15	6. 06	5. 33	2. 07	74. 39	0. 004	0. 418
235	玉米	海南省琼海市嘉积镇	93. 9	16. 29	11. 57	5. 86	2. 89	57. 25	0. 003	0. 53	17. 36	12. 33	6. 24	3. 08	61	0. 003	0. 564
236	玉米	海南省琼海市嘉积镇	94. 4	10. 93	10. 8	5. 17	2. 01	65. 49	0. 008	0. 377	11. 58	11. 44	5. 48	2. 13	69. 38	0. 009	0. 399
237	玉米	海南省屯昌县屯城镇	93. 1	11. 02	4. 96	4. 44	2. 15	70. 53	0. 01	0. 397	11. 84	5. 33	4. 77	2. 31	75. 76	0. 011	0. 426
238	玉米	海南省文昌市文教镇	94. 2	12. 79	6. 19	4. 46	1. 99	68. 78	0. 01	0. 365	13. 58	6. 57	4. 73	2. 11	73. 01	0. 011	0. 388
239	玉米	海南省文昌市文教镇	92. 6	11. 08	5. 92	3. 03	1. 95	70. 62	0. 004	0. 379	11. 97	6. 39	3. 27	2. 11	76. 26	0. 004	0. 409
240	玉米	河北省保定市博野县	90	8. 46	3. 73	2. 2	1. 4	74. 24	0. 007	0. 395	9. 4	4. 14	2. 44	1. 56	82. 46	0. 008	0. 439
241	玉米	河北省保定市定州市	89. 3	8. 5	3. 92	2. 12	1. 35	73. 43	0. 006	0. 385	9. 52	4. 39	2. 37	1. 51	82. 21	0. 007	0. 431
242	玉米	河北省保定市定州市	89. 3	7. 8	4. 38	2. 01	1. 35	73. 78	0. 009	0. 334	8. 73	4. 9	2. 25	1. 51	82. 6	0. 01	0. 374
243	玉米	河北省保定市定州市	89. 5	7. 61	4	2. 38	1. 04	74. 46	0. 004	0. 335	8. 5	4. 47	2. 66	1. 16	83. 2	0. 005	0. 374
244	玉米	河北省保定市定州市	90. 8	7. 33	4	1. 81	1. 21	76. 44	0. 005	0. 36	8. 07	4. 41	1. 99	1. 33	84. 19	0. 005	0. 397
245	玉米	河北省保定市高阳县	90. 2	8. 02	3. 54	2. 21	1. 2	75. 23	0. 005	0. 46	8. 89	3. 92	2. 45	1. 33	83. 4	0. 005	0. 51
246	玉米	河北省保定市徐水区	90. 2	7. 97	3. 45	2. 48	1. 32	75. 02	0. 006	0. 38	8. 83	3. 82	2. 75	1. 46	83. 13	0. 007	0. 422
247	玉米	河北省沧州市河间市	90. 6	8. 51	3. 96	2. 24	1. 18	74. 67	0. 004	0. 55	9. 4	4. 37	2. 47	1. 3	82. 45	0. 005	0. 607
248	玉米	河北省沧州市河间市	89	7. 71	3. 43	2. 49	1. 15	74. 17	0. 005	0. 228	8. 67	3. 86	2. 8	1. 29	83. 38	0. 006	0. 256
249	玉米	河北省沧州市河间市	89	7. 5	3. 34	2. 28	1. 16	74. 73	0. 005	0. 203	8. 43	3. 75	2. 56	1. 3	83. 96	0. 006	0. 228
250	玉米	河北省沧州市泊头市	90. 2	8. 77	3. 22	1. 87	1. 22	75. 11	0. 004	0. 512	9. 72	3. 57	2. 07	1. 35	83. 28	0. 005	0. 567

续表1-2

序号	原料名称	采样地点	原样状态								绝干状态						
			干物质 DM	粗蛋白质 CP	粗脂肪 EE	粗纤维 CF	粗灰分 Ash	无氮浸出物 NFE	钙 Ca	磷 P	粗蛋白质 CP	粗脂肪 EE	粗纤维 CF	粗灰分 Ash	无氮浸出物 NFE	钙 Ca	磷 P
251	玉米	河北省沧州市青县	90.4	7.54	3.67	2.06	1.18	75.95	0.007	0.491	8.34	4.06	2.28	1.31	84.02	0.007	0.544
252	玉米	河北省沧州市任丘市	90.4	6.02	4.52	2.27	1.1	76.44	0.006	0.403	6.66	5	2.51	1.22	84.6	0.007	0.446
253	玉米	河北省沧州市献县	89.9	7.04	3.98	2.12	1	75.79	0.005	0.402	7.83	4.43	2.36	1.11	84.28	0.006	0.447
254	玉米	河北省承德市承德县	89.9	8.61	3.35	2.23	1.26	74.45	0.005	0.353	9.58	3.73	2.48	1.4	82.81	0.005	0.392
255	玉米	河北省承德市承德县	90.9	8.51	3.35	2.33	1.22	75.51	0.004	0.373	9.36	3.68	2.56	1.34	83.05	0.004	0.41
256	玉米	河北省承德市承德县	88.9	7.4	3.51	2.01	1.11	74.85	0.004	0.464	8.33	3.95	2.26	1.25	84.21	0.004	0.522
257	玉米	河北省邯郸市大名县	89.4	10.08	2.92	2.23	1.25	72.9	0.004	0.272	11.28	3.27	2.49	1.4	81.56	0.005	0.304
258	玉米	河北省邯郸市大名县	88.7	9.55	3.46	1.92	1.2	72.59	0.006	0.276	10.76	3.9	2.16	1.35	81.82	0.007	0.311
259	玉米	河北省邯郸市大名县	88.5	9.37	3.04	2.35	1.25	72.49	0.003	0.482	10.59	3.44	2.66	1.41	81.91	0.003	0.545
260	玉米	河北省邯郸市大名县	88.2	8.51	3.08	1.92	1.25	73.48	0.002	0.344	9.64	3.49	2.18	1.42	83.27	0.002	0.39
261	玉米	河北省邯郸市大名县	89	7.72	2.8	2.55	1.27	74.63	0.003	0.219	8.68	3.15	2.87	1.43	83.88	0.003	0.246
262	玉米	河北省邯郸市永年市	88.5	7.98	3.89	2.75	1.32	72.59	0.007	0.515	9.01	4.39	3.11	1.49	81.99	0.007	0.582
263	玉米	河北省邯郸市永年市	89.6	7.52	4.1	2.28	1.21	74.44	0.009	0.484	8.4	4.58	2.55	1.35	83.13	0.01	0.54
264	玉米	河北省邯郸市永年市	88.7	7.2	3.74	2.61	1.05	74.06	0.007	0.36	8.12	4.22	2.94	1.18	83.53	0.007	0.406
265	玉米	河北省邯郸市永年市	90	6.38	4.08	1.95	1.12	76.49	0.005	0.458	7.09	4.53	2.17	1.24	84.97	0.005	0.508
266	玉米	河北省衡水市故城县	89.8	8.37	3.35	2	1.3	74.75	0.005	0.257	9.32	3.73	2.23	1.45	83.27	0.006	0.286
267	玉米	河北省衡水市故城县	89.9	7.55	3.72	2.07	1.04	75.48	0.007	0.256	8.4	4.14	2.3	1.16	84	0.008	0.285
268	玉米	河北省衡水市桃城区	89.8	8.72	2.85	2.28	1.14	74.85	0.005	0.32	9.71	3.17	2.54	1.27	83.31	0.006	0.356
269	玉米	河北省衡水市桃城区	89.8	7.3	3.67	2.01	1.17	75.61	0.004	0.23	8.13	4.09	2.24	1.3	84.24	0.004	0.256
270	玉米	河北省廊坊市安次区	89.8	7.91	2.93	1.97	1.05	75.96	0.004	0.481	8.81	3.26	2.19	1.17	84.57	0.004	0.535
271	玉米	河北省廊坊市安次区	90.2	7.68	3.95	1.94	0.99	75.68	0.006	0.464	8.51	4.38	2.15	1.1	83.87	0.006	0.514

续表1-2

序号	原料名称	采样地点	原样状态								绝干状态						
			干物质 DM	粗蛋白质 CP	粗脂肪 EE	粗纤维 CF	粗灰分 Ash	无氮浸出物 NFE	钙 Ca	磷 P	粗蛋白质 CP	粗脂肪 EE	粗纤维 CF	粗灰分 Ash	无氮浸出物 NFE	钙 Ca	磷 P
272	玉米	河北省廊坊市安次区	89.7	7.55	3.45	1.88	0.89	75.95	0.004	0.374	8.42	3.85	2.1	0.99	84.65	0.005	0.417
273	玉米	河北省廊坊市大城县	89.9	8.99	3.72	2.42	1.04	73.75	0.005	0.452	10	4.14	2.69	1.16	82.02	0.005	0.503
274	玉米	河北省廊坊市文安县	89.9	8.06	3.57	2.17	0.94	75.19	0.006	0.442	8.96	3.97	2.41	1.05	83.61	0.006	0.491
275	玉米	河北省秦皇岛市昌黎县	90.2	7.82	3.02	1.82	1.4	76.18	0.007	0.323	8.67	3.35	2.02	1.55	84.42	0.008	0.358
276	玉米	河北省石家庄市藁城区	89.6	8.05	3.13	2.48	1.39	74.5	0.008	0.338	8.99	3.5	2.77	1.55	83.19	0.009	0.378
277	玉米	河北省石家庄市藁城区	89.7	6.51	3.4	2.07	1.22	76.46	0.006	0.329	7.26	3.79	2.31	1.36	85.28	0.006	0.367
278	玉米	河北省石家庄市藁城区	90	6.47	3.51	2.13	1.19	76.74	0.006	0.279	7.19	3.9	2.37	1.32	85.23	0.007	0.31
279	玉米	河北省石家庄市鹿泉区	89.2	5.96	3.41	1.92	1.06	76.88	0.009	0.409	6.68	3.82	2.15	1.19	86.16	0.01	0.458
280	玉米	河北省石家庄市鹿泉区	89.1	5.93	3.34	2.08	1.06	76.71	0.008	0.318	6.65	3.75	2.33	1.19	86.07	0.009	0.356
281	玉米	河北省石家庄市深泽县	88.4	6.55	2.88	2.12	1.07	75.73	0.005	0.605	7.41	3.26	2.4	1.21	85.72	0.005	0.684
282	玉米	河北省石家庄市深泽县	89.5	6.81	3.54	2.07	1.15	75.95	0.006	0.42	7.61	3.95	2.31	1.28	84.84	0.006	0.469
283	玉米	河北省石家庄市行唐县	90	6.97	4.03	1.92	1.14	75.94	0.007	0.456	7.74	4.48	2.13	1.27	84.38	0.007	0.506
284	玉米	河北省唐山市丰润区	90.3	7.39	3.72	1.98	1.22	75.94	0.007	0.258	8.19	4.12	2.19	1.35	84.14	0.008	0.286
285	玉米	河北省唐山市乐亭县	89.2	8.87	3.87	1.83	1.41	73.25	0.007	0.263	9.94	4.34	2.05	1.58	82.09	0.008	0.294
286	玉米	河北省唐山市滦州市	89.7	9.68	3.59	2.54	1.22	72.66	0.007	0.551	10.79	4	2.83	1.36	81.01	0.008	0.614
287	玉米	河北省唐山市玉田县	89.8	7.64	3.69	2.33	1.25	74.89	0.003	0.205	8.51	4.11	2.59	1.39	83.4	0.004	0.228
288	玉米	河北省唐山市遵化市	90.7	8.35	4.56	2.38	1.23	74.15	0.006	0.219	9.21	5.03	2.62	1.36	81.78	0.006	0.242
289	玉米	河北省邢台市宁晋县	90.9	9.89	3.34	2.05	1.36	74.22	0.003	0.401	10.88	3.68	2.26	1.5	81.69	0.004	0.442
290	玉米	河北省邢台市宁晋县	90.4	9.42	3.27	2.4	1.36	73.91	0.004	0.366	10.42	3.62	2.66	1.51	81.8	0.004	0.405
291	玉米	河北省邢台市宁晋县	90.4	8.61	3.24	2.11	1.14	75.34	0.005	0.445	9.52	3.58	2.33	1.26	83.3	0.005	0.492
292	玉米	河北省邢台市信都区	90	8.19	3.13	2.28	1.26	75.18	0.007	0.26	9.1	3.48	2.53	1.4	83.5	0.008	0.288

续表1-2

序号	原料名称	采样地点	原样状态								绝干状态						
			干物质 DM	粗蛋白质 CP	粗脂肪 EE	粗纤维 CF	粗灰分 Ash	无氮浸出物 NFE	钙 Ca	磷 P	粗蛋白质 CP	粗脂肪 EE	粗纤维 CF	粗灰分 Ash	无氮浸出物 NFE	钙 Ca	磷 P
293	玉米	河北省邢台市信都区	90.8	7.98	3.53	2.02	1.26	76.02	0.006	0.277	8.79	3.89	2.22	1.39	83.71	0.007	0.305
294	玉米	河北省张家口市	89.8	7.42	3.97	2.16	1.42	74.87	0.01	0.295	8.26	4.42	2.4	1.58	83.34	0.011	0.328
295	玉米	河南省安阳市安阳县	89.3	8.1	3.36	2.37	1.08	74.33	0.005	0.268	9.08	3.76	2.66	1.21	83.28	0.006	0.301
296	玉米	河南省安阳市安阳县	91.2	8.15	4.13	2.84	1.04	75.02	0.003	0.266	8.94	4.53	3.12	1.14	82.29	0.003	0.292
297	玉米	河南省安阳市安阳县	91.2	8.09	4.16	2.53	1.05	75.33	0.003	0.266	8.87	4.56	2.78	1.15	82.63	0.003	0.292
298	玉米	河南省安阳市安阳县	91.2	7.6	3.9	2.54	0.85	76.26	0.003	0.275	8.34	4.28	2.79	0.93	83.66	0.003	0.301
299	玉米	河南省安阳市滑县	91.2	8.47	3.37	2.61	1.17	75.53	0.003	0.262	9.29	3.7	2.86	1.28	82.85	0.003	0.288
300	玉米	河南省鹤壁市	87.2	8.5	3.5	2.2	1.2	71.83	0.006	0.565	9.74	4.01	2.52	1.38	82.35	0.007	0.647
301	玉米	河南省鹤壁市	87	8.41	3.4	2.5	1.2	71.53	0.005	0.845	9.66	3.91	2.87	1.38	82.18	0.006	0.971
302	玉米	河南省鹤壁市	87.1	8.36	3.2	2.4	1.4	71.78	0.005	0.852	9.59	3.67	2.75	1.61	82.37	0.006	0.978
303	玉米	河南省鹤壁市	87.6	8.33	4.2	2.4	1.4	71.27	0.005	0.894	9.51	4.79	2.74	1.6	81.36	0.006	1.02
304	玉米	河南省鹤壁市	87.1	8.26	3.4	2.6	1.4	71.41	0.006	0.6	9.49	3.9	2.99	1.61	82.01	0.007	0.689
305	玉米	河南省鹤壁市	87.8	8.22	4.6	2.4	1.4	71.14	0.007	0.517	9.37	5.24	2.73	1.6	81.06	0.008	0.589
306	玉米	河南省鹤壁市	85.3	7.65	3.59	2.2	1.58	70.28	0.009	0.242	8.97	4.21	2.58	1.85	82.39	0.011	0.283
307	玉米	河南省鹤壁市浚县	89.6	8.52	3.94	1.76	1.22	74.12	0.003	0.33	9.51	4.4	1.97	1.36	82.76	0.004	0.369
308	玉米	河南省焦作市孟州市	89	8.33	3.72	1.92	1.25	73.76	0.002	0.362	9.36	4.18	2.16	1.4	82.9	0.002	0.407
309	玉米	河南省焦作市孟州市	88.8	7.89	2.99	2.06	1.1	74.75	0.003	0.281	8.89	3.37	2.32	1.24	84.19	0.004	0.317
310	玉米	河南省开封市杞县	89.3	8.16	3.39	2.06	1.27	74.43	0.003	0.308	9.14	3.8	2.31	1.42	83.35	0.004	0.345
311	玉米	河南省洛阳市嵩县	88.8	8.93	3.31	1.65	0.89	73.97	0.008	0.223	10.06	3.73	1.86	1	83.34	0.01	0.251
312	玉米	河南省洛阳市嵩县	91.2	8.74	3.28	1.99	0.87	76.28	0.004	0.218	9.59	3.6	2.18	0.95	83.68	0.005	0.239
313	玉米	河南省南阳市	87.8	9.1	2.9	2.8	1.4	71.58	0.007	0.269	10.37	3.3	3.19	1.59	81.54	0.008	0.306

续表1-2

序号	原料名称	采样地点	原样状态								绝干状态						
			干物质 DM	粗蛋白质 CP	粗脂肪 EE	粗纤维 CF	粗灰分 Ash	无氮浸出物 NFE	钙 Ca	磷 P	粗蛋白质 CP	粗脂肪 EE	粗纤维 CF	粗灰分 Ash	无氮浸出物 NFE	钙 Ca	磷 P
314	玉米	河南省南阳市	89.8	9.77	4.03	1.81	1.32	72.88	0.003	0.358	10.88	4.49	2.02	1.47	81.15	0.003	0.399
315	玉米	河南省南阳市邓州市	89.8	9.29	3.21	1.83	1.28	74.18	0.003	0.375	10.35	3.58	2.04	1.43	82.61	0.003	0.418
316	玉米	河南省南阳市社旗县	89.4	8.28	2.92	1.99	1.25	74.96	0.001	0.362	9.26	3.27	2.23	1.4	83.85	0.001	0.405
317	玉米	河南省南阳市桐柏县	90.2	9.16	3.74	2.49	1.03	73.8	0.002	0.348	10.15	4.15	2.76	1.14	81.8	0.003	0.385
318	玉米	河南省平顶山市宝丰县	89.2	8.77	3	2.2	1.16	74.08	0.004	0.289	9.83	3.36	2.47	1.3	83.04	0.005	0.324
319	玉米	河南省平顶山市宝丰县	91.2	8.83	3.59	2.47	1.08	75.2	0.002	0.298	9.69	3.94	2.71	1.18	82.49	0.002	0.327
320	玉米	河南省平顶山市宝丰县	91.2	8.33	2.8	2.05	1.01	76.98	0.001	0.29	9.14	3.07	2.25	1.11	84.44	0.002	0.319
321	玉米	河南省濮阳市清丰县	90.2	8.29	3.46	3.05	1.24	74.18	0.004	0.333	9.19	3.84	3.38	1.37	82.22	0.005	0.369
322	玉米	河南省三门峡市灵宝市	88.3	10.84	2.74	1.95	1.21	71.59	0.003	0.286	12.27	3.1	2.21	1.37	81.06	0.003	0.324
323	玉米	河南省商丘市永城市	91.2	9.66	3.35	2.15	1.14	74.86	0.003	0.307	10.6	3.67	2.36	1.25	82.12	0.003	0.337
324	玉米	河南省商丘市柘城县	89.6	8.49	3.42	2.07	1.11	74.48	0.003	0.3	9.48	3.82	2.31	1.24	83.15	0.003	0.335
325	玉米	河南省商丘市柘城县	89.7	8.3	3.82	2.17	1.27	74.12	0.008	0.29	9.26	4.26	2.42	1.42	82.66	0.009	0.324
326	玉米	河南省商丘市柘城县	91.2	8.39	3.21	2.21	1.18	76.18	0.012	0.298	9.2	3.52	2.42	1.29	83.57	0.013	0.327
327	玉米	河南省商丘市柘城县	89.3	8.19	3.94	2.09	1.26	73.81	0.011	0.31	9.17	4.41	2.34	1.41	82.67	0.012	0.347
328	玉米	河南省商丘市柘城县	89	8	3.15	2.31	1.19	74.34	0.003	0.33	8.99	3.54	2.6	1.34	83.54	0.003	0.371
329	玉米	河南省新乡市	87.4	9.15	1.8	1.8	1.21	73.45	0.007	0.305	10.47	2.06	2.06	1.38	84.03	0.008	0.349
330	玉米	河南省新乡市	84.3	7.38	4.16	1.99	1.17	69.61	0.006	0.27	8.75	4.93	2.36	1.39	82.56	0.008	0.321
331	玉米	河南省新乡市辉县市	91.5	8.05	3.83	2.61	0.97	76	0.003	0.315	8.8	4.19	2.85	1.06	83.09	0.003	0.344
332	玉米	河南省信阳市平桥区	90.5	7.7	3.88	1.76	1.18	75.94	0.003	0.321	8.51	4.29	1.95	1.3	83.95	0.003	0.355
333	玉米	河南省许昌市	91.2	9.27	3.75	2.09	1.17	74.89	0.009	0.357	10.17	4.11	2.29	1.28	82.15	0.01	0.392
334	玉米	河南省许昌市	88	8.65	2.77	2.68	1.29	72.61	0.012	0.282	9.83	3.15	3.05	1.47	82.51	0.013	0.321

续表1-2

序号	原料名称	采样地点	原样状态								绝干状态						
			干物质 DM	粗蛋白质 CP	粗脂肪 EE	粗纤维 CF	粗灰分 Ash	无氮浸出物 NFE	钙 Ca	磷 P	粗蛋白质 CP	粗脂肪 EE	粗纤维 CF	粗灰分 Ash	无氮浸出物 NFE	钙 Ca	磷 P
335	玉米	河南省许昌市	88.4	8.58	3.28	1.76	1.06	73.7	0.003	0.286	9.71	3.71	1.99	1.2	83.39	0.003	0.324
336	玉米	河南省郑州市	89.9	7.38	3.42	2.01	1.26	75.84	0.006	0.437	8.21	3.8	2.24	1.4	84.35	0.006	0.486
337	玉米	河南省郑州市	87.2	8.87	3.61	2.2	1.32	71.2	0.017	0.235	10.17	4.14	2.52	1.51	81.65	0.019	0.269
338	玉米	河南省郑州市	87.1	7.94	3.45	2.5	1.38	71.83	0.014	0.226	9.12	3.96	2.87	1.58	82.47	0.016	0.26
339	玉米	河南省郑州市荥阳市	90.2	8.11	3.7	2.68	1.03	74.71	0.004	0.292	8.99	4.1	2.97	1.14	82.81	0.004	0.323
340	玉米	河南省周口市	88.9	8.44	5.08	1.94	1.35	72.13	0.007	0.42	9.49	5.71	2.18	1.52	81.1	0.008	0.473
341	玉米	河南省周口市	90.1	8.06	3.33	1.99	1.37	75.31	0.006	0.305	8.95	3.7	2.21	1.52	83.62	0.007	0.339
342	玉米	河南省周口市	89.8	9.29	3.21	1.83	1.28	74.18	0.008	0.385	10.35	3.58	2.04	1.43	82.61	0.009	0.429
343	玉米	河南省周口市	87.7	8.52	3.51	2.2	1.46	72.01	0.012	0.344	9.71	4	2.51	1.66	82.11	0.014	0.392
344	玉米	河南省周口市项城市	89.6	9.58	3.05	2.41	1.12	73.46	0.004	0.37	10.69	3.4	2.69	1.25	81.97	0.004	0.412
345	玉米	河南省周口市项城市	91.6	9.37	2.94	2.36	1.13	75.79	0.003	0.283	10.23	3.21	2.58	1.23	82.74	0.004	0.309
346	玉米	河南省驻马店市汝南县	90.2	8.29	3.46	3.05	1.24	74.18	0.002	0.461	9.19	3.84	3.38	1.37	82.22	0.002	0.511
347	玉米	河南省驻马店市	92.4	8.35	4.55	2.38	2.22	74.92	0.006	0.424	9.03	4.92	2.58	2.4	81.06	0.006	0.458
348	玉米	黑龙江省哈尔滨市巴彦县	89.2	8.72	2.21	4.28	1.3	72.69	0.009	0.341	9.78	2.48	4.8	1.46	81.49	0.011	0.383
349	玉米	黑龙江省哈尔滨市	88.8	8.75	2.15	4.32	1.2	72.38	0.006	0.316	9.85	2.42	4.86	1.35	81.51	0.007	0.356
350	玉米	黑龙江省哈尔滨市	89.2	8.66	2.22	4.03	1.3	72.99	0.01	0.317	9.71	2.49	4.52	1.46	81.83	0.011	0.356
351	玉米	黑龙江省哈尔滨市	88.8	8.41	2.72	4.23	1.2	72.24	0.006	0.306	9.47	3.06	4.76	1.35	81.35	0.006	0.345
352	玉米	黑龙江省哈尔滨市	89.1	8.17	2.07	4.1	1.2	73.56	0.006	0.295	9.17	2.32	4.6	1.35	82.56	0.007	0.332
353	玉米	黑龙江省哈尔滨市	89	8.09	2.69	4.22	1.2	72.8	0.006	0.294	9.09	3.02	4.74	1.35	81.8	0.006	0.33
354	玉米	黑龙江省哈尔滨市	89	8.66	2.26	4.24	1.3	72.54	0.005	0.324	9.73	2.54	4.76	1.46	81.51	0.005	0.364

续表1-2

序号	原料名称	采样地点	原样状态								绝干状态						
			干物质 DM	粗蛋白质 CP	粗脂肪 EE	粗纤维 CF	粗灰分 Ash	无氮浸出物 NFE	钙 Ca	磷 P	粗蛋白质 CP	粗脂肪 EE	粗纤维 CF	粗灰分 Ash	无氮浸出物 NFE	钙 Ca	磷 P
355	玉米	黑龙江省哈尔滨市	89.6	8.59	2.07	4.39	1.3	73.25	0.005	0.363	9.59	2.31	4.9	1.45	81.75	0.006	0.405
356	玉米	黑龙江省哈尔滨市	89.2	8.5	2.02	4.03	1.2	73.46	0.013	0.316	9.53	2.26	4.52	1.35	82.35	0.014	0.355
357	玉米	黑龙江省哈尔滨市	89.3	8.22	3.02	4.34	1.3	72.42	0.007	0.315	9.2	3.38	4.86	1.46	81.1	0.008	0.353
358	玉米	黑龙江省哈尔滨市	88.9	8.02	3.21	4.23	1.7	71.74	0.009	0.309	9.02	3.61	4.76	1.91	80.7	0.01	0.348
359	玉米	黑龙江省哈尔滨市	89.6	8.02	2.02	3.99	1.3	74.27	0.011	0.299	8.95	2.25	4.45	1.45	82.89	0.012	0.334
360	玉米	黑龙江省哈尔滨市	89.3	7.7	2.07	4.02	1.2	74.31	0.011	0.286	8.62	2.32	4.5	1.34	83.21	0.012	0.32
361	玉米	黑龙江省哈尔滨市方正县	89.6	8.02	2.99	2.4	1.2	74.99	0.006	0.358	8.95	3.34	2.68	1.34	83.69	0.007	0.399
362	玉米	黑龙江省佳木斯市桦南县	89.2	8.46	3.46	1.8	1.2	74.28	0.005	0.329	9.48	3.88	2.02	1.35	83.27	0.005	0.369
363	玉米	黑龙江省佳木斯市桦南县	88.9	8.11	6.6	3.82	1.2	69.18	0.008	0.374	9.12	7.42	4.3	1.35	77.82	0.009	0.42
364	玉米	黑龙江省鸡西市	89.3	8.59	3.01	2.24	1.2	74.26	0.007	0.31	9.62	3.37	2.51	1.34	83.16	0.007	0.347
365	玉米	黑龙江省鸡西市	89.3	8.51	3.34	2.44	1.3	73.72	0.005	0.332	9.53	3.74	2.73	1.46	82.55	0.005	0.371
366	玉米	黑龙江省佳木斯市	89.3	6.71	3.49	1.75	1.4	75.95	0.007	0.342	7.51	3.91	1.96	1.57	85.05	0.007	0.383
367	玉米	黑龙江省牡丹江市	89	23.5	2.26	4.29	1.2	57.75	0.006	0.337	26.4	2.54	4.82	1.35	64.89	0.006	0.379
368	玉米	黑龙江省牡丹江市	89.2	8.51	2.02	4.83	1.2	72.64	0.007	0.249	9.54	2.26	5.41	1.35	81.43	0.008	0.279
369	玉米	黑龙江省七台河市	89.3	7.7	2.39	2.42	1.3	75.49	0.008	0.359	8.62	2.68	2.71	1.46	84.54	0.009	0.402
370	玉米	黑龙江省齐齐哈尔市	89.1	23.2	2.21	4.32	4.7	54.67	0.005	0.314	26.04	2.48	4.85	5.27	61.36	0.005	0.353
371	玉米	黑龙江省齐齐哈尔市	89.2	8.9	2.72	4.29	1.2	72.09	0.005	0.323	9.98	3.05	4.81	1.35	80.82	0.006	0.362
372	玉米	黑龙江省齐齐哈尔市	89.2	8.75	3.12	2.49	1.2	73.64	0.006	0.305	9.81	3.5	2.79	1.35	82.56	0.007	0.342
373	玉米	黑龙江省齐齐哈尔市	88.9	8.72	3.24	2.29	1.2	73.45	0.005	0.313	9.81	3.64	2.58	1.35	82.62	0.006	0.352
374	玉米	黑龙江省齐齐哈尔市	88.9	8.71	2.02	5.03	1.7	71.44	0.006	0.307	9.8	2.27	5.66	1.91	80.36	0.006	0.345
375	玉米	黑龙江省齐齐哈尔市	89.2	8.74	2.92	0.44	1.2	75.9	0.005	0.307	9.8	3.27	0.49	1.35	85.09	0.005	0.344

续表1-2

序号	原料名称	采样地点	原样状态								绝干状态						
			干物质 DM	粗蛋白质 CP	粗脂肪 EE	粗纤维 CF	粗灰分 Ash	无氮浸出物 NFE	钙 Ca	磷 P	粗蛋白质 CP	粗脂肪 EE	粗纤维 CF	粗灰分 Ash	无氮浸出物 NFE	钙 Ca	磷 P
376	玉米	黑龙江省齐齐哈尔市	89.1	8.7	2.57	2.21	1.3	74.32	0.005	0.345	9.76	2.88	2.48	1.46	83.41	0.005	0.387
377	玉米	黑龙江省齐齐哈尔市	88.8	8.66	2.19	4.32	1.7	71.93	0.006	0.308	9.75	2.47	4.86	1.91	81	0.007	0.346
378	玉米	黑龙江省齐齐哈尔市	88.9	8.66	2.18	4.39	1.2	72.47	0.006	0.298	9.74	2.45	4.94	1.35	81.52	0.007	0.335
379	玉米	黑龙江省齐齐哈尔市	88.9	8.66	2.94	2.49	1.7	73.11	0.006	0.31	9.74	3.31	2.8	1.91	82.24	0.006	0.348
380	玉米	黑龙江省齐齐哈尔市	89.3	8.66	3.07	4.17	1.2	72.2	0.006	0.314	9.7	3.44	4.67	1.34	80.85	0.006	0.352
381	玉米	黑龙江省齐齐哈尔市	85.8	8.26	3.02	4.29	1.3	68.93	0.005	0.327	9.63	3.52	5	1.52	80.34	0.006	0.381
382	玉米	黑龙江省齐齐哈尔市	89.2	8.57	2.79	1.74	1.2	74.9	0.005	0.338	9.61	3.13	1.95	1.35	83.97	0.006	0.379
383	玉米	黑龙江省齐齐哈尔市	88.8	8.52	2.7	2.23	1.2	74.15	0.005	0.313	9.59	3.04	2.51	1.35	83.5	0.005	0.353
384	玉米	黑龙江省齐齐哈尔市	88.9	8.5	2.39	2.05	1.2	74.76	0.005	0.325	9.56	2.69	2.31	1.35	84.09	0.006	0.366
385	玉米	黑龙江省齐齐哈尔市	88.8	8.47	3.7	2.04	1.2	73.39	0.005	0.334	9.54	4.17	2.3	1.35	82.65	0.005	0.376
386	玉米	黑龙江省齐齐哈尔市	89.1	8.47	2.96	2.17	1.1	74.4	0.005	0.327	9.51	3.32	2.44	1.23	83.5	0.006	0.367
387	玉米	黑龙江省齐齐哈尔市	89.2	8.48	2.66	2.11	1.2	74.75	0.005	0.328	9.51	2.98	2.37	1.35	83.8	0.006	0.367
388	玉米	黑龙江省齐齐哈尔市	88.8	8.42	2.93	1.35	1.2	74.9	0.006	0.314	9.48	3.3	1.52	1.35	84.35	0.007	0.354
389	玉米	黑龙江省齐齐哈尔市	89	8.42	2.07	4.28	1.3	72.93	0.007	0.298	9.46	2.33	4.81	1.46	81.94	0.008	0.335
390	玉米	黑龙江省齐齐哈尔市	89	8.41	3.18	1.89	1.2	74.32	0.005	0.308	9.45	3.57	2.12	1.35	83.51	0.005	0.346
391	玉米	黑龙江省齐齐哈尔市	89.2	8.41	3.03	2.23	1.2	74.33	0.006	0.306	9.43	3.4	2.5	1.35	83.33	0.007	0.343
392	玉米	黑龙江省齐齐哈尔市	89	8.38	2.02	4.32	1.3	72.98	0.006	0.328	9.42	2.27	4.85	1.46	82	0.007	0.368
393	玉米	黑龙江省齐齐哈尔市	89.2	8.38	3.12	2.26	1.2	74.24	0.005	0.316	9.39	3.5	2.53	1.35	83.23	0.006	0.355
394	玉米	黑龙江省齐齐哈尔市	89.3	8.38	2.68	2.42	1.2	74.62	0.008	0.311	9.38	3	2.71	1.34	83.56	0.009	0.348
395	玉米	黑龙江省齐齐哈尔市	86.8	8.02	2.02	4.27	1.2	71.29	0.004	0.297	9.24	2.33	4.92	1.38	82.13	0.005	0.342
396	玉米	黑龙江省齐齐哈尔市	89	8.22	3.53	2.22	1.2	73.83	0.008	0.318	9.24	3.97	2.49	1.35	82.96	0.009	0.358

续表1-2

序号	原料名称	采样地点	原样状态								绝干状态						
			干物质 DM	粗蛋白质 CP	粗脂肪 EE	粗纤维 CF	粗灰分 Ash	无氮浸出物 NFE	钙 Ca	磷 P	粗蛋白质 CP	粗脂肪 EE	粗纤维 CF	粗灰分 Ash	无氮浸出物 NFE	钙 Ca	磷 P
397	玉米	黑龙江省齐齐哈尔市	89.2	8.17	3.39	2.01	1.2	74.43	0.005	0.31	9.16	3.8	2.25	1.35	83.44	0.006	0.348
398	玉米	黑龙江省齐齐哈尔市	88.4	8.09	2.02	4.29	1.3	72.7	0.005	0.292	9.15	2.29	4.85	1.47	82.24	0.006	0.33
399	玉米	黑龙江省齐齐哈尔市	88.8	8.1	2.23	5.29	1.2	71.98	0.005	0.304	9.12	2.51	5.96	1.35	81.06	0.006	0.343
400	玉米	黑龙江省齐齐哈尔市	89.3	8.02	2.07	4.22	1.3	73.69	0.004	0.313	8.98	2.32	4.73	1.46	82.52	0.005	0.35
401	玉米	黑龙江省齐齐哈尔市	89.2	8.87	2.82	3.02	1.1	73.39	0.005	0.322	9.94	3.16	3.39	1.23	82.28	0.006	0.36
402	玉米	黑龙江省齐齐哈尔市	88.4	8.66	2.73	4.27	1.7	71.04	0.005	0.329	9.8	3.09	4.83	1.92	80.36	0.006	0.372
403	玉米	黑龙江省齐齐哈尔市	88.9	8.66	2.76	4.27	1.7	71.51	0.005	0.329	9.74	3.1	4.8	1.91	80.44	0.005	0.37
404	玉米	黑龙江省齐齐哈尔市	88.8	8.42	3.66	2.5	1.2	73.02	0.005	0.335	9.48	4.12	2.82	1.35	82.23	0.005	0.378
405	玉米	黑龙江省齐齐哈尔市	88.9	8.02	2.18	5.03	1.7	71.97	0.005	0.327	9.02	2.45	5.66	1.91	80.96	0.005	0.368
406	玉米	黑龙江省绥化市	88.8	8.2	3.18	4.31	5	68.11	0.057	0.222	9.23	3.58	4.85	5.63	76.7	0.064	0.249
407	玉米	黑龙江省绥化市	88.9	8.09	2.21	5.02	1.2	72.38	0.008	0.222	9.1	2.49	5.65	1.35	81.42	0.009	0.25
408	玉米	黑龙江省绥化市	89.3	7.59	2.56	1.54	1.2	76.41	0.011	0.347	8.5	2.87	1.72	1.34	85.57	0.012	0.388
409	玉米	黑龙江省绥化市	88.8	8.67	3.02	5.03	1.3	70.78	0.006	0.313	9.76	3.4	5.66	1.46	79.71	0.007	0.353
410	玉米	黑龙江省绥化市	89.3	8.52	2.02	5.32	1.7	71.74	0.006	0.312	9.54	2.26	5.96	1.9	80.34	0.006	0.35
411	玉米	黑龙江省绥化市	89.2	8.09	3.08	4.21	1.2	72.62	0.005	0.313	9.07	3.45	4.72	1.35	81.41	0.006	0.351
412	玉米	黑龙江省齐齐哈尔市泰来县	89.2	8.55	3.82	3.18	1.2	72.46	0.004	0.328	9.59	4.28	3.57	1.35	81.23	0.005	0.368
413	玉米	黑龙江省佳木斯市汤原县	88.7	8.56	2.86	1.71	1.4	74.17	0.026	0.277	9.65	3.22	1.93	1.58	83.62	0.029	0.312
414	玉米	黑龙江省哈尔滨市五常市	89	8.82	3.02	5.02	1.2	70.94	0.008	0.333	9.91	3.39	5.64	1.35	79.71	0.009	0.374
415	玉米	黑龙江省佳木斯市汤原县	89.2	8.42	3.02	4.03	1.7	72.03	0.007	0.353	9.44	3.39	4.52	1.91	80.75	0.008	0.396
416	玉米	黑龙江省绥化市肇东市	88.8	8.09	2.81	2.08	1.3	74.52	0.012	0.339	9.11	3.16	2.34	1.46	83.92	0.014	0.382
417	玉米	黑龙江省绥化市肇东市	89.2	8.59	2.52	4.32	1.2	72.58	0.013	0.335	9.63	2.83	4.84	1.35	81.37	0.014	0.375
418	玉米	黑龙江省绥化市肇东市	89.3	7.7	3.03	4.02	1.3	73.25	0.009	0.303	8.62	3.39	4.5	1.46	82.03	0.01	0.339

续表1-2

序号	原料名称	采样地点	原样状态								绝干状态						
			干物质 DM	粗蛋白质 CP	粗脂肪 EE	粗纤维 CF	粗灰分 Ash	无氮浸出物 NFE	钙 Ca	磷 P	粗蛋白质 CP	粗脂肪 EE	粗纤维 CF	粗灰分 Ash	无氮浸出物 NFE	钙 Ca	磷 P
419	玉米	黑龙江省绥化市肇东市	89.2	8.41	2.08	4.29	1.2	73.22	0.006	0.332	9.43	2.33	4.81	1.35	82.09	0.007	0.373
420	玉米	湖北省恩施土家族苗族自治州	90	8.47	4.83	2.2	1.87	72.62	0.01	0.355	9.41	5.37	2.44	2.08	80.69	0.011	0.395
421	玉米	湖北省恩施土家族苗族自治州	88.4	8.13	4.99	1.97	1.83	71.47	0.009	0.374	9.2	5.64	2.23	2.07	80.85	0.011	0.423
422	玉米	湖北省恩施土家族苗族自治州巴东县	83.8	7.79	4.96	2.58	1.77	66.74	0.005	0.388	9.29	5.92	3.08	2.11	79.61	0.006	0.463
423	玉米	湖北省恩施土家族苗族自治州鹤峰县	82.7	7.4	3.56	3.02	1.55	67.2	0.005	0.372	8.94	4.3	3.65	1.87	81.23	0.005	0.449
424	玉米	湖北省恩施土家族苗族自治州建始县	86.3	8.46	3.79	2.5	1.54	69.97	0.004	0.442	9.81	4.39	2.9	1.79	81.12	0.005	0.513
425	玉米	湖北省恩施土家族苗族自治州利川市	84.7	8.17	5.32	2.69	1.62	66.88	0.004	0.448	9.65	6.28	3.18	1.91	78.97	0.004	0.529
426	玉米	湖北省恩施土家族苗族自治州利川市	84.9	7.5	5.11	3.07	1.71	67.5	0.004	0.446	8.83	6.02	3.62	2.01	79.51	0.005	0.525
427	玉米	湖北省恩施土家族苗族自治州咸丰县	84.5	7.28	4.18	3	1.73	68.29	0.004	0.465	8.62	4.95	3.55	2.05	80.84	0.005	0.55
428	玉米	湖北省恩施土家族苗族自治州宣恩县	86.8	7.9	4.12	3.14	1.5	70.1	0.007	0.42	9.11	4.75	3.62	1.73	80.8	0.008	0.484
429	玉米	湖北省黄石市	84.3	8.53	2.88	2.55	1.3	69.01	0.008	0.337	10.12	3.42	3.03	1.54	81.89	0.009	0.4
430	玉米	湖北省黄石市阳新县	87.7	8.84	3.52	2.89	1.52	70.94	0.01	0.317	10.08	4.01	3.29	1.73	80.88	0.011	0.362
431	玉米	湖北省荆门市屈家岭管理区	85.2	8.88	2.87	2.52	1.63	69.28	0.004	0.408	10.42	3.37	2.96	1.91	81.33	0.005	0.479
432	玉米	湖北省十堰市丹江口市	87.6	8.91	3.41	2.6	1.38	71.33	0.003	0.504	10.17	3.89	2.97	1.57	81.41	0.004	0.575
433	玉米	湖北省十堰市房县	85.5	9.16	3.25	2.54	1.76	68.8	0.01	0.478	10.71	3.8	2.97	2.06	80.45	0.011	0.559
434	玉米	湖北省十堰市郧西县	86.6	9.3	3.29	2.32	1.64	70.06	0.003	0.474	10.74	3.8	2.68	1.89	80.88	0.004	0.547

续表1-2

序号	原料名称	采样地点	原样状态								绝干状态						
			干物质 DM	粗蛋白质 CP	粗脂肪 EE	粗纤维 CF	粗灰分 Ash	无氮浸出物 NFE	钙 Ca	磷 P	粗蛋白质 CP	粗脂肪 EE	粗纤维 CF	粗灰分 Ash	无氮浸出物 NFE	钙 Ca	磷 P
435	玉米	湖北省十堰市郧西县	85.7	9.09	4.71	2.49	1.83	67.61	0.005	0.355	10.6	5.49	2.9	2.13	78.85	0.006	0.414
436	玉米	湖北省十堰市竹山县	85.1	8.15	3.75	2.6	1.85	68.73	0.004	0.366	9.58	4.41	3.06	2.17	80.78	0.004	0.431
437	玉米	湖北省十堰市竹溪县	89	9.7	3.62	3.29	1.85	70.56	0.004	0.37	10.9	4.07	3.7	2.08	79.26	0.004	0.416
438	玉米	湖北省随州市广水市	83.4	9.8	4.96	2.23	1.75	64.66	0.009	0.372	11.75	5.95	2.67	2.1	77.52	0.011	0.446
439	玉米	湖北省随州市随县	88.6	8.78	3.26	2.23	1.53	72.83	0.006	0.385	9.91	3.68	2.52	1.73	82.17	0.006	0.434
440	玉米	湖北省仙桃市	84.6	8.52	3.07	2.84	1.67	68.44	0.015	0.229	10.08	3.63	3.36	1.98	80.95	0.017	0.27
441	玉米	湖北省仙桃市杨林尾镇	87.4	9.12	4.42	2.09	1.47	70.31	0.003	0.399	10.43	5.06	2.39	1.68	80.43	0.004	0.456
442	玉米	湖北省襄阳市保康县	85	8.58	3.41	2.2	1.92	68.9	0.005	0.315	10.09	4.01	2.59	2.26	81.05	0.005	0.371
443	玉米	湖北省襄阳市保康县	85.6	8.52	3.09	2.12	1.72	70.15	0.019	0.313	9.95	3.61	2.48	2.01	81.95	0.022	0.366
444	玉米	湖北省襄阳市谷城县	85.9	9.37	3.46	2.81	1.46	68.79	0.005	0.359	10.91	4.03	3.27	1.7	80.09	0.005	0.418
445	玉米	湖北省襄阳市老河口市	85.2	9.37	2.02	2.78	1.74	69.29	0.004	0.321	11	2.37	3.26	2.04	81.33	0.005	0.376
446	玉米	湖北省襄阳市老河口市	87	8.82	4.76	3.05	1.45	68.91	0.003	0.369	10.14	5.47	3.51	1.67	79.23	0.004	0.425
447	玉米	湖北省襄阳市南漳县	85.7	7.99	1.7	2.31	1.55	72.18	0.004	0.377	9.32	1.98	2.69	1.81	84.19	0.005	0.44
448	玉米	湖北省襄阳市宜城市	85.7	7.59	4.55	2.29	1.42	69.82	0.005	0.26	8.86	5.31	2.67	1.66	81.49	0.005	0.303
449	玉米	湖北省宜昌市	87.9	7.29	3.15	2.59	1.76	73.05	0.006	0.271	8.3	3.59	2.95	2	83.15	0.006	0.308
450	玉米	湖北省宜昌市当阳市	89.7	7.15	4.11	2.65	1.69	74.11	0.003	0.305	7.97	4.58	2.95	1.88	82.61	0.004	0.34
451	玉米	湖北省宜昌市五峰土家族自治县	81.8	7.63	3.77	2.43	1.64	66.34	0.004	0.29	9.33	4.61	2.97	2	81.08	0.005	0.354
452	玉米	湖北省宜昌市兴山县	86.4	8.27	4	2.66	1.72	69.76	0.003	0.318	9.57	4.63	3.08	1.99	80.73	0.004	0.368
453	玉米	湖北省宜昌市宜都市	84	7.82	3.14	2.79	1.73	68.5	0.003	0.322	9.31	3.74	3.32	2.06	81.57	0.003	0.383
454	玉米	湖北省宜昌市长阳土家族自治县	87.3	9.39	3.1	2.84	1.76	70.18	0.003	0.282	10.76	3.55	3.25	2.02	80.43	0.004	0.323
455	玉米	湖北省宜昌市枝江市	86.7	8.19	3.08	2.56	1.47	71.35	0.004	0.325	9.45	3.55	2.95	1.7	82.34	0.004	0.375
456	玉米	湖北省宜昌市秭归县	84.9	8.39	4.84	3.17	1.82	66.62	0.017	0.338	9.89	5.7	3.74	2.14	78.52	0.02	0.398
457	玉米	湖北省枣阳市	88.4	7.84	3.38	2.26	1.52	73.37	0.008	0.242	8.87	3.82	2.56	1.72	83.02	0.009	0.274

续表1-2

序号	原料名称	采样地点	原样状态								绝干状态						
			干物质 DM	粗蛋白质 CP	粗脂肪 EE	粗纤维 CF	粗灰分 Ash	无氮浸出物 NFE	钙 Ca	磷 P	粗蛋白质 CP	粗脂肪 EE	粗纤维 CF	粗灰分 Ash	无氮浸出物 NFE	钙 Ca	磷 P
458	玉米	湖南省安化县洞市乡	86.3	9.7	4.14	1.52	1.37	69.52	0.018	0.359	11.25	4.8	1.76	1.59	80.6	0.021	0.416
459	玉米	湖南省常德市石门县	85.8	9.35	3.94	1.77	1.33	69.41	0.003	0.508	10.9	4.59	2.06	1.55	80.9	0.004	0.592
460	玉米	湖南省常德市石门县	88.8	9.3	3.88	1.79	1.34	72.46	0.009	0.503	10.48	4.37	2.02	1.51	81.64	0.01	0.566
461	玉米	湖南省常德市桃源县	88.2	9.36	3.86	1.78	1.44	71.72	0.006	0.473	10.62	4.38	2.02	1.63	81.35	0.007	0.536
462	玉米	湖南省郴州市桂阳县	88.9	10.34	3.87	1.64	1.18	71.84	0.004	0.541	11.63	4.35	1.85	1.33	80.84	0.005	0.609
463	玉米	湖南省郴州市临武县	89.3	8.91	3.7	1.51	1.26	73.96	0.004	0.526	9.97	4.14	1.69	1.41	82.79	0.004	0.588
464	玉米	湖南省郴州市宜章县	87.4	9.17	4.17	1.84	1.37	70.86	0.003	0.496	10.49	4.77	2.11	1.57	81.07	0.004	0.567
465	玉米	湖南省怀化市辰溪县	88.2	9.01	3.89	1.62	1.28	72.43	0.004	0.44	10.21	4.41	1.84	1.45	82.09	0.004	0.499
466	玉米	湖南省怀化市沅陵县	88	9.55	4.27	1.81	1.31	71.09	0.009	0.56	10.85	4.85	2.06	1.49	80.76	0.01	0.636
467	玉米	湖南省怀化市芷江侗族自治县	89.2	9.73	4.25	1.78	1.32	72.1	0.003	0.495	10.91	4.77	2	1.48	80.86	0.003	0.555
468	玉米	湖南省娄底市涟源市	87.3	10.55	3.75	1.42	1.26	70.31	0.004	0.424	12.09	4.3	1.63	1.44	80.55	0.005	0.485
469	玉米	湖南省娄底市双峰县	87.4	10.69	3.74	1.38	1.27	70.33	0.007	0.453	12.23	4.28	1.58	1.45	80.46	0.009	0.518
470	玉米	湖南省邵阳市洞口县	89.5	8.61	3.87	1.57	1.33	74.13	0.005	0.402	9.62	4.32	1.75	1.49	82.82	0.006	0.449
471	玉米	湖南省邵阳市隆回县	87.6	9.27	4.22	1.74	1.44	70.91	0.004	0.419	10.59	4.82	1.99	1.64	80.98	0.004	0.479
472	玉米	湖南省邵阳市邵东市	87.4	10.76	3.68	1.39	1.29	70.25	0.004	0.442	12.32	4.21	1.59	1.48	80.41	0.004	0.505
473	玉米	湖南省邵阳市武冈市	88.1	9.66	4.37	1.84	1.39	70.85	0.004	0.551	10.96	4.96	2.09	1.58	80.42	0.005	0.625
474	玉米	湖南省邵阳市新宁县	85.5	9.34	4.22	1.77	1.34	68.87	0.004	0.549	10.92	4.93	2.07	1.57	80.51	0.005	0.642
475	玉米	湖南省邵阳市新邵县	86.5	9.4	4.1	1.76	1.43	69.82	0.004	0.396	10.86	4.74	2.03	1.65	80.7	0.005	0.458
476	玉米	湖南省湘西土家族苗族自治州保靖县	86.6	9.46	4.43	1.81	1.34	69.61	0.006	0.438	10.92	5.11	2.09	1.55	80.34	0.007	0.505
477	玉米	湖南省湘西土家族苗族自治州龙山县	88.5	9.08	4.2	1.4	1.26	72.51	0.004	0.693	10.27	4.75	1.58	1.42	81.98	0.005	0.783
478	玉米	湖南省湘西土家族苗族自治州永顺县	86.9	10.33	3.81	1.64	1.2	69.94	0.004	0.567	11.88	4.38	1.89	1.38	80.46	0.004	0.652
479	玉米	湖南省新化县吉庆镇	87.1	9.63	3.83	1.55	1.29	70.8	0.004	0.343	11.05	4.4	1.78	1.48	81.28	0.005	0.393

续表1-2

序号	原料名称	采样地点	原样状态								绝干状态						
			干物质 DM	粗蛋白质 CP	粗脂肪 EE	粗纤维 CF	粗灰分 Ash	无氮浸出物 NFE	钙 Ca	磷 P	粗蛋白质 CP	粗脂肪 EE	粗纤维 CF	粗灰分 Ash	无氮浸出物 NFE	钙 Ca	磷 P
480	玉米	湖南省益阳市安化县	85.7	9.57	3.92	1.78	1.35	69.06	0.006	0.516	11.17	4.58	2.08	1.58	80.6	0.007	0.602
481	玉米	湖南省永定区教字垭镇	89	10.85	3.87	1.42	1.28	71.55	0.006	0.532	12.19	4.35	1.6	1.44	80.41	0.007	0.597
482	玉米	湖南省永州市江华瑶族自治县	86	10.2	3.81	1.53	1.12	69.35	0.006	0.522	11.86	4.43	1.78	1.3	80.63	0.007	0.607
483	玉米	湖南省永州市宁远县	88	8.74	3.64	1.4	1.26	72.94	0.011	0.343	9.93	4.14	1.59	1.43	82.9	0.012	0.39
484	玉米	湖南省永州市祁阳市	87.4	9.4	4.3	1.81	1.34	70.5	0.005	0.556	10.76	4.92	2.07	1.53	80.71	0.006	0.637
485	玉米	湖南省岳阳市汨罗市	87.2	9.78	3.9	1.81	1.39	70.33	0.004	0.497	11.21	4.47	2.08	1.59	80.64	0.005	0.57
486	玉米	湖南省岳阳市湘阴县	87.3	10.27	3.7	1.53	1.18	70.66	0.02	0.558	11.76	4.24	1.75	1.35	80.91	0.022	0.639
487	玉米	湖南省张家界市慈利县	86.8	9.44	4.33	1.77	1.34	69.89	0.005	0.456	10.88	4.99	2.04	1.54	80.55	0.005	0.526
488	玉米	湖南省张家界市慈利县	87.1	9.47	4.38	1.71	1.33	70.23	0.005	0.452	10.87	5.03	1.96	1.53	80.6	0.005	0.518
489	玉米	湖南省张家界市桑植县	88.3	8.84	3.84	1.65	1.21	72.71	0.006	0.436	10.02	4.35	1.87	1.37	82.39	0.006	0.494
490	玉米	湖南省长沙市宁乡市	87	10.22	3.92	1.6	1.16	70.12	0.005	0.341	11.74	4.5	1.84	1.33	80.58	0.006	0.392
491	玉米	吉林省白城市	90.9	8.04	4.23	1.72	1.32	75.59	0.008	0.278	8.84	4.65	1.89	1.45	83.16	0.009	0.306
492	玉米	吉林省白城市	90.5	6.9	3.29	2.8	1.1	76.45	0.005	0.268	7.62	3.63	3.09	1.21	84.44	0.006	0.296
493	玉米	吉林省白城市大安市	91.3	7.57	2.99	1.6	1.14	78.03	0.005	0.235	8.29	3.27	1.75	1.25	85.44	0.006	0.258
494	玉米	吉林省长春市德惠市	91.9	9	2.73	1.3	1.26	77.65	0.01	0.358	9.79	2.97	1.41	1.37	84.46	0.011	0.389
495	玉米	吉林省长春市德惠市	91	8.07	3.44	1.64	1.42	76.43	0.008	0.329	8.87	3.78	1.8	1.56	83.99	0.009	0.362
496	玉米	吉林省长春市德惠市	92.1	7.28	3.21	1.42	1.29	78.91	0.016	0.451	7.9	3.48	1.54	1.4	85.67	0.017	0.489
497	玉米	吉林省延边朝鲜族自治州敦化市	89.9	7.31	2.76	2.83	1.34	75.7	0.005	0.336	8.13	3.07	3.15	1.49	84.17	0.006	0.373
498	玉米	吉林省松原市扶余市	91	7.97	3.06	1.38	1.28	77.31	0.007	0.42	8.76	3.36	1.52	1.41	84.96	0.008	0.462
499	玉米	吉林省公主岭市	89.9	9.06	2.99	2.41	1.27	74.12	0.003	0.366	10.08	3.33	2.68	1.41	82.49	0.004	0.408
500	玉米	吉林省公主岭市	90.3	9.01	3.44	2.04	1.27	74.53	0.004	0.352	9.98	3.81	2.26	1.41	82.55	0.004	0.389

续表1-2

序号	原料名称	采样地点	原样状态								绝干状态						
			干物质 DM	粗蛋白质 CP	粗脂肪 EE	粗纤维 CF	粗灰分 Ash	无氮浸出物 NFE	钙 Ca	磷 P	粗蛋白质 CP	粗脂肪 EE	粗纤维 CF	粗灰分 Ash	无氮浸出物 NFE	钙 Ca	磷 P
501	玉米	吉林省吉林市	90	9.52	3.08	1.09	1.3	75.01	0.006	0.35	10.58	3.42	1.21	1.44	83.34	0.006	0.389
502	玉米	吉林省吉林市	90.5	8.41	2.69	1.06	1.43	76.89	0.011	0.353	9.29	2.97	1.17	1.58	84.98	0.012	0.39
503	玉米	吉林省吉林市	89.7	8.88	2.07	2.43	1.24	75.09	0.007	0.308	9.9	2.31	2.71	1.38	83.7	0.008	0.344
504	玉米	吉林省吉林市	89.8	8.41	2.64	2.32	1.22	75.16	0.006	0.297	9.37	2.94	2.58	1.36	83.74	0.007	0.331
505	玉米	吉林省吉林市	89.9	8.31	2.6	1.87	1.23	75.84	0.005	0.278	9.25	2.89	2.08	1.37	84.41	0.006	0.309
506	玉米	吉林省吉林市	90.6	8.23	2.27	1.3	1.21	77.63	0.007	0.246	9.08	2.5	1.43	1.33	85.65	0.007	0.271
507	玉米	吉林省吉林市	90.1	6.44	1.75	2.62	1.25	77.99	0.006	0.3	7.15	1.94	2.91	1.39	86.61	0.007	0.333
508	玉米	吉林省吉林市蛟河市	90.2	6.93	2.01	1.35	1.32	78.57	0.002	0.326	7.68	2.23	1.5	1.46	87.13	0.003	0.361
509	玉米	吉林省辽源市	90.3	8.4	2.81	2.35	1.01	75.69	0.005	0.261	9.31	3.11	2.6	1.12	83.86	0.005	0.289
510	玉米	吉林省辽源市	90	7.78	4.24	1	1.16	75.78	0.005	0.298	8.65	4.71	1.11	1.29	84.24	0.005	0.331
511	玉米	吉林省辽源市	90.2	7.58	2.71	1.13	1.42	77.34	0.008	0.378	8.41	3.01	1.25	1.57	85.76	0.009	0.419
512	玉米	吉林省辽源市	90.3	6.39	4.57	1.25	1.29	76.79	0.007	0.31	7.08	5.06	1.38	1.43	85.05	0.007	0.343
513	玉米	吉林省通化市梅河口市	90	8.43	3.68	1.01	1.48	75.38	0.006	0.316	9.37	4.09	1.12	1.64	83.77	0.007	0.351
514	玉米	吉林省通化市梅河口市	90.2	7.77	3.57	0.84	0.85	77.19	0.006	0.195	8.61	3.96	0.93	0.94	85.56	0.006	0.216
515	玉米	吉林省通化市梅河口市	90.5	7.55	2.72	0.85	1.13	78.21	0.004	0.903	8.35	3.01	0.94	1.25	86.46	0.005	0.998
516	玉米	吉林省通化市梅河口市	89.8	7.83	2.48	2.53	1.02	75.93	0.005	0.231	8.72	2.76	2.82	1.14	84.56	0.006	0.257
517	玉米	吉林省吉林市舒兰市	90.6	6.7	2.87	1.31	1.13	78.59	0.005	0.286	7.4	3.17	1.45	1.25	86.74	0.005	0.316
518	玉米	吉林省四平市	89.9	8.54	3.51	1.68	1.18	74.99	0.006	0.333	9.5	3.9	1.87	1.31	83.41	0.007	0.371
519	玉米	吉林省四平市	90.1	8.21	3.2	1.58	1.24	75.91	0.006	0.336	9.11	3.55	1.75	1.38	84.21	0.006	0.373
520	玉米	吉林省四平市	90	7.83	1.91	1.15	1.23	77.86	0.006	0.308	8.7	2.12	1.28	1.37	86.53	0.007	0.343
521	玉米	吉林省四平市	89.6	7.42	2.21	1.33	1.29	77.39	0.006	0.297	8.28	2.47	1.48	1.44	86.33	0.007	0.331

续表1-2

序号	原料名称	采样地点	原样状态								绝干状态						
			干物质 DM	粗蛋白质 CP	粗脂肪 EE	粗纤维 CF	粗灰分 Ash	无氮浸出物 NFE	钙 Ca	磷 P	粗蛋白质 CP	粗脂肪 EE	粗纤维 CF	粗灰分 Ash	无氮浸出物 NFE	钙 Ca	磷 P
522	玉米	吉林省四平市	89.7	7.68	2.86	0.98	1.28	76.92	0.006	0.295	8.56	3.19	1.09	1.43	85.73	0.007	0.329
523	玉米	吉林省四平市梨树县	90	8.8	4.64	1.39	1.16	73.97	0.005	0.876	9.78	5.16	1.55	1.29	82.23	0.005	0.973
524	玉米	吉林省四平市梨树县	89.7	8.4	2.99	1.05	1.21	76.08	0.005	0.288	9.36	3.33	1.17	1.35	84.79	0.006	0.321
525	玉米	吉林省四平市梨树县	90.4	7.84	2.96	1.23	1.84	76.54	0.009	0.814	8.67	3.27	1.36	2.04	84.66	0.01	0.9
526	玉米	吉林省松原市	89.8	8.55	3.64	1.15	1.14	75.32	0.007	0.298	9.52	4.05	1.28	1.27	83.88	0.008	0.331
527	玉米	吉林省松原市	90.6	8.11	3.01	1.07	1.17	77.22	0.005	0.326	8.95	3.32	1.18	1.29	85.25	0.006	0.36
528	玉米	吉林省松原市	90.1	8	3.29	2.68	1.26	74.84	0.006	0.287	8.88	3.65	2.98	1.4	83.09	0.006	0.319
529	玉米	吉林省松原市	90.9	7.82	2.93	1.37	1.32	77.43	0.004	0.275	8.61	3.22	1.51	1.45	85.21	0.004	0.303
530	玉米	吉林省松原市	88	7.56	2.61	1.26	1.38	75.17	0.008	0.301	8.59	2.97	1.43	1.57	85.44	0.009	0.342
531	玉米	吉林省松原市	90.6	7.78	3.25	1.33	1.3	76.94	0.007	0.318	8.59	3.59	1.47	1.43	84.92	0.008	0.351
532	玉米	吉林省松原市	90.7	7.73	3.08	1.24	1.15	77.49	0.007	0.276	8.52	3.4	1.37	1.27	85.44	0.008	0.304
533	玉米	吉林省松原市	90.6	7.34	3.36	1.18	1.3	77.44	0.006	0.394	8.1	3.71	1.3	1.43	85.46	0.007	0.435
534	玉米	吉林省松原市	90.3	6.75	2.49	1.16	1.16	78.77	0.007	0.298	7.47	2.76	1.28	1.28	87.2	0.007	0.329
535	玉米	吉林省松原市	88.5	6.59	2.67	1.36	0.96	76.92	0.01	0.209	7.45	3.02	1.54	1.08	86.92	0.011	0.236
536	玉米	吉林省长春市榆树市	90.8	8.78	3.26	1.22	1.39	76.16	0.007	0.401	9.67	3.59	1.34	1.53	83.87	0.008	0.442
537	玉米	吉林省长春市榆树市	90.6	8.62	2.9	2.19	1.24	75.62	0.006	0.323	9.52	3.2	2.42	1.37	83.49	0.007	0.356
538	玉米	吉林省长春市榆树市	90.6	7.91	3.09	1.61	1.35	76.66	0.006	0.35	8.73	3.41	1.78	1.49	84.6	0.007	0.386
539	玉米	吉林省长春市榆树市	90.9	7.42	3.03	1.62	1.23	77.59	0.006	0.291	8.16	3.33	1.78	1.35	85.37	0.006	0.32
540	玉米	吉林省长春市	90.4	8.5	2.49	2.5	1.19	75.76	0.007	0.305	9.4	2.75	2.76	1.32	83.77	0.008	0.337
541	玉米	吉林省长春市	90.9	8.51	3.19	1.41	1.46	76.33	0.005	0.362	9.36	3.51	1.55	1.61	83.97	0.006	0.398
542	玉米	吉林省长春市	90.5	8.15	2.62	1.47	1.29	76.94	0.007	0.342	9.01	2.9	1.62	1.43	85.04	0.008	0.378

续表1-2

序号	原料名称	采样地点	原样状态								绝干状态						
			干物质 DM	粗蛋白质 CP	粗脂肪 EE	粗纤维 CF	粗灰分 Ash	无氮浸出物 NFE	钙 Ca	磷 P	粗蛋白质 CP	粗脂肪 EE	粗纤维 CF	粗灰分 Ash	无氮浸出物 NFE	钙 Ca	磷 P
543	玉米	吉林省长春市	90.6	7.83	3.14	1.77	1.21	76.68	0.007	0.286	8.64	3.46	1.95	1.34	84.61	0.008	0.316
544	玉米	吉林省长春市	90.1	7.63	2.77	1.6	1.16	76.94	0.007	0.321	8.47	3.07	1.78	1.29	85.39	0.007	0.357
545	玉米	吉林省长春市	90.9	7.35	2.93	1.6	1.06	77.95	0.006	0.245	8.09	3.22	1.76	1.17	85.76	0.007	0.27
546	玉米	吉林省长春市	88.3	6.71	2.29	1.16	1.16	76.93	0.006	0.299	7.6	2.59	1.31	1.31	87.17	0.007	0.339
547	玉米	吉林省长春市	89.9	8.74	2.95	0.99	1.2	75.98	0.005	0.347	9.73	3.28	1.1	1.34	84.55	0.006	0.386
548	玉米	吉林省长春市	90	8.34	3.07	0.98	1.36	76.21	0.004	0.317	9.27	3.41	1.09	1.51	84.72	0.005	0.352
549	玉米	吉林省长春市	90.4	7.81	2.98	1.38	1.26	77	0.005	0.31	8.64	3.3	1.53	1.39	85.15	0.006	0.343
550	玉米	吉林省白城市洮南市	90.8	7.16	3.91	2.81	1.22	75.65	0.006	0.271	7.89	4.31	3.1	1.34	83.36	0.006	0.299
551	玉米	江苏省淮安市工业园区	89.8	9.59	4.14	1.75	1.3	72.97	0.009	0.288	10.69	4.61	1.95	1.45	81.3	0.01	0.321
552	玉米	江苏省淮安市工业园区	89.8	9.41	4.77	1.85	1.46	72.34	0.01	0.333	10.48	5.31	2.06	1.63	80.53	0.011	0.37
553	玉米	江苏省淮安市工业园区	90.1	8.82	4.64	1.75	1.55	73.38	0.006	0.27	9.79	5.15	1.94	1.72	81.42	0.006	0.299
554	玉米	江苏省淮安市工业园区	89.9	8.76	4.47	1.84	1.47	73.35	0.011	0.265	9.75	4.97	2.05	1.64	81.6	0.012	0.295
555	玉米	江苏省淮安市工业园区	89.9	8.68	4.42	1.85	1.57	73.38	0.004	0.326	9.66	4.92	2.06	1.75	81.62	0.004	0.363
556	玉米	江苏省淮安市工业园区	89.8	8.61	4.55	1.8	1.52	73.34	0.006	0.195	9.59	5.07	2	1.69	81.65	0.007	0.217
557	玉米	江苏省淮安市工业园区	89.8	8.59	4.35	1.82	1.56	73.53	0.005	0.307	9.56	4.84	2.03	1.74	81.85	0.005	0.342
558	玉米	江苏省淮安市工业园区	89.8	8.46	4.05	1.76	1.46	74	0.004	0.294	9.43	4.51	1.96	1.63	82.45	0.005	0.327
559	玉米	江苏省淮安市工业园区	89.7	8.44	4.22	1.74	1.53	73.77	0.006	0.294	9.41	4.7	1.94	1.71	82.24	0.007	0.327
560	玉米	江苏省淮安市工业园区	89.7	8.34	4.11	1.74	1.45	74.09	0.005	0.275	9.29	4.58	1.94	1.62	82.56	0.006	0.307
561	玉米	江苏省淮安市工业园区	90.1	8.15	4.43	1.76	1.4	74.36	0.005	0.29	9.04	4.92	1.95	1.55	82.52	0.006	0.322
562	玉米	江苏省淮安市清江浦区	90.4	7.94	4.01	1.56	1.51	75.33	0.005	0.277	8.79	4.44	1.73	1.67	83.37	0.006	0.307
563	玉米	江苏省淮安市清江浦区	90.4	7.09	4.4	1.56	1.34	76.02	0.006	0.336	7.84	4.87	1.73	1.48	84.09	0.006	0.372

续表1-2

序号	原料名称	采样地点	原样状态								绝干状态						
			干物质 DM	粗蛋白质 CP	粗脂肪 EE	粗纤维 CF	粗灰分 Ash	无氮浸出物 NFE	钙 Ca	磷 P	粗蛋白质 CP	粗脂肪 EE	粗纤维 CF	粗灰分 Ash	无氮浸出物 NFE	钙 Ca	磷 P
564	玉米	江苏省淮安市盱眙县	90.5	9.48	3.01	2.48	1.67	73.87	0.01	0.398	10.47	3.33	2.74	1.85	81.62	0.011	0.44
565	玉米	江苏省淮安市盱眙县	90.5	9.38	3.16	2.5	1.67	73.8	0.01	0.43	10.36	3.49	2.76	1.85	81.55	0.011	0.475
566	玉米	江苏省淮安市盐碱科技园	90.1	8.65	3.88	1.98	1.37	74.19	0.005	0.23	9.6	4.31	2.2	1.52	82.38	0.005	0.255
567	玉米	江苏省淮安市盐碱科技园	89.9	8.44	3.87	1.99	1.38	74.23	0.004	0.276	9.39	4.3	2.21	1.53	82.56	0.004	0.307
568	玉米	江苏省南京市六合区	89.6	9.47	3.04	1.88	1.49	73.67	0.007	0.245	10.57	3.39	2.1	1.66	82.26	0.007	0.274
569	玉米	江苏省南京市六合区	89.6	9.32	3.01	1.87	1.49	73.89	0.005	0.183	10.4	3.36	2.09	1.66	82.48	0.005	0.204
570	玉米	江苏省宿迁市	89.7	7.38	4.07	1.89	1.29	75.06	0.006	0.345	8.23	4.54	2.11	1.44	83.69	0.006	0.384
571	玉米	江苏省宿迁市	90.1	7.28	4.06	1.95	1.29	75.49	0.006	0.304	8.08	4.51	2.16	1.43	83.8	0.007	0.338
572	玉米	江苏省徐州市	89.6	8.52	4.03	1.67	1.48	73.88	0.007	0.362	9.51	4.5	1.86	1.65	82.46	0.008	0.404
573	玉米	江苏省徐州市	90.2	8.5	4.03	1.73	1.26	74.68	0.007	0.342	9.42	4.47	1.92	1.4	82.8	0.008	0.379
574	玉米	江苏省徐州市	87.7	8.2	3.99	1.75	1.25	72.51	0.008	0.306	9.35	4.55	2	1.43	82.69	0.009	0.349
575	玉米	江苏省徐州市	88.6	8.22	4.02	1.83	1.28	73.26	0.008	0.295	9.28	4.54	2.07	1.44	82.68	0.009	0.332
576	玉米	江苏省徐州市	90.5	8.39	4.16	1.62	1.33	75.03	0.008	0.318	9.27	4.6	1.79	1.47	82.88	0.009	0.352
577	玉米	江苏省徐州市	89.7	8.31	4.03	1.69	1.49	74.22	0.006	0.35	9.26	4.49	1.88	1.66	82.71	0.007	0.39
578	玉米	江苏省徐州市	89.6	8.21	3.89	2.12	1.24	74.15	0.007	0.296	9.16	4.34	2.37	1.38	82.75	0.008	0.33
579	玉米	江苏省徐州市	89.8	8.23	4.34	1.69	1.3	74.26	0.009	0.321	9.16	4.83	1.88	1.45	82.68	0.01	0.358
580	玉米	江苏省徐州市	89.6	7.97	4.01	1.71	1.48	74.46	0.008	0.369	8.89	4.47	1.91	1.65	83.07	0.009	0.411
581	玉米	江苏省徐州市	90.2	7.67	3.73	1.67	1.26	75.86	0.006	0.31	8.5	4.14	1.85	1.4	84.11	0.007	0.343
582	玉米	江苏省徐州市	90.1	7.39	4.03	1.9	1.28	75.52	0.008	0.329	8.2	4.47	2.11	1.42	83.79	0.009	0.365

续表1-2

序号	原料名称	采样地点	原样状态								绝干状态						
			干物质 DM	粗蛋白质 CP	粗脂肪 EE	粗纤维 CF	粗灰分 Ash	无氮浸出物 NFE	钙 Ca	磷 P	粗蛋白质 CP	粗脂肪 EE	粗纤维 CF	粗灰分 Ash	无氮浸出物 NFE	钙 Ca	磷 P
583	玉米	江苏省盐城市射阳县	89.9	9.52	2.77	2.52	1.39	73.65	0.006	0.333	10.6	3.08	2.8	1.55	81.97	0.007	0.371
584	玉米	江苏省盐城市射阳县	89.8	9.5	2.82	2.5	1.49	73.51	0.005	0.308	10.58	3.14	2.78	1.66	81.84	0.005	0.343
585	玉米	江苏省盐城市亭湖区	90.1	10.15	3.82	1.88	1.48	72.75	0.004	0.375	11.27	4.24	2.09	1.64	80.77	0.004	0.417
586	玉米	江苏省盐城市亭湖区	90.1	10.03	3.5	2.16	1.44	72.96	0.006	0.298	11.13	3.88	2.4	1.6	80.98	0.007	0.33
587	玉米	江苏省盐城市亭湖区	90.2	9.77	3.72	1.94	1.25	73.5	0.007	0.251	10.83	4.13	2.15	1.39	81.5	0.007	0.278
588	玉米	江苏省盐城市亭湖区	90	9.69	3.88	1.97	1.39	73.06	0.015	0.319	10.77	4.31	2.19	1.54	81.19	0.016	0.354
589	玉米	江苏省盐城市亭湖区	88.4	9.45	3.29	2.2	1.59	71.89	0.008	0.377	10.69	3.72	2.49	1.8	81.31	0.009	0.426
590	玉米	江苏省盐城市亭湖区	89.8	9.56	3.63	1.92	1.2	73.53	0.005	0.291	10.64	4.04	2.14	1.34	81.85	0.006	0.324
591	玉米	江苏省盐城市亭湖区	89.7	9.45	4.38	2.21	1.52	72.17	0.007	0.278	10.53	4.88	2.46	1.69	80.42	0.007	0.31
592	玉米	江苏省盐城市亭湖区	90.3	9.51	3.78	1.85	1.34	73.78	0.005	0.239	10.54	4.19	2.05	1.48	81.74	0.005	0.265
593	玉米	江苏省盐城市亭湖区	89.7	9.42	3.89	2.22	1.58	72.55	0.006	0.37	10.51	4.34	2.48	1.76	80.91	0.007	0.413
594	玉米	江苏省盐城市亭湖区	88.5	9.25	2.71	2.2	1.56	72.71	0.004	0.385	10.46	3.06	2.49	1.76	82.2	0.005	0.436
595	玉米	江苏省盐城市亭湖区	89.7	9.35	3.86	1.9	1.62	72.98	0.008	0.323	10.42	4.3	2.12	1.81	81.34	0.009	0.361
596	玉米	江苏省盐城市亭湖区	90.2	8.11	3.76	1.74	1.14	75.42	0.006	0.31	8.99	4.17	1.93	1.26	83.64	0.007	0.344
597	玉米	江西省丰城市	87	9.01	3.66	1.97	1.15	71.22	0.007	0.31	10.36	4.21	2.26	1.32	81.85	0.008	0.357
598	玉米	江西省景德镇市浮梁县	87.7	8.37	4.4	2.2	1.2	71.49	0.008	0.311	9.55	5.02	2.51	1.37	81.55	0.009	0.355
599	玉米	江西省抚州市	87.5	8.35	3.17	2.03	1.08	72.9	0.005	0.31	9.54	3.62	2.32	1.23	83.29	0.006	0.354
600	玉米	江西省吉安市	87.5	7.83	3.62	1.95	1.03	73.03	0.005	0.249	8.95	4.14	2.23	1.18	83.5	0.006	0.285
601	玉米	江西省九江市	90	8.93	3.16	2.2	1.34	74.41	0.008	0.384	9.92	3.51	2.44	1.49	82.64	0.008	0.426
602	玉米	江西省南昌市	87.2	8.83	3.43	1.8	1.24	71.91	0.01	0.502	10.12	3.93	2.06	1.42	82.46	0.011	0.576
603	玉米	江西省南昌市	86.6	7.93	3.68	2.3	1.3	71.34	0.009	0.317	9.16	4.25	2.66	1.5	82.43	0.01	0.366

续表1-2

序号	原料名称	采样地点	原样状态								绝干状态						
			干物质 DM	粗蛋白质 CP	粗脂肪 EE	粗纤维 CF	粗灰分 Ash	无氮浸出物 NFE	钙 Ca	磷 P	粗蛋白质 CP	粗脂肪 EE	粗纤维 CF	粗灰分 Ash	无氮浸出物 NFE	钙 Ca	磷 P
604	玉米	江西省萍乡市	89.8	8.93	3.44	1.88	1.13	74.45	0.008	0.332	9.94	3.83	2.09	1.26	82.88	0.008	0.369
605	玉米	江西省萍乡市	87.9	7.27	3.5	1.81	1.15	74.14	0.005	0.337	8.27	3.98	2.06	1.31	84.37	0.006	0.383
606	玉米	江西省宜春市	87.4	8.17	3.09	2.26	1.14	72.69	0.005	0.314	9.35	3.54	2.59	1.3	83.21	0.006	0.359
607	玉米	江西省宜春市	88.1	8.16	3.33	2	1.19	73.37	0.009	0.326	9.27	3.78	2.27	1.35	83.33	0.01	0.37
608	玉米	辽宁省鞍山市海城县	90.2	6.85	3.64	2.78	1.57	75.39	0.003	0.153	7.59	4.03	3.08	1.74	83.55	0.003	0.17
609	玉米	辽宁省鞍山市台安县	91.1	9.03	3.65	1.16	1.24	75.97	0.004	0.257	9.92	4.01	1.27	1.36	83.44	0.005	0.282
610	玉米	辽宁省鞍山市岫岩县	90.5	8.27	3.59	2.79	1.26	74.62	0.002	0.198	9.14	3.97	3.08	1.39	82.43	0.002	0.219
611	玉米	辽宁省北镇市沟帮子镇	91.4	8.33	3.51	2.54	1.33	75.71	0.005	0.282	9.11	3.84	2.78	1.45	82.82	0.006	0.308
612	玉米	辽宁省朝阳市	90.6	8.76	3.58	1.2	1.11	75.91	0.007	0.27	9.67	3.95	1.33	1.23	83.82	0.008	0.298
613	玉米	辽宁省朝阳市	90.6	8.7	3.13	1.35	1.33	76.05	0.005	0.313	9.61	3.46	1.49	1.47	83.98	0.005	0.346
614	玉米	辽宁省朝阳市	92.3	8.11	3.44	2.35	1.34	77.08	0.004	0.378	8.78	3.73	2.55	1.45	83.49	0.005	0.409
615	玉米	辽宁省朝阳市	90.6	7.52	4.05	1.1	1.05	76.88	0.006	0.258	8.3	4.47	1.21	1.16	84.86	0.006	0.285
616	玉米	辽宁省朝阳市北票市	90.7	8.52	3.76	2.36	1.66	74.44	0.007	0.288	9.39	4.14	2.6	1.83	82.04	0.007	0.317
617	玉米	辽宁省朝阳市朝阳县	91	8.25	3.64	2.61	1.18	75.35	0.004	0.312	9.06	4	2.87	1.3	82.77	0.005	0.343
618	玉米	辽宁省朝阳市建平县	90.7	9.58	3.32	1.2	1	75.63	0.005	0.257	10.56	3.66	1.32	1.1	83.36	0.005	0.283
619	玉米	辽宁省朝阳市建平县	90.8	8.45	3.33	1.25	0.96	76.83	0.005	0.218	9.3	3.67	1.38	1.06	84.6	0.006	0.24
620	玉米	辽宁省营口市大石桥市	90.6	8.07	3.26	1.24	1.41	76.59	0.004	0.352	8.91	3.6	1.37	1.56	84.56	0.005	0.388
621	玉米	辽宁省丹东市宽甸县	91	7.68	3.32	1.14	1.32	77.5	0.004	0.303	8.44	3.65	1.25	1.45	85.2	0.005	0.333
622	玉米	辽宁省辽阳市灯塔市西马峰镇	90.7	8.95	2.34	0.91	1.29	77.19	0.006	0.3	9.87	2.58	1	1.42	85.12	0.006	0.331
623	玉米	辽宁省丹东市东港市	91.1	8.37	3.73	2.67	1.26	75.04	0.006	0.327	9.19	4.1	2.93	1.38	82.4	0.007	0.359
624	玉米	辽宁省丹东市凤城市	91.9	8.55	3.75	2.28	1.54	75.77	0.005	0.327	9.3	4.08	2.48	1.68	82.46	0.005	0.356
625	玉米	辽宁省阜新市阜新蒙古族自治县	91	8.6	2.96	0.96	1.26	77.2	0.006	0.234	9.45	3.25	1.06	1.38	84.85	0.006	0.257

续表1-2

序号	原料名称	采样地点	原样状态								绝干状态						
			干物质 DM	粗蛋白质 CP	粗脂肪 EE	粗纤维 CF	粗灰分 Ash	无氮浸出物 NFE	钙 Ca	磷 P	粗蛋白质 CP	粗脂肪 EE	粗纤维 CF	粗灰分 Ash	无氮浸出物 NFE	钙 Ca	磷 P
626	玉米	辽宁省阜新市阜新蒙古族自治县	90.7	8.33	3.22	2.42	1.43	75.3	0.005	0.326	9.18	3.55	2.67	1.58	83.02	0.006	0.359
627	玉米	辽宁省阜新市阜新蒙古族自治县	91.1	8.09	3.26	2.11	1.18	76.42	0.007	0.247	8.88	3.58	2.32	1.3	83.92	0.008	0.272
628	玉米	辽宁省阜新市阜新蒙古族自治县	91.3	9.06	3.02	1	1.44	76.76	0.006	0.308	9.93	3.31	1.1	1.58	84.09	0.006	0.338
629	玉米	辽宁省阜新市新邱区	90.7	8.22	3.7	1.21	1.36	76.18	0.008	0.316	9.07	4.08	1.33	1.5	84.02	0.009	0.348
630	玉米	辽宁省阜新市彰武县	90.8	8.59	2.59	2.7	1.25	75.62	0.006	0.381	9.47	2.85	2.98	1.38	83.33	0.007	0.42
631	玉米	辽宁省阜新市彰武县	90.6	7.6	3.05	2.23	1.29	76.38	0.003	0.386	8.39	3.37	2.46	1.42	84.35	0.004	0.427
632	玉米	辽宁省葫芦岛市	90.4	7.94	3.44	2.12	1.1	75.78	0.005	0.315	8.79	3.81	2.35	1.22	83.85	0.006	0.349
633	玉米	辽宁省葫芦岛市绥中县	90.5	8.32	4.54	1.11	1.78	74.77	0.005	0.31	9.19	5.02	1.23	1.97	82.6	0.005	0.343
634	玉米	辽宁省锦州市黑山县	89.9	8.3	3	2.46	1.19	74.91	0.005	0.306	9.24	3.34	2.74	1.32	83.36	0.005	0.341
635	玉米	辽宁省锦州市黑山县	90.8	8.04	3.56	2.67	1.3	75.23	0.003	0.26	8.85	3.92	2.94	1.43	82.85	0.003	0.286
636	玉米	辽宁省锦州市义县	90.4	7.94	3.02	1.2	1.33	76.95	0.002	0.275	8.78	3.34	1.33	1.47	85.08	0.002	0.304
637	玉米	辽宁省铁岭市开原市	90.7	8.1	2.43	2.34	1.35	76.46	0.005	0.359	8.93	2.68	2.58	1.49	84.32	0.005	0.395
638	玉米	辽宁省辽阳市辽阳县	90.8	8.79	4.11	2.42	1.24	74.26	0.003	0.315	9.68	4.53	2.66	1.37	81.77	0.003	0.347
639	玉米	辽宁省沈阳市辽中区	91.8	8.36	3.18	2.66	1.34	76.21	0.003	0.223	9.11	3.47	2.9	1.46	83.06	0.004	0.243
640	玉米	辽宁省辽阳市	90.6	7.86	2.68	2.2	1.23	76.58	0.003	0.245	8.68	2.96	2.43	1.36	84.57	0.004	0.271
641	玉米	辽宁省朝阳市凌源市	91.4	8.33	3.08	2.37	1.41	76.19	0.006	0.271	9.12	3.37	2.59	1.54	83.38	0.007	0.296
642	玉米	辽宁省朝阳市凌源市	90.7	6.82	2.86	2.2	1.25	77.58	0.005	0.326	7.52	3.15	2.43	1.38	85.53	0.005	0.36
643	玉米	辽宁省大连市普兰店区	90.8	9.07	4.1	2.4	1.47	73.76	0.005	0.309	9.99	4.52	2.64	1.62	81.23	0.006	0.34

续表1-2

序号	原料名称	采样地点	原样状态								绝干状态						
			干物质 DM	粗蛋白质 CP	粗脂肪 EE	粗纤维 CF	粗灰分 Ash	无氮浸出物 NFE	钙 Ca	磷 P	粗蛋白质 CP	粗脂肪 EE	粗纤维 CF	粗灰分 Ash	无氮浸出物 NFE	钙 Ca	磷 P
644	玉米	辽宁省沈阳市	90.5	8.47	2.78	1.09	1.25	76.95	0.005	0.322	9.35	3.07	1.2	1.38	84.99	0.006	0.356
645	玉米	辽宁省沈阳市法库县	91.3	8.09	3.58	2.28	1.44	75.89	0.005	0.333	8.86	3.92	2.5	1.58	83.14	0.006	0.365
646	玉米	辽宁省沈阳市法库县	91.4	7.56	3.68	2.43	1.3	76.45	0.004	0.326	8.27	4.03	2.66	1.42	83.63	0.004	0.356
647	玉米	辽宁省沈阳市新民市	91.1	10.39	3	1.22	1.52	74.95	0.006	0.413	11.41	3.29	1.34	1.67	82.29	0.006	0.454
648	玉米	辽宁省铁岭市昌图县	90.6	8.91	3.33	1	1.24	76.09	0.004	0.301	9.84	3.68	1.1	1.37	84.01	0.005	0.332
649	玉米	辽宁省铁岭市昌图县	90.6	8.89	3.91	1.09	1.43	75.25	0.006	0.245	9.82	4.32	1.2	1.58	83.08	0.006	0.271
650	玉米	辽宁省铁岭市昌图县	90.7	8.83	3.49	1.1	1.51	75.8	0.006	0.295	9.73	3.85	1.21	1.66	83.54	0.007	0.325
651	玉米	辽宁省铁岭市昌图县	91.1	8.78	3.43	1.24	1.43	76.26	0.006	0.282	9.63	3.76	1.36	1.57	83.67	0.007	0.309
652	玉米	辽宁省铁岭市昌图县	90.9	8.54	3.1	2.41	1.29	75.55	0.005	0.331	9.4	3.41	2.65	1.42	83.12	0.005	0.364
653	玉米	辽宁省铁岭市昌图县	90.7	8.34	2.42	1.14	1.34	77.48	0.004	0.342	9.19	2.67	1.26	1.48	85.41	0.004	0.377
654	玉米	辽宁省铁岭市昌图县	90.4	7.67	3.98	2.03	1.25	75.49	0.004	0.333	8.48	4.4	2.25	1.38	83.49	0.005	0.368
655	玉米	辽宁省铁岭市铁岭县	90.5	8.09	3.1	1.1	1.31	76.86	0.004	0.275	8.94	3.43	1.22	1.45	84.97	0.004	0.304
656	玉米	辽宁省铁岭市铁岭县	90.9	7.7	3.64	2.09	1.16	76.27	0.004	0.287	8.47	4.01	2.3	1.28	83.94	0.005	0.316
657	玉米	辽宁省铁岭市西丰县	91.2	7.93	4.02	2.41	1.16	75.67	0.005	0.298	8.7	4.41	2.64	1.27	82.98	0.006	0.327
658	玉米	辽宁省大连市瓦房店市	90.7	7.78	3.77	1.16	1.35	76.67	0.006	0.378	8.57	4.16	1.28	1.49	84.5	0.007	0.417
659	玉米	辽宁省沈阳市新民市	90.4	7.91	3.46	1.25	1.37	76.44	0.006	0.414	8.75	3.83	1.38	1.51	84.53	0.007	0.457
660	玉米	辽宁省大连市庄河市庄河县	90.4	8.31	3.34	2.37	1.84	74.56	0.004	0.363	9.19	3.69	2.62	2.03	82.46	0.004	0.401
661	玉米	内蒙古自治区阿拉善盟	88.7	7.83	3.8	1.62	1.08	74.33	0.01	0.314	8.83	4.29	1.83	1.22	83.84	0.012	0.355
662	玉米	内蒙古自治区巴彦淖尔市杭锦后旗	88.9	7.63	3.92	2.14	1.08	74.11	0.005	0.272	8.58	4.41	2.41	1.22	83.38	0.006	0.306
663	玉米	内蒙古自治区巴彦淖尔市临河区	88.5	8.57	4.06	2.03	1.92	71.96	0.004	0.305	9.68	4.59	2.29	2.17	81.27	0.005	0.345

续表1-2

序号	原料名称	采样地点	原样状态								绝干状态						
			干物质 DM	粗蛋白质 CP	粗脂肪 EE	粗纤维 CF	粗灰分 Ash	无氮浸出物 NFE	钙 Ca	磷 P	粗蛋白质 CP	粗脂肪 EE	粗纤维 CF	粗灰分 Ash	无氮浸出物 NFE	钙 Ca	磷 P
664	玉米	内蒙古自治区巴彦淖尔市乌拉特中旗	88.6	7.81	3.54	2.06	1.24	73.97	0.005	0.275	8.81	3.99	2.32	1.4	83.47	0.006	0.31
665	玉米	内蒙古自治区巴彦淖尔市五原县	88.6	7.97	3.15	1.57	1.16	74.75	0.007	0.398	9	3.56	1.77	1.31	84.37	0.008	0.449
666	玉米	内蒙古自治区包头市	87.9	8.09	3.5	1.47	1.14	73.74	0.008	0.203	9.2	3.98	1.67	1.3	83.85	0.009	0.231
667	玉米	内蒙古自治区包头市	88.7	7.7	3.73	1.65	1.19	74.42	0.008	0.2	8.68	4.21	1.86	1.34	83.91	0.009	0.226
668	玉米	内蒙古自治区赤峰市	88.9	9.25	3.47	1.59	1.24	73.32	0.007	0.178	10.41	3.9	1.79	1.4	82.5	0.008	0.2
669	玉米	内蒙古自治区赤峰市	88.7	9.2	3.35	1.63	1.47	73.08	0.007	0.165	10.37	3.78	1.84	1.66	82.36	0.008	0.186
670	玉米	内蒙古自治区赤峰市	88.7	8.73	3.15	1.41	1.11	74.3	0.009	0.179	9.84	3.55	1.59	1.25	83.77	0.01	0.202
671	玉米	内蒙古自治区赤峰市	88.4	7.95	2.8	1.17	1.06	75.38	0.008	0.174	9	3.17	1.32	1.2	85.31	0.009	0.197
672	玉米	内蒙古自治区赤峰市	88.4	7.95	3.26	1.96	1.18	74.05	0.007	0.171	8.99	3.69	2.22	1.33	83.77	0.007	0.193
673	玉米	内蒙古自治区赤峰市	89.5	7.94	2.83	1.17	1.18	76.36	0.007	0.174	8.87	3.16	1.31	1.32	85.34	0.008	0.194
674	玉米	内蒙古自治区赤峰市	90	7.98	3.39	2.23	3.5	72.89	0.007	0.169	8.87	3.77	2.48	3.89	81	0.008	0.188
675	玉米	内蒙古自治区赤峰市	88	7.77	3.21	1.52	0.95	74.54	0.008	0.179	8.83	3.65	1.73	1.08	84.71	0.009	0.204
676	玉米	内蒙古自治区赤峰市	89.6	7.9	3.05	1.47	1.2	76	0.006	0.176	8.81	3.4	1.64	1.34	84.8	0.007	0.196
677	玉米	内蒙古自治区赤峰市	89.9	7.85	3.09	1.13	1.18	76.68	0.008	0.178	8.73	3.44	1.26	1.31	85.27	0.009	0.198
678	玉米	内蒙古自治区赤峰市	89.7	7.82	3.08	1.49	1.17	76.13	0.009	0.172	8.72	3.43	1.66	1.3	84.88	0.01	0.192
679	玉米	内蒙古自治区赤峰市	89.6	7.8	3.14	1.59	1.15	75.9	0.008	0.19	8.71	3.51	1.77	1.28	84.73	0.009	0.213
680	玉米	内蒙古自治区赤峰市	88.6	7.7	3.52	1.69	1.18	74.51	0.009	0.172	8.69	3.97	1.91	1.33	84.1	0.01	0.194
681	玉米	内蒙古自治区赤峰市	89	7.71	3.43	1.05	1.09	75.68	0.006	0.168	8.67	3.86	1.18	1.23	85.07	0.007	0.189
682	玉米	内蒙古自治区呼和浩特市	88.3	7.96	3.45	1.93	1.02	73.96	0.009	0.19	9.01	3.91	2.19	1.15	83.74	0.01	0.215

续表1-2

序号	原料名称	采样地点	原样状态								绝干状态						
			干物质 DM	粗蛋白质 CP	粗脂肪 EE	粗纤维 CF	粗灰分 Ash	无氮浸出物 NFE	钙 Ca	磷 P	粗蛋白质 CP	粗脂肪 EE	粗纤维 CF	粗灰分 Ash	无氮浸出物 NFE	钙 Ca	磷 P
683	玉米	内蒙古自治区呼和浩特市	88	7.54	3.44	2.03	1.74	73.23	0.006	0.253	8.57	3.91	2.31	1.98	83.23	0.007	0.288
684	玉米	内蒙古自治区呼伦贝尔市	89.4	7.91	2.82	1.71	1.18	75.75	0.008	0.174	8.85	3.16	1.91	1.32	84.76	0.009	0.195
685	玉米	内蒙古自治区呼伦贝尔市	88.9	7.82	3.44	1.93	0.98	74.74	0.007	0.172	8.8	3.87	2.17	1.1	84.06	0.008	0.194
686	玉米	内蒙古自治区呼伦贝尔市	89.5	7.87	2.97	1.54	1.18	75.98	0.009	0.187	8.79	3.32	1.72	1.32	84.86	0.01	0.209
687	玉米	内蒙古自治区呼伦贝尔市	90.1	7.69	3.13	1.14	1.31	76.87	0.007	0.168	8.53	3.47	1.26	1.45	85.28	0.008	0.186
688	玉米	内蒙古自治区呼伦贝尔市	89.8	7.67	4.76	1.92	1.31	74.18	0.005	0.178	8.54	5.3	2.14	1.46	82.57	0.006	0.198
689	玉米	内蒙古自治区呼伦贝尔市	88.8	7.3	3.39	1.96	1.11	75.06	0.007	0.171	8.22	3.82	2.21	1.25	84.51	0.008	0.193
690	玉米	内蒙古自治区呼伦贝尔市	88.3	7.23	3.64	1.75	1.14	74.51	0.006	0.175	8.19	4.12	1.98	1.29	84.41	0.007	0.198
691	玉米	内蒙古自治区乌兰察布市凉城县	88.4	7.33	3.13	1.53	1.11	75.27	0.007	0.267	8.29	3.54	1.73	1.26	85.18	0.008	0.302
692	玉米	内蒙古自治区通辽市	89.3	8.03	3.56	2.06	0.98	74.71	0.007	0.182	8.99	3.98	2.31	1.1	83.62	0.008	0.204
693	玉米	内蒙古自治区通辽市	89.7	7.91	3.14	1.41	1.34	75.89	0.004	0.175	8.82	3.5	1.57	1.49	84.61	0.005	0.195
694	玉米	内蒙古自治区通辽市	89.5	7.87	3.07	2.47	1.28	74.77	0.007	0.17	8.8	3.43	2.76	1.43	83.58	0.007	0.19
695	玉米	内蒙古自治区通辽市	89.6	7.87	3.25	1.82	1.33	75.34	0.003	0.174	8.78	3.63	2.03	1.48	84.08	0.004	0.194
696	玉米	内蒙古自治区通辽市	89.4	7.85	3.16	1.6	1.15	75.66	0.007	0.171	8.78	3.53	1.79	1.29	84.61	0.008	0.191
697	玉米	内蒙古自治区通辽市	89.8	7.85	3.35	2.58	1.3	74.7	0.008	0.176	8.74	3.73	2.87	1.45	83.2	0.009	0.196

续表1-2

序号	原料名称	采样地点	原样状态								绝干状态						
			干物质 DM	粗蛋白质 CP	粗脂肪 EE	粗纤维 CF	粗灰分 Ash	无氮浸出物 NFE	钙 Ca	磷 P	粗蛋白质 CP	粗脂肪 EE	粗纤维 CF	粗灰分 Ash	无氮浸出物 NFE	钙 Ca	磷 P
698	玉米	内蒙古自治区通辽市	89.6	7.83	3.19	1.42	1.35	75.84	0.008	0.173	8.74	3.56	1.58	1.51	84.61	0.009	0.193
699	玉米	内蒙古自治区通辽市	89.9	7.76	3.08	1.34	1.42	76.27	0.008	0.162	8.63	3.43	1.49	1.58	84.87	0.009	0.18
700	玉米	内蒙古自治区通辽市	89.7	7.75	2.46	2.1	1.34	76.09	0.007	0.17	8.64	2.74	2.34	1.49	84.79	0.008	0.189
701	玉米	内蒙古自治区通辽市	89.3	7.71	3.1	1.73	1.18	75.62	0.007	0.181	8.63	3.47	1.94	1.32	84.64	0.008	0.203
702	玉米	内蒙古自治区通辽市	90.4	7.72	3.3	2.16	1.27	75.91	0.007	0.174	8.54	3.65	2.39	1.41	84.01	0.008	0.193
703	玉米	内蒙古自治区通辽市	88.2	7.36	3.23	1.77	1.19	74.63	0.005	0.486	8.35	3.66	2.01	1.35	84.63	0.006	0.551
704	玉米	内蒙古自治区通辽市	88.5	7.29	3.13	1.7	1.15	75.24	0.005	0.476	8.24	3.54	1.92	1.3	85.01	0.006	0.537
705	玉米	内蒙古自治区通辽市	87.7	7.15	3.12	2.03	1.15	74.2	0.004	0.514	8.16	3.56	2.32	1.31	84.65	0.005	0.586
706	玉米	内蒙古自治区乌兰浩特市	89.3	7.78	3.43	2.11	1.08	74.86	0.008	0.18	8.72	3.84	2.36	1.21	83.87	0.009	0.201
707	玉米	内蒙古自治区兴安盟	89.5	7.9	3.06	1.17	1.19	76.18	0.007	0.167	8.83	3.42	1.31	1.33	85.12	0.008	0.186
708	玉米	内蒙古自治区兴安盟	89.7	7.84	3.23	1.57	1.49	75.6	0.008	0.179	8.74	3.6	1.75	1.66	84.25	0.009	0.2
709	玉米	内蒙古自治区兴安盟	89.5	7.71	2.97	1.31	1.27	76.28	0.007	0.169	8.61	3.32	1.46	1.42	85.19	0.008	0.188
710	玉米	内蒙古自治区兴安盟	89.1	6.43	3.6	1.33	1.21	76.52	0.008	0.174	7.22	4.04	1.49	1.36	85.89	0.009	0.195
711	玉米	内蒙古自治区鄂尔多斯市	88.4	7.43	3.27	1.58	1.14	75	0.009	0.207	8.4	3.7	1.79	1.29	84.82	0.01	0.234
712	玉米	内蒙古自治区鄂尔多斯市	88.7	6.88	3.36	1.29	1.31	75.89	0.008	0.198	7.75	3.79	1.45	1.48	85.53	0.009	0.223
713	玉米	宁夏回族自治区固原市隆德县	89.8	9.6	2.77	3.45	1.47	72.51	0.01	0.354	10.69	3.08	3.84	1.64	80.75	0.011	0.394
714	玉米	宁夏回族自治区固原市彭阳县	89.7	9.98	3.12	3.15	1.17	72.29	0.007	0.238	11.12	3.48	3.51	1.3	80.58	0.008	0.266
715	玉米	宁夏回族自治区固原市彭阳县	89.6	9.25	3.15	3.23	1.11	72.85	0.007	0.236	10.32	3.52	3.61	1.24	81.31	0.008	0.264

续表1-2

序号	原料名称	采样地点	原样状态								绝干状态						
			干物质 DM	粗蛋白质 CP	粗脂肪 EE	粗纤维 CF	粗灰分 Ash	无氮浸出物 NFE	钙 Ca	磷 P	粗蛋白质 CP	粗脂肪 EE	粗纤维 CF	粗灰分 Ash	无氮浸出物 NFE	钙 Ca	磷 P
716	玉米	宁夏回族自治区固原市西吉县	89.3	8.25	3.6	3.6	1.27	72.53	0.009	0.308	9.24	4.03	4.03	1.42	81.27	0.01	0.345
717	玉米	宁夏回族自治区固原市原州区	89.4	8.21	3.15	4	1.29	72.73	0.009	0.307	9.19	3.52	4.48	1.44	81.37	0.01	0.344
718	玉米	宁夏回族自治区石嘴山市惠农区	89.5	9.24	2.6	2.97	1.34	73.34	0.004	0.387	10.33	2.91	3.32	1.5	81.95	0.005	0.432
719	玉米	宁夏回族自治区石嘴山市平罗县	89.4	8.51	2.63	5.18	1.18	71.89	0.005	0.353	9.52	2.94	5.79	1.32	80.42	0.005	0.395
720	玉米	宁夏回族自治区石嘴山市平罗县	89.6	8.38	3.82	4.3	1.22	71.92	0.003	0.368	9.35	4.26	4.8	1.36	80.23	0.004	0.41
721	玉米	宁夏回族自治区石嘴山市平罗县	89.4	7.22	3.3	3.7	1.26	73.89	0.006	0.381	8.08	3.69	4.14	1.41	82.68	0.007	0.426
722	玉米	宁夏回族自治区吴忠市	90.2	8.21	2.36	3.13	1.32	75.21	0.006	0.33	9.1	2.62	3.47	1.46	83.35	0.007	0.365
723	玉米	宁夏回族自治区吴忠市	90.2	8	2.86	3.47	1.41	74.46	0.003	0.311	8.87	3.17	3.85	1.56	82.55	0.003	0.344
724	玉米	宁夏回族自治区吴忠市红寺堡区	89.3	8.62	3.29	3.44	1.27	72.7	0.006	0.356	9.65	3.68	3.85	1.42	81.39	0.007	0.398
725	玉米	宁夏回族自治区吴忠市利通区	90.1	8.56	3.61	3.26	1.24	73.41	0.005	0.359	9.5	4.01	3.62	1.38	81.49	0.005	0.399
726	玉米	宁夏回族自治区吴忠市同心县	90.2	9.24	3.31	3.14	1.12	73.41	0.01	0.277	10.24	3.67	3.48	1.24	81.37	0.011	0.307
727	玉米	宁夏回族自治区吴忠市同心县	89.8	8.95	2.91	3.05	1.12	73.77	0.008	0.304	9.97	3.24	3.4	1.25	82.15	0.009	0.338
728	玉米	宁夏回族自治区吴忠市同心县	90.1	7.45	3.39	3.87	1.07	74.34	0.008	0.3	8.27	3.76	4.29	1.19	82.49	0.008	0.333

续表1-2

序号	原料名称	采样地点	原样状态								绝干状态						
			干物质 DM	粗蛋白质 CP	粗脂肪 EE	粗纤维 CF	粗灰分 Ash	无氮浸出物 NFE	钙 Ca	磷 P	粗蛋白质 CP	粗脂肪 EE	粗纤维 CF	粗灰分 Ash	无氮浸出物 NFE	钙 Ca	磷 P
729	玉米	宁夏回族自治区吴忠市盐池县	90.1	8.65	3.63	2.69	1.11	74.05	0.008	0.292	9.6	4.03	2.98	1.23	82.16	0.009	0.324
730	玉米	宁夏回族自治区银川市贺兰县	89.6	6.76	3.38	3.34	1.32	74.82	0.007	0.311	7.54	3.77	3.73	1.47	83.49	0.007	0.347
731	玉米	宁夏回族自治区银川市金凤区	89.1	7.68	4.19	4.23	1.27	71.73	0.005	0.396	8.62	4.7	4.75	1.43	80.51	0.006	0.444
732	玉米	宁夏回族自治区银川市灵武市	89.8	8.25	3.48	4.32	1.26	72.5	0.006	0.321	9.19	3.87	4.81	1.4	80.73	0.007	0.358
733	玉米	宁夏回族自治区银川市西夏区	89.2	8.18	3.08	3.58	1.17	73.19	0.006	0.313	9.17	3.45	4.01	1.31	82.05	0.007	0.35
734	玉米	宁夏回族自治区银川市西夏区	90.4	8.94	2.9	3.62	1.21	73.77	0.006	0.26	9.89	3.21	4	1.34	81.57	0.006	0.288
735	玉米	宁夏回族自治区银川市西夏区	90.2	8.44	3.78	3.45	1.33	73.22	0.005	0.327	9.35	4.19	3.82	1.47	81.16	0.005	0.362
736	玉米	宁夏回族自治区银川市西夏区	89.7	8.22	3.6	3.93	1.25	72.73	0.007	0.307	9.16	4.01	4.38	1.39	81.05	0.007	0.342
737	玉米	宁夏回族自治区银川市永宁县	89.5	8.64	2.69	3.3	1.47	73.44	0.007	0.315	9.65	3	3.69	1.64	82.02	0.008	0.351
738	玉米	宁夏回族自治区银川市永宁县	89.7	8.19	2.77	3.06	1.2	74.49	0.007	0.326	9.13	3.09	3.41	1.34	83.03	0.008	0.364
739	玉米	宁夏回族自治区中卫市海原县	89.4	8.66	2.9	3.75	1.12	72.94	0.01	0.333	9.69	3.24	4.2	1.25	81.62	0.011	0.373
740	玉米	宁夏回族自治区中卫市海原县	89.7	7.85	3.49	3.45	1.25	73.64	0.008	0.386	8.75	3.89	3.85	1.39	82.11	0.009	0.43

续表1-2

序号	原料名称	采样地点	原样状态								绝干状态						
			干物质 DM	粗蛋白质 CP	粗脂肪 EE	粗纤维 CF	粗灰分 Ash	无氮浸出物 NFE	钙 Ca	磷 P	粗蛋白质 CP	粗脂肪 EE	粗纤维 CF	粗灰分 Ash	无氮浸出物 NFE	钙 Ca	磷 P
741	玉米	宁夏回族自治区中卫市沙坡头区	90.1	9.41	2.86	3.1	1.33	73.35	0.007	0.351	10.45	3.18	3.44	1.48	81.45	0.007	0.39
742	玉米	宁夏回族自治区中卫市沙坡头区	89.9	8.3	3.03	3.4	1.26	73.92	0.007	0.265	9.23	3.37	3.78	1.4	82.22	0.008	0.294
743	玉米	宁夏回族自治区中卫市中宁县	89.7	9.7	3.27	3.12	1.32	72.27	0.006	0.374	10.82	3.65	3.48	1.47	80.59	0.006	0.417
744	玉米	宁夏回族自治区中卫市中宁县	89.9	9.57	3.01	2.92	1.86	72.5	0.036	0.262	10.65	3.35	3.25	2.07	80.68	0.04	0.292
745	玉米	宁夏回族自治区中卫市中宁县	89.7	9.38	2.61	3.36	1.45	72.88	0.005	0.399	10.46	2.91	3.75	1.62	81.27	0.006	0.445
746	玉米	青海省海东市	85.1	7.89	3.63	1.97	1.37	70.28	0.008	0.295	9.27	4.26	2.31	1.61	82.55	0.01	0.347
747	玉米	青海省海东市	84.7	7.64	3.26	1.96	1.04	70.8	0.006	0.344	9.02	3.85	2.31	1.23	83.59	0.007	0.406
748	玉米	青海省海东市	88.8	9.31	4.01	1.99	1.29	72.23	0.008	0.257	10.48	4.51	2.24	1.45	81.31	0.009	0.289
749	玉米	青海省海东市	88.9	8.9	3.07	2.18	1.2	73.55	0.013	0.223	10.01	3.45	2.45	1.35	82.73	0.014	0.25
750	玉米	青海省海东市	88.5	8.72	2.75	2.11	1.35	73.56	0.012	0.257	9.85	3.11	2.38	1.53	83.13	0.014	0.291
751	玉米	青海省海东市	89.1	8.71	3.98	1.96	1.21	73.24	0.008	0.248	9.78	4.47	2.2	1.36	82.2	0.009	0.279
752	玉米	青海省海东市	89	8.32	3.6	2.56	1.37	73.14	0.01	0.262	9.35	4.05	2.88	1.54	82.19	0.011	0.294
753	玉米	青海省海东市	89.3	8.34	3.47	2.01	1.18	74.25	0.009	0.214	9.34	3.89	2.25	1.32	83.19	0.01	0.239
754	玉米	青海省海东市	88.8	8.26	3.38	2.15	1.11	73.86	0.011	0.207	9.31	3.81	2.42	1.25	83.21	0.012	0.233
755	玉米	青海省海东市	88.8	8.24	2.78	2.1	1.56	74.16	0.009	0.246	9.28	3.13	2.36	1.76	83.48	0.011	0.277
756	玉米	青海省海东市	89	8.02	4.15	1.98	1.14	73.7	0.008	0.23	9.01	4.66	2.22	1.28	82.82	0.009	0.258
757	玉米	青海省海东市	88.7	7.96	3.97	2.3	1.09	73.42	0.006	0.172	8.97	4.47	2.59	1.23	82.74	0.007	0.193

续表1-2

序号	原料名称	采样地点	原样状态								绝干状态						
			干物质 DM	粗蛋白质 CP	粗脂肪 EE	粗纤维 CF	粗灰分 Ash	无氮浸出物 NFE	钙 Ca	磷 P	粗蛋白质 CP	粗脂肪 EE	粗纤维 CF	粗灰分 Ash	无氮浸出物 NFE	钙 Ca	磷 P
758	玉米	青海省海东市	89.4	7.87	3.41	1.71	1.4	74.97	0.013	0.198	8.81	3.82	1.91	1.57	83.9	0.014	0.222
759	玉米	青海省海东市	88.9	7.8	3	2	1.19	74.89	0.008	0.199	8.78	3.38	2.25	1.34	84.26	0.009	0.224
760	玉米	青海省海东市	87.1	7.81	3.38	1.95	1.22	72.71	0.008	0.338	8.97	3.88	2.24	1.4	83.51	0.009	0.388
761	玉米	山东省滨州市	89.8	8.25	4.02	1.76	1.17	74.55	0.018	0.328	9.19	4.48	1.96	1.3	83.06	0.02	0.365
762	玉米	山东省滨州市	86.4	8.72	3.98	1.97	1.35	70.4	0.004	0.391	10.09	4.61	2.28	1.56	81.46	0.005	0.453
763	玉米	山东省滨州市	89.1	8.57	4.58	2.35	1.18	72.4	0.008	0.344	9.62	5.14	2.64	1.32	81.28	0.009	0.387
764	玉米	山东省德州市	87.5	9.45	2.97	2.07	1.11	71.89	0.005	0.369	10.8	3.39	2.37	1.27	82.17	0.006	0.421
765	玉米	山东省德州市	88.9	8.81	3.66	2.02	1.26	73.19	0.006	0.343	9.91	4.12	2.27	1.42	82.29	0.006	0.386
766	玉米	山东省德州市	89.3	8.71	4.56	1.86	1.41	72.79	0.006	0.381	9.75	5.1	2.08	1.58	81.48	0.006	0.427
767	玉米	山东省德州市	88.6	8.52	3.43	2.09	1.05	73.53	0.005	0.309	9.61	3.87	2.36	1.18	82.97	0.005	0.349
768	玉米	山东省东营市	88.8	8.89	3.55	2.08	1.25	73.02	0.01	0.383	10.01	4	2.34	1.41	82.24	0.011	0.432
769	玉米	山东省荷泽市	88.3	8.22	2.89	1.74	1.15	74.26	0.014	0.329	9.31	3.27	1.97	1.3	84.14	0.016	0.372
770	玉米	山东省荷泽市	87.9	8.16	3.09	2.16	1.12	73.33	0.007	0.332	9.29	3.52	2.46	1.27	83.46	0.008	0.377
771	玉米	山东省荷泽市	90.7	9.16	3.67	2.01	1.26	74.63	0.009	0.41	10.1	4.04	2.22	1.39	82.26	0.01	0.452
772	玉米	山东省菏泽市曹庄乡	89.4	9.06	2.41	2.35	1.37	74.18	0.012	0.427	10.14	2.7	2.63	1.53	83	0.014	0.478
773	玉米	山东省济宁市	89.1	8.49	2.5	2.18	1.19	74.7	0.01	0.361	9.53	2.81	2.45	1.34	83.88	0.011	0.405
774	玉米	山东省济宁市石墙镇	88.6	8.47	2.82	2.17	1.19	73.92	0.009	0.365	9.56	3.18	2.45	1.34	83.46	0.011	0.412
775	玉米	山东省青岛市莱西市	89	8.46	2.61	1.92	1.11	74.94	0.005	0.371	9.5	2.93	2.16	1.25	84.16	0.006	0.417
776	玉米	山东省聊城市	88.6	9.41	3.35	2.11	1.36	72.38	0.01	0.381	10.62	3.78	2.38	1.53	81.68	0.011	0.429
777	玉米	山东省聊城市	89.4	9.35	3.73	2.01	1.28	73	0.009	0.38	10.46	4.17	2.25	1.43	81.68	0.01	0.425
778	玉米	山东省聊城市	88.9	9.27	3.87	2.14	1.22	72.39	0.008	0.344	10.43	4.35	2.41	1.37	81.44	0.009	0.387

续表1-2

序号	原料名称	采样地点	原样状态								绝干状态						
			干物质 DM	粗蛋白质 CP	粗脂肪 EE	粗纤维 CF	粗灰分 Ash	无氮浸出物 NFE	钙 Ca	磷 P	粗蛋白质 CP	粗脂肪 EE	粗纤维 CF	粗灰分 Ash	无氮浸出物 NFE	钙 Ca	磷 P
779	玉米	山东省聊城市	86.2	8.7	3.46	2.26	1.19	70.62	0.008	0.332	10.09	4.01	2.62	1.38	81.9	0.009	0.384
780	玉米	山东省聊城市	89.4	8.85	3.89	2.35	1.22	73.05	0.039	0.369	9.9	4.35	2.63	1.37	81.75	0.044	0.413
781	玉米	山东省聊城市	87.8	8.62	3.53	1.83	1.25	72.6	0.008	0.316	9.81	4.02	2.08	1.42	82.66	0.009	0.36
782	玉米	山东省临沂市	86.8	8.64	2.79	2.11	1.18	72.08	0.009	0.359	9.95	3.21	2.43	1.36	83.04	0.011	0.414
783	玉米	山东省临沂市	88.7	8.52	3.49	2.36	1.29	73.08	0.024	0.38	9.6	3.93	2.66	1.45	82.35	0.027	0.428
784	玉米	山东省临沂市苍山县	87.5	8.63	3.42	2.07	1.07	72.35	0.008	0.374	9.86	3.91	2.36	1.22	82.65	0.01	0.427
785	玉米	山东省青岛市	87.4	7.88	1.15	1.29	0.37	76.71	0.009	0.067	9.02	1.32	1.48	0.42	87.77	0.01	0.076
786	玉米	山东省日照市	88	8.85	3.68	1.99	1.46	72.02	0.011	0.366	10.06	4.18	2.26	1.66	81.84	0.012	0.416
787	玉米	山东省日照市	87.7	8.54	3.1	2.02	1.34	72.65	0.045	0.396	9.74	3.54	2.3	1.53	82.89	0.051	0.452
788	玉米	山东省泰安市	87.3	8.63	3.27	1.77	1.34	72.27	0.011	0.394	9.89	3.75	2.03	1.54	82.8	0.013	0.451
789	玉米	山东省泰安市	88.7	8.76	3.44	2.05	1.5	72.9	0.009	0.351	9.88	3.88	2.31	1.69	82.23	0.01	0.396
790	玉米	山东省泰安市	88.2	8.67	3.87	2.09	1.15	72.39	0.009	0.343	9.83	4.39	2.37	1.3	82.1	0.01	0.389
791	玉米	山东省泰安市	86.7	8.31	3.76	1.87	1.31	71.47	0.007	0.359	9.58	4.34	2.16	1.51	82.41	0.008	0.413
792	玉米	山东省威海市	87.7	8.53	2.71	2.05	1.22	73.16	0.01	0.397	9.73	3.09	2.34	1.39	83.45	0.012	0.453
793	玉米	山东省威海市	87.6	8.48	3.12	2	1.33	72.66	0.011	0.386	9.68	3.56	2.28	1.52	82.95	0.012	0.441
794	玉米	山东省潍坊市	89.5	9.4	3.79	1.95	1.26	73.1	0.004	0.386	10.5	4.23	2.18	1.41	81.68	0.004	0.431
795	玉米	山东省潍坊市	89.6	9.12	2.99	2.09	1.27	74.12	0.006	0.382	10.18	3.34	2.33	1.42	82.73	0.007	0.427
796	玉米	山东省潍坊市	89.9	9.14	3.21	2.35	1.36	73.83	0.006	0.405	10.17	3.57	2.61	1.51	82.13	0.006	0.451
797	玉米	山东省潍坊市	90.1	9	3.88	2.02	1.27	73.91	0.005	0.392	9.99	4.31	2.24	1.41	82.05	0.006	0.435
798	玉米	山东省潍坊市	88.4	8.16	3.49	2.23	2.67	71.87	0.045	0.38	9.23	3.95	2.52	3.02	81.28	0.05	0.43
799	玉米	山东省烟台市	88.7	8.81	2.54	2.04	1.22	74.13	0.006	0.355	9.93	2.86	2.3	1.37	83.54	0.007	0.401

续表1-2

序号	原料名称	采样地点	原样状态								绝干状态						
			干物质 DM	粗蛋白质 CP	粗脂肪 EE	粗纤维 CF	粗灰分 Ash	无氮浸出物 NFE	钙 Ca	磷 P	粗蛋白质 CP	粗脂肪 EE	粗纤维 CF	粗灰分 Ash	无氮浸出物 NFE	钙 Ca	磷 P
800	玉米	山东省烟台市	88.3	8.73	3.41	25.08	1.33	49.79	0.007	0.453	9.88	3.86	28.39	1.51	56.36	0.008	0.512
801	玉米	山东省烟台市	89.3	8.06	3.23	1.88	1.2	74.9	0.007	0.435	9.03	3.62	2.11	1.34	83.9	0.008	0.487
802	玉米	山东省烟台市	90.2	7.97	4.03	1.94	1.25	75.02	0.007	0.34	8.83	4.47	2.15	1.39	83.16	0.008	0.376
803	玉米	山东省青岛市平度市	88.1	8.55	3.13	2.13	1.38	72.95	0.019	0.373	9.7	3.55	2.42	1.57	82.77	0.022	0.423
804	玉米	山东省枣庄市	87.4	8.31	3.9	1.9	1.25	71.99	0.011	0.379	9.51	4.46	2.18	1.43	82.42	0.013	0.434
805	玉米	山东省枣庄市	88.3	7.98	3.26	1.73	1.27	74.04	0.004	0.243	9.04	3.69	1.96	1.44	83.87	0.005	0.276
806	玉米	山东省枣庄市	87.4	7.66	4.12	2.1	1.24	72.24	0.022	0.37	8.77	4.72	2.4	1.42	82.69	0.025	0.424
807	玉米	山东省济南市章丘区	87.6	9.18	2.8	2.1	1.4	72.12	0.006	0.409	10.48	3.2	2.4	1.6	82.33	0.007	0.467
808	玉米	山东省淄博市	87.8	9.36	3.3	2.04	1.22	71.92	0.009	0.398	10.66	3.76	2.32	1.39	81.88	0.01	0.453
809	玉米	山东省淄博市	86.9	9.07	3.75	1.73	1.21	71.09	0.012	0.398	10.44	4.32	1.99	1.39	81.85	0.013	0.458
810	玉米	山东省淄博市	88.3	8.94	3.06	2.15	1.28	72.91	0.009	0.371	10.12	3.46	2.43	1.45	82.53	0.01	0.42
811	玉米	山东省淄博市	87.2	8.75	3.79	2.22	1.27	71.21	0.006	0.319	10.03	4.34	2.54	1.46	81.63	0.007	0.365
812	玉米	山东省淄博市	87.7	8.37	4.21	2.14	1.35	71.66	0.007	0.443	9.54	4.8	2.44	1.54	81.68	0.008	0.505
813	玉米	山东省济宁市邹城市	89	8.77	2.82	2.06	1.21	74.16	0.009	0.383	9.85	3.17	2.31	1.36	83.31	0.01	0.43
814	玉米	山东省济宁市邹城市	89.2	8.58	3.2	1.97	1.23	74.2	0.011	0.369	9.62	3.59	2.21	1.38	83.2	0.012	0.414
815	玉米	山西省大同市	90.8	9.85	3.5	3.1	1.38	72.97									
816	玉米	山西省大同市广灵县	90.2	8.7	2.8	3.5	1.1	74.1	0.007	0.267	9.65	3.1	3.88	1.22	82.15	0.008	0.296
817	玉米	山西省大同市广灵县	90.3	8.17	3.15	3.25	1.14	74.55	0.005	0.26	9.05	3.49	3.6	1.26	82.6	0.006	0.288
818	玉米	山西省大同市浑源县	90.5	7.94	3.55	2.7	1.1	75.17	0.005	0.306	8.78	3.92	2.99	1.22	83.11	0.006	0.338
819	玉米	山西省大同市浑源县	90.3	7.63	3.5	3	1.18	74.99	0.004	0.292	8.45	3.88	3.32	1.31	83.05	0.005	0.324
820	玉米	山西省大同市	90.2	8.4	3.3	2.8	1.12	74.58	0.008	0.311	9.31	3.66	3.1	1.24	82.68	0.009	0.345

续表1-2

序号	原料名称	采样地点	原样状态								绝干状态						
			干物质 DM	粗蛋白质 CP	粗脂肪 EE	粗纤维 CF	粗灰分 Ash	无氮浸出物 NFE	钙 Ca	磷 P	粗蛋白质 CP	粗脂肪 EE	粗纤维 CF	粗灰分 Ash	无氮浸出物 NFE	钙 Ca	磷 P
821	玉米	山西省大同市	89.2	8	2.2	2.4	0.2	76.38	0.008	0.292	8.97	2.47	2.69	0.22	85.65	0.009	0.327
822	玉米	山西省大同市天镇县	90.5	8.05	3.3	3.15	1.16	74.8	0.013	0.289	8.9	3.65	3.48	1.28	82.7	0.015	0.319
823	玉米	山西省大同市天镇县	90.7	7.7	3.3	3.5	1.19	75.01	0.006	0.326	8.49	3.64	3.86	1.31	82.7	0.007	0.359
824	玉米	山西省大同市阳高县	90.2	8.49	3.1	3.05	1.09	74.42	0.006	0.262	9.42	3.44	3.38	1.21	82.55	0.007	0.291
825	玉米	山西省大同市阳高县	90.1	8.28	3.4	2.6	1.08	74.74	0.019	0.264	9.19	3.77	2.89	1.2	82.95	0.021	0.293
826	玉米	山西省晋城市	90.6	8.26	2.8	3.3	1.2	75.04	0.005	0.251	9.12	3.09	3.64	1.32	82.83	0.006	0.277
827	玉米	山西省晋城市	90.6	8.13	3.55	3.1	1.24	74.59	0.004	0.249	8.97	3.92	3.42	1.37	82.33	0.004	0.275
828	玉米	山西省晋中市	90.5	9.2	3.6	3.1	1.16	73.44	0.005	0.207	10.17	3.98	3.43	1.28	81.15	0.006	0.228
829	玉米	山西省晋中市	90.6	8.28	3.1	3.45	1.31	74.47	0.006	0.26	9.14	3.42	3.81	1.45	82.2	0.006	0.287
830	玉米	山西省晋中市	90.2	7.18	3.8	3	1.08	75.14	0.006	0.226	7.96	4.21	3.33	1.2	83.3	0.007	0.251
831	玉米	山西省晋中市	90.7	9.62	3.15	3.1	1.47	73.31	0.008	0.333	10.61	3.47	3.42	1.62	80.87	0.008	0.367
832	玉米	山西省晋中市	90.7	9.22	3.7	3.6	1.38	72.8	0.008	0.319	10.17	4.08	3.97	1.52	80.26	0.009	0.352
833	玉米	山西省晋中市	90.6	9.14	3.6	3.2	1.26	73.41	0.006	0.328	10.09	3.97	3.53	1.39	81.03	0.007	0.362
834	玉米	山西省晋中市	90.5	9.05	3.5	2.8	1.14	74.01	0.008	0.297	10	3.87	3.09	1.26	81.78	0.009	0.328
835	玉米	山西省晋中市	90.7	8.78	3.45	3.8	1.29	73.39	0.008	0.24	9.68	3.8	4.19	1.42	80.92	0.008	0.264
836	玉米	山西省晋中市	90.7	8.74	3.4	3.6	1.23	73.69	0.008	0.326	9.64	3.75	3.97	1.36	81.29	0.009	0.36
837	玉米	山西省晋中市	90.2	8.56	3.3	2.4	1	74.94	0.008	0.186	9.49	3.66	2.66	1.11	83.08	0.009	0.206
838	玉米	山西省晋中市	90.4	8.54	3.35	2.65	1.04	74.83	0.006	0.204	9.45	3.71	2.93	1.15	82.78	0.006	0.226
839	玉米	山西省晋中市	90.6	8.51	3.4	2.9	1.07	74.72	0.007	0.188	9.39	3.75	3.2	1.18	82.47	0.008	0.208
840	玉米	山西省晋中市	90.1	8.32	3.3	2.9	1	74.58	0.007	0.184	9.23	3.66	3.22	1.11	82.77	0.008	0.204
841	玉米	山西省临汾市	90.8	11.22	3.4	3.2	1.24	71.74	0.006	0.23	12.36	3.74	3.52	1.37	79.01	0.007	0.253

续表1-2

序号	原料名称	采样地点	原样状态								绝干状态						
			干物质 DM	粗蛋白质 CP	粗脂肪 EE	粗纤维 CF	粗灰分 Ash	无氮浸出物 NFE	钙 Ca	磷 P	粗蛋白质 CP	粗脂肪 EE	粗纤维 CF	粗灰分 Ash	无氮浸出物 NFE	钙 Ca	磷 P
842	玉米	山西省临汾市	90.8	11.22	3.4	3.2	1.24	71.74	0.006	0.234	12.36	3.74	3.52	1.37	79.01	0.007	0.257
843	玉米	山西省临汾市	89.1	10.2	3.2	2.2	3.1	70.37	0.007	0.253	11.45	3.59	2.47	3.48	79.01	0.008	0.284
844	玉米	山西省临汾市	90.7	10.39	3.45	2.9	1.34	72.62	0.011	0.261	11.46	3.8	3.2	1.48	80.07	0.012	0.288
845	玉米	山西省临汾市	90.7	10.21	3.5	3.15	1.2	72.59	0.008	0.243	11.26	3.86	3.47	1.32	80.08	0.009	0.268
846	玉米	山西省临汾市	90.6	9.56	3.5	2.6	1.44	73.5	0.009	0.265	10.55	3.86	2.87	1.59	81.13	0.01	0.293
847	玉米	山西省临汾市	90.2	8.89	3.2	2.3	1.28	74.53	0.007	0.259	9.86	3.55	2.55	1.42	82.63	0.008	0.287
848	玉米	山西省临汾市	90.3	8.36	4	3.4	1.26	73.28	0.005	0.298	9.26	4.43	3.77	1.4	81.15	0.006	0.33
849	玉米	山西省吕梁市文水县	90.4	8.33	3.25	3.45	1.1	74.28	0.01	0.329	9.21	3.6	3.82	1.22	82.17	0.011	0.364
850	玉米	山西省吕梁市文水县	90.7	8.34	3.2	4	1.19	73.97	0.011	0.342	9.2	3.53	4.41	1.31	81.55	0.012	0.377
851	玉米	山西省朔州市怀仁市	90.2	8.18	2.8	2.65	1.11	75.46	0.007	0.285	9.07	3.1	2.94	1.23	83.66	0.008	0.316
852	玉米	山西省朔州市怀仁市	90.2	7.96	2.3	2.5	1.1	76.34	0.007	0.266	8.82	2.55	2.77	1.22	84.63	0.008	0.295
853	玉米	山西省朔州市山阴县	90.6	7.73	2.95	2.7	1.12	76.11	0.007	0.303	8.53	3.26	2.98	1.24	84.01	0.008	0.334
854	玉米	山西省朔州市山阴县	91	7.5	3.6	2.9	1.13	75.87	0.007	0.304	8.24	3.96	3.19	1.24	83.37	0.008	0.334
855	玉米	山西省朔州市朔城区	90.7	8.14	3.1	3.5	1.14	74.82	0.01	0.309	8.97	3.42	3.86	1.26	82.49	0.011	0.341
856	玉米	山西省朔州市朔城区	90.9	7.82	3.35	3.2	1.14	75.35	0.01	0.305	8.61	3.69	3.52	1.25	82.94	0.011	0.336
857	玉米	山西省太原市	90.7	10.11	2.7	3	1.68	73.21	0.021	0.188	11.15	2.98	3.31	1.85	80.72	0.023	0.207
858	玉米	山西省太原市	90.6	9.13	3.15	3.35	1.39	73.59	0.061	0.189	10.08	3.48	3.7	1.53	81.23	0.067	0.208
859	玉米	山西省忻州市五寨县索家坪	90.5	8.18	3.15	3.8	1.36	74.02	0.013	0.295	9.04	3.48	4.2	1.5	81.79	0.014	0.326
860	玉米	山西省忻州市五寨县索家坪	90.5	8.14	3.6	3.7	1.1	73.96	0.01	0.301	8.99	3.98	4.09	1.22	81.72	0.011	0.333
861	玉米	山西省阳泉市	90.6	8.29	3.4	3.6	1.41	73.9	0.01	0.285	9.15	3.75	3.97	1.56	81.57	0.011	0.314
862	玉米	山西省阳泉市	90.4	7.74	3.6	3.3	1.25	74.52	0.009	0.285	8.56	3.98	3.65	1.38	82.43	0.01	0.315

续表1-2

序号	原料名称	采样地点	原样状态								绝干状态						
			干物质 DM	粗蛋白质 CP	粗脂肪 EE	粗纤维 CF	粗灰分 Ash	无氮浸出物 NFE	钙 Ca	磷 P	粗蛋白质 CP	粗脂肪 EE	粗纤维 CF	粗灰分 Ash	无氮浸出物 NFE	钙 Ca	磷 P
863	玉米	山西省忻州市定襄县	90.6	8.72	2.7	2.6	1.22	75.32	0.009	0.322	9.63	2.98	2.87	1.35	83.18	0.01	0.356
864	玉米	山西省忻州市定襄县	90.6	8.03	3	3.1	1.12	75.35	0.009	0.308	8.86	3.31	3.42	1.24	83.17	0.01	0.34
865	玉米	山西省忻州市五台县	90.5	9.4	2.4	2.1	1.31	75.29	0.008	0.395	10.39	2.65	2.32	1.45	83.19	0.008	0.436
866	玉米	山西省忻州市五台县	90.6	8.77	2.75	2.8	1.23	75.06	0.008	0.388	9.68	3.04	3.09	1.36	82.85	0.009	0.428
867	玉米	山西省忻州市忻府区	90.3	8.15	3.4	2.9	1.04	74.81	0.011	0.278	9.03	3.77	3.21	1.15	82.85	0.012	0.308
868	玉米	山西省忻州市忻府区	90.5	8.09	3.2	3	1.08	75.08	0.009	0.276	8.94	3.54	3.32	1.19	83.01	0.009	0.306
869	玉米	山西省忻州市原平市	90.5	8.22	2.7	3.9	1.61	74.07	0.394	0.316	9.08	2.98	4.31	1.78	81.85	0.435	0.35
870	玉米	山西省忻州原平市	90.4	8.19	3.05	3.4	1.33	74.44	0.242	0.336	9.06	3.37	3.76	1.47	82.35	0.268	0.372
871	玉米	山西省朔州市应县义井乡	90.5	8.36	3.65	2.55	1.09	74.8	0.002	0.288	9.24	4.04	2.82	1.21	82.7	0.002	0.318
872	玉米	山西省朔州市应县义井乡	90.6	8.24	3.6	2.4	1.02	75.34	0.004	0.286	9.09	3.97	2.65	1.13	83.16	0.005	0.316
873	玉米	山西省运城市	90.6	10.5	3.4	2.1	1.65	72.95	0.01	0.287	11.59	3.75	2.32	1.82	80.52	0.011	0.317
874	玉米	山西省运城市	90.8	9.85	3.5	3.1	1.38	72.97	0.012	0.259	10.85	3.85	3.41	1.52	80.36	0.013	0.285
875	玉米	山西省运城市	90.3	9.67	4	2.5	1.38	72.75	0.008	0.276	10.71	4.43	2.77	1.53	80.56	0.009	0.306
876	玉米	山西省运城市	90.4	9.11	3	3.6	1.13	73.56	0.009	0.228	10.08	3.32	3.98	1.25	81.37	0.009	0.252
877	玉米	山西省运城市	90.2	9.08	3	2.4	1.07	74.65	0.005	0.207	10.07	3.33	2.66	1.19	82.76	0.006	0.229
878	玉米	山西省运城市	90.8	8.89	3.7	3	1.26	73.95	0.008	0.256	9.79	4.07	3.3	1.39	81.44	0.008	0.282
879	玉米	山西省运城市	90.9	8.24	4.1	2.9	1.26	74.4	0.006	0.277	9.06	4.51	3.19	1.39	81.85	0.006	0.305
880	玉米	山西省运城市	90.8	8.07	3.9	3.2	1.18	74.45	0.007	0.231	8.89	4.3	3.52	1.3	81.99	0.008	0.254
881	玉米	山西省运城市	90.5	7.32	2.8	2.8	1.24	76.34	0.007	0.247	8.09	3.09	3.09	1.37	84.35	0.008	0.273
882	玉米	山西省长治市	90.8	9.13	4.2	4	1.26	72.21	0.004	0.235	10.06	4.63	4.41	1.39	79.53	0.005	0.258
883	玉米	山西省长治市	90.7	8.8	3.75	3.8	1.22	73.14	0.005	0.241	9.7	4.13	4.19	1.35	80.64	0.006	0.266

续表1-2

序号	原料名称	采样地点	原样状态								绝干状态						
			干物质 DM	粗蛋白质 CP	粗脂肪 EE	粗纤维 CF	粗灰分 Ash	无氮浸出物 NFE	钙 Ca	磷 P	粗蛋白质 CP	粗脂肪 EE	粗纤维 CF	粗灰分 Ash	无氮浸出物 NFE	钙 Ca	磷 P
884	玉米	山西省长治市	90.4	8.54	3	2.8	1.22	74.84	0.007	0.244	9.45	3.32	3.1	1.35	82.79	0.007	0.27
885	玉米	山西省长治市	90.3	8.51	3.2	2.8	1.17	74.63	0.006	0.195	9.42	3.54	3.1	1.3	82.65	0.006	0.216
886	玉米	山西省长治市	90.2	8.47	3.4	2.8	1.11	74.42	0.006	0.2	9.39	3.77	3.1	1.23	82.51	0.006	0.222
887	玉米	山西省长治市	90.2	8.19	3.6	3.05	1.29	74.02	0.004	0.302	9.08	3.99	3.38	1.43	82.11	0.005	0.335
888	玉米	山西省长治市	90.3	8.13	3.5	2.85	1.17	74.65	0.005	0.202	9	3.88	3.16	1.3	82.67	0.006	0.224
889	玉米	山西省长治市	90.4	7.96	3.55	2.88	1.2	74.77	0.006	0.216	8.81	3.93	3.19	1.33	82.76	0.006	0.239
890	玉米	山西省长治市	90.6	7.99	4.3	2.9	1.28	74.13	0.005	0.242	8.82	4.75	3.2	1.41	81.82	0.005	0.267
891	玉米	山西省长治市	89.9	7.84	4.2	3.3	1.36	73.2	0.005	0.323	8.72	4.67	3.67	1.51	81.42	0.005	0.359
892	玉米	山西省长治市	90.4	7.79	3.6	2.9	1.23	74.88	0.005	0.217	8.62	3.98	3.21	1.36	82.83	0.006	0.24
893	玉米	山西省长治市	90.5	7.53	3.45	2.9	1.21	75.37	0.009	0.207	8.33	3.81	3.21	1.34	83.33	0.01	0.229
894	玉米	山西省长治市	90.5	7.26	3.3	2.9	1.19	75.85	0.006	0.202	8.02	3.65	3.2	1.31	83.81	0.007	0.223
895	玉米	山西省长治市沁县	90.3	8.48	3.7	2.7	1.16	74.26	0.007	0.28	9.39	4.1	2.99	1.28	82.24	0.007	0.31
896	玉米	山西省长治市沁县	90.4	8.42	3.68	2.63	1.13	74.53	0.007	0.258	9.32	4.07	2.91	1.25	82.47	0.008	0.285
897	玉米	山西省长治市襄垣县	90.5	8.47	3.5	3.15	1.17	74.16	0.006	0.325	9.36	3.87	3.48	1.29	81.99	0.006	0.359
898	玉米	山西省长治市襄垣县	90.6	8.46	3.3	3.6	1.18	74.06	0.006	0.34	9.34	3.64	3.97	1.3	81.74	0.007	0.375
899	玉米	陕西省铜川市	91.3	8.87	4.2	1.02	1.67	75.57	0.009	0.326	9.71	4.6	1.12	1.83	82.74	0.01	0.357
900	玉米	陕西省铜川市	90.8	8.73	4.84	1.11	1.2	74.94	0.006	0.346	9.61	5.33	1.22	1.32	82.51	0.007	0.381
901	玉米	陕西省铜川市	90.8	8.33	4	0.95	1.17	76.39	0.008	0.305	9.17	4.4	1.05	1.29	84.09	0.009	0.335
902	玉米	陕西省铜川市耀州区	90.6	8.67	4.02	0.93	1.28	75.72	0.004	0.299	9.57	4.44	1.03	1.41	83.56	0.005	0.33
903	玉米	陕西省铜川市耀州区	89.8	8.45	2.85	2.54	1.28	74.7	0.004	0.231	9.41	3.17	2.83	1.43	83.17	0.005	0.257
904	玉米	陕西省铜川市耀州区	90.2	7.88	3.29	2.22	1.44	75.34	0.005	0.282	8.74	3.65	2.46	1.6	83.55	0.006	0.313

续表1-2

序号	原料名称	采样地点	原样状态								绝干状态						
			干物质 DM	粗蛋白质 CP	粗脂肪 EE	粗纤维 CF	粗灰分 Ash	无氮浸出物 NFE	钙 Ca	磷 P	粗蛋白质 CP	粗脂肪 EE	粗纤维 CF	粗灰分 Ash	无氮浸出物 NFE	钙 Ca	磷 P
905	玉米	陕西省铜川市耀州区	90.4	7.8	3.71	2.11	1.43	75.33	0.008	0.192	8.63	4.1	2.33	1.58	83.35	0.009	0.212
906	玉米	陕西省渭南市白水县	89.9	8.01	3.54	1.6	1.22	75.5	0.005	0.278	8.91	3.94	1.78	1.36	84.01	0.005	0.309
907	玉米	陕西省渭南市白水县	90.6	8.06	2.99	1.23	1.19	77.16	0.018	0.23	8.89	3.3	1.36	1.31	85.14	0.019	0.254
908	玉米	陕西省渭南市大荔县	90	7.8	3.02	1.05	1.22	76.92	0.005	0.288	8.67	3.36	1.17	1.36	85.46	0.006	0.32
909	玉米	陕西省西安市阎良区	90.8	7.76	2.48	1.05	1.19	78.3	0.004	0.279	8.55	2.73	1.16	1.31	86.25	0.004	0.307
910	玉米	陕西省西安市	89.2	9.17	3.88	1.4	1.43	73.3	0.007	0.314	10.28	4.35	1.57	1.6	82.19	0.008	0.352
911	玉米	陕西省西安市	90.5	9.2	3.03	1.12	1.29	75.9	0.007	0.371	10.16	3.35	1.24	1.42	83.83	0.008	0.409
912	玉米	陕西省西安市	90	9.06	2.94	2.11	1.11	74.79	0.006	0.258	10.07	3.27	2.34	1.23	83.09	0.007	0.287
913	玉米	陕西省西安市	91	9.01	3.29	1	1.37	76.37	0.005	0.374	9.9	3.61	1.1	1.5	83.89	0.006	0.41
914	玉米	陕西省西安市	91	8.86	2.98	1.15	1.27	76.77	0.005	0.376	9.73	3.27	1.26	1.4	84.33	0.005	0.413
915	玉米	陕西省西安市	89.3	8.37	3.59	1.2	1.4	74.73	0.01	0.29	9.37	4.02	1.34	1.57	83.69	0.011	0.325
916	玉米	陕西省西安市	90	8.43	2.64	2.71	1.32	74.94	0.011	0.422	9.36	2.93	3.01	1.47	83.23	0.012	0.468
917	玉米	陕西省西安市	89.7	8.32	2.98	1.4	1.22	75.79	0.011	0.281	9.27	3.32	1.56	1.36	84.48	0.013	0.313
918	玉米	陕西省西安市	89.9	8.23	3.7	2.31	1.44	74.18	0.038	0.376	9.16	4.12	2.57	1.6	82.55	0.042	0.418
919	玉米	陕西省西安市	88.6	8	4.12	1.28	1.05	74.18	0.015	0.247	9.03	4.65	1.44	1.18	83.7	0.017	0.279
920	玉米	陕西省西安市	89.4	7.8	3.74	1.19	1.29	75.39	0.005	0.307	8.72	4.18	1.33	1.44	84.32	0.005	0.344
921	玉米	陕西省西安市高陵区	90.6	9.52	3.67	0.89	1.29	75.24	0.006	0.301	10.51	4.05	0.98	1.42	83.04	0.007	0.332
922	玉米	陕西省西安市高陵区	90.3	9.39	3.5	1.13	1.24	75.05	0.006	0.295	10.4	3.88	1.25	1.37	83.1	0.007	0.326
923	玉米	陕西省西安市高陵区	90.4	8.32	3.32	1.26	1.36	76.18	0.006	0.333	9.2	3.67	1.39	1.5	84.23	0.007	0.368
924	玉米	陕西省西安市阎良区	90.6	9.34	3.54	0.97	1.35	75.39	0.006	0.302	10.31	3.91	1.07	1.49	83.22	0.007	0.334
925	玉米	陕西省西安市长安区	90.4	10.19	2.94	1.25	1.32	74.68	0.006	0.314	11.27	3.25	1.38	1.46	82.63	0.007	0.347

续表1-2

序号	原料名称	采样地点	原样状态								绝干状态						
			干物质 DM	粗蛋白质 CP	粗脂肪 EE	粗纤维 CF	粗灰分 Ash	无氮浸出物 NFE	钙 Ca	磷 P	粗蛋白质 CP	粗脂肪 EE	粗纤维 CF	粗灰分 Ash	无氮浸出物 NFE	钙 Ca	磷 P
926	玉米	陕西省西安市长安区	90.3	9.85	3.45	2.47	1.29	73.23	0.006	0.305	10.91	3.82	2.74	1.43	81.11	0.007	0.338
927	玉米	陕西省西安市长安区	90.6	9.83	3.32	1.34	1.52	74.59	0.006	0.296	10.85	3.66	1.48	1.68	82.33	0.006	0.326
928	玉米	陕西省西安市长安区	90.5	9.76	3.9	2.51	1.3	73.04	0.006	0.311	10.78	4.31	2.77	1.44	80.7	0.007	0.343
929	玉米	陕西省西安市长安区	89.8	9.38	3.47	1.33	1.55	74.03	0.004	0.318	10.45	3.87	1.48	1.73	82.48	0.005	0.354
930	玉米	陕西省西安市长安区	90.7	9.37	3.19	1.13	1.42	75.6	0.009	0.254	10.33	3.52	1.25	1.57	83.34	0.01	0.28
931	玉米	陕西省西安市长安区	90.7	8.96	3.03	1.12	1.44	76.11	0.003	0.32	9.88	3.34	1.24	1.59	83.95	0.004	0.353
932	玉米	陕西省咸阳市	90.5	9.18	4.59	1.3	1.36	74.02	0.007	0.359	10.15	5.07	1.44	1.5	81.84	0.007	0.397
933	玉米	陕西省咸阳市	90.2	8.96	3.32	1.49	1.31	75.08	0.005	0.3	9.94	3.68	1.65	1.45	83.27	0.005	0.332
934	玉米	陕西省咸阳市	89.7	8.87	3.65	2.36	1.61	73.22	0.01	0.334	9.89	4.07	2.63	1.79	81.62	0.011	0.373
935	玉米	陕西省咸阳市	90.3	8.35	3.08	1.16	1.27	76.47	0.013	0.327	9.24	3.41	1.28	1.41	84.66	0.014	0.362
936	玉米	陕西省咸阳市	90.5	8.19	3.3	1.15	1.33	76.48	0.006	0.324	9.05	3.65	1.27	1.47	84.56	0.006	0.358
937	玉米	陕西省咸阳市彬县	90.3	9.29	3.35	2.38	1.27	74.03	0.007	0.252	10.29	3.71	2.64	1.41	81.96	0.007	0.279
938	玉米	陕西省咸阳市礼泉县	90.6	9.27	3.33	2.27	1.29	74.46	0.006	0.283	10.23	3.67	2.5	1.42	82.17	0.006	0.312
939	玉米	陕西省咸阳市礼泉县	90.5	8.95	3.6	1.17	1.27	75.55	0.006	0.31	9.89	3.98	1.29	1.4	83.44	0.007	0.343
940	玉米	四川省巴中市	93.2	9.34	4.41	2.57	1.33	75.57	0.008	0.328	10.02	4.73	2.76	1.43	81.07	0.008	0.352
941	玉米	四川省巴中市	91.5	8.41	3.58	1.72	1.19	76.58	0.015	0.298	9.19	3.91	1.88	1.3	83.71	0.017	0.326
942	玉米	四川省巴中市	92.8	7.4	4.37	2.62	1.4	77.04	0.008	0.293	7.97	4.71	2.82	1.51	82.99	0.008	0.316
943	玉米	四川省巴中市	92	9.5	3.79	2.66	1.52	74.57	0.009	0.399	10.32	4.12	2.89	1.65	81.03	0.009	0.434
944	玉米	四川省巴中市	92.4	9.53	3.76	2.47	1.38	75.28	0.006	0.36	10.31	4.07	2.67	1.49	81.45	0.007	0.39
945	玉米	四川省巴州市	92.8	8.29	3.74	2.49	1.25	77.03	0.009	0.249	8.93	4.03	2.68	1.35	83.01	0.01	0.269
946	玉米	四川省成都市简阳市	92.6	9.77	4.5	3.03	1.59	73.66	0.004	0.378	10.56	4.86	3.27	1.72	79.59	0.005	0.408

续表1-2

序号	原料名称	采样地点	原样状态								绝干状态						
			干物质 DM	粗蛋白质 CP	粗脂肪 EE	粗纤维 CF	粗灰分 Ash	无氮浸出物 NFE	钙 Ca	磷 P	粗蛋白质 CP	粗脂肪 EE	粗纤维 CF	粗灰分 Ash	无氮浸出物 NFE	钙 Ca	磷 P
947	玉米	四川省成都市简阳市	92.6	8.67	3.44	1.69	1.24	77.59	0.005	0.276	9.36	3.71	1.82	1.34	83.76	0.006	0.298
948	玉米	四川省成都市金堂县	92.4	8.15	3.52	3.11	1.28	76.31	0.004	0.298	8.82	3.81	3.37	1.39	82.61	0.005	0.323
949	玉米	四川省达州市	92.1	10.26	4	2.19	1.51	74.12	0.007	0.356	11.14	4.34	2.38	1.64	80.5	0.008	0.387
950	玉米	四川省达州市	92.3	9.56	3.78	3.59	1.51	73.82	0.009	0.394	10.36	4.1	3.89	1.64	80.02	0.009	0.427
951	玉米	四川省达州市	91.8	9.11	4.26	3.49	1.37	73.55	0.008	0.393	9.93	4.64	3.8	1.49	80.14	0.009	0.428
952	玉米	四川省达州市	93	8.2	5.46	2.97	1.51	74.85	0.008	0.312	8.82	5.87	3.19	1.62	80.49	0.008	0.335
953	玉米	四川省绵阳市三台县	93	8.59	3.3	3.14	1.39	76.58	0.005	0.25	9.24	3.55	3.38	1.49	82.34	0.005	0.269
954	玉米	四川省德阳市中江县	92.2	8.55	3.77	2.77	1.2	75.91	0.004	0.252	9.27	4.09	3	1.3	82.33	0.004	0.273
955	玉米	四川省德阳市中江县	93.5	8.48	4.2	3.2	1.56	76.09	0.003	0.368	9.07	4.49	3.42	1.67	81.35	0.003	0.394
956	玉米	四川省广安市	93.2	9.57	4.15	3.26	1.39	74.81	0.008	0.334	10.27	4.45	3.5	1.49	80.29	0.009	0.359
957	玉米	四川省广元市苍溪县	92	9.23	4.52	3.33	1.35	73.58	0.004	0.311	10.03	4.91	3.62	1.47	79.97	0.005	0.338
958	玉米	四川省广元市剑阁县	90.9	9.72	3.57	2.23	1.37	74.06	0.003	0.318	10.69	3.93	2.45	1.51	81.44	0.003	0.349
959	玉米	四川省泸州市	92.8	9.16	4.03	3.71	1.42	74.49	0.007	0.368	9.87	4.34	4	1.53	80.26	0.007	0.396
960	玉米	四川省阆中市彭城镇	92.9	10.26	4.41	2.51	1.36	74.35	0.005	0.365	11.05	4.75	2.7	1.46	80.05	0.005	0.393
961	玉米	四川省泸州市	92.7	9.58	4.18	3.31	1.38	74.22	0.007	0.359	10.34	4.51	3.57	1.49	80.08	0.008	0.387
962	玉米	四川省泸州市	93	8.76	3.69	3.14	1.17	76.28	0.008	0.286	9.42	3.97	3.37	1.26	81.99	0.008	0.308
963	玉米	四川省泸州市	93.1	8.41	4.27	2.48	1.59	76.34	0.008	0.443	9.04	4.59	2.66	1.71	82.02	0.009	0.476
964	玉米	四川省泸州市	93.7	6.95	4.71	3	1.3	77.74	0.009	0.322	7.42	5.03	3.2	1.39	82.96	0.01	0.344
965	玉米	四川省眉山市仁寿县	94.1	9.2	3.49	1.95	1.12	78.36	0.004	0.325	9.77	3.71	2.07	1.19	83.26	0.005	0.345
966	玉米	四川省绵阳市盐亭县	92.7	9.69	4.46	3.21	1.14	74.18	0.004	0.244	10.45	4.81	3.46	1.23	80.03	0.004	0.263
967	玉米	四川省南充市	92.6	10.32	4.63	2.73	1.27	73.61	0.008	0.368	11.15	5	2.95	1.37	79.54	0.009	0.398
968	玉米	四川省南充市	92.8	10.06	5.1	2.84	1.51	73.28	0.009	0.415	10.84	5.5	3.06	1.63	78.97	0.01	0.448
969	玉米	四川省南充市南部县	92.5	9.6	3.55	3.27	1.47	74.56	0.004	0.345	10.38	3.84	3.54	1.59	80.64	0.005	0.373

续表1-2

序号	原料名称	采样地点	原样状态								绝干状态						
			干物质 DM	粗蛋白质 CP	粗脂肪 EE	粗纤维 CF	粗灰分 Ash	无氮浸出物 NFE	钙 Ca	磷 P	粗蛋白质 CP	粗脂肪 EE	粗纤维 CF	粗灰分 Ash	无氮浸出物 NFE	钙 Ca	磷 P
970	玉米	四川省遂宁市蓬溪县	92.9	10.39	3.47	2.89	1.3	74.81	0.004	0.268	11.19	3.74	3.11	1.4	80.56	0.004	0.289
971	玉米	四川省南充市西充县	93.9	9.1	4.04	2.75	1.39	76.66	0.002	0.287	9.69	4.3	2.93	1.48	81.61	0.002	0.305
972	玉米	四川省内江市威远县	92.6	9	4.12	3.81	1.4	74.29	0.003	0.324	9.72	4.45	4.11	1.51	80.2	0.004	0.35
973	玉米	四川省内江市资中县	92.3	8.5	3.82	2.28	1.29	76.44	0.007	0.326	9.21	4.14	2.47	1.4	82.79	0.008	0.353
974	玉米	四川省遂宁市安居区	92.7	9.47	3.91	2.66	1.51	75.2	0.002	0.337	10.21	4.22	2.87	1.63	81.09	0.002	0.363
975	玉米	四川省遂宁市大英县	92.2	10	4.48	2.83	1.48	73.36	0.004	0.301	10.85	4.86	3.07	1.61	79.61	0.004	0.327
976	玉米	四川省遂宁市射洪市	92.3	9.84	4.91	3.07	1.34	73.19	0.005	0.301	10.66	5.32	3.32	1.45	79.26	0.006	0.326
977	玉米	四川省宜宾市	92.5	8.58	4.47	2.5	1.42	75.5	0.008	0.296	9.28	4.83	2.7	1.54	81.64	0.009	0.32
978	玉米	四川省宜宾市	92.1	8.24	3.83	2.56	1.3	76.16	0.009	0.325	8.95	4.16	2.78	1.41	82.7	0.01	0.353
979	玉米	四川省宜宾市	92.2	7.8	4.2	2.73	1.32	76.16	0.008	0.313	8.46	4.55	2.96	1.43	82.59	0.009	0.34
980	玉米	四川省资阳市安岳县	94	8.67	5.16	2.61	1.52	76.04	0.004	0.347	9.22	5.49	2.78	1.62	80.89	0.004	0.369
981	玉米	四川省资阳市乐至县	92.6	9.22	4.24	3.13	1.53	74.45	0.003	0.365	9.96	4.58	3.38	1.65	80.43	0.003	0.394
982	玉米	四川省资阳市雁江区	92.9	9.13	4.36	3.37	1.21	74.81	0.007	0.258	9.83	4.69	3.63	1.3	80.54	0.008	0.278
983	玉米	四川省自贡市荣县	93.2	9	3.94	2.64	1.36	76.29	0.006	0.365	9.65	4.23	2.83	1.46	81.83	0.006	0.391
984	玉米	天津市宝坻区大白庄镇	89.7	10.76	4.38	2.21	1.35	71.04	0.006	0.306	11.99	4.88	2.46	1.5	79.16	0.007	0.341
985	玉米	天津市宝坻区大白庄镇	89.8	10.32	4.22	2.32	1.25	71.65	0.004	0.31	11.5	4.7	2.58	1.39	79.82	0.005	0.346
986	玉米	天津市宝坻区大白庄镇	89.5	9.72	4.35	2.29	1.39	71.79	0.007	0.315	10.86	4.86	2.56	1.55	80.18	0.008	0.352
987	玉米	天津市宝坻区新开口镇	88.9	9.73	3.93	2.53	1.28	71.38	0.005	0.313	10.95	4.42	2.85	1.44	80.34	0.005	0.352
988	玉米	天津市宝坻区新开口镇	88.7	9.53	3.71	2.28	1.12	72.03	0.006	0.239	10.75	4.18	2.57	1.26	81.23	0.006	0.269
989	玉米	天津市宝坻区新开口镇	89.5	9.59	3.5	2.1	1.24	73.06	0.007	0.248	10.72	3.91	2.35	1.39	81.64	0.008	0.278
990	玉米	天津市宝坻区新开口镇	89.6	9	3.45	2.38	1.24	73.54	0.007	0.244	10.04	3.85	2.66	1.38	82.07	0.007	0.272
991	玉米	天津市北辰区	89.5	7.81	3.92	2.16	1.3	74.31	0.01	0.299	8.73	4.38	2.41	1.45	83.03	0.012	0.334
992	玉米	天津市北辰区	89.5	7.44	3.82	2.26	1.31	74.67	0.01	0.268	8.31	4.27	2.53	1.46	83.43	0.011	0.3

续表1-2

序号	原料名称	采样地点	原样状态								绝干状态						
			干物质 DM	粗蛋白质 CP	粗脂肪 EE	粗纤维 CF	粗灰分 Ash	无氮浸出物 NFE	钙 Ca	磷 P	粗蛋白质 CP	粗脂肪 EE	粗纤维 CF	粗灰分 Ash	无氮浸出物 NFE	钙 Ca	磷 P
993	玉米	天津市滨海新区	89.5	8.35	3.68	2	1.04	74.43	0.007	0.273	9.33	4.11	2.23	1.16	83.16	0.008	0.305
994	玉米	天津市蓟州区	90.6	7.89	3.87	2.08	1.45	75.33	0.008	0.297	8.71	4.27	2.3	1.6	83.13	0.009	0.328
995	玉米	天津市蓟州区	89.5	6.91	3.55	2.07	1.32	75.65	0.008	0.304	7.72	3.97	2.31	1.47	84.53	0.009	0.34
996	玉米	天津市蓟州区	90.8	6.68	3.81	2.4	1.4	76.47	0.007	0.319	7.36	4.2	2.64	1.54	84.26	0.008	0.351
997	玉米	天津市蓟州区	90.7	6.4	3.61	2.09	1.4	77.24	0.009	0.309	7.05	3.98	2.3	1.54	85.12	0.01	0.341
998	玉米	天津市蓟州区	89.6	6.25	3.54	1.88	1.36	76.57	0.008	0.305	6.98	3.95	2.1	1.52	85.46	0.009	0.34
999	玉米	天津市蓟州区	89.2	6.1	3.64	1.66	1.47	76.28	0.006	0.299	6.84	4.08	1.86	1.65	85.56	0.007	0.336
1000	玉米	天津市静海区陈官屯镇	90.4	10.36	4.67	2.5	1.23	71.67	0.005	0.254	11.46	5.16	2.76	1.36	79.25	0.006	0.281
1001	玉米	天津市静海区陈官屯镇	89.1	8.64	4.04	2.29	1.11	73.05	0.005	0.205	9.69	4.53	2.57	1.25	81.96	0.006	0.23
1002	玉米	天津市静海区大丰堆镇	89.3	10.77	4.67	2.5	1.26	70.12	0.007	0.258	12.06	5.23	2.8	1.41	78.5	0.008	0.288
1003	玉米	天津市静海区大丰堆镇	90.2	10.73	4.7	2.55	1.25	70.94	0.005	0.18	11.9	5.21	2.83	1.39	78.67	0.005	0.199
1004	玉米	天津市宁河区	90.4	10.01	3.45	2.43	1.38	73.1	0.008	0.294	11.08	3.82	2.69	1.53	80.89	0.008	0.325
1005	玉米	天津市武清区城关镇	90	9.21	3.02	2.34	1.38	74.07	0.005	0.364	10.23	3.35	2.6	1.53	82.28	0.005	0.405
1006	玉米	天津市武清区城关镇	89.6	7.58	3.83	2.28	1.08	74.83	0.007	0.278	8.46	4.27	2.54	1.21	83.52	0.008	0.31
1007	玉米	天津市武清区大孟庄镇	89	8	3.81	2.17	1.26	73.73	0.007	0.241	8.99	4.23	2.44	1.42	82.87	0.007	0.271
1008	玉米	天津市武清区下伍旗镇	89.5	9.03	3.86	2.39	1.5	72.68	0.01	0.323	10.09	4.31	2.67	1.68	81.24	0.011	0.361
1009	玉米	天津市武清区下伍旗镇	89.1	8.73	3.68	1.98	1.25	73.5	0.004	0.254	9.79	4.13	2.22	1.4	82.45	0.004	0.285
1010	玉米	天津市武清区下伍旗镇	89.1	8.5	4.01	1.99	1.27	73.29	0.005	0.261	9.54	4.5	2.23	1.43	82.29	0.005	0.293
1011	玉米	天津市武清区下伍旗镇	89.5	7.97	3.38	2.06	1.13	74.97	0.005	0.294	8.9	3.73	2.3	1.26	83.76	0.006	0.328
1012	玉米	天津市西青区辛口镇	89.9	7.94	3.93	2.45	1.18	74.39	0.004	0.227	8.83	4.37	2.73	1.31	82.76	0.005	0.252
1013	玉米	西藏自治区林芝市	91.8	9.45	3.92	2.51	1.48	74.49	0.005	0.301	10.29	4.27	2.73	1.61	81.11	0.006	0.327
1014	玉米	西藏自治区林芝市	91.3	9.26	1.48	2.79	1.54	76.23	0.006	0.31	10.14	1.62	3.06	1.69	83.49	0.006	0.34
1015	玉米	西藏自治区林芝市	91.7	9.28	3.79	2.75	1.44	74.47	0.004	0.306	10.12	4.13	3	1.57	81.19	0.005	0.334

续表1-2

序号	原料名称	采样地点	原样状态								绝干状态						
			干物质 DM	粗蛋白质 CP	粗脂肪 EE	粗纤维 CF	粗灰分 Ash	无氮浸出物 NFE	钙 Ca	磷 P	粗蛋白质 CP	粗脂肪 EE	粗纤维 CF	粗灰分 Ash	无氮浸出物 NFE	钙 Ca	磷 P
1016	玉米	西藏自治区林芝市	92.5	9.03	4.38	2.42	1.39	75.27	0.006	0.287	9.76	4.74	2.62	1.5	81.39	0.007	0.31
1017	玉米	西藏自治区林芝市	92.7	8.8	4.48	1.6	1.35	76.5	0.005	0.267	9.49	4.83	1.73	1.46	82.5	0.005	0.288
1018	玉米	西藏自治区林芝市	92.3	8.53	3.86	3.05	1.49	75.35	0.004	0.313	9.24	4.18	3.3	1.61	81.64	0.004	0.339
1019	玉米	西藏自治区林芝市	91.6	8.17	3.97	2.14	1.5	75.86	0.005	0.31	8.92	4.33	2.34	1.64	82.78	0.006	0.339
1020	玉米	西藏自治区林芝市	92.2	8.02	3.08	2.39	1.37	77.3	0.006	0.255	8.7	3.34	2.59	1.49	83.88	0.007	0.276
1021	玉米	西藏自治区林芝市	92	7.69	3.15	1.99	1.27	77.9	0.005	0.27	8.36	3.42	2.16	1.38	84.67	0.005	0.294
1022	玉米	西藏自治区林芝市	91.7	7.43	2.95	1.98	1.27	78.09	0.007	0.257	8.1	3.22	2.16	1.38	85.14	0.007	0.28
1023	玉米	西藏自治区林芝市	91.7	7.21	3.3	2.9	1.12	77.15	0.004	0.201	7.87	3.6	3.16	1.22	84.16	0.005	0.219
1024	玉米	西藏自治区林芝市	91.9	7.17	3.41	2.59	1.14	77.55	0.005	0.206	7.81	3.71	2.82	1.24	84.42	0.005	0.224
1025	玉米	西藏自治区林芝市	91.4	6.82	3.41	2.86	1.25	77.07	0.005	0.212	7.46	3.73	3.13	1.37	84.31	0.006	0.232
1026	玉米	新疆维吾尔自治区阿克苏地区阿克苏市	90.3	8.65	3.28	2.93	1.18	74.25	0.006	0.278	9.58	3.63	3.25	1.31	82.24	0.006	0.308
1027	玉米	新疆维吾尔自治区阿克苏地区阿克苏市	91	6.89	3.24	3.22	1.1	76.54	0.006	0.398	7.57	3.56	3.54	1.21	84.14	0.007	0.437
1028	玉米	新疆维吾尔自治区阿克苏地区阿克苏市	90.5	8.05	3.08	2.52	0.99	75.88	0.007	0.241	8.89	3.4	2.78	1.09	83.84	0.008	0.266
1029	玉米	新疆维吾尔自治区阿克苏地区阿克苏市	89.9	6.87	3.19	2.65	1.2	76.01	0.01	0.283	7.64	3.55	2.95	1.33	84.54	0.012	0.315
1030	玉米	新疆维吾尔自治区喀什地区巴楚县	88.2	7.52	3.32	2.91	1.32	73.12	0.005	0.274	8.53	3.77	3.3	1.5	82.92	0.006	0.31
1031	玉米	新疆维吾尔自治区博尔塔拉蒙古自治州博乐市小营盘镇	93.7	9.04	2.93	1.35	1.04	79.37	0.007	0.281	9.64	3.13	1.44	1.11	84.68	0.008	0.3
1032	玉米	新疆维吾尔自治区博尔塔拉蒙古自治州博乐市小营盘镇	93.5	8.89	3.04	1.82	0.94	78.85	0.007	0.273	9.5	3.25	1.95	1	84.3	0.007	0.292

续表1-2

序号	原料名称	采样地点	原样状态								绝干状态						
			干物质 DM	粗蛋白质 CP	粗脂肪 EE	粗纤维 CF	粗灰分 Ash	无氮浸出物 NFE	钙 Ca	磷 P	粗蛋白质 CP	粗脂肪 EE	粗纤维 CF	粗灰分 Ash	无氮浸出物 NFE	钙 Ca	磷 P
1033	玉米	新疆维吾尔自治区伊犁哈萨克自治州察布查尔锡伯自治县	91.1	6.81	2.79	1.74	1.58	78.22	0.011	0.314	7.47	3.06	1.91	1.73	85.82	0.012	0.344
1034	玉米	新疆维吾尔自治区昌吉回族自治州昌吉市	92.5	7.66	2.96	2.17	1.12	78.54	0.006	0.349	8.29	3.2	2.35	1.21	84.95	0.007	0.378
1035	玉米	新疆维吾尔自治区昌吉回族自治州昌吉市六工镇	93.7	7.98	2.57	2.21	1.01	79.92	0.007	0.292	8.52	2.74	2.36	1.08	85.3	0.008	0.312
1036	玉米	新疆维吾尔自治区塔城地区额敏县	90.1	6.38	2.99	2.4	0.97	77.32	0.011	0.273	7.08	3.32	2.66	1.08	85.85	0.012	0.303
1037	玉米	新疆维吾尔自治区塔城地区额敏县郊区	92.1	6.64	3.12	2.49	1.29	78.53	0.006	0.298	7.21	3.39	2.7	1.4	85.29	0.006	0.323
1038	玉米	新疆维吾尔自治区塔城地区额敏县玛热勒苏镇	92	6.63	2.56	1.54	1.14	80.15	0.005	0.229	7.2	2.78	1.67	1.24	87.1	0.005	0.248
1039	玉米	新疆维吾尔自治区阿勒泰地区福海县阿达尔乡	91.4	8.46	2.39	2.42	1.59	76.51	0.008	0.419	9.26	2.62	2.65	1.74	83.74	0.009	0.459
1040	玉米	新疆维吾尔自治区昌吉回族自治州阜康市城关镇	92.4	8.87	3.17	2.45	1.63	76.32	0.002	0.366	9.6	3.43	2.65	1.76	82.56	0.002	0.396
1041	玉米	新疆维吾尔自治区昌吉回族自治州阜康市滋泥泉镇	91.7	8.46	3.03	2.47	1.58	76.15	0.006	0.367	9.23	3.3	2.69	1.72	83.05	0.007	0.401
1042	玉米	新疆维吾尔自治区昌吉回族自治州阜康市滋泥泉镇	91.4	8.17	2.94	2.49	1.27	76.52	0.005	0.265	8.94	3.22	2.72	1.39	83.73	0.006	0.29
1043	玉米	新疆维吾尔自治区昌吉回族自治州呼图壁县大丰镇	94.2	7.67	3.39	2.01	1.36	79.8	0.005	0.229	8.14	3.6	2.13	1.44	84.69	0.005	0.243

续表1-2

序号	原料名称	采样地点	原样状态								绝干状态						
			干物质 DM	粗蛋白质 CP	粗脂肪 EE	粗纤维 CF	粗灰分 Ash	无氮浸出物 NFE	钙 Ca	磷 P	粗蛋白质 CP	粗脂肪 EE	粗纤维 CF	粗灰分 Ash	无氮浸出物 NFE	钙 Ca	磷 P
1044	玉米	新疆维吾尔自治区伊犁哈萨克自治州霍城县	91.5	8.3	3.46	1.8	1.63	76.34	0.011	0.317	9.07	3.78	1.97	1.78	83.4	0.012	0.346
1045	玉米	新疆维吾尔自治区伊犁哈萨克自治州霍城县	91.1	7.3	2.86	1.71	1.41	77.82	0.017	0.275	8.01	3.14	1.88	1.55	85.42	0.019	0.302
1046	玉米	新疆维吾尔自治区伊犁哈萨克自治州霍城县	91.7	6.88	3.49	1.75	1.47	78.07	0.007	0.301	7.51	3.81	1.91	1.6	85.18	0.008	0.329
1047	玉米	新疆维吾尔自治区昌吉回族自治州玛纳斯县包家店镇	91.3	7.26	2.7	2.23	1.05	78.05	0.006	0.226	7.95	2.96	2.44	1.15	85.5	0.006	0.248
1048	玉米	新疆维吾尔自治区喀什地区麦盖提县	87.9	8.59	3.66	2.5	1.09	72.05	0.005	0.258	9.77	4.16	2.84	1.24	81.99	0.005	0.293
1049	玉米	新疆维吾尔自治区喀什地区麦盖提县	88.8	7.34	3.82	3.18	1.18	73.34	0.006	0.243	8.26	4.3	3.58	1.33	82.55	0.007	0.274
1050	玉米	新疆维吾尔自治区昌吉回族自治州奇台县	93.7	9.15	3.01	2.24	1.04	78.21	0.01	0.199	9.77	3.21	2.39	1.11	83.51	0.011	0.213
1051	玉米	新疆维吾尔自治区昌吉回族自治州奇台县	93.1	7.42	3.45	1.43	1	79.78	0.008	0.315	7.97	3.71	1.54	1.07	85.71	0.008	0.339
1052	玉米	新疆维吾尔自治区昌吉回族自治州奇台县	93.8	7.34	3.48	1.36	0.98	80.6	0.005	0.26	7.83	3.71	1.45	1.05	85.96	0.006	0.278
1053	玉米	新疆维吾尔自治区塔城地区沙湾市乌兰乌苏镇	93.1	9.05	3.24	2.29	1.05	77.5	0.005	0.196	9.72	3.48	2.46	1.13	83.22	0.006	0.21
1054	玉米	新疆维吾尔自治区塔城地区沙湾市乌兰乌苏镇	92.7	7.52	3.25	2.08	1.23	78.63	0.006	0.308	8.11	3.51	2.24	1.33	84.81	0.007	0.332
1055	玉米	新疆维吾尔自治区喀什地区莎车县	89.6	9.07	2.9	2.87	1.21	73.59	0.01	0.241	10.12	3.24	3.2	1.35	82.1	0.011	0.269
1056	玉米	新疆维吾尔自治区喀什地区莎车县	89.9	9.02	3.03	2.68	1.29	73.92	0.009	0.244	10.03	3.37	2.98	1.43	82.21	0.01	0.272

续表1-2

序号	原料名称	采样地点	原样状态								绝干状态						
			干物质 DM	粗蛋白质 CP	粗脂肪 EE	粗纤维 CF	粗灰分 Ash	无氮浸出物 NFE	钙 Ca	磷 P	粗蛋白质 CP	粗脂肪 EE	粗纤维 CF	粗灰分 Ash	无氮浸出物 NFE	钙 Ca	磷 P
1057	玉米	新疆维吾尔自治区喀什地区疏勒县	90.9	8.35	3.34	2.44	1.29	75.46	0.008	0.269	9.19	3.68	2.69	1.42	83.04	0.009	0.296
1058	玉米	新疆维吾尔自治区喀什地区疏勒县	91	8.17	2.91	2.84	1.06	76.01	0.008	0.199	8.98	3.2	3.12	1.17	83.56	0.009	0.219
1059	玉米	新疆维吾尔自治区塔城地区塔城市喀拉哈巴克乡	89.7	7.26	2.68	2.42	1.1	76.28	0.007	0.34	8.09	2.99	2.7	1.23	85	0.008	0.379
1060	玉米	新疆维吾尔自治区塔城地区塔城市齐巴尔吉迭	87.8	7.25	3.12	2.26	1.04	74.13	0.004	0.215	8.26	3.55	2.57	1.18	84.43	0.005	0.245
1061	玉米	新疆维吾尔自治区塔城地区塔城市恰夏镇	86.1	7.5	2.81	2.08	0.94	72.73	0.003	0.311	8.71	3.27	2.42	1.09	84.51	0.004	0.362
1062	玉米	新疆维吾尔自治区塔城地区托里县托里镇	86.7	7.39	3.53	2.22	1.11	72.4	0.007	0.182	8.53	4.07	2.56	1.28	83.55	0.008	0.21
1063	玉米	新疆维吾尔自治区博尔塔拉蒙古自治州温泉县	94.4	7.63	2.18	2.07	0.93	81.55	0.009	0.232	8.09	2.31	2.19	0.99	86.42	0.01	0.246
1064	玉米	新疆维吾尔自治区博尔塔拉蒙古自治州温泉县	93.6	7.26	2.39	2.05	1.38	80.5	0.006	0.241	7.76	2.55	2.19	1.47	86.02	0.006	0.258
1065	玉米	新疆维吾尔自治区塔城地区乌苏市西大沟镇	89.8	5.6	2.85	2.38	0.96	78.05	0.005	0.3	6.23	3.17	2.65	1.07	86.88	0.006	0.334
1066	玉米	新疆维吾尔自治区塔城地区乌苏市	90.5	8.4	3.28	2.49	1.08	75.23	0.006	0.241	9.28	3.63	2.75	1.19	83.15	0.006	0.267
1067	玉米	新疆维吾尔自治区塔城地区乌苏市西大沟镇	91.2	9.12	3.03	2.23	1.34	75.48	0.007	0.387	10	3.32	2.45	1.47	82.76	0.008	0.425
1068	玉米	新疆维吾尔自治区伊犁哈萨克自治州伊宁县	91.3	8.54	3.7	2.04	1.6	75.45	0.006	0.32	9.35	4.05	2.23	1.75	82.62	0.007	0.35
1069	玉米	新疆维吾尔自治区伊犁哈萨克自治州伊宁县	91.4	7.91	2.66	2.11	1.73	76.98	0.012	0.35	8.66	2.91	2.31	1.89	84.23	0.014	0.383

续表1-2

序号	原料名称	采样地点	原样状态								绝干状态						
			干物质 DM	粗蛋白质 CP	粗脂肪 EE	粗纤维 CF	粗灰分 Ash	无氮浸出物 NFE	钙 Ca	磷 P	粗蛋白质 CP	粗脂肪 EE	粗纤维 CF	粗灰分 Ash	无氮浸出物 NFE	钙 Ca	磷 P
1070	玉米	新疆维吾尔自治区喀什地区英吉沙县	90.3	9.82	2.82	3.02	1.23	73.37	0.01	0.26	10.88	3.12	3.35	1.36	81.3	0.011	0.288
1071	玉米	新疆维吾尔自治区喀什地区英吉沙县	90	9.63	2.69	3.32	1.16	73.21	0.011	0.251	10.7	2.99	3.69	1.29	81.35	0.012	0.279
1072	玉米	新疆维吾尔自治区喀什地区英吉沙县	88.4	8.75	3.31	2.39	1.48	72.44	0.006	0.296	9.9	3.75	2.7	1.67	81.98	0.007	0.335
1073	玉米	新疆维吾尔自治区塔城地区裕民县阿勒腾也木勒乡	87.6	7.75	3.18	1.89	1.29	73.51	0.009	0.231	8.85	3.63	2.16	1.47	83.9	0.01	0.264
1074	玉米	云南省红河哈尼族彝族自治州建水县	93.1	8.06	4.35	2.02	1.4	77.26	0.009	0.297	8.66	4.67	2.17	1.5	83	0.009	0.319
1075	玉米	云南省红河哈尼族彝族自治州蒙自市文澜镇	92.2	8.51	4.37	2.69	1.19	75.46	0.008	0.269	9.23	4.74	2.92	1.29	81.82	0.009	0.292
1076	玉米	云南省红河哈尼族彝族自治州蒙自市新安所	92.3	9.55	4.83	2.34	0.84	74.72	0.008	0.198	10.35	5.23	2.54	0.91	80.98	0.009	0.215
1077	玉米	云南省红河哈尼族彝族自治州弥勒市东山镇	91.3	8.79	2.49	2.36	1.13	76.49	0.008	0.228	9.63	2.73	2.59	1.24	83.82	0.009	0.249
1078	玉米	云南省红河哈尼族彝族自治州弥勒市虹溪镇	92.1	10.35	5.1	2	1.35	73.3	0.006	0.284	11.24	5.54	2.17	1.47	79.59	0.007	0.308
1079	玉米	云南省红河哈尼族彝族自治州弥勒市新哨镇	92	10.91	3.52	2.77	1.19	73.62	0.01	0.292	11.86	3.83	3.01	1.29	80.01	0.01	0.318
1080	玉米	云南省普洱市景谷傣族彝族自治县	92.3	7.8	3.42	3.15	1.21	76.74	0.008	0.288	8.45	3.7	3.41	1.31	83.12	0.009	0.312
1081	玉米	云南省普洱市景谷傣族彝族自治县	92.7	7.24	4.32	2.65	1.4	77.08	0.009	0.323	7.81	4.66	2.86	1.51	83.16	0.009	0.348
1082	玉米	云南省普洱市景谷傣族彝族自治县	94	7.26	5.05	2.3	1.45	77.95	0.007	0.32	7.72	5.37	2.45	1.54	82.92	0.007	0.34

续表1-2

序号	原料名称	采样地点	原样状态								绝干状态						
			干物质 DM	粗蛋白质 CP	粗脂肪 EE	粗纤维 CF	粗灰分 Ash	无氮浸出物 NFE	钙 Ca	磷 P	粗蛋白质 CP	粗脂肪 EE	粗纤维 CF	粗灰分 Ash	无氮浸出物 NFE	钙 Ca	磷 P
1083	玉米	云南省普洱市宁洱哈尼族彝族自治县	92.1	8.95	4.19	2.66	1.12	75.2	0.008	0.241	9.72	4.55	2.89	1.22	81.64	0.009	0.261
1084	玉米	云南省普洱市宁洱哈尼族彝族自治县	91.8	8.76	3.51	2.75	1.4	75.37	0.008	0.335	9.54	3.82	3	1.53	82.12	0.008	0.365
1085	玉米	云南省普洱市思茅县	93.1	8.45	4.24	2.37	1.12	76.87	0.015	0.308	9.08	4.56	2.55	1.2	82.61	0.016	0.331
1086	玉米	云南省文山壮族苗族自治州丘北县平寨乡	92.7	10.79	4.73	3.37	1.12	72.67	0.011	0.269	11.64	5.1	3.64	1.21	78.41	0.011	0.291
1087	玉米	云南省文山壮族苗族自治州丘北县平寨乡	92.4	9.18	5.09	2.23	1.05	74.89	0.01	0.26	9.93	5.51	2.41	1.14	81.02	0.011	0.281
1088	玉米	云南省曲靖市富源县	92.6	9.17	3.42	2.72	1.26	76	0.011	0.274	9.91	3.69	2.94	1.36	82.1	0.012	0.296
1089	玉米	云南省曲靖市富源县	93.8	8.65	4.37	2	1.18	77.58	0.006	0.266	9.22	4.66	2.13	1.26	82.73	0.006	0.284
1090	玉米	云南省曲靖市富源县	90.9	7.97	4.5	2.88	1.07	74.43	0.007	0.219	8.77	4.95	3.17	1.18	81.92	0.008	0.241
1091	玉米	云南省曲靖市富源县	92.3	7.5	3.49	1.92	1.22	78.17	0.007	0.274	8.13	3.78	2.08	1.32	84.69	0.007	0.297
1092	玉米	云南省曲靖市富源县	90.3	6.93	3.79	2.16	1	76.45	0.008	0.222	7.67	4.2	2.39	1.11	84.63	0.009	0.246
1093	玉米	云南省曲靖市会泽县	92	8.36	4.64	2.46	1.08	75.5	0.007	0.256	9.08	5.04	2.67	1.17	82.03	0.007	0.278
1094	玉米	云南省曲靖市会泽县	92.4	7.19	3.86	2.63	1.24	77.44	0.008	0.255	7.79	4.18	2.85	1.34	83.85	0.008	0.276
1095	玉米	云南省曲靖市陆良县	92.3	10.84	3.18	2.54	1.26	74.44	0.01	0.56	11.75	3.45	2.75	1.37	80.69	0.011	0.607
1096	玉米	云南省曲靖市陆良县	92.3	9.07	5.45	2.61	1.32	73.88	0.007	0.537	9.82	5.9	2.83	1.43	80.01	0.008	0.581
1097	玉米	云南省曲靖市陆良县	92	8.83	4.03	2.03	1.2	75.94	0.008	0.345	9.59	4.38	2.21	1.3	82.52	0.009	0.375
1098	玉米	云南省曲靖市沾益区	91.7	8.94	3.48	1.67	1.16	76.4	0.01	0.274	9.75	3.8	1.82	1.27	83.36	0.011	0.299
1099	玉米	云南省曲靖市沾益区	92.6	8.15	4.36	2.09	1.12	76.85	0.012	0.239	8.8	4.71	2.26	1.21	83.02	0.013	0.258
1100	玉米	云南省曲靖市沾益区	92.9	7.22	3.32	2.32	0.96	79.07	0.01	0.266	7.77	3.57	2.5	1.03	85.12	0.01	0.286
1101	玉米	云南省红河哈尼族彝族自治州石屏县坝心镇	91.5	8.61	4.16	2.37	1.39	74.99	0.008	0.326	9.41	4.55	2.59	1.52	81.94	0.009	0.356
1102	玉米	云南省文山壮族苗族自治州丘北县	92.2	8.33	3.74	2.08	1.41	76.63	0.009	0.317	9.03	4.06	2.26	1.53	83.11	0.009	0.343

续表1-2

序号	原料名称	采样地点	原样状态								绝干状态						
			干物质 DM	粗蛋白质 CP	粗脂肪 EE	粗纤维 CF	粗灰分 Ash	无氮浸出物 NFE	钙 Ca	磷 P	粗蛋白质 CP	粗脂肪 EE	粗纤维 CF	粗灰分 Ash	无氮浸出物 NFE	钙 Ca	磷 P
1103	玉米	云南省文山壮族苗族自治州西畴县	92.2	11.36	4.38	2.7	1.16	72.55	0.008	0.284	12.33	4.75	2.93	1.26	78.73	0.009	0.309
1104	玉米	云南省文山壮族苗族自治州西畴县	92.1	10.34	5.27	2.89	1.15	72.45	0.01	0.246	11.23	5.72	3.14	1.25	78.67	0.011	0.267
1105	玉米	云南省文山壮族苗族自治州西畴县	90.8	8.27	4.04	2.51	1.27	74.67	0.019	0.282	9.11	4.45	2.77	1.4	82.27	0.021	0.31
1106	玉米	云南省文山壮族苗族自治州砚山县	92.5	9.95	3.98	2.3	1.01	75.27	0.006	0.2	10.76	4.3	2.49	1.09	81.36	0.007	0.217
1107	玉米	云南省文山壮族苗族自治州砚山县	92.7	8.37	4.48	2.32	1.18	76.39	0.009	0.278	9.03	4.83	2.5	1.27	82.38	0.009	0.3
1108	玉米	云南省文山壮族苗族自治州砚山县	92.2	8.3	4.23	2.14	1.15	76.35	0.008	0.238	9.01	4.59	2.32	1.25	82.84	0.008	0.258
1109	玉米	云南省西双版纳傣族自治州景洪市	92.4	10.63	4.39	2.58	1.42	73.41	0.005	0.378	11.5	4.75	2.79	1.54	79.42	0.006	0.409
1110	玉米	云南省西双版纳傣族自治州景洪市	92.6	6.55	4.85	2.81	1.38	77.01	0.007	0.306	7.07	5.24	3.03	1.49	83.16	0.007	0.33
1111	玉米	云南省昭通市大关县	90.3	9.38	4.11	2.47	0.96	73.37	0.007	0.206	10.39	4.55	2.74	1.06	81.26	0.008	0.228
1112	玉米	云南省昭通市大关县	92.1	8.19	4.38	2.29	1.08	76.14	0.01	0.246	8.89	4.76	2.49	1.17	82.69	0.01	0.267
1113	玉米	云南省昭通市昭阳区靖安镇	91.5	8.59	3.56	2.77	1.27	75.28	0.006	0.293	9.39	3.89	3.03	1.39	82.3	0.007	0.32
1114	玉米	云南省昭通市鲁甸县	93	10.95	4.29	2.69	1.33	73.76	0.007	0.325	11.77	4.61	2.89	1.43	79.29	0.007	0.35
1115	玉米	云南省昭通市鲁甸县	92.2	9.98	5.6	2.87	1.42	72.27	0.006	0.307	10.83	6.08	3.11	1.54	78.43	0.006	0.333
1116	玉米	云南省昭通市鲁甸县	92.5	9.84	4.08	2.08	1.29	75.16	0.01	0.305	10.64	4.41	2.25	1.4	81.3	0.011	0.33
1117	玉米	云南省昭通市鲁甸县	92.1	9.33	4.31	3.44	1.26	73.71	0.011	0.288	10.14	4.68	3.74	1.37	80.08	0.012	0.313
1118	玉米	云南省昭通市鲁甸县	92.3	9.26	4.36	3.19	1.28	74.24	0.009	0.287	10.03	4.72	3.45	1.39	80.41	0.009	0.311

续表1-2

序号	原料名称	采样地点	原样状态								绝干状态						
			干物质 DM	粗蛋白质 CP	粗脂肪 EE	粗纤维 CF	粗灰分 Ash	无氮浸出物 NFE	钙 Ca	磷 P	粗蛋白质 CP	粗脂肪 EE	粗纤维 CF	粗灰分 Ash	无氮浸出物 NFE	钙 Ca	磷 P
1119	玉米	云南省昭通市彝良县	93.8	9.76	5.55	2.19	1.59	74.75	0.009	0.346	10.4	5.91	2.33	1.69	79.66	0.01	0.369
1120	玉米	云南省昭通市彝良县	92.7	8.86	5.36	1.89	0.95	75.66	0.009	0.237	9.56	5.78	2.04	1.02	81.6	0.01	0.256
1121	玉米	云南省昭通市彝良县	93.1	8.68	2.65	2.12	1.13	78.5	0.01	0.228	9.33	2.85	2.28	1.21	84.34	0.011	0.245
1122	玉米	浙江省杭州市	87.5	7.66	4.6	2.23	1.37	71.67	0.008	0.322	8.75	5.26	2.55	1.57	81.88	0.009	0.367
1123	玉米	浙江省杭州市	88.7	7.42	3.26	1.73	1.29	74.97	0.007	0.32	8.37	3.68	1.95	1.45	84.55	0.008	0.361
1124	玉米	浙江省湖州市	87.7	7.56	3.73	2.02	1.27	73.15	0.005	0.283	8.62	4.25	2.3	1.45	83.38	0.005	0.322
1125	玉米	浙江省嘉兴市	87.9	9.98	3.73	2.18	1.3	70.68	0.007	0.315	11.36	4.24	2.48	1.48	80.44	0.008	0.359
1126	玉米	浙江省金华市	87.9	7.98	3.59	1.87	1.23	73.24	0.004	0.343	9.08	4.08	2.13	1.4	83.31	0.004	0.391
1127	玉米	浙江省金华市	88.1	7.86	3.77	1.89	1.17	73.37	0.004	0.289	8.93	4.28	2.15	1.33	83.32	0.005	0.328
1128	玉米	浙江省丽水市	87.6	7.88	3.44	2.01	1.21	73.03	0.007	0.368	9	3.93	2.3	1.38	83.4	0.008	0.42
1129	玉米	浙江省丽水市	87.3	7.62	3.24	1.93	1.33	73.17	0.008	0.356	8.73	3.71	2.21	1.52	83.82	0.01	0.408
1130	玉米	浙江省宁波市鄞州区	86.7	8.47	3.92	2.07	1.31	70.92	0.007	0.341	9.77	4.52	2.39	1.51	81.81	0.008	0.394
1131	玉米	浙江省宁波市鄞州区	86.5	7.99	4	2.09	1.24	71.16	0.007	0.332	9.24	4.63	2.42	1.43	82.28	0.008	0.383
1132	玉米	浙江省衢州市	87.6	7.59	3.65	2.17	1.22	72.98	0.004	0.283	8.66	4.17	2.48	1.39	83.3	0.005	0.323
1133	玉米	浙江省衢州市	88	7.46	3.71	1.84	1.28	73.66	0.008	0.323	8.48	4.22	2.09	1.46	83.75	0.009	0.367
1134	玉米	浙江省绍兴市	87.6	7.66	3.64	1.88	1.19	73.18	0.003	0.329	8.75	4.16	2.15	1.36	83.59	0.004	0.376
1135	玉米	浙江省绍兴市	88	7.56	4.01	2.03	1.33	73.08	0.007	0.313	8.59	4.56	2.31	1.51	83.04	0.008	0.356
1136	玉米	浙江省台州市	87.6	8.19	3.78	2.07	1.25	72.28	0.006	0.426	9.35	4.32	2.36	1.43	82.54	0.007	0.487
1137	玉米	浙江省温州市	88	7.51	3.53	2.04	1.2	73.68	0.004	0.36	8.54	4.01	2.32	1.36	83.77	0.005	0.409
1138	玉米	浙江省舟山市高亭镇	87	8.34	4.09	2.4	1.45	70.76	0.006	0.344	9.58	4.7	2.76	1.67	81.3	0.007	0.395
1139	玉米	重庆市巴南区南彭街道	89	8.42	3.79	2.45	1.62	72.7	0.049	0.407	9.46	4.26	2.75	1.82	81.7	0.055	0.457
1140	玉米	重庆市城口县北屏乡	81.6	8.58	3.82	1.97	1.18	66.07	0.009	0.359	10.51	4.68	2.41	1.45	80.95	0.011	0.44
1141	玉米	重庆市大足区邮亭镇	91.5	8.51	3.37	1.96	1.27	76.38	0.006	0.315	9.3	3.68	2.14	1.39	83.48	0.006	0.344

续表1-2

序号	原料名称	采样地点	原样状态								绝干状态						
			干物质 DM	粗蛋白质 CP	粗脂肪 EE	粗纤维 CF	粗灰分 Ash	无氮浸出物 NFE	钙 Ca	磷 P	粗蛋白质 CP	粗脂肪 EE	粗纤维 CF	粗灰分 Ash	无氮浸出物 NFE	钙 Ca	磷 P
1142	玉米	重庆市垫江县坪山镇	89.3	8.34	3.58	2.39	1.3	73.69	0.008	0.345	9.34	4.01	2.68	1.46	82.52	0.009	0.387
1143	玉米	重庆市丰都县社坛镇	87.3	8.57	3.59	1.94	1.37	71.78	0.008	0.445	9.82	4.11	2.22	1.57	82.27	0.009	0.51
1144	玉米	重庆市奉节县永乐镇	90.3	9.95	4.15	2.41	1.15	72.59	0.004	0.37	11.02	4.6	2.67	1.27	80.43	0.004	0.41
1145	玉米	重庆市奉节县永乐镇	90.1	8.73	3.67	2.08	1.1	74.53	0.004	0.345	9.69	4.07	2.31	1.22	82.71	0.004	0.383
1146	玉米	重庆市涪陵区焦石镇	86.5	8.13	3.48	1.86	1.12	71.86	0.007	0.34	9.4	4.03	2.15	1.3	83.12	0.008	0.394
1147	玉米	重庆市合川区龙凤镇	89.9	9.18	3.18	2.8	1.48	73.29	0.006	0.416	10.21	3.54	3.11	1.65	81.5	0.007	0.463
1148	玉米	重庆市合川区钱塘镇	89	8.51	3.25	2.39	1.41	73.43	0.005	0.332	9.56	3.65	2.69	1.58	82.51	0.006	0.373
1149	玉米	重庆市江津区石门镇	89.3	8.25	3.16	2.12	1.37	74.41	0.006	0.396	9.24	3.54	2.37	1.53	83.32	0.007	0.443
1150	玉米	重庆市江津区朱杨镇	88.4	8.33	3.67	2.23	1.32	72.8	0.007	0.376	9.43	4.15	2.52	1.49	82.4	0.008	0.426
1151	玉米	重庆市开州区中和镇	90	9.44	3.4	2.25	1.4	73.53	0.011	0.302	10.49	3.78	2.5	1.56	81.68	0.013	0.336
1152	玉米	重庆市开州区九龙山	87.7	8.77	3.15	1.96	1.36	72.46	0.006	0.287	10	3.59	2.23	1.55	82.62	0.006	0.328
1153	玉米	重庆市梁平区回龙镇	88.5	8.12	3.38	2.27	1.31	73.43	0.006	0.275	9.17	3.82	2.56	1.48	82.96	0.007	0.311
1154	玉米	重庆市黔江区城西街道	83	7.79	3.74	2.28	1.23	67.92	0.005	0.346	9.39	4.51	2.75	1.48	81.87	0.007	0.417
1155	玉米	重庆市南川区大观镇	88.9	7.21	3.33	2.23	1.32	74.83	0.007	0.311	8.11	3.74	2.51	1.48	84.15	0.007	0.35
1156	玉米	重庆市彭水苗族土家族自治县万足镇	87.4	9.03	3.68	2.23	0.97	71.5	0.013	0.228	10.33	4.21	2.55	1.11	81.8	0.015	0.261
1157	玉米	重庆市万州区新田镇	88.5	9.05	4.15	2.44	1.29	71.56	0.027	0.39	10.23	4.69	2.76	1.46	80.87	0.03	0.44
1158	玉米	重庆市綦江区石角镇	88.6	8.28	2.88	2.35	1.32	73.8	0.007	0.361	9.34	3.25	2.65	1.49	83.27	0.008	0.407
1159	玉米	重庆市石柱土家族自治县沙子镇	81.9	8.2	3.96	1.58	1.02	67.12	0.008	0.235	10.01	4.84	1.93	1.25	81.97	0.009	0.287
1160	玉米	重庆市铜梁区	86	8.07	3.01	2.42	1.3	71.2	0.005	0.324	9.38	3.5	2.81	1.51	82.79	0.005	0.377
1161	玉米	重庆市潼南区	87.9	7.87	2.7	2.65	1.3	73.33	0.015	0.289	8.96	3.07	3.02	1.48	83.47	0.017	0.329

续表1-2

序号	原料名称	采样地点	原样状态								绝干状态						
			干物质 DM	粗蛋白质 CP	粗脂肪 EE	粗纤维 CF	粗灰分 Ash	无氮浸出物 NFE	钙 Ca	磷 P	粗蛋白质 CP	粗脂肪 EE	粗纤维 CF	粗灰分 Ash	无氮浸出物 NFE	钙 Ca	磷 P
1162	玉米	重庆市万州区走马镇	87	8.41	3.41	2.26	1.38	71.5	0.003	0.436	9.67	3.92	2.6	1.59	82.22	0.004	0.502
1163	玉米	重庆市巫山县铜鼓镇	90	8.38	3.43	2.45	1.29	74.4	0.005	0.419	9.32	3.81	2.72	1.43	82.71	0.005	0.465
1164	玉米	重庆市巫溪县塘坊镇	89.3	8.73	4.32	2.25	1.2	72.8	0.006	0.375	9.78	4.84	2.52	1.34	81.52	0.007	0.42
1165	玉米	重庆市武隆区平桥镇	88	7.85	4.03	2.46	1.26	72.39	0.007	0.293	8.92	4.58	2.8	1.43	82.27	0.008	0.333
1166	玉米	重庆市酉阳土家族苗族自治县麻旺镇	87.1	8.86	3.69	2.37	1.29	70.84	0.006	0.256	10.18	4.24	2.72	1.48	81.38	0.006	0.294
1167	玉米	重庆市酉阳土家族苗族自治县涂市镇	88	7.97	4.26	2.34	1.32	72.14	0.013	0.374	9.05	4.84	2.66	1.5	81.95	0.014	0.424
1168	玉米	重庆市涪陵区清溪镇	87.3	8.37	4.51	2.38	1.29	70.75	0.006	0.393	9.59	5.17	2.73	1.48	81.04	0.007	0.45
1169	玉米	重庆市永川区来苏镇	87.6	6.95	3.09	2.2	1.22	74.1	0.005	0.357	7.94	3.53	2.51	1.39	84.63	0.005	0.408
1170	玉米	重庆市渝北区统景镇	90.5	7.42	3.41	2.3	1.39	76.01	0.004	0.291	8.2	3.77	2.54	1.54	83.96	0.004	0.322
1171	玉米	重庆市云阳县凤鸣镇	88.3	7.77	3.36	2.26	1.2	73.69	0.008	0.29	8.8	3.81	2.56	1.36	83.47	0.009	0.328
1172	玉米	重庆市长寿区渡舟镇	88.2	8.63	3.51	2.07	1.4	72.63	0.006	0.402	9.78	3.98	2.35	1.59	82.31	0.007	0.456
1173	玉米	重庆市忠县白公街道	88.6	8.33	4.12	2.23	1.18	72.7	0.004	0.384	9.41	4.65	2.52	1.33	82.09	0.004	0.434

二、小麦

表 1-3　小麦样本原样状态及绝干状态下饲料常规成分和钙磷含量

%

序号	原料名称	采样地点	原样状态								绝干状态						
			干物质 DM	粗蛋白质 CP	粗脂肪 EE	粗纤维 CF	粗灰分 Ash	无氮浸出物 NFE	钙 Ca	磷 P	粗蛋白质 CP	粗脂肪 EE	粗纤维 CF	粗灰分 Ash	无氮浸出物 NFE	钙 Ca	磷 P
1	小麦	安徽省亳州市	87.8	14.14	1.56	2.75	1.39	67.9	0.039	0.321	16.11	1.78	3.13	1.58	77.38	0.045	0.366

续表1-3

序号	原料名称	采样地点	原样状态								绝干状态						
			干物质 DM	粗蛋白质 CP	粗脂肪 EE	粗纤维 CF	粗灰分 Ash	无氮浸出物 NFE	钙 Ca	磷 P	粗蛋白质 CP	粗脂肪 EE	粗纤维 CF	粗灰分 Ash	无氮浸出物 NFE	钙 Ca	磷 P
2	小麦	安徽省亳州市	86.7	13.7	1.31	2.09	1.86	67.7	0.04	0.344	15.81	1.51	2.41	2.15	78.11	0.046	0.397
3	小麦	安徽省亳州市	86.5	12.18	1.35	1.92	1.33	69.71	0.046	0.291	14.08	1.56	2.22	1.54	80.59	0.053	0.336
4	小麦	安徽省亳州市	84.8	11.68	1.02	2.16	1.49	68.43	0.049	0.358	13.78	1.2	2.55	1.76	80.71	0.057	0.422
5	小麦	安徽省滁州市天长市	89.1	13.25	1.25	2.36	1.72	70.54	0.034	0.413	14.87	1.4	2.65	1.93	79.16	0.038	0.463
6	小麦	安徽省阜阳市颍上县	86.5	13.66	1.57	2.76	1.62	66.9	0.039	0.438	15.79	1.81	3.19	1.87	77.33	0.045	0.506
7	小麦	安徽省阜阳市颍上县	86.9	12.93	1.17	2.68	1.65	68.44	0.038	0.386	14.88	1.35	3.08	1.9	78.78	0.043	0.444
8	小麦	安徽省阜阳市颍上县	86.9	11.98	1.22	2.38	2.48	68.84	0.041	0.334	13.79	1.4	2.74	2.85	79.22	0.047	0.384
9	小麦	安徽省合肥市	88.8	13.66	1.15	2.4	1.47	70.1	0.047	0.284	15.39	1.3	2.7	1.66	78.96	0.053	0.32
10	小麦	安徽省合肥市长丰县	85.8	14.11	1.23	3.07	1.61	65.74	0.036	0.353	16.45	1.43	3.58	1.88	76.66	0.042	0.411
11	小麦	安徽省淮北市杜集区	88.6	11.01	1.45	2.56	1.55	72.05	0.05	0.386	12.42	1.64	2.89	1.75	81.3	0.056	0.436
12	小麦	安徽省六安市	89.1	13.68	1.7	2.11	1.54	70.03	0.032	0.325	15.36	1.91	2.37	1.73	78.63	0.036	0.365
13	小麦	安徽省宿州市	87.1	12.86	1.25	2.54	1.35	69.15	0.033	0.327	14.76	1.43	2.91	1.55	79.36	0.038	0.375
14	小麦	安徽省宿州市	90	14.74	1.64	2.34	5.36	65.95	0.06	0.395	16.37	1.82	2.6	5.95	73.25	0.067	0.439
15	小麦	北京市大兴区榆垡镇	90.9	12.8	1.4	2.3	4.88	69.52	0.045	0.384	14.08	1.54	2.53	5.37	76.48	0.05	0.423
16	小麦	北京市大兴区榆垡镇	90.1	12.56	1.4	2.7	2.9	70.54	0.052	0.415	13.94	1.55	3	3.22	78.29	0.057	0.461
17	小麦	北京市房山区	90.6	17.37	1.3	2.7	11.35	57.88	0.069	0.704	19.17	1.43	2.98	12.53	63.89	0.076	0.777
18	小麦	北京市密云区	90.5	14.24	1.37	2.57	6.38	65.97	0.043	0.344	15.73	1.51	2.84	7.05	72.87	0.048	0.379
19	小麦	北京市顺义区	89.5	13.48	1.3	2.2	1.5	71.02	0.099	0.429	15.06	1.45	2.46	1.68	79.35	0.11	0.479
20	小麦	北京市顺义区	89.5	13.61	0.9	2.8	1.1	71.09	0.058	0.435	15.21	1.01	3.13	1.23	79.43	0.065	0.486
21	小麦	北京市通州区	90.5	12.68	1.4	2.5	3.89	70.03	0.048	0.282	14.01	1.55	2.76	4.3	77.38	0.053	0.312
22	小麦	福建省泉州市	86.9	17.38	1.14	2.39	1.65	64.33	0.057	0.414	20	1.31	2.75	1.9	74.04	0.065	0.476

续表1-3

序号	原料名称	采样地点	原样状态								绝干状态						
			干物质 DM	粗蛋白质 CP	粗脂肪 EE	粗纤维 CF	粗灰分 Ash	无氮浸出物 NFE	钙 Ca	磷 P	粗蛋白质 CP	粗脂肪 EE	粗纤维 CF	粗灰分 Ash	无氮浸出物 NFE	钙 Ca	磷 P
23	小麦	福建省泉州市	86.7	17.23	1.1	2.25	1.62	64.5	0.055	0.373	19.87	1.27	2.6	1.87	74.39	0.064	0.43
24	小麦	福建省漳州市	86.3	17.77	1.29	2.13	1.56	63.59	0.057	0.405	20.58	1.49	2.47	1.81	73.65	0.065	0.469
25	小麦	福建省漳州市	86.4	17.55	1.15	2.37	1.61	63.72	0.052	0.371	20.31	1.33	2.74	1.86	73.74	0.06	0.43
26	小麦	福建省漳州市	86.1	17.29	1.25	2.48	1.54	63.56	0.055	0.382	20.07	1.45	2.88	1.79	73.8	0.064	0.444
27	小麦	甘肃省金昌市永昌县	88.6	12.27	1.25	2.08	1.8	71.23	0.046	0.414	13.84	1.41	2.35	2.03	80.37	0.051	0.467
28	小麦	甘肃省兰州市永登县	89	12.4	0.78	1.78	1.4	72.64	0.058	0.362	13.93	0.88	2	1.57	81.62	0.065	0.406
29	小麦	甘肃省平凉市静宁县	87.6	15.38	0.88	2.31	1.55	67.47	0.056	0.368	17.56	1	2.64	1.77	77.03	0.064	0.42
30	小麦	甘肃省庆阳市宁县	87.6	12.75	1.33	2.39	1.86	69.24	0.093	0.358	14.56	1.52	2.73	2.12	79.07	0.106	0.408
31	小麦	甘肃省庆阳市镇原县	87.7	14.26	1.14	1.87	1.34	69.06	0.072	0.295	16.27	1.3	2.13	1.53	78.77	0.082	0.336
32	小麦	甘肃省武威市	88.4	15.05	1.14	2.16	2.47	67.62	0.051	0.325	17.02	1.29	2.44	2.79	76.46	0.058	0.367
33	小麦	甘肃省武威市	89.2	14.71	1.29	2.03	1.48	69.67	0.037	0.376	16.49	1.45	2.28	1.66	78.12	0.042	0.422
34	小麦	甘肃省张掖市民乐县	89.2	14.4	1.74	2.18	1.55	69.37	0.041	0.363	16.14	1.95	2.44	1.74	77.73	0.046	0.407
35	小麦	甘肃省张掖市山丹县	87.6	9.94	1.08	2.28	1.56	72.73	0.039	0.408	11.35	1.23	2.6	1.78	83.03	0.045	0.466
36	小麦	广东省广州市	87.1	10.9	1	2	1.4	71.8	0.037	0.34	12.51	1.15	2.3	1.61	82.43	0.043	0.391
37	小麦	广东省茂名市	87	11	1	2	1.6	71.4	0.03	0.292	12.64	1.15	2.3	1.84	82.07	0.035	0.336
38	小麦	广东省茂名市	87.2	10.9	0.9	2.2	1.4	71.8	0.028	0.277	12.5	1.03	2.52	1.61	82.34	0.032	0.318
39	小麦	广东省梅州市	87.5	13.3	0.9	2.4	1.9	69	0.033	0.369	15.2	1.03	2.74	2.17	78.86	0.038	0.422
40	小麦	广东省湛江市	88.1	13.4	1.7	3.9	2.1	67	0.037	0.338	15.21	1.93	4.43	2.38	76.05	0.042	0.383
41	小麦	贵州省安顺市紫云苗族布依族县	90	10.92	0.91	1.82	1.78	74.55	0.043	0.418	12.14	1.01	2.02	1.98	82.85	0.048	0.465
42	小麦	贵州省毕节市威宁彝族回族苗族自治县	89.1	13.56	1	1.33	2.17	71.02	0.047	0.449	15.22	1.12	1.49	2.44	79.73	0.053	0.504
43	小麦	贵州省贵阳市	91.2	15.38	1.23	1.52	1.97	71.12	0.117	0.404	16.86	1.35	1.67	2.16	77.97	0.128	0.443

续表1-3

序号	原料名称	采样地点	原样状态								绝干状态						
			干物质 DM	粗蛋白质 CP	粗脂肪 EE	粗纤维 CF	粗灰分 Ash	无氮浸出物 NFE	钙 Ca	磷 P	粗蛋白质 CP	粗脂肪 EE	粗纤维 CF	粗灰分 Ash	无氮浸出物 NFE	钙 Ca	磷 P
44	小麦	贵州省贵阳市	89.8	11.19	1.1	1.33	1.4	74.74	0.039	0.242	12.47	1.23	1.48	1.56	83.27	0.044	0.27
45	小麦	贵州省六盘水市	89.8	11.44	1.42	2.01	1.73	73.22	0.047	0.31	12.74	1.58	2.24	1.93	81.52	0.053	0.345
46	小麦	贵州省铜仁市沿河土家族自治县	90	12.68	1.64	1.95	1.75	72	0.041	0.337	14.09	1.82	2.17	1.94	79.98	0.045	0.375
47	小麦	贵州省遵义市习水县	89.8	12.57	0.82	1.99	1.69	72.73	0.045	0.364	14	0.91	2.22	1.88	80.99	0.05	0.406
48	小麦	河北省保定市定州市	85.6	13.96	1.76	1.92	1.76	66.18	0.046	0.364	16.31	2.06	2.24	2.06	77.33	0.053	0.426
49	小麦	河北省保定市定州市	87	13.51	1.52	2.41	1.61	67.92	0.055	0.354	15.53	1.75	2.77	1.85	78.1	0.063	0.407
50	小麦	河北省保定市定州市	88.5	13.42	1.72	2.3	1.46	69.57	0.059	0.304	15.17	1.94	2.6	1.65	78.64	0.067	0.344
51	小麦	河北省邯郸市大名县	87.2	15.31	1.31	1.73	1.53	67.31	0.046	0.337	17.56	1.5	1.98	1.75	77.2	0.052	0.386
52	小麦	河北省邯郸市大名县	86.5	13.99	1.72	1.92	1.34	67.51	0.035	0.319	16.18	1.99	2.22	1.55	78.06	0.04	0.369
53	小麦	河北省邯郸市大名县	86.2	13.74	1.56	1.75	1.76	67.38	0.041	0.34	15.94	1.81	2.03	2.04	78.18	0.048	0.394
54	小麦	河北省邯郸市永年区	87.4	13.83	2.11	2.31	1.5	67.62	0.043	0.315	15.83	2.42	2.64	1.72	77.39	0.049	0.36
55	小麦	河北省邯郸市永年区	87.8	13.87	2.09	2.25	1.38	68.24	0.048	0.375	15.79	2.38	2.56	1.57	77.7	0.054	0.427
56	小麦	河北省邯郸市永年区	87.6	13.23	1.94	2.43	1.48	68.47	0.046	0.355	15.11	2.22	2.78	1.69	78.21	0.052	0.405
57	小麦	河北省衡水市故城县	88	14.37	1.71	1.85	1.48	68.61	0.055	0.346	16.33	1.94	2.1	1.68	77.95	0.062	0.393
58	小麦	河北省衡水市桃城区	88	14.53	2.09	2.45	1.39	67.58	0.034	0.288	16.5	2.37	2.78	1.58	76.76	0.039	0.327
59	小麦	河北省衡水市桃城区	87.6	14.45	1.59	1.88	1.43	68.26	0.041	0.314	16.49	1.81	2.15	1.63	77.91	0.046	0.359
60	小麦	河北省石家庄市藁城区	88.3	13.86	1.34	2.56	1.56	68.96	0.054	0.312	15.7	1.52	2.9	1.77	78.12	0.061	0.354
61	小麦	河北省石家庄市深泽县	88.1	14.62	2.22	2.44	1.72	67.09	0.045	0.349	16.6	2.52	2.77	1.95	76.16	0.051	0.396
62	小麦	河北省石家庄市深泽县	89.1	14.59	2.1	2.26	1.1	69	0.047	0.329	16.38	2.36	2.54	1.24	77.48	0.053	0.369
63	小麦	河北省邢台市宁晋县	88.5	13.5	2.04	2.25	1.66	69.05	0.039	0.343	15.25	2.31	2.54	1.88	78.02	0.044	0.388
64	小麦	河北省邢台市宁晋县	87.4	12.36	1.98	2.54	1.54	68.99	0.041	0.301	14.14	2.27	2.91	1.76	78.93	0.047	0.345

续表1-3

序号	原料名称	采样地点	原样状态								绝干状态						
			干物质 DM	粗蛋白质 CP	粗脂肪 EE	粗纤维 CF	粗灰分 Ash	无氮浸出物 NFE	钙 Ca	磷 P	粗蛋白质 CP	粗脂肪 EE	粗纤维 CF	粗灰分 Ash	无氮浸出物 NFE	钙 Ca	磷 P
65	小麦	河北省邢台市信都区	87.5	15.42	1.28	1.92	1.5	67.42	0.075	0.316	17.61	1.46	2.19	1.71	77.02	0.085	0.361
66	小麦	河北省邢台市信都区	87.1	11.24	1.1	2.02	1.55	71.16	0.043	0.332	12.91	1.26	2.32	1.78	81.73	0.049	0.381
67	小麦	河南省安阳市安阳县	90.3	13.53	1.27	2.2	1.69	71.61	0.037	0.341	14.98	1.41	2.44	1.87	79.3	0.041	0.377
68	小麦	河南省安阳市滑县	88.8	13.45	1.16	2.54	1.56	70.07	0.063	0.326	15.15	1.31	2.86	1.76	78.93	0.071	0.367
69	小麦	河南省焦作市孟州市	89.3	14.36	1.06	2.26	1.41	70.22	0.043	0.281	16.08	1.19	2.53	1.58	78.63	0.048	0.314
70	小麦	河南省焦作市孟州市	90.1	13.81	1.33	2.58	1.54	70.83	0.04	0.292	15.33	1.48	2.86	1.71	78.62	0.044	0.324
71	小麦	河南省开封市杞县	89.6	14.01	1.45	2.7	1.35	70.13	0.042	0.273	15.63	1.62	3.01	1.51	78.24	0.046	0.305
72	小麦	河南省洛阳市嵩县	90.2	14.52	1.45	2.07	1.55	70.58	0.054	0.284	16.1	1.61	2.3	1.72	78.27	0.06	0.315
73	小麦	河南省南阳市	88.6	15	1.8	2.2	1.6	68	0.038	0.406	16.93	2.03	2.48	1.81	76.75	0.043	0.458
74	小麦	河南省南阳市	91.4	14.12	1.46	2.18	1.65	71.98	0.037	0.336	15.45	1.6	2.39	1.81	78.75	0.041	0.368
75	小麦	河南省南阳市邓州市	90.4	14.47	1.23	2.36	1.64	70.68	0.036	0.366	16.01	1.36	2.61	1.81	78.2	0.04	0.405
76	小麦	河南省南阳市社旗县	89.2	16.71	0.97	2.09	1.91	67.51	0.051	0.396	18.74	1.09	2.34	2.14	75.69	0.057	0.444
77	小麦	河南省平顶山市宝丰县	89.5	14.02	1.49	2.29	1.76	69.88	0.047	0.381	15.67	1.67	2.56	1.97	78.12	0.053	0.425
78	小麦	河南省濮阳市清丰县	90.5	14.19	1.52	2.44	1.57	70.76	0.034	0.327	15.68	1.68	2.7	1.74	78.21	0.038	0.361
79	小麦	河南省商丘市柘城县	89.8	15.61	1.67	2.84	1.45	68.24	0.048	0.353	17.38	1.86	3.16	1.61	75.99	0.053	0.393
80	小麦	河南省商丘市柘城县	90.2	14.95	1.71	2.29	1.52	69.7	0.047	0.359	16.58	1.9	2.54	1.69	77.29	0.052	0.398
81	小麦	河南省商丘市柘城县	91.3	14.9	1.47	2.86	1.82	70.25	0.042	0.373	16.32	1.61	3.13	1.99	76.94	0.046	0.408
82	小麦	河南省新乡市	89.7	10.2	1.5	2.65	1.42	73.92	0.05	0.334	11.37	1.67	2.95	1.58	82.42	0.055	0.372
83	小麦	河南省新乡市	89.1	14.8	1.2	2.6	1.8	68.7	0.048	0.418	16.61	1.35	2.92	2.02	77.1	0.054	0.47
84	小麦	河南省信阳市平桥区	90.6	11.06	1.01	2.04	1.69	74.83	0.032	0.329	12.2	1.11	2.25	1.86	82.57	0.036	0.363
85	小麦	河南省许昌市	89.7	14.07	1.23	2.58	1.42	70.38	0.045	0.29	15.69	1.37	2.88	1.58	78.47	0.051	0.323

续表1-3

序号	原料名称	采样地点	原样状态								绝干状态						
			干物质 DM	粗蛋白质 CP	粗脂肪 EE	粗纤维 CF	粗灰分 Ash	无氮浸出物 NFE	钙 Ca	磷 P	粗蛋白质 CP	粗脂肪 EE	粗纤维 CF	粗灰分 Ash	无氮浸出物 NFE	钙 Ca	磷 P
86	小麦	河南省郑州市	94.1	13.87	1.72	2.65	1.58	74.3	0.04	0.333	14.74	1.83	2.82	1.68	78.94	0.042	0.354
87	小麦	河南省周口市项城市	89.3	14.11	1.29	2.33	1.56	69.96	0.041	0.357	15.81	1.45	2.61	1.75	78.39	0.046	0.4
88	小麦	河南省周口市项城市	90.3	10.52	0.78	2.61	1.43	74.96	0.183	0.848	11.65	0.86	2.89	1.58	83.01	0.203	0.939
89	小麦	河南省周口市项城市郑郭镇	87.9	14.02	1.46	2.86	1.46	68.12	0.048	0.368	15.94	1.66	3.25	1.66	77.47	0.054	0.419
90	小麦	河南省驻马店市汝南县	90.2	14.14	1.3	2.8	1.58	70.33	0.031	0.323	15.68	1.44	3.11	1.75	78.01	0.034	0.358
91	小麦	河南省驻马店市	90.6	18.2	0.9	2.2	12	57.3	0.157	0.279	20.09	0.99	2.43	13.25	63.25	0.173	0.308
92	小麦	黑龙江省大兴安岭地区	88.8	12.6	1.74	2.73	1.8	69.93	0.038	0.418	14.19	1.96	3.07	2.03	78.75	0.043	0.471
93	小麦	黑龙江省大兴安岭地区	88.9	8.6	2.26	4.22	1.2	72.62	0.044	0.429	9.67	2.54	4.75	1.35	81.69	0.049	0.482
94	小麦	黑龙江省黑河市	90.3	13.7	1.53	2.79	1.6	70.68	0.061	0.711	15.17	1.69	3.09	1.77	78.27	0.067	0.787
95	小麦	黑龙江省黑河市五大连池市	88.5	13.8	1.69	2.7	1.8	68.51	0.034	0.459	15.59	1.91	3.05	2.03	77.41	0.038	0.518
96	小麦	湖北省襄阳市谷城县	86.5	11.95	1.7	1.65	1.72	69.45	0.038	0.418	13.82	1.97	1.91	1.99	80.32	0.044	0.483
97	小麦	湖北省随州市随县	86.6	13.39	1.42	1.98	1.53	68.25	0.036	0.371	15.47	1.64	2.29	1.77	78.84	0.041	0.428
98	小麦	湖北省天门市多宝镇	86.3	15.91	2.64	2.13	1.81	63.83	0.034	0.378	18.43	3.06	2.47	2.1	73.95	0.04	0.438
99	小麦	湖北省襄阳市保康县	86	16.34	1.65	3.38	1.8	62.78	0.037	0.352	19.01	1.92	3.93	2.09	73.04	0.043	0.409
100	小麦	湖北省襄阳市保康县	85.9	13.98	1.89	2.33	1.57	66.14	0.035	0.367	16.27	2.2	2.71	1.83	76.98	0.041	0.428
101	小麦	湖北省襄阳市老河口市	86.7	11.39	2.23	2.81	1.6	68.67	0.041	0.36	13.14	2.57	3.24	1.85	79.2	0.048	0.416
102	小麦	湖北省襄阳市宜城市	85.6	14.22	2	2.7	1.52	65.2	0.038	0.417	16.6	2.34	3.15	1.77	76.13	0.044	0.487
103	小麦	湖北省襄阳市枣阳市	86.2	13.37	1.28	2.65	1.67	67.18	0.031	0.496	15.52	1.49	3.08	1.94	77.98	0.036	0.575
104	小麦	湖南省常德市	87.4	13.72	1.66	1.99	1.97	68.08	0.043	0.41	15.69	1.9	2.28	2.25	77.88	0.049	0.469
105	小麦	湖南省常德市安乡县	89.7	13.48	1.55	2.05	1.95	70.71	0.029	0.404	15.02	1.73	2.28	2.17	78.79	0.032	0.451
106	小麦	湖南省常德市澧县	88.9	13.74	1.64	1.78	2.22	69.54	0.029	0.419	15.45	1.84	2	2.5	78.21	0.032	0.472

续表1-3

序号	原料名称	采样地点	原样状态								绝干状态						
			干物质 DM	粗蛋白质 CP	粗脂肪 EE	粗纤维 CF	粗灰分 Ash	无氮浸出物 NFE	钙 Ca	磷 P	粗蛋白质 CP	粗脂肪 EE	粗纤维 CF	粗灰分 Ash	无氮浸出物 NFE	钙 Ca	磷 P
107	小麦	湖南省常德市澧县	89.5	13.43	1.67	1.76	2.16	70.5	0.03	0.422	15	1.87	1.97	2.41	78.76	0.033	0.471
108	小麦	湖南省常德市石门县	87.9	13.83	1.52	1.88	2.06	68.61	0.045	0.417	15.74	1.73	2.14	2.34	78.06	0.052	0.475
109	小麦	湖南省岳阳市君山区	88.3	13.53	1.74	1.72	2.21	69.1	0.041	0.428	15.32	1.97	1.95	2.5	78.26	0.047	0.485
110	小麦	江苏省淮安市盱眙县	90.1	12.98	1.6	2.11	1.69	71.73	0.042	0.464	14.4	1.78	2.34	1.88	79.6	0.047	0.515
111	小麦	江苏省淮安市盱眙县	90	12.4	1.56	2.12	1.67	72.26	0.047	0.457	13.78	1.73	2.36	1.86	80.28	0.052	0.507
112	小麦	江苏省淮安市盱眙县	90.7	11.19	1.72	2.47	1.54	73.82	0.044	0.278	12.33	1.9	2.72	1.7	81.36	0.048	0.306
113	小麦	江苏省淮安市盱眙县	90.4	10.96	1.79	2.5	1.54	73.64	0.044	0.269	12.12	1.98	2.76	1.7	81.43	0.049	0.297
114	小麦	江苏省南京市六合区	90	13.03	1.75	2.09	1.87	71.29	0.034	0.364	14.47	1.94	2.32	2.08	79.18	0.038	0.405
115	小麦	江苏省南京市六合区	90.2	12.96	1.74	2.07	1.89	71.5	0.04	0.345	14.37	1.93	2.3	2.1	79.3	0.045	0.383
116	小麦	江苏省南京市浦口区	91.7	10.01	1.68	2.35	2.7	74.97	0.055	0.348	10.91	1.83	2.56	2.94	81.75	0.059	0.379
117	小麦	江苏省南京市浦口区	90.5	8.95	1.58	2.3	1.37	76.26	0.038	0.316	9.89	1.75	2.54	1.51	84.28	0.042	0.349
118	小麦	江苏省南京市浦口区	90.3	8.91	1.74	2.25	1.8	75.6	0.042	0.355	9.87	1.93	2.49	1.99	83.73	0.046	0.393
119	小麦	江苏省宿迁市泗洪县	91.2	12	1.75	2.33	1.58	73.54	0.038	0.318	13.16	1.92	2.56	1.73	80.64	0.042	0.349
120	小麦	江苏省宿迁市泗洪县	90.9	11.95	1.74	2.35	1.58	73.26	0.041	0.324	13.15	1.91	2.59	1.74	80.62	0.045	0.356
121	小麦	江苏省宿迁市宿城区	91.2	12.11	1.65	2.15	1.84	73.47	0.04	0.373	13.28	1.81	2.36	2.02	80.55	0.044	0.409
122	小麦	江苏省宿迁市宿城区	90.6	11.54	1.75	2.17	1.38	73.77	0.038	0.268	12.74	1.93	2.39	1.52	81.41	0.042	0.295
123	小麦	江苏省宿迁市宿城区	91.4	14.79	1.48	2.06	1.6	71.49	0.03	0.326	16.18	1.62	2.25	1.75	78.21	0.033	0.356
124	小麦	江苏省宿迁市宿城区	90.9	12.92	1.82	2.39	1.92	71.82	0.036	0.345	14.22	2	2.63	2.11	79.04	0.039	0.379
125	小麦	江苏省盐城市亭湖区	90.4	12.68	1.74	1.99	1.69	72.35	0.033	0.414	14.02	1.92	2.2	1.87	80	0.036	0.458
126	小麦	江西省九江市	89.5	14.08	1.63	2.76	1.55	69.44	0.028	0.361	15.74	1.82	3.09	1.73	77.62	0.031	0.404
127	小麦	江西省九江市	90.7	13.69	2.02	2.99	1.79	70.23	0.033	0.364	15.09	2.23	3.3	1.97	77.42	0.036	0.401

续表1-3

序号	原料名称	采样地点	原样状态								绝干状态						
			干物质 DM	粗蛋白质 CP	粗脂肪 EE	粗纤维 CF	粗灰分 Ash	无氮浸出物 NFE	钙 Ca	磷 P	粗蛋白质 CP	粗脂肪 EE	粗纤维 CF	粗灰分 Ash	无氮浸出物 NFE	钙 Ca	磷 P
128	小麦	江西省南昌市	89.6	13.61	1.66	2.54	1.51	70.29	0.032	0.457	15.19	1.85	2.83	1.69	78.44	0.035	0.51
129	小麦	江西省赣州市瑞金市	91.5	17.84	1.4	2.38	1.91	67.91	0.042	0.341	19.51	1.53	2.6	2.09	74.26	0.046	0.373
130	小麦	江西省上饶市	90.7	13.69	2.02	2.99	1.79	70.23	0.028	0.36	15.09	2.23	3.3	1.97	77.42	0.031	0.397
131	小麦	辽宁省朝阳市朝阳县	90.4	16.31	0.86	2.13	1.92	69.13	0.065	0.561	18.05	0.95	2.36	2.13	76.51	0.072	0.621
132	小麦	辽宁省朝阳市建平县	89.6	15.69	2.03	2.02	1.44	68.46	0.101	0.477	17.5	2.26	2.25	1.61	76.37	0.113	0.532
133	小麦	辽宁省朝阳市建平县	90.1	15.3	1.82	1.57	1.64	69.79	0.056	0.515	16.98	2.02	1.74	1.82	77.44	0.062	0.572
134	小麦	辽宁省锦州市凌海市建业镇	90.4	19.1	1.59	1.54	1.83	66.32	0.055	0.638	21.13	1.76	1.7	2.02	73.38	0.061	0.706
135	小麦	辽宁省锦州市凌海市新庄子镇	90.4	20.34	1.54	1.68	2.13	64.67	0.052	0.597	22.51	1.7	1.86	2.36	71.57	0.058	0.66
136	小麦	辽宁省沈阳市法库县	90.6	16.86	0.99	2.23	1.66	68.84	0.058	0.429	18.61	1.09	2.46	1.83	76	0.064	0.474
137	小麦	内蒙古自治区巴彦淖尔市杭锦后旗	88.7	14.29	1.82	2.15	1.72	68.7	0.049	0.401	16.11	2.05	2.42	1.94	77.47	0.055	0.452
138	小麦	内蒙古自治区巴彦淖尔市恒丰集团	89.5	14.21	1.74	2.21	1.65	69.65	0.033	0.419	15.88	1.95	2.47	1.84	77.86	0.037	0.468
139	小麦	内蒙古自治区呼伦贝尔市额尔古纳市	88.2	14.64	1.68	2.92	1.9	67.03	0.063	0.423	16.6	1.91	3.31	2.15	76.02	0.071	0.48
140	小麦	内蒙古自治区呼和浩特市	88.3	14.3	1.62	3	1.93	67.44	0.061	0.421	16.2	1.83	3.4	2.19	76.38	0.069	0.477
141	小麦	内蒙古自治区呼伦贝尔市	87.4	12.46	1.33	2.3	1.66	69.69	0.052	0.396	14.25	1.52	2.63	1.9	79.7	0.059	0.453
142	小麦	内蒙古自治区呼伦贝尔市	87.3	11.75	1.48	2.51	1.64	69.87	0.033	0.401	13.47	1.7	2.88	1.88	80.08	0.038	0.459
143	小麦	内蒙古自治区呼伦贝尔市牙克石市	87.9	14.61	1.69	2.52	1.85	67.24	0.061	0.396	16.62	1.92	2.87	2.1	76.49	0.069	0.451

续表1-3

序号	原料名称	采样地点	原样状态								绝干状态						
			干物质 DM	粗蛋白质 CP	粗脂肪 EE	粗纤维 CF	粗灰分 Ash	无氮浸出物 NFE	钙 Ca	磷 P	粗蛋白质 CP	粗脂肪 EE	粗纤维 CF	粗灰分 Ash	无氮浸出物 NFE	钙 Ca	磷 P
144	小麦	宁夏回族自治区固原市彭阳县	89.9	16.02	1.84	3.66	1.55	66.86	0.05	0.345	17.81	2.05	4.07	1.72	74.35	0.056	0.383
145	小麦	宁夏回族自治区石嘴山市平罗县	89.5	14.85	1.17	3.09	1.83	68.52	0.051	0.455	16.6	1.31	3.45	2.05	76.59	0.057	0.509
146	小麦	宁夏回族自治区吴忠市利通区	90.1	11.4	1.59	3.41	1.84	71.81	0.046	0.447	12.66	1.77	3.79	2.04	79.74	0.051	0.496
147	小麦	宁夏回族自治区吴忠市青铜峡市	89.5	13.6	1.45	3.8	1.85	68.75	0.061	0.399	15.2	1.62	4.25	2.07	76.86	0.068	0.446
148	小麦	宁夏回族自治区固原市西吉县	90.3	14.22	1.26	3.98	3.44	67.37	0.054	0.3	15.75	1.4	4.41	3.81	74.63	0.06	0.332
149	小麦	宁夏回族自治区银川市贺兰县	89.6	13.06	1.39	3.83	1.73	69.57	0.043	0.424	14.58	1.55	4.28	1.93	77.66	0.048	0.473
150	小麦	宁夏回族自治区银川市永宁县	89.7	14.24	1.57	3.75	2.19	67.92	0.073	0.412	15.88	1.75	4.18	2.44	75.74	0.081	0.459
151	小麦	青海省海东市	90.8	12.19	1.58	1.97	1.67	73.36	0.052	0.387	13.43	1.74	2.17	1.84	80.82	0.057	0.426
152	小麦	青海省海东市	89.2	11.18	1.57	2.39	2.17	71.84	0.052	0.391	12.54	1.76	2.68	2.43	80.58	0.058	0.438
153	小麦	青海省海东市	89.4	14.47	1.59	2.29	1.84	69.17	0.055	0.458	16.19	1.78	2.56	2.06	77.41	0.062	0.512
154	小麦	青海省西宁市	88.9	13.24	1.43	2.1	1.65	70.52	0.045	0.36	14.89	1.61	2.36	1.86	79.29	0.051	0.405
155	小麦	青海省西宁市	88.8	12.41	1.59	2.02	1.71	71.02	0.048	0.41	13.98	1.79	2.28	1.93	80.02	0.054	0.462
156	小麦	青海省西宁市	88.5	12.22	1.48	2.26	2.2	70.38	0.084	0.404	13.8	1.67	2.55	2.48	79.49	0.094	0.456
157	小麦	青海省西宁市	88.1	11.55	1.78	2.39	1.64	70.75	0.059	0.377	13.11	2.02	2.71	1.86	80.3	0.067	0.428
158	小麦	山东省滨州市	90.5	14.18	1.71	2.16	1.67	70.81	0.042	0.352	15.66	1.89	2.39	1.84	78.22	0.047	0.389
159	小麦	山东省荷泽市定陶区	88.2	13.42	1.93	2.28	1.47	69.06	0.039	0.328	15.22	2.19	2.59	1.67	78.33	0.045	0.372

续表1-3

序号	原料名称	采样地点	原样状态								绝干状态						
			干物质 DM	粗蛋白质 CP	粗脂肪 EE	粗纤维 CF	粗灰分 Ash	无氮浸出物 NFE	钙 Ca	磷 P	粗蛋白质 CP	粗脂肪 EE	粗纤维 CF	粗灰分 Ash	无氮浸出物 NFE	钙 Ca	磷 P
160	小麦	山东省菏泽市曹县	89.4	15.22	1.02	2.31	1.38	69.48	0.036	0.29	17.02	1.14	2.58	1.54	77.71	0.04	0.324
161	小麦	山东省菏泽市曹县	89.6	13.46	1.65	2.26	1.64	70.6	0.052	0.321	15.02	1.84	2.52	1.83	78.79	0.058	0.358
162	小麦	山东省聊城市	87.9	14.09	1.69	2.39	1.63	68.07	0.057	0.339	16.04	1.92	2.72	1.86	77.47	0.065	0.385
163	小麦	山东省聊城市	88.5	14.12	1.78	2.26	1.6	68.76	0.049	0.379	15.95	2.01	2.55	1.81	77.68	0.055	0.428
164	小麦	山东省临沂市	86.6	13.5	2.05	1.76	1.47	67.79	0.042	0.343	15.59	2.37	2.03	1.7	78.31	0.048	0.396
165	小麦	山东省临沂市	80.9	14.79	1.35	2.46	1.58	60.74	0.046	0.317	18.28	1.67	3.04	1.95	75.06	0.057	0.392
166	小麦	山东省泰安市	88	11.69	1.3	1.98	1.63	71.41	0.044	0.424	13.28	1.48	2.25	1.85	81.14	0.05	0.481
167	小麦	山东省泰安市	86.8	11.25	1.5	1.81	1.92	70.31	0.043	0.45	12.96	1.73	2.09	2.21	81.01	0.05	0.519
168	小麦	山东省潍坊市	88.6	12.48	1.62	2.18	1.45	70.82	0.042	0.325	14.09	1.83	2.46	1.64	79.98	0.047	0.367
169	小麦	山东省枣庄市	89.3	14.39	2.09	2.28	1.62	68.87	0.045	0.34	16.12	2.34	2.55	1.82	77.17	0.05	0.381
170	小麦	山东省济南市章丘区	89.5	12.05	1.73	2.52	1.71	71.53	0.05	0.374	13.46	1.93	2.81	1.91	79.89	0.056	0.418
171	小麦	山东省淄博市	88.8	12.17	1.72	1.96	1.56	71.37	0.058	0.325	13.71	1.94	2.21	1.76	80.39	0.065	0.367
172	小麦	山西省大同市新荣区	90.8	9.95	1.3	2.5	7.77	69.28	0.063	0.412	10.96	1.43	2.75	8.56	76.3	0.07	0.454
173	小麦	山西省大同市新荣区	90.7	9.4	1.1	2.4	7.72	70.08	0.033	0.28	10.36	1.21	2.65	8.51	77.27	0.037	0.308
174	小麦	山西省晋城市	91	14.3	1.4	2.6	8.26	64.44	0.041	0.361	15.71	1.54	2.86	9.08	70.81	0.045	0.397
175	小麦	山西省晋城市	91	12.4	1.45	2.6	8.04	66.46	0.049	0.266	13.63	1.59	2.86	8.84	73.07	0.054	0.293
176	小麦	山西省晋城市	90.9	10.5	1.5	2.6	7.82	68.48	0.046	0.263	11.55	1.65	2.86	8.6	75.34	0.05	0.29
177	小麦	山西省临汾市	90.8	15.02	1.3	2.4	11.09	60.99	0.129	0.315	16.54	1.43	2.64	12.21	67.17	0.142	0.347
178	小麦	山西省临汾市	90.7	14.92	1.4	2.1	9.19	63.09	0.118	0.31	16.45	1.54	2.32	10.13	69.56	0.13	0.342
179	小麦	山西省临汾市	90.8	14.2	1.6	3	8.98	63.02	0.053	0.336	15.64	1.76	3.3	9.89	69.41	0.059	0.37
180	小麦	山西省临汾市	91	13.1	1.3	2.2	7.04	67.36	0.061	0.325	14.4	1.43	2.42	7.74	74.02	0.068	0.357

续表1-3

序号	原料名称	采样地点	原样状态								绝干状态						
			干物质 DM	粗蛋白质 CP	粗脂肪 EE	粗纤维 CF	粗灰分 Ash	无氮浸出物 NFE	钙 Ca	磷 P	粗蛋白质 CP	粗脂肪 EE	粗纤维 CF	粗灰分 Ash	无氮浸出物 NFE	钙 Ca	磷 P
181	小麦	山西省临汾市	90.9	12.94	1.34	2.6	6.2	67.82	0.049	0.319	14.24	1.47	2.86	6.82	74.61	0.054	0.351
182	小麦	山西省运城市	90.8	14.13	1.5	2	9.93	63.24	0.044	0.316	15.56	1.65	2.2	10.94	69.65	0.048	0.348
183	小麦	山西省运城市	91	13.8	1.5	2.6	1.76	71.34	0.053	0.325	15.16	1.65	2.86	1.93	78.4	0.058	0.357
184	小麦	山西省运城市	90.2	12.88	1.8	1.9	8.86	64.76	0.043	0.294	14.28	2	2.11	9.82	71.8	0.048	0.326
185	小麦	山西省运城市	90.9	12.8	0.7	2.4	5.52	69.48	0.044	0.294	14.08	0.77	2.64	6.07	76.44	0.048	0.323
186	小麦	陕西省安康市汉滨区恒口镇	87.4	10.35	1.68	0.68	3.01	71.7	0.052	0.324	11.84	1.92	0.78	3.44	82.02	0.06	0.37
187	小麦	陕西省宝鸡市眉县	89.9	11.65	1.11	1.7	1.57	73.86	0.042	0.417	12.96	1.23	1.89	1.75	82.17	0.046	0.464
188	小麦	陕西省渭南市大荔县	90.6	13.04	0.42	1.26	1.52	74.37	0.038	0.387	14.39	0.46	1.39	1.68	82.08	0.042	0.427
189	小麦	陕西省西安市鄠邑区	90.4	11.59	0.69	1.14	1.57	75.41	0.053	0.443	12.82	0.76	1.26	1.74	83.42	0.059	0.49
190	小麦	陕西省西安市蓝田县	90.6	14.84	0.57	0.67	1.48	73.04	0.05	0.425	16.38	0.63	0.74	1.63	80.62	0.055	0.47
191	小麦	陕西省西安市临潼区	87.8	11.29	1.61	0.14	1.45	73.35	0.037	0.367	12.85	1.83	0.16	1.65	83.5	0.042	0.417
192	小麦	陕西省西安市周至县	91	13.87	0.63	1.06	1.7	73.69	0.059	0.364	15.25	0.69	1.17	1.87	81.02	0.065	0.4
193	小麦	陕西省咸阳市武功县	90.6	13.84	1.31	1.18	1.32	72.92	0.05	0.38	15.28	1.45	1.3	1.46	80.51	0.056	0.419
194	小麦	陕西省咸阳市杨陵区	90.8	14.25	1.09	1.58	1.4	72.49	0.057	0.306	15.69	1.2	1.74	1.54	79.83	0.063	0.337
195	小麦	上海市崇明区城桥镇	92.2	10.81	1.53	2.16	1.59	76.12	0.028	0.326	11.72	1.66	2.34	1.72	82.55	0.031	0.353
196	小麦	上海市崇明区三星镇	90.8	12.22	1.62	2.66	1.62	72.71	0.052	0.305	13.45	1.78	2.93	1.78	80.05	0.057	0.336
197	小麦	上海市崇明区三星镇	90.8	9.71	1.56	2.35	1.71	75.45	0.039	0.385	10.7	1.72	2.59	1.88	83.11	0.043	0.424
198	小麦	上海市崇明区三星镇	91.7	9.77	1.88	2.35	1.62	76.13	0.05	0.289	10.65	2.05	2.56	1.77	82.98	0.054	0.315
199	小麦	上海市奉贤区庄行镇	91.3	10.71	1.68	2.56	1.94	74.45	0.033	0.399	11.73	1.84	2.8	2.12	81.52	0.036	0.437
200	小麦	上海市金山区廊下镇	91.3	13.23	1.86	2.55	1.88	71.81	0.037	0.373	14.49	2.04	2.79	2.06	78.63	0.041	0.408
201	小麦	上海市金山区廊下镇	91.3	13.05	1.86	2.53	1.86	71.97	0.042	0.387	14.3	2.04	2.77	2.04	78.85	0.046	0.424

续表1-3

序号	原料名称	采样地点	原样状态								绝干状态						
			干物质 DM	粗蛋白质 CP	粗脂肪 EE	粗纤维 CF	粗灰分 Ash	无氮浸出物 NFE	钙 Ca	磷 P	粗蛋白质 CP	粗脂肪 EE	粗纤维 CF	粗灰分 Ash	无氮浸出物 NFE	钙 Ca	磷 P
202	小麦	四川省成都市简阳市	93	11.91	1.51	2.29	1.47	75.86	0.039	0.354	12.8	1.62	2.46	1.58	81.53	0.041	0.381
203	小麦	四川省德阳市中江县	93.1	13.9	1.48	1.85	1.32	74.57	0.054	0.223	14.93	1.59	1.99	1.42	80.09	0.058	0.239
204	小麦	四川省德阳市中江县	93.4	12.13	3.26	2.31	1.69	73.96	0.055	0.423	12.99	3.49	2.47	1.81	79.23	0.059	0.453
205	小麦	四川省眉山市仁寿县	91.7	15.47	1.55	2.39	1.53	70.76	0.075	0.345	16.87	1.69	2.61	1.67	77.16	0.082	0.376
206	小麦	四川省眉山市仁寿县	93.1	14.58	1.47	2.44	1.54	73.09	0.068	0.335	15.66	1.58	2.62	1.65	78.48	0.073	0.36
207	小麦	四川省绵阳市三台县	92.5	12.93	1.39	2.13	1.55	74.54	0.052	0.287	13.97	1.5	2.3	1.67	80.55	0.056	0.31
208	小麦	四川省南充市南部县	93.3	13.91	4.2	2.27	1.6	71.36	0.049	0.403	14.9	4.5	2.43	1.71	76.45	0.052	0.431
209	小麦	四川省遂宁市射洪县	93.2	13.04	1.68	2.76	1.6	74.09	0.052	0.368	14	1.8	2.96	1.72	79.52	0.055	0.395
210	小麦	天津市宝坻区新开口镇	88.1	14.75	2.36	2.55	2.26	66.2	0.054	0.435	16.74	2.68	2.89	2.56	75.12	0.061	0.493
211	小麦	天津市宝坻区新开口镇	87.9	14.62	2.07	2.55	2.16	66.49	0.069	0.437	16.63	2.36	2.9	2.46	75.65	0.079	0.497
212	小麦	天津市宝坻区新开口镇	88.2	14.23	1.77	2.58	2.31	67.3	0.075	0.437	16.14	2.01	2.93	2.62	76.31	0.085	0.495
213	小麦	天津市蓟州区尤古庄镇	88.2	13.27	1.69	2.31	1.62	69.27	0.048	0.363	15.05	1.92	2.62	1.84	78.57	0.055	0.412
214	小麦	天津市蓟州区尤古庄镇	88.1	13.12	2.35	2.39	1.68	68.52	0.051	0.369	14.9	2.67	2.71	1.91	77.81	0.058	0.419
215	小麦	天津市武清区下伍旗镇	87.7	14.91	1.99	2.35	1.62	66.85	0.049	0.389	17	2.27	2.68	1.85	76.21	0.056	0.444
216	小麦	天津市武清区下伍旗镇	88.4	14.26	1.99	2.31	1.67	68.18	0.036	0.342	16.13	2.25	2.61	1.89	77.12	0.04	0.386
217	小麦	西藏自治区林芝市	91.8	9.93	1.66	2.33	1.59	76.28	0.027	0.397	10.82	1.81	2.54	1.73	83.1	0.029	0.433
218	小麦	西藏自治区林芝市	93.5	8.98	2.12	2.28	1.68	78.47	0.024	0.369	9.6	2.27	2.44	1.8	83.91	0.026	0.394
219	小麦	西藏自治区林芝市	92	8.61	1.54	2.28	1.64	77.91	0.028	0.375	9.36	1.67	2.48	1.78	84.7	0.03	0.408
220	小麦	西藏自治区林芝市	91.7	8.52	1.37	2.52	1.67	77.63	0.035	0.337	9.29	1.49	2.75	1.82	84.65	0.039	0.368
221	小麦	西藏自治区林芝市	92.4	8.47	1.16	2.56	1.65	78.58	0.036	0.354	9.16	1.26	2.77	1.79	85.02	0.039	0.383

续表1-3

序号	原料名称	采样地点	原样状态								绝干状态						
			干物质 DM	粗蛋白质 CP	粗脂肪 EE	粗纤维 CF	粗灰分 Ash	无氮浸出物 NFE	钙 Ca	磷 P	粗蛋白质 CP	粗脂肪 EE	粗纤维 CF	粗灰分 Ash	无氮浸出物 NFE	钙 Ca	磷 P
222	小麦	新疆维吾尔自治区塔城地区额敏县玛热勒苏镇	94.9	16.31	1.94	2.92	2.13	71.6	0.077	0.455	17.19	2.04	3.08	2.24	75.45	0.081	0.48
223	小麦	新疆维吾尔自治区昌吉回族自治州奇台县	94.5	15.26	1.91	3.26	1.84	72.23	0.068	0.343	16.15	2.02	3.45	1.95	76.43	0.071	0.363
224	小麦	新疆维吾尔自治区昌吉回族自治州奇台县	94.3	14.32	2.1	2.48	1.68	73.71	0.062	0.315	15.19	2.23	2.63	1.78	78.17	0.066	0.334
225	小麦	新疆维吾尔自治区昌吉回族自治州奇台县	94.2	13.33	1.58	2.66	1.65	74.93	0.059	0.366	14.16	1.68	2.83	1.75	79.59	0.063	0.389
226	小麦	新疆维吾尔自治区喀什地区莎车县	90.4	11.55	1.09	2.68	1.75	73.29	0.038	0.417	12.78	1.21	2.97	1.94	81.12	0.042	0.462
227	小麦	新疆维吾尔自治区塔城地区塔城市阿不都拉乡	94.5	15.21	1.46	3.21	2.33	72.25	0.045	0.448	16.1	1.55	3.4	2.47	76.49	0.048	0.475
228	小麦	新疆维吾尔自治区塔城地区塔城市阿不都拉乡	94.3	14.73	1.69	2.7	2.17	73	0.047	0.45	15.62	1.79	2.86	2.3	77.42	0.05	0.477
229	小麦	新疆维吾尔自治区塔城地区塔城市恰夏镇	94.6	15.42	1.53	2.79	2.27	72.61	0.046	0.419	16.3	1.62	2.95	2.4	76.74	0.049	0.443
230	小麦	新疆维吾尔自治区塔城地区塔城市恰夏镇	94.9	15.06	1.84	3.05	2.62	72.3	0.063	0.478	15.87	1.94	3.21	2.76	76.21	0.066	0.504
231	小麦	新疆维吾尔自治区塔城地区托里县库甫乡	94.5	14.09	1.74	2.73	2.17	73.8	0.064	0.353	14.91	1.84	2.89	2.3	78.07	0.068	0.373
232	小麦	云南省红河哈尼族彝族自治州石屏县	92.9	11.2	1.75	2.09	1.66	76.18	0.074	0.334	12.06	1.88	2.25	1.79	82.03	0.08	0.36
233	小麦	云南省红河哈尼族彝族自治州石屏县	92.8	10.96	1.74	2.33	2.05	75.7	0.06	0.335	11.81	1.88	2.51	2.21	81.59	0.065	0.361
234	小麦	云南省文山壮族苗族自治州丘北县	92.1	12.65	1.4	2.83	1.66	73.57	0.061	0.264	13.73	1.52	3.07	1.8	79.86	0.067	0.286

续表1-3

序号	原料名称	采样地点	原样状态								绝干状态						
			干物质 DM	粗蛋白质 CP	粗脂肪 EE	粗纤维 CF	粗灰分 Ash	无氮浸出物 NFE	钙 Ca	磷 P	粗蛋白质 CP	粗脂肪 EE	粗纤维 CF	粗灰分 Ash	无氮浸出物 NFE	钙 Ca	磷 P
235	小麦	云南省文山壮族苗族自治州砚山县	94.2	10.92	1.45	2.26	1.99	77.53	0.063	0.346	11.6	1.54	2.4	2.11	82.35	0.067	0.368
236	小麦	云南省文山壮族苗族自治州砚山县	92.8	11.51	1.56	1.83	1.67	76.27	0.054	0.342	12.4	1.68	1.97	1.8	82.15	0.058	0.369
237	小麦	浙江省湖州市	89	12.24	1.49	2.72	1.22	71.35	0.038	0.376	13.75	1.67	3.06	1.37	80.15	0.043	0.422
238	小麦	浙江省湖州市	89.9	12.34	1.52	2.38	1.25	72.38	0.039	0.373	13.73	1.69	2.65	1.39	80.54	0.044	0.415
239	小麦	浙江省绍兴市	90.1	11.51	1.3	2.78	1.7	72.82	0.026	0.365	12.78	1.44	3.09	1.89	80.83	0.029	0.405
240	小麦	浙江省绍兴市	90.6	11.14	1.2	2.8	1.93	73.56	0.033	0.4	12.29	1.32	3.09	2.13	81.17	0.036	0.442
241	小麦	浙江省绍兴市	90.9	10.95	1.15	2.82	2.05	73.92	0.027	0.365	12.05	1.27	3.1	2.26	81.33	0.03	0.402
242	小麦	浙江省绍兴市	91.2	10.77	1.1	2.83	2.17	74.29	0.027	0.373	11.81	1.21	3.1	2.38	81.49	0.029	0.409
243	小麦	重庆市大足区回龙镇	90.6	14.76	1.2	2.17	1.49	70.97	0.044	0.306	16.29	1.32	2.4	1.64	78.34	0.049	0.338
244	小麦	重庆市万州区走马镇	88.1	12.03	1.42	2.44	1.79	70.42	0.037	0.366	13.65	1.61	2.77	2.03	79.93	0.042	0.415
245	小麦	重庆市云阳县路阳镇	88.6	9.42	1.68	2.39	1.89	73.17	0.023	0.391	10.64	1.9	2.7	2.13	82.63	0.026	0.441
246	小麦	重庆市忠县白公街道	90.3	13.99	1.54	2.31	1.91	70.56	0.062	0.413	15.49	1.71	2.56	2.11	78.13	0.069	0.457

三、大麦

表 1-4　大麦样本原样状态及绝干状态下饲料常规成分和钙磷含量

%

序号	原料名称	采样地点	原样状态								绝干状态						
			干物质 DM	粗蛋白质 CP	粗脂肪 EE	粗纤维 CF	粗灰分 Ash	无氮浸出物 NFE	钙 Ca	磷 P	粗蛋白质 CP	粗脂肪 EE	粗纤维 CF	粗灰分 Ash	无氮浸出物 NFE	钙 Ca	磷 P
1	大麦	安徽省亳州市	89.2	12.11	1.54	4.52	2.5	68.54	0.105	0.429	13.57	1.73	5.07	2.8	76.82	0.118	0.481
2	大麦	安徽省合肥市	88.9	12.93	1.53	5.42	2.75	66.25	0.094	0.422	14.55	1.72	6.1	3.09	74.54	0.106	0.474

续表1-4

序号	原料名称	采样地点	原样状态								绝干状态						
			干物质 DM	粗蛋白质 CP	粗脂肪 EE	粗纤维 CF	粗灰分 Ash	无氮浸出物 NFE	钙 Ca	磷 P	粗蛋白质 CP	粗脂肪 EE	粗纤维 CF	粗灰分 Ash	无氮浸出物 NFE	钙 Ca	磷 P
3	大麦	福建省莆田市秀屿区	87.4	9.7	1.55	5.53	1.68	68.95	0.05	0.295	11.1	1.77	6.33	1.92	78.89	0.058	0.337
4	大麦	甘肃省金昌市永昌县	89.5	10.29	1.78	4.32	2.49	70.58	0.062	0.392	11.5	1.99	4.83	2.78	78.9	0.069	0.438
5	大麦	甘肃省金昌市永昌县	89.7	10.04	1.61	3.99	2.43	71.59	0.069	0.399	11.2	1.8	4.45	2.71	79.85	0.077	0.445
6	大麦	甘肃省张掖市民乐县	86.5	10.43	1.48	4.06	2.98	67.58	0.053	0.443	12.05	1.71	4.69	3.44	78.1	0.062	0.512
7	大麦	河北省保定市定州市	88.5	13.61	2.38	3.92	3.07	65.55	0.101	0.367	15.37	2.69	4.43	3.47	74.04	0.114	0.414
8	大麦	黑龙江省大兴安岭地区	90.6	13.9	1.21	5.99	3.4	66.1	0.338	0.733	15.34	1.34	6.61	3.75	72.96	0.373	0.81
9	大麦	湖北省荆州市	88.3	10.43	2.01	4.31	1.81	69.78	0.054	0.341	11.81	2.28	4.88	2.05	79	0.061	0.386
10	大麦	湖北省仙桃市	88.8	9.1	1.71	3.25	2.25	72.49	0.056	0.371	10.25	1.93	3.66	2.53	81.62	0.064	0.418
11	大麦	湖南省涟源市	88.2	11.86	1.69	1.76	2.11	70.78	0.103	0.345	13.45	1.92	2	2.39	80.25	0.117	0.391
12	大麦	江苏省扬州市邗江区	90.6	14.48	1.9	4.24	4.62	65.39	0.072	0.428	15.98	2.1	4.68	5.1	72.14	0.08	0.472
13	大麦	江苏省扬州市邗江区	91	12.83	1.94	4.13	6.21	65.88	0.075	0.316	14.1	2.13	4.54	6.82	72.4	0.082	0.347
14	大麦	江苏省扬州市邗江区	90.8	12.45	1.85	4.71	4.24	67.55	0.065	0.411	13.71	2.04	5.19	4.67	74.39	0.071	0.452
15	大麦	内蒙古自治区呼伦贝尔市	90.3	11.15	2.2	3.1	2.78	71.07	0.063	0.773	12.35	2.44	3.43	3.08	78.7	0.07	0.856
16	大麦	内蒙古自治区呼伦贝尔市	90.7	10.77	2.3	3.9	2.46	71.27	0.055	0.704	11.87	2.54	4.3	2.71	78.58	0.061	0.776
17	大麦	内蒙古自治区呼伦贝尔市	88.8	9.67	1.96	3.62	1.57	71.96	0.05	0.329	10.89	2.21	4.08	1.77	81.05	0.056	0.371
18	大麦	山东省济南市章丘区	82.4	10.31	0.55	4.59	2.23	64.7	0.051	0.351	12.52	0.67	5.57	2.71	78.54	0.062	0.426
19	大麦	陕西省西安市	91.3	13.17	1.59	2.65	3.02	70.84	0.065	0.423	14.43	1.74	2.9	3.31	77.62	0.071	0.464
20	大麦	上海市奉贤区庄行镇	90.3	7.89	1.79	4.65	2.58	73.39	0.042	0.347	8.74	1.98	5.15	2.86	81.27	0.047	0.384
21	大麦	四川省绵阳市三台县	91.7	12.81	1.96	6.47	2.48	67.97	0.081	0.228	13.97	2.14	7.06	2.7	74.12	0.089	0.249

续表1-4

序号	原料名称	采样地点	原样状态								绝干状态						
			干物质 DM	粗蛋白质 CP	粗脂肪 EE	粗纤维 CF	粗灰分 Ash	无氮浸出物 NFE	钙 Ca	磷 P	粗蛋白质 CP	粗脂肪 EE	粗纤维 CF	粗灰分 Ash	无氮浸出物 NFE	钙 Ca	磷 P
22	大麦	四川省绵阳市三台县	92.8	12.88	1.61	6.44	2.25	69.61	0.097	0.222	13.88	1.74	6.94	2.43	75.03	0.105	0.24
23	大麦	西藏自治区林芝市	92.4	10.07	1.47	2.72	1.79	76.35	0.064	0.449	10.9	1.59	2.94	1.94	82.64	0.069	0.486
24	大麦	西藏自治区林芝市	92.3	9.09	1.48	2.55	1.72	77.43	0.035	0.433	9.85	1.6	2.76	1.86	83.92	0.038	0.469
25	大麦	西藏自治区林芝市	92	8.95	1.49	2.45	1.72	77.4	0.041	0.454	9.73	1.62	2.66	1.87	84.12	0.044	0.493
26	大麦	浙江省嘉兴市	90.9	9.93	2.22	3.85	2.2	72.75	0.053	0.344	10.92	2.44	4.23	2.42	80.01	0.058	0.378
27	大麦	浙江省嘉兴市	91.1	9.51	2.17	3.82	2.06	73.49	0.049	0.344	10.44	2.38	4.2	2.26	80.71	0.054	0.378
28	大麦	浙江省嘉兴市	91.2	9.09	2.13	3.79	1.93	74.23	0.051	0.34	9.97	2.34	4.16	2.12	81.42	0.056	0.373

四、稻谷

表 1-5　稻谷样本原样状态及绝干状态下饲料常规成分和钙磷含量

%

序号	原料名称	采样地点	原样状态								绝干状态						
			干物质 DM	粗蛋白质 CP	粗脂肪 EE	粗纤维 CF	粗灰分 Ash	无氮浸出物 NFE	钙 Ca	磷 P	粗蛋白质 CP	粗脂肪 EE	粗纤维 CF	粗灰分 Ash	无氮浸出物 NFE	钙 Ca	磷 P
1	稻谷	安徽省阜阳市	88.7	7	1.96	10.98	5.04	63.75	0.033	0.266	7.89	2.21	12.37	5.68	71.84	0.037	0.3
2	稻谷	安徽省安庆市	88.3	7.78	1.61	7.69	3.47	67.69	0.046	0.255	8.82	1.82	8.71	3.93	76.7	0.052	0.289
3	稻谷	安徽省滁州市天长市	88.3	6.27	1.77	10.2	4.11	65.92	0.03	0.261	7.1	2	11.55	4.66	74.67	0.034	0.295
4	稻谷	安徽省合肥市庐江县	88.3	7.81	1.7	13.39	3.87	61.52	0.04	0.405	8.85	1.93	15.17	4.38	69.68	0.045	0.458
5	稻谷	安徽省六安市	89.8	7.19	2.19	11.3	4.52	64.54	0.041	0.313	8.01	2.44	12.59	5.04	71.91	0.046	0.348
6	稻谷	安徽省六安市霍邱县	88	7.08	1.82	10.21	4.6	64.3	0.044	0.308	8.04	2.07	11.6	5.23	73.06	0.05	0.35
7	稻谷	安徽省六安市裕安区	89.3	6.96	2.26	10.93	4.99	64.12	0.036	0.271	7.8	2.53	12.25	5.59	71.84	0.041	0.303

续表1-5

序号	原料名称	采样地点	原样状态								绝干状态						
			干物质 DM	粗蛋白质 CP	粗脂肪 EE	粗纤维 CF	粗灰分 Ash	无氮浸出物 NFE	钙 Ca	磷 P	粗蛋白质 CP	粗脂肪 EE	粗纤维 CF	粗灰分 Ash	无氮浸出物 NFE	钙 Ca	磷 P
8	稻谷	安徽省芜湖市湾沚区	88.5	7.44	1.72	10.56	4.61	64.21	0.045	0.327	8.4	1.94	11.93	5.21	72.52	0.051	0.369
9	稻谷	安徽省宣城市泾县	88.5	7.05	2.16	10.43	4.9	63.95	0.035	0.311	7.97	2.44	11.79	5.54	72.27	0.039	0.351
10	稻谷	北京市海淀区	90.6	6.9	2.2	6.7	2.47	72.33	0.043	0.258	7.62	2.43	7.4	2.73	79.83	0.047	0.284
11	稻谷	北京市海淀区	90.6	6.31	1.4	8	2.59	72.3	0.045	0.274	6.96	1.55	8.83	2.86	79.8	0.049	0.303
12	稻谷	北京市延庆区	91.1	7.88	2.2	6.6	2.79	71.63	0.054	0.28	8.65	2.41	7.24	3.06	78.63	0.06	0.307
13	稻谷	北京市延庆区	90.9	7.1	1.8	7.3	2.69	71.97	0.046	0.271	7.82	1.98	8.04	2.96	79.22	0.051	0.299
14	稻谷	福建省南平市建瓯市房道镇	86.4	5.45	1.62	9.8	3.66	65.89	0.028	0.339	6.31	1.87	11.34	4.24	76.24	0.033	0.393
15	稻谷	福建省漳州市龙海区程溪镇	87.3	6.19	1.64	10.58	5.37	63.48	0.033	0.33	7.09	1.88	12.12	6.15	72.74	0.038	0.379
16	稻谷	福建省南靖县靖城镇	86.9	8.46	1.55	11.08	4.2	61.58	0.022	0.319	9.74	1.78	12.75	4.83	70.89	0.025	0.367
17	稻谷	福建省清流县嵩溪镇	87.2	7.45	2.27	10.13	3.7	63.66	0.026	0.328	8.54	2.6	11.61	4.24	72.99	0.03	0.376
18	稻谷	福建省清流县温郊乡	86.6	6.39	1.38	9.23	4.72	64.92	0.029	0.283	7.38	1.59	10.65	5.45	74.93	0.034	0.327
19	稻谷	甘肃省白银市靖远县	89.6	7.1	2.46	7.07	3.93	69.05	0.063	0.325	7.92	2.75	7.89	4.39	77.06	0.071	0.362
20	稻谷	甘肃省陇南市文县	89.3	8.44	1.35	9.68	3.78	66.05	0.029	0.704	9.45	1.51	10.84	4.23	73.96	0.033	0.789
21	稻谷	甘肃省张掖市	87.1	7.04	1.39	7.63	4.22	66.81	0.045	0.346	8.08	1.6	8.76	4.85	76.71	0.052	0.397
22	稻谷	广东省广州市	88.7	6.46	1.7	9.4	3.9	67.24	0.037	0.291	7.28	1.92	10.6	4.4	75.81	0.042	0.328
23	稻谷	广东省江门市	87.8	8.35	1.4	10.9	3.8	63.35	0.065	0.299	9.51	1.59	12.41	4.33	72.15	0.074	0.341
24	稻谷	广东省茂名市	88.8	6.3	1.2	10.7	4.2	66.4	0.05	0.318	7.09	1.35	12.05	4.73	74.77	0.057	0.358
25	稻谷	广东省韶关市	88.7	6.24	1.4	10.6	3.2	67.26	0.051	0.38	7.03	1.58	11.95	3.61	75.83	0.058	0.429
26	稻谷	广东省梅州市	87.5	6.44	1.3	10.8	4.2	64.76	0.047	0.351	7.36	1.49	12.34	4.8	74.01	0.054	0.402
27	稻谷	广东省湛江市	88.1	7.96	2.2	15.7	4.2	58.04	0.054	0.447	9.04	2.5	17.82	4.77	65.88	0.062	0.508
28	稻谷	广东省肇庆市	88	6.34	1.2	12.3	3.4	64.76	0.05	0.356	7.2	1.36	13.98	3.86	73.59	0.057	0.405

续表1-5

序号	原料名称	采样地点	原样状态								绝干状态						
			干物质 DM	粗蛋白质 CP	粗脂肪 EE	粗纤维 CF	粗灰分 Ash	无氮浸出物 NFE	钙 Ca	磷 P	粗蛋白质 CP	粗脂肪 EE	粗纤维 CF	粗灰分 Ash	无氮浸出物 NFE	钙 Ca	磷 P
29	稻谷	广西壮族自治区贵港市	90. 4	6. 85	2. 07	10. 66	2. 52	68. 28	0. 057	0. 274	7. 58	2. 29	11. 79	2. 79	75. 55	0. 063	0. 303
30	稻谷	广西壮族自治区贵港市	90. 9	6. 17	1. 06	10. 44	6	67. 19	0. 042	0. 259	6. 79	1. 17	11. 49	6. 6	73. 95	0. 046	0. 285
31	稻谷	广西壮族自治区桂林市	91. 1	8. 21	0. 81	9. 77	3. 11	69. 21	0. 049	0. 304	9. 01	0. 89	10. 72	3. 41	75. 96	0. 054	0. 334
32	稻谷	广西壮族自治区南宁市	89. 5	6. 58	0. 85	7. 65	4. 28	70. 18	0. 038	0. 346	7. 35	0. 95	8. 54	4. 78	78. 38	0. 042	0. 387
33	稻谷	广西壮族自治区南宁市	89	5. 75	1. 77	8. 33	3. 47	69. 7	0. 04	0. 356	6. 46	1. 99	9. 36	3. 9	78. 3	0. 045	0. 4
34	稻谷	广西壮族自治区钦州市	90. 4	5. 59	0. 8	9. 87	4. 2	69. 9	0. 182	0. 26	6. 19	0. 89	10. 92	4. 65	77. 36	0. 201	0. 288
35	稻谷	广西壮族自治区玉林市	90. 4	6. 83	1. 79	9. 29	3. 32	69. 12	0. 041	0. 284	7. 56	1. 98	10. 28	3. 67	76. 5	0. 045	0. 315
36	稻谷	贵州省黔东南苗族侗族自治州	90. 5	7. 08	1. 42	8. 95	3. 78	69. 26	0. 046	0. 368	7. 82	1. 57	9. 89	4. 18	76. 54	0. 051	0. 407
37	稻谷	贵州省黔东南苗族侗族自治州	90. 5	6. 45	1. 28	8. 27	4. 71	69. 77	0. 058	0. 333	7. 13	1. 41	9. 14	5. 21	77. 11	0. 064	0. 368
38	稻谷	贵州省遵义市	90. 7	7. 08	1. 64	7. 83	3. 87	70. 31	0. 069	0. 341	7. 8	1. 81	8. 63	4. 27	77. 49	0. 076	0. 376
39	稻谷	贵州省遵义市	89. 5	6. 98	1. 41	8. 63	4. 16	68. 36	0. 035	0. 308	7. 8	1. 57	9. 64	4. 65	76. 35	0. 039	0. 343
40	稻谷	海南省澄迈县	94. 4	4. 89	1. 96	11. 11	3. 97	72. 5	0. 027	0. 286	5. 18	2. 08	11. 77	4. 2	76. 78	0. 029	0. 303
41	稻谷	海南省澄迈县	93. 9	4. 56	2. 55	12. 35	4. 87	69. 6	0. 031	0. 287	4. 85	2. 71	13. 15	5. 18	74. 1	0. 033	0. 305
42	稻谷	海南省海口市琼山区红旗镇	93. 1	5. 71	2. 46	12. 85	5. 18	66. 88	0. 024	0. 274	6. 13	2. 64	13. 81	5. 57	71. 85	0. 026	0. 295
43	稻谷	海南省海口市秀英区永兴镇	94. 6	5. 33	2. 26	12. 2	5. 46	69. 35	0. 024	0. 273	5. 63	2. 39	12. 9	5. 77	73. 31	0. 025	0. 288
44	稻谷	海南省文昌市锦山镇	92. 4	6. 91	2. 34	11. 48	3. 69	68. 01	0. 026	0. 284	7. 48	2. 53	12. 42	3. 99	73. 57	0. 028	0. 307
45	稻谷	河北省承德市承德县	89. 3	6. 87	2. 27	8. 72	3. 31	68. 16	0. 027	0. 219	7. 69	2. 54	9. 76	3. 71	76. 3	0. 031	0. 245
46	稻谷	河北省唐山市乐亭县	89. 1	8. 59	2. 22	8. 42	2. 61	67. 26	0. 045	0. 345	9. 64	2. 49	9. 45	2. 93	75. 49	0. 051	0. 387
47	稻谷	河北省唐山市乐亭县	88. 2	8. 31	2. 07	8. 28	2. 49	67. 09	0. 049	0. 315	9. 42	2. 35	9. 38	2. 82	76. 03	0. 055	0. 357
48	稻谷	河北省唐山市乐亭县	88. 7	8. 18	2. 26	7. 67	2. 75	67. 88	0. 041	0. 307	9. 22	2. 55	8. 64	3. 1	76. 49	0. 046	0. 346

续表1-5

序号	原料名称	采样地点	原样状态								绝干状态						
			干物质 DM	粗蛋白质 CP	粗脂肪 EE	粗纤维 CF	粗灰分 Ash	无氮浸出物 NFE	钙 Ca	磷 P	粗蛋白质 CP	粗脂肪 EE	粗纤维 CF	粗灰分 Ash	无氮浸出物 NFE	钙 Ca	磷 P
49	稻谷	河北省唐山市乐亭县	88.5	7.71	1.95	8.12	2.47	68.22	0.043	0.32	8.71	2.2	9.18	2.79	77.11	0.049	0.362
50	稻谷	河南省信阳市	89.4	7.46	1.8	10.3	2.65	67.19	0.053	0.38	8.34	2.01	11.52	2.96	75.16	0.059	0.425
51	稻谷	河南省信阳市	91.9	4.59	1.52	10.85	4.91	70.07	0.04	0.308	4.99	1.65	11.8	5.34	76.21	0.044	0.335
52	稻谷	河南省信阳市	92.4	4.01	1.37	9.76	4.85	72.41	0.05	0.322	4.34	1.48	10.56	5.25	78.37	0.054	0.348
53	稻谷	河南省信阳市	89.6	7.74	2.8	10.6	0.92	67.54	0.042	0.289	8.64	3.13	11.83	1.03	75.38	0.047	0.322
54	稻谷	河南省信阳市	89.3	6.46	1.8	10.8	1.1	69.14	0.028	0.266	7.23	2.02	12.09	1.23	77.42	0.031	0.298
55	稻谷	河南省信阳市	86.4	5.25	1.36	9.77	4.84	65.2	0.036	0.32	6.07	1.57	11.31	5.6	75.45	0.042	0.37
56	稻谷	黑龙江省哈尔滨市	88.4	8.02	1.37	6.82	3.6	68.59	0.032	0.286	9.07	1.55	7.71	4.07	77.59	0.036	0.323
57	稻谷	黑龙江省哈尔滨市	88.2	5.38	1.18	2.39	4.2	75.05	0.03	0.268	6.1	1.34	2.71	4.76	85.09	0.034	0.304
58	稻谷	黑龙江省哈尔滨市	88.2	7.75	2.02	4.82	4.5	69.11	0.04	0.419	8.79	2.29	5.46	5.1	78.36	0.045	0.475
59	稻谷	黑龙江省哈尔滨市	88.4	5.79	1.29	3.99	3.6	73.73	0.04	0.241	6.55	1.46	4.51	4.07	83.4	0.045	0.273
60	稻谷	黑龙江省鸡西市	88.4	7.7	2.14	6.95	4.2	67.41	0.032	0.367	8.71	2.42	7.86	4.75	76.26	0.036	0.415
61	稻谷	黑龙江省鸡西市	88.6	7.7	1.27	3.36	4.2	72.07	0.033	0.391	8.69	1.43	3.79	4.74	81.34	0.037	0.441
62	稻谷	黑龙江省鸡西市	88.4	5.79	1.01	9.08	3.6	68.92	0.035	0.442	6.55	1.14	10.27	4.07	77.96	0.039	0.499
63	稻谷	黑龙江省佳木斯市	88.4	7.8	2.01	2.11	3.6	72.88	0.048	0.34	8.82	2.27	2.39	4.07	82.44	0.054	0.385
64	稻谷	黑龙江省绥化市	88.7	8.02	1.25	2.47	4.2	72.76	0.074	0.342	9.04	1.41	2.78	4.74	82.03	0.084	0.385
65	稻谷	黑龙江省绥化市	88.7	8.02	1.14	3.11	4.2	72.23	0.029	0.293	9.04	1.29	3.51	4.74	81.43	0.033	0.33
66	稻谷	黑龙江省绥化市	88.6	5.79	3.01	6.32	4.2	69.27	0.047	0.258	6.53	3.4	7.13	4.74	78.18	0.053	0.291
67	稻谷	黑龙江省五常市	88.4	6.03	1.26	3.34	4.5	73.27	0.048	0.264	6.82	1.43	3.78	5.09	82.88	0.054	0.298
68	稻谷	湖北省荆州市洪湖市新滩镇	86.2	6.66	1.93	12.29	4.98	60.32	0.036	0.293	7.73	2.24	14.26	5.78	69.98	0.041	0.34
69	稻谷	湖北省荆门市京山市	83.4	6.57	1.7	10.74	5.71	58.63	0.055	0.387	7.88	2.04	12.89	6.85	70.34	0.066	0.464

续表1-5

序号	原料名称	采样地点	原样状态								绝干状态						
			干物质 DM	粗蛋白质 CP	粗脂肪 EE	粗纤维 CF	粗灰分 Ash	无氮浸出物 NFE	钙 Ca	磷 P	粗蛋白质 CP	粗脂肪 EE	粗纤维 CF	粗灰分 Ash	无氮浸出物 NFE	钙 Ca	磷 P
70	稻谷	湖北省荆门市屈家岭管理区	84.5	6.01	1.88	11.45	5.12	59.99	0.034	0.302	7.12	2.23	13.56	6.06	71.04	0.04	0.357
71	稻谷	湖北省荆门市沙洋县	86.9	6.57	1.68	10.21	4.38	64.1	0.032	0.263	7.56	1.93	11.74	5.04	73.73	0.037	0.302
72	稻谷	湖北省荆州市监利市	88	8.19	1.49	11.44	4.41	62.51	0.055	0.394	9.3	1.69	12.99	5.01	71	0.062	0.448
73	稻谷	湖北省荆州市石首市	87.3	7.57	1.83	10.45	4.6	62.87	0.034	0.318	8.67	2.1	11.97	5.27	72	0.039	0.365
74	稻谷	湖北省仙桃市毛嘴镇	84.1	7.2	1.69	10.57	4.4	60.23	0.032	0.28	8.56	2.01	12.57	5.23	71.63	0.038	0.333
75	稻谷	湖北省荆州市松滋市刘家场镇	84.4	7.47	1.84	10.23	4.42	60.4	0.039	0.268	8.85	2.18	12.13	5.24	71.6	0.046	0.318
76	稻谷	湖北省仙桃市杨林尾镇	84	7.39	1.8	11.26	4.49	59.05	0.049	0.317	8.8	2.14	13.4	5.35	70.3	0.059	0.377
77	稻谷	湖北省孝感市孝昌县	84.3	6.82	1.73	12.06	4.6	59.06	0.046	0.301	8.09	2.05	14.31	5.46	70.08	0.054	0.357
78	稻谷	湖南省常德市	88.3	8.18	1.53	8.71	3.59	66.29	0.035	0.212	9.26	1.73	9.86	4.07	75.07	0.04	0.24
79	稻谷	湖南省常德市鼎城区	89	8.89	1.44	7.73	3.15	67.81	0.07	0.327	9.99	1.62	8.68	3.54	76.17	0.078	0.367
80	稻谷	湖南省常德市汉寿县	88.9	8.93	1.41	7.96	3.3	67.28	0.099	0.336	10.05	1.59	8.96	3.71	75.71	0.111	0.378
81	稻谷	湖南省衡阳市衡南县	87.2	7.93	1.63	8.03	4.2	65.37	0.049	0.341	9.1	1.87	9.21	4.82	75	0.056	0.391
82	稻谷	湖南省衡阳市衡南县	88.6	7.9	1.65	8.13	4.25	66.65	0.036	0.31	8.92	1.86	9.18	4.8	75.24	0.041	0.35
83	稻谷	湖南省望城区靖港镇	87.4	7.92	1.65	8.14	4.12	65.58	0.048	0.279	9.06	1.89	9.31	4.71	75.03	0.055	0.32
84	稻谷	湖南省湘潭市	87.7	8.06	1.54	8.6	4.53	65	0.038	0.31	9.19	1.76	9.8	5.16	74.09	0.043	0.353
85	稻谷	湖南省益阳市南县	87.8	9.02	1.48	7.7	3.47	66.13	0.047	0.294	10.27	1.69	8.77	3.95	75.32	0.054	0.335
86	稻谷	湖南省永州市祁阳市	88.6	8.26	1.54	8.74	3.29	66.76	0.071	0.355	9.32	1.74	9.87	3.71	75.37	0.08	0.4
87	稻谷	湖南省岳阳市湘阴县	89	8.07	1.49	8.7	3.51	67.28	0.037	0.329	9.06	1.67	9.77	3.94	75.56	0.041	0.37
88	稻谷	湖南省长沙市宁乡市	87.8	7.86	1.65	8.09	4.19	66.02	0.05	0.286	8.95	1.88	9.21	4.77	75.19	0.057	0.326
89	稻谷	吉林省白城市	89.1	4.98	1.82	4.78	3.72	73.84	0.047	0.323	5.59	2.04	5.36	4.17	82.84	0.053	0.362
90	稻谷	吉林省吉林市	89.5	5.7	1.59	7.29	3.95	70.95	0.057	0.314	6.37	1.78	8.15	4.41	79.29	0.064	0.351

续表1-5

序号	原料名称	采样地点	原样状态								绝干状态						
			干物质 DM	粗蛋白质 CP	粗脂肪 EE	粗纤维 CF	粗灰分 Ash	无氮浸出物 NFE	钙 Ca	磷 P	粗蛋白质 CP	粗脂肪 EE	粗纤维 CF	粗灰分 Ash	无氮浸出物 NFE	钙 Ca	磷 P
91	稻谷	吉林省吉林市	89.9	5.43	2.16	5.25	4.71	72.39	0.049	0.293	6.04	2.4	5.84	5.24	80.49	0.055	0.325
92	稻谷	吉林省松原市	90.3	5.73	1.73	5.8	4.2	72.85	0.043	0.387	6.34	1.92	6.42	4.65	80.67	0.047	0.429
93	稻谷	吉林省长春市榆树市	90.3	5.7	1.42	5.39	3.68	74.09	0.047	0.338	6.31	1.57	5.97	4.08	82.07	0.052	0.374
94	稻谷	吉林省长春市	90	9.53	1.99	5.52	4.23	68.68	0.067	0.43	10.59	2.21	6.14	4.7	76.35	0.074	0.478
95	稻谷	江苏省淮安市洪泽区	89.1	8.33	1.65	8.54	2.93	67.61	0.026	0.347	9.35	1.85	9.59	3.29	75.92	0.03	0.39
96	稻谷	江苏省淮安市洪泽区	88.9	8.29	1.67	8.51	2.92	67.53	0.028	0.39	9.32	1.88	9.57	3.28	75.94	0.032	0.438
97	稻谷	江苏省淮安市洪泽区	89.4	7.18	1.77	9.88	3.15	67.42	0.028	0.342	8.03	1.98	11.05	3.52	75.41	0.031	0.382
98	稻谷	江苏省淮安市洪泽区	89.6	7.13	1.8	9.89	3.15	67.6	0.033	0.347	7.96	2.01	11.04	3.52	75.47	0.037	0.387
99	稻谷	江苏省淮安市盱眙县	89.3	6.13	1.67	9.23	4	68.24	0.031	0.308	6.87	1.87	10.34	4.48	76.44	0.035	0.345
100	稻谷	江苏省淮安市盱眙县	89.3	6.11	1.69	9.23	4.02	68.27	0.031	0.274	6.84	1.89	10.33	4.5	76.44	0.034	0.307
101	稻谷	江苏省淮安市盐碱科技产业园	90.3	7.56	1.81	8.16	3.09	69.71	0.022	0.292	8.37	2	9.03	3.42	77.17	0.025	0.324
102	稻谷	江苏省淮安市盐碱科技产业园	90.3	7.44	1.79	8.77	2.78	69.48	0.022	0.307	8.24	1.98	9.72	3.08	76.99	0.025	0.34
103	稻谷	江苏省南京市六合区	89.7	6.93	1.8	9.21	4.04	67.7	0.027	0.218	7.73	2.01	10.27	4.5	75.49	0.03	0.244
104	稻谷	江苏省南京市六合区	90.1	5.29	2.01	9.75	4.77	68.29	0.025	0.248	5.87	2.23	10.82	5.29	75.79	0.028	0.275
105	稻谷	江苏省盐城市射阳县	89	8.15	1.71	8.49	3.02	67.67	0.025	0.266	9.15	1.92	9.54	3.39	76	0.028	0.298
106	稻谷	江苏省盐城市射阳县	89.8	8.14	1.72	8.48	3.03	68.44	0.035	0.305	9.06	1.91	9.44	3.37	76.2	0.039	0.339
107	稻谷	江苏省盐城市射阳县	89.6	8.1	1.73	7.18	2.36	70.2	0.026	0.365	9.04	1.93	8.02	2.63	78.37	0.03	0.407
108	稻谷	江苏省盐城市射阳县	89.4	8.02	1.74	7.17	2.37	70.04	0.022	0.297	8.98	1.95	8.02	2.65	78.39	0.024	0.333
109	稻谷	江苏省盐城市射阳县	89.9	7.37	1.57	8.46	3.83	68.68	0.025	0.315	8.2	1.75	9.41	4.26	76.38	0.027	0.35

续表1-5

序号	原料名称	采样地点	原样状态								绝干状态						
			干物质 DM	粗蛋白质 CP	粗脂肪 EE	粗纤维 CF	粗灰分 Ash	无氮浸出物 NFE	钙 Ca	磷 P	粗蛋白质 CP	粗脂肪 EE	粗纤维 CF	粗灰分 Ash	无氮浸出物 NFE	钙 Ca	磷 P
110	稻谷	江苏省盐城市射阳县	89.1	7.29	1.57	8.45	3.83	67.99	0.037	0.305	8.18	1.76	9.48	4.3	76.28	0.042	0.342
111	稻谷	江西省丰城市	91.2	6.94	1.74	11.2	2.99	68.29	0.052	0.291	7.61	1.91	12.28	3.28	74.9	0.057	0.32
112	稻谷	江西省丰城市	87.6	7.35	1.85	9.7	3.7	64.96	0.057	0.377	8.39	2.11	11.08	4.23	74.19	0.066	0.43
113	稻谷	江西省抚州市	91.4	6.7	1.93	10.79	3.53	68.47	0.055	0.343	7.33	2.11	11.8	3.86	74.9	0.061	0.376
114	稻谷	江西省赣州市	85.3	6.69	1.28	9.74	3.16	64.48	0.04	0.298	7.84	1.5	11.41	3.7	75.56	0.046	0.35
115	稻谷	江西省赣州市	88	6.11	1.7	10.57	3.21	66.37	0.042	0.268	6.95	1.93	12.02	3.65	75.45	0.048	0.304
116	稻谷	江西省高安市	86.8	7.8	1.66	9.4	3.9	64.04	0.059	0.344	8.99	1.91	10.83	4.49	73.78	0.068	0.396
117	稻谷	江西省吉安市	87.5	8.36	2.32	11.68	2.95	62.19	0.069	0.275	9.56	2.65	13.35	3.37	71.08	0.079	0.314
118	稻谷	江西省吉安市	89.9	7.62	2.35	12.27	4.36	63.32	0.053	0.286	8.48	2.61	13.65	4.85	70.43	0.059	0.319
119	稻谷	江西省井冈山市	88.9	6.97	2.13	10.72	2.88	66.23	0.092	0.256	7.84	2.39	12.05	3.24	74.47	0.104	0.288
120	稻谷	江西省南昌市	88	8.03	1.68	11.6	2.5	64.19	0.059	0.401	9.13	1.91	13.18	2.84	72.94	0.067	0.456
121	稻谷	江西省南昌市	86.5	7.87	1.83	10.37	3.2	63.24	0.102	0.385	9.1	2.12	11.99	3.7	73.09	0.118	0.445
122	稻谷	江西省南昌市	88	7.53	1.93	11.2	3.2	64.12	0.046	0.375	8.56	2.19	12.73	3.64	72.88	0.052	0.426
123	稻谷	江西省南昌市	85.9	7.24	1.61	11	4	62.06	0.051	0.369	8.43	1.87	12.8	4.66	72.24	0.059	0.43
124	稻谷	江西省上饶市鄱阳县	87.1	7.66	2.02	10	3	64.46	0.06	0.363	8.79	2.32	11.48	3.44	73.97	0.069	0.417
125	稻谷	江西省樟树市	87	5.82	1.36	11.85	3.48	64.5	0.076	0.259	6.69	1.56	13.62	4	74.13	0.087	0.298
126	稻谷	辽宁省大石桥市	90.9	7.7	1.94	8.39	3.48	69.38	0.073	0.249	8.47	2.13	9.23	3.83	76.33	0.08	0.274
127	稻谷	辽宁省东港市	91	7.1	1.94	8.22	4.85	68.91	0.039	0.294	7.8	2.13	9.03	5.33	75.71	0.043	0.323
128	稻谷	辽宁省盘锦市	91.2	7.29	1.84	9.43	3.65	68.94	0.049	0.275	8	2.02	10.35	4	75.63	0.053	0.302
129	稻谷	辽宁省盘锦市	91.1	7.16	1.7	8.37	3.7	70.17	0.069	0.315	7.86	1.87	9.19	4.06	77.03	0.075	0.345
130	稻谷	辽宁省盘锦市	91.2	6.8	1.78	9.33	4.52	68.76	0.042	0.289	7.46	1.95	10.23	4.96	75.4	0.046	0.317

续表1-5

序号	原料名称	采样地点	原样状态								绝干状态						
			干物质 DM	粗蛋白质 CP	粗脂肪 EE	粗纤维 CF	粗灰分 Ash	无氮浸出物 NFE	钙 Ca	磷 P	粗蛋白质 CP	粗脂肪 EE	粗纤维 CF	粗灰分 Ash	无氮浸出物 NFE	钙 Ca	磷 P
131	稻谷	辽宁省沈阳市	91.4	7.42	1.96	9.09	4.16	68.73	0.06	0.265	8.12	2.15	9.95	4.55	75.23	0.066	0.291
132	稻谷	内蒙古自治区呼伦贝尔市阿荣旗	87.9	7	1.87	7.7	3.2	68.09	0.045	0.283	7.97	2.13	8.76	3.64	77.5	0.051	0.322
133	稻谷	内蒙古自治区赤峰市	89.1	7.21	1.66	7.59	4.07	68.56	0.038	0.259	8.09	1.86	8.52	4.57	76.96	0.042	0.291
134	稻谷	内蒙古自治区呼伦贝尔市	89.1	7.34	1.93	8.45	4.25	67.11	0.039	0.278	8.24	2.17	9.49	4.77	75.34	0.044	0.312
135	稻谷	内蒙古自治区呼伦贝尔市	88.1	7.15	1.76	8.35	3.83	67.04	0.058	0.271	8.11	2	9.47	4.35	76.07	0.066	0.307
136	稻谷	内蒙古自治区通辽市	89.7	7.23	1.84	7.68	4.11	68.85	0.034	0.214	8.06	2.05	8.56	4.58	76.75	0.038	0.238
137	稻谷	宁夏回族自治区银川市灵武市崇兴镇	90.4	7.93	2.62	11.58	3.32	64.99	0.052	0.35	8.77	2.9	12.8	3.67	71.86	0.057	0.387
138	稻谷	宁夏回族自治区吴忠市青铜峡市	89.8	6.95	1.64	10.17	4.47	66.61	0.06	0.357	7.74	1.83	11.32	4.98	74.14	0.067	0.397
139	稻谷	宁夏回族自治区银川市	91.4	7.31	2.22	10.63	4.52	66.76	0.066	0.38	7.99	2.43	11.63	4.94	73.01	0.072	0.415
140	稻谷	宁夏回族自治区银川市	90.1	6.73	2.54	9.61	3.64	67.62	0.058	0.337	7.47	2.82	10.66	4.04	75.02	0.064	0.374
141	稻谷	宁夏回族自治区银川市	90.2	6.5	2.19	9.15	4.41	67.96	0.053	0.372	7.21	2.43	10.14	4.89	75.34	0.058	0.412
142	稻谷	山东省济宁市	87.9	6.7	1.66	8.1	4.13	67.28	0.062	0.363	7.62	1.89	9.22	4.7	76.57	0.07	0.414
143	稻谷	山东省济宁市	88.3	6.43	1.76	9.14	4.17	66.77	0.066	0.375	7.28	1.99	10.35	4.72	75.64	0.075	0.425
144	稻谷	山东省临沂市	87.3	7.74	2.16	7.05	2.93	67.44	0.043	0.337	8.86	2.47	8.07	3.36	77.23	0.049	0.386
145	稻谷	山东省临沂市	88.1	7.49	2.35	7.23	2.91	68.08	0.039	0.353	8.51	2.67	8.21	3.3	77.31	0.044	0.401
146	稻谷	山西省太原市	91.1	7.98	2.05	7.65	2.91	70.52	0.061	0.296	8.76	2.25	8.4	3.19	77.41	0.067	0.325
147	稻谷	山西省太原市	90.7	7.44	2	7.1	3.11	71.05	0.06	0.35	8.2	2.21	7.83	3.43	78.34	0.067	0.386
148	稻谷	山西省忻州市代县	91.5	7.14	2.1	8.4	3.59	70.27	0.036	0.339	7.8	2.3	9.18	3.92	76.8	0.039	0.37

续表1-5

序号	原料名称	采样地点	原样状态								绝干状态						
			干物质 DM	粗蛋白质 CP	粗脂肪 EE	粗纤维 CF	粗灰分 Ash	无氮浸出物 NFE	钙 Ca	磷 P	粗蛋白质 CP	粗脂肪 EE	粗纤维 CF	粗灰分 Ash	无氮浸出物 NFE	钙 Ca	磷 P
149	稻谷	山西省忻州市代县	90.9	6.88	2.1	6.4	3.6	71.92	0.036	0.341	7.57	2.31	7.04	3.96	79.12	0.039	0.375
150	稻谷	山西省忻州市原平市	91.5	8.52	2.1	8.2	2.7	69.98	0.11	0.332	9.31	2.3	8.96	2.95	76.48	0.12	0.363
151	稻谷	山西省忻州市原平市	91.7	8.51	2.1	8	2.7	70.39	0.101	0.326	9.28	2.29	8.72	2.94	76.76	0.11	0.356
152	稻谷	陕西省汉中市	91.4	7.21	1.49	7.76	3.51	71.38	0.04	0.253	7.89	1.63	8.49	3.84	78.14	0.044	0.277
153	稻谷	陕西省汉中市	90.8	7.16	0.7	7.75	3.52	71.64	0.03	0.261	7.89	0.77	8.54	3.88	78.92	0.033	0.288
154	稻谷	陕西省汉中市	90.9	7.15	1.14	7.95	3.73	70.96	0.03	0.237	7.86	1.25	8.74	4.1	78.04	0.033	0.26
155	稻谷	陕西省汉中市	91.2	7.12	1.84	7.81	3.61	70.84	0.035	0.28	7.81	2.02	8.56	3.96	77.66	0.038	0.307
156	稻谷	陕西省汉中市	91.5	7.03	0.87	8.03	3.55	72.01	0.029	0.251	7.68	0.95	8.78	3.88	78.71	0.032	0.275
157	稻谷	上海市奉贤区庄行镇	90.4	8.15	1.82	9.2	3.63	67.62	0.044	0.299	9.01	2.01	10.18	4.02	74.79	0.048	0.331
158	稻谷	上海市奉贤区庄行镇	90.4	7.01	1.81	9.22	3.35	68.98	0.046	0.341	7.76	2	10.2	3.71	76.33	0.051	0.377
159	稻谷	上海市奉贤区庄行镇	90.3	7.01	1.67	8.52	3.3	69.81	0.033	0.308	7.76	1.85	9.43	3.65	77.29	0.037	0.341
160	稻谷	上海市青浦区华新镇	90.6	8.21	2.15	9.71	3.83	66.7	0.041	0.323	9.06	2.37	10.72	4.23	73.62	0.045	0.356
161	稻谷	上海市青浦区华新镇	89.7	6.73	1.74	9.03	3.54	68.62	0.043	0.328	7.51	1.94	10.07	3.95	76.53	0.048	0.366
162	稻谷	四川省眉山市东坡县	91.3	7.17	2.4	12.06	4.13	65.55	0.035	0.294	7.85	2.63	13.21	4.52	71.79	0.039	0.322
163	稻谷	四川省眉山市仁寿县	93.4	4.85	2.63	12.63	3.94	69.32	0.039	0.285	5.19	2.82	13.53	4.22	74.24	0.042	0.305
164	稻谷	四川省眉山市仁寿县	95.1	4.82	2.19	12.63	4.13	71.29	0.04	0.289	5.07	2.3	13.28	4.34	74.99	0.042	0.304
165	稻谷	四川省宜宾市	92.6	5.4	2.56	12.1	4.07	68.5	0.052	0.406	5.83	2.76	13.06	4.39	73.95	0.057	0.439
166	稻谷	四川省自贡市	93.4	5.53	2.94	11.72	4.55	68.69	0.053	0.438	5.92	3.15	12.54	4.87	73.52	0.057	0.469
167	稻谷	四川省广安市	93	5.61	2.52	11.94	4.58	68.37	0.035	0.376	6.03	2.71	12.84	4.92	73.51	0.038	0.405
168	稻谷	四川省泸州市	93.2	6.64	2.4	11.81	5.29	67.05	0.069	0.387	7.13	2.58	12.67	5.68	71.95	0.074	0.415
169	稻谷	四川省泸州市	94.3	5.72	2.42	11.23	5.23	69.73	0.04	0.358	6.06	2.57	11.91	5.54	73.92	0.043	0.379

续表1-5

序号	原料名称	采样地点	原样状态								绝干状态						
			干物质 DM	粗蛋白质 CP	粗脂肪 EE	粗纤维 CF	粗灰分 Ash	无氮浸出物 NFE	钙 Ca	磷 P	粗蛋白质 CP	粗脂肪 EE	粗纤维 CF	粗灰分 Ash	无氮浸出物 NFE	钙 Ca	磷 P
170	稻谷	天津市宝坻区新开口镇	89.5	7.81	1.78	7.73	3.13	69.03	0.032	0.256	8.73	1.99	8.64	3.5	77.15	0.035	0.286
171	稻谷	天津市宝坻区新开口镇	89.3	7.46	2.05	7.79	3.09	68.94	0.031	0.274	8.35	2.29	8.72	3.46	77.17	0.034	0.307
172	稻谷	天津市宁河区芦台镇	90.5	7.33	2.03	9.09	3.32	68.72	0.03	0.311	8.1	2.24	10.05	3.67	75.94	0.033	0.344
173	稻谷	天津市宁河区芦台镇	90.4	6.32	2.59	7.66	3.17	70.69	0.031	0.307	6.99	2.86	8.47	3.51	78.17	0.034	0.34
174	稻谷	西藏自治区林芝市	91.8	6.58	1.76	10.2	3.74	69.46	0.027	0.254	7.17	1.92	11.12	4.08	75.71	0.029	0.276
175	稻谷	西藏自治区林芝市	92.6	5.4	2	13.34	4.35	67.47	0.037	0.311	5.83	2.16	14.41	4.7	72.9	0.04	0.336
176	稻谷	西藏自治区林芝市	93.2	4.75	1.93	13.02	4.97	68.53	0.023	0.225	5.1	2.07	13.97	5.33	73.53	0.025	0.241
177	稻谷	西藏自治区林芝市	92.1	4.68	1.75	13.42	4.92	67.28	0.027	0.217	5.08	1.9	14.58	5.34	73.09	0.03	0.236
178	稻谷	西藏自治区林芝市	92	4.35	1.76	13.21	4.08	68.55	0.025	0.239	4.73	1.91	14.36	4.44	74.54	0.027	0.26
179	稻谷	新疆维吾尔自治区	90.4	6.32	1.23	8.93	3.7	70.22	0.04	0.332	6.99	1.36	9.88	4.09	77.69	0.044	0.367
180	稻谷	新疆维吾尔自治区	91	6.23	1.47	9.28	3.63	70.44	0.057	0.334	6.84	1.61	10.19	3.99	77.37	0.062	0.366
181	稻谷	新疆维吾尔自治区	91.4	7.23	1.05	9.53	3.73	69.84	0.071	0.314	7.91	1.15	10.43	4.08	76.43	0.077	0.343
182	稻谷	新疆维吾尔自治区乌鲁木齐市	91.7	7.71	1.84	10.25	3.16	68.7	0.051	0.318	8.41	2.01	11.18	3.45	74.95	0.055	0.347
183	稻谷	新疆维吾尔自治区乌鲁木齐市米东区	92	7.85	2.13	9.84	3.11	69.08	0.047	0.324	8.53	2.32	10.7	3.38	75.09	0.052	0.352
184	稻谷	云南省红河哈尼族彝族自治州建水县	95.2	5.1	1.99	11.56	6.03	70.49	0.054	0.298	5.36	2.09	12.15	6.34	74.07	0.056	0.313
185	稻谷	云南省哈尼族彝族自治州弥勒市新哨镇	92.3	5.48	2.24	12.98	3.97	67.63	0.033	0.277	5.94	2.43	14.06	4.3	73.27	0.035	0.3
186	稻谷	云南省普洱市景谷傣族彝族自治县	94.8	5.91	2.11	11.01	4	71.79	0.065	0.299	6.23	2.23	11.61	4.22	75.71	0.068	0.316

续表1-5

序号	原料名称	采样地点	原样状态								绝干状态						
			干物质 DM	粗蛋白质 CP	粗脂肪 EE	粗纤维 CF	粗灰分 Ash	无氮浸出物 NFE	钙 Ca	磷 P	粗蛋白质 CP	粗脂肪 EE	粗纤维 CF	粗灰分 Ash	无氮浸出物 NFE	钙 Ca	磷 P
187	稻谷	云南省普洱市宁洱哈尼族彝族自治县	94.5	5.37	1.78	12.95	4.81	69.62	0.036	0.246	5.68	1.88	13.7	5.09	73.65	0.038	0.26
188	稻谷	云南省文山壮族苗族自治州丘北县	93.7	5.07	2.14	14.82	3.83	67.8	0.039	0.242	5.41	2.28	15.82	4.09	72.39	0.041	0.259
189	稻谷	浙江省湖州市	90.1	8.5	2.4	8.96	2.66	67.53	0.058	0.263	9.44	2.67	9.95	2.95	74.99	0.064	0.292
190	稻谷	浙江省湖州市	89.4	8.36	2.17	8.12	2.69	68.06	0.047	0.272	9.35	2.43	9.08	3.01	76.13	0.053	0.305
191	稻谷	浙江省湖州市	89.7	8.29	2.07	8.5	2.77	68.06	0.048	0.29	9.24	2.31	9.48	3.09	75.89	0.053	0.324
192	稻谷	浙江省湖州市	90	8.22	1.97	8.88	2.84	68.06	0.048	0.266	9.14	2.19	9.87	3.16	75.65	0.053	0.296
193	稻谷	浙江省嘉兴市	89.9	8.24	1.88	8.37	2.54	68.89	0.038	0.301	9.16	2.09	9.31	2.82	76.61	0.042	0.335
194	稻谷	浙江省嘉兴市	90	8.22	2.15	8.14	3.36	68.13	0.041	0.311	9.13	2.39	9.04	3.73	75.7	0.046	0.345
195	稻谷	浙江省嘉兴市	89.8	7.45	1.89	8.3	3.21	68.96	0.027	0.305	8.3	2.1	9.24	3.57	76.78	0.03	0.339
196	稻谷	浙江省绍兴市	89.7	11.07	2.68	8.07	2.84	65.07	0.063	0.305	12.34	2.99	8.99	3.17	72.52	0.07	0.34
197	稻谷	浙江省绍兴市	88.5	10.65	2.57	8.13	3.07	64.09	0.046	0.301	12.03	2.9	9.19	3.47	72.41	0.052	0.341
198	稻谷	重庆市大足区	88.3	7.11	2.68	11.12	3.56	63.79	0.038	0.303	8.06	3.04	12.6	4.03	72.28	0.043	0.343
199	稻谷	重庆市合川区龙凤镇	90	6.94	2.01	10.4	3.85	66.78	0.032	0.344	7.71	2.23	11.56	4.28	74.22	0.035	0.382
200	稻谷	重庆市江津区朱杨镇	90.2	6.88	2.03	10.29	4.91	66.13	0.04	0.396	7.62	2.25	11.4	5.44	73.28	0.044	0.439
201	稻谷	重庆市梁平区回龙镇	87	6.9	2.31	9.93	3.85	64.04	0.03	0.323	7.93	2.65	11.41	4.42	73.58	0.035	0.371
202	稻谷	重庆市荣昌区	86.8	9.14	1.87	9.26	4.62	61.95	0.051	0.366	10.53	2.15	10.66	5.32	71.34	0.059	0.422
203	稻谷	重庆市铜梁区	87.5	6.65	2.07	9.37	3.51	65.89	0.043	0.321	7.6	2.37	10.71	4.01	75.31	0.049	0.367
204	稻谷	重庆市万州区走马镇	86.9	7.09	2.23	10.28	5.09	62.22	0.043	0.352	8.16	2.57	11.83	5.86	71.59	0.049	0.405
205	稻谷	重庆市永川区来苏镇	87.9	7.13	2.2	9.51	4.76	64.31	0.035	0.415	8.11	2.5	10.82	5.41	73.15	0.04	0.472
206	稻谷	重庆市忠县白公街道	88.6	6.91	2.35	10.54	3.57	65.23	0.044	0.337	7.8	2.65	11.9	4.03	73.62	0.049	0.380

五、米糠

表 1-6　米糠样本原样状态及绝干状态下饲料常规成分和钙磷含量

%

序号	原料名称	采样地点	原样状态								绝干状态						
			干物质 DM	粗蛋白质 CP	粗脂肪 EE	粗纤维 CF	粗灰分 Ash	无氮浸出物 NFE	钙 Ca	磷 P	粗蛋白质 CP	粗脂肪 EE	粗纤维 CF	粗灰分 Ash	无氮浸出物 NFE	钙 Ca	磷 P
1	米糠	云南省昆明市倘甸开发区	96.2	9.39	4.59	20.7	10.28	51.19	0.076	1.159	9.77	4.77	21.53	10.69	53.24	0.079	1.205
2	米糠	云南省昆明市倘甸开发区	96.4	7.86	4.05	28.73	10.45	45.33	0.095	1.26	8.15	4.2	29.8	10.84	47.01	0.098	1.307
3	米糠	云南省昆明市转龙镇	95.8	9.27	4.06	32	12.06	38.41	0.113	1.143	9.68	4.24	33.4	12.59	40.09	0.118	1.193
4	米糠	安徽省蚌埠市	90.2	14	12.57	8.24	8.54	46.87	0.075	2.471	15.52	13.93	9.13	9.47	51.95	0.083	2.738
5	米糠	安徽省合肥市肥东县	91	13.42	14.48	5.62	6.9	50.59	0.044	2.031	14.75	15.91	6.18	7.58	55.59	0.049	2.232
6	米糠	安徽省六安市裕安区	91	14.22	14.18	5.38	6.6	50.64	0.058	2.287	15.62	15.58	5.91	7.25	55.64	0.064	2.512
7	米糠	安徽省六安市裕安区	91.2	14.21	15.1	5.88	6.92	49.05	0.062	2.479	15.59	16.56	6.45	7.59	53.8	0.068	2.719
8	米糠	安徽省六安市裕安区	91	13.94	15.47	5.77	7.63	48.17	0.06	2.485	15.32	17	6.34	8.39	52.95	0.066	2.731
9	米糠	福建省泉州市	89	12.95	3.1	9.53	7.62	55.79	0.085	2.143	14.55	3.48	10.71	8.56	62.69	0.095	2.408
10	米糠	福建省泉州市南安市	89	13.28	3.25	8.1	8.02	56.38	0.043	2.525	14.92	3.65	9.1	9.01	63.33	0.049	2.836
11	米糠	福建省泉州市南安市	89.1	10.93	3.86	12.14	7.62	54.5	0.06	2.03	12.27	4.33	13.63	8.56	61.19	0.068	2.279
12	米糠	广西壮族自治区南宁市	92.4	8.04	6.8	20.56	10.09	46.91	0.077	2.066	8.7	7.36	22.25	10.92	50.77	0.083	2.236
13	米糠	广西壮族自治区南宁市	93.7	6.33	2.63	26.74	11.47	46.53	0.127	1.049	6.76	2.81	28.54	12.24	49.66	0.136	1.119
14	米糠	广西壮族自治区南宁市	92.9	5.81	2.94	26.97	11.13	46.04	0.106	1.095	6.25	3.17	29.03	11.98	49.56	0.114	1.178
15	米糠	广西壮族自治区南宁市	93.2	4.54	1.55	29.77	12.15	45.22	0.107	0.842	4.87	1.66	31.93	13.03	48.5	0.114	0.903
16	米糠	贵州省贵阳市	87.7	14.28	6.83	0.84	9	56.75	0.061	2.789	16.28	7.79	0.96	10.26	64.71	0.07	3.18
17	米糠	贵州省贵阳市	88.8	13.27	7.81	0.65	6.61	60.46	0.061	2.089	14.94	8.8	0.73	7.44	68.09	0.069	2.353

续表1-6

序号	原料名称	采样地点	原样状态								绝干状态						
			干物质 DM	粗蛋白质 CP	粗脂肪 EE	粗纤维 CF	粗灰分 Ash	无氮浸出物 NFE	钙 Ca	磷 P	粗蛋白质 CP	粗脂肪 EE	粗纤维 CF	粗灰分 Ash	无氮浸出物 NFE	钙 Ca	磷 P
18	米糠	贵州省遵义市	87.3	14.34	8.01	0.65	8.53	55.73	0.061	2.69	16.43	9.18	0.74	9.78	63.87	0.07	3.083
19	米糠	海南省琼海市嘉积镇	96.4	6.15	1.83	38.12	14.73	35.61	0.088	0.957	6.38	1.9	39.53	15.27	36.92	0.091	0.992
20	米糠	海南省琼海市嘉积镇	96.7	5.8	4.67	36.78	11.21	38.19	0.069	1.236	6	4.83	38.05	11.6	39.51	0.072	1.279
21	米糠	海南省文昌市东阁镇	97.1	6.18	2.31	38.59	14.74	35.3	0.089	0.899	6.36	2.38	39.73	15.18	36.35	0.091	0.926
22	米糠	海南省文昌市东阁镇	96.5	5.76	1.86	40.17	14.78	33.95	0.086	0.906	5.97	1.93	41.62	15.31	35.17	0.09	0.939
23	米糠	河北省衡水市深州市	88.5	12.97	14.57	9.99	7.06	43.86	0.074	2.032	14.66	16.47	11.29	7.98	49.59	0.083	2.297
24	米糠	河北省衡水市深州市	89	11.17	12.52	14.46	9.59	41.3	0.067	2.37	12.54	14.06	16.24	10.77	46.38	0.075	2.661
25	米糠	河北省廊坊市	91.4	15.55	20.26	11.94	9.81	33.81	0.068	2.753	17.02	22.17	13.07	10.74	37	0.074	3.013
26	米糠	河北省邢台市	89.6	13.52	16.06	7.77	8.59	43.68	0.098	1.737	15.09	17.92	8.67	9.58	48.74	0.109	1.938
27	米糠	河北省邢台市南和区	91.9	7.53	4.18	32.11	7.27	40.83	0.092	1.532	8.19	4.55	34.93	7.91	44.42	0.101	1.666
28	米糠	河南省开封市	91.7	2.48	1	46.4	15.1	26.72	0.071	2.399	2.7	1.09	50.6	16.47	29.14	0.078	2.616
29	米糠	河南省信阳市	91.6	13.2	16.4	10.4	9.4	42.2	0.08	0.638	14.41	17.9	11.35	10.26	46.07	0.087	0.696
30	米糠	河南省信阳市	91.8	2.44	0.1	48.7	15.2	25.36	0.09	0.627	2.66	0.11	53.05	16.56	27.63	0.098	0.683
31	米糠	黑龙江省哈尔滨市	82.1	18.58	1.13	3.09	10.5	48.8	0.084	1.146	22.63	1.38	3.76	12.79	59.44	0.102	1.396
32	米糠	黑龙江省哈尔滨市	82.1	18.5	1.14	3.62	10.5	48.35	0.066	2.414	22.53	1.39	4.41	12.79	58.89	0.08	2.941
33	米糠	黑龙江省佳木斯市桦南县	82.1	18.7	3.43	4.81	10.6	44.56	0.052	2.346	22.78	4.18	5.86	12.91	54.28	0.064	2.858
34	米糠	黑龙江省齐齐哈尔市讷河市	82.1	18.5	1.1	11.71	10.5	40.29	0.052	2.288	22.53	1.34	14.26	12.79	49.07	0.063	2.787
35	米糠	黑龙江省齐齐哈尔市	90.5	12.6	1.28	11.65	7.5	57.47	0.047	2.054	13.92	1.41	12.87	8.29	63.5	0.052	2.27
36	米糠	黑龙江省哈尔滨市五常市	82.1	12.6	1.13	3.06	10.5	54.8	0.053	2.345	15.35	1.38	3.73	12.79	66.75	0.065	2.856
37	米糠	湖北省荆州市	88.7	14.54	18.36	6.71	9.32	39.79	0.06	2.861	16.39	20.69	7.56	10.5	44.85	0.067	3.224
38	米糠	湖北省荆州市	87	14.09	17.49	6.32	8.01	41.12	0.057	2.476	16.19	20.1	7.26	9.2	47.25	0.066	2.845

续表1-6

序号	原料名称	采样地点	原样状态								绝干状态						
			干物质 DM	粗蛋白质 CP	粗脂肪 EE	粗纤维 CF	粗灰分 Ash	无氮浸出物 NFE	钙 Ca	磷 P	粗蛋白质 CP	粗脂肪 EE	粗纤维 CF	粗灰分 Ash	无氮浸出物 NFE	钙 Ca	磷 P
39	米糠	湖北省荆州市公安县	87.3	13.78	18.18	6.39	8.14	40.77	0.056	2.534	15.79	20.83	7.32	9.33	46.72	0.064	2.904
40	米糠	湖北省武汉市	89	13.59	17.13	6.19	8.3	43.77	0.064	2.326	15.27	19.25	6.96	9.33	49.19	0.072	2.614
41	米糠	湖北省武汉市	88.8	13.34	14.61	5.97	7.44	47.47	0.094	2.221	15.02	16.45	6.72	8.37	53.43	0.106	2.5
42	米糠	湖北省襄阳市宜城市	88.8	14.48	15.41	5.97	8.15	44.82	0.058	2.644	16.3	17.35	6.72	9.18	50.46	0.065	2.977
43	米糠	湖北省襄阳市宜城市	90.2	11.17	16.13	5.72	9.37	47.76	0.101	2.029	12.39	17.89	6.34	10.39	52.98	0.113	2.251
44	米糠	湖北省宜昌市宜都市	86.6	12.93	11.67	6.25	9.91	45.85	0.109	2.221	14.93	13.48	7.22	11.44	52.94	0.125	2.565
45	米糠	湖南省益阳市兰溪镇	89.7	12.79	15.92	5.59	7.62	47.76	0.063	2.273	14.26	17.75	6.23	8.5	53.26	0.07	2.534
46	米糠	湖南省益阳市兰溪镇	90.2	12.57	16.29	5.65	7.22	48.5	0.052	2.205	13.93	18.06	6.26	8	53.76	0.057	2.445
47	米糠	湖南省长沙市榔梨镇	88.9	12.79	15.23	5.68	7.51	47.64	0.069	2.003	14.39	17.14	6.39	8.45	53.61	0.078	2.254
48	米糠	湖南省长沙市榔梨镇	89.5	11.99	16.24	5.41	7.34	48.55	0.068	2.109	13.39	18.14	6.04	8.2	54.23	0.076	2.355
49	米糠	湖南省长沙市望城区	90.4	12.63	14.55	5.2	7.38	50.64	0.077	2.017	13.97	16.1	5.75	8.16	56.02	0.085	2.231
50	米糠	湖南省长沙市望城区	89.7	12.38	15.8	5.39	7.55	48.59	0.066	1.9	13.8	17.61	6.01	8.42	54.17	0.074	2.118
51	米糠	江苏省宿迁市	89.4	14.92	15.16	6.24	8.07	45.03	0.066	2.384	16.69	16.96	6.98	9.03	50.36	0.074	2.667
52	米糠	江苏省宿迁市	89.3	14.5	15.29	6.33	7.7	45.45	0.063	2.636	16.24	17.13	7.09	8.63	50.91	0.07	2.953
53	米糠	江苏省宿迁市	89.8	14.53	15.29	7.43	8.08	44.42	0.072	2.545	16.19	17.04	8.28	9	49.49	0.08	2.836
54	米糠	江苏省宿迁市	89.7	14.36	15.88	7.43	8.63	43.39	0.061	2.698	16.01	17.71	8.29	9.62	48.38	0.068	3.008
55	米糠	江苏省宿迁市	89.7	13.94	16.07	7.46	7.63	44.59	0.063	2.607	15.54	17.92	8.32	8.51	49.72	0.07	2.906
56	米糠	江苏省泰州市	88.8	15.51	3.98	5.85	8.67	54.77	0.091	1.182	17.47	4.48	6.59	9.77	61.69	0.103	1.332
57	米糠	江苏省泰州市	89	15.46	4.71	5.84	7.54	55.49	0.095	1.219	17.36	5.29	6.56	8.47	62.32	0.106	1.369
58	米糠	江苏省泰州市	88.7	14.8	4.1	5.85	7.45	56.47	0.086	1.207	16.69	4.62	6.6	8.4	63.67	0.097	1.361
59	米糠	江苏省徐州市	89	15.7	4.27	5.86	7.83	55.31	0.101	1.244	17.65	4.8	6.59	8.8	62.17	0.114	1.398

续表1-6

序号	原料名称	采样地点	原样状态								绝干状态						
			干物质 DM	粗蛋白质 CP	粗脂肪 EE	粗纤维 CF	粗灰分 Ash	无氮浸出物 NFE	钙 Ca	磷 P	粗蛋白质 CP	粗脂肪 EE	粗纤维 CF	粗灰分 Ash	无氮浸出物 NFE	钙 Ca	磷 P
60	米糠	江苏省徐州市	88.7	15.31	4.07	5.8	7.52	55.97	0.086	1.165	17.27	4.59	6.54	8.48	63.12	0.097	1.314
61	米糠	江西省高安市	89.3	14.61	17.72	7.52	8.8	40.62	0.079	2.423	16.36	19.85	8.42	9.86	45.5	0.089	2.714
62	米糠	江西省高安市	89.1	14.3	17.35	6.66	8.86	41.88	0.091	2.329	16.06	19.48	7.48	9.95	47.03	0.102	2.616
63	米糠	江西省高安市	88.9	14.27	18.01	7.35	8.98	40.3	0.091	2.579	16.05	20.26	8.27	10.1	45.33	0.102	2.9
64	米糠	江西省高安市	88.8	14.25	18.25	7.34	8.85	40.12	0.076	2.27	16.04	20.55	8.26	9.96	45.17	0.085	2.556
65	米糠	江西省高安市	89.4	14.33	17.22	7.07	8.77	41.95	0.097	2.689	16.04	19.27	7.91	9.82	46.95	0.109	3.009
66	米糠	江西省高安市	89.1	14.26	18.32	7.55	8.68	40.27	0.095	2.64	16.01	20.57	8.48	9.74	45.21	0.106	2.963
67	米糠	江西省高安市	89.1	14.22	17.55	7.03	8.87	41.43	0.079	2.503	15.96	19.7	7.89	9.96	46.5	0.088	2.809
68	米糠	江西省高安市	89.5	14.26	17.33	7.09	8.76	42.02	0.083	2.507	15.94	19.37	7.93	9.79	46.98	0.093	2.802
69	米糠	江西省高安市	89.2	13.95	17	7.18	8.89	42.21	0.097	2.901	15.63	19.05	8.05	9.96	47.3	0.109	3.252
70	米糠	江西省高安市	89.4	13.93	17.57	7.67	8.84	41.37	0.323	2.513	15.58	19.66	8.58	9.89	46.28	0.361	2.811
71	米糠	江西省高安市	89.1	13.84	16.89	7	8.7	42.67	0.535	2.57	15.53	18.96	7.86	9.76	47.89	0.6	2.885
72	米糠	江西省高安市	89.7	13.69	17.07	7.81	8.65	42.5	0.084	2.491	15.26	19.02	8.7	9.64	47.36	0.094	2.776
73	米糠	内蒙古自治区赤峰市	89.8	18.06	13.58	8.51	10.28	39.38	0.102	0.785	20.11	15.12	9.48	11.45	43.85	0.113	0.874
74	米糠	内蒙古自治区呼伦贝尔市	92.4	2.84	0.45	46.91	14.56	27.63	0.056	0.608	3.07	0.49	50.77	15.76	29.91	0.061	0.658
75	米糠	内蒙古自治区通辽市	88.6	17.44	14.23	7.74	9.19	40.04	0.094	0.735	19.68	16.05	8.73	10.37	45.17	0.106	0.83
76	米糠	内蒙古自治区通辽市	90.1	17.45	14.69	8.1	9.34	40.47	0.092	0.655	19.38	16.31	9	10.37	44.94	0.102	0.727
77	米糠	宁夏回族自治区银川市灵武市	91.1	13.19	12.63	7.34	7.21	50.69	0.064	2.335	14.48	13.87	8.06	7.92	55.67	0.071	2.564
78	米糠	宁夏回族自治区银川市灵武市	90.8	13.11	13.31	6.84	6.62	50.87	0.061	2.303	14.45	14.67	7.54	7.29	56.06	0.068	2.538

续表1-6

序号	原料名称	采样地点	原样状态								绝干状态						
			干物质 DM	粗蛋白质 CP	粗脂肪 EE	粗纤维 CF	粗灰分 Ash	无氮浸出物 NFE	钙 Ca	磷 P	粗蛋白质 CP	粗脂肪 EE	粗纤维 CF	粗灰分 Ash	无氮浸出物 NFE	钙 Ca	磷 P
79	米糠	宁夏回族自治区银川市灵武市新华县	92.1	13.79	17.44	10.26	8.04	42.58	0.058	2.66	14.97	18.93	11.14	8.73	46.23	0.063	2.888
80	米糠	宁夏回族自治区银川市灵武市新华县	92.2	13.41	18.37	9.32	8.07	43.01	0.059	2.506	14.55	19.93	10.11	8.75	46.66	0.064	2.719
81	米糠	宁夏回族自治区银川市	92.2	6.58	4.65	33.81	12.86	34.32	0.132	1.354	7.14	5.04	36.66	13.94	37.22	0.143	1.468
82	米糠	宁夏回族自治区银川市	91.6	11.92	11.69	10.8	7.39	49.81	0.076	2.096	13.01	12.76	11.79	8.07	54.37	0.083	2.288
83	米糠	山东省德州市	92.1	12.89	14.49	7.6	9.84	47.29	0.111	2.086	13.99	15.73	8.25	10.68	51.34	0.12	2.265
84	米糠	山东省济宁市	91.4	13.77	17.01	6.99	9.4	44.19	0.09	2.503	15.07	18.62	7.65	10.29	48.37	0.098	2.74
85	米糠	山东省临沂市沂水县	86.4	11.52	7.41	8.05	7.8	51.57	0.089	1.813	13.34	8.58	9.32	9.03	59.72	0.104	2.1
86	米糠	山东省潍坊市寿光市	91	15.77	1.21	11.67	11.16	51.21	0.134	2.821	17.33	1.33	12.82	12.26	56.26	0.147	3.099
87	米糠	山东省淄博市	91.4	4.69	1.58	8.45	8.21	68.47	0.105	0.719	5.13	1.73	9.25	8.98	74.91	0.115	0.786
88	米糠	山西忻州原平市	93.1	7.68	2.3	41.7	12.68	28.74	0.193	0.837	8.25	2.47	44.79	13.62	30.87	0.208	0.899
89	米糠	上海市奉贤区庄行镇	90.8	12.47	12.48	5.69	8.59	51.55	0.047	1.846	13.73	13.75	6.27	9.46	56.78	0.052	2.034
90	米糠	上海市奉贤区庄行镇	91	12.44	12.49	5.62	7.63	52.8	0.056	2.253	13.67	13.73	6.18	8.39	58.03	0.061	2.476
91	米糠	上海市奉贤区庄行镇	91.2	12.28	12.51	5.66	8.11	52.61	0.048	2.047	13.47	13.72	6.21	8.9	57.71	0.052	2.245
92	米糠	四川省成都市	96.5	8.97	3.43	31.31	6.78	46.05	0.127	1.069	9.29	3.55	32.43	7.02	47.7	0.132	1.108
93	米糠	四川省成都市	96.1	8.64	3.42	31.18	6.68	46.21	0.131	1.022	8.99	3.56	32.44	6.95	48.07	0.137	1.063
94	米糠	四川省成都市	95.7	8.12	4.07	32.31	6.62	44.58	0.115	1.044	8.48	4.25	33.76	6.92	46.58	0.12	1.091
95	米糠	四川省成都市新津区	95.5	14.98	19.8	7.66	8.62	44.45	0.05	2.711	15.68	20.73	8.02	9.02	46.53	0.053	2.838
96	米糠	四川省成都市新津区	95.7	12.53	14.05	4.53	6.65	57.91	0.052	2.086	13.1	14.69	4.74	6.95	60.53	0.055	2.18
97	米糠	四川省成都市新津区	95.7	12.39	13.46	12.01	8.4	49.47	0.058	2.107	12.94	14.06	12.54	8.77	51.67	0.061	2.201
98	米糠	四川省成都市新津区	95.4	12.11	13.78	6.11	6.89	56.46	0.058	2.158	12.7	14.45	6.41	7.23	59.21	0.061	2.264

续表1-6

序号	原料名称	采样地点	原样状态								绝干状态						
			干物质 DM	粗蛋白质 CP	粗脂肪 EE	粗纤维 CF	粗灰分 Ash	无氮浸出物 NFE	钙 Ca	磷 P	粗蛋白质 CP	粗脂肪 EE	粗纤维 CF	粗灰分 Ash	无氮浸出物 NFE	钙 Ca	磷 P
99	米糠	四川省绵阳市游仙区	95.4	13.25	13.55	6.05	5.79	56.79	0.069	1.938	13.88	14.2	6.34	6.07	59.51	0.073	2.031
100	米糠	四川省南充市	95.7	12.63	12	11.02	7.01	53.05	0.07	1.715	13.2	12.54	11.51	7.32	55.43	0.073	1.792
101	米糠	四川省南充市	95.8	12.59	12.64	10.63	6.89	53.02	0.072	1.687	13.15	13.2	11.1	7.19	55.36	0.076	1.762
102	米糠	西藏自治区林芝市	96.6	5.72	3.34	33.98	10.94	42.61	0.081	1.158	5.92	3.46	35.18	11.33	44.12	0.084	1.199
103	米糠	西藏自治区林芝市	95.4	5.62	12.76	23.54	8.47	45.03	0.041	0.906	5.89	13.37	24.67	8.88	47.19	0.043	0.949
104	米糠	云南省昆明市官渡区	96.3	4.64	0.13	47.87	17.15	26.49	0.067	0.631	4.82	0.14	49.72	17.81	27.52	0.069	0.656
105	米糠	云南省昆明市嵩明县小街镇	96.5	7.77	5.71	35.41	12.81	34.83	0.079	1.359	8.05	5.92	36.68	13.27	36.08	0.081	1.408
106	米糠	云南省昆明市嵩明县小街镇	96.3	7.19	5.39	27.7	10.11	45.91	0.073	1.24	7.47	5.6	28.76	10.5	47.67	0.076	1.288
107	米糠	浙江省杭州市	90.3	14.58	15.5	6.81	7.68	45.71	0.051	2.374	16.15	17.17	7.54	8.51	50.63	0.056	2.629
108	米糠	浙江省杭州市余杭区	91.4	14.4	16.63	7.69	7.83	44.85	0.076	2.161	15.75	18.19	8.41	8.57	49.07	0.084	2.364
109	米糠	浙江省湖州市	92.4	10.73	3.08	35.97	9.22	33.44	0.124	1.1	11.61	3.33	38.91	9.97	36.17	0.134	1.19
110	米糠	浙江省湖州市	92.5	9.76	3.61	35.41	9.38	34.3	0.127	1.043	10.56	3.9	38.3	10.14	37.1	0.138	1.128
111	米糠	浙江省湖州市	92.8	7.92	4.64	34.35	9.29	36.6	0.128	1.216	8.53	5	37.02	10.01	39.44	0.137	1.31
112	米糠	浙江省湖州市	90.9	14.27	15.19	7.06	7.81	46.54	0.051	2.422	15.7	16.72	7.77	8.59	51.22	0.056	2.666
113	米糠	浙江省嘉兴市	89.8	13.36	10.16	0.82	9.29	56.17	0.052	2.197	14.88	11.31	0.91	10.35	62.55	0.058	2.446
114	米糠	浙江省嘉兴市	89.8	13.28	10.02	0.85	3.34	62.29	0.047	1.825	14.79	11.16	0.95	3.72	69.38	0.053	2.032
115	米糠	浙江省嘉兴市	91.9	13.11	15.69	12.21	10.77	40.16	0.073	2.326	14.26	17.07	13.28	11.71	43.68	0.079	2.53
116	米糠	浙江省嘉兴市	91.9	12.84	15.69	16.78	10.7	35.89	0.073	2.395	13.97	17.07	18.26	11.64	39.05	0.079	2.606
117	米糠	浙江省宁波市鄞州区	89.5	13.11	13.78	9.23	7.73	45.6	0.072	2.342	14.66	15.41	10.32	8.64	50.98	0.081	2.618
118	米糠	重庆市	90.9	13.8	17.2	7.05	7.09	45.71	0.066	2.153	15.19	18.93	7.76	7.8	50.31	0.073	2.37

续表1-6

序号	原料名称	采样地点	原样状态								绝干状态						
			干物质 DM	粗蛋白质 CP	粗脂肪 EE	粗纤维 CF	粗灰分 Ash	无氮浸出物 NFE	钙 Ca	磷 P	粗蛋白质 CP	粗脂肪 EE	粗纤维 CF	粗灰分 Ash	无氮浸出物 NFE	钙 Ca	磷 P
119	米糠	重庆市大足区	88.8	12.83	14.28	4.5	5.77	51.37	0.069	1.924	14.46	16.09	5.07	6.5	57.88	0.077	2.168
120	米糠	重庆市大足区	89.3	14.53	20.01	6.04	7.3	41.37	0.066	2.264	16.28	22.42	6.77	8.18	46.35	0.074	2.537
121	米糠	重庆市铜梁区	88.4	13.64	15.93	6.79	5.91	46.12	0.056	1.834	15.43	18.02	7.68	6.69	52.18	0.063	2.75

六、碎米

表 1-7　碎米样本原样状态及绝干状态下饲料常规成分和钙磷含量

%

序号	原料名称	采样地点	原样状态								绝干状态						
			干物质 DM	粗蛋白质 CP	粗脂肪 EE	粗纤维 CF	粗灰分 Ash	无氮浸出物 NFE	钙 Ca	磷 P	粗蛋白质 CP	粗脂肪 EE	粗纤维 CF	粗灰分 Ash	无氮浸出物 NFE	钙 Ca	磷 P
1	碎米	安徽省六安市裕安区	87.9	6.87	0.25	0.34	0.18	80.29	0.008	0.096	7.81	0.28	0.39	0.2	91.31	0.009	0.11
2	碎米	安徽省六安市裕安区	87.4	6.76	0.33	0.27	0.48	79.56	0.006	0.086	7.73	0.38	0.31	0.55	91.02	0.007	0.099
3	碎米	福建省漳州市龙海区	85.5	7.24	0.38	0.5	0.35	76.99	0.006	0.114	8.47	0.44	0.59	0.41	90.09	0.007	0.133
4	碎米	福建省漳州市龙海区	86.3	8.07	0.44	0.6	0.7	76.52	0.007	0.125	9.35	0.51	0.7	0.81	88.65	0.008	0.145
5	碎米	广东省广州市	86.9	7.89	0.3	0.5	0.4	77.81	0.011	0.106	9.08	0.35	0.58	0.46	89.54	0.012	0.122
6	碎米	广东省广州市	87.7	7.78	0.1	0.6	0.4	78.82	0.01	0.098	8.87	0.11	0.68	0.46	89.87	0.011	0.112
7	碎米	广东省广州市	87.4	7.51	0.1	0.7	0.3	78.79	0.011	0.22	8.59	0.11	0.8	0.34	90.15	0.012	0.251
8	碎米	广西壮族自治区南宁市	89.2	7.11	0.52	0.18	0.46	80.92	0.014	0.145	7.97	0.58	0.2	0.52	90.73	0.016	0.163
9	碎米	广西壮族自治区南宁市	89.3	6.83	0.51	0.26	0.53	81.18	0.007	0.125	7.65	0.57	0.29	0.59	90.9	0.008	0.139
10	碎米	贵州省贵阳市	86.7	8.17	0.33	0.18	0.34	77.68	0.007	0.1	9.42	0.38	0.21	0.39	89.6	0.008	0.115
11	碎米	贵州省遵义市	87.3	8.22	0.18	0.19	0.43	78.3	0.009	0.105	9.41	0.21	0.22	0.49	89.67	0.01	0.12

续表1-7

序号	原料名称	采样地点	原样状态								绝干状态						
			干物质 DM	粗蛋白质 CP	粗脂肪 EE	粗纤维 CF	粗灰分 Ash	无氮浸出物 NFE	钙 Ca	磷 P	粗蛋白质 CP	粗脂肪 EE	粗纤维 CF	粗灰分 Ash	无氮浸出物 NFE	钙 Ca	磷 P
12	碎米	海南省海口市秀英区	95	7.48	0.75	0	0.57	86.17	0.013	0.175	7.88	0.79	0	0.6	90.73	0.014	0.184
13	碎米	海南省琼海市嘉积镇	95.1	7.5	2.22	0	1.1	84.26	0.012	0.158	7.89	2.33	0	1.16	88.61	0.013	0.166
14	碎米	河北省邢台市南和区	85.9	6.95	0.73	0.31	0.59	77.35	0.009	0.138	8.09	0.85	0.36	0.69	90.02	0.01	0.161
15	碎米	河北省邢台市南和区	85.5	5.97	0.76	0.24	0.45	78.09	0.008	0.132	6.98	0.89	0.28	0.53	91.32	0.01	0.154
16	碎米	河南省开封市	88.5	7.36	1.2	0	11.11	68.83	0.007	0.13	8.32	1.36	0	12.55	77.77	0.008	0.147
17	碎米	河南省周口市	88.2	6.9	1.6	0	0	79.7	0.008	0.107	7.82	1.81	0	0	90.36	0.009	0.121
18	碎米	黑龙江省哈尔滨市	88.1	7.78	2.01	5.05	0.8	72.46	0.008	0.104	8.83	2.28	5.73	0.91	82.25	0.009	0.118
19	碎米	黑龙江省哈尔滨市	88.1	7.82	3.3	4.28	0.8	71.9	0.01	0.122	8.88	3.75	4.86	0.91	81.61	0.011	0.138
20	碎米	黑龙江省绥化市	88.1	7.76	3.07	2.05	0.8	74.42	0.01	0.131	8.81	3.48	2.33	0.91	84.47	0.012	0.148
21	碎米	黑龙向哈尔滨市	88.1	7.68	3.01	5.05	0.8	71.56	0.009	0.106	8.72	3.42	5.73	0.91	81.23	0.01	0.12
22	碎米	湖北省黄冈市	86.5	8.2	2.18	0.75	0.34	75.01	0.01	0.129	9.48	2.52	0.87	0.39	86.74	0.011	0.149
23	碎米	湖北省荆门市	84.9	8.15	2.18	0.72	0.56	73.26	0.01	0.117	9.6	2.57	0.85	0.66	86.33	0.011	0.137
24	碎米	湖北省武汉市	90.7	9.17	1.94	0.96	0.49	78.15	0.008	0.133	10.11	2.14	1.06	0.54	86.15	0.009	0.147
25	碎米	湖北省武汉市	84.2	8.85	1.88	0.69	0.53	72.3	0.009	0.156	10.51	2.23	0.82	0.63	85.83	0.01	0.185
26	碎米	江苏省宿迁市	86.3	8.11	0.87	1.04	0.53	75.72	0.011	0.111	9.4	1.01	1.21	0.61	87.77	0.013	0.129
27	碎米	江苏省宿迁市	86.2	9.1	0.92	1.06	0.54	74.62	0.008	0.126	10.55	1.07	1.23	0.63	86.53	0.009	0.146
28	碎米	江西省鹰潭市	86.6	7.5	0.3	0.01	0.27	78.54	0.006	0.088	8.66	0.35	0.01	0.31	90.67	0.007	0.102
29	碎米	江西省鹰潭市	86.6	7.42	0.2	0.07	0.35	78.53	0.038	0.695	8.57	0.23	0.08	0.4	90.72	0.044	0.803
30	碎米	江西省鹰潭市	86.5	7.46	0.17	0.07	0.36	78.45	0.006	0.088	8.62	0.2	0.08	0.42	90.68	0.007	0.102
31	碎米	江西省鹰潭市	86.6	7.49	0.05	0.08	0.31	78.62	0.006	0.088	8.65	0.06	0.09	0.36	90.84	0.006	0.102
32	碎米	江西省鹰潭市	86.6	7.59	0.03	0.08	0.29	78.61	0.006	0.089	8.76	0.03	0.09	0.33	90.76	0.007	0.103

续表1-7

序号	原料名称	采样地点	原样状态								绝干状态						
			干物质 DM	粗蛋白质 CP	粗脂肪 EE	粗纤维 CF	粗灰分 Ash	无氮浸出物 NFE	钙 Ca	磷 P	粗蛋白质 CP	粗脂肪 EE	粗纤维 CF	粗灰分 Ash	无氮浸出物 NFE	钙 Ca	磷 P
33	碎米	江西省鹰潭市	86.5	7.63	0.02	0.08	0.34	78.45	0.006	0.088	8.82	0.02	0.09	0.39	90.66	0.007	0.102
34	碎米	内蒙古自治区赤峰市	88.2	7.45	1.15	0.24	1.18	78.19	0.007	0.112	8.45	1.3	0.27	1.34	88.65	0.008	0.127
35	碎米	内蒙古自治区通辽市	88.2	7.56	1.08	0.26	1.26	78.06	0.008	0.108	8.57	1.22	0.29	1.43	88.48	0.009	0.122
36	碎米	山东省济宁市	89.5	7.19	2.12	0.76	0.96	78.46	0.017	0.152	8.03	2.37	0.85	1.07	87.67	0.019	0.17
37	碎米	山东省淄博市	85.4	8.69	2.72	0.67	1.01	72.28	0.007	0.093	10.18	3.19	0.78	1.18	84.67	0.008	0.109
38	碎米	上海市奉贤区庄行镇	89	7.67	0.83	1.05	0.59	78.87	0.012	0.352	8.62	0.93	1.18	0.66	88.61	0.014	0.396
39	碎米	上海市奉贤区庄行镇	89.1	7.24	0.5	1.07	0.55	79.69	0.009	0.128	8.13	0.56	1.2	0.62	89.49	0.01	0.144
40	碎米	四川省成都市新津区	94.6	8.11	0.18	0	0.83	85.51	0.007	0.194	8.57	0.19	0	0.88	90.37	0.008	0.205
41	碎米	四川省绵阳市游仙区	94.6	8.49	0.86	0	0.51	84.73	0.008	0.167	8.98	0.91	0	0.54	89.58	0.008	0.176
42	碎米	西藏自治区林芝市	92.3	5.67	0.44	0.9	0.5	84.74	0.007	0.099	6.15	0.48	0.98	0.54	91.86	0.008	0.107
43	碎米	西藏自治区林芝市	92.8	5.62	0.54	0	0.64	86.02	0.007	0.097	6.05	0.58	0	0.69	92.67	0.008	0.104
44	碎米	云南省昆明市官渡区	94.9	7.04	0.85	0.07	0.39	86.5	0.015	0.111	7.42	0.9	0.07	0.41	91.2	0.015	0.117
45	碎米	云南省昆明市倘甸开发区	94.8	9.59	0.22	0	0.49	84.5	0.009	0.118	10.12	0.23	0	0.52	89.14	0.01	0.125
46	碎米	云南省昆明市禄劝彝族苗族自治县转龙镇	95.2	8.47	0.42	0	0.56	85.71	0.013	0.111	8.9	0.44	0	0.59	90.06	0.014	0.117
47	碎米	浙江省嘉兴市	88.4	7.29	1.13	0.19	0.85	78.9	0.01	0.231	8.25	1.28	0.22	0.96	89.29	0.011	0.261
48	碎米	浙江省嘉兴市	87.9	7.49	1.25	0.4	0.9	77.9	0.008	0.177	8.52	1.42	0.45	1.02	88.58	0.009	0.201
49	碎米	浙江省嘉兴市	88.2	7.34	1.22	0.21	1.1	78.32	0.009	0.174	8.32	1.38	0.24	1.25	88.81	0.01	0.197
50	碎米	浙江省嘉兴市	88.1	7.45	1.14	0.29	0.8	78.4	0.01	0.171	8.46	1.29	0.33	0.91	89.01	0.011	0.194
51	碎米	浙江省嘉兴市	88.3	7.11	0.93	0.21	2.21	77.79	0.01	0.193	8.06	1.05	0.24	2.5	88.15	0.012	0.219

续表1-7

序号	原料名称	采样地点	原样状态								绝干状态						
			干物质 DM	粗蛋白质 CP	粗脂肪 EE	粗纤维 CF	粗灰分 Ash	无氮浸出物 NFE	钙 Ca	磷 P	粗蛋白质 CP	粗脂肪 EE	粗纤维 CF	粗灰分 Ash	无氮浸出物 NFE	钙 Ca	磷 P
52	碎米	浙江省嘉兴市	88.2	7.34	0.92	0.23	1.22	78.46	0.009	0.177	8.32	1.04	0.26	1.38	88.99	0.01	0.201
53	碎米	重庆市大足区	86.5	7.81	0.93	0.48	0.56	76.71	0.009	0.131	9.03	1.08	0.55	0.65	88.69	0.011	0.151
54	碎米	重庆市铜梁区	85.6	7.67	0.71	0.14	0.48	76.61	0.011	0.106	8.96	0.83	0.16	0.56	89.49	0.012	0.124

七、小麦麸

表 1-8 小麦麸样本原样状态及绝干状态下饲料常规成分和钙磷含量 %

序号	原料名称	采样地点	原样状态								绝干状态						
			干物质 DM	粗蛋白质 CP	粗脂肪 EE	粗纤维 CF	粗灰分 Ash	无氮浸出物 NFE	钙 Ca	磷 P	粗蛋白质 CP	粗脂肪 EE	粗纤维 CF	粗灰分 Ash	无氮浸出物 NFE	钙 Ca	磷 P
1	小麦麸	安徽省亳州市	87.8	13.58	0.65	21.88	7.69	44.02	0.175	0.675	15.46	0.74	24.91	8.76	50.13	0.199	0.768
2	小麦麸	安徽省亳州市	89.5	12.97	1.86	21.69	8.06	44.95	0.159	1.305	14.49	2.08	24.23	9	50.21	0.178	1.458
3	小麦麸	安徽省亳州市	90.1	13.01	1.85	21.96	8.11	45.18	0.146	0.943	14.44	2.05	24.37	9	50.13	0.162	1.047
4	小麦麸	安徽省亳州市	88.8	17.41	3.48	9.04	4.82	54.09	0.145	1.177	19.6	3.92	10.18	5.43	60.88	0.163	1.325
5	小麦麸	安徽省亳州市	89.3	17.42	3.12	9.35	4.91	54.5	0.137	1.17	19.51	3.49	10.47	5.5	61.03	0.153	1.311
6	小麦麸	安徽省阜阳市	88.6	17.34	2.65	7.1	4.02	57.48	0.111	1.054	19.57	2.99	8.01	4.54	64.88	0.125	1.19
7	小麦麸	安徽省阜阳市颍上县	87.3	15.58	1.34	14.95	4.77	50.67	0.115	0.897	17.85	1.53	17.12	5.46	58.04	0.132	1.027
8	小麦麸	安徽省合肥市肥东县	89	16.67	2.32	8.37	6.79	54.8	0.212	0.94	18.74	2.61	9.41	7.63	61.61	0.238	1.057
9	小麦麸	安徽省六安市霍邱县	89.8	18.38	2.83	10.4	5.47	52.69	0.09	1.124	20.48	3.15	11.59	6.09	58.7	0.101	1.252
10	小麦麸	北京市顺义区	90.9	16	2.7	12.7	4.86	54.64	0.159	1.12	17.6	2.97	13.97	5.35	60.11	0.175	1.232
11	小麦麸	北京市顺义区	90.9	15.88	2.7	12.7	4.8	54.82	0.132	1.416	17.47	2.97	13.97	5.28	60.31	0.145	1.557

续表1-8

序号	原料名称	采样地点	原样状态								绝干状态						
			干物质 DM	粗蛋白质 CP	粗脂肪 EE	粗纤维 CF	粗灰分 Ash	无氮浸出物 NFE	钙 Ca	磷 P	粗蛋白质 CP	粗脂肪 EE	粗纤维 CF	粗灰分 Ash	无氮浸出物 NFE	钙 Ca	磷 P
12	小麦麸	北京市顺义区南彩镇	91.2	18.5	2.6	11	4.53	54.57	0.157	1.13	20.29	2.85	12.06	4.97	59.84	0.172	1.239
13	小麦麸	北京市顺义区赵全营镇	91.6	13.35	2.6	13.2	4.9	57.55	0.138	1.195	14.57	2.84	14.41	5.35	62.83	0.15	1.304
14	小麦麸	福建省泉州市泉港区	88	15.18	2.8	10.23	4.72	55.09	0.111	1.171	17.25	3.18	11.62	5.36	62.59	0.126	1.33
15	小麦麸	福建省厦门市湖里区	87.2	17.16	4.06	7.92	3.88	54.21	0.101	1.009	19.67	4.65	9.08	4.45	62.15	0.116	1.157
16	小麦麸	甘肃省白银市景泰县	84.2	19.44	3.32	7.36	5.85	48.26	0.126	1.19	23.08	3.94	8.74	6.95	57.3	0.149	1.413
17	小麦麸	甘肃省金昌市永昌县	88.4	19.51	3.74	7.46	5.13	52.59	0.113	1.259	22.06	4.23	8.44	5.8	59.47	0.128	1.424
18	小麦麸	甘肃省金昌市永昌县	88.4	18.36	3.96	8.5	7.82	49.74	0.128	1.362	20.77	4.48	9.62	8.85	56.28	0.145	1.541
19	小麦麸	贵州省贵阳市	90.1	18.3	3.1	4.61	4.03	60.1	0.12	1.069	20.3	3.44	5.11	4.47	66.67	0.133	1.186
20	小麦麸	贵州省贵阳市	88.3	17.34	0.64	9.46	5.37	55.5	0.229	1.26	19.64	0.72	10.71	6.08	62.85	0.26	1.427
21	小麦麸	贵州省黔西南布依族苗族自治州兴义市	92.1	17.55	3.47	8.62	6.02	56.47	0.085	0.722	19.05	3.77	9.36	6.53	61.29	0.092	0.784
22	小麦麸	海南省文昌市东阁镇	95.5	17.25	4.03	10.04	5.61	58.56	0.143	1.358	18.06	4.22	10.51	5.87	61.32	0.15	1.422
23	小麦麸	海南省文昌市东阁镇	95.5	12.64	3.75	9.96	5.69	63.41	0.139	1.365	13.24	3.93	10.43	5.96	66.43	0.146	1.43
24	小麦麸	河北省衡水市深州市	87.9	17.27	2.92	12.11	5.77	49.87	0.129	1.289	19.64	3.32	13.77	6.56	56.71	0.147	1.465
25	小麦麸	河北省衡水市深州市	87.3	17.06	3.16	10.15	5.96	50.94	0.146	1.318	19.55	3.62	11.63	6.83	58.37	0.167	1.51
26	小麦麸	河北省衡水市深州市	88.8	17.07	2.98	12.05	6.13	50.52	0.149	1.351	19.23	3.36	13.58	6.91	56.92	0.168	1.522
27	小麦麸	河北省衡水市深州市	87.5	16.34	2.97	11.23	5.97	50.96	0.141	1.254	18.68	3.4	12.84	6.83	58.26	0.162	1.434
28	小麦麸	河北省衡水市深州市	87.8	15.98	2.82	11.15	5.97	51.85	0.14	1.253	18.21	3.21	12.7	6.8	59.07	0.16	1.427
29	小麦麸	河北省秦皇岛市昌黎县	88.5	16.25	2.86	12.05	6.01	51.29	0.144	1.197	18.37	3.23	13.62	6.79	57.98	0.163	1.354
30	小麦麸	河北省秦皇岛市山海关区	88.7	16.19	2.63	10.29	5.55	54.04	0.129	1.017	18.25	2.97	11.6	6.26	60.92	0.146	1.147
31	小麦麸	河北省邢台市	87.9	17.2	3.81	10.49	5.6	50.78	0.118	1.279	19.57	4.34	11.94	6.37	57.78	0.134	1.455

续表1-8

序号	原料名称	采样地点	原样状态								绝干状态						
			干物质 DM	粗蛋白质 CP	粗脂肪 EE	粗纤维 CF	粗灰分 Ash	无氮浸出物 NFE	钙 Ca	磷 P	粗蛋白质 CP	粗脂肪 EE	粗纤维 CF	粗灰分 Ash	无氮浸出物 NFE	钙 Ca	磷 P
32	小麦麸	河北省邢台市	89	19.22	3.81	6.99	3.78	55.21	0.122	1.041	21.59	4.28	7.85	4.25	62.03	0.137	1.169
33	小麦麸	河北省邢台市	90.8	17.53	3.59	10.15	5.46	54.04	0.162	1.421	19.31	3.96	11.18	6.02	59.54	0.179	1.566
34	小麦麸	河北省邢台市南和区	88.8	17.35	2.94	11.75	5.72	51.03	0.135	1.201	19.54	3.31	13.23	6.44	57.47	0.152	1.353
35	小麦麸	河北省邢台市南和区	88.7	16.25	2.79	11.94	5.76	51.94	0.13	1.178	18.32	3.15	13.46	6.5	58.57	0.146	1.329
36	小麦麸	河南省鹤壁市	88.7	15.9	2.4	9.6	5.6	55.2	0.16	1.091	17.93	2.71	10.82	6.31	62.23	0.18	1.23
37	小麦麸	河南省鹤壁市	88.6	15.8	2.3	9.5	5.7	55.3	0.221	1.21	17.83	2.6	10.72	6.43	62.42	0.249	1.366
38	小麦麸	河南省鹤壁市	89	15.6	3.2	9.8	5.8	54.6	0.206	1.199	17.53	3.6	11.01	6.52	61.35	0.231	1.347
39	小麦麸	河南省鹤壁市	87.2	17.96	2.46	7.57	4.43	54.75	0.161	1.125	20.61	2.82	8.69	5.08	62.82	0.185	1.291
40	小麦麸	河南省鹤壁市	87.8	17.87	1.99	7.21	4.66	56.03	0.231	1.137	20.36	2.27	8.21	5.31	63.84	0.264	1.296
41	小麦麸	河南省鹤壁市	91.2	18.08	2.04	8.22	4.41	58.41	0.17	1.092	19.83	2.24	9.02	4.84	64.07	0.186	1.198
42	小麦麸	河南省鹤壁市	88.8	17.51	2.47	7.47	4.35	56.97	0.168	1.091	19.72	2.78	8.41	4.9	64.17	0.19	1.229
43	小麦麸	河南省开封市	89.4	17.8	2	8.9	5	55.7	0.122	1.015	19.91	2.24	9.96	5.59	62.3	0.136	1.136
44	小麦麸	河南省开封市	90	16.8	3.1	9.9	5.7	54.5	0.129	1.132	18.67	3.44	11	6.33	60.56	0.143	1.258
45	小麦麸	河南省开封市	90	16.8	3.1	9.6	5.6	54.9	0.133	1.386	18.67	3.44	10.67	6.22	61	0.148	1.54
46	小麦麸	河南省三门峡市	90.2	19.5	2.4	8.2	5	55.1	0.12	1.196	21.62	2.66	9.09	5.54	61.09	0.133	1.326
47	小麦麸	河南省新乡市	90.3	17.2	3.2	8.4	4.8	56.7	0.137	1.058	19.05	3.54	9.3	5.32	62.79	0.152	1.172
48	小麦麸	河南省许昌市	89.4	18.19	3.13	8.25	4.28	55.54	0.158	1.112	20.35	3.5	9.23	4.79	62.13	0.176	1.244
49	小麦麸	河南省许昌市	89	18.09	3.45	8.3	4.39	54.78	0.14	1.032	20.32	3.88	9.32	4.93	61.54	0.158	1.16
50	小麦麸	河南省许昌市建安区	89.4	18.02	2.46	8.71	4.38	55.83	0.161	1.112	20.16	2.75	9.74	4.9	62.45	0.18	1.244
51	小麦麸	河南省许昌市建安区	89.6	17.75	2.58	8.7	4.45	56.1	0.16	1.132	19.81	2.88	9.71	4.97	62.63	0.179	1.264
52	小麦麸	河南省郑州市	89.8	16.9	1.9	7.3	4.8	58.9	0.293	1.183	18.82	2.12	8.13	5.35	65.59	0.327	1.318

续表1-8

序号	原料名称	采样地点	原样状态								绝干状态						
			干物质 DM	粗蛋白质 CP	粗脂肪 EE	粗纤维 CF	粗灰分 Ash	无氮浸出物 NFE	钙 Ca	磷 P	粗蛋白质 CP	粗脂肪 EE	粗纤维 CF	粗灰分 Ash	无氮浸出物 NFE	钙 Ca	磷 P
53	小麦麸	河南省郑州市荥阳市	90.5	19.48	2.47	10.69	5.56	52.28	0.12	1.361	21.53	2.73	11.82	6.15	57.79	0.133	1.504
54	小麦麸	河南省周口市	92.1	17.71	2.62	10.86	5.83	55.1	0.115	1.482	19.22	2.84	11.79	6.33	59.81	0.125	1.609
55	小麦麸	河南省周口市	88.6	16.11	3.64	11.16	5.96	51.69	0.139	1.418	18.19	4.11	12.6	6.73	58.36	0.157	1.601
56	小麦麸	黑龙江省七台河市	88.7	17.2	3.03	5.89	5.7	56.88	0.132	1.525	19.39	3.42	6.64	6.43	64.13	0.149	1.72
57	小麦麸	黑龙江省七台河市	88.7	17.2	1.58	2.66	5.7	61.56	0.125	1.53	19.39	1.78	3	6.43	69.4	0.141	1.725
58	小麦麸	湖北省荆州市公安县	87.3	17.35	4.11	7.37	5.85	52.65	0.168	1.397	19.87	4.71	8.44	6.7	60.29	0.192	1.6
59	小麦麸	湖北省武汉市	86.3	16.45	4.16	8.12	4.61	52.91	0.096	1.096	19.07	4.82	9.41	5.34	61.34	0.112	1.271
60	小麦麸	湖北省宜昌市宜都市	85.6	15.86	4.06	6.48	4.86	54.31	0.114	1.188	18.53	4.74	7.57	5.68	63.47	0.134	1.389
61	小麦麸	湖北省枣阳市	87.8	16.22	4.19	6.18	5.68	55.52	0.128	1.295	18.48	4.77	7.04	6.47	63.24	0.145	1.475
62	小麦麸	江苏省徐州市	86.3	19.16	0.59	7.01	5.16	54.39	0.104	0.986	22.2	0.68	8.12	5.98	63.02	0.12	1.142
63	小麦麸	江苏省徐州市	86.2	19.47	0.87	6.91	6.34	52.57	0.131	0.978	22.6	1.01	8.02	7.36	61.01	0.152	1.135
64	小麦麸	江苏省徐州市	86.1	18.76	1.22	6.84	6.26	53.02	0.144	1.149	21.79	1.42	7.94	7.27	61.58	0.167	1.335
65	小麦麸	江苏省徐州市	86.2	17.42	0.64	6.94	4.56	56.69	0.108	1.002	20.2	0.74	8.05	5.29	65.74	0.125	1.162
66	小麦麸	江苏省徐州市	86.3	16.55	0.69	7.19	4.4	57.42	0.12	1.025	19.19	0.8	8.34	5.1	66.57	0.139	1.189
67	小麦麸	江西省上饶市	88.5	16.58	2.66	10.1	5.04	54.13	0.143	1.325	18.73	3.01	11.41	5.69	61.16	0.162	1.497
68	小麦麸	江西省上饶市	88.7	16.51	2.64	10.01	5.1	54.45	0.154	1.296	18.61	2.98	11.28	5.75	61.37	0.174	1.461
69	小麦麸	内蒙古自治区巴彦淖尔市临河区	90.1	22.7	4.76	7.36	5.4	49.91	0.103	1.26	25.19	5.28	8.17	5.99	55.38	0.114	1.398
70	小麦麸	内蒙古自治区包头市	89.9	16.01	3.49	8.7	4.6	57.05	0.137	1.209	17.82	3.88	9.68	5.12	63.49	0.152	1.346
71	小麦麸	内蒙古自治区呼伦贝尔市	89.8	15.89	3.5	9.03	4.72	56.69	0.147	1.371	17.69	3.9	10.05	5.25	63.11	0.164	1.526
72	小麦麸	宁夏回族自治区吴忠市	90.7	18.46	2.6	9.59	5.6	54.41	0.145	1.374	20.36	2.87	10.58	6.18	60.02	0.16	1.516

续表1-8

序号	原料名称	采样地点	原样状态								绝干状态						
			干物质 DM	粗蛋白质 CP	粗脂肪 EE	粗纤维 CF	粗灰分 Ash	无氮浸出物 NFE	钙 Ca	磷 P	粗蛋白质 CP	粗脂肪 EE	粗纤维 CF	粗灰分 Ash	无氮浸出物 NFE	钙 Ca	磷 P
73	小麦麸	宁夏回族自治区吴忠市	90.8	18.11	4.38	10.62	5.35	52.37	0.156	1.286	19.94	4.82	11.69	5.89	57.66	0.171	1.416
74	小麦麸	宁夏回族自治区银川市	90.8	17.7	2.89	10.93	5.42	53.9	0.116	1.105	19.48	3.18	12.03	5.97	59.34	0.128	1.216
75	小麦麸	青海省海东市	89.3	18.36	3.96	5.67	7.82	53.5	0.126	0.983	20.56	4.43	6.35	8.76	59.9	0.141	1.1
76	小麦麸	青海省海东市	89.9	15.98	2.78	6.72	4	60.38	0.063	0.894	17.78	3.09	7.48	4.45	67.19	0.07	0.995
77	小麦麸	青海省海东市	89.1	15.77	1.89	6.96	2.75	61.75	0.093	0.84	17.7	2.12	7.81	3.09	69.29	0.104	0.942
78	小麦麸	山东省滨州市邹平市	90.7	17.39	3.06	7.29	5.68	57.26	0.165	1.321	19.18	3.37	8.04	6.26	63.15	0.182	1.457
79	小麦麸	山东省潍坊市	89.8	16.99	3.03	7.14	6.56	56.05	0.176	1.479	18.93	3.38	7.95	7.31	62.44	0.196	1.648
80	小麦麸	山东省泰安市新泰市	90.1	17.27	2.69	8.99	5.39	55.78	0.206	1.336	19.16	2.98	9.98	5.98	61.9	0.229	1.483
81	小麦麸	山东省枣庄市	91.1	18.35	3.16	9.59	5.14	54.9	0.16	1.348	20.13	3.47	10.52	5.64	60.24	0.175	1.48
82	小麦麸	山东省济南市章丘区	89	17.41	3.07	6.47	5.58	56.48	0.235	1.297	19.56	3.45	7.27	6.27	63.45	0.264	1.457
83	小麦麸	山西省晋中市	91.3	17.63	1.7	10.2	3.83	57.94			19.31	1.86	11.17	4.19	63.46	0	0
84	小麦麸	山西省晋中市	91.4	20.67	2.4	10.1	4.9	53.33	0.135	1.291	22.61	2.63	11.05	5.36	58.35	0.148	1.413
85	小麦麸	山西省临汾市	91.4	18.93	1.7	10	4.58	56.19	0.135	0.939	20.71	1.86	10.94	5.01	61.48	0.147	1.027
86	小麦麸	山西省临汾市	91.2	16.33	1.7	10.4	3.08	59.69	0.129	1.335	17.91	1.86	11.4	3.38	65.45	0.141	1.464
87	小麦麸	陕西省西安市	93.6	17.66	2.51	4.74	4.65	64.05	0.131	1.017	18.87	2.68	5.06	4.97	68.42	0.14	1.086
88	小麦麸	陕西省西安市	93.5	17.36	2.17	6.54	6.11	61.3	0.122	0.955	18.57	2.32	7	6.54	65.58	0.131	1.021
89	小麦麸	陕西省西安市	93.6	17.14	1.75	4.91	7.74	62.09	0.188	0.824	18.31	1.87	5.24	8.27	66.31	0.201	0.88
90	小麦麸	陕西省咸阳市	93.9	18.34	2.69	6.19	4.98	61.72	0.12	1.161	19.53	2.86	6.59	5.3	65.72	0.128	1.237
91	小麦麸	陕西省咸阳市	93.9	17.9	2.67	4.99	5.33	63.04	0.134	0.856	19.06	2.84	5.31	5.67	67.11	0.143	0.912
92	小麦麸	陕西省咸阳市杨陵区	93.7	17.64	1.72	6.71	5.14	62.5	0.156	1.118	18.82	1.84	7.16	5.49	66.7	0.167	1.193
93	小麦麸	上海市闵行区	86.1	18.29	0.84	6.64	4.2	56.11	0.108	1.021	21.25	0.98	7.71	4.88	65.18	0.125	1.186

续表1-8

序号	原料名称	采样地点	原样状态								绝干状态						
			干物质 DM	粗蛋白质 CP	粗脂肪 EE	粗纤维 CF	粗灰分 Ash	无氮浸出物 NFE	钙 Ca	磷 P	粗蛋白质 CP	粗脂肪 EE	粗纤维 CF	粗灰分 Ash	无氮浸出物 NFE	钙 Ca	磷 P
94	小麦麸	上海市闵行市	86.2	20.99	0.95	6.61	4.17	53.48	0.112	1.013	24.35	1.1	7.67	4.84	62.04	0.13	1.175
95	小麦麸	四川省成都市	95.6	18.04	4.07	9.35	5.31	58.79	0.15	1.394	18.88	4.26	9.79	5.56	61.53	0.157	1.459
96	小麦麸	四川省成都市	95.3	17.03	3.8	11.09	5.83	57.54	0.153	1.208	17.87	3.99	11.64	6.12	60.38	0.161	1.267
97	小麦麸	四川省成都市	95.7	17.03	3.55	11.58	5.86	57.73	0.04	0.167	17.79	3.71	12.1	6.12	60.3	0.041	0.174
98	小麦麸	四川省成都市	95.2	16.54	3.31	10.73	6.01	58.59	0.134	1.345	17.38	3.48	11.27	6.32	61.56	0.141	1.413
99	小麦麸	四川省成都市简阳市	95.9	18	2.56	8.47	4.39	62.52	0.099	0.992	18.76	2.67	8.83	4.58	65.17	0.103	1.034
100	小麦麸	四川省成都市简阳市	96.4	18.05	2.9	7.3	4.33	63.81	0.097	0.959	18.72	3.01	7.57	4.49	66.19	0.1	0.994
101	小麦麸	四川省成都市新津区	94.6	16.99	3.41	9.82	4.93	59.47	0.124	1.055	17.96	3.6	10.38	5.21	62.85	0.131	1.115
102	小麦麸	四川省绵阳市游仙区	95.6	12.71	3.48	6.76	4.31	68.36	0.125	1.01	13.29	3.64	7.07	4.51	71.49	0.131	1.057
103	小麦麸	四川省绵阳市游仙区	95.1	12.45	2.87	10.26	5.37	64.14	0.158	1.182	13.09	3.02	10.79	5.65	67.45	0.166	1.243
104	小麦麸	西藏自治区林芝市	95.6	12.87	3.03	5.09	3.2	71.4	0.085	0.79	13.46	3.17	5.32	3.35	74.69	0.089	0.826
105	小麦麸	西藏自治区林芝市	94.9	12.77	3.29	5.52	3.3	70.05	0.148	1.262	13.45	3.47	5.81	3.48	73.79	0.156	1.33
106	小麦麸	西藏自治区林芝市	95.4	11.41	2.95	6.72	3.34	70.96	0.061	0.898	11.96	3.09	7.05	3.5	74.4	0.064	0.942
107	小麦麸	云南省昆明市五华区	96.4	18.48	3.1	5.88	3.92	64.98	0.19	1.127	19.18	3.22	6.1	4.07	67.44	0.197	1.17
108	小麦麸	云南省昆明市五华区	95.9	14.12	3.22	5.93	3.81	68.82	0.117	1.113	14.73	3.36	6.18	3.97	71.77	0.122	1.161
109	小麦麸	云南省玉溪市峨山彝族自治县	95.1	15.82	2.65	11.97	6.35	58.31	0.191	1.524	16.64	2.79	12.59	6.68	61.32	0.2	1.603
110	小麦麸	浙江省杭州市	90.7	10.72	1.83	9.87	15.3	52.96	1.461	0.562	11.82	2.02	10.88	16.87	58.4	1.611	0.62
111	小麦麸	浙江省杭州市	92.6	10.53	1.33	12.89	17.06	50.82	1.323	0.503	11.37	1.44	13.92	18.42	54.86	1.428	0.543
112	小麦麸	浙江省杭州市	91.1	10.3	1.64	10.91	16.72	51.53	1.315	0.581	11.31	1.8	11.98	18.35	56.56	1.443	0.638
113	小麦麸	浙江省杭州市	90.8	9.74	0.84	12.55	21.85	45.8	1.464	0.518	10.73	0.93	13.82	24.07	50.45	1.613	0.57

续表1-8

序号	原料名称	采样地点	原样状态								绝干状态						
			干物质 DM	粗蛋白质 CP	粗脂肪 EE	粗纤维 CF	粗灰分 Ash	无氮浸出物 NFE	钙 Ca	磷 P	粗蛋白质 CP	粗脂肪 EE	粗纤维 CF	粗灰分 Ash	无氮浸出物 NFE	钙 Ca	磷 P
114	小麦麸	浙江省金华市	90.8	10.74	2.03	10.13	17.18	50.7	1.461	0.577	11.83	2.24	11.16	18.92	55.85	1.609	0.636
115	小麦麸	浙江省绍兴市上虞区	90.7	10.28	1.95	9.96	16.89	51.66	1.709	0.461	11.33	2.15	10.98	18.61	56.93	1.883	0.509
116	小麦麸	重庆市巴南区	86.9	17.81	3.58	6.43	4.3	54.79	0.115	1.107	20.49	4.12	7.4	4.95	63.04	0.132	1.273
117	小麦麸	重庆市巴南区	87.2	17.2	2.45	9.83	5.29	52.42	0.126	1.278	19.73	2.81	11.27	6.07	60.12	0.145	1.466

八、次粉

表 1-9　次粉样本原样状态及绝干状态下饲料常规成分和钙磷含量　　%

序号	原料名称	采样地点	原样状态								绝干状态						
			干物质 DM	粗蛋白质 CP	粗脂肪 EE	粗纤维 CF	粗灰分 Ash	无氮浸出物 NFE	钙 Ca	磷 P	粗蛋白质 CP	粗脂肪 EE	粗纤维 CF	粗灰分 Ash	无氮浸出物 NFE	钙 Ca	磷 P
1	次粉	安徽省宿州市	85.1	14.48	1.91	0.88	0.84	66.95	0.056	0.415	17.02	2.25	1.03	0.99	78.71	0.066	0.488
2	次粉	北京市顺义区	90.7	15.54	3.1	3.2	2.75	66.11	0.108	0.568	17.13	3.42	3.53	3.03	72.89	0.119	0.626
3	次粉	北京市顺义区	90.8	15.46	3.1	4	2.78	65.46	0.095	0.667	17.03	3.41	4.41	3.06	72.09	0.105	0.734
4	次粉	福建省漳州市芗城区	87.6	16.67	3.61	3.89	2.86	60.53	0.078	0.783	19.04	4.12	4.44	3.27	69.13	0.089	0.894
5	次粉	甘肃省白银市景泰县	87.6	15.19	1.97	2.68	1.94	65.79	0.071	0.629	17.35	2.25	3.06	2.22	75.13	0.082	0.718
6	次粉	甘肃省金昌市永昌县	87.2	16.16	2.02	1.49	2.11	65.44	0.069	0.688	18.53	2.32	1.71	2.42	75.03	0.079	0.789
7	次粉	甘肃省金昌市永昌县	86.5	15.93	2.88	1.32	1.85	64.54	0.054	0.512	18.41	3.33	1.53	2.14	74.6	0.062	0.591
8	次粉	贵州省贵阳市	89.9	16.26	2.3	2.87	2.91	65.51	0.066	0.434	18.1	2.56	3.19	3.24	72.91	0.073	0.484
9	次粉	河北省衡水市深州市	87.3	16.6	3.64	4.11	2.79	60.2	0.061	0.784	19.01	4.17	4.71	3.19	68.93	0.07	0.897
10	次粉	河北省邢台市	88	16.66	2.9	4.34	2.84	61.23	0.086	0.904	18.94	3.3	4.93	3.23	69.6	0.098	1.028

续表1-9

序号	原料名称	采样地点	原样状态								绝干状态						
			干物质 DM	粗蛋白质 CP	粗脂肪 EE	粗纤维 CF	粗灰分 Ash	无氮浸出物 NFE	钙 Ca	磷 P	粗蛋白质 CP	粗脂肪 EE	粗纤维 CF	粗灰分 Ash	无氮浸出物 NFE	钙 Ca	磷 P
11	次粉	河北省邢台市	88.7	15.86	2.25	2.65	2.54	65.4	0.09	0.696	17.88	2.54	2.99	2.86	73.73	0.101	0.785
12	次粉	河北省邢台市南和区	88.7	17.46	3.78	7.27	3.93	56.26	0.092	0.781	19.68	4.26	8.2	4.43	63.43	0.104	0.881
13	次粉	河北省邢台市南和区	88.7	17.07	3.71	4.43	2.95	60.5	0.083	0.804	19.25	4.18	5	3.33	68.24	0.093	0.907
14	次粉	河南省鹤壁市	88.2	14.2	2.29	2.46	2.13	67.15	0.11	0.588	16.09	2.6	2.79	2.41	76.11	0.125	0.666
15	次粉	河南省南阳市	89.4	17.2	3	3.8	3.1	62.3	0.089	0.794	19.24	3.36	4.25	3.47	69.69	0.099	0.888
16	次粉	河南省新乡市	88.5	18.2	3.5	3.8	3.2	59.8	0.088	0.748	20.56	3.95	4.29	3.62	67.57	0.099	0.845
17	次粉	河南省许昌市	88.9	18.21	3.83	5.6	3.32	57.91	0.092	0.766	20.49	4.31	6.3	3.74	65.16	0.104	0.862
18	次粉	河南省郑州市荥阳市	89.5	15.61	2.98	3.41	2.28	65.17	0.081	0.675	17.45	3.33	3.81	2.55	72.86	0.091	0.755
19	次粉	河南省周口市	89.3	16.53	2.55	3.92	2.88	63.44	0.067	0.605	18.51	2.85	4.39	3.22	71.03	0.075	0.677
20	次粉	黑龙江省七台河市勃利县	89.7	17.7	3.04	4.04	3.2	61.72	0.072	0.834	19.73	3.39	4.5	3.57	68.81	0.081	0.93
21	次粉	黑龙江省双鸭山市	89.7	17.5	0.38	1.39	3.3	67.13	0.076	0.861	19.51	0.42	1.55	3.68	74.84	0.085	0.96
22	次粉	黑龙江省七台河市	89.7	17.6	0.65	12.18	3.2	56.07	0.054	0.52	19.62	0.72	13.58	3.57	62.51	0.061	0.58
23	次粉	湖北省武汉市	88.1	17.53	2.25	3.77	2.93	61.6	0.077	0.756	19.9	2.55	4.28	3.33	69.93	0.087	0.858
24	次粉	湖北省武汉市	88.7	17.12	2.35	2.51	2.7	63.98	0.067	0.535	19.31	2.65	2.83	3.05	72.17	0.076	0.603
25	次粉	湖北省襄阳市宜城市	89.9	17.2	2.25	2.46	2.85	65.16	0.078	0.713	19.13	2.5	2.74	3.17	72.46	0.086	0.793
26	次粉	江苏省徐州市	86.7	16.1	0.68	4.07	2.46	63.38	0.057	0.449	18.57	0.78	4.69	2.84	73.11	0.066	0.518
27	次粉	江苏省徐州市	86.7	15.71	0.66	4.08	2.48	63.74	0.071	0.616	18.13	0.76	4.71	2.86	73.54	0.082	0.711
28	次粉	江西省上饶市	86.7	11.63	1.54	0.2	0.78	72.59	0.054	0.372	13.41	1.78	0.23	0.9	83.69	0.063	0.429
29	次粉	内蒙古自治区巴彦淖尔市临河区	88.9	16.45	3.34	4.92	3.02	61.14	0.153	0.512	18.51	3.76	5.54	3.4	68.8	0.172	0.577

续表1-9

序号	原料名称	采样地点	原样状态								绝干状态						
			干物质 DM	粗蛋白质 CP	粗脂肪 EE	粗纤维 CF	粗灰分 Ash	无氮浸出物 NFE	钙 Ca	磷 P	粗蛋白质 CP	粗脂肪 EE	粗纤维 CF	粗灰分 Ash	无氮浸出物 NFE	钙 Ca	磷 P
30	次粉	内蒙古自治区呼和浩特市	89.6	14.51	2.23	0.71	1.07	71.07	0.06	0.505	16.2	2.49	0.79	1.19	79.33	0.066	0.564
31	次粉	内蒙古自治区呼伦贝尔市	89.1	14.56	2.1	0.81	1.07	70.56	0.02	0.082	16.34	2.36	0.91	1.2	79.19	0.023	0.092
32	次粉	内蒙古自治区通辽市	89.1	14.46	2.27	0.91	1.03	70.46	0.066	0.594	16.22	2.55	1.02	1.16	79.05	0.074	0.667
33	次粉	宁夏回族自治区吴忠市	90.5	12.92	1.55	2.24	1.18	72.6	0.043	0.282	14.28	1.71	2.48	1.3	80.24	0.047	0.312
34	次粉	宁夏回族自治区吴忠市	90.2	12.8	1.96	2.68	1.05	71.74	0.068	0.545	14.19	2.17	2.97	1.16	79.51	0.075	0.604
35	次粉	宁夏回族自治区银川市	90.5	18.31	4.38	4.83	3.18	59.76	0.071	0.637	20.24	4.84	5.34	3.52	66.06	0.079	0.704
36	次粉	青海省海东市	89.3	14.87	0.96	1.31	0.98	71.22	0.079	0.148	16.64	1.07	1.47	1.1	79.72	0.088	0.165
37	次粉	青海省海东市	89.2	14.65	0.47	1.03	1.28	71.78	0.063	0.117	16.42	0.53	1.15	1.43	80.46	0.071	0.131
38	次粉	青海省海东市	88.8	13.05	1.2	1.01	0.77	72.74	0.079	0.406	14.7	1.35	1.14	0.87	81.94	0.089	0.458
39	次粉	山东省青岛市胶州市	89.6	17.47	3.87	2.57	3.68	62.03	0.065	0.612	19.49	4.32	2.87	4.11	69.21	0.073	0.683
40	次粉	山东省青岛市	90.7	16.66	4.04	4.57	3.02	62.36	0.092	0.872	18.38	4.46	5.04	3.33	68.79	0.101	0.962
41	次粉	陕西省咸阳市	90.9	17.19	2.44	3.78	3.01	64.44	0.061	0.473	18.92	2.69	4.16	3.31	70.92	0.067	0.521
42	次粉	陕西省咸阳市杨陵区	90	13.97	1.18	2.67	2.01	70.16	0.073	0.913	15.52	1.31	2.97	2.23	77.96	0.081	1.014
43	次粉	上海市闵行区	86.7	15.05	0.72	4.03	2.51	64.4	0.072	0.632	17.36	0.83	4.65	2.89	74.27	0.083	0.729
44	次粉	四川省成都市	93.8	18.32	3.26	4.91	4.21	63.08	0.092	0.928	19.54	3.48	5.24	4.49	67.26	0.098	0.989
45	次粉	四川省成都市	92.2	17.92	3.31	5.01	4.13	61.81	0.106	1.087	19.44	3.59	5.44	4.48	67.06	0.115	1.179
46	次粉	四川省成都市新津区	96.2	18.66	3.67	5.75	3.77	64.36	0.103	1.362	19.4	3.81	5.98	3.92	66.9	0.107	1.415
47	次粉	四川省绵阳市游仙区	96.1	16.1	2.42	3.07	2.36	72.17	0.08	1.014	16.75	2.52	3.19	2.46	75.09	0.083	1.055
48	次粉	云南省玉溪市通海县	92.5	14.06	1	5.01	3.76	68.71	0.222	0.237	15.19	1.08	5.41	4.06	74.25	0.24	0.256

续表1-9

序号	原料名称	采样地点	原样状态								绝干状态						
			干物质 DM	粗蛋白质 CP	粗脂肪 EE	粗纤维 CF	粗灰分 Ash	无氮浸出物 NFE	钙 Ca	磷 P	粗蛋白质 CP	粗脂肪 EE	粗纤维 CF	粗灰分 Ash	无氮浸出物 NFE	钙 Ca	磷 P
49	次粉	云南省玉溪市通海县	94.3	14.05	0.96	4.91	3.74	70.65	0.174	0.33	14.9	1.02	5.21	3.97	74.91	0.185	0.35
50	次粉	云南省玉溪市通海县	96.1	14.15	1.46	0.33	3.69	76.48	0.229	0.24	14.72	1.52	0.34	3.84	79.58	0.238	0.249
51	次粉	重庆市巴南区	88.7	15.34	2.88	4.48	2.85	63.1	0.056	0.499	17.3	3.25	5.05	3.21	71.18	0.063	0.563

九、玉米蛋白粉

表 1-10 玉米蛋白粉样本原样状态及绝干状态下饲料常规成分和钙磷含量

%

序号	原料名称	采样地点	原样状态								绝干状态						
			干物质 DM	粗蛋白质 CP	粗脂肪 EE	粗纤维 CF	粗灰分 Ash	无氮浸出物 NFE	钙 Ca	磷 P	粗蛋白质 CP	粗脂肪 EE	粗纤维 CF	粗灰分 Ash	无氮浸出物 NFE	钙 Ca	磷 P
1	玉米蛋白粉	安徽省合肥市	92.1	60.57	0.49	1.98	1.91	27.1	0.106	0.424	65.79	0.53	2.15	2.07	29.44	0.116	0.46
2	玉米蛋白粉	安徽省合肥市肥东县	92	62.28	1.04	2.07	1.34	25.23	0.018	0.453	67.72	1.13	2.25	1.46	27.43	0.02	0.493
3	玉米蛋白粉	福建省漳州市龙海区	89	57.93	1.18	0.81	2.31	26.76	0.01	0.409	65.09	1.33	0.91	2.6	30.07	0.011	0.459
4	玉米蛋白粉	福建省漳州市龙海区	89.4	57.6	1.18	1.36	2.21	27.1	0.01	0.403	64.4	1.32	1.52	2.47	30.3	0.011	0.451
5	玉米蛋白粉	甘肃省定西市安定区	96.3	58.57	1.69	1.71	1.12	33.22	0.107	0.207	60.81	1.75	1.78	1.16	34.49	0.111	0.215
6	玉米蛋白粉	甘肃省定西市安定区	95.7	51.55	0.82	1.86	1.12	40.36	0.089	0.187	53.86	0.86	1.94	1.17	42.17	0.093	0.195
7	玉米蛋白粉	甘肃省张掖市甘州区	92.4	57.43	1.78	1.68	2.17	29.31	0.023	0.473	62.17	1.93	1.82	2.35	31.73	0.025	0.512
8	玉米蛋白粉	广东省广州市	91.7	64.26	0.91	1.44	1.5	23.55	0.007	0.569	70.11	0.99	1.57	1.64	25.69	0.008	0.621
9	玉米蛋白粉	广东省广州市	91.3	58.8	0.5	1.6	1.2	29.2	0.008	0.432	64.4	0.55	1.75	1.31	31.98	0.009	0.473
10	玉米蛋白粉	广东省广州市	93.3	58.7	0.5	2.5	1.8	29.8	0.011	0.469	62.92	0.54	2.68	1.93	31.94	0.012	0.503
11	玉米蛋白粉	贵州省遵义市	92.6	65.89	0.99	0.7	1.58	23.45	0.019	0.464	71.15	1.07	0.76	1.71	25.32	0.021	0.501

续表1-10

序号	原料名称	采样地点	原样状态								绝干状态						
			干物质 DM	粗蛋白质 CP	粗脂肪 EE	粗纤维 CF	粗灰分 Ash	无氮浸出物 NFE	钙 Ca	磷 P	粗蛋白质 CP	粗脂肪 EE	粗纤维 CF	粗灰分 Ash	无氮浸出物 NFE	钙 Ca	磷 P
12	玉米蛋白粉	贵州省遵义市	92.9	62.38	0.69	1.14	1.24	27.46	0.007	0.593	67.14	0.74	1.23	1.33	29.56	0.007	0.638
13	玉米蛋白粉	贵州省遵义市	92.5	59.6	0.67	1	1.32	29.87	0.015	0.566	64.46	0.72	1.08	1.43	32.31	0.016	0.612
14	玉米蛋白粉	河北省廊坊市	94.2	61.96	1.88	2.04	2.52	25.78	0.016	0.554	65.79	2	2.17	2.68	27.37	0.017	0.588
15	玉米蛋白粉	河北省邢台市南和区	91.5	60.21	0.84	1.42	1.89	27.13	0.012	0.673	65.81	0.92	1.55	2.07	29.65	0.013	0.736
16	玉米蛋白粉	河北省邢台市宁晋县	92.7	61.12	1.47	2.82	1.88	25.38	0.015	0.497	65.95	1.59	3.04	2.03	27.39	0.017	0.537
17	玉米蛋白粉	河北省邢台市宁晋县	93	60.9	1.5	2.67	1.46	26.5	0.014	0.488	65.46	1.61	2.87	1.57	28.49	0.015	0.524
18	玉米蛋白粉	河北省邢台市宁晋县	91.7	59.69	1.65	2.68	1.33	26.33	0.016	0.484	65.11	1.8	2.92	1.45	28.72	0.018	0.528
19	玉米蛋白粉	河南省安阳市	93	60.8	1	0.8	2.6	27.8	0.152	0.556	65.38	1.08	0.86	2.8	29.89	0.163	0.597
20	玉米蛋白粉	河南省焦作市孟州市	91.1	68.6	3.99	1.97	3.2	13.35	0.092	0.406	75.29	4.38	2.16	3.51	14.65	0.101	0.446
21	玉米蛋白粉	河南省濮阳市	92.4	62.1	1.4	0.8	1.4	26.7	0.014	0.5	67.21	1.52	0.87	1.52	28.9	0.015	0.541
22	玉米蛋白粉	河南省郑州市	92.9	64.8	1.2	0.7	1.4	24.8	0.008	0.568	69.75	1.29	0.75	1.51	26.7	0.009	0.612
23	玉米蛋白粉	河南省郑州市	93.8	64	3.3	0.8	1.3	24.4	0.007	0.545	68.23	3.52	0.85	1.39	26.01	0.008	0.581
24	玉米蛋白粉	河南省郑州市	93.7	63.8	3.3	0.8	1.2	24.6	0.015	0.49	68.09	3.52	0.85	1.28	26.25	0.016	0.522
25	玉米蛋白粉	河南省郑州市	93.8	63.8	3.3	1.2	1.2	24.3	0.005	0.505	68.02	3.52	1.28	1.28	25.91	0.005	0.538
26	玉米蛋白粉	河南省郑州市	92.2	61.9	1.6	0.2	1.3	27.2	0.008	0.561	67.14	1.74	0.22	1.41	29.5	0.009	0.609
27	玉米蛋白粉	河南省郑州市	92.4	61.8	1.3	0.9	1.3	27.1	0.013	0.487	66.88	1.41	0.97	1.41	29.33	0.014	0.527
28	玉米蛋白粉	河南省郑州市	93.6	62.4	2.2	0.8	2	26.2	0.032	0.539	66.67	2.35	0.85	2.14	27.99	0.034	0.576
29	玉米蛋白粉	河南省郑州市	93.6	62.3	2.8	0.6	1.8	26.1	0.032	0.548	66.56	2.99	0.64	1.92	27.88	0.034	0.586
30	玉米蛋白粉	河南省郑州市	92.6	59	1	0.6	1.1	30.9	0.012	0.579	63.71	1.08	0.65	1.19	33.37	0.013	0.625
31	玉米蛋白粉	黑龙江省	92.4	61.1	3.03	2.68	1.1	24.5	0.004	0.448	66.13	3.28	2.9	1.19	26.52	0.005	0.485
32	玉米蛋白粉	黑龙江省	92.4	59.8	3.06	4.08	1.2	24.26	0.003	0.529	64.72	3.31	4.42	1.3	26.26	0.004	0.573

续表1-10

序号	原料名称	采样地点	原样状态								绝干状态						
			干物质 DM	粗蛋白质 CP	粗脂肪 EE	粗纤维 CF	粗灰分 Ash	无氮浸出物 NFE	钙 Ca	磷 P	粗蛋白质 CP	粗脂肪 EE	粗纤维 CF	粗灰分 Ash	无氮浸出物 NFE	钙 Ca	磷 P
33	玉米蛋白粉	黑龙江省大庆市	92.2	60	2.9	2.87	1.1	25.34	0.005	0.541	65.08	3.15	3.11	1.19	27.48	0.006	0.587
34	玉米蛋白粉	黑龙江省大庆市	92	58.6	2.91	2.84	1.1	26.55	0.004	0.526	63.7	3.16	3.09	1.2	28.86	0.005	0.572
35	玉米蛋白粉	黑龙江省大庆市	92.4	58.4	1.36	5.08	1.1	26.46	0.004	0.436	63.2	1.47	5.5	1.19	28.64	0.004	0.472
36	玉米蛋白粉	黑龙江省肇东市	92.4	61.1	1.31	5.07	1.1	23.82	0.059	0.342	66.13	1.42	5.49	1.19	25.78	0.064	0.37
37	玉米蛋白粉	黑龙江省肇东市	92.4	61.1	0.96	4.08	1.1	25.16	0.004	0.527	66.13	1.04	4.42	1.19	27.23	0.005	0.57
38	玉米蛋白粉	湖南省株洲市芦淞区	88.9	62.56	6.93	1.65	1.37	16.38	0.006	0.501	70.37	7.8	1.86	1.54	18.43	0.006	0.563
39	玉米蛋白粉	湖南省株洲市芦淞区	89.6	63.01	7.5	1.56	1.94	15.64	0.017	0.885	70.29	8.37	1.74	2.16	17.45	0.019	0.988
40	玉米蛋白粉	湖南省株洲市芦淞区	90.5	54.55	7.4	1.67	2.03	24.83	0.006	0.501	60.29	8.18	1.85	2.24	27.44	0.007	0.554
41	玉米蛋白粉	吉林省公主岭市	92.4	60.56	1	1.01	1.34	28.45	0.023	0.573	65.57	1.08	1.09	1.45	30.8	0.025	0.62
42	玉米蛋白粉	吉林省公主岭市	93.7	58.43	1.58	1.77	1.8	30.07	0.022	0.442	62.39	1.69	1.89	1.92	32.11	0.024	0.472
43	玉米蛋白粉	吉林省四平市	93.9	70.47	1.46	1	1.84	19.17	0.005	0.496	75.02	1.55	1.06	1.96	20.41	0.005	0.528
44	玉米蛋白粉	吉林省四平市	93.9	70.15	1.46	1.06	1.8	19.44	0.005	0.497	74.7	1.55	1.13	1.92	20.7	0.005	0.53
45	玉米蛋白粉	吉林省松原市	92.6	59.88	0.73	1.18	1.45	29.32	0.018	0.55	64.69	0.79	1.27	1.57	31.68	0.02	0.594
46	玉米蛋白粉	吉林省长春市	93.2	63.19	2.78	0.95	1.66	24.63	0.008	0.515	67.79	2.98	1.02	1.78	26.42	0.008	0.552
47	玉米蛋白粉	吉林省长春市	92.8	60.89	1.62	0.99	1.31	27.99	0.02	0.579	65.61	1.75	1.07	1.41	30.16	0.021	0.624
48	玉米蛋白粉	吉林省长春市	92.8	59.27	0.96	1.14	1.3	30.14	0.02	0.578	63.86	1.03	1.23	1.4	32.47	0.021	0.623
49	玉米蛋白粉	吉林省长春市	92.4	58.92	0.96	0.42	1.77	30.34	0.006	0.578	63.76	1.04	0.45	1.92	32.83	0.007	0.626
50	玉米蛋白粉	吉林省长春市	92.6	58.42	0.84	1.31	1.62	30.36	0.011	0.613	63.12	0.91	1.42	1.75	32.8	0.012	0.663
51	玉米蛋白粉	吉林省长春市	93	57.47	0.7	0.58	1.58	32.64	0.007	0.582	61.82	0.75	0.62	1.7	35.11	0.007	0.626
52	玉米蛋白粉	江苏省南京市	93.8	61.5	0.89	1.82	1.11	28.45	0.008	0.277	65.59	0.95	1.94	1.18	30.34	0.009	0.295
53	玉米蛋白粉	江苏省南京市	93.7	61.4	1.11	1.85	1.14	28.24	0.007	0.265	65.5	1.18	1.97	1.22	30.13	0.008	0.283

续表1-10

序号	原料名称	采样地点	原样状态								绝干状态						
			干物质 DM	粗蛋白质 CP	粗脂肪 EE	粗纤维 CF	粗灰分 Ash	无氮浸出物 NFE	钙 Ca	磷 P	粗蛋白质 CP	粗脂肪 EE	粗纤维 CF	粗灰分 Ash	无氮浸出物 NFE	钙 Ca	磷 P
54	玉米蛋白粉	江苏省南京市	93.8	60.92	1.12	1.88	1.11	28.74	0.007	0.275	64.97	1.19	2	1.18	30.65	0.007	0.293
55	玉米蛋白粉	辽宁省锦州市	93.4	60.38	2.92	1.17	2.03	26.94	0.025	0.578	64.62	3.13	1.25	2.17	28.83	0.027	0.619
56	玉米蛋白粉	辽宁省锦州市	92.9	58.76	2.17	0.49	1.48	29.98	0.012	0.485	63.26	2.34	0.53	1.59	32.28	0.013	0.522
57	玉米蛋白粉	辽宁省沈阳市	94.4	65.05	1.72	0.64	3.55	23.45	0.018	0.911	68.9	1.82	0.68	3.76	24.84	0.019	0.965
58	玉米蛋白粉	辽宁省沈阳市	93.6	61.99	1.72	1.13	1.31	27.4	0.006	0.422	66.26	1.84	1.21	1.4	29.29	0.007	0.451
59	玉米蛋白粉	辽宁省铁岭市开原市	92.8	68.28	3.63	1.88	2.04	16.96	0.012	0.5	73.59	3.91	2.03	2.2	18.28	0.013	0.539
60	玉米蛋白粉	辽宁省铁岭市开原市	93	66.75	4.05	0.61	1.9	19.64	0.01	0.53	71.81	4.36	0.66	2.04	21.13	0.01	0.57
61	玉米蛋白粉	内蒙古自治区呼和浩特市	93.1	63.29	1.01	1.52	1.71	25.53	0.026	0.367	68.01	1.09	1.63	1.84	27.43	0.028	0.394
62	玉米蛋白粉	内蒙古自治区呼和浩特市	93.1	62.7	0.95	1.15	1.59	26.7	0.026	0.365	67.35	1.02	1.24	1.71	28.68	0.028	0.392
63	玉米蛋白粉	内蒙古自治区呼和浩特市武川县	92.7	62.04	1.14	1.18	1.45	26.9	0.009	0.474	66.92	1.23	1.27	1.56	29.02	0.01	0.511
64	玉米蛋白粉	内蒙古自治区呼和浩特市托克托县	92.6	62.24	0.97	1.09	1.51	26.79	0.006	0.475	67.21	1.05	1.18	1.63	28.93	0.007	0.512
65	玉米蛋白粉	内蒙古自治区呼伦贝尔市	92.7	63.27	1.03	1.24	1.56	25.61	0.012	0.519	68.25	1.11	1.34	1.68	27.62	0.013	0.56
66	玉米蛋白粉	内蒙古自治区呼伦贝尔市	88.7	57.12	1.09	1.22	1.34	27.92	0.007	0.29	64.4	1.23	1.38	1.51	31.48	0.008	0.327
67	玉米蛋白粉	内蒙古自治区通辽市	92.7	62.36	0.86	1.28	1.51	26.72	0.013	0.515	67.25	0.93	1.38	1.63	28.81	0.014	0.556
68	玉米蛋白粉	宁夏回族自治区吴忠市	93.1	58.93	0.96	2.41	4.83	25.96	0.107	0.62	63.3	1.03	2.59	5.19	27.89	0.115	0.666
69	玉米蛋白粉	宁夏回族自治区吴忠市	92.5	57.82	1.07	2.48	4.01	27.11	0.097	0.627	62.51	1.16	2.68	4.34	29.31	0.105	0.678

续表1-10

序号	原料名称	采样地点	原样状态								绝干状态						
			干物质 DM	粗蛋白质 CP	粗脂肪 EE	粗纤维 CF	粗灰分 Ash	无氮浸出物 NFE	钙 Ca	磷 P	粗蛋白质 CP	粗脂肪 EE	粗纤维 CF	粗灰分 Ash	无氮浸出物 NFE	钙 Ca	磷 P
70	玉米蛋白粉	宁夏回族自治区银川市永宁县	93.2	61.71	1.05	3.13	3.32	24.02	0.022	0.695	66.19	1.13	3.36	3.56	25.76	0.024	0.746
71	玉米蛋白粉	宁夏回族自治区银川市永宁县	92.4	53.19	2.45	3.04	1.54	32.18	0.009	0.382	57.56	2.65	3.29	1.67	34.83	0.01	0.413
72	玉米蛋白粉	山东省滨州市	93	64.63	1.02	1.78	2.16	23.37	0.049	0.492	69.52	1.1	1.91	2.32	25.14	0.052	0.529
73	玉米蛋白粉	山东省滨州市	92	60.39	1.56	1.98	1.87	26.18	0.011	0.449	65.66	1.7	2.15	2.03	28.46	0.012	0.488
74	玉米蛋白粉	山东省滨州市	92.5	60.65	1.55	2.04	1.74	26.49	0.012	0.443	65.59	1.68	2.21	1.88	28.65	0.013	0.479
75	玉米蛋白粉	山东省滨州市邹平市	91.7	60.07	1.16	2.33	2.27	25.84	0.014	0.45	65.53	1.27	2.54	2.48	28.19	0.015	0.491
76	玉米蛋白粉	山东省临沂市	93.2	61.97	2.04	2.21	2.48	24.54	0.168	0.444	66.46	2.19	2.37	2.66	26.32	0.181	0.477
77	玉米蛋白粉	山东省临沂市	92.8	61.55	1.94	1.62	1.54	26.1	0.009	0.497	66.36	2.09	1.75	1.66	28.14	0.01	0.536
78	玉米蛋白粉	山东省潍坊市	92.6	61.02	1.68	1.4	1.49	27.02	0.005	0.494	65.89	1.81	1.51	1.61	29.18	0.005	0.534
79	玉米蛋白粉	陕西省西安市	93.8	61.81	2.09	0.66	1.59	27.69	0.015	0.49	65.87	2.23	0.7	1.69	29.51	0.016	0.522
80	玉米蛋白粉	陕西省西安市	93.7	61.57	1.64	0.42	1.99	28.11	0.015	0.486	65.69	1.75	0.45	2.12	29.99	0.016	0.519
81	玉米蛋白粉	陕西省咸阳市	93.9	63.87	1.3	0.43	1.57	26.73	0.011	0.449	68.02	1.38	0.46	1.67	28.47	0.012	0.478
82	玉米蛋白粉	陕西省咸阳市	93.6	63.67	1.55	0.7	1.58	26.14	0.011	0.446	67.99	1.66	0.75	1.69	27.92	0.012	0.477
83	玉米蛋白粉	陕西省咸阳市杨陵区	94.5	65.68	1.88	0.54	2.18	24.23	0.031	0.586	69.5	1.99	0.57	2.31	25.64	0.033	0.62
84	玉米蛋白粉	陕西省兴平市	93.5	63.87	1.05	0.36	1.38	26.87	0.011	0.458	68.29	1.12	0.38	1.48	28.73	0.012	0.489
85	玉米蛋白粉	新疆维吾尔自治区阿克苏地区阿克苏市	94.4	57.37	1.21	1.54	1.21	33.11	0.004	0.552	60.75	1.28	1.63	1.28	35.06	0.005	0.584
86	玉米蛋白粉	新疆维吾尔自治区阿克苏地区阿克苏市	94.9	54.06	0.74	1.28	0.82	38.04	0.003	0.311	56.95	0.78	1.35	0.86	40.07	0.003	0.328

续表1-10

序号	原料名称	采样地点	原样状态								绝干状态						
			干物质 DM	粗蛋白质 CP	粗脂肪 EE	粗纤维 CF	粗灰分 Ash	无氮浸出物 NFE	钙 Ca	磷 P	粗蛋白质 CP	粗脂肪 EE	粗纤维 CF	粗灰分 Ash	无氮浸出物 NFE	钙 Ca	磷 P
87	玉米蛋白粉	新疆维吾尔自治区乌鲁木齐市经济技术开发区	94	59.29	0.76	0.9	1.63	31.46	0.017	0.487	63.05	0.81	0.96	1.73	33.45	0.018	0.518
88	玉米蛋白粉	新疆维吾尔自治区塔城地区乌苏市	93.9	57.31	0.92	0.44	1.33	33.95	0.003	0.329	61.01	0.98	0.47	1.42	36.14	0.003	0.351

十、玉米胚芽粕

表 1-11 玉米胚芽粕样本原样状态及绝干状态下饲料常规成分和钙磷含量 %

序号	原料名称	采样地点	原样状态								绝干状态						
			干物质 DM	粗蛋白质 CP	粗脂肪 EE	粗纤维 CF	粗灰分 Ash	无氮浸出物 NFE	钙 Ca	磷 P	粗蛋白质 CP	粗脂肪 EE	粗纤维 CF	粗灰分 Ash	无氮浸出物 NFE	钙 Ca	磷 P
1	玉米胚芽粕	安徽省蚌埠市	94.4	30.25	13.92	17.24	1.9	31.09	0.032	0.265	32.04	14.75	18.26	2.01	32.93	0.033	0.281
2	玉米胚芽粕	安徽省蚌埠市	90.1	27.88	11.27	12.4	4.64	33.87	0.069	0.697	30.96	12.51	13.77	5.15	37.61	0.076	0.774
3	玉米胚芽粕	安徽省蚌埠市	88.6	26.22	1.55	8.15	6.58	46.09	0.044	1.837	29.6	1.75	9.2	7.43	52.03	0.05	2.074
4	玉米胚芽粕	安徽省亳州市	90	19.48	1.69	11.44	3.13	54.26	0.081	0.871	21.64	1.88	12.71	3.48	60.29	0.09	0.968
5	玉米胚芽粕	安徽省亳州市	89.9	18.59	1.73	11.37	2.97	55.22	0.16	0.699	20.68	1.92	12.65	3.3	61.44	0.178	0.777
6	玉米胚芽粕	河南省鹤壁市	90.6	18.2	1.74	11.12	1.83	57.68	0.173	0.955	20.09	1.92	12.28	2.02	63.68	0.191	1.054
7	玉米胚芽粕	河南省鹤壁市	90.8	17.96	2.7	11.33	1.92	56.89	0.083	0.529	19.78	2.97	12.48	2.11	62.65	0.091	0.583
8	玉米胚芽粕	河南省焦作市	91.2	18.63	1.2	11.36	1.98	58	0.083	0.523	20.44	1.32	12.46	2.17	63.62	0.092	0.574
9	玉米胚芽粕	河南省焦作市	90.9	18.36	1.17	11.65	1.95	57.79	0.083	0.527	20.19	1.29	12.81	2.14	63.55	0.092	0.58
10	玉米胚芽粕	河南省濮阳市	91.8	19.4	2.8	10.2	4.6	54.8	0.102	0.831	21.13	3.05	11.11	5.01	59.69	0.111	0.905

续表1-11

序号	原料名称	采样地点	原样状态								绝干状态						
			干物质 DM	粗蛋白质 CP	粗脂肪 EE	粗纤维 CF	粗灰分 Ash	无氮浸出物 NFE	钙 Ca	磷 P	粗蛋白质 CP	粗脂肪 EE	粗纤维 CF	粗灰分 Ash	无氮浸出物 NFE	钙 Ca	磷 P
11	玉米胚芽粕	河南省郑州市	91.5	19.2	3	8.8	5	55.5	0.079	1.056	20.98	3.28	9.62	5.46	60.66	0.086	1.154
12	玉米胚芽粕	河南省郑州市	91.6	19.2	2.3	8.8	5	56.3	0.062	1.266	20.96	2.51	9.61	5.46	61.46	0.068	1.382
13	玉米胚芽粕	河南省郑州市	91.6	19.2	2.3	9	4.8	56.3	0.067	1.012	20.96	2.51	9.83	5.24	61.46	0.073	1.105
14	玉米胚芽粕	河南省郑州市	91.8	19.2	3.3	8	5	56.3	0.05	1.205	20.92	3.59	8.71	5.45	61.33	0.055	1.312
15	玉米胚芽粕	黑龙江省绥化市	86.9	20.9	3.19	2.65	5.1	55.06	0.037	1.322	24.05	3.67	3.05	5.87	63.36	0.042	1.521
16	玉米胚芽粕	黑龙江省绥化市	86.9	20.9	2.06	3.92	5.1	54.92	0.036	1.365	24.05	2.37	4.51	5.87	63.2	0.041	1.57
17	玉米胚芽粕	黑龙江省绥化市	88.3	21.2	3.01	4.09	5	55	0.105	1.123	24.01	3.41	4.63	5.66	62.29	0.119	1.272
18	玉米胚芽粕	黑龙江省绥化市	86.9	20.8	2.01	4.09	5.1	54.9	0.036	1.399	23.94	2.31	4.71	5.87	63.18	0.041	1.609
19	玉米胚芽粕	黑龙江省绥化市	86.8	20.7	2.01	4.92	5.2	53.97	0.038	1.357	23.85	2.32	5.67	5.99	62.18	0.044	1.563
20	玉米胚芽粕	黑龙江省绥化市	86.7	20.6	2.01	5.09	5	54	0.036	1.387	23.76	2.32	5.87	5.77	62.28	0.042	1.6
21	玉米胚芽粕	黑龙江省绥化市	88.6	20.9	3.01	3.92	5.1	55.67	0.036	1.332	23.59	3.4	4.42	5.76	62.83	0.04	1.503
22	玉米胚芽粕	黑龙江省绥化市	88.6	20.9	10.06	3.92	5.1	48.62	0.063	1.268	23.59	11.35	4.42	5.76	54.88	0.071	1.431
23	玉米胚芽粕	黑龙江省绥化市	88.6	20.8	2.06	3.95	4.9	56.89	0.037	1.35	23.48	2.33	4.46	5.53	64.21	0.042	1.524
24	玉米胚芽粕	黑龙江省绥化市	88.6	20.6	0.74	3.28	4.9	59.09	0.035	1.268	23.25	0.84	3.7	5.53	66.69	0.039	1.431
25	玉米蛋白粉	吉林省德惠市	89.6	5.58	1.35	6.92	4.01	71.76	0.046	0.328	6.23	1.51	7.72	4.47	80.07	0.051	0.366
26	玉米胚芽粕	吉林省公主岭市	91.7	28.59	2.91	7.26	5.8	47.16	0.036	1.676	31.17	3.17	7.92	6.32	51.42	0.039	1.827
27	玉米胚芽粕	吉林省公主岭市	92.2	27.62	4.12	5.35	6.32	48.81	0.034	0.643	29.95	4.47	5.8	6.85	52.93	0.037	0.697
28	玉米胚芽粕	吉林省公主岭市	91.4	26.04	4.37	5.53	6.2	49.3	0.041	0.946	28.48	4.78	6.05	6.78	53.92	0.045	1.034
29	玉米胚芽粕	吉林省梅河口市	92.4	18.1	3.17	6.62	2.56	61.98	0.037	0.732	19.58	3.43	7.16	2.77	67.06	0.04	0.792
30	玉米胚芽粕	吉林省四平市	93.5	26.8	2.25	6.26	4.98	53.21	0.042	1.009	28.66	2.41	6.7	5.33	56.91	0.045	1.08
31	玉米胚芽粕	吉林省四平市	93.3	25.34	1.79	5.76	5.08	55.33	0.034	0.979	27.16	1.92	6.17	5.44	59.3	0.036	1.05

续表1-11

序号	原料名称	采样地点	原样状态								绝干状态						
			干物质 DM	粗蛋白质 CP	粗脂肪 EE	粗纤维 CF	粗灰分 Ash	无氮浸出物 NFE	钙 Ca	磷 P	粗蛋白质 CP	粗脂肪 EE	粗纤维 CF	粗灰分 Ash	无氮浸出物 NFE	钙 Ca	磷 P
32	玉米胚芽粕	吉林省四平市	91	25.72	4.57	6.73	6.18	47.83	0.035	0.669	28.25	5.02	7.39	6.79	52.54	0.038	0.735
33	玉米胚芽粕	吉林省四平市	91.7	25.58	2.05	5.14	6.37	52.58	0.034	0.649	27.89	2.24	5.6	6.95	57.33	0.037	0.708
34	玉米胚芽粕	吉林省四平市	92	17.68	3.09	7.4	2.13	61.66	0.036	0.702	19.23	3.36	8.05	2.32	67.05	0.039	0.763
35	玉米胚芽粕	吉林省松原市	89.6	25.32	2.7	5.1	6.2	50.3	0.067	1.193	28.25	3.01	5.69	6.92	56.13	0.074	1.332
36	玉米胚芽粕	吉林省长春市	90.7	26.62	3.43	5.27	6.16	49.19	0.035	0.676	29.36	3.78	5.81	6.79	54.25	0.039	0.746
37	玉米胚芽粕	吉林省长春市	92	25.64	2.93	5.28	6.21	51.92	0.036	0.654	27.88	3.19	5.74	6.75	56.45	0.039	0.711
38	玉米胚芽粕	内蒙古自治区呼和浩特市	91.2	20.43	1.28	12.81	2.17	54.55	0.041	0.481	22.39	1.4	14.04	2.38	59.79	0.045	0.528
39	玉米胚芽粕	内蒙古自治区呼和浩特市托克托县	89.9	17.22	2.46	10.8	1.47	57.92	0.023	0.456	19.16	2.74	12.02	1.64	64.45	0.026	0.507
40	玉米胚芽粕	内蒙古自治区通辽市	90.8	17.58	1.9	13.26	1.81	56.24	0.035	1.075	19.36	2.09	14.61	1.99	61.95	0.039	1.185
41	玉米胚芽粕	山东省滨州市	90.1	32.23	1.47	4.92	11.35	40.11	1.35	2.015	35.78	1.63	5.46	12.6	44.53	1.498	2.237
42	玉米胚芽粕	山东省滨州市	91.2	20.02	3.24	11	1.47	55.45	0.027	0.507	21.96	3.55	12.06	1.61	60.81	0.03	0.556
43	玉米胚芽粕	山东省滨州市	92.4	19.44	2.29	11.47	1.4	57.75	0.031	0.464	21.05	2.48	12.42	1.52	62.53	0.033	0.503
44	玉米胚芽粕	山东省滨州市	91.8	17.19	2.13	11.18	1.24	60.05	0.026	0.473	18.73	2.32	12.18	1.35	65.42	0.029	0.515
45	玉米胚芽粕	山东省滨州市	93.2	17.29	2.58	11.68	1.22	60.39	0.033	0.448	18.56	2.77	12.54	1.31	64.82	0.035	0.481
46	玉米胚芽粕	山东省潍坊市	89.8	17.86	3.32	11.22	2.65	54.7	0.076	0.618	19.9	3.7	12.5	2.95	60.95	0.085	0.688
47	玉米胚芽粕	陕西省西安市	93.7	20.56	1.6	5.04	2.6	63.86	0.038	0.678	21.95	1.71	5.38	2.78	68.18	0.041	0.724
48	玉米胚芽粕	陕西省西安市	93.2	20.17	2.43	7.08	2.41	61.09	0.03	0.599	21.65	2.61	7.6	2.59	65.56	0.032	0.642
49	玉米胚芽粕	陕西省西安市	93.3	19.22	2.08	6.95	1.63	63.38	0.027	0.47	20.61	2.23	7.45	1.75	67.96	0.029	0.504
50	玉米胚芽粕	陕西省西安市	94	18.17	1.9	5.8	8.19	59.92	0.054	0.866	19.33	2.02	6.17	8.71	63.76	0.057	0.921

续表1-11

序号	原料名称	采样地点	原样状态								绝干状态						
			干物质 DM	粗蛋白质 CP	粗脂肪 EE	粗纤维 CF	粗灰分 Ash	无氮浸出物 NFE	钙 Ca	磷 P	粗蛋白质 CP	粗脂肪 EE	粗纤维 CF	粗灰分 Ash	无氮浸出物 NFE	钙 Ca	磷 P
51	玉米胚芽粕	陕西省西安市	94.1	17.79	2.42	10.02	3.03	60.79	0.053	0.834	18.92	2.57	10.65	3.22	64.64	0.056	0.887
52	玉米胚芽粕	陕西省咸阳市杨陵区	94.1	24.84	1.65	4.7	4.85	58.09	0.176	0.96	26.39	1.75	4.99	5.15	61.71	0.187	1.02

十一、玉米 DDGS

表 1-12 玉米 DDGS 样本原样状态及绝干状态下饲料常规成分和钙磷含量

%

序号	原料名称	采样地点	原样状态								绝干状态						
			干物质 DM	粗蛋白质 CP	粗脂肪 EE	粗纤维 CF	粗灰分 Ash	无氮浸出物 NFE	钙 Ca	磷 P	粗蛋白质 CP	粗脂肪 EE	粗纤维 CF	粗灰分 Ash	无氮浸出物 NFE	钙 Ca	磷 P
1	玉米 DDGS	安徽省亳州市	87.1	26.73	9.01	10.35	6.01	34.98	0.087	0.939	30.69	10.35	11.88	6.9	40.17	0.1	1.078
2	玉米 DDGS	安徽省滁州市	91.5	28.3	8.46	11.37	5.5	37.86	0.212	0.731	30.93	9.25	12.43	6.01	41.38	0.232	0.799
3	玉米 DDGS	安徽省合肥市肥东县	89.7	28.75	7.74	11.09	4.29	37.84	0.025	0.966	32.05	8.63	12.36	4.78	42.19	0.028	1.077
4	玉米 DDGS	贵州省遵义市	92.3	29.23	9.28	9.87	4.56	39.36	0.028	0.933	31.67	10.05	10.69	4.94	42.64	0.03	1.011
5	玉米 DDGS	贵州省遵义市	92.2	29.19	12.33	6.45	5.11	39.09	0.052	0.848	31.67	13.38	7	5.54	42.41	0.056	0.92
6	玉米 DDGS	贵州省遵义市	92.2	27.75	8.87	6.47	4.76	44.39	0.029	1	30.08	9.62	7.01	5.16	48.12	0.032	1.084
7	玉米 DDGS	贵州省遵义市	91.1	25.29	11.71	8.62	4.42	41.01	0.051	0.786	27.78	12.86	9.47	4.85	45.04	0.056	0.863
8	玉米 DDGS	贵州省遵义市	91.2	24.9	13.19	7.01	6.28	39.86	0.06	0.83	27.29	14.46	7.68	6.88	43.69	0.066	0.91
9	玉米 DDGS	河北省衡水市深州市	89.4	26.9	7.15	9.31	5.29	40.71	0.034	1.174	30.1	8	10.42	5.92	45.56	0.038	1.313
10	玉米 DDGS	河北省衡水市深州市	91.2	26.06	11.12	7.78	5.03	41.25	0.061	1.008	28.56	12.19	8.53	5.51	45.21	0.067	1.105
11	玉米 DDGS	河北省石家庄市	90.8	27.74	13.49	6.5	4.65	38.39	0.084	0.767	30.56	14.86	7.16	5.12	42.29	0.093	0.845
12	玉米 DDGS	河北省石家庄市	92.4	26.44	13.52	7.02	4.46	41	0.086	0.757	28.6	14.63	7.59	4.82	44.35	0.093	0.819

续表1-12

序号	原料名称	采样地点	原样状态								绝干状态						
			干物质 DM	粗蛋白质 CP	粗脂肪 EE	粗纤维 CF	粗灰分 Ash	无氮浸出物 NFE	钙 Ca	磷 P	粗蛋白质 CP	粗脂肪 EE	粗纤维 CF	粗灰分 Ash	无氮浸出物 NFE	钙 Ca	磷 P
13	玉米 DDGS	河北省石家庄市	91.4	24.85	13.21	6.9	4.42	42.02	0.084	0.772	27.19	14.45	7.55	4.84	45.97	0.092	0.845
14	玉米 DDGS	河北省邢台市	91.1	27.96	11.89	9.49	4.5	37.25	0.046	0.933	30.69	13.05	10.42	4.94	40.89	0.05	1.025
15	玉米 DDGS	河北省邢台市南和区	91.1	24.4	2.74	9.38	6.95	47.66	0.519	0.798	26.77	3.01	10.29	7.63	52.3	0.57	0.876
16	玉米 DDGS	河北省邢台市南和区	90.1	23.83	11.5	12.13	4.46	38.17	0.088	0.786	26.45	12.77	13.46	4.95	42.37	0.097	0.872
17	玉米 DDGS	河南省焦作市	91	28.22	10.64	7.06	3.93	41.14	0.076	0.674	31.01	11.69	7.76	4.32	45.21	0.083	0.741
18	玉米 DDGS	河南省焦作市孟州市	94.7	29.17	13.08	16.93	2.88	32.66	0.133	0.406	30.8	13.81	17.87	3.04	34.48	0.14	0.429
19	玉米 DDGS	河南省焦作市孟州市	95.3	29.08	13.23	16.46	2.87	33.65	0.135	0.362	30.52	13.88	17.27	3.01	35.31	0.141	0.38
20	玉米 DDGS	河南省开封市	89.6	25.6	11.8	7.8	4.5	39.9	0.107	0.846	28.57	13.17	8.71	5.02	44.53	0.12	0.945
21	玉米 DDGS	河南省孟州市	92.4	26.46	13.15	6.4	4.62	41.78	0.09	0.748	28.63	14.23	6.93	5	45.21	0.097	0.809
22	玉米 DDGS	河南省南阳市	93	29.4	9.2	12.3	3.2	38.9	0.052	0.757	31.61	9.89	13.23	3.44	41.83	0.056	0.814
23	玉米 DDGS	河南省南阳市	93.3	29.2	9.4	12.3	3.3	39.1	0.078	0.491	31.3	10.08	13.18	3.54	41.91	0.084	0.526
24	玉米 DDGS	河南省濮阳市	91.6	26.1	8.2	8.7	5	43.6	0.027	1.022	28.49	8.95	9.5	5.46	47.6	0.029	1.116
25	玉米 DDGS	河南省濮阳市	91	25.9	8	8.6	5.2	43.3	0.027	1.023	28.46	8.79	9.45	5.71	47.58	0.029	1.125
26	玉米 DDGS	河南省濮阳市	91.1	25.9	7.8	8.8	4.8	43.8	0.054	0.757	28.43	8.56	9.66	5.27	48.08	0.059	0.831
27	玉米 DDGS	河南省新乡市	89.3	25.2	12.3	7.8	4.6	39.4	0.1	0.821	28.22	13.77	8.73	5.15	44.12	0.112	0.92
28	玉米 DDGS	河南省郑州市	91.7	27.5	14.5	9.4	4.6	35.7	0.069	0.819	29.99	15.81	10.25	5.02	38.93	0.075	0.893
29	玉米 DDGS	河南省郑州市	91.6	27.4	13	9.6	4.6	37	0.07	0.823	29.91	14.19	10.48	5.02	40.39	0.076	0.899
30	玉米 DDGS	河南省郑州市	91.9	27.2	14	9.4	4.6	36.7	0.07	0.825	29.6	15.23	10.23	5.01	39.93	0.076	0.897
31	玉米 DDGS	黑龙江大庆市	85.8	23.5	1.91	5.63	5	49.76	0.044	0.999	27.39	2.23	6.56	5.83	58	0.051	1.164
32	玉米 DDGS	黑龙江大庆市	88.4	23.5	2.98	6.68	5	50.24	0.044	0.995	26.58	3.37	7.56	5.66	56.83	0.05	1.125
33	玉米 DDGS	黑龙江省	85.6	30.7	1.91	5.68	5	42.31	0.045	0.996	35.86	2.23	6.64	5.84	49.43	0.052	1.163

续表1-12

序号	原料名称	采样地点	原样状态								绝干状态						
			干物质 DM	粗蛋白质 CP	粗脂肪 EE	粗纤维 CF	粗灰分 Ash	无氮浸出物 NFE	钙 Ca	磷 P	粗蛋白质 CP	粗脂肪 EE	粗纤维 CF	粗灰分 Ash	无氮浸出物 NFE	钙 Ca	磷 P
34	玉米 DDGS	黑龙江省	86.8	23.5	2.69	3.32	5	52.3	0.044	1.007	27.07	3.1	3.82	5.76	60.25	0.05	1.161
35	玉米 DDGS	黑龙江省	85.8	23	3.45	1.43	5	52.92	0.044	1.01	26.81	4.02	1.67	5.83	61.68	0.052	1.177
36	玉米 DDGS	黑龙江省哈尔滨市	88.4	30.7	3.31	2.39	4.7	47.31	0.071	1.012	34.73	3.74	2.7	5.32	53.52	0.08	1.144
37	玉米 DDGS	吉林省吉林市	93.7	27.98	9.98	6.19	4.48	45.04	0.021	0.919	29.87	10.65	6.61	4.78	48.08	0.023	0.981
38	玉米 DDGS	吉林省吉林市	92.4	26.04	9.12	5.77	5.57	45.9	0.03	0.948	28.18	9.87	6.24	6.03	49.68	0.033	1.026
39	玉米 DDGS	吉林省吉林市	92.7	26.07	10.28	7.49	5.21	43.6	0.029	0.902	28.14	11.1	8.08	5.62	47.06	0.031	0.974
40	玉米 DDGS	吉林省吉林市	92.1	25.69	11.32	5.82	5.47	43.81	0.027	0.962	27.89	12.29	6.32	5.94	47.56	0.029	1.045
41	玉米 DDGS	吉林省吉林市	91.3	25.31	10.92	6.43	6.1	42.58	0.026	0.976	27.71	11.96	7.04	6.68	46.62	0.029	1.069
42	玉米 DDGS	吉林省吉林市	93.4	25.42	11.24	6.42	6.14	44.16	0.053	0.938	27.22	12.04	6.88	6.58	47.29	0.057	1.004
43	玉米 DDGS	吉林省辽源市	91.8	27.01	13.26	5.01	5.12	41.41	0.059	0.954	29.42	14.44	5.46	5.58	45.1	0.065	1.039
44	玉米 DDGS	吉林省辽源市	92.6	27.19	12.72	7.07	5.04	40.57	0.05	0.892	29.37	13.74	7.64	5.44	43.82	0.054	0.963
45	玉米 DDGS	吉林省辽源市	92.5	26.14	13.5	5.04	5.1	42.7	0.061	0.924	28.27	14.6	5.45	5.51	46.17	0.066	0.999
46	玉米 DDGS	吉林省辽源市	91.6	25.62	11.63	6.02	5.43	42.87	0.042	0.957	27.98	12.7	6.57	5.93	46.82	0.045	1.045
47	玉米 DDGS	吉林省辽源市	92.6	25.81	13.23	6.81	5.14	41.64	0.06	0.942	27.86	14.28	7.35	5.55	44.95	0.065	1.017
48	玉米 DDGS	吉林省梅河口市	91.5	25.51	11.26	7.2	6.14	41.38	0.03	0.943	27.88	12.31	7.87	6.71	45.23	0.033	1.03
49	玉米 DDGS	吉林省四平市	92.7	28.55	11.43	5.21	4.36	43.16	0.041	0.844	30.79	12.33	5.62	4.7	46.55	0.044	0.91
50	玉米 DDGS	吉林省四平市	93.2	28.38	11.3	7.08	4.27	42.2	0.043	0.853	30.44	12.12	7.59	4.58	45.26	0.046	0.915
51	玉米 DDGS	吉林省四平市	92.3	27.73	11.72	5.58	4.54	42.75	0.043	0.925	30.04	12.69	6.04	4.92	46.31	0.047	1.002
52	玉米 DDGS	吉林省四平市	92.6	27.62	11.69	6.08	4.57	42.6	0.041	0.859	29.84	12.63	6.57	4.94	46.02	0.044	0.928
53	玉米 DDGS	吉林省四平市	92.5	27.51	12.14	5.65	4.52	42.68	0.041	0.863	29.74	13.12	6.11	4.89	46.14	0.045	0.933
54	玉米 DDGS	吉林省四平市	91.8	26.33	12.41	6.55	6.29	40.18	0.027	0.928	28.69	13.52	7.14	6.85	43.79	0.03	1.012

续表1-12

序号	原料名称	采样地点	原样状态								绝干状态						
			干物质 DM	粗蛋白质 CP	粗脂肪 EE	粗纤维 CF	粗灰分 Ash	无氮浸出物 NFE	钙 Ca	磷 P	粗蛋白质 CP	粗脂肪 EE	粗纤维 CF	粗灰分 Ash	无氮浸出物 NFE	钙 Ca	磷 P
55	玉米 DDGS	吉林省长春市	91.5	27.39	12.5	5.32	4.33	41.95	0.048	0.878	29.94	13.66	5.81	4.73	45.85	0.053	0.959
56	玉米 DDGS	吉林省长春市	92.7	27.59	12.31	5.83	4.53	42.47	0.045	0.858	29.75	13.28	6.29	4.89	45.8	0.049	0.926
57	玉米 DDGS	吉林省长春市	91.7	26.93	12.85	5.76	4.33	41.87	0.047	0.885	29.35	14.01	6.28	4.72	45.64	0.051	0.964
58	玉米 DDGS	吉林省长春市	91.6	25.37	9.59	7.14	4.09	45.44	0.092	0.727	27.69	10.47	7.79	4.46	49.59	0.1	0.794
59	玉米 DDGS	江苏省连云港市	87	26.72	9.02	6.05	4.64	40.59	0.028	0.868	30.71	10.37	6.95	5.33	46.64	0.032	0.998
60	玉米 DDGS	江苏省连云港市	87	25.87	9.3	6.01	4.39	41.45	0.027	0.856	29.73	10.69	6.91	5.04	47.63	0.031	0.984
61	玉米 DDGS	江苏省连云港市	87	25.58	8.71	5.95	4.59	42.19	0.026	0.864	29.4	10.01	6.84	5.28	48.49	0.03	0.993
62	玉米 DDGS	江苏省连云港市	87	25.41	8.69	6.03	4.75	42.14	0.027	0.854	29.2	9.99	6.93	5.46	48.43	0.031	0.982
63	玉米 DDGS	江苏省南通市	84.7	26.34	7.44	8.02	4.75	38.19	0.08	0.793	31.08	8.78	9.46	5.61	45.07	0.094	0.936
64	玉米 DDGS	江苏省南通市	84.8	26.04	7.56	7.98	4.36	38.81	0.091	0.864	30.73	8.92	9.42	5.14	45.79	0.108	1.02
65	玉米 DDGS	江苏省南通市	84.7	25.75	7.34	8.03	4.58	39.03	0.08	0.804	30.39	8.66	9.48	5.4	46.06	0.095	0.948
66	玉米 DDGS	江苏省宿迁市	87	26.72	8.06	6.07	4.46	41.72	0.026	0.853	30.7	9.26	6.97	5.12	47.94	0.03	0.98
67	玉米 DDGS	江苏省宿迁市	87	26.69	8.24	6.01	4.73	41.34	0.028	0.861	30.67	9.47	6.91	5.44	47.51	0.032	0.99
68	玉米 DDGS	江苏省宿迁市	87	25.42	8.11	6.08	4.19	43.2	0.026	0.831	29.22	9.32	6.99	4.82	49.66	0.03	0.955
69	玉米 DDGS	江西省九江市	86.3	27.68	1.78	8.61	5.69	42.57	0.093	0.637	32.06	2.06	9.97	6.59	49.31	0.107	0.738
70	玉米 DDGS	江西省九江市	86.5	27.54	1.55	8.63	5.77	42.96	0.115	0.656	31.85	1.79	9.98	6.67	49.69	0.132	0.758
71	玉米 DDGS	江西省九江市	86.3	27.32	1.76	9.03	5.73	42.48	0.1	0.654	31.65	2.04	10.46	6.64	49.21	0.116	0.757
72	玉米 DDGS	辽宁省锦州市	92.7	30.29	6.97	5.94	7.11	42.37	0.377	1.121	32.68	7.52	6.41	7.67	45.72	0.407	1.21
73	玉米 DDGS	辽宁省锦州市	92.5	30.21	4.64	4.46	3.67	49.54	0.08	0.678	32.65	5.02	4.82	3.97	53.55	0.087	0.733
74	玉米 DDGS	辽宁省沈阳市	93.9	30.18	5.46	4.53	3.85	49.89	0.049	0.756	32.14	5.81	4.82	4.1	53.13	0.052	0.805
75	玉米 DDGS	辽宁省沈阳市	92.8	26.64	8.16	5.53	3.85	48.59	0.019	0.857	28.72	8.8	5.96	4.15	52.38	0.021	0.924

续表1-12

序号	原料名称	采样地点	原样状态								绝干状态						
			干物质 DM	粗蛋白质 CP	粗脂肪 EE	粗纤维 CF	粗灰分 Ash	无氮浸出物 NFE	钙 Ca	磷 P	粗蛋白质 CP	粗脂肪 EE	粗纤维 CF	粗灰分 Ash	无氮浸出物 NFE	钙 Ca	磷 P
76	玉米 DDGS	内蒙古自治区赤峰市	90.9	26.64	10.21	5.46	6.15	42.41	0.065	0.977	29.32	11.24	6.01	6.77	46.67	0.072	1.075
77	玉米 DDGS	内蒙古自治区呼和浩特市	89.7	26.01	14.99	5.82	5.28	37.61	0.054	0.776	28.99	16.71	6.49	5.89	41.92	0.06	0.865
78	玉米 DDGS	内蒙古自治区呼和浩特市托克托县	89.3	28.48	15.01	4.92	4.14	36.74	0.054	0.829	31.9	16.81	5.51	4.64	41.15	0.061	0.928
79	玉米 DDGS	内蒙古自治区呼伦贝尔市	91	27.39	10.25	6.19	6.05	41.09	0.064	0.957	30.11	11.27	6.8	6.65	45.17	0.07	1.052
80	玉米 DDGS	山东省临沂市	91.1	26.89	9.06	7.06	4.31	43.77	0.031	1.127	29.52	9.95	7.75	4.73	48.05	0.034	1.237
81	玉米 DDGS	山东省临沂市	91.6	26.9	9.07	7.2	4.45	43.93	0.03	0.934	29.38	9.91	7.86	4.86	47.98	0.032	1.02
82	玉米 DDGS	山东省临沂市	91.6	25.73	9.21	7.19	4.44	45	0.029	1.138	28.1	10.06	7.85	4.85	49.14	0.031	1.243
83	玉米 DDGS	山东省临沂市	91.3	24.35	9.13	6.8	4.12	46.9	0.027	1.098	26.67	10	7.45	4.51	51.37	0.029	1.202
84	玉米 DDGS	山东省潍坊市	89.6	27.8	12.05	8.41	4.51	36.87	0.072	0.693	31.01	13.44	9.38	5.03	41.13	0.08	0.773
85	玉米 DDGS	山东省潍坊市	88.4	23.09	10.8	7.43	5.05	42.05	0.036	0.97	26.11	12.21	8.4	5.71	47.56	0.04	1.097
86	玉米 DDGS	山东省潍坊市	89.2	23.05	10.83	8.27	5.24	41.84	0.033	0.92	25.83	12.14	9.27	5.87	46.89	0.037	1.031
87	玉米 DDGS	山东省潍坊市	89.4	23.05	10.91	7.5	5.35	42.62	0.038	1.168	25.77	12.2	8.39	5.98	47.66	0.042	1.306
88	玉米 DDGS	山东省潍坊市	89.1	22.32	10.79	8.3	5.35	42.3	0.034	0.912	25.06	12.12	9.32	6.01	47.5	0.039	1.024
89	玉米 DDGS	山东省潍坊市	89.2	21.07	10.85	7.72	5.06	44.51	0.04	0.962	23.62	12.16	8.65	5.67	49.89	0.044	1.078
90	玉米 DDGS	山西省吕梁市文水县	92	30.12	12.61	6.62	4.01	38.63	0.043	0.804	32.74	13.71	7.2	4.36	41.99	0.047	0.874
91	玉米 DDGS	山西省吕梁市文水县	93.3	27.95	12.61	6.41	3.94	42.4	0.045	0.813	29.95	13.51	6.87	4.22	45.44	0.048	0.871
92	玉米 DDGS	四川省内江市资中县	91.2	24.9	10.33	8.05	4.14	43.73	0.073	0.702	27.32	11.33	8.83	4.54	47.98	0.08	0.77
93	玉米 DDGS	四川省内江市资中县	92	25.08	10.45	8.03	4.21	44.18	0.078	0.716	27.28	11.36	8.73	4.58	48.05	0.084	0.778
94	玉米 DDGS	四川省内江市资中县	92.3	24.84	10.56	8.22	4.19	44.45	0.075	0.726	26.93	11.45	8.91	4.54	48.18	0.081	0.787

续表1-12

序号	原料名称	采样地点	原样状态								绝干状态						
			干物质 DM	粗蛋白质 CP	粗脂肪 EE	粗纤维 CF	粗灰分 Ash	无氮浸出物 NFE	钙 Ca	磷 P	粗蛋白质 CP	粗脂肪 EE	粗纤维 CF	粗灰分 Ash	无氮浸出物 NFE	钙 Ca	磷 P
95	玉米 DDGS	四川省内江市资中县	92.3	24.64	10.44	8.21	4.18	44.8	0.074	0.706	26.71	11.32	8.9	4.53	48.56	0.08	0.765
96	玉米 DDGS	四川省内江市资中县	92.8	24.7	10.41	8	4.27	45.41	0.076	0.718	26.62	11.22	8.62	4.6	48.94	0.082	0.773

十二、小麦 DDGS

表 1-13 小麦 DDGS 样本原样状态及绝干状态下饲料常规成分和钙磷含量 %

序号	原料名称	采样地点	原样状态								绝干状态						
			干物质 DM	粗蛋白质 CP	粗脂肪 EE	粗纤维 CF	粗灰分 Ash	无氮浸出物 NFE	钙 Ca	磷 P	粗蛋白质 CP	粗脂肪 EE	粗纤维 CF	粗灰分 Ash	无氮浸出物 NFE	钙 Ca	磷 P
1	小麦 DDGS	安徽省亳州市	89.8	17.06	4.38	19.04	11.52	37.76	0.457	0.337	19.01	4.88	21.21	12.83	42.07	0.51	0.376
2	小麦 DDGS	安徽省亳州市	89.8	17.34	3.97	17.77	13.37	37.36	0.28	0.338	19.31	4.42	19.79	14.89	41.61	0.311	0.376
3	小麦 DDGS	安徽省亳州市	89	16.73	4.35	19.63	11.77	36.55	0.295	0.353	18.79	4.89	22.05	13.22	41.05	0.331	0.397
4	小麦 DDGS	贵州省遵义市仁怀市茅台镇	92.2	17.43	0.75	30.25	10.58	33.2	0.445	0.871	18.9	0.81	32.81	11.47	36	0.483	0.945
5	小麦 DDGS	贵州省遵义市仁怀市茅台镇	92.2	17.33	1	27.64	10.8	35.43	0.53	1.058	18.8	1.08	29.98	11.71	38.43	0.574	1.147
6	小麦 DDGS	贵州省遵义市仁怀市茅台镇	91.9	17.68	1.12	29.97	11	32.11	0.455	0.947	19.24	1.22	32.62	11.97	34.95	0.496	1.031
7	小麦 DDGS	河南省南阳市	94.4	24.32	4.66	17.53	7.26	40.61	0.251	0.337	25.77	4.94	18.57	7.69	43.03	0.266	0.357
8	小麦 DDGS	河南省南阳市	94.2	22.89	4.21	16.09	7.69	43.36	0.308	0.313	24.29	4.47	17.07	8.16	46.01	0.327	0.332
9	小麦 DDGS	河南省南阳市	94.2	24.34	5.04	16.06	7.03	41.7	0.278	0.308	25.85	5.35	17.05	7.47	44.28	0.295	0.327
10	小麦 DDGS	河南省南阳市	94.3	23.55	4.24	17.2	8.85	40.46	0.305	0.314	24.97	4.5	18.24	9.38	42.91	0.324	0.333
11	小麦 DDGS	河南省南阳市	94.9	20.22	3.85	19.88	6.1	44.8	0.397	0.302	21.32	4.06	20.96	6.43	47.23	0.419	0.318

续表1-13

序号	原料名称	采样地点	原样状态								绝干状态						
			干物质 DM	粗蛋白质 CP	粗脂肪 EE	粗纤维 CF	粗灰分 Ash	无氮浸出物 NFE	钙 Ca	磷 P	粗蛋白质 CP	粗脂肪 EE	粗纤维 CF	粗灰分 Ash	无氮浸出物 NFE	钙 Ca	磷 P
12	小麦 DDGS	山东省聊城市	87	36.13	3.42	9.26	3.5	34.71	0.174	0.656	41.52	3.93	10.64	4.02	39.89	0.2	0.753
13	小麦 DDGS	山东省聊城市	87.4	36.25	1.28	10.08	3.63	36.13	0.176	0.652	41.49	1.47	11.54	4.15	41.35	0.201	0.746
14	小麦 DDGS	山东省聊城市	87.2	35.5	3.05	11.78	3.55	33.3	0.169	0.589	40.72	3.5	13.51	4.07	38.2	0.194	0.676
15	小麦 DDGS	山东省聊城市	87	35.29	1.89	9.82	3.57	36.42	0.2	0.899	40.57	2.17	11.29	4.1	41.87	0.23	1.034
16	小麦 DDGS	山东省聊城市	87.3	35.59	1.92	9.22	3.56	37.03	0.166	0.663	40.76	2.2	10.56	4.08	42.41	0.19	0.759

十三、喷浆玉米皮

表 1-14　喷浆玉米皮样本原样状态及绝干状态下饲料常规成分和钙磷含量

%

序号	原料名称	采样地点	原样状态								绝干状态						
			干物质 DM	粗蛋白质 CP	粗脂肪 EE	粗纤维 CF	粗灰分 Ash	无氮浸出物 NFE	钙 Ca	磷 P	粗蛋白质 CP	粗脂肪 EE	粗纤维 CF	粗灰分 Ash	无氮浸出物 NFE	钙 Ca	磷 P
1	喷浆玉米皮	安徽省蚌埠市	90.8	19.97	2.59	10.97	7.81	49.43	1.006	0.392	22	2.85	12.09	8.6	54.46	1.108	0.432
2	喷浆玉米皮	安徽省亳州市	89.8	25.32	1.16	9.06	6.96	47.25	0.649	0.36	28.21	1.29	10.09	7.75	52.65	0.723	0.401
3	喷浆玉米皮	安徽省合肥市肥东县	91.7	18.58	2.17	12.49	5.19	53.27	0.537	0.237	20.26	2.37	13.62	5.66	58.1	0.586	0.259
4	喷浆玉米皮	福建省漳州市龙海市	89.7	18.76	2	10.83	4.84	53.3	0.105	0.716	20.91	2.23	12.07	5.39	59.4	0.117	0.798
5	喷浆玉米皮	甘肃省张掖市甘州区	91.4	20.48	3.7	10.15	5.75	51.35	0.046	0.569	22.4	4.05	11.1	6.29	56.16	0.051	0.623
6	喷浆玉米皮	河北省邢台市	93.6	20.7	4.48	11.46	5.32	51.68	0.053	0.874	22.11	4.78	12.24	5.68	55.19	0.056	0.933
7	喷浆玉米皮	河北省邢台市南和县	93.2	17.8	1.25	10.69	5.33	58.09	0.072	0.843	19.11	1.34	11.47	5.72	62.36	0.077	0.905
8	喷浆玉米皮	河北省邢台市宁晋县	92.8	18.93	1.8	12.34	3.99	55.75	0.066	0.458	20.4	1.94	13.3	4.3	60.07	0.071	0.493
9	喷浆玉米皮	河南省焦作市孟州市	92.2	22.81	2.04	9.89	6.78	50.66	0.127	0.995	24.75	2.21	10.73	7.36	54.96	0.138	1.079
10	喷浆玉米皮	河南省郑州市	91.6	19.8	2.8	9.6	5.7	53.7	0.089	1.101	21.62	3.06	10.48	6.22	58.62	0.098	1.202

续表1-14

序号	原料名称	采样地点	原样状态								绝干状态						
			干物质 DM	粗蛋白质 CP	粗脂肪 EE	粗纤维 CF	粗灰分 Ash	无氮浸出物 NFE	钙 Ca	磷 P	粗蛋白质 CP	粗脂肪 EE	粗纤维 CF	粗灰分 Ash	无氮浸出物 NFE	钙 Ca	磷 P
11	喷浆玉米皮	河南省郑州市	91.4	19.6	3.4	9.1	5.7	53.6	0.089	1.071	21.44	3.72	9.96	6.24	58.64	0.097	1.172
12	喷浆玉米皮	黑龙江省	88.8	19.7	1.61	3.59	5.6	58.3	0.04	1.086	22.18	1.81	4.04	6.31	65.65	0.045	1.223
13	喷浆玉米皮	黑龙江省	88.8	19.7	1.1	1.47	5.6	60.93	0.036	1.096	22.18	1.24	1.66	6.31	68.61	0.04	1.234
14	喷浆玉米皮	黑龙江省绥化市	88.8	19.9	1.51	3.59	5.6	58.2	0.082	1.01	22.41	1.7	4.04	6.31	65.54	0.092	1.138
15	喷浆玉米皮	吉林省公主岭市	92.6	19.6	5.44	8.74	6.27	52.59	0.412	0.635	21.16	5.87	9.43	6.77	56.77	0.445	0.685
16	喷浆玉米皮	吉林省公主岭市	93.3	18	3.23	7.34	4.96	59.74	0.043	0.824	19.3	3.46	7.87	5.32	64.05	0.046	0.884
17	喷浆玉米皮	吉林省四平市	91.7	21.54	3.2	8.17	5.62	53.18	0.044	0.705	23.49	3.49	8.91	6.13	57.99	0.048	0.769
18	喷浆玉米皮	吉林省松原市	91	23.07	2.89	8.26	5.61	51.18	0.045	0.718	25.35	3.18	9.08	6.16	56.24	0.049	0.789
19	喷浆玉米皮	吉林省长春市	92.6	20.72	2.55	8.38	5.21	55.78	0.036	0.962	22.37	2.75	9.05	5.62	60.21	0.039	1.039
20	喷浆玉米皮	江苏省徐州市	90.1	20.88	1.37	9.7	4.64	53.53	0.042	0.894	23.17	1.52	10.76	5.15	59.4	0.047	0.992
21	喷浆玉米皮	江苏省徐州市	90.1	20.51	2.9	9.81	4.41	52.47	0.041	0.882	22.76	3.22	10.89	4.89	58.24	0.046	0.979
22	喷浆玉米皮	辽宁省沈阳市	94.1	19.77	4.07	4.29	6.19	59.8	0.036	0.879	21.01	4.32	4.56	6.58	63.54	0.039	0.934
23	喷浆玉米皮	辽宁省铁岭市开原市	93.4	19.06	4.07	5.48	4.37	60.41	0.037	0.774	20.41	4.36	5.87	4.68	64.69	0.04	0.828
24	喷浆玉米皮	辽宁省铁岭市开原市	93.8	18.13	3.8	10.18	4.25	57.48	0.035	0.803	19.32	4.05	10.85	4.53	61.25	0.038	0.855
25	喷浆玉米皮	内蒙古自治区呼和浩特市	90.8	17.97	3.08	12.6	4.27	52.84	0.032	0.847	19.8	3.39	13.88	4.7	58.22	0.035	0.934
26	喷浆玉米皮	宁夏回族自治区银川市永宁县	93.3	20.44	2.31	11.59	5.31	53.66	0.05	0.953	21.91	2.48	12.42	5.69	57.51	0.054	1.022
27	喷浆玉米皮	山东省滨州市	91.8	21.07	1.92	9.42	5.08	54.27	0.059	0.915	22.96	2.09	10.27	5.54	59.14	0.064	0.997
28	喷浆玉米皮	山东省滨州市	91.9	21.02	2.62	10.43	5.2	52.59	0.449	0.351	22.88	2.85	11.35	5.66	57.25	0.489	0.382
29	喷浆玉米皮	山东省潍坊市	91.5	22.95	2.34	8.7	5.99	51.51	0.12	1.005	25.08	2.56	9.51	6.55	56.3	0.131	1.098

续表1-14

序号	原料名称	采样地点	原样状态								绝干状态						
			干物质 DM	粗蛋白质 CP	粗脂肪 EE	粗纤维 CF	粗灰分 Ash	无氮浸出物 NFE	钙 Ca	磷 P	粗蛋白质 CP	粗脂肪 EE	粗纤维 CF	粗灰分 Ash	无氮浸出物 NFE	钙 Ca	磷 P
30	喷浆玉米皮	山东省枣庄市	91.9	18.08	2.35	10.85	3.72	56.93	0.061	0.278	19.67	2.56	11.8	4.05	61.93	0.066	0.302
31	喷浆玉米皮	山东省枣庄市	91.9	18.01	1.71	9.93	3.7	58.52	0.064	0.294	19.6	1.86	10.81	4.03	63.7	0.07	0.32
32	喷浆玉米皮	山东省枣庄市	94	15.62	2.53	11.44	4.57	59.85	0.187	0.748	16.62	2.69	12.17	4.86	63.66	0.199	0.795
33	喷浆玉米皮	陕西省咸阳市杨陵区	93.6	20.1	3.13	6.47	7.96	55.9	0.121	1.322	21.48	3.35	6.92	8.51	59.75	0.13	1.413
34	喷浆玉米皮	新疆维吾尔自治区	93.3	18.95	1.88	10.99	4.6	56.89	0.019	0.814	20.31	2.01	11.78	4.93	60.97	0.021	0.873
35	喷浆玉米皮	新疆维吾尔自治区	94.2	10.95	3.4	14.88	0.81	64.15	0.027	0.133	11.63	3.61	15.8	0.86	68.11	0.028	0.141

十四、膨化大豆

表 1-15　膨化大豆样本原样状态及绝干状态下饲料常规成分和钙磷含量

%

序号	原料名称	采样地点	原样状态								绝干状态						
			干物质 DM	粗蛋白质 CP	粗脂肪 EE	粗纤维 CF	粗灰分 Ash	无氮浸出物 NFE	钙 Ca	磷 P	粗蛋白质 CP	粗脂肪 EE	粗纤维 CF	粗灰分 Ash	无氮浸出物 NFE	钙 Ca	磷 P
1	膨化大豆	福建省泉州市泉港区	89	34.36	15.06	7.64	4.92	27	0.509	0.74	38.62	16.93	8.59	5.53	30.34	0.572	0.831
2	膨化大豆	福建省福州市长乐区	90.7	35.71	20.2	5.07	4.5	25.26	0.324	0.717	39.35	22.26	5.59	4.96	27.84	0.357	0.79
3	膨化大豆	福建省福州市长乐区	88.9	33.39	15.15	7.37	4.98	28.05	0.495	0.739	37.55	17.04	8.29	5.6	31.55	0.557	0.832
4	膨化大豆	福建省泉州市泉港区	91	36.77	19.59	5.16	4.79	24.73	0.359	0.686	40.39	21.52	5.67	5.26	27.16	0.395	0.753
5	膨化大豆	福建省厦门市翔安区	90.1	37.38	14.96	5.46	4.83	27.52	0.337	0.748	41.47	16.6	6.06	5.36	30.53	0.374	0.83
6	膨化大豆	福建省漳州市长泰区	90.1	36.81	18	5.08	4.7	25.46	0.368	0.715	40.88	19.99	5.64	5.22	28.27	0.408	0.794
7	膨化大豆	福建省漳州市长泰区	90.2	36.7	17.92	5.01	4.73	25.84	0.337	0.695	40.69	19.87	5.55	5.24	28.65	0.374	0.77
8	膨化大豆	福建省漳州市长泰区	90.1	36.45	18.17	5.38	4.72	25.38	0.359	0.721	40.46	20.17	5.97	5.24	28.17	0.398	0.8

续表1-15

序号	原料名称	采样地点	原样状态								绝干状态						
			干物质 DM	粗蛋白质 CP	粗脂肪 EE	粗纤维 CF	粗灰分 Ash	无氮浸出物 NFE	钙 Ca	磷 P	粗蛋白质 CP	粗脂肪 EE	粗纤维 CF	粗灰分 Ash	无氮浸出物 NFE	钙 Ca	磷 P
9	膨化大豆	广东省东莞市	92	35	16.8	16.8	4.9	18.5	0.227	0.532	38.04	18.26	18.26	5.33	20.11	0.247	0.578
10	膨化大豆	广东省佛山市	92.1	35.14	16.99	16.57	4.6	18.81	0.279	0.576	38.15	18.45	17.99	4.99	20.42	0.302	0.626
11	膨化大豆	广东省东莞市	90.2	34.86	16.91	15.99	5	17.46	0.255	0.571	38.64	18.74	17.72	5.54	19.35	0.283	0.633
12	膨化大豆	广东省惠州市	92.3	35.22	16.82	6.16	4.6	29.46	0.306	0.571	38.17	18.23	6.68	4.99	31.93	0.332	0.619
13	膨化大豆	广东省深圳市	90.3	34.5	17.05	6.54	5.1	27.08	0.229	0.558	38.22	18.89	7.24	5.65	30	0.254	0.619
14	膨化大豆	广西壮族自治区防城港市	92.1	35.22	20.85	3.98	4.92	27.09	0.298	0.508	38.26	22.65	4.32	5.34	29.43	0.324	0.552
15	膨化大豆	广西壮族自治区防城港市	92.4	34.98	20.26	4.64	4.76	27.78	0.275	0.479	37.85	21.92	5.02	5.15	30.06	0.298	0.518
16	膨化大豆	广西壮族自治区防城港市	92.8	35.1	20.05	4.42	4.67	28.6	0.272	0.473	37.81	21.6	4.76	5.03	30.81	0.293	0.509
17	膨化大豆	广西壮族自治区防城港市	92.5	34.94	19.95	4.85	4.63	28.13	0.276	0.479	37.77	21.57	5.24	5.01	30.41	0.298	0.517
18	膨化大豆	广西壮族自治区防城港市	93.8	35.38	21.27	4.08	4.83	28.22	0.3	0.51	37.73	22.68	4.35	5.15	30.09	0.32	0.544
19	膨化大豆	河北省沧州市	93.1	38.61	17.54	14.26	5.54	17.19	0.318	0.598	41.45	18.83	15.31	5.95	18.46	0.342	0.642
20	膨化大豆	河北省沧州市	92.6	37.85	15.31	12.37	5.38	21.65	0.314	0.577	40.89	16.54	13.36	5.81	23.39	0.339	0.623
21	膨化大豆	河北省沧州市	92.8	37.17	15.88	11.94	5.22	22.59	0.305	0.556	40.05	17.11	12.87	5.63	24.34	0.329	0.599
22	膨化大豆	河北省秦皇岛市昌黎县	91.9	36.28	19.67	6.42	5.9	23.61	0.565	0.713	39.49	21.41	6.99	6.42	25.7	0.615	0.776
23	膨化大豆	河北省秦皇岛市山海关区	92.7	35.74	19.95	6.27	5.19	25.59	0.34	0.73	38.54	21.51	6.76	5.6	27.59	0.367	0.787
24	膨化大豆	河北省秦皇岛市山海关区	92.9	35.78	19.67	6.32	5.04	26.12	0.352	0.719	38.5	21.17	6.8	5.42	28.11	0.379	0.774

续表1-15

序号	原料名称	采样地点	原样状态								绝干状态						
			干物质 DM	粗蛋白质 CP	粗脂肪 EE	粗纤维 CF	粗灰分 Ash	无氮浸出物 NFE	钙 Ca	磷 P	粗蛋白质 CP	粗脂肪 EE	粗纤维 CF	粗灰分 Ash	无氮浸出物 NFE	钙 Ca	磷 P
25	膨化大豆	河南省周口市商水县	90.9	44.34	0.88	5.73	6.25	33.67	0.374	0.846	48.79	0.97	6.31	6.88	37.05	0.412	0.931
26	膨化大豆	河南省新乡市	93	37.2	19.8	5	4.6	26.4	0.273	0.522	40	21.29	5.38	4.95	28.39	0.294	0.561
27	膨化大豆	河南省郑州市	92.8	37.4	17.2	5.6	5	27.6	0.293	0.517	40.3	18.53	6.03	5.39	29.74	0.315	0.557
28	膨化大豆	河南省郑州市	92.4	37.2	16.8	5.8	4.8	27.8	0.3	0.523	40.26	18.18	6.28	5.19	30.09	0.325	0.566
29	膨化大豆	河南省郑州市	92.4	37	16.5	6	5	27.9	0.298	0.526	40.04	17.86	6.49	5.41	30.19	0.323	0.569
30	膨化大豆	河南省郑州市	92.6	37	19.7	5	4.8	26.1	0.268	0.534	39.96	21.27	5.4	5.18	28.19	0.29	0.577
31	膨化大豆	河南省郑州市	92.9	37	17.8	6.2	5	26.9	0.306	0.516	39.83	19.16	6.67	5.38	28.96	0.33	0.555
32	膨化大豆	河南省郑州市	92.8	36	16.8	5.7	4.8	29.5	0.29	0.58	38.79	18.1	6.14	5.17	31.79	0.312	0.625
33	膨化大豆	河南省郑州市	92.9	36	18.8	6.4	4.7	27	0.299	0.512	38.75	20.24	6.89	5.06	29.06	0.322	0.551
34	膨化大豆	河南省郑州市	91.8	33.8	18	6.9	5	28.1	0.289	0.5	36.82	19.61	7.52	5.45	30.61	0.315	0.544
35	膨化大豆	河南省郑州市	92	33.6	18.9	6.4	5	28.1	0.295	0.495	36.52	20.54	6.96	5.43	30.54	0.321	0.538
36	膨化大豆	河南省郑州市	91.8	33.5	18.4	6.6	5.1	28.2	0.3	0.498	36.49	20.04	7.19	5.56	30.72	0.326	0.542
37	膨化大豆	河南省郑州市	91.6	33.2	18.7	7.2	5	27.5	0.285	0.493	36.24	20.41	7.86	5.46	30.02	0.311	0.538
38	膨化大豆	河南省周口市	92.4	37.4	16.3	6.3	4.9	27.5	0.294	0.514	40.48	17.64	6.82	5.3	29.76	0.318	0.556
39	膨化大豆	河南省周口市	92.6	37.4	17.2	6	5.2	26.8	0.294	0.513	40.39	18.57	6.48	5.62	28.94	0.317	0.554
40	膨化大豆	河南省周口市	92.4	36.8	16.4	5.2	5.3	28.7	0.341	0.505	39.83	17.75	5.63	5.74	31.06	0.369	0.546
41	膨化大豆	河南省周口市	92.8	36	17.9	5.2	4.8	28.9	0.224	0.548	38.79	19.29	5.6	5.17	31.14	0.242	0.59
42	膨化大豆	河南省驻马店市	92.8	37.2	17.6	6.8	4.8	26.4	0.302	0.525	40.09	18.97	7.33	5.17	28.45	0.326	0.566
43	膨化大豆	河南省驻马店市	92.7	37	17.6	5.9	5.2	27	0.306	0.517	39.91	18.99	6.36	5.61	29.13	0.33	0.558
44	膨化大豆	黑龙江省讷河市	91.6	36.3	2.51	4.79	4.9	43.1	0.3	0.568	39.63	2.74	5.23	5.35	47.05	0.328	0.621
45	原化大豆	黑龙江省讷河市	91.2	35.8	2.76	4.55	4.8	43.3	0.308	0.569	39.25	3.03	4.99	5.26	47.48	0.338	0.624

续表1-15

序号	原料名称	采样地点	原样状态								绝干状态						
			干物质 DM	粗蛋白质 CP	粗脂肪 EE	粗纤维 CF	粗灰分 Ash	无氮浸出物 NFE	钙 Ca	磷 P	粗蛋白质 CP	粗脂肪 EE	粗纤维 CF	粗灰分 Ash	无氮浸出物 NFE	钙 Ca	磷 P
46	膨化大豆	黑龙江省讷河市	92.2	35.8	3.18	4.84	4.8	43.58	0.302	0.567	38.83	3.45	5.25	5.21	47.27	0.327	0.615
47	膨化大豆	黑龙江省哈尔滨市	92.2	45.2	3.11	5.05	4.8	34.04	0.303	0.623	49.02	3.37	5.48	5.21	36.92	0.328	0.676
48	膨化大豆	黑龙江省哈尔滨市	92.2	36.8	2.62	4.25	4.8	43.73	0.295	0.622	39.91	2.84	4.61	5.21	47.43	0.32	0.674
49	膨化大豆	黑龙江省哈尔滨市	92.2	36.8	3.15	3.73	4.9	43.62	0.295	0.621	39.91	3.42	4.05	5.31	47.31	0.32	0.674
50	膨化大豆	黑龙江省哈尔滨市	91.7	36.6	2.11	5.1	4.7	43.2	0.303	0.61	39.91	2.3	5.56	5.13	47.11	0.33	0.665
51	膨化大豆	黑龙江省哈尔滨市	91.6	36.3	2.14	4.67	4.8	43.69	0.26	0.679	39.63	2.34	5.1	5.24	47.7	0.284	0.741
52	膨化大豆	黑龙江省哈尔滨市	91.2	35.9	3.18	5.08	4.7	42.34	0.285	0.607	39.36	3.49	5.57	5.15	46.43	0.312	0.665
53	膨化大豆	黑龙江省哈尔滨市	91.2	35.8	3.18	5.1	4.8	42.32	0.261	0.659	39.25	3.49	5.59	5.26	46.4	0.287	0.723
54	膨化大豆	黑龙江省哈尔滨市	92.2	35.8	2.19	4.1	4.8	45.31	0.296	0.603	38.83	2.38	4.45	5.21	49.14	0.321	0.654
55	膨化大豆	黑龙江省哈尔滨市	92.2	33.5	2.43	3.82	5.1	47.35	0.247	0.65	36.33	2.64	4.14	5.53	51.36	0.268	0.705
56	膨化大豆	黑龙江省哈尔滨市	92.2	32.1	2.19	4.07	4.9	48.94	0.3	0.614	34.82	2.38	4.41	5.31	53.08	0.325	0.666
57	膨化大豆	黑龙江省哈尔滨市	91.7	4.9	2.62	2.85	4.9	76.43	0.246	0.66	5.34	2.86	3.11	5.34	83.35	0.268	0.72
58	膨化大豆	黑龙江省讷河市	92.2	37.6	2.98	3.27	4.8	43.55	0.302	0.614	40.78	3.23	3.55	5.21	47.23	0.328	0.666
59	膨化大豆	黑龙江省讷河市	92.3	36.8	1.14	4.91	4.8	44.65	0.302	0.623	39.87	1.24	5.32	5.2	48.37	0.328	0.675
60	膨化大豆	黑龙江省讷河市	92.2	36.6	2.34	3.26	4.8	45.2	0.3	0.614	39.7	2.54	3.54	5.21	49.02	0.325	0.666
61	膨化大豆	黑龙江省讷河市	92.2	36.6	3.14	4.1	4.8	43.56	0.294	0.608	39.7	3.41	4.45	5.21	47.25	0.319	0.659
62	膨化大豆	黑龙江省讷河市	92.6	36.6	2.3	3.83	4.7	45.18	0.307	0.61	39.52	2.48	4.14	5.08	48.79	0.331	0.659
63	膨化大豆	黑龙江省讷河市	91.2	35.8	2.11	4.71	4.8	43.78	0.29	0.604	39.25	2.31	5.16	5.26	48	0.318	0.663
64	膨化大豆	黑龙江省讷河市	91.6	35.8	2.18	3.83	4.8	44.99	0.294	0.591	39.08	2.38	4.18	5.24	49.12	0.321	0.645

续表1-15

序号	原料名称	采样地点	原样状态								绝干状态						
			干物质 DM	粗蛋白质 CP	粗脂肪 EE	粗纤维 CF	粗灰分 Ash	无氮浸出物 NFE	钙 Ca	磷 P	粗蛋白质 CP	粗脂肪 EE	粗纤维 CF	粗灰分 Ash	无氮浸出物 NFE	钙 Ca	磷 P
65	膨化大豆	黑龙江省讷河市	92.6	35.7	2.18	4.71	4.8	45.21	0.282	0.587	38.55	2.35	5.09	5.18	48.82	0.304	0.633
66	膨化大豆	黑龙江省讷河市	91.6	33.5	2.18	4.07	4.6	47.25	0.281	0.6	36.57	2.38	4.44	5.02	51.58	0.307	0.655
67	膨化大豆	湖北省武汉市	90.8	36.38	19.41	6.06	4.95	23.94	0.276	0.517	40.09	21.39	6.68	5.45	26.38	0.304	0.569
68	膨化大豆	湖北省武汉市	90.4	36.24	17.79	5.73	4.97	25.69	0.297	0.727	40.08	19.68	6.34	5.5	28.41	0.328	0.804
69	膨化大豆	湖北省武汉市	92	36.74	18.73	6.83	4.43	25.3	0.254	0.716	39.92	20.35	7.42	4.81	27.49	0.276	0.778
70	膨化大豆	湖北省襄阳市宜城市	91.6	38.26	17.74	6.52	4.85	24.26	0.324	0.73	41.75	19.36	7.12	5.29	26.48	0.354	0.797
71	膨化大豆	湖北省宜昌市宜都市	90.8	38.46	16.68	5.94	5.3	24.42	0.328	0.74	42.36	18.37	6.54	5.84	26.89	0.361	0.815
72	膨化大豆	湖北省武汉市	91.2	34.4	19	6.64	4.53	26.59	0.264	0.557	37.73	20.84	7.28	4.97	29.17	0.29	0.611
73	膨化大豆	湖北省武汉市	89.9	33.57	19.05	5.82	4.51	26.99	0.248	0.554	37.32	21.18	6.47	5.01	30.01	0.276	0.616
74	膨化大豆	吉林省德惠市	93.5	36.67	16.71	7.63	4.93	27.54	0.191	0.557	39.23	17.88	8.16	5.27	29.46	0.205	0.596
75	膨化大豆	吉林省德惠市	93.4	36.51	16.61	7.1	4.9	28.29	0.186	0.568	39.09	17.78	7.6	5.25	30.29	0.199	0.608
76	膨化大豆	吉林省德惠市	93.2	35.76	16.63	5.12	4.77	30.96	0.174	0.554	38.35	17.84	5.49	5.12	33.2	0.187	0.594
77	膨化大豆	吉林省四平市	94.1	36.84	20.25	4.68	4.87	27.45	0.308	0.591	39.15	21.52	4.97	5.18	29.17	0.328	0.628
78	膨化大豆	吉林省四平市	93.9	36.06	20.02	5.82	4.67	27.29	0.282	0.523	38.42	21.33	6.2	4.98	29.08	0.3	0.557
79	膨化大豆	吉林省长春市	93.2	38.09	16.34	8.91	5.03	24.78	0.243	0.572	40.89	17.54	9.57	5.4	26.6	0.261	0.614
80	膨化大豆	吉林省长春市	93.9	36.52	18.85	5.37	4.94	28.17	0.298	0.546	38.91	20.09	5.72	5.26	30.02	0.317	0.581
81	膨化大豆	江苏省南通市	88.5	38.28	17.89	5.66	4.53	22.09	0.343	0.795	43.28	20.23	6.4	5.12	24.97	0.387	0.898
82	膨化大豆	江苏省南通市	88.3	35.67	18.67	5.65	5.16	23.14	0.346	0.602	40.41	21.15	6.4	5.85	26.21	0.391	0.682
83	膨化大豆	江苏省泰州市	88.6	37.68	18.61	5.62	5.53	21.14	0.311	0.609	42.54	21.01	6.34	6.24	23.87	0.351	0.688

续表1-15

序号	原料名称	采样地点	原样状态								绝干状态						
			干物质 DM	粗蛋白质 CP	粗脂肪 EE	粗纤维 CF	粗灰分 Ash	无氮浸出物 NFE	钙 Ca	磷 P	粗蛋白质 CP	粗脂肪 EE	粗纤维 CF	粗灰分 Ash	无氮浸出物 NFE	钙 Ca	磷 P
84	膨化大豆	江苏省泰州市	88.7	37.07	17.03	5.56	4.72	24.29	0.32	0.603	41.81	19.21	6.27	5.32	27.39	0.361	0.68
85	膨化大豆	江苏省泰州市	88.5	36.75	17.1	5.58	4.81	24.26	0.307	0.595	41.53	19.32	6.31	5.44	27.41	0.346	0.672
86	膨化大豆	江西省南昌市	90.9	36.84	20.35	4.8	4.9	24.05	0.288	0.539	40.51	22.38	5.28	5.39	26.45	0.316	0.592
87	膨化大豆	江西省南昌市	90.9	36.78	20.15	4.6	4.9	24.44	0.287	0.535	40.48	22.17	5.06	5.39	26.9	0.316	0.589
88	膨化大豆	江西省南昌市	90.8	36.73	20.6	4.7	4.9	23.88	0.279	0.541	40.45	22.68	5.18	5.4	26.3	0.307	0.596
89	膨化大豆	江西省南昌市	90.9	36.64	20.45	4.7	5	24.1	0.289	0.543	40.31	22.5	5.17	5.5	26.52	0.318	0.598
90	膨化大豆	江西省南昌市	90.7	36.38	20.18	5	4.9	24.23	0.282	0.539	40.11	22.25	5.51	5.4	26.72	0.311	0.594
91	膨化大豆	江西省南昌市	90.7	36.36	20.16	4.7	4.9	24.58	0.285	0.548	40.09	22.23	5.18	5.4	27.1	0.314	0.604
92	膨化大豆	江西省南昌市	91	36.39	20.28	4.6	4.9	24.81	0.287	0.528	40	22.29	5.06	5.39	27.27	0.315	0.581
93	膨化大豆	内蒙古自治区赤峰市	92	36.44	20.08	6.02	4.79	24.71	0.287	0.544	39.59	21.82	6.54	5.2	26.85	0.312	0.591
94	膨化大豆	内蒙古自治区赤峰市	92	36.41	20.59	5.57	4.81	24.64	0.287	0.546	39.57	22.38	6.05	5.23	26.78	0.312	0.594
95	膨化大豆	内蒙古自治区赤峰市	92.4	36.27	20.83	6.07	4.69	24.53	0.29	0.548	39.26	22.55	6.57	5.08	26.55	0.314	0.593
96	膨化大豆	内蒙古自治区赤峰市	91.9	36.06	19.94	5.37	4.76	25.77	0.279	0.542	39.24	21.7	5.84	5.18	28.04	0.304	0.59
97	膨化大豆	山东省青岛市	91.7	35.96	19.9	4.95	4.84	26.09	0.233	0.533	39.2	21.69	5.4	5.28	28.44	0.254	0.581
98	膨化大豆	山东省青岛市	92.3	36.06	18.29	5	4.91	28	0.233	0.534	39.09	19.82	5.42	5.32	30.35	0.252	0.579
99	膨化大豆	山东省青岛市	93.4	36.38	19.8	4.92	4.81	27.46	0.243	0.553	38.96	21.21	5.27	5.15	29.41	0.26	0.592
100	膨化大豆	山东省日照市	93.6	33.72	19.16	5.37	5.43	29.9	0.229	0.683	36.03	20.47	5.74	5.8	31.95	0.244	0.73
101	膨化大豆	山东省烟台市	93.7	38.33	20.95	4.97	5	24.44	0.314	0.589	40.91	22.36	5.3	5.34	26.09	0.335	0.629
102	膨化大豆	山东省烟台市	92.6	36.69	18.45	4.85	4.86	27.71	0.289	0.531	39.64	19.93	5.24	5.25	29.94	0.312	0.574
103	膨化大豆	山东省烟台市	92.8	36.77	20.38	4.75	5.07	25.84	0.289	0.538	39.62	21.96	5.12	5.46	27.84	0.311	0.58
104	膨化大豆	四川省广汉市	96.3	36.62	21.68	5.44	4.94	27.61	0.292	0.508	38.03	22.52	5.65	5.13	28.67	0.303	0.527

续表1-15

序号	原料名称	采样地点	原样状态								绝干状态						
			干物质 DM	粗蛋白质 CP	粗脂肪 EE	粗纤维 CF	粗灰分 Ash	无氮浸出物 NFE	钙 Ca	磷 P	粗蛋白质 CP	粗脂肪 EE	粗纤维 CF	粗灰分 Ash	无氮浸出物 NFE	钙 Ca	磷 P
105	膨化大豆	四川省广汉市	96.3	35.47	19.15	5.66	4.86	31.16	0.291	0.514	36.83	19.89	5.88	5.05	32.36	0.302	0.534
106	膨化大豆	四川省广汉市	96.1	35.25	19.05	5.41	4.89	31.48	0.214	0.582	36.69	19.83	5.63	5.09	32.77	0.223	0.606
107	膨化大豆	四川省广汉市	96.2	35.17	21.73	5.59	5.17	28.57	0.21	0.595	36.54	22.58	5.81	5.37	29.69	0.218	0.619
108	膨化大豆	四川省广汉市	96.2	35.02	19.15	5.47	4.94	31.67	0.214	0.592	36.39	19.9	5.68	5.13	32.91	0.223	0.616

十五、大豆粕

表 1-16　大豆粕样本原样状态及绝干状态下饲料常规成分和钙磷含量　　%

序号	原料名称	采样地点	原样状态								绝干状态						
			干物质 DM	粗蛋白质 CP	粗脂肪 EE	粗纤维 CF	粗灰分 Ash	无氮浸出物 NFE	钙 Ca	磷 P	粗蛋白质 CP	粗脂肪 EE	粗纤维 CF	粗灰分 Ash	无氮浸出物 NFE	钙 Ca	磷 P
1	大豆粕	安徽省亳州市	89.1	43.71	1.49	7.11	6.01	30.81	0.392	0.697	49.04	1.67	7.98	6.74	34.56	0.439	0.782
2	大豆粕	安徽省亳州市	89	44.16	1.54	7.35	6.3	29.62	0.359	0.753	49.63	1.73	8.26	7.08	33.29	0.404	0.847
3	大豆粕	安徽省亳州市	89.2	44.25	1.53	7.27	6.15	30.01	0.389	0.677	49.6	1.72	8.15	6.89	33.64	0.436	0.759
4	大豆粕	安徽省亳州市	89.1	43.76	1.4	7.46	6.27	30.24	0.358	0.74	49.1	1.57	8.37	7.03	33.93	0.402	0.831
5	大豆粕	安徽省亳州市	89.5	43.82	1.73	7.37	6.41	30.16	0.388	0.823	48.97	1.93	8.24	7.16	33.71	0.434	0.92
6	大豆粕	安徽省亳州市	89.3	43.71	1.46	7.49	6.42	30.23	0.36	0.761	48.94	1.63	8.39	7.19	33.85	0.403	0.852
7	大豆粕	安徽省亳州市	88.9	43.46	1.67	7.48	6.16	30.15	0.367	0.733	48.87	1.88	8.41	6.93	33.9	0.413	0.824
8	大豆粕	安徽省亳州市	89.1	43.49	1.52	7.47	6.3	30.33	0.355	0.725	48.81	1.71	8.38	7.07	34.04	0.399	0.813
9	大豆粕	安徽省亳州市	89	43.27	1.73	7.24	6.27	30.48	0.395	0.814	48.62	1.94	8.14	7.05	34.25	0.443	0.915
10	大豆粕	安徽省亳州市	89.1	43.23	1.54	7.56	6.03	30.77	0.394	0.834	48.51	1.73	8.48	6.77	34.53	0.442	0.936

续表1-16

序号	原料名称	采样地点	原样状态								绝干状态						
			干物质 DM	粗蛋白质 CP	粗脂肪 EE	粗纤维 CF	粗灰分 Ash	无氮浸出物 NFE	钙 Ca	磷 P	粗蛋白质 CP	粗脂肪 EE	粗纤维 CF	粗灰分 Ash	无氮浸出物 NFE	钙 Ca	磷 P
11	大豆粕	安徽省阜阳市	91.3	47.82	6.29	7.44	5.98	23.73	0.363	0.869	52.4	6.89	8.15	6.55	26	0.398	0.952
12	大豆粕	安徽省阜阳市	91.6	47.84	6.11	6.33	6.11	25.2	0.348	0.874	52.24	6.67	6.91	6.67	27.52	0.38	0.955
13	大豆粕	安徽省合肥市肥东县	90.9	45.96	1	8.02	6.27	29.67	0.365	0.998	50.55	1.1	8.82	6.9	32.63	0.402	1.097
14	大豆粕	安徽省宿州市	90.1	45.34	1.26	6.03	6.1	31.34	0.351	0.671	50.35	1.4	6.7	6.77	34.8	0.39	0.745
15	大豆粕	安徽省宿州市	89.6	44.51	0.84	6.28	6.06	31.94	0.361	0.683	49.66	0.94	7.01	6.76	35.64	0.402	0.762
16	大豆粕	安徽省宿州市	90.2	44.58	1.14	5.58	6.05	32.83	0.302	0.775	49.43	1.26	6.19	6.71	36.4	0.335	0.86
17	大豆粕	安徽省宿州市	90.3	44.6	1.06	6.53	5.96	32.12	0.389	0.667	49.41	1.17	7.23	6.6	35.58	0.431	0.739
18	大豆粕	安徽省宿州市	89.9	44.27	1.17	5.72	6	32.69	0.318	0.65	49.27	1.3	6.37	6.68	36.38	0.354	0.723
19	大豆粕	福建省福州市福清市	87.1	47.17	0.41	3.7	5.67	30.13	0.322	1.105	54.16	0.47	4.25	6.51	34.6	0.369	1.269
20	大豆粕	福建省福州市福清市	87.2	46.8	0.56	3.59	5.76	30.48	0.359	1.211	53.68	0.64	4.12	6.61	34.96	0.412	1.389
21	大豆粕	福建省福州市福清市	87.4	46.66	0.45	3.82	5.77	30.68	0.356	1.208	53.4	0.51	4.37	6.6	35.11	0.408	1.382
22	大豆粕	福建省莆田市秀屿区	86.8	45.92	0.94	5.28	5.78	28.89	0.373	1.138	52.9	1.08	6.08	6.66	33.28	0.429	1.311
23	大豆粕	福建省莆田市秀屿区	87.6	46.18	0.91	5.8	5.7	28.98	0.378	1.228	52.73	1.04	6.62	6.51	33.09	0.431	1.402
24	大豆粕	福建省泉州市泉港区	87.4	44.73	1.16	6.45	6.02	29.05	0.355	1.15	51.17	1.33	7.38	6.89	33.23	0.406	1.316
25	大豆粕	福建省泉州市泉港区	88	44.86	1.2	5.97	5.64	30.31	0.394	1.168	50.99	1.36	6.79	6.41	34.45	0.448	1.327
26	大豆粕	福建省泉州市泉港区	87.2	44.08	1.23	6.87	6.03	28.95	0.338	1.065	50.57	1.41	7.88	6.92	33.21	0.388	1.222
27	大豆粕	福建省泉州市泉港区	87.8	43.27	1.08	6.51	5.58	31.39	0.387	1.157	49.27	1.23	7.41	6.35	35.74	0.441	1.317
28	大豆粕	福建省厦门市同安区	88.5	43.19	0.89	7.61	5.73	31.06	0.351	0.991	48.81	1.01	8.6	6.48	35.1	0.396	1.12
29	大豆粕	福建省漳州市龙海区	87.4	43.92	0.96	7.67	5.98	28.91	0.321	0.943	50.23	1.1	8.77	6.84	33.06	0.367	1.079
30	大豆粕	福建省漳州市龙海区	87.6	43.83	0.8	7.52	6	29.44	0.392	1.189	50.04	0.91	8.59	6.85	33.61	0.448	1.358
31	大豆粕	福建省漳州市龙海区	86.9	42.31	0.37	5.7	5.56	32.99	0.293	1.157	48.67	0.43	6.56	6.4	37.95	0.337	1.331

续表1-16

序号	原料名称	采样地点	原样状态								绝干状态						
			干物质 DM	粗蛋白质 CP	粗脂肪 EE	粗纤维 CF	粗灰分 Ash	无氮浸出物 NFE	钙 Ca	磷 P	粗蛋白质 CP	粗脂肪 EE	粗纤维 CF	粗灰分 Ash	无氮浸出物 NFE	钙 Ca	磷 P
32	大豆粕	福建省漳州市龙海区	87	42.33	0.59	5.65	5.62	32.83	0.309	1.073	48.64	0.68	6.49	6.46	37.72	0.355	1.233
33	大豆粕	福建省漳州市龙海区	86.4	41.95	0.24	5.03	5.57	33.62	0.284	1.065	48.54	0.28	5.82	6.45	38.9	0.328	1.232
34	大豆粕	福建省漳州市龙海区	87.2	41.4	0.47	5.63	5.87	33.85	0.3	1.205	47.47	0.54	6.46	6.73	38.81	0.343	1.381
35	大豆粕	广东省东莞市	89	47.43	0.77	5.46	6.3	29.01	0.316	0.791	53.31	0.87	6.14	7.08	32.61	0.355	0.89
36	大豆粕	广东省东莞市	86.4	42.8	1.79	7.38	6.2	28.24	0.367	0.656	49.54	2.07	8.54	7.18	32.69	0.425	0.759
37	大豆粕	广东省东莞市	87.5	43.14	1.6	6.62	6.3	29.81	0.354	0.66	49.32	1.83	7.57	7.2	34.08	0.405	0.755
38	大豆粕	广东省佛山市	88.1	45.2	0.9	5	6.5	30.5	0.342	0.777	51.31	1.02	5.68	7.38	34.62	0.388	0.882
39	大豆粕	广东省佛山市	87.1	43.94	0.81	7.35	6.4	28.62	0.364	0.797	50.44	0.93	8.44	7.35	32.85	0.418	0.915
40	大豆粕	广东省佛山市	87.6	43.03	1.12	6.26	5.9	31.3	0.272	0.679	49.12	1.28	7.15	6.73	35.73	0.31	0.775
41	大豆粕	广东省佛山市	87.3	42.6	0.4	7.8	6.2	30.3	0.367	0.802	48.8	0.46	8.93	7.1	34.71	0.42	0.918
42	大豆粕	广东省佛山市	87.8	42.6	0.9	6.2	6.2	31.9	0.277	0.671	48.52	1.03	7.06	7.06	36.33	0.315	0.765
43	大豆粕	广东省广州市	89.8	46.55	1.15	4.22	6.4	31.43	0.328	0.758	51.87	1.28	4.7	7.13	35.02	0.365	0.845
44	大豆粕	广东省广州市	87.3	45.07	0.88	5.08	6.2	30.03	0.346	0.784	51.65	1.01	5.82	7.11	34.41	0.396	0.899
45	大豆粕	广东省广州市	87.1	44.17	1.08	4.68	6.4	30.77	0.311	0.793	50.71	1.24	5.37	7.35	35.33	0.357	0.911
46	大豆粕	广东省惠州市	87.4	43	1	4	5.7	33.7	0.241	0.656	49.2	1.14	4.58	6.52	38.56	0.276	0.75
47	大豆粕	广东省惠州市	87.5	44.5	0.88	7.23	5.9	29.01	0.311	0.636	50.85	1.01	8.26	6.74	33.15	0.355	0.727
48	大豆粕	广东省深圳市	87.1	44.3	0.47	4.78	5.8	31.75	0.255	0.711	50.86	0.54	5.49	6.66	36.45	0.293	0.816
49	大豆粕	广东省深圳市	87.6	42.37	1.53	7.24	6.1	30.34	0.334	0.607	48.38	1.75	8.27	6.97	34.64	0.382	0.693
50	大豆粕	广东省肇庆市	87.2	45.6	1.1	4	6.4	30.1	0.305	0.727	52.29	1.26	4.59	7.34	34.52	0.349	0.834
51	大豆粕	广东省肇庆市	87.2	43.6	1	6.2	6.4	30	0.338	0.7	50	1.15	7.11	7.34	34.4	0.387	0.803
52	大豆粕	广东省肇庆市	87.2	42.7	1.5	7.1	6.1	29.8	0.308	0.678	48.97	1.72	8.14	7	34.17	0.353	0.777

续表1-16

序号	原料名称	采样地点	原样状态								绝干状态						
			干物质 DM	粗蛋白质 CP	粗脂肪 EE	粗纤维 CF	粗灰分 Ash	无氮浸出物 NFE	钙 Ca	磷 P	粗蛋白质 CP	粗脂肪 EE	粗纤维 CF	粗灰分 Ash	无氮浸出物 NFE	钙 Ca	磷 P
53	大豆粕	广东省肇庆市	87.2	41.1	0.5	8	6.2	31.4	0.336	0.634	47.13	0.57	9.17	7.11	36.01	0.385	0.727
54	大豆粕	广西壮族自治区北海市	91.7	48.38	0.86	4.56	5.95	31.99	0.287	0.642	52.74	0.94	4.97	6.49	34.87	0.312	0.7
55	大豆粕	广西壮族自治区防城港市	90	51.3	0.58	4.31	6.29	27.54	0.35	0.664	56.99	0.64	4.79	6.99	30.59	0.389	0.738
56	大豆粕	广西壮族自治区防城港市	92.4	50.71	0.56	4.03	6.56	30.53	0.389	0.749	54.89	0.61	4.36	7.1	33.04	0.421	0.811
57	大豆粕	广西壮族自治区钦州市	89.9	49.18	0.78	5.45	6	28.51	0.315	0.646	54.69	0.87	6.06	6.67	31.71	0.35	0.718
58	大豆粕	广西壮族自治区钦州市	89.6	46.06	1.08	4.9	5.57	31.98	0.309	0.663	51.41	1.21	5.47	6.22	35.7	0.345	0.74
59	大豆粕	贵州省安顺市	91.2	48.92	0.72	2.65	6.32	32.54	0.323	0.726	53.67	0.79	2.91	6.93	35.7	0.354	0.796
60	大豆粕	贵州省安顺市	92.1	48.4	0.75	3.01	6.08	33.82	0.32	0.7	52.57	0.81	3.27	6.6	36.74	0.348	0.761
61	大豆粕	贵州省安顺市	90.7	43.67	1.02	3.13	6.26	36.57	0.33	0.694	48.17	1.13	3.45	6.91	40.34	0.364	0.766
62	大豆粕	贵州省安顺市	94.6	30.55	9.55	0.87	45.87	7.74	16.584	7.696	32.3	10.1	0.92	48.5	8.18	17.535	8.137
63	大豆粕	贵州省安顺市	94.7	30.04	9.73	1.12	45.51	8.25	17.225	7.976	31.74	10.28	1.18	48.08	8.72	18.199	8.426
64	大豆粕	贵州省安顺市	94.6	29.65	9.16	0.88	47.05	7.83	16.29	7.54	31.35	9.69	0.93	49.75	8.28	17.225	7.973
65	大豆粕	贵州省遵义市	92.3	49.69	1.08	2.68	6.2	32.62	0.319	0.723	53.85	1.17	2.9	6.72	35.35	0.346	0.783
66	大豆粕	贵州省遵义市	90.4	48.4	0.46	2.9	6.22	32.46	0.314	0.696	53.52	0.51	3.21	6.88	35.89	0.347	0.77
67	大豆粕	贵州省遵义市	92.5	46.7	1.75	3.46	6	34.63	0.377	0.694	50.46	1.89	3.74	6.48	37.42	0.408	0.75
68	大豆粕	贵州省遵义市	92.4	46.36	0.87	3.84	5.97	35.33	0.356	0.636	50.19	0.94	4.16	6.46	38.25	0.386	0.689
69	大豆粕	河北省	88.4	42.84	2.75	5.32	6.35	31.15			48.46	3.11	6.02	7.18	35.23	0	0
70	大豆粕	河北省沧州市	90.5	52.93	1.58	5.06	6.77	24.11	0.373	0.883	58.52	1.75	5.59	7.48	26.66	0.413	0.976
71	大豆粕	河北省沧州市	92.2	50.77	1.59	3.88	6.3	29.67	0.329	0.823	55.06	1.72	4.21	6.83	32.18	0.357	0.893

续表1-16

序号	原料名称	采样地点	原样状态								绝干状态						
			干物质 DM	粗蛋白质 CP	粗脂肪 EE	粗纤维 CF	粗灰分 Ash	无氮浸出物 NFE	钙 Ca	磷 P	粗蛋白质 CP	粗脂肪 EE	粗纤维 CF	粗灰分 Ash	无氮浸出物 NFE	钙 Ca	磷 P
72	大豆粕	河北省沧州市	92	48.72	1.32	4.29	6.35	31.34	0.331	0.843	52.95	1.43	4.66	6.9	34.06	0.359	0.916
73	大豆粕	河北省沧州市	90.6	47.1	1.34	4.84	5.93	31.41	0.273	0.707	51.98	1.48	5.34	6.54	34.66	0.302	0.78
74	大豆粕	河北省沧州市	92.6	48.11	1.62	4.77	6.24	31.86	0.269	0.707	51.95	1.75	5.15	6.74	34.41	0.29	0.763
75	大豆粕	河北省衡水市深州市	88.5	44.94	1.04	4.65	6.32	31.56	0.308	1.491	50.77	1.18	5.25	7.14	35.66	0.348	1.684
76	大豆粕	河北省衡水市深州市	88.9	45.11	1.98	4.03	6.61	31.19	0.318	1.026	50.73	2.23	4.53	7.43	35.08	0.357	1.154
77	大豆粕	河北省衡水市深州市	88.1	44.49	2.06	4.56	6.73	30.25	0.431	1.735	50.51	2.34	5.18	7.64	34.34	0.489	1.969
78	大豆粕	河北省衡水市深州市	88.6	43.04	1.44	4.78	6.8	32.54	0.277	1.572	48.58	1.63	5.4	7.67	36.73	0.312	1.775
79	大豆粕	河北省衡水市深州市	88.7	42.46	1.24	6.75	6.03	32.25	0.353	1.554	47.85	1.4	7.61	6.8	36.35	0.397	1.752
80	大豆粕	河北省衡水市深州市	89.1	41.54	1.77	4.59	6.17	35.07	0.252	1.56	46.6	1.99	5.15	6.92	39.34	0.283	1.75
81	大豆粕	河北省衡水市深州市	88.4	41.12	3.03	5.52	6.05	32.63	0.296	1.562	46.54	3.43	6.25	6.85	36.93	0.335	1.768
82	大豆粕	河北省廊坊市	91.6	50.77	1.66	4.6	6.2	28.37	0.36	0.819	55.43	1.81	5.02	6.77	30.97	0.393	0.894
83	大豆粕	河北省廊坊市	92.8	50.46	1.58	5.37	6.57	28.78	0.366	0.811	54.4	1.7	5.79	7.08	31.03	0.395	0.874
84	大豆粕	河北省廊坊市	93.9	49.85	1.76	5.2	6.34	30.7	0.357	0.777	53.12	1.88	5.54	6.76	32.71	0.38	0.828
85	大豆粕	河北省廊坊市	91.8	48.11	2.61	7.51	6.29	27.3	0.348	0.729	52.4	2.84	8.18	6.85	29.73	0.379	0.794
86	大豆粕	河北省廊坊市	92.8	48.54	1.59	4.49	6.42	31.76	0.281	0.753	52.31	1.71	4.84	6.92	34.22	0.303	0.812
87	大豆粕	河北省秦皇岛市	88.1	44.93	1.53	4.32	5.58	31.69	0.292	0.666	51.03	1.74	4.91	6.34	35.99	0.332	0.756
88	大豆粕	河北省秦皇岛市	87.1	44.13	1.91	4.65	5.57	30.86	0.294	0.67	50.65	2.19	5.34	6.39	35.42	0.337	0.769
89	大豆粕	河北省秦皇岛市	88.1	44.79	1.24	4.79	6.17	31.13	0.328	1.697	50.83	1.41	5.44	7	35.33	0.372	1.926
90	大豆粕	河北省秦皇岛市	88.5	44.78	1.56	4.64	6.36	31.19	0.327	1.718	50.58	1.76	5.24	7.18	35.23	0.369	1.941
91	大豆粕	河北省秦皇岛市	88.3	44.52	1.5	4.64	6.06	31.58	0.311	0.991	50.42	1.7	5.25	6.86	35.76	0.352	1.122
92	大豆粕	河北省秦皇岛市	88.7	44.61	1.51	4.55	6.21	31.79	0.347	1.762	50.31	1.7	5.13	7	35.85	0.391	1.987

续表1-16

序号	原料名称	采样地点	原样状态								绝干状态						
			干物质 DM	粗蛋白质 CP	粗脂肪 EE	粗纤维 CF	粗灰分 Ash	无氮浸出物 NFE	钙 Ca	磷 P	粗蛋白质 CP	粗脂肪 EE	粗纤维 CF	粗灰分 Ash	无氮浸出物 NFE	钙 Ca	磷 P
93	大豆粕	河北省邢台市	89	45.26	1.06	4.59	6.09	31.97	0.328	1.534	50.87	1.19	5.16	6.85	35.93	0.368	1.724
94	大豆粕	河北省邢台市	88.2	45.29	1.66	5.97	6.07	29.24	0.296	0.663	51.33	1.88	6.77	6.88	33.14	0.335	0.752
95	大豆粕	河北省邢台市南和区	89.6	45.9	1.82	4.29	6.05	31.5	0.355	1.594	51.25	2.03	4.79	6.76	35.17	0.397	1.78
96	大豆粕	河北省邢台市南和区	89.7	42.38	1.88	6.05	6.54	32.81	0.306	1.542	47.27	2.1	6.75	7.29	36.59	0.341	1.72
97	大豆粕	河南省鹤壁市	91	47.1	0.8	3.9	6.1	33.1	0.342	0.698	51.76	0.88	4.29	6.7	36.37	0.376	0.767
98	大豆粕	河南省开封市	91.3	44.4	0.7	6.2	6.2	33.8	0.354	0.754	48.63	0.77	6.79	6.79	37.02	0.388	0.826
99	大豆粕	河南省南阳市	90.6	47.7	1.1	4.5	6.5	30.8	0.339	0.689	52.65	1.21	4.97	7.17	34	0.374	0.76
100	大豆粕	河南省濮阳市	91	49.9	0.4	3.2	6.4	31.1	0.341	0.69	54.84	0.44	3.52	7.03	34.18	0.375	0.758
101	大豆粕	河南省濮阳市	91.6	47.8	0.2	4.2	6.3	33.1	0.348	0.711	52.18	0.22	4.59	6.88	36.14	0.38	0.777
102	大豆粕	河南省濮阳市	91.2	45.3	0.4	6.2	6.3	33	0.335	0.736	49.67	0.44	6.8	6.91	36.18	0.368	0.808
103	大豆粕	河南省三门峡市	91.1	45.4	1.2	6.8	5.8	31.9	0.355	0.643	49.84	1.32	7.46	6.37	35.02	0.39	0.706
104	大豆粕	河南省新乡市	90.9	48	0.5	3.6	6.3	32.5	0.319	0.683	52.81	0.55	3.96	6.93	35.75	0.351	0.751
105	大豆粕	河南省郑州市	91.2	47.8	1	4.2	6.4	31.8	0.32	0.716	52.41	1.1	4.61	7.02	34.87	0.351	0.786
106	大豆粕	河南省周口市	91.3	50	1	3.5	6.3	30.5	0.341	0.723	54.76	1.1	3.83	6.9	33.41	0.373	0.792
107	大豆粕	河南省周口市	91	47.8	1.1	3.7	6.3	32.1	0.317	0.69	52.53	1.21	4.07	6.92	35.27	0.348	0.758
108	大豆粕	河南省周口市	91.6	47.8	0.4	4.1	6.4	32.9	0.329	0.724	52.18	0.44	4.48	6.99	35.92	0.36	0.79
109	大豆粕	河南省周口市	91.4	47.4	1	4	6.2	32.8	0.32	0.698	51.86	1.09	4.38	6.78	35.89	0.35	0.763
110	大豆粕	河南省驻马店市	91.3	48.3	0.6	4.6	6.4	31.4	0.334	0.692	52.9	0.66	5.04	7.01	34.39	0.366	0.758
111	大豆粕	河南省驻马店市	91.1	47.4	1.8	4.4	6.5	31	0.35	0.708	52.03	1.98	4.83	7.14	34.03	0.384	0.778
112	大豆粕	黑龙江省八五四农场	90.6	44.8	2.01	4.45	6	33.34	0.284	0.72	49.45	2.22	4.91	6.62	36.8	0.314	0.795
113	大豆粕	黑龙江省哈尔滨市	90.1	44.6	2.01	4.51	6.1	32.88	0.36	0.703	49.5	2.23	5.01	6.77	36.49	0.399	0.781

续表1-16

序号	原料名称	采样地点	原样状态								绝干状态						
			干物质 DM	粗蛋白质 CP	粗脂肪 EE	粗纤维 CF	粗灰分 Ash	无氮浸出物 NFE	钙 Ca	磷 P	粗蛋白质 CP	粗脂肪 EE	粗纤维 CF	粗灰分 Ash	无氮浸出物 NFE	钙 Ca	磷 P
114	大豆粕	黑龙江省哈尔滨市	90.2	13.9	1.98	4.53	6	63.79	0.375	0.716	15.41	2.2	5.02	6.65	70.72	0.416	0.794
115	大豆粕	黑龙江省哈尔滨市	89.9	48	3.08	2.52	6	30.31	0.364	0.728	53.39	3.43	2.8	6.67	33.72	0.405	0.81
116	大豆粕	黑龙江省哈尔滨市	90.2	46.1	2.4	5.55	6	30.15	0.298	0.709	51.11	2.66	6.15	6.65	33.43	0.33	0.786
117	大豆粕	黑龙江省哈尔滨市	90.2	46.1	2.11	4.51	6.1	31.38	0.291	0.724	51.11	2.34	5	6.76	34.79	0.322	0.802
118	大豆粕	黑龙江省哈尔滨市	89.9	45.9	2.73	6.99	6	28.28	0.285	0.705	51.06	3.04	7.78	6.67	31.46	0.317	0.784
119	大豆粕	黑龙江省哈尔滨市	90	45.9	2.51	4.53	6.1	30.97	0.251	0.675	51	2.79	5.03	6.78	34.41	0.278	0.75
120	大豆粕	黑龙江省哈尔滨市	89.8	45.7	1.12	3.98	6.1	32.9	0.3	0.75	50.89	1.25	4.43	6.79	36.64	0.334	0.836
121	大豆粕	黑龙江省哈尔滨市	90.3	45.9	2.13	9.84	5.9	26.53	0.398	0.75	50.83	2.36	10.9	6.53	29.38	0.441	0.83
122	大豆粕	黑龙江省哈尔滨市	90.2	45.8	2.28	5.52	6	30.6	0.337	0.707	50.78	2.53	6.12	6.65	33.92	0.374	0.784
123	大豆粕	黑龙江省哈尔滨市	90.4	45.5	1.84	10.25	6.1	26.71	0.35	0.712	50.33	2.04	11.34	6.75	29.55	0.387	0.787
124	大豆粕	黑龙江省哈尔滨市	90	45.1	2.01	4.76	6.3	31.83	0.243	0.671	50.11	2.23	5.29	7	35.37	0.269	0.745
125	大豆粕	黑龙江省哈尔滨市	90	45	2.91	3.54	6.3	32.25	0.309	0.758	50	3.23	3.93	7	35.83	0.344	0.842
126	大豆粕	黑龙江省哈尔滨市	90	44.7	3.01	4.54	6.1	31.65	0.304	0.77	49.67	3.34	5.04	6.78	35.17	0.338	0.855
127	大豆粕	黑龙江省哈尔滨市	90.6	45	2.05	4.76	6	32.79	0.339	0.699	49.67	2.26	5.25	6.62	36.19	0.374	0.771
128	大豆粕	黑龙江省哈尔滨市	90.1	44.7	1.02	3.59	6	34.79	0.308	0.766	49.61	1.13	3.98	6.66	38.61	0.341	0.85
129	大豆粕	黑龙江省哈尔滨市	90.1	44.7	2.15	3.53	9.4	30.32	0.355	0.715	49.61	2.39	3.92	10.43	33.65	0.394	0.793
130	大豆粕	黑龙江省哈尔滨市	90.2	44.7	2.51	4.53	6.1	32.37	0.293	0.741	49.56	2.78	5.02	6.76	35.89	0.325	0.821
131	大豆粕	黑龙江省哈尔滨市	90.1	44.6	3.01	4.54	6	31.95	0.329	0.748	49.5	3.34	5.04	6.66	35.46	0.365	0.831
132	大豆粕	黑龙江省哈尔滨市	89.5	44.3	1.23	8.93	5.8	29.24	0.215	0.776	49.5	1.37	9.98	6.48	32.67	0.24	0.867
133	大豆粕	黑龙江省哈尔滨市	90	44.5	2.01	4.51	6	32.98	0.292	0.644	49.44	2.23	5.01	6.67	36.64	0.324	0.716
134	大豆粕	黑龙江省哈尔滨市	90	44.5	2.61	4.54	6	32.36	0.331	0.678	49.44	2.9	5.04	6.67	35.96	0.368	0.754

续表1-16

序号	原料名称	采样地点	原样状态								绝干状态						
			干物质 DM	粗蛋白质 CP	粗脂肪 EE	粗纤维 CF	粗灰分 Ash	无氮浸出物 NFE	钙 Ca	磷 P	粗蛋白质 CP	粗脂肪 EE	粗纤维 CF	粗灰分 Ash	无氮浸出物 NFE	钙 Ca	磷 P
135	大豆粕	黑龙江省哈尔滨市	90	44.5	2.11	4.76	6	32.64	0.328	0.683	49.44	2.34	5.29	6.67	36.27	0.365	0.758
136	大豆粕	黑龙江省哈尔滨市	90.1	44.5	2.02	5.34	6.1	32.14	0.286	0.658	49.39	2.24	5.93	6.77	35.67	0.318	0.73
137	大豆粕	黑龙江省哈尔滨市	90.1	44.5	2.12	4.54	6.2	32.74	0.289	0.786	49.39	2.35	5.04	6.88	36.34	0.321	0.872
138	大豆粕	黑龙江省哈尔滨市	90.1	44.5	2.12	5.54	6.1	31.84	0.333	0.655	49.39	2.35	6.15	6.77	35.34	0.369	0.726
139	大豆粕	黑龙江省哈尔滨市	90.1	44.5	2.31	4.05	6.2	33.05	0.343	0.745	49.39	2.56	4.5	6.88	36.68	0.381	0.827
140	大豆粕	黑龙江省哈尔滨市	90.1	44.5	2.01	4.51	6.1	32.99	0.3	0.742	49.39	2.23	5.01	6.77	36.61	0.333	0.824
141	大豆粕	黑龙江省哈尔滨市	90.6	44.7	2.51	5.53	6	31.86	0.313	0.771	49.34	2.77	6.1	6.62	35.17	0.345	0.851
142	大豆粕	黑龙江省哈尔滨市	90.4	44.6	3.32	2.91	6.1	33.47	0.273	0.693	49.34	3.67	3.22	6.75	37.02	0.302	0.767
143	大豆粕	黑龙江省哈尔滨市	90.2	44.5	1.81	4.76	6	33.13	0.282	0.709	49.33	2.01	5.28	6.65	36.73	0.312	0.786
144	大豆粕	黑龙江省哈尔滨市	89.7	44.2	2.57	5.9	6.1	30.93	0.338	0.711	49.28	2.87	6.58	6.8	34.48	0.377	0.792
145	大豆粕	黑龙江省哈尔滨市	90.2	44.3	2.25	5.4	6.3	31.95	0.333	0.703	49.11	2.49	5.99	6.98	35.42	0.37	0.779
146	大豆粕	黑龙江省哈尔滨市	90.3	44.2	2.05	9.53	6.3	28.22	0.331	0.695	48.95	2.27	10.55	6.98	31.25	0.366	0.77
147	大豆粕	黑龙江省哈尔滨市	90.2	43.6	2.87	5.95	6	31.78	0.326	0.784	48.34	3.18	6.6	6.65	35.23	0.361	0.87
148	大豆粕	黑龙江省哈尔滨市	89.7	43.2	1.47	9.28	5.8	29.95	0.224	0.777	48.16	1.64	10.35	6.47	33.39	0.249	0.866
149	大豆粕	黑龙江省海伦市	89.9	45.9	3.48	1.36	6.1	33.06	0.235	0.714	51.06	3.87	1.51	6.79	36.77	0.261	0.794
150	大豆粕	黑龙江省海伦市	90.6	45.7	3.01	4.76	6.3	30.83	0.238	0.721	50.44	3.32	5.25	6.95	34.03	0.263	0.796
151	大豆粕	黑龙江省海伦市	90.6	45	2.61	5	6	31.99	0.251	0.732	49.67	2.88	5.52	6.62	35.31	0.277	0.808
152	大豆粕	黑龙江省海伦市	89.4	44.1	2.34	6.19	6	30.77	0.241	0.722	49.33	2.62	6.92	6.71	34.42	0.27	0.807
153	大豆粕	黑龙江省海伦市	90.6	44.5	3.01	3.53	6.1	33.46	0.245	0.74	49.12	3.32	3.9	6.73	36.93	0.27	0.817
154	大豆粕	黑龙江省九三农场	90	48	2.01	4.76	6.3	28.93	0.375	0.715	53.33	2.23	5.29	7	32.14	0.417	0.794
155	大豆粕	黑龙江省九三农场	90.1	45	2.01	4.54	6	32.55	0.378	0.711	49.94	2.23	5.04	6.66	36.13	0.42	0.79

续表1-16

序号	原料名称	采样地点	原样状态								绝干状态						
			干物质 DM	粗蛋白质 CP	粗脂肪 EE	粗纤维 CF	粗灰分 Ash	无氮浸出物 NFE	钙 Ca	磷 P	粗蛋白质 CP	粗脂肪 EE	粗纤维 CF	粗灰分 Ash	无氮浸出物 NFE	钙 Ca	磷 P
156	大豆粕	黑龙江省九三农场	90	44.5	2.5	6.25	6.1	30.65	0.383	0.702	49.44	2.78	6.94	6.78	34.06	0.425	0.78
157	大豆粕	湖北省荆州市公安县	88.5	49.46	1.78	6.76	6.6	23.85	0.382	1.075	55.92	2.01	7.64	7.46	26.96	0.432	1.216
158	大豆粕	湖北省荆州市公安县	87.3	47.43	1.69	6.42	6.18	25.56	0.428	1.021	54.34	1.94	7.35	7.08	29.28	0.491	1.169
159	大豆粕	湖北省武汉市	87.5	48.98	1.89	4.87	6.49	25.28	0.352	1.014	55.97	2.16	5.57	7.42	28.89	0.402	1.158
160	大豆粕	湖北省武汉市	87.7	48.34	1.77	5.68	6.68	25.23	0.4	1.037	55.12	2.02	6.48	7.62	28.77	0.456	1.182
161	大豆粕	湖北省武汉市	87.1	47.08	1.8	5.91	5.93	26.39	0.367	0.977	54.05	2.07	6.78	6.81	30.3	0.421	1.121
162	大豆粕	湖北省武汉市	87.9	47.17	1.76	6.63	6.19	26.16	0.368	1.017	53.65	2	7.54	7.04	29.75	0.419	1.157
163	大豆粕	湖北省武汉市	86.6	47.97	1.74	4.1	6.02	26.79	0.366	0.797	55.38	2.01	4.73	6.95	30.93	0.422	0.921
164	大豆粕	湖北省武汉市	89.1	47.1	1.7	5.67	6.19	28.39	0.266	0.781	52.89	1.91	6.37	6.95	31.88	0.299	0.877
165	大豆粕	湖北省襄阳市宜城市	86.5	48.44	1.77	6.5	6.35	23.4	0.351	0.948	56.03	2.05	7.52	7.34	27.06	0.406	1.096
166	大豆粕	湖北省宜昌市宜都市	87.4	49.18	1.89	5.81	6.6	23.87	0.354	0.98	56.3	2.16	6.65	7.55	27.32	0.405	1.122
167	大豆粕	湖南省长沙市榘梨街道	89	46.78	1.6	5.63	5.17	29.79	0.295	1.449	52.58	1.8	6.33	5.81	33.48	0.331	1.629
168	大豆粕	湖南省长沙市望城区	89.8	45.22	1.84	5.6	6.11	31.04	0.365	0.901	50.35	2.05	6.24	6.8	34.56	0.406	1.003
169	大豆粕	湖南省长沙市望城区	90.2	44.33	1.8	5.7	5.35	32.97	0.339	0.852	49.17	2	6.32	5.93	36.57	0.376	0.946
170	大豆粕	湖南省株洲市芦淞区	88.9	46.11	1.85	3.24	5	32.71	0.408	1.126	51.87	2.08	3.64	5.62	36.79	0.459	1.267
171	大豆粕	湖南省株洲市芦淞区	89.4	45.01	1.82	5.83	5.41	31.33	0.377	1.108	50.35	2.04	6.52	6.05	35.04	0.422	1.24
172	大豆粕	湖南省株洲市芦淞区	90.5	45.56	1.71	3.7	5.3	34.21	0.404	1.064	50.35	1.89	4.09	5.86	37.81	0.446	1.176
173	大豆粕	湖南省株洲市芦淞区	90	44.89	1.65	3.3	6.05	34.16	0.387	1.012	49.86	1.83	3.67	6.72	37.94	0.43	1.124
174	大豆粕	吉林省德惠市	92.7	46.09	2.34	6.52	6.17	31.6	0.355	0.685	49.71	2.52	7.03	6.65	34.08	0.383	0.739
175	大豆粕	吉林省辽源市	92.4	48.24	1.36	3.89	6.11	32.76	0.374	0.889	52.23	1.47	4.21	6.62	35.47	0.405	0.962
176	大豆粕	吉林省双辽市	90.4	45.12	2.76	5.7	6.27	30.52	0.309	0.752	49.93	3.05	6.31	6.94	33.77	0.342	0.833

续表1-16

序号	原料名称	采样地点	原样状态								绝干状态						
			干物质 DM	粗蛋白质 CP	粗脂肪 EE	粗纤维 CF	粗灰分 Ash	无氮浸出物 NFE	钙 Ca	磷 P	粗蛋白质 CP	粗脂肪 EE	粗纤维 CF	粗灰分 Ash	无氮浸出物 NFE	钙 Ca	磷 P
177	大豆粕	吉林省四平市	92.6	44.78	1.17	6.48	5.96	34.25	0.373	0.757	48.34	1.26	6.99	6.43	36.97	0.403	0.817
178	大豆粕	吉林省四平市	92.7	44.58	1.84	3.04	7.05	36.22	0.415	0.737	48.08	1.98	3.28	7.6	39.06	0.448	0.795
179	大豆粕	吉林省四平市	93	43.99	1.5	2.62	7.14	37.79	0.374	0.693	47.28	1.61	2.82	7.67	40.62	0.402	0.745
180	大豆粕	吉林省四平市	91.6	42.92	0.91	6.01	5.92	35.88	0.37	0.724	46.84	0.99	6.56	6.46	39.15	0.404	0.791
181	大豆粕	吉林省长春市	91.8	43.08	1.35	3.1	6.14	38.12	0.349	0.646	46.93	1.47	3.38	6.69	41.53	0.38	0.704
182	大豆粕	吉林省长春市	91.7	42.97	1.27	7.24	6.27	33.99	0.345	0.646	46.84	1.38	7.89	6.83	37.05	0.376	0.705
183	大豆粕	吉林省长春市	92.6	43.28	1.01	3.2	6.39	38.67	0.33	0.615	46.76	1.09	3.46	6.9	41.78	0.357	0.665
184	大豆粕	吉林省长春市	93	41.62	2.31	6.93	6.45	35.67	0.306	0.732	44.76	2.48	7.45	6.94	38.36	0.329	0.788
185	大豆粕	江苏省淮安市	86.8	46.9	2.71	6.18	4.57	26.39	0.303	0.748	54.06	3.12	7.12	5.27	30.42	0.349	0.862
186	大豆粕	江苏省淮安市	87.4	47.04	2.6	6.2	4.65	26.87	0.301	0.744	53.85	2.98	7.1	5.32	30.76	0.345	0.852
187	大豆粕	江苏省淮安市	86.8	46.58	2.71	6.17	4.73	26.58	0.296	0.74	53.68	3.12	7.11	5.45	30.63	0.341	0.852
188	大豆粕	江苏省淮安市	87.1	46.73	2.87	6.27	4.65	26.55	0.294	0.731	53.67	3.3	7.2	5.34	30.49	0.337	0.84
189	大豆粕	江苏省淮安市	86.9	46.07	2.59	6.26	4.85	27.12	0.3	0.754	53.02	2.98	7.2	5.58	31.21	0.346	0.867
190	大豆粕	江苏省淮安市	86.8	45.79	3	6.1	5.69	26.22	0.293	0.726	52.75	3.46	7.03	6.56	30.21	0.337	0.837
191	大豆粕	江苏省南通市	88.5	48.34	2.79	6.22	4.43	26.75	0.305	0.73	54.6	3.15	7.03	5	30.22	0.345	0.825
192	大豆粕	江苏省南通市	88.4	48.1	2.68	6.2	4.54	26.83	0.3	0.737	54.44	3.03	7.02	5.14	30.36	0.34	0.834
193	大豆粕	江苏省南通市	86.9	46.8	2.55	6.32	4.88	26.33	0.302	0.74	53.87	2.94	7.28	5.62	30.31	0.348	0.852
194	大豆粕	江苏省宿迁市	87.8	48.48	2.26	6.14	4.28	26.64	0.299	0.738	55.22	2.57	6.99	4.87	30.34	0.341	0.84
195	大豆粕	江苏省宿迁市	87	46.53	2.46	6.32	4.78	26.93	0.299	0.723	53.47	2.83	7.26	5.49	30.95	0.344	0.83
196	大豆粕	江苏省宿迁市	87.1	46.22	2.55	6.2	4.72	27.39	0.304	0.745	53.07	2.93	7.12	5.42	31.45	0.35	0.856
197	大豆粕	江苏省泰州市	87.1	47.44	2.28	6.13	4.79	26.44	0.298	0.728	54.48	2.62	7.04	5.5	30.36	0.342	0.836

续表1-16

序号	原料名称	采样地点	原样状态								绝干状态						
			干物质 DM	粗蛋白质 CP	粗脂肪 EE	粗纤维 CF	粗灰分 Ash	无氮浸出物 NFE	钙 Ca	磷 P	粗蛋白质 CP	粗脂肪 EE	粗纤维 CF	粗灰分 Ash	无氮浸出物 NFE	钙 Ca	磷 P
198	大豆粕	江苏省泰州市	87.1	45.9	2.4	6.34	5.31	27.12	0.306	0.735	52.71	2.76	7.28	6.1	31.14	0.352	0.844
199	大豆粕	江苏省泰州市	87	45.33	2.79	6.19	4.97	27.76	0.3	0.726	52.08	3.21	7.11	5.71	31.89	0.345	0.834
200	大豆粕	江西省九江市	86.9	44.83	1	7.16	6.42	27.51	0.35	0.676	51.57	1.15	8.24	7.39	31.65	0.403	0.778
201	大豆粕	江西省九江市	86.7	44.12	0.92	6.94	6.35	28.38	0.367	0.665	50.88	1.06	8	7.32	32.73	0.423	0.766
202	大豆粕	江西省九江市	86.9	43.41	1.16	7.73	6.11	28.52	0.39	0.665	49.93	1.33	8.89	7.03	32.8	0.448	0.764
203	大豆粕	江西省九江市	87.1	43.39	1.05	6.86	6.35	29.4	0.328	0.648	49.84	1.21	7.88	7.29	33.77	0.376	0.745
204	大豆粕	江西省九江市	86.9	43.16	1.08	7.32	6.14	29.21	0.361	0.684	49.66	1.24	8.42	7.06	33.61	0.416	0.787
205	大豆粕	江西省九江市	86.8	40.82	0.76	6.97	6.28	31.97	0.336	0.659	47.03	0.88	8.03	7.24	36.84	0.388	0.76
206	大豆粕	江西省九江市经济开发区	86.8	44.55	1.04	6.99	6.05	28.16	0.354	0.686	51.34	1.2	8.05	6.97	32.45	0.408	0.79
207	大豆粕	辽宁省大连市	92.4	47.74	1.99	5.78	6.31	30.58	0.315	0.663	51.67	2.15	6.26	6.83	33.1	0.341	0.718
208	大豆粕	辽宁省大连市	92.1	46.23	1.78	3.61	6.14	34.34	0.327	0.679	50.2	1.93	3.92	6.67	37.29	0.355	0.737
209	大豆粕	辽宁省大连市	92.7	45.89	0.7	3.65	6.57	35.93	0.313	0.713	49.48	0.75	3.94	7.08	38.74	0.338	0.768
210	大豆粕	辽宁省大连市	92.7	44.25	1.43	4.19	6.04	36.78	0.264	0.75	47.74	1.54	4.52	6.52	39.68	0.285	0.809
211	大豆粕	辽宁省大连市	92.8	43.72	1.4	5.36	6.41	35.88	0.341	0.715	47.13	1.51	5.78	6.91	38.68	0.367	0.771
212	大豆粕	辽宁省丹东市	92.3	45.48	1.23	4.37	6.21	34.97	0.341	0.689	49.3	1.33	4.74	6.73	37.9	0.37	0.746
213	大豆粕	辽宁省丹东市	92.6	46.33	0.84	4.47	6.59	34.37	0.415	0.746	50.03	0.91	4.83	7.12	37.12	0.448	0.806
214	大豆粕	辽宁省丹东市	92.5	45.96	1.19	4.29	6.63	34.42	0.412	0.679	49.69	1.29	4.64	7.17	37.21	0.446	0.734
215	大豆粕	辽宁省丹东市	92.6	45.91	1.66	6.4	6.44	32.16	0.43	0.767	49.59	1.79	6.91	6.96	34.74	0.465	0.828
216	大豆粕	辽宁省丹东市	92.6	45.7	1.18	4.66	6.51	34.54	0.416	0.695	49.36	1.27	5.03	7.03	37.3	0.449	0.751
217	大豆粕	辽宁省丹东市	92.5	45.49	0.77	6.31	6.65	33.3	0.422	0.771	49.17	0.83	6.82	7.19	35.99	0.456	0.834
218	大豆粕	辽宁省丹东市	92.5	44.75	1.28	3.91	6.68	35.89	0.407	0.688	48.37	1.38	4.23	7.22	38.8	0.44	0.743

续表1-16

序号	原料名称	采样地点	原样状态								绝干状态						
			干物质 DM	粗蛋白质 CP	粗脂肪 EE	粗纤维 CF	粗灰分 Ash	无氮浸出物 NFE	钙 Ca	磷 P	粗蛋白质 CP	粗脂肪 EE	粗纤维 CF	粗灰分 Ash	无氮浸出物 NFE	钙 Ca	磷 P
219	大豆粕	辽宁省锦州市	90.2	47.31	0.9	2.99	6.51	32.49	0.32	0.722	52.45	1	3.31	7.22	36.02	0.354	0.8
220	大豆粕	辽宁省锦州市	91.6	45.2	2.34	4.65	6.23	33.21	0.373	0.68	49.33	2.55	5.07	6.8	36.24	0.407	0.742
221	大豆粕	辽宁省沈阳市	89.7	49.64	2.02	4.49	6.68	26.83	0.323	0.701	55.36	2.25	5.01	7.45	29.92	0.361	0.781
222	大豆粕	辽宁省沈阳市	90.9	49.16	0.63	5.51	6.44	29.12	0.315	0.692	54.11	0.69	6.06	7.09	32.05	0.347	0.762
223	大豆粕	辽宁省沈阳市	90	46.49	1.83	4.88	5.95	30.88	0.335	0.698	51.64	2.03	5.42	6.61	34.3	0.372	0.775
224	大豆粕	辽宁省沈阳市	92.3	46.52	1.05	4.3	6.16	34.3	0.332	0.67	50.38	1.14	4.66	6.67	37.15	0.36	0.726
225	大豆粕	辽宁省铁岭市	89.1	47.46	1.13	3.2	6.48	30.78	0.332	0.702	53.3	1.27	3.59	7.28	34.56	0.373	0.788
226	大豆粕	辽宁省铁岭市	92.7	47.23	1.21	4.29	6.59	33.35	0.378	0.709	50.97	1.31	4.63	7.11	35.99	0.408	0.766
227	大豆粕	辽宁省铁岭市	92.7	44.35	1.88	4.69	6.09	35.64	0.346	0.614	47.87	2.03	5.06	6.57	38.47	0.374	0.663
228	大豆粕	辽宁省营口市	93	45.22	0.47	3.68	6.06	37.55	0.298	0.681	48.63	0.51	3.96	6.52	40.39	0.32	0.732
229	大豆粕	内蒙古自治区呼伦贝尔市海拉尔区	88.9	44.39	0.75	7.25	5.92	30.63	0.352	0.641	49.91	0.84	8.15	6.66	34.44	0.396	0.72
230	大豆粕	内蒙古自治区呼伦贝尔市海拉尔区	89	43.52	0.88	7.96	5.81	30.86	0.35	0.635	48.88	0.99	8.94	6.53	34.66	0.393	0.713
231	大豆粕	内蒙古自治区呼和浩特市	89.4	44.95	1.59	6.13	6.14	30.62	0.362	0.718	50.26	1.78	6.85	6.87	34.24	0.405	0.802
232	大豆粕	内蒙古自治区呼和浩特市	89	44.7	1.55	6.16	5.97	30.6	0.338	0.683	50.24	1.74	6.92	6.71	34.39	0.379	0.768
233	大豆粕	内蒙古自治区呼和浩特市	89	44.62	1.54	6.28	5.71	30.89	0.342	0.697	50.11	1.73	7.05	6.41	34.69	0.384	0.783
234	大豆粕	内蒙古自治区呼和浩特市	89.7	44.79	2.32	7.35	6.2	29.03	0.336	0.664	49.94	2.59	8.19	6.91	32.37	0.375	0.74

续表1-16

序号	原料名称	采样地点	原样状态								绝干状态						
			干物质 DM	粗蛋白质 CP	粗脂肪 EE	粗纤维 CF	粗灰分 Ash	无氮浸出物 NFE	钙 Ca	磷 P	粗蛋白质 CP	粗脂肪 EE	粗纤维 CF	粗灰分 Ash	无氮浸出物 NFE	钙 Ca	磷 P
235	大豆粕	内蒙古自治区呼和浩特市	89.8	44.72	2.14	6.5	6.34	30.08	0.346	0.675	49.81	2.38	7.24	7.06	33.5	0.386	0.751
236	大豆粕	内蒙古自治区呼和浩特市	89.2	44.37	1.64	5.63	6.19	31.32	0.369	0.716	49.77	1.84	6.32	6.94	35.13	0.414	0.803
237	大豆粕	内蒙古自治区呼和浩特市	89.1	44.29	2.42	6.66	6.36	29.33	0.277	0.654	49.73	2.72	7.48	7.14	32.93	0.312	0.734
238	大豆粕	内蒙古自治区呼和浩特市	89.1	44.02	2.09	6.52	5.89	30.6	0.332	0.665	49.39	2.35	7.32	6.61	34.34	0.373	0.746
239	大豆粕	内蒙古自治区呼和浩特市	90	44.17	1.79	6.52	6.61	30.93	0.338	0.672	49.07	1.99	7.24	7.34	34.36	0.376	0.747
240	大豆粕	内蒙古自治区呼伦贝尔市	88.5	42.98	0.7	7.71	5.86	31.28	0.34	0.66	48.55	0.79	8.71	6.62	35.33	0.384	0.746
241	大豆粕	内蒙古自治区呼伦贝尔市	90.4	43.81	2.55	8.06	6.09	29.89	0.331	0.7	48.46	2.82	8.92	6.74	33.06	0.366	0.774
242	大豆粕	内蒙古自治区呼伦贝尔市	90.8	41.98	4.22	9.59	7.58	27.4	0.334	0.702	46.25	4.65	10.57	8.35	30.19	0.368	0.773
243	大豆粕	内蒙古自治区呼伦贝尔市	90.7	41.43	3.51	9.22	7.59	28.97	0.348	0.7	45.67	3.87	10.16	8.37	31.93	0.383	0.771
244	大豆粕	内蒙古自治区呼伦贝尔市	91.2	41.48	3.19	9.06	7.54	29.96	0.337	0.702	45.47	3.5	9.93	8.26	32.84	0.37	0.769
245	大豆粕	内蒙古自治区呼伦贝尔市	91.3	41.43	3.16	10.26	7.65	28.82	0.343	0.697	45.37	3.46	11.24	8.38	31.56	0.375	0.764
246	大豆粕	内蒙古自治区呼伦贝尔市	88.3	39.31	5.4	8.87	6.36	28.34	0.321	0.591	44.53	6.12	10.05	7.2	32.1	0.364	0.669

续表1-16

序号	原料名称	采样地点	原样状态								绝干状态						
			干物质 DM	粗蛋白质 CP	粗脂肪 EE	粗纤维 CF	粗灰分 Ash	无氮浸出物 NFE	钙 Ca	磷 P	粗蛋白质 CP	粗脂肪 EE	粗纤维 CF	粗灰分 Ash	无氮浸出物 NFE	钙 Ca	磷 P
247	大豆粕	内蒙古自治区呼伦贝尔市	87.6	38.99	5.7	9.52	6.1	27.33	0.325	0.593	44.49	6.5	10.86	6.96	31.18	0.371	0.677
248	大豆粕	内蒙古自治区呼伦贝尔市	86.1	38.26	4.58	9.06	6.16	28.04	0.322	0.596	44.44	5.32	10.52	7.15	32.57	0.374	0.692
249	大豆粕	内蒙古自治区呼伦贝尔市	90.5	40.09	3.39	9.4	7.55	30.09	0.339	0.712	44.29	3.75	10.38	8.34	33.24	0.375	0.787
250	大豆粕	内蒙古自治区呼伦贝尔市	88	38.46	5.61	10.38	6.14	27.37	0.328	0.581	43.72	6.38	11.8	6.98	31.12	0.373	0.66
251	大豆粕	内蒙古自治区呼伦贝尔市	87.4	37.92	5.55	9.88	6.13	27.93	0.328	0.619	43.38	6.35	11.3	7.01	31.95	0.375	0.708
252	大豆粕	内蒙古自治区呼伦贝尔市	89.8	38.87	5.86	9.21	6.23	29.64	0.327	0.623	43.28	6.52	10.25	6.94	33	0.364	0.694
253	大豆粕	内蒙古自治区呼伦贝尔市	87.9	37.85	6.21	9.77	6.04	28.01	0.329	0.584	43.07	7.07	11.12	6.87	31.87	0.375	0.665
254	大豆粕	内蒙古自治区呼伦贝尔市	86.1	36.64	5.13	8.99	6.19	29.17	0.334	0.603	42.55	5.96	10.44	7.19	33.87	0.388	0.701
255	大豆粕	内蒙古自治区呼伦贝尔市	90.9	35.58	10.64	9.4	5.42	29.83	0.271	0.643	39.15	11.71	10.34	5.96	32.83	0.298	0.708
256	大豆粕	内蒙古自治区呼伦贝尔市	91.7	35.91	10.26	9.88	5.75	29.92	0.328	0.604	39.15	11.19	10.77	6.27	32.62	0.357	0.659
257	大豆粕	内蒙古自治区呼伦贝尔市	92.2	35.53	10.29	10.03	6.12	30.22	0.326	0.633	38.54	11.16	10.88	6.64	32.78	0.353	0.686
258	大豆粕	内蒙古自治区呼伦贝尔市	92.1	35.3	10.21	8.46	6.01	32.15	0.315	0.595	38.32	11.08	9.18	6.52	34.9	0.342	0.646

续表1-16

序号	原料名称	采样地点	原样状态								绝干状态						
			干物质 DM	粗蛋白质 CP	粗脂肪 EE	粗纤维 CF	粗灰分 Ash	无氮浸出物 NFE	钙 Ca	磷 P	粗蛋白质 CP	粗脂肪 EE	粗纤维 CF	粗灰分 Ash	无氮浸出物 NFE	钙 Ca	磷 P
259	大豆粕	山东省	91.5	50.28	0.51	3.28	5.99	31.41	0.228	0.969	54.97	0.56	3.59	6.55	34.34	0.249	1.059
260	大豆粕	山东省龙口市	90.6	44.53	0.89	4.49	6	34.64	0.334	0.722	49.18	0.98	4.96	6.63	38.26	0.369	0.797
261	大豆粕	山东省滨州市	91.2	49.6	1.09	4.65	6.34	29.52	0.408	0.735	54.39	1.2	5.1	6.95	32.37	0.447	0.806
262	大豆粕	山东省滨州市	92.4	49.21	1.17	4.02	6.06	31.89	0.226	0.865	53.29	1.27	4.35	6.56	34.53	0.245	0.936
263	大豆粕	山东省滨州市	92.1	48.07	0.42	3.32	6.59	33.7	0.23	0.861	52.19	0.46	3.6	7.16	36.59	0.25	0.935
264	大豆粕	山东省滨州市	92.5	48.15	1.31	3.48	6.39	33.17	0.236	0.869	52.05	1.42	3.76	6.91	35.86	0.256	0.94
265	大豆粕	山东省滨州市	92.5	46.73	1.81	3.03	6.51	34.42	0.222	0.873	50.52	1.96	3.28	7.04	37.21	0.24	0.944
266	大豆粕	山东省济宁市	91.9	51.02	1.69	3.48	6.2	29.55	0.331	0.806	55.49	1.84	3.79	6.74	32.14	0.36	0.876
267	大豆粕	山东省济宁市任城区	91	52.41	1.79	3.74	5.95	27.09	0.33	0.814	57.61	1.97	4.11	6.54	29.78	0.362	0.895
268	大豆粕	山东省日照市	90.3	47.85	0.58	5.65	6.28	29.93	0.383	0.811	53	0.64	6.26	6.96	33.15	0.424	0.898
269	大豆粕	山东省日照市	88.5	45.61	0.77	5.52	5.85	30.75	0.281	0.771	51.54	0.87	6.24	6.61	34.75	0.318	0.871
270	大豆粕	山东省日照市	89.2	44.4	0.75	5.21	5.87	32.92	0.293	0.775	49.8	0.84	5.84	6.58	36.93	0.328	0.869
271	大豆粕	山东省潍坊市	91	44.19	0.88	4.29	6.42	35.24	0.476	0.79	48.55	0.97	4.71	7.05	38.72	0.523	0.867
272	大豆粕	山东省烟台市	90	48.2	1.62	3.87	6.13	30.17	0.337	0.791	53.56	1.8	4.3	6.81	33.53	0.375	0.879
273	大豆粕	山东省烟台市	90.8	48.06	1.21	3.44	6.09	31.97	0.321	0.773	52.95	1.33	3.79	6.71	35.22	0.353	0.851
274	大豆粕	山东省烟台市	90.7	47.92	1.43	4.83	6.11	30.41	0.365	0.752	52.83	1.58	5.33	6.74	33.53	0.403	0.829
275	大豆粕	山东省烟台市	90.8	47.75	0.8	4.98	6.32	30.9	0.337	0.795	52.62	0.88	5.49	6.96	34.05	0.371	0.876
276	大豆粕	山东省烟台市	90.9	47.11	1.3	4.5	6.27	31.75	0.387	0.777	51.81	1.43	4.95	6.9	34.92	0.426	0.854
277	大豆粕	山东省济南市章丘区	89	41.83	1.65	3.37	6.28	35.84	0.343	0.697	47.02	1.85	3.79	7.06	40.28	0.385	0.783
278	大豆粕	山东省淄博市	90.6	46.55	1.91	3.51	5.95	32.63	0.351	0.799	51.41	2.11	3.88	6.57	36.04	0.388	0.882
279	大豆粕	山西省运城市	92	46.47	1.8	9.4	6.46	27.87	0.419	0.809	50.51	1.96	10.22	7.02	30.29	0.455	0.88

续表1-16

序号	原料名称	采样地点	原样状态								绝干状态						
			干物质 DM	粗蛋白质 CP	粗脂肪 EE	粗纤维 CF	粗灰分 Ash	无氮浸出物 NFE	钙 Ca	磷 P	粗蛋白质 CP	粗脂肪 EE	粗纤维 CF	粗灰分 Ash	无氮浸出物 NFE	钙 Ca	磷 P
280	大豆粕	山西省运城市	92.1	46.22	2.3	8.9	6.47	28.21	0.399	0.767	50.18	2.5	9.66	7.02	30.63	0.434	0.832
281	大豆粕	山西省运城市	92.3	46.01	2.2	8.3	6.6	29.19	0.422	0.754	49.85	2.38	8.99	7.15	31.63	0.457	0.817
282	大豆粕	陕西省西安市	93.4	50.28	0.43	3.98	6.79	31.9	0.294	0.642	53.84	0.46	4.26	7.27	34.16	0.315	0.688
283	大豆粕	陕西省西安市	94.3	50.35	0.65	4.87	6.84	31.57	0.37	0.789	53.4	0.69	5.17	7.25	33.49	0.393	0.837
284	大豆粕	陕西省西安市	93.2	49.74	0.59	3.72	6.68	32.49	0.354	0.714	53.36	0.63	3.99	7.17	34.85	0.379	0.766
285	大豆粕	陕西省西安市	92.9	49.52	1.17	2.36	7.12	32.76	0.352	0.784	53.29	1.26	2.54	7.66	35.25	0.378	0.844
286	大豆粕	陕西省西安市	94.8	50.48	0.61	3	7	33.74	0.378	0.773	53.23	0.64	3.16	7.38	35.58	0.399	0.815
287	大豆粕	陕西省西安市	93.3	49.25	0.98	4.69	6.58	31.78	0.319	0.715	52.8	1.05	5.03	7.05	34.07	0.342	0.766
288	大豆粕	陕西省西安市	93.3	49.2	0.38	4.01	6.75	32.99	0.351	0.712	52.72	0.41	4.3	7.23	35.35	0.376	0.763
289	大豆粕	陕西省西安市	92.3	41.51	0.89	7.09	6.1	36.75	0.339	0.679	44.95	0.96	7.68	6.61	39.8	0.368	0.735
290	大豆粕	陕西省西安市	91.9	49.37	0.58	4.53	6.52	30.93	0.347	0.744	53.7	0.63	4.93	7.09	33.65	0.377	0.81
291	大豆粕	陕西省西安市	92	48.68	0.28	4.7	5.98	32.31	0.341	0.706	52.94	0.3	5.11	6.5	35.14	0.371	0.767
292	大豆粕	陕西省西安市	92.1	47.74	0.49	5.6	6.71	31.52	0.343	0.694	51.86	0.53	6.08	7.29	34.24	0.373	0.754
293	大豆粕	陕西省咸阳市	93.1	49.22	1.25	3.73	7.29	31.59	0.275	0.562	52.88	1.34	4.01	7.83	33.94	0.296	0.604
294	大豆粕	陕西省咸阳市	93.2	47.42	1.05	3.82	5.99	34.87	0.301	0.764	50.91	1.13	4.1	6.43	37.43	0.323	0.82
295	大豆粕	陕西省咸阳市	93.7	46.52	0.56	5.59	6.36	34.63	0.324	0.701	49.67	0.6	5.97	6.79	36.97	0.346	0.748
296	大豆粕	陕西省	90.6	46.76	0.5	5.45	6.59	31.28	0.322	0.681	51.62	0.55	6.02	7.28	34.53	0.356	0.752
297	大豆粕	上海市浦东新区	87.1	47.42	2.42	6.33	4.71	26.2	0.31	0.734	54.46	2.78	7.27	5.41	30.09	0.356	0.843
298	大豆粕	上海市浦东新区	87	47.16	2.17	6.27	5.07	26.34	0.303	0.723	54.19	2.49	7.21	5.83	30.27	0.348	0.831
299	大豆粕	上海市浦东新区	87.1	46.61	2.31	6.21	4.88	27.05	0.307	0.725	53.54	2.65	7.13	5.61	31.07	0.353	0.833
300	大豆粕	上海市浦东新区	87.7	46.95	2.34	6.27	4.68	27.48	0.305	0.734	53.53	2.67	7.15	5.34	31.33	0.348	0.837

续表1-16

序号	原料名称	采样地点	原样状态								绝干状态						
			干物质 DM	粗蛋白质 CP	粗脂肪 EE	粗纤维 CF	粗灰分 Ash	无氮浸出物 NFE	钙 Ca	磷 P	粗蛋白质 CP	粗脂肪 EE	粗纤维 CF	粗灰分 Ash	无氮浸出物 NFE	钙 Ca	磷 P
301	大豆粕	上海市浦东新区	87	46.01	2.34	6.21	5.21	27.28	0.304	0.723	52.86	2.69	7.13	5.99	31.34	0.35	0.831
302	大豆粕	四川省广汉市	94.7	48.54	0.33	4.97	6.23	34.61	0.338	0.687	51.27	0.35	5.25	6.58	36.55	0.357	0.726
303	大豆粕	四川省广汉市	93.8	47.75	0.26	4.94	6.22	34.64	0.338	0.683	50.9	0.28	5.27	6.63	36.93	0.361	0.728
304	大豆粕	四川省广汉市	94.5	47.4	0.54	4.57	6.21	35.74	0.345	0.713	50.18	0.57	4.84	6.57	37.84	0.365	0.754
305	大豆粕	四川省眉山市彭山县	98.4	51.49	0.5	5.04	6.65	34.72	0.348	0.967	52.33	0.51	5.12	6.76	35.29	0.354	0.983
306	大豆粕	四川省眉山市彭山县	98	51.09	0.36	4.77	6.77	35.02	0.385	1.015	52.13	0.37	4.87	6.91	35.73	0.393	1.035
307	大豆粕	四川省眉山市彭山县	98	50.99	0.34	5.48	6.68	34.48	0.39	1.033	52.05	0.35	5.59	6.82	35.19	0.398	1.054
308	大豆粕	四川省眉山市彭山县	98.1	50.37	0.69	5.97	6.69	34.38	0.357	0.989	51.35	0.7	6.09	6.82	35.05	0.364	1.008
309	大豆粕	四川省眉山市彭山县	97.3	49.53	0.41	5.44	6.54	35.39	0.381	1.023	50.9	0.42	5.59	6.72	36.37	0.392	1.052
310	大豆粕	新疆维吾尔自治区	90	46.22	1.02	3.59	6.11	33.09	0.354	0.802	51.34	1.13	3.99	6.79	36.75	0.393	0.891
311	大豆粕	新疆维吾尔自治区	89.5	46.9	0.61	5	6.19	30.75	0.455	0.783	52.43	0.68	5.59	6.92	34.38	0.509	0.875
312	大豆粕	新疆维吾尔自治区乌鲁木齐市	91.3	46.61	0.5	6.25	6.14	31.81	0.391	1.087	51.05	0.55	6.84	6.72	34.84	0.428	1.19
313	大豆粕	新疆维吾尔自治区乌鲁木齐市	89.9	45.71	0.87	5.95	6.27	31.12	0.426	0.723	50.83	0.97	6.62	6.97	34.61	0.474	0.804
314	大豆粕	新疆维吾尔自治区乌鲁木齐市	87.8	45.05	0.25	5.4	5.8	31.27	0.355	0.753	51.33	0.28	6.15	6.61	35.63	0.404	0.857
315	大豆粕	新疆益海(昌吉)粮油工业有限公司	88	45.13	1.12	3.98	5.86	31.91	0.302	0.782	51.28	1.27	4.52	6.66	36.26	0.344	0.888
316	大豆粕	浙江省湖州市德清县	89.1	43.41	2.11	7.4	6.92	29.28	0.421	0.726	48.71	2.37	8.3	7.76	32.85	0.472	0.815
317	大豆粕	浙江省杭州市	92.1	46.5	1.5	6.6	6.21	31.33	0.266	0.677	50.47	1.63	7.16	6.74	34	0.289	0.735
318	大豆粕	浙江省杭州市	91.8	46.26	1.5	6.5	6.14	31.4	0.263	0.683	50.39	1.63	7.08	6.69	34.2	0.287	0.744
319	大豆粕	浙江省杭州市	89	43.92	1.04	6.93	6.46	30.62	0.428	0.723	49.36	1.17	7.79	7.26	34.42	0.481	0.813

续表1-16

序号	原料名称	采样地点	原样状态								绝干状态						
			干物质 DM	粗蛋白质 CP	粗脂肪 EE	粗纤维 CF	粗灰分 Ash	无氮浸出物 NFE	钙 Ca	磷 P	粗蛋白质 CP	粗脂肪 EE	粗纤维 CF	粗灰分 Ash	无氮浸出物 NFE	钙 Ca	磷 P
320	大豆粕	浙江省宁波市北仑区	89.2	43.51	0.87	6.25	6.27	32.26	0.348	0.693	48.8	0.98	7.01	7.03	36.18	0.39	0.778
321	大豆粕	浙江省宁波市北仑区	88.8	42.78	2.18	7.48	6	30.33	0.345	0.687	48.19	2.46	8.43	6.76	34.17	0.388	0.774
322	大豆粕	浙江省宁波市北仑区	88.8	42.74	2.23	7.45	5.99	30.34	0.351	0.689	48.16	2.51	8.39	6.75	34.19	0.396	0.776
323	大豆粕	浙江省宁波市北仑区	88.8	42.37	2.08	6.61	6.14	31.63	0.349	0.676	47.7	2.34	7.44	6.91	35.61	0.393	0.761
324	大豆粕	浙江省绍兴市	88.6	43.5	0.76	7.16	6.24	30.93	0.42	0.734	49.1	0.86	8.08	7.04	34.91	0.474	0.828
325	大豆粕	浙江省舟山市	92.8	28.98	0.54	8.68	26.85	27.76	6.722	0.417	31.23	0.58	9.35	28.93	29.91	7.243	0.449
326	大豆粕	浙江省舟山市	92.9	25.63	0.66	8.66	30.25	27.74	6.414	0.457	27.58	0.71	9.32	32.55	29.85	6.901	0.491
327	大豆粕	浙江省舟山市	88.4	42.6	2.12	7.14	7.38	29.11	0.338	0.675	48.22	2.4	8.08	8.35	32.95	0.383	0.764
328	大豆粕	重庆市	87.2	46.58	0.73	3.75	5.83	30.35	0.315	0.707	53.39	0.84	4.3	6.68	34.79	0.361	0.811
329	大豆粕	重庆市	88	43.55	0.88	6.27	5.73	31.54	0.331	0.698	49.51	1	7.13	6.51	35.85	0.376	0.793
330	大豆粕	重庆市	88	43.24	0.95	7.16	5.74	30.92	0.335	0.648	49.13	1.08	8.14	6.52	35.13	0.381	0.736
331	大豆粕	重庆市	87.1	46.96	1.15	4.06	5.7	29.27	0.345	1.062	53.89	1.32	4.66	6.54	33.59	0.396	1.218
332	大豆粕	重庆市	87.1	45.41	1.22	4.03	5.6	30.85	0.313	1.027	52.13	1.4	4.63	6.43	35.41	0.36	1.179

十六、棉籽粕

表 1-17　棉籽粕样本原样状态及绝干状态下饲料常规成分和钙磷含量　　%

序号	原料名称	采样地点	原样状态								绝干状态						
			干物质 DM	粗蛋白质 CP	粗脂肪 EE	粗纤维 CF	粗灰分 Ash	无氮浸出物 NFE	钙 Ca	磷 P	粗蛋白质 CP	粗脂肪 EE	粗纤维 CF	粗灰分 Ash	无氮浸出物 NFE	钙 Ca	磷 P
1	棉籽粕	安徽省亳州市	89.7	51.19	2.69	8.48	6.91	20.45	0.276 8	1.373 2	57.06	3	9.45	7.7	22.79	0.308 5	1.530 5
2	棉籽粕	安徽省亳州市	90.3	48.78	1.79	9.98	6.59	23.15	0.308 1	1.280 7	54.03	1.98	11.05	7.3	25.64	0.341 2	1.418 4

续表1-17

序号	原料名称	采样地点	原样状态								绝干状态						
			干物质 DM	粗蛋白质 CP	粗脂肪 EE	粗纤维 CF	粗灰分 Ash	无氮浸出物 NFE	钙 Ca	磷 P	粗蛋白质 CP	粗脂肪 EE	粗纤维 CF	粗灰分 Ash	无氮浸出物 NFE	钙 Ca	磷 P
3	棉籽粕	安徽省亳州市	91.3	21.77	6.19	31.31	4.6	27.43	0.255 2	0.628 4	23.85	6.78	34.3	5.04	30.05	0.279 5	0.688 4
4	棉籽粕	安徽省阜阳市	88.7	51.08	1.13	9.92	7.14	19.46	0.278 8	1.421 3	57.56	1.27	11.18	8.05	21.93	0.314 2	1.601 6
5	棉籽粕	甘肃省定西市安定区	90.6	39.29	0.64	18.92	6.79	24.93	0.764 4	0.985 9	43.38	0.71	20.89	7.5	27.53	0.844	1.088 6
6	棉籽粕	甘肃省定西市安定区	90.3	31.32	0.36	18.92	5.28	34.43	0.222 9	0.934 1	34.68	0.4	20.95	5.85	38.12	0.246 8	1.034 3
7	棉籽粕	河北省沧州市	90.5	52.93	1.58	5.06	6.77	24.11	0.373 1	0.882 9	58.52	1.75	5.59	7.48	26.66	0.412 5	0.976 1
8	棉籽粕	河北省沧州市	92.6	48.19	0.81	13.57	6.27	23.78	0.290 4	1.141 7	52.03	0.87	14.65	6.77	25.67	0.313 5	1.232 7
9	棉籽粕	河北省沧州市	93.1	43.84	0.77	16.16	6.32	26	0.405 1	1.105 9	47.09	0.83	17.36	6.79	27.93	0.435 2	1.188
10	棉籽粕	河北省衡水市深州市	90.4	45.6	1.99	12.2	6.47	24.18	0.249 9	1.145 3	50.42	2.2	13.49	7.15	26.74	0.276 3	1.266 4
11	棉籽粕	河北省衡水市深州市	89.2	44.76	1.11	10.33	6.38	26.61	0.264 8	1.202 6	50.18	1.24	11.58	7.15	29.84	0.296 9	1.348 4
12	棉籽粕	河北省衡水市深州市	91.4	44.7	0.62	12.85	6.49	26.77	0.317 7	1.240 4	48.89	0.68	14.05	7.1	29.28	0.347 5	1.356 7
13	棉籽粕	河北省衡水市深州市	90	43.47	0.61	13.87	6.16	25.85	0.229 9	1.144 4	48.32	0.68	15.42	6.85	28.73	0.255 6	1.272 1
14	棉籽粕	河北省秦皇岛市	90.2	41.05	0.65	13.1	8.28	27.07	0.267 1	1.476 5	45.54	0.72	14.53	9.18	30.03	0.296 3	1.637 8
15	棉籽粕	河北省秦皇岛市昌黎县	90.2	37.59	0.86	16.68	5.98	29.12	0.268 5	1.427 7	41.66	0.95	18.49	6.63	32.27	0.297 6	1.582 3
16	棉籽粕	河北省秦皇岛市山海关区	89.8	46.44	1.19	11.2	6.43	24.57	0.364 4	1.570 3	51.7	1.32	12.47	7.16	27.35	0.405 7	1.748 1
17	棉籽粕	河北省秦皇岛市山海关区	89.6	45.81	1.48	10.97	6.59	24.74	0.323 9	1.298 3	51.13	1.65	12.24	7.36	27.61	0.361 5	1.449 2
18	棉籽粕	河北省邢台市	90	45.24	1.9	13.83	6.72	22.29	0.389 4	1.612 6	50.28	2.11	15.37	7.47	24.77	0.432 8	1.792 2
19	棉籽粕	河北省邢台市	89.8	44.53	1.36	12.1	6.9	24.88	0.398 4	1.551 3	49.6	1.51	13.48	7.69	27.72	0.443 8	1.728 1
20	棉籽粕	河北省邢台市	90.4	47.12	1.33	11.44	6.71	23.83	0.311 2	1.160 1	52.11	1.47	12.65	7.42	26.35	0.344 1	1.282 9
21	棉籽粕	河南省安阳市	91.2	51.6	2.6	6.6	7.5	22.9	0.437 6	1.583 1	56.58	2.85	7.24	8.22	25.11	0.479 8	1.735 9

续表1-17

序号	原料名称	采样地点	原样状态								绝干状态						
			干物质 DM	粗蛋白质 CP	粗脂肪 EE	粗纤维 CF	粗灰分 Ash	无氮浸出物 NFE	钙 Ca	磷 P	粗蛋白质 CP	粗脂肪 EE	粗纤维 CF	粗灰分 Ash	无氮浸出物 NFE	钙 Ca	磷 P
22	棉籽粕	河南省安阳市	90.4	47.8	1.6	10.8	7.2	23	0.363 2	1.669 5	52.88	1.77	11.95	7.96	25.44	0.401 8	1.846 8
23	棉籽粕	河南省鹤壁市	92.2	50.7	2.4	5.4	7.7	26	0.275	0.899 4	54.99	2.6	5.86	8.35	28.2	0.298 3	0.975 5
24	棉籽粕	河南省鹤壁市	91.8	50	1	5.8	7.4	27.6	0.245 6	0.890 1	54.47	1.09	6.32	8.06	30.07	0.267 5	0.969 6
25	棉籽粕	河南省开封市	90.1	40.1	2	14.8	6.4	26.8	0.434 7	1.318 3	44.51	2.22	16.43	7.1	29.74	0.482 5	1.463 2
26	棉籽粕	河南省开封市	90	39	2	13.4	6.4	29.2	0.449 9	1.309	43.33	2.22	14.89	7.11	32.44	0.499 9	1.454 4
27	棉籽粕	河南省开封市	90	39	2	13.4	6.4	29.2	0.442 6	1.261 6	43.33	2.22	14.89	7.11	32.44	0.491 8	1.401 8
28	棉籽粕	河南省开封市	92.7	37.8	9.6	8.1	7.5	29.7	0.833 6	1.183 8	40.78	10.36	8.74	8.09	32.04	0.899 2	1.277
29	棉籽粕	河南省南阳市	91.2	51.5	2	6.4	7.5	23.8	0.412 2	1.543 2	56.47	2.19	7.02	8.22	26.1	0.452	1.692 1
30	棉籽粕	河南省南阳市	91.6	50.6	2.2	7.6	7.6	23.6	0.426 8	1.734 9	55.24	2.4	8.3	8.3	25.76	0.465 9	1.894
31	棉籽粕	湖北省荆门市	88.2	34.92	0.5	11.51	5.45	35.79	0.314 1	0.920 3	39.61	0.57	13.05	6.18	40.59	0.356 2	1.043 8
32	棉籽粕	湖北省荆州市	87.7	46.45	0.5	10.11	6.2	24.44	0.220 9	1.139 6	52.97	0.57	11.53	7.07	27.87	0.251 9	1.299 6
33	棉籽粕	湖北省荆州市	88.2	41.8	0.5	11.96	6.49	27.4	0.218 6	0.971 6	47.41	0.57	13.57	7.36	31.08	0.248	1.102 1
34	棉籽粕	湖北省武汉市	88.4	47.83	0.52	11.93	7.34	20.76	0.264 1	1.370 6	54.12	0.59	13.5	8.31	23.49	0.298 8	1.550 8
35	棉籽粕	湖北省武汉市	89.5	43.93	0.49	10.56	7.19	27.33	0.340 6	1.436 9	49.08	0.55	11.8	8.03	30.54	0.380 6	1.605 5
36	棉籽粕	湖北省武汉市	89.5	40.07	0.52	11.2	7.44	30.29	0.257 2	1.257 4	44.76	0.58	12.51	8.31	33.84	0.287 3	1.404 6
37	棉籽粕	湖北省武汉市	90.7	47.59	0.47	11.69	5.7	25.28	0.372 3	1.231	52.45	0.52	12.88	6.28	27.86	0.410 3	1.356 8
38	棉籽粕	湖北省武汉市	89.1	45.41	0.54	12.23	7.01	23.93	0.346 3	1.266 8	50.96	0.61	13.72	7.87	26.85	0.388 6	1.421 6
39	棉籽粕	湖南省长沙市望城区	90.8	46.35	0.45	10.27	6.25	27.47	0.32	1.483 8	51.05	0.5	11.31	6.88	30.25	0.352 4	1.634 1
40	棉籽粕	湖南省长沙市望城区	90	44.78	0.52	10.4	6.39	27.9	0.290 1	1.184 3	49.76	0.58	11.56	7.1	31	0.322 3	1.315 9

续表1-17

序号	原料名称	采样地点	原样状态								绝干状态						
			干物质 DM	粗蛋白质 CP	粗脂肪 EE	粗纤维 CF	粗灰分 Ash	无氮浸出物 NFE	钙 Ca	磷 P	粗蛋白质 CP	粗脂肪 EE	粗纤维 CF	粗灰分 Ash	无氮浸出物 NFE	钙 Ca	磷 P
41	棉籽粕	湖南省长沙市望城区	91.4	44.54	0.44	10.21	6.59	29.64	0.656 7	1.674 9	48.72	0.48	11.17	7.21	32.42	0.718 3	1.832 1
42	棉籽粕	湖南省长沙市望城区	90.4	43.22	0.53	10.14	6.74	29.76	0.331 3	1.502 2	47.82	0.59	11.22	7.46	32.93	0.366 6	1.662 1
43	棉籽粕	湖南省长沙市望城区	91.4	43.67	0.5	10.45	6.04	30.69	0.310 7	1.282 2	47.81	0.55	11.44	6.61	33.6	0.340 1	1.403 6
44	棉籽粕	江苏省南京市	89.5	37.12	2.11	10.75	6.59	32.92	0.286 2	1.397 6	41.47	2.36	12.01	7.36	36.78	0.319 8	1.561 6
45	棉籽粕	江苏省南京市	89.5	36.71	2.2	10.82	6.75	33.04	0.347 8	1.457 5	41.01	2.46	12.09	7.54	36.91	0.388 5	1.628 1
46	棉籽粕	江苏省宿迁市	89.2	37.67	2.41	10.87	6.06	32.15	0.356	1.413 3	42.25	2.7	12.19	6.8	36.06	0.399 3	1.585 1
47	棉籽粕	江苏省宿迁市	89	37.03	2.48	10.62	6.43	32.43	0.284 9	1.392	41.61	2.79	11.93	7.23	36.44	0.320 1	1.564 2
48	棉籽粕	江西省高安市	91	46.4	1.49	9.22	12.09	21.77	0.340 6	1.216 4	51.01	1.64	10.14	13.29	23.93	0.374 4	1.337 1
49	棉籽粕	江西省高安市	90.9	45.96	1.53	9.47	11.82	22.07	0.329 3	1.198 7	50.59	1.68	10.42	13.01	24.29	0.362 5	1.319 4
50	棉籽粕	江西省高安市	90.9	44.57	1.29	10.15	11.82	23.05	0.355 1	1.228	49.04	1.42	11.17	13	25.36	0.390 7	1.351 1
51	棉籽粕	内蒙古自治区赤峰市	90.4	42.18	1.41	18.79	6.4	21.66	0.340 2	1.356 9	46.64	1.56	20.78	7.08	23.95	0.376 2	1.500 3
52	棉籽粕	内蒙古自治区赤峰市	90.5	42.19	1.37	18.97	6.21	21.77	0.336 2	1.322 4	46.61	1.51	20.96	6.86	24.05	0.371 5	1.461 1
53	棉籽粕	内蒙古自治区赤峰市	90.4	42.09	1.28	19.4	5.78	21.86	0.361 7	1.308 5	46.55	1.42	21.46	6.39	24.18	0.400 1	1.447 3
54	棉籽粕	内蒙古自治区赤峰市	90.4	41.57	1.36	23.01	6.1	18.38	0.355 1	1.426 1	45.97	1.5	25.45	6.75	20.33	0.392 7	1.577 2
55	棉籽粕	内蒙古自治区呼和浩特市	89.4	49.42	0.78	16.4	6.63	16.14	0.392 1	1.550 2	55.3	0.87	18.35	7.42	18.06	0.438 7	1.734 6
56	棉籽粕	内蒙古自治区呼和浩特市	89.5	48.96	0.66	11.97	8.6	19.3	0.328	1.518 9	54.71	0.74	13.38	9.61	21.57	0.366 5	1.697 3
57	棉籽粕	内蒙古自治区呼和浩特市	89.6	46.44	1.08	12.82	6.96	22.29	0.356 9	1.548 5	51.84	1.21	14.31	7.77	24.88	0.398 4	1.728 4

续表1-17

序号	原料名称	采样地点	原样状态								绝干状态						
			干物质 DM	粗蛋白质 CP	粗脂肪 EE	粗纤维 CF	粗灰分 Ash	无氮浸出物 NFE	钙 Ca	磷 P	粗蛋白质 CP	粗脂肪 EE	粗纤维 CF	粗灰分 Ash	无氮浸出物 NFE	钙 Ca	磷 P
58	棉籽粕	山东省滨州市	90.1	35.76	0.46	18.2	5.75	29.9	0.728 5	1.005	39.7	0.51	20.21	6.38	33.2	0.808 8	1.115 8
59	棉籽粕	山东省滨州市	89.6	34.48	0.82	18.72	5.45	30.14	0.187 6	0.816 5	38.48	0.92	20.89	6.08	33.63	0.209 4	0.911 2
60	棉籽粕	山东省德州市	90.7	47.66	1.2	10.53	6.78	24.51	0.289 3	1.277 3	52.56	1.32	11.61	7.48	27.03	0.319	1.408 6
61	棉籽粕	山东省德州市	91.4	47.83	0.55	11.44	6.57	25.05	0.334 3	1.116 6	52.31	0.6	12.51	7.19	27.4	0.365 6	1.221 1
62	棉籽粕	山东省德州市	90.9	47.25	1.25	11.62	6.34	24.41	0.253 2	1.132 2	52	1.38	12.79	6.98	26.86	0.278 6	1.246
63	棉籽粕	山东省德州市	91.9	46.35	1.33	12.48	6.78	24.97	0.355 5	1.228 2	50.43	1.45	13.58	7.38	27.17	0.386 8	1.336 3
64	棉籽粕	山东省德州市	91.2	29.15	6.04	14.65	4.67	36.65	0.262 6	0.767 3	31.98	6.63	16.07	5.12	40.2	0.288 1	0.841 7
65	棉籽粕	山东省德州市	90.6	28.7	5.63	18.32	4.96	32.96	0.229 9	0.735 8	31.69	6.22	20.23	5.48	36.39	0.253 8	0.812 4
66	棉籽粕	山东省德州市	91.8	28.05	5.63	19.4	5.2	33.48	0.234 4	0.755 3	30.57	6.14	21.14	5.67	36.49	0.255 4	0.823 1
67	棉籽粕	山东省德州市夏津县	91.1	49.03	1.22	11.51	6.81	22.56	0.289 6	1.299 9	53.8	1.34	12.63	7.47	24.76	0.317 8	1.426 4
68	棉籽粕	山东省济南市	90	39.03	0.88	10.38	5.93	33.79	0.241 6	0.961 4	43.36	0.98	11.53	6.59	37.54	0.268 4	1.068 1
69	棉籽粕	山东省济南市	90.4	37.78	0.76	16.2	5.87	29.74	0.228	1.022 1	41.82	0.84	17.93	6.5	32.92	0.252 4	1.131 3
70	棉籽粕	山东省济南市	89.9	37.05	0.76	16.57	5.97	29.55	0.213	0.925 1	41.21	0.85	18.43	6.64	32.87	0.236 9	1.029
71	棉籽粕	山东省聊城市	90.3	39.06	0.47	18	5.89	26.83	0.232 9	1.021 4	43.28	0.52	19.94	6.53	29.73	0.258 1	1.131 7
72	棉籽粕	山东省聊城市	90	38.6	0.67	15.77	5.63	29.31	0.210 9	0.947 9	42.9	0.74	17.53	6.26	32.57	0.234 4	1.053 5
73	棉籽粕	山东省聊城市	90	35.9	0.94	18.06	5.63	29.47	0.222 3	0.981 5	39.89	1.04	20.07	6.26	32.74	0.247	1.090 6
74	棉籽粕	山东省聊城市	91	35.09	0.62	18.24	5.65	31.35	0.222 7	0.957 6	38.58	0.68	20.05	6.21	34.47	0.244 9	1.052 9
75	棉籽粕	山东省聊城市	90	34.38	0.94	18.52	5.63	30.53	0.202	0.903 3	38.2	1.04	20.58	6.26	33.92	0.224 4	1.003 7
76	棉籽粕	山东省聊城市	90.8	32.04	0.82	17.78	5.57	34.54	0.228 1	0.992 7	35.31	0.9	19.59	6.14	38.06	0.251 3	1.093 9

续表1-17

序号	原料名称	采样地点	原样状态								绝干状态						
			干物质 DM	粗蛋白质 CP	粗脂肪 EE	粗纤维 CF	粗灰分 Ash	无氮浸出物 NFE	钙 Ca	磷 P	粗蛋白质 CP	粗脂肪 EE	粗纤维 CF	粗灰分 Ash	无氮浸出物 NFE	钙 Ca	磷 P
77	棉籽粕	山东省临沂市	90.4	51.17	1.83	9.64	7.12	20.59	0.296 4	1.313 8	56.64	2.03	10.67	7.88	22.79	0.328 1	1.454 1
78	棉籽粕	山东省临沂市	90.9	49.11	1.21	10.61	6.92	23.07	0.310 4	1.331 3	54.01	1.33	11.67	7.61	25.37	0.341 4	1.464 3
79	棉籽粕	山西省运城市	90.9	42.4	18.4	1.2	0.5	28.43	0.209 6	0.957 8	46.63	20.24	1.32	0.55	31.27	0.230 5	1.053 3
80	棉籽粕	山西省运城市	90.7	41	19	1.2	0.8	28.7	0.208 7	0.914 1	45.2	20.95	1.32	0.88	31.64	0.230 1	1.007 8
81	棉籽粕	陕西省渭南市	93.3	49.93	0.41	6.81	7.14	29.01	0.350 9	1.366 4	53.52	0.44	7.3	7.65	31.09	0.376 1	1.464 5
82	棉籽粕	陕西省渭南市	92.3	52.94	1.47	4.87	6.93	26.12	0.315 9	1.313 6	57.34	1.59	5.27	7.51	28.29	0.342 1	1.422 7
83	棉籽粕	陕西省渭南市	92.1	52.41	1.19	4.48	7.08	26.94	0.307 4	1.291 6	56.91	1.29	4.86	7.69	29.25	0.333 8	1.402 4
84	棉籽粕	四川省成都市新津区	98.8	44.72	0.19	14.72	6.42	32.74	0.243 6	1.121 3	45.27	0.19	14.9	6.5	33.14	0.246 6	1.135
85	棉籽粕	新疆维吾尔自治区	92	41.1	0.51	11.79	7.09	31.55	0.334 5	1.191 2	44.66	0.55	12.81	7.7	34.28	0.363 5	1.294 4
86	棉籽粕	新疆维吾尔自治区	91.8	40.82	0.76	11.55	6.98	31.72	0.349 9	1.248 8	44.46	0.83	12.58	7.6	34.55	0.381 1	1.360 2
87	棉籽粕	新疆维吾尔自治区	98.7	46.03	0.21	15.99	5.27	31.16	0.232 4	0.970 1	46.66	0.21	16.21	5.34	31.58	0.235 6	0.983 3
88	棉籽粕	新疆维吾尔自治区	98.8	41.71	0.34	18.19	5.44	33.14	0.289 2	0.992 7	42.21	0.34	18.41	5.5	33.54	0.292 7	1.004 6
89	棉籽粕	新疆维吾尔自治区	91.6	46.25	0.08	12.42	7.39	25.44	0.299 2	1.228 3	50.5	0.09	13.56	8.07	27.78	0.326 7	1.341 2
90	棉籽粕	新疆维吾尔自治区	93.1	45.96	0.18	12.39	6.23	28.35	0.265 8	1.193 6	49.36	0.19	13.31	6.69	30.45	0.285 5	1.281 9
91	棉籽粕	新疆维吾尔自治区	93.6	44.67	0.25	12.47	6.47	29.73	0.230 3	1.258	47.73	0.27	13.32	6.91	31.77	0.246 1	1.344 2
92	棉籽粕	新疆维吾尔自治区	92.1	44.5	0.1	11.71	7.03	28.74	0.386 8	1.197 2	48.33	0.11	12.72	7.64	31.22	0.420 1	1.300 3
93	棉籽粕	新疆维吾尔自治区	92.3	38.22	1.1	19.47	6.33	27.14	0.339 8	1.090 3	41.43	1.19	21.1	6.86	29.42	0.368 3	1.181 8
94	棉籽粕	新疆维吾尔自治区	91.6	37.73	0.05	18.08	6.47	29.31	0.297 6	0.910 3	41.18	0.05	19.73	7.06	31.99	0.324 8	0.993 5
95	棉籽粕	新疆维吾尔自治区	91	38.51	0.58	15.84	6.22	29.88	0.209 4	1.001 7	42.3	0.64	17.4	6.83	32.82	0.23	1.100 4

续表1-17

序号	原料名称	采样地点	原样状态								绝干状态						
			干物质 DM	粗蛋白质 CP	粗脂肪 EE	粗纤维 CF	粗灰分 Ash	无氮浸出物 NFE	钙 Ca	磷 P	粗蛋白质 CP	粗脂肪 EE	粗纤维 CF	粗灰分 Ash	无氮浸出物 NFE	钙 Ca	磷 P
96	棉籽粕	新疆维吾尔自治区	97.6	48.55	0.27	13.36	5.92	29.45	0.239 6	1.226 3	49.77	0.28	13.7	6.07	30.19	0.245 6	1.257 1
97	棉籽粕	新疆维吾尔自治区	97.6	44.06	1.26	13.34	6.22	32.76	0.215 3	1.118 4	45.12	1.29	13.66	6.37	33.55	0.220 5	1.145 4
98	棉籽粕	新疆维吾尔自治区	92.2	47.28	0.28	11.65	7.12	25.85	0.397 5	1.237 8	51.3	0.3	12.64	7.72	28.05	0.431 3	1.343
99	棉籽粕	新疆维吾尔自治区	92.7	45.65	0.57	13.5	6.71	26.24	0.284 2	1.270 3	49.26	0.62	14.57	7.24	28.32	0.306 7	1.370 8
100	棉籽粕	新疆维吾尔自治区乌鲁木齐市	90.8	45.17	0.28	12.52	6.58	26.23	0.302 9	1.316 5	49.76	0.31	13.79	7.25	28.89	0.333 7	1.450 2
101	棉籽粕	新疆维吾尔自治区乌鲁木齐市	95.6	46.33	0.62	13.25	6.8	28.64	0.242 9	1.2	48.44	0.65	13.85	7.11	29.95	0.254	1.254 7
102	棉籽粕	新疆维吾尔自治区乌鲁木齐市	97.9	46.13	0.4	15.55	6.28	29.5	0.313 1	1.264 3	47.14	0.41	15.89	6.42	30.15	0.319 9	1.291 9
103	棉籽粕	新疆维吾尔自治区新疆金鑫生物科技发展有限公司	91.3	40.56	0.76	17.81	6.25	25.92	0.241 3	1.265 8	44.42	0.83	19.51	6.85	28.39	0.264 3	1.386 4
104	棉籽粕	新疆维吾尔自治区益海（昌吉）粮油工业有限公司	93	45.64	0.29	13.99	6.14	26.95	0.235 8	1.311	49.07	0.31	15.04	6.6	28.98	0.253 5	1.409 5
105	棉籽粕	新疆维吾尔自治区益海（昌吉）粮油工业有限公司	97.5	47.29	0.05	13.18	6.87	30.07	0.230 8	1.216 6	48.52	0.05	13.52	7.05	30.85	0.236 8	1.248 3

十七、菜籽粕

表 1-18　菜籽粕样本原样状态及绝干状态下饲料常规成分和钙磷含量

%

序号	原料名称	采样地点	原样状态								绝干状态						
			干物质 DM	粗蛋白质 CP	粗脂肪 EE	粗纤维 CF	粗灰分 Ash	无氮浸出物 NFE	钙 Ca	磷 P	粗蛋白质 CP	粗脂肪 EE	粗纤维 CF	粗灰分 Ash	无氮浸出物 NFE	钙 Ca	磷 P
1	菜籽粕	安徽省滁州市	92.4	36.21	8.15	16.46	6.97	24.57	0.928	1.181	39.21	8.82	17.82	7.55	26.6	1.004	1.279
2	菜籽粕	安徽省滁州市	92.2	35.98	8.21	16.84	6.65	24.53	0.912	1.168	39.02	8.9	18.26	7.21	26.61	0.989	1.267
3	菜籽粕	安徽省滁州市	92.5	36.08	8.16	17.13	6.94	24.16	0.927	1.191	39.02	8.83	18.53	7.51	26.13	1.003	1.288
4	菜籽粕	安徽省滁州市	92.1	35.88	10.59	23.88	7.76	14	0.824	1.175	38.96	11.5	25.93	8.43	15.2	0.895	1.276
5	菜籽粕	安徽省滁州市天长市	91.7	37.25	7.55	13.85	7.4	25.68	0.817	1.414	40.6	8.23	15.1	8.07	27.99	0.891	1.541
6	菜籽粕	安徽省阜阳市	93.2	37.13	9.41	16.08	5.79	24.8	0.55	0.941	39.83	10.1	17.25	6.21	26.61	0.59	1.01
7	菜籽粕	安徽省阜阳市	93.2	36.81	8.97	15.93	5.79	25.63	0.573	0.888	39.52	9.63	17.1	6.22	27.51	0.615	0.954
8	菜籽粕	安徽省合肥市肥东县	90.4	38.71	2.01	13.05	7.11	29.54	0.763	1.177	42.81	2.22	14.43	7.86	32.67	0.844	1.301
9	菜籽粕	安徽省六安市	93.2	37.03	9.83	15.89	5.67	24.82	0.577	0.941	39.72	10.54	17.04	6.08	26.62	0.619	1.009
10	菜籽粕	安徽省六安市	93	36.8	8.78	15.29	5.77	26.32	0.603	0.917	39.59	9.45	16.45	6.21	28.32	0.649	0.986
11	菜籽粕	安徽省六安市	92.8	36.72	9.55	15.72	5.7	25.15	0.574	0.904	39.55	10.29	16.93	6.14	27.09	0.619	0.973
12	菜籽粕	安徽省六安市	93.1	36.76	9.1	14.66	5.67	26.92	0.587	0.892	39.48	9.77	15.74	6.09	28.91	0.631	0.958
13	菜籽粕	安徽省六安市	93	36.48	9.38	15.37	5.66	26.14	0.56	0.927	39.21	10.08	16.52	6.08	28.1	0.602	0.996
14	菜籽粕	福建省福州市福清市	87.5	38.73	1.22	10.9	6.44	30.23	0.799	1.21	44.25	1.39	12.45	7.36	34.54	0.913	1.383
15	菜籽粕	福建省福州市福清市	87.6	37.8	1.1	10.98	6.35	31.34	0.775	1.205	43.16	1.26	12.54	7.25	35.78	0.884	1.375
16	菜籽粕	福建省福州市福清市	87.7	37.7	0.99	10.99	6.35	31.7	0.797	1.183	42.97	1.13	12.53	7.24	36.13	0.909	1.349
17	菜籽粕	福建省福州市福清市	88.1	37.73	1.05	11.02	6.53	31.75	0.754	1.202	42.84	1.19	12.51	7.41	36.05	0.856	1.365

续表1-18

序号	原料名称	采样地点	原样状态								绝干状态						
			干物质 DM	粗蛋白质 CP	粗脂肪 EE	粗纤维 CF	粗灰分 Ash	无氮浸出物 NFE	钙 Ca	磷 P	粗蛋白质 CP	粗脂肪 EE	粗纤维 CF	粗灰分 Ash	无氮浸出物 NFE	钙 Ca	磷 P
18	菜籽粕	福建省厦门市同安区	88.6	37.4	2.69	11.09	6.27	31.16	0.778	1.228	42.21	3.04	12.52	7.08	35.17	0.879	1.386
19	菜籽粕	福建省厦门市同安区	89	39.52	2.68	10.55	6.48	29.71	0.772	1.27	44.43	3.01	11.86	7.28	33.4	0.868	1.428
20	菜籽粕	福建省厦门市同安区	88.5	38.59	2.47	10.73	6.37	30.32	0.751	1.199	43.61	2.79	12.13	7.2	34.27	0.849	1.355
21	菜籽粕	甘肃省陇南市礼县	93.6	34.04	8.33	13.67	7.2	30.37	0.76	1.091	36.36	8.9	14.6	7.69	32.44	0.811	1.165
22	菜籽粕	甘肃省天水市秦州区	92.3	36.28	8.23	12.54	6.81	28.44	0.739	1.107	39.31	8.92	13.59	7.38	30.81	0.801	1.2
23	菜籽粕	甘肃省天水市武山县	92.9	28.2	8.92	12.24	10.14	33.37	0.506	1.391	30.37	9.6	13.18	10.92	35.93	0.544	1.498
24	菜籽粕	广东省佛山市	86.6	36.34	2.22	10.18	8.5	29.38	0.827	1.241	41.95	2.56	11.75	9.81	33.92	0.954	1.433
25	菜籽粕	广东省佛山市	88.6	35.3	1	13.6	6.6	32.1	0.901	1.167	39.84	1.13	15.35	7.45	36.23	1.017	1.317
26	菜籽粕	广东省广州市	88.2	35.9	0.5	12.4	6.5	32.9	0.916	1.168	40.7	0.57	14.06	7.37	37.3	1.039	1.324
27	菜籽粕	广东省广州市	88.9	35.94	3.8	10.84	6.5	31.77	0.865	1.265	40.45	4.28	12.2	7.32	35.76	0.974	1.424
28	菜籽粕	广东省广州市	88.6	35.5	0.4	11.7	6.7	34.3	0.855	1.226	40.07	0.45	13.21	7.56	38.71	0.965	1.384
29	菜籽粕	广东省广州市	89.8	35.1	1.4	13.5	6.5	33.3	0.862	1.296	39.09	1.56	15.03	7.24	37.08	0.96	1.443
30	菜籽粕	贵州省安顺市	91.8	42.6	0.85	7.29	7.88	33.14	0.832	1.324	46.43	0.93	7.94	8.59	36.12	0.907	1.443
31	菜籽粕	贵州省安顺市	92.1	42.07	0.92	8.07	7.6	33.43	0.896	1.414	45.68	1	8.76	8.25	36.3	0.973	1.536
32	菜籽粕	贵州省安顺市	91.6	41.7	0.7	7.71	7.97	33.55	0.784	1.321	45.51	0.76	8.41	8.7	36.61	0.856	1.442
33	菜籽粕	贵州省安顺市	92.1	41.91	0.62	7.06	7.91	34.64	0.718	1.294	45.49	0.67	7.66	8.58	37.59	0.78	1.405
34	菜籽粕	贵州省安顺市	92.5	41.88	0.62	10.95	7.87	31.13	0.837	1.211	45.3	0.67	11.84	8.51	33.67	0.905	1.309
35	菜籽粕	贵州省安顺市	90.8	40.74	0.53	8.44	7.54	33.52	0.844	1.415	44.88	0.58	9.3	8.31	36.93	0.93	1.559
36	菜籽粕	贵州省安顺市	91.7	40.12	0.94	11.94	7.57	31.17	0.832	1.401	43.73	1.02	13.02	8.25	33.98	0.907	1.527

续表1-18

序号	原料名称	采样地点	原样状态								绝干状态						
			干物质 DM	粗蛋白质 CP	粗脂肪 EE	粗纤维 CF	粗灰分 Ash	无氮浸出物 NFE	钙 Ca	磷 P	粗蛋白质 CP	粗脂肪 EE	粗纤维 CF	粗灰分 Ash	无氮浸出物 NFE	钙 Ca	磷 P
37	菜籽粕	河北省衡水市深州市	89.4	38.92	2.78	13.3	5.75	28.63	0.809	1.435	43.54	3.11	14.88	6.43	32.03	0.906	1.606
38	菜籽粕	河北省衡水市深州市	88.8	36.57	3.27	13	6.16	29.81	0.803	1.39	41.18	3.68	14.64	6.94	33.57	0.904	1.565
39	菜籽粕	河北省廊坊市	92.1	38.53	3.97	13.92	6.63	29.07	0.819	1.197	41.83	4.31	15.11	7.2	31.56	0.889	1.299
40	菜籽粕	河北省秦皇岛市昌黎县	88.8	36.57	2.13	13.42	6.63	30.09	0.822	1.457	41.16	2.4	15.11	7.46	33.87	0.925	1.641
41	菜籽粕	河北省邢台市	90.3	36.76	4.28	11.44	6.44	31.4	0.859	1.405	40.7	4.74	12.67	7.13	34.77	0.951	1.556
42	菜籽粕	河南省开封市	92.8	39	11.7	5.9	6.5	29.7	0.731	1.273	42.03	12.61	6.36	7	32	0.788	1.372
43	菜籽粕	河南省开封市	92.1	38.6	11.7	5.7	6.4	29.7	0.772	1.299	41.91	12.7	6.19	6.95	32.25	0.838	1.41
44	菜籽粕	河南省开封市	92.4	38.6	9	6.9	7.4	30.5	0.82	1.141	41.77	9.74	7.47	8.01	33.01	0.888	1.235
45	菜籽粕	河南省开封市	92.2	37.7	0.6	7.8	7.5	38.6	0.793	1.137	40.89	0.65	8.46	8.13	41.87	0.861	1.233
46	菜籽粕	河南省开封市	92.6	37.5	9.8	8.4	7	29.9	0.79	1.119	40.5	10.58	9.07	7.56	32.29	0.853	1.209
47	菜籽粕	河南省郑州市	92.1	38.6	11.7	5.7	6.4	29.7	0.874	1.154	41.91	12.7	6.19	6.95	32.25	0.949	1.253
48	菜籽粕	河南省郑州市	92.3	38.6	8.6	7.3	7	30.8	0.845	1.141	41.82	9.32	7.91	7.58	33.37	0.915	1.236
49	菜籽粕	黑龙江省齐齐哈尔市	91.3	37.6	2.01	3.12	6.6	41.96	0.933	1.616	41.18	2.2	3.42	7.23	45.96	1.021	1.77
50	菜籽粕	黑龙江省齐齐哈尔市	91.3	37.6	8.62	14.24	6.6	24.24	0.801	1.466	41.18	9.44	15.6	7.23	26.55	0.877	1.605
51	菜籽粕	黑龙江省齐齐哈尔市	91.3	37.6	1.01	3.12	6.6	42.97	0.788	1.452	41.18	1.11	3.42	7.23	47.06	0.863	1.591
52	菜籽粕	黑龙江省齐齐哈尔市	91.3	37.5	1.14	4.12	6.6	41.94	0.814	1.636	41.07	1.25	4.51	7.23	45.94	0.892	1.791
53	菜籽粕	湖北省荆州市	89.5	38.56	1.58	11.98	6.58	30.81	0.731	1.179	43.08	1.77	13.38	7.35	34.42	0.817	1.317
54	菜籽粕	湖北省荆州市	88.6	37.58	1.58	12.13	6.35	30.98	0.79	1.291	42.4	1.78	13.69	7.16	34.95	0.892	1.457
55	菜籽粕	湖北省十堰市	91.3	40.25	1.68	13.02	8.09	28.28	0.916	1.345	44.07	1.84	14.26	8.86	30.96	1.003	1.473

续表1-18

序号	原料名称	采样地点	原样状态								绝干状态						
			干物质 DM	粗蛋白质 CP	粗脂肪 EE	粗纤维 CF	粗灰分 Ash	无氮浸出物 NFE	钙 Ca	磷 P	粗蛋白质 CP	粗脂肪 EE	粗纤维 CF	粗灰分 Ash	无氮浸出物 NFE	钙 Ca	磷 P
56	菜籽粕	湖北省十堰市	85.7	35.81	1.26	11.78	6.79	30.11	0.808	1.136	41.77	1.47	13.74	7.92	35.12	0.942	1.325
57	菜籽粕	湖北省武汉市	84.5	38.91	1.31	12.41	8.54	23.27	0.807	1.179	46.07	1.55	14.7	10.11	27.55	0.955	1.396
58	菜籽粕	湖北省武汉市	86.1	39.38	1.46	11.97	8.32	24.97	0.846	1.195	45.74	1.7	13.9	9.66	29	0.983	1.388
59	菜籽粕	湖北省武汉市	88.4	40.33	1.39	12.76	8.26	25.61	0.856	1.213	45.64	1.57	14.44	9.35	28.98	0.969	1.373
60	菜籽粕	湖北省武汉市	94.8	39.63	1.6	12.92	7.82	32.83	0.746	1.123	41.8	1.69	13.63	8.25	34.63	0.787	1.185
61	菜籽粕	湖北省襄阳市	89.3	35.79	1.39	12.14	7.01	33	0.802	1.212	40.06	1.56	13.59	7.85	36.94	0.898	1.356
62	菜籽粕	湖北省襄阳市	86.7	34.23	1.4	12.63	8.75	29.68	0.842	1.151	39.49	1.61	14.57	10.09	34.24	0.972	1.328
63	菜籽粕	湖南省益阳市	89.2	37.99	1.45	10.91	7.26	31.56	0.755	1.39	42.6	1.63	12.24	8.14	35.39	0.847	1.558
64	菜籽粕	湖南省益阳市	89.9	38.21	1.42	11.38	6.89	32.03	2.848	1.917	42.49	1.58	12.65	7.66	35.62	3.167	2.131
65	菜籽粕	湖南省益阳市	88	37.32	1.34	11.81	7.39	30.16	0.809	1.566	42.39	1.52	13.42	8.39	34.26	0.919	1.779
66	菜籽粕	湖南省益阳市	89.8	38.01	1.31	11.25	7.38	31.81	0.861	1.492	42.35	1.46	12.53	8.22	35.44	0.959	1.663
67	菜籽粕	湖南省益阳市	91	38.45	1.52	11.28	6.93	32.79	0.755	1.772	42.27	1.67	12.4	7.62	36.04	0.83	1.948
68	菜籽粕	湖南省益阳市南县	88.9	38.65	1.45	11.33	6.75	30.72	0.965	1.471	43.47	1.63	12.74	7.59	34.55	1.086	1.654
69	菜籽粕	湖南省长沙市	88.6	38.77	1.32	11.06	6.7	30.71	0.929	1.445	43.78	1.49	12.49	7.57	34.68	1.05	1.632
70	菜籽粕	湖南省长沙市	87.4	37.89	1.3	11.73	7.31	29.17	0.996	1.543	43.35	1.49	13.42	8.36	33.37	1.139	1.765
71	菜籽粕	湖南省长沙市	88.8	38.45	1.31	10.52	7.36	31.19	0.98	1.471	43.28	1.47	11.84	8.29	35.11	1.103	1.655
72	菜籽粕	湖南省长沙市	88.1	38.12	1.4	11.39	6.76	30.41	0.899	1.186	43.28	1.59	12.93	7.67	34.53	1.021	1.346
73	菜籽粕	湖南省长沙市	89.7	38.65	1.38	11.74	7.35	30.54	0.943	1.453	43.11	1.54	13.09	8.2	34.06	1.052	1.621
74	菜籽粕	湖南省长沙市	90	38.57	1.35	10.47	7.12	32.45	0.892	1.216	42.88	1.5	11.64	7.92	36.08	0.992	1.352

续表1-18

序号	原料名称	采样地点	原样状态								绝干状态						
			干物质 DM	粗蛋白质 CP	粗脂肪 EE	粗纤维 CF	粗灰分 Ash	无氮浸出物 NFE	钙 Ca	磷 P	粗蛋白质 CP	粗脂肪 EE	粗纤维 CF	粗灰分 Ash	无氮浸出物 NFE	钙 Ca	磷 P
75	菜籽粕	湖南省长沙市	89.4	38.24	1.36	10.31	6.9	32.56	0.959	1.432	42.79	1.52	11.54	7.72	36.44	1.074	1.602
76	菜籽粕	湖南省长沙市	89.9	38.44	1.33	11.04	7.3	31.8	0.906	1.214	42.75	1.48	12.28	8.12	35.37	1.008	1.35
77	菜籽粕	湖南省长沙市	89.1	37.9	1.33	11.42	7.38	31.04	0.981	1.45	42.55	1.49	12.82	8.29	34.85	1.101	1.628
78	菜籽粕	湖南省长沙市	90.5	38.37	1.43	11.58	6.71	32.44	0.997	1.505	42.38	1.58	12.79	7.41	35.83	1.102	1.662
79	菜籽粕	湖南省长沙市	90.2	37.99	1.44	11.25	7.4	32.08	0.916	1.423	42.14	1.6	12.48	8.21	35.58	1.016	1.579
80	菜籽粕	江苏省淮安市	88.2	38.11	2.4	11.71	6.06	29.96	0.791	1.193	43.19	2.72	13.27	6.87	33.95	0.897	1.352
81	菜籽粕	江苏省淮安市	87	37.54	2.16	11.63	5.8	29.89	0.773	1.221	43.14	2.48	13.37	6.67	34.35	0.888	1.403
82	菜籽粕	江苏省淮安市	87.6	37.55	2.17	11.47	6.77	29.6	0.795	1.203	42.88	2.48	13.1	7.73	33.81	0.908	1.374
83	菜籽粕	江苏省淮安市	87.8	37.63	2.35	11.57	5.9	30.36	0.775	1.148	42.85	2.68	13.18	6.72	34.57	0.882	1.308
84	菜籽粕	江苏省淮安市	87.9	37.32	2.45	11.62	5.6	30.87	0.786	1.191	42.48	2.79	13.23	6.37	35.14	0.895	1.356
85	菜籽粕	江苏省淮安市	86.6	36.33	2.17	11.65	6.09	30.41	0.774	1.196	41.93	2.5	13.45	7.03	35.1	0.893	1.38
86	菜籽粕	江苏省淮安市	86.6	36	2.34	11.42	5.84	31.02	0.79	1.19	41.56	2.7	13.18	6.74	35.81	0.912	1.374
87	菜籽粕	江苏省南通市	87	37.12	2.2	11.92	6.62	29.12	0.779	1.124	42.68	2.53	13.7	7.61	33.48	0.896	1.292
88	菜籽粕	江苏省南通市	86.6	36.72	2.2	11.71	5.97	30.04	0.813	1.188	42.39	2.54	13.52	6.89	34.68	0.939	1.371
89	菜籽粕	江苏省南通市	86.7	36.54	2.35	11.65	6.38	29.76	0.771	1.116	42.16	2.71	13.44	7.36	34.34	0.889	1.288
90	菜籽粕	江苏省南通市	87.4	36.3	2.38	11.65	6.09	31.02	0.792	1.122	41.51	2.72	13.32	6.96	35.48	0.906	1.283
91	菜籽粕	江苏省泰州市	87.9	37.73	2.65	11.66	6.12	29.74	0.777	1.188	42.92	3.01	13.26	6.96	33.83	0.884	1.352
92	菜籽粕	江苏省泰州市	86.9	36.35	2.34	11.62	5.81	30.77	0.793	1.186	41.83	2.69	13.37	6.69	35.41	0.913	1.365
93	菜籽粕	江苏省泰州市	86.6	36.08	2.4	11.67	6.16	30.33	0.789	1.159	41.64	2.77	13.47	7.11	35.01	0.911	1.338
94	菜籽粕	江苏省泰州市	88.6	36.53	2.02	10.68	6.36	33.01	0.769	1.147	41.23	2.28	12.05	7.18	37.25	0.868	1.295

续表1-18

序号	原料名称	采样地点	原样状态								绝干状态						
			干物质 DM	粗蛋白质 CP	粗脂肪 EE	粗纤维 CF	粗灰分 Ash	无氮浸出物 NFE	钙 Ca	磷 P	粗蛋白质 CP	粗脂肪 EE	粗纤维 CF	粗灰分 Ash	无氮浸出物 NFE	钙 Ca	磷 P
95	菜籽粕	江西省九江市九江港	92.8	36.24	11.48	28.56	6.63	9.89	0.815	1.365	39.06	12.37	30.78	7.15	10.66	0.878	1.471
96	菜籽粕	江西省九江市九江港	92.5	35.45	10.57	28.33	6.74	11.41	0.815	1.453	38.32	11.43	30.63	7.29	12.34	0.881	1.57
97	菜籽粕	江西省九江市九江港	92.5	35.36	11.5	29.89	6.54	9.21	0.807	1.403	38.23	12.43	32.32	7.07	9.96	0.873	1.517
98	菜籽粕	内蒙古自治区呼和浩特市	90.7	39.55	1.53	10.54	7.52	31.6	0.806	1.227	43.59	1.69	11.62	8.29	34.82	0.888	1.352
99	菜籽粕	内蒙古自治区呼和浩特市	91.5	37.45	2.79	11.41	6.82	32.99	0.819	1.225	40.95	3.05	12.48	7.46	36.07	0.895	1.339
100	菜籽粕	内蒙古自治区呼和浩特市	91.8	37.01	2.95	11.01	6.76	34.07	0.819	1.202	40.32	3.21	11.99	7.36	37.11	0.892	1.309
101	菜籽粕	内蒙古自治区呼伦贝尔市	91.2	40.32	1.69	10.62	7.68	30.87	0.744	1.373	44.22	1.85	11.65	8.42	33.86	0.816	1.506
102	菜籽粕	内蒙古自治区呼伦贝尔市	90.7	39.55	1.53	10.54	7.52	31.6	0.724	1.405	43.59	1.69	11.62	8.29	34.82	0.797	1.548
103	菜籽粕	内蒙古自治区呼伦贝尔市	91.3	39.7	1.42	10.25	7.55	32.38	0.71	1.377	43.48	1.56	11.23	8.27	35.47	0.777	1.508
104	菜籽粕	内蒙古自治区呼伦贝尔市	90.8	37.19	2.83	11.06	6.61	33.09	0.728	1.379	40.97	3.12	12.18	7.28	36.45	0.802	1.519
105	菜籽粕	内蒙古自治区呼伦贝尔市	91.8	37.01	2.95	11.01	6.76	34.07	0.75	1.331	40.32	3.21	11.99	7.36	37.11	0.817	1.45
106	菜籽粕	青海省海东市	92.5	37.52	6.9	12.13	7.34	28.59	0.906	1.264	40.57	7.46	13.12	7.94	30.91	0.98	1.367
107	菜籽粕	青海省海东市	92.7	36.57	5.94	11.29	7.4	31.5	0.808	1.334	39.45	6.41	12.18	7.98	33.98	0.871	1.439
108	菜籽粕	青海省海东市	91.8	33.48	10.8	11.51	6.86	29.19	0.741	1.305	36.45	11.76	12.53	7.47	31.78	0.807	1.421
109	菜籽粕	青海省西宁市	95.1	36.31	10.23	12.4	7.17	28.96	1.087	1.454	38.19	10.76	13.04	7.54	30.46	1.143	1.53

续表1-18

序号	原料名称	采样地点	原样状态								绝干状态						
			干物质 DM	粗蛋白质 CP	粗脂肪 EE	粗纤维 CF	粗灰分 Ash	无氮浸出物 NFE	钙 Ca	磷 P	粗蛋白质 CP	粗脂肪 EE	粗纤维 CF	粗灰分 Ash	无氮浸出物 NFE	钙 Ca	磷 P
110	菜籽粕	青海省西宁市	92.4	33.39	10.3	12.43	8.67	27.61	0.808	1.477	36.14	11.15	13.45	9.38	29.88	0.875	1.599
111	菜籽粕	山东省枣庄市	91.3	34.38	17.21	9.89	6.57	23.25	0.169	0.751	37.66	18.85	10.83	7.2	25.47	0.185	0.822
112	菜籽粕	山东省枣庄市	92.6	34.2	17.27	9.13	6.77	25.24	0.723	0.966	36.93	18.65	9.86	7.31	27.25	0.781	1.043
113	菜籽粕	陕西省西安市	92.7	38.53	4.73	9.45	7.36	32.64	0.832	1.185	41.56	5.1	10.19	7.94	35.21	0.898	1.278
114	菜籽粕	陕西省西安市	92.9	35.44	3.72	9.56	8.79	35.35	0.8	1.071	38.16	4.01	10.3	9.47	38.07	0.861	1.153
115	菜籽粕	陕西省咸阳市	93.2	35.84	3.93	7.7	8.62	37.08	0.812	1.018	38.47	4.22	8.26	9.25	39.8	0.872	1.093
116	菜籽粕	陕西省咸阳市	93.6	32.24	12.71	7.76	11.16	29.71	1.045	1.319	34.45	13.58	8.29	11.93	31.75	1.117	1.41
117	菜籽粕	陕西省咸阳市杨陵区	92.4	38.84	3.78	8.96	7.85	32.99	0.848	1.324	42.03	4.09	9.69	8.49	35.7	0.918	1.432
118	菜籽粕	四川省成都市蒲江县	96.7	36.88	8.69	15.09	7.54	28.45	0.816	1.258	38.16	8.99	15.61	7.8	29.44	0.845	1.302
119	菜籽粕	四川省成都市蒲江县	98	37.24	9.48	16.37	7.83	27.12	0.801	1.294	37.98	9.67	16.7	7.99	27.66	0.817	1.32
120	菜籽粕	四川省成都市邛崃市	95.6	38.46	2.15	13.43	7.56	33.98	0.899	1.168	40.24	2.25	14.05	7.91	35.55	0.941	1.222
121	菜籽粕	四川省成都市邛崃市	98.5	39.14	7.49	14.93	7.81	29.17	0.945	1.429	39.72	7.6	15.15	7.93	29.6	0.959	1.45
122	菜籽粕	四川省成都市邛崃市	97.1	37.68	6.6	14.44	7.54	30.83	0.92	1.386	38.81	6.8	14.87	7.77	31.75	0.948	1.428
123	菜籽粕	四川省成都市温江区	97.3	36.86	10.67	13.08	7.42	29.24	0.842	1.015	37.89	10.97	13.45	7.63	30.06	0.866	1.044
124	菜籽粕	四川省成都市温江区	96.3	34.45	12.32	14.23	7.97	27.33	0.852	1.115	35.77	12.79	14.78	8.28	28.38	0.885	1.157
125	菜籽粕	四川省成都市新津区	95.8	40.4	0.56	15.91	7.87	31.09	0.836	1.268	42.16	0.58	16.6	8.21	32.44	0.872	1.323
126	菜籽粕	四川省成都市新津区	98.6	40.16	1.32	13.81	7.73	35.54	0.816	1.204	40.75	1.34	14.01	7.84	36.06	0.828	1.222
127	菜籽粕	四川省成都市新津区	95.6	38.91	1.16	13.83	7.82	33.89	0.79	1.216	40.7	1.21	14.47	8.18	35.45	0.826	1.272
128	菜籽粕	四川省成都市新津区	98.3	38.23	8.01	15.5	6.93	29.58	0.67	1.255	38.91	8.15	15.78	7.05	30.11	0.682	1.278
129	菜籽粕	四川省崇州市白头镇	98.2	38.8	8.68	17.94	7.54	25.27	0.874	1.294	39.5	8.84	18.26	7.68	25.72	0.89	1.317
130	菜籽粕	四川省德阳市中江县	95.9	41.75	1.17	22.98	7.8	22.24	0.892	1.237	43.52	1.22	23.95	8.13	23.18	0.93	1.289

续表1-18

序号	原料名称	采样地点	原样状态								绝干状态						
			干物质 DM	粗蛋白质 CP	粗脂肪 EE	粗纤维 CF	粗灰分 Ash	无氮浸出物 NFE	钙 Ca	磷 P	粗蛋白质 CP	粗脂肪 EE	粗纤维 CF	粗灰分 Ash	无氮浸出物 NFE	钙 Ca	磷 P
131	菜籽粕	四川省德阳市中江县	97.8	41.43	0.63	20.88	8.07	26.77	0.922	1.223	42.37	0.64	21.36	8.25	27.38	0.943	1.251
132	菜籽粕	四川省眉山市彭山区	96	38.23	1.57	11.78	9.18	35.18	1.009	1.168	39.84	1.64	12.28	9.57	36.66	1.051	1.217
133	菜籽粕	四川省成都市青龙镇	95.7	38.71	1.15	14.46	8.04	33.32	0.87	1.203	40.46	1.2	15.11	8.4	34.83	0.91	1.257
134	菜籽粕	四川省眉山市仁寿县	98.7	42.63	7.01	14.67	6.74	27.62	0.789	1.165	43.2	7.1	14.87	6.83	27.99	0.8	1.181
135	菜籽粕	四川省眉山市仁寿县	96.9	39.26	8.12	15.38	6.56	27.55	0.746	1.136	40.53	8.38	15.88	6.77	28.44	0.771	1.172
136	菜籽粕	四川省眉山市仁寿县	96.4	38.86	5.42	13.84	7.19	31.1	0.889	1.211	40.31	5.62	14.36	7.46	32.26	0.922	1.256
137	菜籽粕	四川省眉山市仁寿县	96.5	38.66	5.86	13.7	7.13	31.11	0.879	1.248	40.07	6.07	14.2	7.39	32.25	0.911	1.294
138	菜籽粕	四川省绵阳市三台县	98.3	41.3	2.32	13.04	8.52	33.12	0.775	1.05	42.02	2.36	13.27	8.67	33.7	0.788	1.069
139	菜籽粕	四川省绵阳市三台县	95.7	38.93	1.34	13.7	7.78	33.96	0.789	1.055	40.67	1.4	14.31	8.13	35.48	0.824	1.102
140	菜籽粕	四川省成都市邛崃市经济开发区	98.7	41.93	0.58	19.25	8.59	28.37	0.804	1.225	42.47	0.59	19.5	8.7	28.74	0.815	1.241
141	菜籽粕	四川省遂宁市安居区	97.2	36.55	6.97	19.61	8.02	26.09	0.857	1.207	37.59	7.17	20.17	8.25	26.83	0.881	1.242
142	菜籽粕	四川省遂宁市安居区	96.7	35.24	7.76	17.65	7.35	28.67	0.871	1.107	36.45	8.03	18.26	7.6	29.66	0.901	1.145
143	菜籽粕	四川省宜宾市	97.1	38.22	5.58	16.92	7.3	29.02	0.976	1.363	39.38	5.75	17.43	7.52	29.9	1.006	1.404
144	菜籽粕	四川省自贡市	98.2	35.68	7.73	22.95	8.46	23.38	0.875	1.51	36.33	7.87	23.37	8.62	23.81	0.891	1.537
145	菜籽粕	四川省自贡市贡井区	97	38.78	7.16	25.02	7.64	18.35	0.896	1.352	40	7.39	25.81	7.88	18.93	0.924	1.394
146	菜籽粕	四川省自贡市贡井区	97.2	38.73	6.75	21.98	7.62	22.08	0.927	1.398	39.86	6.95	22.62	7.84	22.73	0.954	1.439
147	菜籽粕	四川省广安市	97.4	37.74	6.82	19.19	7.4	26.23	0.947	1.299	38.76	7	19.71	7.6	26.94	0.973	1.334
148	菜籽粕	新疆维吾尔自治区	92.8	29.92	0.07	13.18	7.18	42.45	0.824	1.316	32.25	0.08	14.21	7.74	45.75	0.888	1.419
149	菜籽粕	新疆维吾尔自治区	92	37.1	2.14	12.34	6.39	34.06	0.798	1.245	40.31	2.33	13.41	6.94	37.01	0.867	1.353
150	菜籽粕	新疆维吾尔自治区	91.9	32.2	9.72	14.64	7.51	27.86	0.808	1.184	35.03	10.57	15.93	8.17	30.31	0.879	1.288

十八、亚麻籽粕

表 1-19　亚麻籽粕样本原样状态及绝干状态下饲料常规成分和钙磷含量

%

序号	原料名称	采样地点	原样状态								绝干状态						
			干物质 DM	粗蛋白质 CP	粗脂肪 EE	粗纤维 CF	粗灰分 Ash	无氮浸出物 NFE	钙 Ca	磷 P	粗蛋白质 CP	粗脂肪 EE	粗纤维 CF	粗灰分 Ash	无氮浸出物 NFE	钙 Ca	磷 P
1	亚麻籽粕	甘肃省白银市靖远县	94.5	38.39	6.13	7.94	4.88	37.13	0.386	0.761	40.64	6.49	8.4	5.17	39.3	0.409	0.805
2	亚麻籽粕	甘肃省白银市靖远县	94.8	39.01	5.92	8.64	4.97	36.28	0.379	0.744	41.14	6.24	9.11	5.24	38.26	0.4	0.784
3	亚麻籽粕	甘肃省白银市靖远县	95.1	39.85	7.21	8.53	6.49	33.04	0.389	0.748	41.89	7.58	8.97	6.82	34.74	0.409	0.787
4	亚麻籽粕	甘肃省定西市安定区	93.3	34.4	7.34	10.97	6.34	34.26	0.433	1.118	36.87	7.87	11.76	6.79	36.72	0.464	1.198
5	亚麻籽粕	甘肃省定西市安定区	93.4	37.05	7.42	9.73	6.29	32.86	0.408	1.092	39.69	7.95	10.42	6.74	35.2	0.437	1.17
6	亚麻籽粕	甘肃省定西市安定区	93.7	35.87	6.23	11	5.02	35.58	0.402	1.104	38.28	6.65	11.74	5.36	37.97	0.429	1.179
7	亚麻籽粕	甘肃省武威市	93.8	34.91	6.4	9.9	6.19	36.41	0.434	1.154	37.21	6.82	10.55	6.6	38.81	0.463	1.23
8	亚麻籽粕	黑龙江省绥化市	94.1	44.8	1.81	3.48	7.1	36.91	0.401	1.724	47.61	1.92	3.7	7.55	39.22	0.426	1.832
9	亚麻籽粕	黑龙江省绥化市	94.1	45	1.22	4.28	7	36.6	0.374	1.716	47.82	1.3	4.55	7.44	38.89	0.397	1.824
10	亚麻籽粕	黑龙江省绥化市	94.1	45.4	4.06	4.05	7	33.59	0.445	1.938	48.25	4.31	4.3	7.44	35.7	0.473	2.06
11	亚麻籽粕	黑龙江省绥化市	94.3	45.4	4.06	4.05	7.1	33.69	0.4	1.886	48.14	4.31	4.29	7.53	35.73	0.424	2
12	亚麻籽粕	黑龙江省绥化市	94.6	46.4	3.04	1.82	6.9	36.44	0.393	1.887	49.05	3.21	1.92	7.29	38.52	0.415	1.994
13	亚麻籽粕	黑龙江省绥化市	94.1	45.1	1.06	2.53	7	38.41	0.39	1.75	47.93	1.13	2.69	7.44	40.82	0.414	1.86
14	亚麻籽粕	宁夏回族自治区吴忠市	89.4	33.51	7.93	14.97	5.71	27.29	0.413	1.159	37.48	8.87	16.74	6.39	30.52	0.462	1.296
15	亚麻籽粕	宁夏回族自治区吴忠市	89	33.07	7.21	15.86	5.67	27.18	0.399	1.118	37.16	8.1	17.82	6.37	30.54	0.448	1.256
16	亚麻籽粕	宁夏回族自治区吴忠市	90	33.64	7.87	10.02	5.67	32.78	0.387	1.105	37.39	8.75	11.14	6.3	36.43	0.43	1.228
17	亚麻籽粕	宁夏回族自治区银川市西夏区	91.6	34.36	9.26	10.45	5.39	32.09	0.424	0.934	37.53	10.11	11.41	5.89	35.05	0.463	1.02

续表1-19

序号	原料名称	采样地点	原样状态								绝干状态						
			干物质 DM	粗蛋白质 CP	粗脂肪 EE	粗纤维 CF	粗灰分 Ash	无氮浸出物 NFE	钙 Ca	磷 P	粗蛋白质 CP	粗脂肪 EE	粗纤维 CF	粗灰分 Ash	无氮浸出物 NFE	钙 Ca	磷 P
18	亚麻籽粕	宁夏回族自治区银川市西夏区	90.8	33.92	8.78	12.12	5.39	30.61	0.394	0.905	37.35	9.67	13.35	5.93	33.7	0.434	0.996
19	亚麻籽粕	宁夏回族自治区银川市西夏区	91.8	33.26	10.09	10.95	5.31	32.18	0.43	0.965	36.23	10.99	11.93	5.78	35.06	0.468	1.052

十九、花生仁粕

表 1-20 花生仁粕样本原样状态及绝干状态下饲料常规成分和钙磷含量 %

序号	原料名称	采样地点	原样状态								绝干状态						
			干物质 DM	粗蛋白质 CP	粗脂肪 EE	粗纤维 CF	粗灰分 Ash	无氮浸出物 NFE	钙 Ca	磷 P	粗蛋白质 CP	粗脂肪 EE	粗纤维 CF	粗灰分 Ash	无氮浸出物 NFE	钙 Ca	磷 P
1	花生仁粕	安徽省亳州市	90.9	51.52	9.91	9.75	4.9	14.86	0.131	0.988	56.65	10.9	10.72	5.39	16.34	0.144	1.086
2	花生仁粕	安徽省亳州市	92.9	51.6	17.76	4.65	4.42	14.48	0.122	0.992	55.54	19.12	5	4.76	15.58	0.132	1.067
3	花生仁粕	北京市怀柔区	92.5	51.9	9.2	6.2	4.56	20.64	0.133	0.845	56.11	9.95	6.7	4.93	22.31	0.144	0.914
4	花生仁粕	北京市怀柔区	92.3	51.55	7.18	5.92	4.72	22.97	0.134	0.853	55.83	7.78	6.41	5.11	24.88	0.145	0.924
5	花生仁粕	北京市怀柔区	92.2	51.21	5.17	5.63	4.89	25.3	0.137	0.878	55.55	5.61	6.11	5.3	27.45	0.149	0.952
6	花生仁粕	北京市怀柔区	91.4	50.32	5.18	5.76	4.88	25.22	0.131	0.844	55.08	5.67	6.31	5.34	27.61	0.143	0.924
7	花生仁粕	北京市怀柔区	91.8	49.56	5.08	10.23	5.82	21.16	0.135	0.864	53.97	5.53	11.14	6.34	23.04	0.147	0.94
8	花生仁粕	福建省龙岩市漳平市	90.4	51.41	0.6	5.11	5.59	27.71	0.187	0.858	56.86	0.66	5.65	6.18	30.65	0.207	0.948
9	花生仁粕	福建省莆田市仙游县	90.2	51.72	0.53	5.01	5.46	27.43	0.179	0.835	57.37	0.59	5.56	6.06	30.43	0.198	0.926
10	花生仁粕	福建省莆田市仙游县	90.4	51.82	0.56	4.69	5.44	27.84	0.187	0.852	57.35	0.62	5.19	6.02	30.81	0.207	0.943

续表1-20

序号	原料名称	采样地点	原样状态								绝干状态						
			干物质 DM	粗蛋白质 CP	粗脂肪 EE	粗纤维 CF	粗灰分 Ash	无氮浸出物 NFE	钙 Ca	磷 P	粗蛋白质 CP	粗脂肪 EE	粗纤维 CF	粗灰分 Ash	无氮浸出物 NFE	钙 Ca	磷 P
11	花生仁粕	福建省莆田市仙游县	90.2	51.43	0.57	4.56	5.6	28.08	0.151	0.57	57	0.63	5.05	6.21	31.12	0.167	0.632
12	花生仁粕	福建省厦门市集美区	90.3	52.16	0.5	4.86	5.46	27.36	0.18	0.858	57.74	0.55	5.38	6.04	30.29	0.199	0.95
13	花生仁粕	福建省厦门市集美区	90.4	52.1	0.54	4.61	5.38	27.72	0.181	0.837	57.66	0.6	5.1	5.95	30.68	0.2	0.927
14	花生仁粕	福建省厦门市集美区	90.2	51.86	0.57	4.52	5.39	27.87	0.55	1.557	57.49	0.63	5.01	5.97	30.89	0.61	1.726
15	花生仁粕	福建省厦门市集美区	90.2	51.28	0.51	4.82	5.48	28.09	0.177	0.776	56.86	0.57	5.34	6.08	31.15	0.196	0.861
16	花生仁粕	福建省漳州市漳浦县	90.2	51.59	0.59	4.89	5.33	27.76	0.168	0.729	57.22	0.65	5.42	5.91	30.79	0.186	0.809
17	花生仁粕	广西壮族自治区南宁市	93.8	55.7	8.55	4.05	4.52	20.94	0.124	0.898	59.41	9.12	4.32	4.82	22.33	0.132	0.958
18	花生仁粕	广西壮族自治区南宁市	94.4	55.33	3.89	3.38	4.85	26.96	0.148	1.002	58.61	4.12	3.58	5.14	28.56	0.157	1.061
19	花生仁粕	海南省琼中黎族苗族自治县营根镇	98.3	60.27	6.55	6.52	4.91	20.04	0.169	0.944	61.31	6.66	6.63	4.99	20.39	0.172	0.96
20	花生仁粕	海南省琼中黎族苗族自治县营根镇	98.2	58.77	5.92	6.92	4.96	21.61	0.174	0.915	59.86	6.03	7.05	5.05	22.01	0.177	0.932
21	花生仁粕	河北省衡水市	91.9	50.51	1.13	5.06	5.21	29.96	0.147	0.773	54.98	1.23	5.51	5.67	32.61	0.16	0.841
22	花生仁粕	河北省衡水市	89.9	46.46	1.82	8.57	5.45	27.64	0.193	0.585	51.66	2.02	9.53	6.06	30.73	0.215	0.651
23	花生仁粕	河北省衡水市深州市	90.2	48.74	1.16	5.31	5.19	29.8	0.162	0.747	54.04	1.29	5.89	5.75	33.04	0.18	0.828
24	花生仁粕	河北省邢台市	91.2	47.22	0.96	14.25	7.07	21.67	0.563	0.904	51.79	1.05	15.63	7.75	23.77	0.617	0.991
25	花生仁粕	黑龙江省大庆市肇源县	91.4	44.7	1.21	3.54	5.7	36.26	0.18	0.933	48.91	1.32	3.87	6.24	39.67	0.196	1.021
26	花生仁粕	黑龙江省大庆市肇源县	91.4	44.7	2.05	4.43	5.6	34.62	0.183	0.92	48.91	2.24	4.85	6.13	37.88	0.201	1.006
27	花生仁粕	黑龙江省大庆市肇源县	91.4	44.7	0.95	3.18	5.6	36.97	0.181	0.91	48.91	1.04	3.48	6.13	40.45	0.198	0.995
28	花生仁粕	湖北省襄阳市	88.5	58.24	1.48	8.99	5.39	14.39	0.179	0.778	65.82	1.67	10.16	6.09	16.26	0.203	0.879
29	花生仁粕	湖北省襄阳市	89.9	55.48	1.45	8.19	4.69	20.07	0.099	0.82	61.73	1.61	9.11	5.22	22.33	0.11	0.912

续表1-20

序号	原料名称	采样地点	原样状态								绝干状态						
			干物质 DM	粗蛋白质 CP	粗脂肪 EE	粗纤维 CF	粗灰分 Ash	无氮浸出物 NFE	钙 Ca	磷 P	粗蛋白质 CP	粗脂肪 EE	粗纤维 CF	粗灰分 Ash	无氮浸出物 NFE	钙 Ca	磷 P
30	花生仁粕	湖北省襄阳市	88.7	54.11	1.44	10.82	5.26	17.1	0.188	0.85	60.99	1.62	12.2	5.93	19.27	0.212	0.959
31	花生仁粕	湖北省襄阳市	87.6	43.66	1.41	8.63	4.9	29.05	0.192	0.727	49.82	1.61	9.85	5.59	33.15	0.219	0.83
32	花生仁粕	湖北省襄阳市	88.4	37.61	1.41	11.22	4.72	33.4	0.172	0.58	42.56	1.6	12.7	5.34	37.8	0.194	0.656
33	花生仁粕	江苏省泰州市	88.6	46.8	2.49	7.27	7.74	24.3	0.238	0.694	52.81	2.81	8.2	8.73	27.42	0.269	0.784
34	花生仁粕	江苏省泰州市	88.7	46.25	2.55	7.29	7.42	25.16	0.23	0.707	52.17	2.88	8.22	8.37	28.38	0.259	0.798
35	花生仁粕	江苏省泰州市	88.7	46.15	2.7	7.23	7.53	25.05	0.236	0.719	52.06	3.05	8.16	8.49	28.26	0.266	0.811
36	花生仁粕	江苏省泰州市	88.6	45.68	2.65	7.29	7.49	25.53	0.231	0.678	51.54	2.99	8.23	8.45	28.81	0.26	0.765
37	花生仁粕	江苏省泰州市	88.7	45.19	2.65	7.23	7.14	26.46	0.224	0.642	50.96	2.99	8.15	8.05	29.84	0.252	0.724
38	花生仁粕	江西省宜春市	91.5	47.07	10.76	11.73	5.4	16.53	0.099	0.82	51.45	11.76	12.82	5.9	18.07	0.108	0.896
39	花生仁粕	江西省宜春市	91.3	46.12	10.84	11.47	5.38	17.52	0.095	0.893	50.49	11.87	12.56	5.89	19.18	0.104	0.977
40	花生仁粕	江西省宜春市	91.3	45.9	11.2	11.53	5.54	17.1	0.094	0.912	50.29	12.27	12.63	6.07	18.74	0.103	0.999
41	花生仁粕	江西省宜春市	91.4	45.93	11.47	12.62	5.62	15.8	0.128	0.887	50.24	12.55	13.8	6.15	17.28	0.14	0.97
42	花生仁粕	江西省宜春市	91.4	45.67	11.49	11.95	5.68	16.55	0.132	0.932	49.99	12.58	13.08	6.22	18.12	0.144	1.02
43	花生仁粕	江西省宜春市	91.5	45.5	12.18	12.19	5.69	15.92	0.088	0.909	49.74	13.32	13.33	6.22	17.4	0.096	0.994
44	花生仁粕	山东省莱西市	91.8	52.41	1.21	6.53	6.43	25.21	0.254	0.821	57.1	1.32	7.11	7.01	27.46	0.277	0.894
45	花生仁粕	山东省临沂市	92.1	51.76	1.8	7.64	6.56	24.3	0.21	0.707	56.22	1.96	8.3	7.13	26.4	0.228	0.768
46	花生仁粕	山东省临沂市	94.3	52.99	11.81	5.06	4.64	19.81	0.134	0.886	56.19	12.52	5.37	4.92	21.01	0.142	0.939
47	花生仁粕	山东省临沂市	93.6	52.51	11.83	4.57	4.63	20.03	0.134	0.88	56.12	12.64	4.88	4.95	21.41	0.143	0.94
48	花生仁粕	山东省临沂市沂水县	93.4	47.64	9.64	5.17	5.11	25.79	0.179	1.043	51.03	10.33	5.54	5.47	27.63	0.191	1.118
49	花生仁粕	山东省临沂市沂水县	94.5	46.8	8.28	6.58	5.22	27.61	0.171	1.052	49.53	8.76	6.96	5.52	29.22	0.181	1.114

二十、葵花籽粕

表 1-21　葵花籽粕样本原样状态及绝干状态下饲料常规成分和钙磷含量　%

序号	原料名称	采样地点	原样状态								绝干状态						
			干物质 DM	粗蛋白质 CP	粗脂肪 EE	粗纤维 CF	粗灰分 Ash	无氮浸出物 NFE	钙 Ca	磷 P	粗蛋白质 CP	粗脂肪 EE	粗纤维 CF	粗灰分 Ash	无氮浸出物 NFE	钙 Ca	磷 P
1	葵花籽粕	黑龙江省齐齐哈尔市	93	20.4	1.15	3.29	6.2	61.96	0.436	0.798	21.94	1.24	3.54	6.67	66.62	0.469	0.858
2	葵花籽粕	黑龙江省齐齐哈尔市	93.1	20.3	1.58	5.84	6.2	59.18	0.667	0.868	21.8	1.7	6.27	6.66	63.57	0.716	0.932
3	葵花籽粕	黑龙江省齐齐哈尔市	93.1	20.3	2.15	3.29	6.2	61.16	0.669	0.862	21.8	2.31	3.53	6.66	65.69	0.719	0.925
4	葵花籽粕	黑龙江省齐齐哈尔市	93.1	20.3	1.15	3.29	6.2	62.16	0.669	0.862	21.8	1.24	3.53	6.66	66.77	0.719	0.925
5	葵花籽粕	黑龙江省齐齐哈尔市	93.1	20.3	1.15	3.29	6.2	62.16	0.682	0.868	21.8	1.24	3.53	6.66	66.77	0.732	0.933
6	葵花籽粕	黑龙江省齐齐哈尔市	93.1	20.3	2.15	3.29	6.2	61.16	0.613	0.845	21.8	2.31	3.53	6.66	65.69	0.659	0.907
7	葵花籽粕	黑龙江省齐齐哈尔市	93.1	20.3	3.15	3.29	6.2	60.16	0.664	0.836	21.8	3.38	3.53	6.66	64.62	0.713	0.898
8	葵花籽粕	山东省青岛市	92.1	43.93	6.75	9.68	6.98	24.74	0.271	1.791	47.71	7.33	10.51	7.58	26.87	0.294	1.945
9	葵花籽粕	山东省青岛市	91.4	43.36	6.83	9.31	6.79	25.09	0.298	2.146	47.45	7.47	10.19	7.43	27.46	0.326	2.349
10	葵花籽粕	山东省青岛市	91.4	43.33	6.76	9.33	6.85	25.17	0.273	1.816	47.39	7.39	10.2	7.49	27.53	0.298	1.986
11	葵花籽粕	山东省青岛市	92	27.57	1.16	19.37	6.28	37.64	0.336	1.295	29.96	1.26	21.05	6.82	40.9	0.365	1.407
12	葵花籽粕	山东省青岛市	91.8	27.06	0.95	18.83	6.35	38.65	0.326	1.295	29.46	1.03	20.5	6.91	42.08	0.355	1.41
13	葵花籽粕	山西省	93.6	36.79	10.8	13.45	6.78	25.74			39.33	11.54	14.38	7.25	27.51	0	0
14	葵花籽粕	山西省	93.7	36.52	10.9	13.6	7.71	24.93			39	11.64	14.52	8.23	26.62	0	0
15	葵花籽粕	山西省运城市	93.4	37.25	11	13	6.89	25.26	0.355	1.635	39.88	11.78	13.92	7.38	27.04	0.381	1.75
16	葵花籽粕	山西省运城市	93.4	37.24	11	13.4	6.87	24.89	0.38	1.673	39.87	11.78	14.35	7.36	26.65	0.407	1.791
17	葵花籽粕	山西省运城市	93.7	36.34	10.6	13.5	6.68	26.58	0.309	1.579	38.78	11.31	14.41	7.13	28.37	0.33	1.685
18	葵花籽粕	山西省运城市	93.9	35.78	10.8	14.2	8.52	24.6	0.84	1.602	38.1	11.5	15.12	9.07	26.2	0.895	1.707

二十一、脱脂米糠粕

表 1-22 脱脂米糠粕样本原样状态及绝干状态下饲料常规成分和钙磷含量 %

序号	原料名称	采样地点	原样状态								绝干状态						
			干物质 DM	粗蛋白质 CP	粗脂肪 EE	粗纤维 CF	粗灰分 Ash	无氮浸出物 NFE	钙 Ca	磷 P	粗蛋白质 CP	粗脂肪 EE	粗纤维 CF	粗灰分 Ash	无氮浸出物 NFE	钙 Ca	磷 P
1	脱脂米糠粕	安徽省六安市	90.9	15.41	3.67	17.99	10.31	43.51	0.109	2.814	16.95	4.04	19.79	11.34	47.87	0.12	3.096
2	脱脂米糠粕	安徽省六安市	90.9	15.82	3.65	17.94	10.46	43	0.125	2.903	17.41	4.02	19.74	11.51	47.32	0.138	3.195
3	脱脂米糠粕	安徽省六安市	91	15.81	3.7	18.2	10.47	42.78	0.123	2.906	17.38	4.07	20.01	11.51	47.03	0.135	3.194
4	脱脂米糠粕	福建省宁德市福鼎市	90.3	16.85	0.44	19.08	10.23	43.64	0.134	1.578	18.67	0.49	21.14	11.34	48.35	0.148	1.748
5	脱脂米糠粕	福建省宁德市福鼎市	90.4	17.23	0.4	19.15	10.28	43.3	0.11	1.709	19.07	0.44	21.19	11.38	47.92	0.121	1.892
6	脱脂米糠粕	福建省泉州市南安市	89.1	14.89	0.45	9.36	8.07	56.34	0.101	1.761	16.71	0.5	10.5	9.06	63.23	0.113	1.976
7	脱脂米糠粕	福建省泉州市南安市	88.7	14.8	0.74	10.55	8.25	54.37	0.09	2.074	16.68	0.83	11.89	9.3	61.29	0.102	2.338
8	脱脂米糠粕	福建省泉州市南安市	90.2	16.09	0.47	17.32	9.82	46.46	0.138	1.608	17.85	0.52	19.21	10.89	51.53	0.153	1.783
9	脱脂米糠粕	广东省广州市	93.2	16.8	0.1	33.7	12.9	29.7	0.125	0.731	18.03	0.11	36.16	13.84	31.87	0.134	0.784
10	脱脂米糠粕	广东省广州市	93.8	16.2	0.2	35	12.6	29.8	0.123	0.722	17.27	0.21	37.31	13.43	31.77	0.131	0.77
11	脱脂米糠粕	广东省广州市	88.5	15.2	0.4	8.8	10	54.1	0.072	2.371	17.18	0.45	9.94	11.3	61.13	0.081	2.68
12	脱脂米糠粕	广东省清远市	91.4	5.74	3.4	32.8	11.2	38.26	0.111	0.81	6.28	3.72	35.89	12.25	41.86	0.122	0.886
13	脱脂米糠粕	贵州省毕节市	90.6	14.39	1.06	6.26	9.48	59.44	0.078	2.205	15.88	1.17	6.91	10.46	65.59	0.086	2.433
14	脱脂米糠粕	贵州省贵阳市	92.8	5.2	0.53	27.95	13.14	45.94	0.088	0.226	5.61	0.57	30.13	14.17	49.53	0.094	0.243
15	脱脂米糠粕	贵州省贵阳市	90.9	12.6	11.01	4.56	7.53	55.23	0.09	2.039	13.86	12.11	5.01	8.28	60.74	0.099	2.242
16	脱脂米糠粕	贵州省遵义市	91	15.81	0.85	7.38	10.73	56.24	0.083	2.452	17.37	0.93	8.11	11.79	61.8	0.091	2.694
17	脱脂米糠粕	贵州省遵义市	90	15.6	0.88	6.93	9.94	56.66	0.079	2.228	17.33	0.98	7.7	11.04	62.95	0.087	2.476
18	脱脂米糠粕	河北省沧州市	90.6	14.14	16.53	8.84	8.13	42.93	0.101	1.886	15.61	18.25	9.76	8.98	47.4	0.111	2.082
19	脱脂米糠粕	河北省廊坊市	91.1	16.01	14.98	7.24	8.07	44.82	0.09	2.581	17.57	16.44	7.95	8.86	49.19	0.098	2.833
20	脱脂米糠粕	河北省廊坊市	91.5	15.54	16.84	10.31	8.17	40.6	0.097	2.38	16.99	18.41	11.27	8.93	44.39	0.106	2.602
21	脱脂米糠粕	河南省新乡市	90.6	16.6	0.4	8.5	10.8	54.3	0.071	2.705	18.32	0.44	9.38	11.92	59.93	0.078	2.986
22	脱脂米糠粕	河南省周口市	91	15.8	0.4	9.2	10.6	55	0.073	2.957	17.36	0.44	10.11	11.65	60.44	0.081	3.25

续表1-22

序号	原料名称	采样地点	原样状态								绝干状态						
			干物质 DM	粗蛋白质 CP	粗脂肪 EE	粗纤维 CF	粗灰分 Ash	无氮浸出物 NFE	钙 Ca	磷 P	粗蛋白质 CP	粗脂肪 EE	粗纤维 CF	粗灰分 Ash	无氮浸出物 NFE	钙 Ca	磷 P
23	脱脂米糠粕	黑龙江省哈尔滨市木兰县	90.1	15.3	1.24	2.84	10.8	59.92	0.074	3.494	16.98	1.38	3.15	11.99	66.5	0.082	3.878
24	脱脂米糠粕	黑龙江省	89.8	15.2	1.84	3.05	10.7	59.01	0.086	3.411	16.93	2.05	3.4	11.92	65.71	0.095	3.798
25	脱脂米糠粕	黑龙江省哈尔滨市方正县	90.1	15.1	1.12	2.29	10.8	60.79	0.073	3.385	16.76	1.24	2.54	11.99	67.47	0.081	3.757
26	脱脂米糠粕	黑龙江省哈尔滨市方正县	90.5	15.4	2.01	6.11	10.6	56.39	0.092	3.147	17.02	2.22	6.75	11.71	62.31	0.102	3.477
27	脱脂米糠粕	黑龙江省哈尔滨市	90.1	16.4	1.71	3.11	10.7	58.18	0.073	3.478	18.2	1.9	3.45	11.88	64.57	0.081	3.86
28	脱脂米糠粕	黑龙江省哈尔滨市	90.5	16.4	2.71	3.11	10.8	57.48	0.083	3.282	18.12	2.99	3.44	11.93	63.51	0.092	3.626
29	脱脂米糠粕	黑龙江省佳木斯市桦南县	90.1	15.3	1.46	3.21	10.6	59.53	0.076	3.546	16.98	1.62	3.56	11.76	66.07	0.085	3.935
30	脱脂米糠粕	黑龙江省佳木斯市桦南县	90.4	16.3	2.61	5.11	10.6	55.78	0.075	3.478	18.03	2.89	5.65	11.73	61.7	0.082	3.848
31	脱脂米糠粕	黑龙江省鸡西市	90.4	15.4	1.01	3.11	10.8	60.08	0.078	3.41	17.04	1.12	3.44	11.95	66.46	0.087	3.772
32	脱脂米糠粕	黑龙江省佳木斯市	90.4	15.3	2.08	3.93	10.8	58.29	0.07	3.317	16.92	2.3	4.35	11.95	64.48	0.077	3.669
33	脱脂米糠粕	黑龙江省齐齐哈尔市讷河市	89.9	15.3	1.01	2.11	10.8	60.68	0.073	3.504	17.02	1.12	2.35	12.01	67.5	0.081	3.897
34	脱脂米糠粕	黑龙江省齐齐哈尔市讷河市	90.1	15.3	1.09	3.11	10.7	59.9	0.073	3.412	16.98	1.21	3.45	11.88	66.48	0.081	3.787
35	脱脂米糠粕	黑龙江省齐齐哈尔市	90.5	16.4	0.99	2.65	10.8	59.66	0.074	3.453	18.12	1.09	2.93	11.93	65.92	0.082	3.816
36	脱脂米糠粕	黑龙江省	90.1	16.3	2.35	2.11	10.8	58.54	0.084	3.526	18.09	2.61	2.34	11.99	64.97	0.093	3.914
37	脱脂米糠粕	黑龙江省哈尔滨市尚志市	89.9	15.1	1.6	2.88	10.8	59.52	0.08	3.435	16.8	1.78	3.2	12.01	66.21	0.089	3.821
38	脱脂米糠粕	黑龙江省哈尔滨市尚志市	90.5	15.1	1.09	3.11	10.8	60.4	0.074	3.479	16.69	1.2	3.44	11.93	66.74	0.082	3.845
39	脱脂米糠粕	黑龙江省双鸭山市	90.1	15.3	1.06	3.1	10.8	59.84	0.074	3.498	16.98	1.18	3.44	11.99	66.42	0.082	3.882

续表1-22

序号	原料名称	采样地点	原样状态								绝干状态						
			干物质 DM	粗蛋白质 CP	粗脂肪 EE	粗纤维 CF	粗灰分 Ash	无氮浸出物 NFE	钙 Ca	磷 P	粗蛋白质 CP	粗脂肪 EE	粗纤维 CF	粗灰分 Ash	无氮浸出物 NFE	钙 Ca	磷 P
40	脱脂米糠粕	黑龙江省绥化市	90.4	15.4	2.28	6.1	10.7	55.92	0.073	3.382	17.04	2.52	6.75	11.84	61.86	0.081	3.741
41	脱脂米糠粕	黑龙江省哈尔滨市通河县	90.5	15.3	1.09	2.68	10.8	60.64	0.072	3.387	16.91	1.2	2.96	11.93	67.01	0.08	3.743
42	脱脂米糠粕	黑龙江省哈尔滨市五常市	89.9	16.4	2.31	4.11	10.8	56.28	0.072	3.435	18.24	2.57	4.57	12.01	62.6	0.08	3.821
43	脱脂米糠粕	黑龙江省哈尔滨市五常市	90.5	15.4	3.01	3.11	10.7	58.28	0.072	3.504	17.02	3.33	3.44	11.82	64.4	0.08	3.872
44	脱脂米糠粕	黑龙江省哈尔滨市五常市	89.9	15.3	1.91	3.26	10.6	58.83	0.075	3.458	17.02	2.12	3.63	11.79	65.44	0.083	3.847
45	脱脂米糠粕	黑龙江省佳木斯市汤原县	90.4	16.3	1.67	3.29	10.7	58.44	0.073	3.476	18.03	1.85	3.64	11.84	64.65	0.08	3.845
46	脱脂米糠粕	湖北省荆州市	91.6	15.05	1.95	8.3	11.45	54.81	0.114	2.14	16.44	2.13	9.07	12.51	59.86	0.125	2.337
47	脱脂米糠粕	湖北省荆州市	92.9	15.69	1.98	8.68	10.77	55.78	0.095	2.729	16.89	2.13	9.34	11.59	60.03	0.102	2.937
48	脱脂米糠粕	湖北省荆州市公安县	90.2	17.64	2	8.42	12.21	49.89	0.11	2.049	19.57	2.22	9.34	13.54	55.33	0.122	2.273
49	脱脂米糠粕	湖北省武汉市	92.3	17.19	2.38	8.12	12.13	52.47	0.104	2.226	18.63	2.58	8.8	13.14	56.85	0.113	2.412
50	脱脂米糠粕	湖北省武汉市	88.7	17.15	2.05	7.98	10.89	50.62	0.09	3.388	19.34	2.31	9	12.28	57.08	0.101	3.82
51	脱脂米糠粕	湖北省襄阳市宜城市	89.3	16.71	2.38	7.96	10.39	51.9	0.09	2.639	18.71	2.66	8.91	11.63	58.1	0.101	2.954
52	脱脂米糠粕	湖北省襄阳市宜城市	89.5	16.28	2.27	8.32	11.13	51.44	0.084	2.854	18.2	2.54	9.3	12.44	57.51	0.093	3.19
53	脱脂米糠粕	湖南省长沙市望城区	90.6	15.02	1.75	7.39	8.46	57.96	0.069	0.908	16.58	1.93	8.16	9.34	63.99	0.076	1.002
54	脱脂米糠粕	湖南省长沙市望城区	89.7	14.88	1.96	7.43	8.74	56.68	0.104	0.958	16.59	2.19	8.28	9.74	63.19	0.116	1.068
55	脱脂米糠粕	湖南省长沙市望城区	90.1	14.99	2.21	7.45	8.97	56.5	0.105	1.449	16.63	2.45	8.27	9.95	62.69	0.117	1.608
56	脱脂米糠粕	湖南省长沙市望城区	88.5	15.11	1.96	7.54	9.04	54.86	0.111	1.194	17.07	2.21	8.52	10.21	61.98	0.125	1.349
57	脱脂米糠粕	湖南省长沙市望城区	88.4	15.01	1.83	7.27	8.64	55.61	0.11	1.117	16.99	2.07	8.23	9.78	62.93	0.124	1.264
58	脱脂米糠粕	江西省宜春市丰城市	88.3	16.3	1.44	12.6	10.8	47.18	0.1	3.098	18.46	1.63	14.27	12.23	53.42	0.113	3.508
59	脱脂米糠粕	江西省宜春市丰城市	88.5	16.3	1.49	12.8	10.8	47.06	0.104	3.169	18.43	1.68	14.47	12.21	53.21	0.118	3.582

续表1-22

序号	原料名称	采样地点	原样状态								绝干状态						
			干物质 DM	粗蛋白质 CP	粗脂肪 EE	粗纤维 CF	粗灰分 Ash	无氮浸出物 NFE	钙 Ca	磷 P	粗蛋白质 CP	粗脂肪 EE	粗纤维 CF	粗灰分 Ash	无氮浸出物 NFE	钙 Ca	磷 P
60	脱脂米糠粕	江西省宜春市高安市祥符镇	88.7	16.32	1.85	12.89	9.22	48.38	0.097	1.292	18.41	2.09	14.54	10.4	54.57	0.11	1.457
61	脱脂米糠粕	江西省南昌市	88.6	16.64	1.75	7.27	9.09	53.8	0.084	3.389	18.79	1.98	8.21	10.26	60.75	0.095	3.827
62	脱脂米糠粕	江西省南昌市	88.8	16.45	1.79	7.07	9.49	54.04	0.096	3.244	18.52	2.01	7.96	10.68	60.83	0.108	3.651
63	脱脂米糠粕	江西省南昌市	88.5	16.41	1.83	6.92	9.13	54.22	0.091	2.339	18.54	2.07	7.82	10.32	61.26	0.103	2.643
64	脱脂米糠粕	内蒙古自治区兴安盟	91.1	5.78	3.69	8.04	8.05	65.53	0.055	0.84	6.35	4.05	8.83	8.84	71.94	0.06	0.922
65	脱脂米糠粕	内蒙古自治区包头市	89.8	15.73	1.11	14.85	12.08	46.06	0.079	3.436	17.51	1.24	16.53	13.45	51.27	0.087	3.825
66	脱脂米糠粕	内蒙古自治区呼伦贝尔市	91.9	5.75	3.65	7.53	8.06	66.9	0.079	0.285	6.26	3.97	8.19	8.77	72.8	0.086	0.31
67	脱脂米糠粕	内蒙古自治区通辽市	91.5	6.04	1.71	8.7	7.95	67.13	0.049	0.744	6.6	1.87	9.51	8.69	73.34	0.053	0.813
68	脱脂米糠粕	山东省滨州市	90.8	15.36	1.2	9.46	10.81	53.99	0.388	2.37	16.91	1.32	10.42	11.9	59.45	0.427	2.609
69	脱脂米糠粕	山东省济宁市	91.4	16.31	1.37	12.44	10.92	50.33	0.114	2.658	17.85	1.5	13.61	11.95	55.08	0.125	2.91
70	脱脂米糠粕	山东省济宁市	91.4	15.88	1.15	9.14	10.23	54.97	0.084	3.284	17.38	1.26	10	11.2	60.16	0.092	3.594
71	脱脂米糠粕	山东省济宁市	91.3	14.76	1.32	12.44	10.53	52.27	0.118	2.566	16.16	1.45	13.62	11.53	57.24	0.129	2.81

二十二、鱼粉

表 1-23 鱼粉样本原样状态及绝干状态下饲料常规成分和钙磷含量

%

序号	原料名称	采样地点	原样状态								绝干状态						
			干物质 DM	粗蛋白质 CP	粗脂肪 EE	粗纤维 CF	粗灰分 Ash	无氮浸出物 NFE	钙 Ca	磷 P	粗蛋白质 CP	粗脂肪 EE	粗纤维 CF	粗灰分 Ash	无氮浸出物 NFE	钙 Ca	磷 P
1	鱼粉	安徽省合肥市肥东县	91.9	65.61	6.65	1.18	17.28	1.19	3.571	2.523	71.38	7.23	1.28	18.8	1.29	3.885	2.745
2	鱼粉	福建省漳州市龙海区	91.3	69.51	5.26	1.43	14.56	0.52	3.61	2.765	76.16	5.76	1.57	15.95	0.57	3.956	3.03
3	鱼粉	福建省漳州市龙海区	92	69.03	8.96	2.25	15.86	0	3.903	2.886	75.02	9.74	2.45	17.24	0	4.242	3.136

续表1-23

序号	原料名称	采样地点	原样状态								绝干状态						
			干物质 DM	粗蛋白质 CP	粗脂肪 EE	粗纤维 CF	粗灰分 Ash	无氮浸出物 NFE	钙 Ca	磷 P	粗蛋白质 CP	粗脂肪 EE	粗纤维 CF	粗灰分 Ash	无氮浸出物 NFE	钙 Ca	磷 P
4	鱼粉	福建省漳州市龙海区	90.9	62.98	5.08	2.24	20.36	0.22	4.159	2.592	69.3	5.59	2.46	22.4	0.24	4.576	2.852
5	鱼粉	广东省东莞市	91.6	64.08	9.75	3.12	18	0	5.241	3.169	69.99	10.65	3.41	19.66	0	5.725	3.462
6	鱼粉	广东省佛山市	90.6	65.3	8.6	0.7	14.5	1.5	3.636	2.6	72.08	9.49	0.77	16	1.66	4.013	2.87
7	鱼粉	广西壮族自治区玉林市	91.6	48.39	4.52	0.97	30.56	7.12	8.541	3.759	52.85	4.94	1.06	33.38	7.78	9.328	4.106
8	鱼粉	广西壮族自治区北海市	94	64.58	8.05	0.85	20.33	0.15	5.924	3.232	68.73	8.57	0.9	21.64	0.16	6.305	3.44
9	鱼粉	广西壮族自治区北海市	93.4	60.73	11.31	0.9	20.32	0.14	6.401	3.192	65.02	12.11	0.96	21.76	0.15	6.854	3.418
10	鱼粉	海南省澄迈县	96.2	52.17	8.51	0	30.42	5.14	10.463	0.936	54.21	8.84	0	31.61	5.34	10.872	0.973
11	鱼粉	海南省澄迈县	96.2	50.13	8.49	0	31.83	5.74	10.621	0.456	52.12	8.83	0	33.09	5.97	11.041	0.474
12	鱼粉	河北省秦皇岛市昌黎县	95	61.19	5.89	3.36	23.52	0.99	4.071	2.386	64.44	6.2	3.54	24.77	1.04	4.287	2.513
13	鱼粉	河北省秦皇岛市昌黎县	95.8	58.81	1.8	4.96	26.25	3.94	6.299	1.883	61.41	1.88	5.18	27.41	4.11	6.577	1.966
14	鱼粉	河北省秦皇岛市昌黎县	96.1	51.42	3.5	10.41	29.61	1.11	7.951	1.745	53.53	3.64	10.84	30.83	1.16	8.278	1.816
15	鱼粉	河南省鹤壁市	91.9	47.12	7.62	1.38	19.04	16.72	3.248	1.95	51.28	8.29	1.5	20.72	18.2	3.535	2.122
16	鱼粉	河南省鹤壁市	91.3	22.12	8.3	1.99	18.75	40.11	3.247	1.956	24.24	9.09	2.18	20.54	43.95	3.558	2.143
17	鱼粉	湖北省襄阳市宜城市	92.7	62.76	7.89	0.78	19.61	1.7	3.571	1.43	67.67	8.51	0.84	21.15	1.83	3.85	1.542
18	鱼粉	湖北省宜昌市宜都市	93	63.6	8.98	0.81	18.41	1.2	3.215	0.401	68.38	9.65	0.87	19.79	1.29	3.456	0.431
19	鱼粉	湖南省株洲市芦淞区	89.4	60.25	10.27	0.67	13.19	5	3.021	2.027	67.41	11.49	0.75	14.76	5.59	3.38	2.268
20	鱼粉	湖南省株洲市芦淞区	89.4	55.68	9.57	0.55	14.56	9.04	3.127	2.237	62.3	10.71	0.62	16.29	10.11	3.498	2.502
21	鱼粉	湖南省株洲市	88.5	60.99	5.45	0.68	13.44	7.92	4.166	2.979	68.94	6.16	0.77	15.19	8.95	4.709	3.367
22	鱼粉	江苏省南通市	90	67.21	8.71	0.56	10.87	2.67	3.827	2.879	74.67	9.68	0.62	12.08	2.97	4.252	3.198
23	鱼粉	江苏省南通市	90.7	64.78	9.93	0.54	11.15	4.32	3.454	2.615	71.41	10.95	0.6	12.29	4.76	3.808	2.883
24	鱼粉	辽宁省大连市	94.3	65.68	11.18	0.62	17.86	0	3.407	2.559	69.63	11.85	0.66	18.93	0	3.611	2.713

续表1-23

序号	原料名称	采样地点	原样状态								绝干状态						
			干物质 DM	粗蛋白质 CP	粗脂肪 EE	粗纤维 CF	粗灰分 Ash	无氮浸出物 NFE	钙 Ca	磷 P	粗蛋白质 CP	粗脂肪 EE	粗纤维 CF	粗灰分 Ash	无氮浸出物 NFE	钙 Ca	磷 P
25	鱼粉	辽宁省大连市	94.4	65.12	10.99	0.75	17.91	0	3.771	2.583	68.96	11.64	0.79	18.97	0	3.993	2.735
26	鱼粉	辽宁省大连市	95.9	63.18	11.36	1.71	17.43	2.2	4.655	2.74	65.89	11.85	1.78	18.18	2.29	4.855	2.857
27	鱼粉	辽宁省大连市	94.4	63.64	8.58	1.17	19.95	1.1	3.94	2.271	67.39	9.09	1.24	21.12	1.16	4.172	2.405
28	鱼粉	辽宁省大连市	94.8	62.59	14.01	1.58	16.35	0.27	3.874	2.725	66.02	14.78	1.67	17.25	0.28	4.086	2.874
29	鱼粉	辽宁省大连市	95.1	60.86	12.87	0.81	19.43	1.09	3.4	2.323	64.02	13.54	0.85	20.44	1.15	3.577	2.444
30	鱼粉	辽宁省丹东市	94.4	66.44	10.25	0.96	17.23	0	3.175	2.289	70.37	10.86	1.02	18.25	0	3.363	2.424
31	鱼粉	辽宁省丹东市	94.2	65.8	10.06	1.33	17.25	0	3.242	2.325	69.88	10.68	1.41	18.32	0	3.443	2.469
32	鱼粉	辽宁省丹东市	94.5	64.25	10.24	1.74	17.16	1.09	3.134	2.239	68	10.84	1.84	18.16	1.15	3.317	2.37
33	鱼粉	辽宁省丹东市	94.5	64.16	9.94	1.94	17.13	1.34	3.139	2.264	67.89	10.52	2.05	18.13	1.42	3.321	2.395
34	鱼粉	山东省滨州市	93	50.98	6.75	0.83	25.43	8.96	4.109	0.794	54.85	7.26	0.89	27.36	9.64	4.42	0.854
35	鱼粉	山东省滨州市	93.7	51.15	6.22	0.88	28.13	7.33	4.235	0.919	54.58	6.64	0.94	30.02	7.82	4.52	0.981
36	鱼粉	山东省滨州市	93.1	50	6.87	0.81	27.09	8.32	3.582	2.407	53.71	7.38	0.87	29.1	8.94	3.848	2.585
37	鱼粉	山东省青岛市	92.6	67.43	11.59	0.86	14.29	0	0.793	1.498	72.79	12.51	0.93	15.43	0	0.856	1.617
38	鱼粉	山东省青岛市	93	67.2	12.04	0.9	14.26	0	4.628	3.097	72.25	12.94	0.97	15.33	0	4.976	3.33
39	鱼粉	山东省青岛市	93.4	66.1	12.48	1.03	14.31	0	3.642	2.188	70.8	13.37	1.1	15.33	0	3.901	2.343
40	鱼粉	山东省青岛市	93	51.68	4.9	0.91	26.11	9.4	4.522	2.34	55.57	5.27	0.98	28.08	10.11	4.862	2.516
41	鱼粉	山东省威海市	91.2	70.28	8.3	0.95	14.34	0	3.646	2.375	77.05	9.1	1.04	15.72	0	3.998	2.604
42	鱼粉	山东省威海市	91.6	69.38	8.19	0.96	13.78	0	4.956	3.119	75.78	8.95	1.05	15.05	0	5.413	3.407
43	鱼粉	山东省威海市	91.4	51.68	7.32	0.81	15.18	16.4	3.565	2.658	56.55	8.01	0.89	16.61	17.95	3.901	2.908
44	鱼粉	山东省威海市	91.5	70.94	8.43	0.88	13.65	0	3.67	2.381	77.51	9.21	0.96	14.91	0	4.01	2.602
45	鱼粉	山东省威海市荣成市	91.3	66.83	7.18	0.89	15.15	1.2	4.917	2.589	73.24	7.87	0.98	16.6	1.32	5.389	2.837

续表1-23

序号	原料名称	采样地点	原样状态								绝干状态						
			干物质 DM	粗蛋白质 CP	粗脂肪 EE	粗纤维 CF	粗灰分 Ash	无氮浸出物 NFE	钙 Ca	磷 P	粗蛋白质 CP	粗脂肪 EE	粗纤维 CF	粗灰分 Ash	无氮浸出物 NFE	钙 Ca	磷 P
46	鱼粉	云南省昆明市官渡区	96.8	62.89	14.53	0	19.31	0.05	5.141	3.213	64.99	15.01	0	19.95	0.05	5.312	3.32
47	鱼粉	云南省昆明市官渡区	96.8	62.53	14.51	0	19.03	0.68	11.304	5.628	64.63	15	0	19.67	0.7	11.684	5.817
48	鱼粉	浙江省宁波市象山县	88.2	61.46	9.12	0.37	15.39	1.87	2.835	2.1	69.67	10.34	0.42	17.45	2.12	3.214	2.381
49	鱼粉	浙江省宁波市象山县	91	62.71	9.83	0.41	17.02	1.04	3.27	0.698	68.9	10.8	0.45	18.7	1.14	3.593	0.766
50	鱼粉	浙江省宁波市象山县	88	60.09	9.54	0.43	16.95	1.02	2.953	2.464	68.26	10.84	0.49	19.25	1.16	3.354	2.799
51	鱼粉	浙江省宁波市象山县	90	60.19	9.75	0.38	18.53	1.15	3.518	2.15	66.88	10.83	0.42	20.59	1.28	3.909	2.389
52	鱼粉	浙江省宁波市象山县	90.3	60.02	10.36	0.42	18.78	0.71	3.763	2.297	66.47	11.47	0.47	20.8	0.79	4.168	2.544
53	鱼粉	浙江省宁波市象山县	90.1	58.58	10.51	0.33	19.15	1.51	3.875	0.662	65.03	11.67	0.37	21.26	1.68	4.302	0.735

二十三、肉粉

表 1-24　肉粉样本原样状态及绝干状态下饲料常规成分和钙磷含量

%

序号	原料名称	采样地点	原样状态								绝干状态						
			干物质 DM	粗蛋白质 CP	粗脂肪 EE	粗纤维 CF	粗灰分 Ash	无氮浸出物 NFE	钙 Ca	磷 P	粗蛋白质 CP	粗脂肪 EE	粗纤维 CF	粗灰分 Ash	无氮浸出物 NFE	钙 Ca	磷 P
1	肉粉	福建省南平市光泽县	91.8	59.06	14.96	0.64	11.59	5.53	2.733	2.18	64.35	16.3	0.7	12.63	6.03	2.978	2.375
2	肉粉	福建省南平市光泽县	91.9	61.26	13.25	0.8	10.13	6.48	2.618	2.098	66.64	14.41	0.87	11.02	7.05	2.848	2.282
3	肉粉	贵州省贵阳市	92.8	40.42	15.63	5.14	11.08	20.54	1.274	0.934	43.55	16.84	5.54	11.94	22.13	1.373	1.007
4	肉粉	贵州省贵阳市	93.3	41.67	15.8	5.46	11.06	19.26	1.231	0.93	44.69	16.94	5.86	11.86	20.65	1.32	0.997
5	肉粉	贵州省贵阳市	93	40.63	15.81	4.84	10.82	20.91	1.258	0.946	43.68	17	5.2	11.63	22.48	1.352	1.017
6	肉粉	河北省石家庄市无极县	93.9	70.2	12.15	6.63	4.91	0.02	1.132	1.33	74.75	12.94	7.06	5.23	0.02	1.206	1.416

续表1-24

序号	原料名称	采样地点	原样状态								绝干状态						
			干物质 DM	粗蛋白质 CP	粗脂肪 EE	粗纤维 CF	粗灰分 Ash	无氮浸出物 NFE	钙 Ca	磷 P	粗蛋白质 CP	粗脂肪 EE	粗纤维 CF	粗灰分 Ash	无氮浸出物 NFE	钙 Ca	磷 P
7	肉粉	河北省邢台市南和区	94.3	47.21	10.67	8.72	27.68	0.04	9.399	5.59	50.05	11.31	9.25	29.35	0.04	9.965	5.926
8	肉粉	河南省鹤壁市	92.9	59	24.7	5.9	6.9	0	0.915	1.105	63.51	26.59	6.35	7.43	0	0.985	1.19
9	肉粉	河南省鹤壁市	93	58.8	26.4	5.9	7.1	0	1.962	1.715	63.23	28.39	6.34	7.63	0	2.11	1.844
10	肉粉	河南省鹤壁市	93.4	73.52	12.06	1.38	5.73	0.74	0.432	0.838	78.68	12.91	1.48	6.13	0.79	0.462	0.897
11	肉粉	河南省	92.8	61.4	15.8	5.9	4.7	5	0.285	0.691	66.16	17.03	6.36	5.06	5.39	0.307	0.744
12	肉粉	湖南省长沙市望城区	94	52.57	12.51	1.3	22.32	5.3	0.281	0.796	55.93	13.31	1.38	23.74	5.64	0.299	0.847
13	肉粉	湖南省株洲市芦淞区	94.9	54.33	11.95	1.45	23.35	3.77	9.684	5.735	57.27	12.6	1.53	24.62	3.97	10.208	6.045
14	肉粉	江苏省徐州市	90.9	64.79	15.91	1.82	4.61	3.81	0.352	0.94	71.24	17.5	2	5.07	4.19	0.387	1.034
15	肉粉	江苏省徐州市	90.9	67.79	14.29	1.69	4.33	2.82	0.397	0.955	74.56	15.72	1.86	4.76	3.1	0.436	1.051
16	肉粉	辽宁省锦州市	95.8	57.83	10.79	1.5	23.6	2.11	6.682	4.219	60.35	11.26	1.57	24.63	2.2	6.973	4.403
17	肉粉	山东省潍坊市	90.4	36.95	11.18	1.57	11.76	28.89	2.186	1.929	40.9	12.37	1.74	13.02	31.98	2.419	2.135
18	肉粉	陕西省西安市	93.4	68.84	10.68	1.71	11.01	1.15	1.595	1.692	73.71	11.44	1.83	11.79	1.23	1.708	1.811
19	肉粉	陕西省西安市	94	68.87	10.44	1.69	11.65	1.3	1.851	1.652	73.3	11.11	1.8	12.4	1.38	1.97	1.759
20	肉粉	四川省成都市崇州市	96.7	77.9	9.55	0	6.05	3.2	0.812	1.12	80.56	9.88	0	6.26	3.31	0.84	1.158
21	肉粉	四川省遂宁市射洪市	96.1	73.08	10.8	0	5.05	7.17	0.468	1.053	76.05	11.24	0	5.25	7.46	0.487	1.095
22	肉粉	天津市宝坻区大口屯镇	93.4	68.66	10.21	6.42	8.14	0.01	0.885	1.366	73.48	10.93	6.87	8.71	0.01	0.947	1.461
23	肉粉	天津市宝坻区牛道口镇	95.1	63.24	12.25	7.02	12.58	0.05	1.837	1.61	66.47	12.88	7.38	13.22	0.05	1.931	1.692

二十四、血浆蛋白粉

表 1-25 血浆蛋白粉样本原样状态及绝干状态下饲料常规成分和钙磷含量

%

序号	原料名称	采样地点	原样状态								绝干状态						
			干物质 DM	粗蛋白质 CP	粗脂肪 EE	粗纤维 CF	粗灰分 Ash	无氮浸出物 NFE	钙 Ca	磷 P	粗蛋白质 CP	粗脂肪 EE	粗纤维 CF	粗灰分 Ash	无氮浸出物 NFE	钙 Ca	磷 P
1	血浆蛋白粉	北京市顺义区	86.2	81.75	0.19	0.17	2.38	1.69	0.101	1.32	94.87	0.22	0.2	2.76	1.96	0.117	1.532
2	血浆蛋白粉	北京市顺义区	86.2	81.75	0.18	0.16	2.41	1.65	0.101	1.287	94.89	0.21	0.19	2.8	1.92	0.117	1.493
3	血浆蛋白粉	北京市顺义区	92.2	79.95	0.41	0	6.62	5.24	0.074	1.298	86.69	0.44	0	7.18	5.68	0.08	1.408
4	血浆蛋白粉	广东省深圳市	86.6	71.34	0.12	0	9.3	5.86	0.119	0.477	82.36	0.14	0	10.74	6.77	0.137	0.551
5	血浆蛋白粉	广西壮族自治区桂林市	90.1	70.89	0.74	0	12.99	5.5	0.25	0.947	78.66	0.82	0	14.41	6.1	0.277	1.051
6	血浆蛋白粉	广西壮族自治区桂林市	91.6	91.29	0.4	0	3.53	0	0.014	0.628	99.66	0.44	0	3.85	0	0.016	0.686
7	血浆蛋白粉	湖南省株洲市芦淞区	90.8	78.51	0.86	0	3.25	8.16	0.252	5.58	86.48	0.95	0	3.58	8.99	0.278	6.147
8	血浆蛋白粉	吉林省四平市	90.1	76.97	0.51	0	7.14	5.51	0.079	0.414	85.4	0.57	0	7.92	6.11	0.088	0.459
9	血浆蛋白粉	吉林省长春市	90.8	78.13	0.43	0	8.96	3.23	0.098	0.403	86.09	0.47	0	9.87	3.56	0.108	0.444
10	血浆蛋白粉	江苏省淮安市	88.6	72.18	0.36	0.46	9.62	5.96	0.107	1.064	81.49	0.41	0.52	10.86	6.73	0.121	1.202
11	血浆蛋白粉	江西省南昌市	91.4	70.78	0.68	0.04	13.23	6.69	0.114	0.539	77.41	0.74	0.04	14.47	7.32	0.125	0.59
12	血浆蛋白粉	江西省南昌市	91.7	71.37	0.31	0.06	13.45	6.47	0.107	0.515	77.86	0.34	0.07	14.67	7.06	0.117	0.562
13	血浆蛋白粉	江西省南昌市	91.6	71.35	0.01	0.1	13.01	7.14	0.117	0.548	77.89	0.01	0.11	14.2	7.79	0.128	0.598
14	血浆蛋白粉	辽宁省沈阳市	90.3	74.56	0.39	0	9.2	6.15	0.17	1.738	82.57	0.43	0	10.19	6.81	0.189	1.925
15	血浆蛋白粉	内蒙古自治区赤峰市	86.2	81.73	0.22	0.18	2.32	1.75	0.096	1.294	94.83	0.26	0.21	2.69	2.03	0.111	1.501
16	血浆蛋白粉	内蒙古自治区赤峰市	86.3	81.7	0.28	0.19	2.19	1.89	0.115	2.119	94.72	0.32	0.22	2.54	2.19	0.134	2.457
17	血浆蛋白粉	内蒙古自治区乌兰察布市	86.1	81.76	0.16	0.16	2.44	1.62	0.125	2.241	94.92	0.19	0.19	2.83	1.88	0.145	2.601
18	血浆蛋白粉	山东省潍坊市	92.4	79.79	0	0	9.3	3.27	0.113	1.065	86.39	0	0	10.07	3.54	0.122	1.153

续表1-25

序号	原料名称	采样地点	原样状态								绝干状态						
			干物质 DM	粗蛋白质 CP	粗脂肪 EE	粗纤维 CF	粗灰分 Ash	无氮浸出物 NFE	钙 Ca	磷 P	粗蛋白质 CP	粗脂肪 EE	粗纤维 CF	粗灰分 Ash	无氮浸出物 NFE	钙 Ca	磷 P
19	血浆蛋白粉	山东省潍坊市	92.2	80.24	0	0	9.12	2.79	0.124	1.069	87.08	0	0	9.9	3.03	0.135	1.16
20	血浆蛋白粉	山西省晋城市	94.7	79.37	0.12	0.19	9.01	6.02	0.284	1.166	83.8	0.13	0.2	9.51	6.36	0.299	1.231
21	血浆蛋白粉	山西省晋城市	86.2	81.73	0.22	0.18	2.32	1.75	0.095	1.292	94.83	0.26	0.21	2.69	2.03	0.11	1.499
22	血浆蛋白粉	上海市浦东新区	88.6	73.59	0.34	0.45	9.71	4.48	0.103	5.365	83.09	0.38	0.51	10.96	5.06	0.116	6.058
23	血浆蛋白粉	四川省成都市崇州市	93.3	74.74	0.54	0	11.47	6.52	0.15	1.27	80.13	0.58	0	12.3	6.99	0.16	1.361
24	血浆蛋白粉	四川省成都市龙泉驿区	92.4	74	0.28	0	11.29	6.85	0.2	0.818	80.07	0.3	0	12.22	7.41	0.217	0.885
25	血浆蛋白粉	四川省成都市龙泉驿区	93	73.14	0.41	0	11.37	8.05	0.195	0.88	78.67	0.44	0	12.23	8.66	0.21	0.947
26	血浆蛋白粉	四川省南充市	92.2	74.41	0.15	0	6.92	10.7	0.065	0.599	80.72	0.16	0	7.51	11.61	0.071	0.65
27	血浆蛋白粉	四川省南充市	93.2	78.86	0.09	0	6.74	7.51	0.072	0.626	84.61	0.1	0	7.23	8.06	0.077	0.672
28	血浆蛋白粉	天津市宝坻区马家店镇	91.7	76.82	0.38	0	6.46	8.02	3.434	2.636	83.79	0.41	0	7.05	8.75	3.745	2.875
29	血浆蛋白粉	天津市宝坻区新安镇	92.4	77.44	0.09	0.33	10.08	4.5	3.832	2.608	83.77	0.1	0.36	10.9	4.87	4.145	2.821
30	血浆蛋白粉	浙江省金华市	92	79.59	0.27	0.16	8.49	3.46	0.095	1.322	86.54	0.29	0.17	9.23	3.76	0.104	1.437
31	血浆蛋白粉	重庆市渝北区	93.2	82.34	0.39	0.15	6.23	4.09	0.087	0.97	88.35	0.42	0.16	6.68	4.39	0.094	1.041
32	血浆蛋白粉	重庆市渝北区	91	77.9	0.33	0.12	8.14	4.53	0.109	0.995	85.59	0.36	0.13	8.94	4.98	0.12	1.094

二十五、血球蛋白粉

表 1-26　血球蛋白粉样本原样状态及绝干状态下饲料常规成分和钙磷含量

%

序号	原料名称	采样地点	原样状态								绝干状态						
			干物质 DM	粗蛋白质 CP	粗脂肪 EE	粗纤维 CF	粗灰分 Ash	无氮浸出物 NFE	钙 Ca	磷 P	粗蛋白质 CP	粗脂肪 EE	粗纤维 CF	粗灰分 Ash	无氮浸出物 NFE	钙 Ca	磷 P
1	血球蛋白粉	北京市顺义区	90.8	88.08	0.25	0	2.21	0.25	0.009	0.657	97.02	0.28	0	2.43	0.28	0.009	0.724
2	血球蛋白粉	北京市顺义区	92	92.01	0.29	0	3.5	0	0.006	0.617	100	0.32	0	3.8	0	0.007	0.671

续表1-26

序号	原料名称	采样地点	原样状态								绝干状态						
			干物质 DM	粗蛋白质 CP	粗脂肪 EE	粗纤维 CF	粗灰分 Ash	无氮浸出物 NFE	钙 Ca	磷 P	粗蛋白质 CP	粗脂肪 EE	粗纤维 CF	粗灰分 Ash	无氮浸出物 NFE	钙 Ca	磷 P
3	血球蛋白粉	福建省福州市鼓楼区	90.5	89.72	0	0.15	3.23	0	0.008	0.601	99.13	0	0.17	3.57	0	0.009	0.664
4	血球蛋白粉	广东省广州市	89.5	89.51	0	0	3.5	0	0.006	0.568	100.04	0	0	3.91	0	0.007	0.635
5	血球蛋白粉	广东省广州市	89.2	90.39	0.11	0	3.5	0	0.007	0.609	101.3	0.12	0	3.92	0	0.008	0.683
6	血球蛋白粉	湖南省长沙市	89.6	79.17	0.9	0	4.07	5.5	0.018	1.135	88.32	1	0	4.54	6.14	0.02	1.266
7	血球蛋白粉	吉林省四平市	91.3	91.53	0.26	0	3.66	0	0.009	0.55	100.24	0.28	0	4.01	0	0.01	0.602
8	血球蛋白粉	吉林省长春市	91.6	91.13	0.36	0	3.72	0	0.014	0.589	99.49	0.39	0	4.06	0	0.015	0.643
9	血球蛋白粉	江苏省淮安市	90.7	88.25	0.96	0.85	3.32	0	0.012	0.645	97.31	1.06	0.94	3.66	0	0.013	0.711
10	血球蛋白粉	江苏省淮安市	90.7	89.82	0.82	0.84	3.81	0	0.011	0.648	99.02	0.9	0.93	4.2	0	0.012	0.714
11	血球蛋白粉	江西省南昌市	90.1	89.91	0.06	0.05	3.49	0	0.007	0.577	99.77	0.07	0.06	3.87	0	0.008	0.641
12	血球蛋白粉	江西省南昌市	90.2	90.55	1.17	0.04	3.36	0	0.015	0.574	100.34	1.3	0.04	3.72	0	0.017	0.636
13	血球蛋白粉	辽宁省沈阳市	92.8	92.1	0.44	0	3.55	0	0.019	0.655	99.28	0.47	0	3.83	0	0.021	0.706
14	血球蛋白粉	内蒙古自治区赤峰市	91.3	88.19	0.25	0.08	2.11	0.64	0.008	0.641	96.64	0.27	0.09	2.31	0.7	0.008	0.702
15	血球蛋白粉	内蒙古自治区乌兰察布市	91.7	88.3	0.24	0.15	2.01	1.03	0.01	1.081	96.26	0.26	0.16	2.19	1.12	0.011	1.178
16	血球蛋白粉	山东省潍坊市	93.2	93.88	0.16	0	3.32	0	0.025	0.605	100.78	0.17	0	3.56	0	0.027	0.65
17	血球蛋白粉	山西省晋城市	86.2	81.72	0.25	0.18	2.25	1.82	0.008	0.659	94.78	0.29	0.21	2.61	2.11	0.009	0.765
18	血球蛋白粉	山西省晋城市	91.5	88.25	0.24	0.11	2.06	0.84	0.008	0.648	96.46	0.26	0.12	2.25	0.92	0.008	0.708
19	血球蛋白粉	上海市浦东新区	90.7	89.05	0.87	0.81	3.96	0	0.009	0.653	98.21	0.96	0.89	4.37	0	0.01	0.72
20	血球蛋白粉	四川省南充市	94.3	92.46	0.07	0	3.57	0	0.005	0.597	98.09	0.07	0	3.79	0	0.005	0.633
21	血球蛋白粉	四川省成都市崇州市	94	90.48	0.15	0	4.1	0	0.019	0.77	96.21	0.16	0	4.36	0	0.02	0.819
22	血球蛋白粉	四川省成都市龙泉驿区	94.2	91.45	0.16	0	3.67	0	0.014	0.781	97.07	0.17	0	3.9	0	0.015	0.829

续表1-26

序号	原料名称	采样地点	原样状态								绝干状态						
			干物质 DM	粗蛋白质 CP	粗脂肪 EE	粗纤维 CF	粗灰分 Ash	无氮浸出物 NFE	钙 Ca	磷 P	粗蛋白质 CP	粗脂肪 EE	粗纤维 CF	粗灰分 Ash	无氮浸出物 NFE	钙 Ca	磷 P
23	血球蛋白粉	天津市宝坻区马家店镇	91.1	88.09	0.07	0.16	2.8	0	0.009	0.599	96.67	0.08	0.18	3.07	0	0.01	0.657
24	血球蛋白粉	天津市宝坻区新安镇	92.6	89.35	0.25	0.04	2.96	0	0.008	0.619	96.49	0.27	0.04	3.2	0	0.008	0.668
25	血球蛋白粉	浙江省金华市	92.4	90.89	0.16	0.16	0.41	0.82	0.007	0.644	98.32	0.17	0.17	0.44	0.89	0.008	0.697
26	血球蛋白粉	浙江省金华市	92.7	89.75	0.22	0.14	1.42	1.18	0.009	0.673	96.81	0.24	0.15	1.53	1.27	0.009	0.726
27	血球蛋白粉	重庆市	93.4	94.43	0.07	0.24	3.41	0	0.011	0.618	101.12	0.07	0.26	3.65	0	0.012	0.662
28	血球蛋白粉	重庆市渝北区	90.4	88.12	0.09	0.19	3.85	0	0.011	0.651	97.5	0.1	0.21	4.26	0	0.012	0.72

二十六、肠膜蛋白粉

表 1-27　肠膜蛋白粉样本原样状态及绝干状态下饲料常规成分和钙磷含量　%

序号	原料名称	采样地点	原样状态								绝干状态						
			干物质 DM	粗蛋白质 CP	粗脂肪 EE	粗纤维 CF	粗灰分 Ash	无氮浸出物 NFE	钙 Ca	磷 P	粗蛋白质 CP	粗脂肪 EE	粗纤维 CF	粗灰分 Ash	无氮浸出物 NFE	钙 Ca	磷 P
1	肠膜蛋白粉	山东省滨州市	93.1	60.19	14.56	0	12.34	6.04	0.393	0.778	64.63	15.63	0	13.25	6.49	0.422	0.836
2	肠膜蛋白粉	山东省滨州市	93.2	59.61	15.72	0	14.54	3.28	0.383	0.763	63.99	16.88	0	15.61	3.52	0.412	0.819
3	肠膜蛋白粉	山东省滨州市	93.1	60.19	14.56	0	12.34	6.04	0.393	0.778	64.63	15.63	0	13.25	6.49	0.422	0.836
4	肠膜蛋白粉	山东省滨州市	93.2	59.61	15.72	0	14.54	3.28	0.383	0.763	63.99	16.88	0	15.61	3.52	0.412	0.819
5	肠膜蛋白粉	山东省潍坊市	95.4	53.1	3.96	0	9.58	28.76	0.299	1.099	55.66	4.15	0	10.04	30.15	0.313	1.152
6	肠膜蛋白粉	山东省潍坊市	95.4	53.1	3.96	0	9.58	28.76	0.299	1.099	55.66	4.15	0	10.04	30.15	0.313	1.152
7	肠膜蛋白粉	四川省广元市利州区	96.1	4.34	1.49	0	78.84	11.4	0.316	1.663	4.52	1.55	0	82.07	11.87	0.329	1.731
8	肠膜蛋白粉	四川省广元市利州区	95.2	6.62	2.14	0	75.02	11.41	0.403	1.607	6.95	2.25	0	78.8	11.99	0.424	1.688

续表1-27

序号	原料名称	采样地点	原样状态								绝干状态						
			干物质 DM	粗蛋白质 CP	粗脂肪 EE	粗纤维 CF	粗灰分 Ash	无氮浸出物 NFE	钙 Ca	磷 P	粗蛋白质 CP	粗脂肪 EE	粗纤维 CF	粗灰分 Ash	无氮浸出物 NFE	钙 Ca	磷 P
9	肠膜蛋白粉	四川省广元市利州区	95.2	7.89	4.2	0	66.18	16.89	0.749	1.526	8.29	4.41	0	69.55	17.75	0.787	1.604
10	肠膜蛋白粉	四川省广元市利州区	96.1	4.34	1.49	0	78.84	11.4	0.316	1.663	4.52	1.55	0	82.07	11.87	0.329	1.731
11	肠膜蛋白粉	浙江省金华市	94.7	58.59	14.55	0.51	15.44	5.58	0.307	0.749	61.89	15.37	0.54	16.31	5.89	0.324	0.791
12	肠膜蛋白粉	浙江省金华市	94.5	60.22	17.68	0.4	15.26	0.9	0.298	0.751	63.75	18.72	0.42	16.15	0.95	0.315	0.795
13	肠膜蛋白粉	浙江省金华市	95	59.16	16.46	0.71	15.51	3.11	0.304	0.756	62.31	17.34	0.75	16.33	3.28	0.32	0.796

二十七、水解羽毛粉

表 1-28 水解羽毛粉样本原样状态及绝干状态下饲料常规成分和钙磷含量 %

序号	原料名称	采样地点	原样状态								绝干状态						
			干物质 DM	粗蛋白质 CP	粗脂肪 EE	粗纤维 CF	粗灰分 Ash	无氮浸出物 NFE	钙 Ca	磷 P	粗蛋白质 CP	粗脂肪 EE	粗纤维 CF	粗灰分 Ash	无氮浸出物 NFE	钙 Ca	磷 P
1	水解羽毛粉	安徽省蚌埠市	91.4	86.84	3.16	0.53	1.17	0	0.159	0.385	95.04	3.46	0.58	1.28	0	0.174	0.421
2	水解羽毛粉	安徽省阜阳市	91.6	84.15	2.05	0.8	6.04	0	0.498	0.443	91.87	2.24	0.87	6.59	0	0.544	0.484
3	水解羽毛粉	安徽省阜阳市	91.5	84.49	1.95	0.79	6.15	0	0.509	0.428	92.34	2.13	0.86	6.72	0	0.556	0.468
4	水解羽毛粉	安徽省宣城市	90.1	86.04	2.19	0.56	2.54	0	0.258	0.415	95.49	2.43	0.62	2.82	0	0.287	0.46
5	水解羽毛粉	甘肃省武威市	91.4	86.84	3.16	0.53	1.17	0	1.078	0.603	95.04	3.46	0.58	1.28	0	1.18	0.66
6	水解羽毛粉	广东省茂名市	90.4	77.8	1.6	2.1	7.5	1.4	0.449	0.44	86.06	1.77	2.32	8.3	1.55	0.497	0.486
7	水解羽毛粉	贵州省贵阳市	91.2	83.77	1.56	0.19	5.54	0.14	0.643	0.427	91.85	1.71	0.21	6.07	0.15	0.705	0.468
8	水解羽毛粉	贵州省贵阳市	91.5	83.59	1.58	0.9	5.39	0	0.673	0.446	91.41	1.73	0.98	5.89	0	0.736	0.488
9	水解羽毛粉	河北省邯郸市大名县	90.6	81.24	2.92	1.63	4.81	0.01	0.544	0.439	89.66	3.22	1.8	5.31	0.01	0.601	0.485

续表1-28

序号	原料名称	采样地点	原样状态								绝干状态						
			干物质 DM	粗蛋白质 CP	粗脂肪 EE	粗纤维 CF	粗灰分 Ash	无氮浸出物 NFE	钙 Ca	磷 P	粗蛋白质 CP	粗脂肪 EE	粗纤维 CF	粗灰分 Ash	无氮浸出物 NFE	钙 Ca	磷 P
10	水解羽毛粉	河南省安阳市	92.6	82.6	6.3	5.9	2.44	0	0.232	0.396	89.2	6.8	6.37	2.63	0	0.25	0.428
11	水解羽毛粉	河南省鹤壁市	93.4	86.16	3.03	0.94	3.95	0	0.43	0.452	92.25	3.24	1.01	4.23	0	0.461	0.484
12	水解羽毛粉	黑龙江省哈尔滨市	92.2	15.3	2.2	8.69	2.9	63.11	0.212	0.404	16.59	2.39	9.43	3.15	68.45	0.229	0.438
13	水解羽毛粉	黑龙江省齐齐哈尔市	92.2	15.3	14.06	11.05	2.9	48.89	0.281	0.414	16.59	15.25	11.98	3.15	53.03	0.305	0.449
14	水解羽毛粉	吉林省长春市德惠市	92.6	81.38	9.14	0.25	1.69	0.16	0.284	0.778	87.86	9.87	0.27	1.82	0.17	0.307	0.84
15	水解羽毛粉	江西省丰城市	94.7	83.83	4.25	1.9	5.3	0	0.447	0.438	88.56	4.49	2.01	5.6	0	0.472	0.462
16	水解羽毛粉	辽宁省鞍山市	93.4	88	4.28	0.22	0.88	0.06	0.109	0.392	94.18	4.58	0.24	0.94	0.06	0.116	0.42
17	水解羽毛粉	辽宁省鞍山市	93.6	88.47	4.3	0.1	0.93	0	0.096	0.383	94.53	4.59	0.11	0.99	0	0.102	0.409
18	水解羽毛粉	辽宁省锦州市	89.7	80.89	0.51	0.38	11.35	0	0.297	0.292	90.22	0.57	0.42	12.66	0	0.331	0.326
19	水解羽毛粉	内蒙古自治区赤峰市	89.9	85.49	1.86	0.22	2.06	0.29	0.288	0.61	95.07	2.07	0.24	2.29	0.32	0.32	0.679
20	水解羽毛粉	内蒙古自治区赤峰市	91.4	83.49	2.74	0.31	1.77	3.13	0.216	0.64	91.31	3	0.34	1.94	3.42	0.236	0.7
21	水解羽毛粉	内蒙古自治区赤峰市	91.3	85.87	2.73	0.16	1.87	0.68	0.218	0.646	94.04	2.99	0.18	2.05	0.74	0.238	0.708
22	水解羽毛粉	内蒙古自治区通辽市	90	85.47	1.82	0.21	2.02	0.44	0.244	0.624	95.01	2.02	0.23	2.25	0.49	0.272	0.694
23	水解羽毛粉	山东省滨州市	93.4	86.85	3.87	0.72	1.91	0.01	0.155	0.398	93.03	4.15	0.77	2.05	0.01	0.166	0.426
24	水解羽毛粉	山东省潍坊市	91.9	83.17	4.01	0.79	2.87	1.05	0.37	0.421	90.51	4.36	0.86	3.12	1.14	0.403	0.458
25	水解羽毛粉	山西省运城市	90	85.86	1.95	0.16	1.37	0.65	0.246	0.635	95.41	2.17	0.18	1.52	0.72	0.273	0.706
26	水解羽毛粉	山西省运城市	90.1	85.93	1.91	0.13	1.86	0.26	0.239	0.624	95.38	2.12	0.14	2.06	0.29	0.265	0.692
27	水解羽毛粉	陕西省咸阳市	93	81.43	7.04	1.45	4.89	0	1.348	0.978	87.61	7.57	1.56	5.26	0	1.451	1.053
28	水解羽毛粉	四川省德阳市广汉市三水镇	94.3	83.59	4.24	0	3.97	2.48	0.303	0.425	88.67	4.5	0	4.21	2.63	0.322	0.451
29	水解羽毛粉	四川省德阳市广汉市三水镇	94.5	82.72	2.72	0	5.75	3.32	0.444	0.479	87.52	2.88	0	6.08	3.51	0.469	0.507

续表1-28

序号	原料名称	采样地点	原样状态								绝干状态						
			干物质 DM	粗蛋白质 CP	粗脂肪 EE	粗纤维 CF	粗灰分 Ash	无氮浸出物 NFE	钙 Ca	磷 P	粗蛋白质 CP	粗脂肪 EE	粗纤维 CF	粗灰分 Ash	无氮浸出物 NFE	钙 Ca	磷 P
30	水解羽毛粉	四川省乐山市井研县	94.9	82.7	2.32	0	8.54	1.34	0.606	0.47	87.14	2.44	0	9	1.41	0.639	0.495
31	水解羽毛粉	四川省眉山市东坡区	95	84.42	2.33	0	6.53	1.73	1.866	0.393	88.86	2.45	0	6.87	1.82	1.965	0.413
32	水解羽毛粉	浙江省杭州市萧山区	91.5	82.03	2.86	0.21	2.76	3.6	0.368	0.418	89.69	3.13	0.23	3.02	3.94	0.402	0.457
33	水解羽毛粉	浙江省杭州市萧山区	91.5	82.26	2.86	0.24	2.07	4.06	0.383	0.441	89.91	3.13	0.26	2.26	4.44	0.418	0.482

二十八、苜蓿

表 1-29 苜蓿样本原样状态及绝干状态下饲料常规成分和钙磷含量 %

序号	原料名称	采样地点	原样状态								绝干状态						
			干物质 DM	粗蛋白质 CP	粗脂肪 EE	粗纤维 CF	粗灰分 Ash	无氮浸出物 NFE	钙 Ca	磷 P	粗蛋白质 CP	粗脂肪 EE	粗纤维 CF	粗灰分 Ash	无氮浸出物 NFE	钙 Ca	磷 P
1	苜蓿	安徽省淮南市	92.9	23.93	2.13	22.91	11.95	31.97	1.414	0.786	25.76	2.29	24.66	12.86	34.42	1.522	0.847
2	苜蓿	安徽省淮南市	93	24.25	1.79	22.32	12.24	32.41	1.187	0.854	26.07	1.92	24	13.16	34.85	1.276	0.919
3	苜蓿	北京市昌平区	93.2	22.44	0.3	43.1	9.58	17.78	0.937	0.722	24.08	0.32	46.24	10.28	19.08	1.006	0.775
4	苜蓿	北京市昌平区	92.8	31.38	0.4	30.4	8.93	21.69	0.702	0.821	33.81	0.43	32.76	9.62	23.37	0.756	0.885
5	苜蓿	北京市顺义区	92.5	28.48	1.5	22.8	15.77	23.95	2.276	0.994	30.79	1.62	24.65	17.05	25.89	2.461	1.075
6	苜蓿	福建省南平市	90.7	15.77	1.55	27.52	9.04	36.8	1.09	0.798	17.39	1.71	30.35	9.97	40.58	1.202	0.88
7	苜蓿	福建省南平市	91	16.91	1.62	27.88	9.7	34.9	1.225	0.82	18.58	1.78	30.63	10.66	38.35	1.346	0.901
8	苜蓿	福建省南平市延平区	91	12.13	0.96	37.4	7.6	32.91	0.479	0.582	13.33	1.05	41.09	8.35	36.16	0.526	0.64
9	苜蓿	甘肃省白银市会宁县	91.9	12.25	1.56	34.23	6.93	36.9	1.45	0.752	13.33	1.7	37.26	7.54	40.17	1.578	0.819
10	苜蓿	甘肃省定西市安定区	90.7	13.08	1.32	31.99	8.92	35.41	2.746	0.608	14.42	1.46	35.26	9.83	39.03	3.027	0.67

续表1-29

序号	原料名称	采样地点	原样状态								绝干状态						
			干物质 DM	粗蛋白质 CP	粗脂肪 EE	粗纤维 CF	粗灰分 Ash	无氮浸出物 NFE	钙 Ca	磷 P	粗蛋白质 CP	粗脂肪 EE	粗纤维 CF	粗灰分 Ash	无氮浸出物 NFE	钙 Ca	磷 P
11	苜蓿	甘肃省庆阳市环县	89	12.05	1	31.56	7.37	37.05	1.091	0.699	13.53	1.12	35.45	8.28	41.62	1.225	0.785
12	苜蓿	甘肃省庆阳市庆城县	88.2	15.16	0.77	34.86	6.87	30.5	0.852	0.706	17.2	0.87	39.54	7.79	34.6	0.966	0.801
13	苜蓿	甘肃省庆阳市镇原县	88.1	15.29	0.74	24.49	7.15	40.45	0.814	0.601	17.35	0.84	27.79	8.11	45.9	0.924	0.682
14	苜蓿	贵州省安顺市	94	13.41	1.21	20.22	16.98	42.18	1.516	0.884	14.27	1.29	21.51	18.06	44.87	1.612	0.941
15	苜蓿	贵州省黔东南苗族侗族自治州	93.6	14.51	1.53	25.93	10.92	40.74	1.909	0.901	15.5	1.63	27.69	11.66	43.51	2.039	0.962
16	苜蓿	河北省沧州市黄骅市	89.9	16.75	1.37	33.11	6.9	31.78	1.078	0.673	18.63	1.52	36.83	7.67	35.35	1.199	0.749
17	苜蓿	河北省沧州市黄骅市	88.7	16.8	1.49	30.33	7.3	32.77	1.259	0.652	18.94	1.68	34.2	8.23	36.95	1.419	0.736
18	苜蓿	河北省沧州市黄骅市	88.3	16.62	1.52	28.75	8.24	33.15	1.31	0.617	18.83	1.72	32.57	9.33	37.55	1.484	0.699
19	苜蓿	河北省沧州市黄骅市	90.2	16.46	0.83	34.29	8.44	30.13	1.999	0.699	18.26	0.92	38.04	9.36	33.42	2.218	0.776
20	苜蓿	河南省新乡市	93.5	19.62	5.03	26.9	8.52	33.41	1.265	0.835	20.99	5.38	28.78	9.11	35.74	1.353	0.893
21	苜蓿	河南省新乡市	93.7	19.22	4.35	26.7	8.04	35.41	0.953	0.646	20.51	4.64	28.49	8.58	37.78	1.017	0.689
22	苜蓿	黑龙江省大庆市	90.7	10.7	0.05	18.08	8.1	53.77	1.486	0.827	11.8	0.06	19.93	8.93	59.28	1.639	0.912
23	苜蓿	黑龙江省哈尔滨市	90.7	10.11	1.33	14.3	8.2	56.76	1.389	0.84	11.15	1.47	15.77	9.04	62.58	1.532	0.926
24	苜蓿	黑龙江省鸡西市	90.7	10.6	0.31	26.3	8.2	45.29	1	0.678	11.69	0.34	29	9.04	49.93	1.103	0.747
25	苜蓿	湖北省荆门市	88.5	20.3	2.45	27.59	7.68	30.5	1.474	0.875	22.94	2.77	31.17	8.68	34.46	1.666	0.989
26	苜蓿	湖北省十堰市	88.7	25.89	2.2	16.48	8.05	36.06	2.27	0.963	29.2	2.48	18.59	9.08	40.67	2.561	1.086
27	苜蓿	湖北省随州市	93	18.1	2.3	26.88	8.45	37.28	1.396	0.839	19.46	2.47	28.9	9.09	40.08	1.501	0.902
28	苜蓿	湖北省孝感市	91.7	23.71	2.7	25.51	8.31	31.44	2.026	0.994	25.86	2.95	27.83	9.07	34.3	2.21	1.084
29	苜蓿	吉林省白城市	94.2	20.81	2	21.97	8.07	41.35	0.883	0.765	22.09	2.12	23.32	8.57	43.9	0.937	0.812
30	苜蓿	吉林省四平市双辽市	94.2	26.01	2	14.96	11.41	39.85	1.564	1.028	27.6	2.12	15.88	12.11	42.29	1.66	1.091

续表1-29

序号	原料名称	采样地点	原样状态								绝干状态						
			干物质 DM	粗蛋白质 CP	粗脂肪 EE	粗纤维 CF	粗灰分 Ash	无氮浸出物 NFE	钙 Ca	磷 P	粗蛋白质 CP	粗脂肪 EE	粗纤维 CF	粗灰分 Ash	无氮浸出物 NFE	钙 Ca	磷 P
31	苜蓿	江苏省盐城市	85.7	19.72	2.74	18.82	7.53	36.84	1.044	0.692	23.02	3.2	21.97	8.79	43.01	1.218	0.807
32	苜蓿	江苏省盐城市	85.6	19.2	2.84	19	7.54	37.06	1.23	0.778	22.42	3.32	22.19	8.8	43.27	1.437	0.909
33	苜蓿	辽宁省沈阳市	95.3	13.74	1.11	26.11	7.74	46.64	1.944	0.824	14.41	1.16	27.39	8.12	48.92	2.039	0.864
34	苜蓿	辽宁省沈阳市沈北新区	94.6	15.97	1.21	27.77	9.46	40.15	1.66	0.801	16.89	1.28	29.37	10	42.46	1.756	0.847
35	苜蓿	辽宁省铁岭市昌图县	94.9	16.27	1.45	27.06	9.14	40.99	1.916	0.849	17.14	1.53	28.51	9.63	43.19	2.019	0.895
36	苜蓿	辽宁省铁岭市昌图县	94.1	19	1.38	23.8	10.89	39.05	2.421	0.856	20.19	1.47	25.29	11.57	41.49	2.573	0.91
37	苜蓿	内蒙古自治区	90.5	12.54	1.64	43.3	7.41	25.56	1.936	0.901	13.86	1.81	47.87	8.19	28.26	2.14	0.996
38	苜蓿	内蒙古自治区赤峰市	93.9	12.66	1.79	40.92	9.46	29.02	0.561	0.737	13.49	1.91	43.6	10.08	30.92	0.597	0.786
39	苜蓿	内蒙古自治区赤峰市	93.1	12.93	1.73	41.25	8.84	28.34	1.014	0.763	13.89	1.86	44.31	9.5	30.44	1.09	0.82
40	苜蓿	内蒙古自治区赤峰市	93.2	12.56	2.27	32.23	9.15	37.03	0.983	0.776	13.47	2.43	34.57	9.81	39.71	1.054	0.832
41	苜蓿	内蒙古自治区赤峰市	92.8	15.76	3.1	27.17	10.06	36.68	1.005	0.637	16.99	3.34	29.29	10.84	39.54	1.083	0.687
42	苜蓿	内蒙古自治区呼和浩特市	89.9	12.62	1.48	40.58	7.6	27.57	0.541	0.763	14.05	1.65	45.16	8.46	30.68	0.602	0.849
43	苜蓿	内蒙古自治区呼和浩特市	90.9	16.35	1.57	33.74	10.8	28.45	1.267	0.843	17.98	1.73	37.11	11.88	31.29	1.394	0.928
44	苜蓿	内蒙古自治区呼和浩特市	91	7.68	1.16	42.31	7.61	32.22	0.701	0.706	8.44	1.28	46.5	8.36	35.41	0.77	0.776
45	苜蓿	内蒙古自治区乌兰察布市	90.8	11.45	1.46	41.43	7.17	29.3	0.702	0.79	12.61	1.61	45.62	7.9	32.27	0.773	0.87
46	苜蓿	内蒙古自治区乌兰察布市	89.4	16.01	1.49	36.57	8.76	26.52	1.518	0.96	17.92	1.67	40.93	9.8	29.68	1.699	1.074
47	苜蓿	宁夏回族自治区固原市	92.5	8.77	0.35	42.96	5.95	34.5	1.071	0.571	9.48	0.38	46.43	6.43	37.29	1.158	0.617
48	苜蓿	宁夏回族自治区固原市	93.2	9.35	0.66	42.95	6.94	33.32	2.114	0.896	10.03	0.71	46.07	7.44	35.74	2.267	0.962

续表1-29

序号	原料名称	采样地点	原样状态								绝干状态						
			干物质 DM	粗蛋白质 CP	粗脂肪 EE	粗纤维 CF	粗灰分 Ash	无氮浸出物 NFE	钙 Ca	磷 P	粗蛋白质 CP	粗脂肪 EE	粗纤维 CF	粗灰分 Ash	无氮浸出物 NFE	钙 Ca	磷 P
49	苜蓿	宁夏回族自治区固原市	92.4	9.67	0.33	46.62	5.94	29.82	1.257	0.676	10.47	0.36	50.47	6.43	32.28	1.361	0.732
50	苜蓿	宁夏回族自治区吴忠市	92.8	15.17	0.73	32.02	7.31	37.57	2.66	0.719	16.35	0.79	34.5	7.88	40.48	2.867	0.774
51	苜蓿	宁夏回族自治区银川市	92.5	14.51	0.77	33.93	7.49	35.8	1.614	0.968	15.69	0.83	36.68	8.1	38.7	1.745	1.046
52	苜蓿	青海省海东市	92.9	22.34	2.92	22.48	10.82	34.31	1.231	0.728	24.06	3.14	24.21	11.65	36.94	1.326	0.784
53	苜蓿	青海省海东市	93	14.94	2.26	30.26	7.65	37.86	1.329	0.723	16.07	2.43	32.55	8.23	40.72	1.429	0.778
54	苜蓿	青海省海东市	92.5	15.84	2.29	28.63	8.69	37.02	2.246	0.797	17.13	2.48	30.96	9.4	40.03	2.429	0.861
55	苜蓿	青海省海东市	92.9	12.85	2.15	29.43	8.09	40.34	2.002	0.737	13.84	2.32	31.69	8.71	43.44	2.156	0.793
56	苜蓿	青海省西宁市	94.9	12.86	2.22	31.25	8.07	40.5	0.743	0.676	13.55	2.34	32.93	8.5	42.68	0.783	0.713
57	苜蓿	山东省泰安市	94	11.81	2.27	29.21	9.11	41.59	1.079	0.83	12.57	2.42	31.08	9.69	44.25	1.148	0.884
58	苜蓿	山东省泰安市	93.3	16.67	2.24	29.19	9.04	36.15	2.276	0.92	17.87	2.4	31.29	9.69	38.75	2.44	0.987
59	苜蓿	山东省泰安市	93.1	13.45	3.08	20.84	9.81	45.93	0.985	0.78	14.45	3.31	22.38	10.54	49.33	1.058	0.838
60	苜蓿	山西省朔州市	93	22.69	0.3	41	10.25	18.76	0.605	0.596	24.4	0.32	44.09	11.02	20.17	0.65	0.641
61	苜蓿	山西省运城市	93.1	23.13	0.25	40.55	10.31	18.82	0.832	0.846	24.86	0.27	43.58	11.08	20.23	0.894	0.909
62	苜蓿	山西省运城市	93	22.91	0.28	40.78	10.28	18.79	1.182	0.74	24.63	0.3	43.84	11.05	20.2	1.271	0.796
63	苜蓿	山西省运城市	93	22.8	0.29	40.89	10.27	18.77	1.036	0.65	24.51	0.31	43.96	11.04	20.18	1.114	0.698
64	苜蓿	山西省运城市	93	22.69	0.3	41	10.25	18.76	0.914	0.82	24.4	0.32	44.09	11.02	20.17	0.983	0.882
65	苜蓿	山西省运城市	93.1	23.56	0.2	40.1	10.37	18.87	0.731	0.68	25.31	0.21	43.07	11.14	20.27	0.785	0.731
66	苜蓿	陕西省铜川市	94.4	23.27	1.66	15.33	10.25	43.87	0.89	0.975	24.66	1.76	16.24	10.86	46.48	0.943	1.033
67	苜蓿	陕西省铜川市	94.6	23.77	2.27	14.53	11.05	42.93	0.95	0.981	25.14	2.4	15.37	11.69	45.4	1.004	1.037
68	苜蓿	陕西省铜川市	94.6	21.83	2.07	18.42	10.59	41.7	0.803	0.884	23.07	2.19	19.47	11.19	44.08	0.849	0.935
69	苜蓿	陕西省咸阳市兴平市	94.2	24.08	2.6	14.15	10.07	43.26	1.003	0.956	25.57	2.76	15.03	10.69	45.94	1.066	1.015

续表1-29

序号	原料名称	采样地点	原样状态								绝干状态						
			干物质 DM	粗蛋白质 CP	粗脂肪 EE	粗纤维 CF	粗灰分 Ash	无氮浸出物 NFE	钙 Ca	磷 P	粗蛋白质 CP	粗脂肪 EE	粗纤维 CF	粗灰分 Ash	无氮浸出物 NFE	钙 Ca	磷 P
70	苜蓿	陕西省延安市	94.5	23.71	2	14.78	10.47	43.55	0.695	0.889	25.09	2.12	15.64	11.08	46.08	0.736	0.94
71	苜蓿	陕西省延安市	94.1	22.62	1.6	17.5	10.08	42.26	1.006	0.961	24.05	1.7	18.61	10.72	44.93	1.07	1.021
72	苜蓿	陕西省延安市	94.9	22.97	2.19	18.61	10.42	40.73	0.718	0.744	24.2	2.31	19.61	10.98	42.91	0.756	0.784
73	苜蓿	陕西省延安市	94.2	23.6	1.98	14.04	11.07	43.47	0.783	0.842	25.06	2.1	14.91	11.76	46.17	0.831	0.894
74	苜蓿	四川省绵阳市盐亭县	96.3	20.87	1.7	34.69	12.4	26.68	2.534	0.911	21.66	1.76	36.01	12.87	27.69	2.63	0.945
75	苜蓿	天津市武清区下伍旗镇	87.8	20.06	2.45	26.36	7.99	30.93	1.426	0.704	22.85	2.79	30.03	9.1	35.23	1.625	0.802
76	苜蓿	天津市武清区下伍旗镇	87.7	16.97	2.42	28.47	8.46	31.37	1.278	0.814	19.35	2.76	32.47	9.65	35.77	1.457	0.929
77	苜蓿	西藏自治区林芝市	94.5	18.41	2.36	25.45	9.12	39.19	0.97	0.815	19.48	2.5	26.92	9.65	41.46	1.026	0.863
78	苜蓿	西藏自治区林芝市	95.2	17.37	2.14	24.8	9.38	41.48	0.971	0.791	18.25	2.25	26.06	9.86	43.59	1.02	0.832
79	苜蓿	西藏自治区林芝市	94.4	20.56	1.58	28.07	9.63	34.53	1.126	1.051	21.79	1.67	29.74	10.2	36.59	1.193	1.114
80	苜蓿	西藏自治区林芝市	95.1	17.05	1.52	25.45	8.73	42.35	1.197	0.974	17.93	1.6	26.76	9.18	44.53	1.259	1.024
81	苜蓿	新疆维吾尔自治区喀什地区麦盖提县	92.7	11.23	1.3	37.83	7.53	34.77	1.061	0.808	12.12	1.4	40.83	8.13	37.53	1.146	0.872
82	苜蓿	新疆维吾尔自治区喀什地区麦盖提县	92.6	17.28	1.62	28.2	10.64	34.84	1.616	0.832	18.67	1.75	30.46	11.49	37.64	1.745	0.899
83	苜蓿	新疆维吾尔自治区喀什地区莎车县	92.9	15.79	1.43	32.82	7.87	35.02	0.912	0.595	16.99	1.54	35.32	8.47	37.69	0.981	0.64
84	苜蓿	新疆维吾尔自治区阿克苏地区阿克苏市	93	13.21	1.34	36.26	7.21	34.94	0.587	0.751	14.21	1.44	39.01	7.76	37.59	0.632	0.808
85	苜蓿	新疆维吾尔自治区昌吉回族自治州昌吉市六工镇	93.2	9.19	1.14	41.91	6.06	34.94	2.241	0.657	9.86	1.22	44.95	6.5	37.47	2.403	0.704
86	苜蓿	新疆维吾尔自治区乌鲁木齐市乌鲁木齐县	93.2	8.8	0.98	36.27	6.24	40.96	0.813	0.692	9.44	1.05	38.9	6.69	43.93	0.871	0.742

续表1-29

序号	原料名称	采样地点	原样状态								绝干状态						
			干物质 DM	粗蛋白质 CP	粗脂肪 EE	粗纤维 CF	粗灰分 Ash	无氮浸出物 NFE	钙 Ca	磷 P	粗蛋白质 CP	粗脂肪 EE	粗纤维 CF	粗灰分 Ash	无氮浸出物 NFE	钙 Ca	磷 P
87	苜蓿	云南省大理白族自治州洱源县	96.2	18.11	1.62	31.3	10.02	35.15	3.376	0.896	18.83	1.68	32.54	10.42	36.54	3.51	0.931
88	苜蓿	云南省红河哈尼族彝族自治州泸西县	95.8	21.28	1.6	21.28	10.79	40.85	0.95	0.794	22.21	1.67	22.21	11.26	42.64	0.992	0.829
89	苜蓿	云南省曲靖市会泽县	96.1	26.16	2.28	28.44	8.52	30.72	0.906	0.748	27.22	2.37	29.59	8.86	31.96	0.942	0.779
90	苜蓿	浙江省杭州市	90.3	12.14	0.77	33.47	7.68	36.26	0.702	0.775	13.44	0.85	37.06	8.5	40.15	0.777	0.858
91	苜蓿	浙江省杭州市	91.1	12.43	1.66	38.46	8.7	29.8	0.94	0.917	13.65	1.82	42.24	9.56	32.73	1.032	1.007
92	苜蓿	重庆市巫山县铜鼓镇	93.6	21.69	1.7	26.73	9.93	33.54	1.592	0.869	23.18	1.82	28.56	10.61	35.84	1.701	0.929
93	苜蓿	重庆市巫山县铜鼓镇	93.2	22.21	1.78	25.81	7.99	35.4	2.676	0.881	23.83	1.91	27.7	8.57	37.99	2.872	0.945

二十九、羊草

表 1-30　羊草样本原样状态及绝干状态下饲料常规成分和钙磷含量　　%

序号	原料名称	采样地点	原样状态								绝干状态						
			干物质 DM	粗蛋白质 CP	粗脂肪 EE	粗纤维 CF	粗灰分 Ash	无氮浸出物 NFE	钙 Ca	磷 P	粗蛋白质 CP	粗脂肪 EE	粗纤维 CF	粗灰分 Ash	无氮浸出物 NFE	钙 Ca	磷 P
1	羊草	福建省福州市永泰县	93	4.64	1.9	32.19	4.16	50.08	0.266	0.685	4.99	2.04	34.62	4.47	53.87	0.287	0.737
2	羊草	福建省宁德市柘荣县	92.7	4.9	2.21	33.29	4.58	47.75	0.187	0.589	5.28	2.38	35.9	4.94	51.49	0.202	0.635
3	羊草	福建省宁德市柘荣县	92.2	4.59	2.12	33.27	4.08	48.09	0.187	0.65	4.98	2.3	36.1	4.43	52.19	0.203	0.705
4	羊草	黑龙江省大庆市	91.9	5	1.2	44.67	11.7	29.33	0.186	0.744	5.44	1.31	48.61	12.73	31.92	0.202	0.81
5	羊草	黑龙江省大庆市	91.9	5	1.11	18.32	11.7	55.78	0.201	0.733	5.44	1.21	19.93	12.73	60.7	0.219	0.798
6	羊草	黑龙江省大庆市	91.8	5.2	1.32	40.12	4.7	40.46	0.553	0.71	5.66	1.44	43.7	5.12	44.07	0.603	0.774

续表1-30

序号	原料名称	采样地点	原样状态								绝干状态						
			干物质 DM	粗蛋白质 CP	粗脂肪 EE	粗纤维 CF	粗灰分 Ash	无氮浸出物 NFE	钙 Ca	磷 P	粗蛋白质 CP	粗脂肪 EE	粗纤维 CF	粗灰分 Ash	无氮浸出物 NFE	钙 Ca	磷 P
7	羊草	黑龙江省大庆市	91.6	5.59	2.18	42.07	3.9	37.86	0.219	0.73	6.1	2.38	45.93	4.26	41.33	0.239	0.797
8	羊草	黑龙江省哈尔滨市	91.8	5.1	1.01	10.37	11.7	63.62	0.214	0.737	5.56	1.1	11.3	12.75	69.3	0.233	0.803
9	羊草	黑龙江省哈尔滨市	91.9	5.81	2.11	16.32	4.7	62.96	0.223	0.691	6.32	2.3	17.76	5.11	68.51	0.242	0.752
10	羊草	黑龙江省齐齐哈尔市	91.2	5.81	3.03	42.47	5.3	34.59	0.357	0.715	6.37	3.32	46.57	5.81	37.93	0.392	0.784
11	羊草	黑龙江省齐齐哈尔市	91.8	5.2	1.11	17.32	11.7	56.48	0.326	0.581	5.66	1.21	18.87	12.75	61.53	0.355	0.633
12	羊草	黑龙江省绥化市	91.8	5.4	3.17	42.45	3.5	37.28	0.14	0.66	5.88	3.45	46.24	3.81	40.61	0.153	0.719
13	羊草	黑龙江省绥化市	91.9	5	31.11	33.14	5.3	17.35	0.255	0.805	5.44	33.85	36.06	5.77	18.88	0.277	0.876
14	羊草	吉林省白城市	93.3	6.7	2	22.78	10.28	51.49	1.035	0.703	7.18	2.14	24.43	11.02	55.22	1.11	0.754
15	羊草	吉林省松原市	93.8	6.19	2.01	23.34	6.78	55.51	0.446	0.691	6.6	2.14	24.87	7.23	59.16	0.475	0.737
16	羊草	吉林省松原市	93.6	6.25	1.75	24.95	5.96	54.68	0.369	0.724	6.68	1.87	26.66	6.37	58.43	0.394	0.773
17	羊草	吉林省延边朝鲜族自治州图们市长安镇	93.8	6.57	1.5	22.63	13.66	49.39	0.175	0.671	7.01	1.6	24.14	14.57	52.68	0.187	0.716
18	羊草	吉林省松原市长岭县	93.5	6.59	1.73	26.8	6.3	52.09	0.273	0.724	7.05	1.85	28.66	6.74	55.71	0.292	0.774
19	羊草	吉林省松原市长岭县	93.4	6.09	1.65	27.01	5.48	53.17	0.328	0.777	6.52	1.77	28.92	5.87	56.93	0.352	0.832
20	羊草	辽宁省沈阳市	93.8	5.57	1.99	25.82	6.49	53.91	0.431	0.629	5.94	2.12	27.53	6.92	57.49	0.46	0.671
21	羊草	辽宁省沈阳市	94.2	4.81	2.56	26.45	4.87	55.48	0.384	0.617	5.11	2.72	28.09	5.17	58.91	0.408	0.655
22	羊草	辽宁省沈阳市	93.4	5.57	1.58	27.8	4.69	53.74	0.231	0.691	5.96	1.69	29.77	5.02	57.55	0.248	0.74
23	羊草	辽宁省铁岭市	94	6.15	2.61	25.57	5.09	54.57	0.254	0.685	6.54	2.78	27.21	5.42	58.06	0.271	0.729
24	羊草	内蒙古自治区呼伦贝尔市	91.4	14.12	2.48	29.14	9.94	35.69	0.363	0.942	15.45	2.71	31.89	10.88	39.06	0.397	1.031
25	羊草	内蒙古自治区呼伦贝尔市	90.6	9.18	2.9	26.82	6.72	44.96	0.34	0.956	10.13	3.2	29.61	7.42	49.64	0.375	1.055
26	羊草	内蒙古自治区呼伦贝尔市	91	13.89	2.72	28.57	11.35	34.5	0.486	0.982	15.26	2.99	31.39	12.47	37.9	0.534	1.079

续表1-30

序号	原料名称	采样地点	原样状态								绝干状态						
			干物质 DM	粗蛋白质 CP	粗脂肪 EE	粗纤维 CF	粗灰分 Ash	无氮浸出物 NFE	钙 Ca	磷 P	粗蛋白质 CP	粗脂肪 EE	粗纤维 CF	粗灰分 Ash	无氮浸出物 NFE	钙 Ca	磷 P
27	羊草	内蒙古自治区呼伦贝尔市	91	14.75	2.65	29.22	9.99	34.42	0.508	0.869	16.2	2.91	32.1	10.97	37.81	0.558	0.954
28	羊草	内蒙古自治区呼伦贝尔市	93.5	10.55	3	29	6.93	44.02	0.38	0.84	11.28	3.21	31.02	7.41	47.08	0.406	0.898
29	羊草	内蒙古自治区呼伦贝尔市	93.7	10	2.8	28.5	6.72	45.68	0.475	0.793	10.67	2.99	30.42	7.17	48.75	0.507	0.846
30	羊草	山东省滨州市博兴县	95.2	6.3	2.03	28.22	6.25	52.39	2.421	0.834	6.62	2.13	29.65	6.57	55.04	2.544	0.877
31	羊草	山东省济宁市任城区	92.3	5.6	1.84	35.84	5.65	43.37	0.422	0.682	6.07	1.99	38.83	6.12	46.99	0.457	0.739
32	羊草	山东省济宁市任城区	92.5	5	1.99	35.51	5.81	44.2	0.322	0.733	5.4	2.15	38.39	6.28	47.78	0.348	0.793
33	羊草	云南省红河哈尼族彝族自治州泸西县	97.1	3.22	0.99	38.14	6.53	48.27	0.148	0.909	3.31	1.02	39.26	6.72	49.69	0.152	0.935
34	羊草	云南省红河哈尼族彝族自治州泸西县	97.1	3.19	0.67	39.69	6.88	46.7	0.156	0.892	3.28	0.69	40.87	7.08	48.08	0.16	0.918
35	羊草	云南省红河哈尼族彝族自治州开远市	96.9	3.32	0.81	41.26	8.07	43.47	0.257	0.67	3.43	0.84	42.57	8.33	44.85	0.265	0.691

三十、黑麦草

表 1-31　黑麦草样本原样状态及绝干状态下饲料常规成分和钙磷含量

%

序号	原料名称	采样地点	原样状态								绝干状态						
			干物质 DM	粗蛋白质 CP	粗脂肪 EE	粗纤维 CF	粗灰分 Ash	无氮浸出物 NFE	钙 Ca	磷 P	粗蛋白质 CP	粗脂肪 EE	粗纤维 CF	粗灰分 Ash	无氮浸出物 NFE	钙 Ca	磷 P
1	黑麦草	安徽省蚌埠市	92.9	21.85	2.47	19.08	10.11	39.35	0.34	0.8	23.53	2.66	20.55	10.89	42.38	0.366	0.862
2	黑麦草	安徽省蚌埠市	94.3	23.3	2.36	23.24	12.52	32.84	0.236	0.874	24.72	2.5	24.66	13.28	34.84	0.25	0.927

续表1-31

序号	原料名称	采样地点	原样状态								绝干状态						
			干物质 DM	粗蛋白质 CP	粗脂肪 EE	粗纤维 CF	粗灰分 Ash	无氮浸出物 NFE	钙 Ca	磷 P	粗蛋白质 CP	粗脂肪 EE	粗纤维 CF	粗灰分 Ash	无氮浸出物 NFE	钙 Ca	磷 P
3	黑麦草	安徽省蚌埠市	92.8	23.42	1.91	23.43	12.28	31.74	0.352	0.817	25.24	2.06	25.25	13.23	34.21	0.379	0.881
4	黑麦草	福建省南平市	93.3	8.74	1.66	31.36	4.45	47.11	0.293	0.663	9.36	1.78	33.6	4.77	50.48	0.313	0.71
5	黑麦草	福建省南平市	91.8	9.71	1.83	29.66	4.6	45.95	0.322	0.713	10.58	1.99	32.33	5.01	50.08	0.351	0.777
6	黑麦草	福建省南平市	93.6	10.25	2.07	30.14	4.96	46.23	0.287	0.712	10.95	2.21	32.19	5.3	49.37	0.306	0.761
7	黑麦草	贵州省黔东南苗族侗族自治州凯里市	94.5	13.66	1.37	32.35	8.72	38.4	0.418	0.808	14.46	1.45	34.23	9.23	40.63	0.442	0.855
8	黑麦草	贵州省毕节市	94.7	3.1	0.87	39.91	5.95	44.91	0.327	0.572	3.27	0.92	42.13	6.28	47.4	0.345	0.604
9	黑麦草	贵州省毕节市	94	6.53	0.8	35.51	7.01	44.17	0.234	0.758	6.95	0.85	37.77	7.46	46.98	0.249	0.806
10	黑麦草	贵州省遵义市	94.7	13.59	2.18	19.85	9.81	49.28	0.41	0.605	14.35	2.3	20.96	10.36	52.03	0.433	0.639
11	黑麦草	贵州省遵义市	94.4	6.56	1.22	30.7	7.62	48.32	0.346	0.627	6.95	1.29	32.51	8.07	51.18	0.366	0.664
12	黑麦草	贵州省遵义市	93.9	14.41	2.42	20.29	10.2	46.53	0.441	0.782	15.35	2.58	21.62	10.87	49.58	0.47	0.833
13	黑麦草	河北省沧州市沧县	87.9	8.08	2.16	31.11	6.44	40.11	0.324	0.753	9.19	2.46	35.39	7.33	45.63	0.368	0.857
14	黑麦草	河北省沧州市沧县	87.5	8.72	2.08	34.38	4.78	37.52	0.318	0.751	9.97	2.38	39.3	5.46	42.89	0.363	0.859
15	黑麦草	河北省沧州市沧县	88.4	10.38	2.23	32.17	7.23	36.38	0.303	0.702	11.74	2.52	36.4	8.18	41.16	0.343	0.794
16	黑麦草	湖北省恩施土家族苗族自治州	84.9	14.36	3.34	24.22	10.13	32.84	0.593	1.043	16.92	3.93	28.53	11.93	38.69	0.699	1.229
17	黑麦草	湖北省恩施土家族苗族自治州	83.4	15.19	3.36	24.29	9.41	31.17	0.567	1.118	18.21	4.03	29.12	11.28	37.37	0.679	1.341
18	黑麦草	湖北省荆门市	83.5	15.03	3.44	24.3	11.27	29.47	0.541	1.162	18	4.12	29.1	13.5	35.29	0.648	1.392
19	黑麦草	湖北省仙桃市	89.6	13.33	3.24	26.36	9.21	37.4	0.458	0.972	14.89	3.62	29.44	10.28	41.76	0.511	1.085
20	黑麦草	湖北省仙桃市	89.5	18.61	3.36	23.21	10.04	34.23	0.595	0.832	20.8	3.76	25.94	11.22	38.26	0.665	0.93
21	黑麦草	湖北省襄阳市	86.8	12.05	3.64	26.01	11.91	33.14	0.543	1.008	13.89	4.2	29.98	13.73	38.2	0.625	1.162

续表1-31

序号	原料名称	采样地点	原样状态								绝干状态						
			干物质 DM	粗蛋白质 CP	粗脂肪 EE	粗纤维 CF	粗灰分 Ash	无氮浸出物 NFE	钙 Ca	磷 P	粗蛋白质 CP	粗脂肪 EE	粗纤维 CF	粗灰分 Ash	无氮浸出物 NFE	钙 Ca	磷 P
22	黑麦草	江苏省盐城市	89.1	15.3	2	18.55	7.79	45.45	0.388	0.7	17.18	2.25	20.82	8.74	51.02	0.436	0.786
23	黑麦草	江苏省盐城市	89.1	15.22	1.93	18.62	7.44	45.89	0.442	0.713	17.08	2.17	20.9	8.35	51.5	0.496	0.801
24	黑麦草	江苏省盐城市	89.1	15.83	1.95	18.59	7.54	45.15	0.388	0.738	17.77	2.19	20.87	8.47	50.7	0.436	0.829
25	黑麦草	江西省高安市	89.1	12.14	2.7	31.6	6.9	35.73	0.375	0.873	13.63	3.03	35.47	7.75	40.11	0.421	0.98
26	黑麦草	江西省高安市	89	13.44	2.9	31.9	7.1	33.69	0.356	0.858	15.1	3.26	35.83	7.97	37.84	0.4	0.964
27	黑麦草	江西省高安市	89	12.57	2.87	32.8	7.1	33.62	0.384	0.798	14.13	3.23	36.87	7.98	37.79	0.432	0.896
28	黑麦草	江西省高安市	89.1	12.58	2.87	32.9	7.4	33.38	0.389	0.855	14.11	3.22	36.91	8.3	37.45	0.436	0.959
29	黑麦草	江西省高安市	88.9	11.7	2.9	36.5	6.9	30.84	0.214	0.44	13.17	3.26	41.08	7.77	34.71	0.241	0.495
30	黑麦草	江西省高安市	89	11.57	2.68	32.2	6.9	35.64	0.409	0.895	13	3.01	36.18	7.75	40.05	0.46	1.006
31	黑麦草	江西省高安市	89.1	11.46	2.35	32.7	8.2	34.36	0.437	0.904	12.87	2.64	36.71	9.21	38.58	0.491	1.015
32	黑麦草	江西省高安市	88.9	12.43	2.71	34.4	6.9	32.47	0.424	0.899	13.98	3.05	38.69	7.76	36.52	0.477	1.011
33	黑麦草	江西省高安市	89	12.49	2.5	33.3	6.9	33.76	0.496	0.885	14.04	2.81	37.43	7.76	37.95	0.558	0.994
34	黑麦草	江西省高安市	88.9	12.37	2.76	33.2	7	33.57	0.423	0.887	13.91	3.1	37.34	7.87	37.76	0.476	0.997
35	黑麦草	青海省西宁市	94.3	8.96	2.87	33.48	6.5	42.45	0.218	0.856	9.51	3.04	35.52	6.9	45.04	0.231	0.908
36	黑麦草	青海省西宁市	93.7	12.71	2.54	32.55	8.44	37.5	0.362	0.849	13.56	2.71	34.72	9	40	0.387	0.906
37	黑麦草	青海省西宁市	95.7	3.82	1.07	34.61	6.55	49.62	0.337	0.618	3.99	1.12	36.18	6.85	51.87	0.352	0.646
38	黑麦草	青海省西宁市	95.5	4.85	1.13	34.19	5.78	49.58	0.334	0.618	5.08	1.18	35.79	6.05	51.9	0.35	0.647
39	黑麦草	青海省西宁市	96	3.54	0.75	36.17	6.12	49.43	0.466	0.538	3.69	0.78	37.67	6.37	51.48	0.486	0.56
40	黑麦草	青海省西宁市	95.6	3.7	0.92	35.82	6.14	48.97	0.351	0.517	3.87	0.96	37.49	6.43	51.25	0.367	0.541
41	黑麦草	山东省东营市	94.6	10.6	1.08	31.16	6.01	45.71	0.306	0.688	11.21	1.14	32.95	6.36	48.34	0.324	0.727
42	黑麦草	山东省东营市	94.2	11.25	1.07	30.91	6.67	44.27	0.228	0.599	11.95	1.14	32.82	7.08	47.01	0.242	0.636
43	黑麦草	陕西省咸阳市兴平市	93.4	19.99	2.8	14.11	11.4	45.08	0.295	0.791	21.41	3	15.11	12.21	48.28	0.316	0.847
44	黑麦草	陕西省咸阳市兴平市	94.3	19.95	3	17.86	11.37	42.14	0.342	0.817	21.15	3.18	18.94	12.05	44.68	0.362	0.866
45	黑麦草	陕西省咸阳市兴平市	93.6	18.55	3.33	16.95	11.02	43.73	0.369	0.865	19.82	3.56	18.11	11.78	46.73	0.394	0.924

续表1-31

序号	原料名称	采样地点	原样状态								绝干状态						
			干物质 DM	粗蛋白质 CP	粗脂肪 EE	粗纤维 CF	粗灰分 Ash	无氮浸出物 NFE	钙 Ca	磷 P	粗蛋白质 CP	粗脂肪 EE	粗纤维 CF	粗灰分 Ash	无氮浸出物 NFE	钙 Ca	磷 P
46	黑麦草	陕西省咸阳市兴平市	94.3	19.76	3.17	15.36	11.19	44.77	0.369	0.817	20.97	3.36	16.3	11.87	47.5	0.391	0.867
47	黑麦草	四川省达州市	96.4	18.38	3.24	22.11	15.03	37.62	0.38	1.222	19.07	3.36	22.94	15.59	39.03	0.394	1.268
48	黑麦草	四川省泸州市	96.8	22.95	4.22	19.81	19.9	29.96	1.381	1.09	23.7	4.36	20.46	20.55	30.94	1.426	1.126
49	黑麦草	天津市武清区下伍旗镇	89.1	6.52	1.41	35.86	4.88	40.4	0.249	0.788	7.32	1.58	40.26	5.48	45.36	0.279	0.884
50	黑麦草	西藏自治区林芝市	95	12.53	2.01	32.89	10.54	37.01	0.375	0.892	13.19	2.12	34.63	11.1	38.97	0.395	0.939
51	黑麦草	西藏自治区林芝市	95.7	12.18	1.27	32.04	11.85	38.36	0.337	0.808	12.73	1.33	33.48	12.38	40.08	0.352	0.844
52	黑麦草	西藏自治区林芝市	95.7	12.18	1.85	30.79	10.19	40.64	0.288	0.853	12.73	1.93	32.19	10.65	42.49	0.301	0.892
53	黑麦草	西藏自治区林芝市	96	12.79	1.6	31.86	10.64	39.07	0.343	0.812	13.33	1.67	33.2	11.09	40.71	0.357	0.847
54	黑麦草	西藏自治区林芝市	97.1	12.96	1.32	31.06	11.4	40.37	0.383	0.828	13.35	1.36	31.99	11.74	41.58	0.394	0.852
55	黑麦草	西藏自治区林芝市	95.3	10.67	1.83	31.08	10.12	41.62	0.333	0.843	11.19	1.92	32.61	10.62	43.66	0.35	0.884
56	黑麦草	云南省大理白族自治州洱源县	95.2	14.11	2.42	24.2	12.99	41.46	0.697	0.913	14.82	2.54	25.43	13.65	43.56	0.732	0.96
57	黑麦草	云南省大理白族自治州洱源县	96.1	11.07	2.61	24.64	12.29	45.52	0.629	0.708	11.52	2.72	25.63	12.79	47.36	0.654	0.737
58	黑麦草	云南省大理白族自治州弥渡县	96.5	14.34	3.15	22.5	16.6	39.91	0.632	1.118	14.86	3.26	23.32	17.2	41.36	0.654	1.158
59	黑麦草	云南省大理白族自治州弥渡县	96.9	31.27	2.85	19.1	15.97	27.67	0.905	1.295	32.28	2.94	19.72	16.49	28.57	0.935	1.337
60	黑麦草	云南省红河哈尼族彝族自治州泸西县	96.4	6.65	0.95	38.51	6.83	43.43	0.71	0.63	6.9	0.99	39.96	7.09	45.07	0.736	0.654
61	黑麦草	云南省红河哈尼族彝族自治州泸西县	96.1	28.78	2.82	20.64	12.26	31.6	0.735	0.888	29.94	2.93	21.48	12.76	32.88	0.765	0.924
62	黑麦草	云南省红河哈尼族彝族自治州泸西县	95.8	16.16	3.26	24.5	15.76	36.1	0.633	0.978	16.87	3.4	25.58	16.45	37.69	0.66	1.021
63	黑麦草	云南省红河哈尼族彝族自治州泸西县	96.2	29.21	3.38	20.32	12.45	30.87	0.726	0.869	30.35	3.51	21.12	12.94	32.08	0.755	0.903

续表1-31

序号	原料名称	采样地点	原样状态								绝干状态						
			干物质 DM	粗蛋白质 CP	粗脂肪 EE	粗纤维 CF	粗灰分 Ash	无氮浸出物 NFE	钙 Ca	磷 P	粗蛋白质 CP	粗脂肪 EE	粗纤维 CF	粗灰分 Ash	无氮浸出物 NFE	钙 Ca	磷 P
64	黑麦草	云南省昆明市寻甸回族彝族自治县	96.4	18.62	2.3	28.24	13.25	34.03	0.599	1.139	19.31	2.38	29.28	13.74	35.29	0.621	1.181
65	黑麦草	云南省昆明市寻甸回族彝族自治县	96.3	21.91	2.28	25.27	14.92	31.93	0.768	0.955	22.75	2.37	26.24	15.49	33.15	0.798	0.991
66	黑麦草	云南省曲靖市会泽县	96	31.99	3.93	24.23	14.55	21.29	1.159	1.145	33.33	4.09	25.24	15.16	22.18	1.207	1.193
67	黑麦草	重庆市开州区温泉镇	93.4	14.32	1.92	30.98	9.92	36.25	0.634	0.904	15.33	2.06	33.17	10.62	38.82	0.679	0.968
68	黑麦草	重庆市荣昌区远觉镇	94.7	10.57	2.67	28.63	10.64	42.2	0.5	1.006	11.16	2.82	30.23	11.23	44.56	0.528	1.062
69	黑麦草	重庆市荣昌区远觉镇	92.7	8.67	2.61	30.21	8.54	42.71	0.483	0.988	9.35	2.81	32.57	9.21	46.05	0.52	1.065
70	黑麦草	重庆市巫溪县塘坊镇	93.4	16.12	2.06	29.76	12.05	33.44	0.636	1.148	17.25	2.2	31.85	12.9	35.79	0.681	1.228
71	黑麦草	重庆市云阳县凤鸣镇	93.5	20.82	2.26	27.58	12.86	30.01	0.672	1.195	22.26	2.42	29.49	13.75	32.09	0.718	1.277
72	黑麦草	重庆市云阳县凤鸣镇	94.6	13.68	2.68	29.1	10.66	38.44	0.627	0.843	14.47	2.83	30.77	11.27	40.65	0.663	0.892

三十一、青贮玉米

表 1-32 青贮玉米样本原样状态及绝干状态下饲料常规成分和钙磷含量

%

序号	原料名称	采样地点	原样状态								绝干状态						
			干物质 DM	粗蛋白质 CP	粗脂肪 EE	粗纤维 CF	粗灰分 Ash	无氮浸出物 NFE	钙 Ca	磷 P	粗蛋白质 CP	粗脂肪 EE	粗纤维 CF	粗灰分 Ash	无氮浸出物 NFE	钙 Ca	磷 P
1	青贮玉米	安徽省蚌埠市	92.8	7.65	2.85	16.17	4.18	61.97	0.308	0.211	8.24	3.07	17.42	4.5	66.76	0.332	0.228
2	青贮玉米	安徽省合肥市	92.8	7.61	2.74	17.35	4.67	60.49	0.279	0.763	8.2	2.95	18.69	5.03	65.16	0.301	0.822
3	青贮玉米	北京市顺义区	93.5	6.99	0.5	25.5	3.58	56.93	0.257	0.829	7.48	0.53	27.27	3.83	60.89	0.275	0.887
4	青贮玉米	福建省三明市清流县	91.6	7.91	2.34	21.1	4.69	55.61	0.425	0.242	8.63	2.55	23.02	5.12	60.68	0.464	0.264
5	青贮玉米	甘肃省定西市	95.9	6.71	2.74	14.72	4.65	67.07	0.255	0.16	7	2.86	15.35	4.85	69.94	0.266	0.166

续表1-32

序号	原料名称	采样地点	原样状态								绝干状态						
			干物质 DM	粗蛋白质 CP	粗脂肪 EE	粗纤维 CF	粗灰分 Ash	无氮浸出物 NFE	钙 Ca	磷 P	粗蛋白质 CP	粗脂肪 EE	粗纤维 CF	粗灰分 Ash	无氮浸出物 NFE	钙 Ca	磷 P
6	青贮玉米	甘肃省庆阳市	96.9	8.6	1.9	29.79	8.68	47.97	0.545	0.142	8.87	1.96	30.73	8.95	49.48	0.562	0.146
7	青贮玉米	甘肃省武威市	97.2	7.12	2.6	16.03	5.86	65.56	2.086	0.182	7.33	2.68	16.5	6.03	67.47	2.147	0.187
8	青贮玉米	甘肃省武威市	97.8	7.56	2.7	22.48	5.78	59.31	0.349	0.197	7.73	2.76	22.98	5.91	60.63	0.357	0.202
9	青贮玉米	甘肃省武威市凉州区	90.9	6.74	1.94	30.3	6.85	45.08	0.873	0.141	7.41	2.13	33.33	7.53	49.59	0.96	0.155
10	青贮玉米	甘肃省张掖市	96.8	8.15	1.55	33.45	7.68	45.93	0.415	0.19	8.42	1.6	34.57	7.94	47.47	0.429	0.197
11	青贮玉米	甘肃省张掖市	88.9	7.22	3.04	22.41	5.9	50.35	0.414	0.187	8.12	3.42	25.2	6.64	56.62	0.465	0.211
12	青贮玉米	贵州省贵阳市	95.1	8.81	1	23.4	5.31	56.53	0.382	0.944	9.27	1.05	24.62	5.59	59.47	0.402	0.993
13	青贮玉米	贵州省贵阳市	95.1	7.44	0.65	24.01	5.58	57.41	0.497	0.929	7.82	0.68	25.25	5.87	60.37	0.522	0.977
14	青贮玉米	贵州省贵阳市	95.3	8.96	0.64	22.53	5.77	57.4	0.453	1.024	9.4	0.67	23.64	6.05	60.23	0.475	1.075
15	青贮玉米	河北省保定市	91.6	7.78	2.14	22.08	5.43	54.13	0.193	0.731	8.5	2.34	24.12	5.93	59.12	0.211	0.798
16	青贮玉米	河北省沧州市	93.6	7.33	1.86	28.16	5.59	50.7	0.203	0.641	7.83	1.99	30.07	5.97	54.14	0.217	0.684
17	青贮玉米	河北省沧州市	94.5	7.02	2.19	25.58	5.48	54.23	0.193	0.779	7.43	2.32	27.07	5.8	57.39	0.205	0.824
18	青贮玉米	河南省新乡市	94.1	7.51	3.58	25.1	7.23	50.68	0.18	0.809	7.98	3.8	26.67	7.68	53.86	0.192	0.86
19	青贮玉米	黑龙江省齐齐哈尔市克山县	91.1	5.81	3.87	11.64	7.7	62.08	0.195	0.809	6.38	4.25	12.78	8.45	68.14	0.214	0.888
20	青贮玉米	黑龙江省哈尔滨市	91.2	7.2	1.17	10.24	7.7	64.89	0.304	0.923	7.89	1.28	11.23	8.44	71.15	0.334	1.012
21	青贮玉米	黑龙江省鸡西市虎林市	91.4	5.8	0.82	14.19	6.5	64.1	0.208	0.731	6.35	0.9	15.53	7.11	70.13	0.228	0.8
22	青贮玉米	黑龙江省鸡西市鸡东县	91.2	7.1	3.88	10.99	6.5	62.73	0.185	0.638	7.79	4.25	12.05	7.13	68.78	0.203	0.7
23	青贮玉米	黑龙江省鸡西市	91.4	7.1	2.38	10.23	6.5	65.19	0.163	0.62	7.77	2.6	11.19	7.11	71.32	0.178	0.678
24	青贮玉米	黑龙江省鸡西市	91.4	5.8	3.4	4.88	4.5	72.82	0.182	0.173	6.35	3.72	5.34	4.92	79.67	0.199	0.19
25	青贮玉米	黑龙江省哈尔滨市五常市	91.4	5.8	2.17	10.24	4.5	68.69	0.193	0.851	6.35	2.37	11.2	4.92	75.15	0.211	0.931

续表1-32

序号	原料名称	采样地点	原样状态								绝干状态						
			干物质 DM	粗蛋白质 CP	粗脂肪 EE	粗纤维 CF	粗灰分 Ash	无氮浸出物 NFE	钙 Ca	磷 P	粗蛋白质 CP	粗脂肪 EE	粗纤维 CF	粗灰分 Ash	无氮浸出物 NFE	钙 Ca	磷 P
26	青贮玉米	湖南省长沙市	89.4	5.89	7.8	31.35	9.19	35.17	0.239	0.694	6.59	8.72	35.07	10.28	39.34	0.267	0.776
27	青贮玉米	吉林省长春市榆树市	92.3	6.9	2.92	12.3	4.04	66.13	0.244	1.02	7.48	3.16	13.33	4.38	71.65	0.265	1.105
28	青贮玉米	吉林省长春市榆树市	92.5	6.82	2.9	10.28	3.66	68.84	0.266	1.023	7.37	3.14	11.11	3.96	74.42	0.288	1.106
29	青贮玉米	吉林省长春市榆树市	92.8	6.87	2.84	12.01	3.88	67.16	0.221	0.866	7.41	3.06	12.95	4.18	72.4	0.238	0.933
30	青贮玉米	吉林省长春市榆树市	92.3	7.58	2.87	14.37	3.93	63.59	0.191	0.902	8.21	3.11	15.56	4.26	68.87	0.207	0.977
31	青贮玉米	吉林省长春市榆树市	91.9	7.61	2.85	13.59	4.34	63.46	0.147	0.692	8.29	3.1	14.8	4.73	69.09	0.16	0.753
32	青贮玉米	江苏省盐城市	85	13.45	1.89	26.94	10.34	32.4	0.374	0.885	15.82	2.22	31.68	12.16	38.1	0.439	1.041
33	青贮玉米	江苏省盐城市	85.1	13.92	1.88	27.04	10.43	31.84	0.509	0.207	16.36	2.21	31.77	12.25	37.41	0.598	0.243
34	青贮玉米	江苏省盐城市	85.1	13.4	1.9	27.1	10.35	32.3	0.521	0.768	15.76	2.23	31.86	12.17	37.98	0.612	0.903
35	青贮玉米	江西省宜春市高安市	91	6.18	1.51	27.3	16.8	39.18	0.625	0.748	6.79	1.66	30.01	18.47	43.07	0.687	0.823
36	青贮玉米	江西省宜春市高安市	91.1	6.13	1.56	28.5	14.6	40.35	0.529	0.734	6.73	1.71	31.27	16.02	44.27	0.581	0.805
37	青贮玉米	江西省宜春市高安市	91.1	6.31	1.25	29.6	17.5	36.46	0.572	0.833	6.92	1.37	32.48	19.21	40.01	0.628	0.914
38	青贮玉米	辽宁省阜新市彰武县	94.9	7.73	1.76	21.93	6.16	57.33	0.378	0.233	8.14	1.85	23.11	6.49	60.4	0.398	0.246
39	青贮玉米	辽宁省沈阳市法库县	94.9	7.04	1.55	24.56	6.82	54.88	0.551	0.185	7.42	1.63	25.89	7.19	57.86	0.581	0.195
40	青贮玉米	辽宁省沈阳市法库县	94.2	8.47	2.19	20.93	4.86	57.77	0.293	0.225	8.99	2.32	22.21	5.16	61.31	0.311	0.239
41	青贮玉米	辽宁省沈阳市法库县	95	7.31	1.92	19.35	3.79	62.58	0.408	0.217	7.7	2.02	20.38	3.99	65.91	0.429	0.228
42	青贮玉米	辽宁省沈阳市法库县	94.8	7.35	1.66	18.71	5.34	61.76	0.433	0.162	7.75	1.75	19.73	5.63	65.13	0.456	0.171
43	青贮玉米	辽宁省铁岭市西丰县	95.2	6.79	1.83	19.17	4.64	62.75	0.266	0.204	7.13	1.92	20.14	4.87	65.93	0.28	0.214
44	青贮玉米	内蒙古自治区包头市	94.5	6.9	3.81	19.03	4.9	59.88	0.165	0.86	7.3	4.03	20.13	5.18	63.35	0.175	0.91
45	青贮玉米	内蒙古自治区赤峰市	93.7	7.54	3.79	24.29	4.69	53.39	0.302	0.881	8.05	4.04	25.92	5.01	56.98	0.322	0.94
46	青贮玉米	内蒙古自治区赤峰市	93.7	8.04	3.36	28.7	4.94	48.62	0.306	0.856	8.58	3.59	30.64	5.27	51.91	0.326	0.914
47	青贮玉米	内蒙古自治区赤峰市	94	7.61	2.99	27.27	4.96	51.17	0.326	0.899	8.1	3.18	29.01	5.28	54.44	0.347	0.957

续表1-32

序号	原料名称	采样地点	原样状态								绝干状态						
			干物质 DM	粗蛋白质 CP	粗脂肪 EE	粗纤维 CF	粗灰分 Ash	无氮浸出物 NFE	钙 Ca	磷 P	粗蛋白质 CP	粗脂肪 EE	粗纤维 CF	粗灰分 Ash	无氮浸出物 NFE	钙 Ca	磷 P
48	青贮玉米	内蒙古自治区鄂尔多斯市达拉特旗	91.1	8.16	2.72	29.04	6.4	44.8	0.157	0.81	8.96	2.99	31.87	7.02	49.17	0.173	0.889
49	青贮玉米	内蒙古自治区呼和浩特市	91.4	7.67	1.84	31.49	6.05	44.37	0.169	0.824	8.39	2.01	34.45	6.62	48.53	0.184	0.902
50	青贮玉米	内蒙古自治区呼和浩特市	92.3	7.97	2.89	22.61	4.89	53.94	0.408	0.84	8.63	3.13	24.5	5.3	58.44	0.442	0.91
51	青贮玉米	内蒙古自治区呼和浩特市	92.1	8.36	2	27.83	5.05	48.86	0.426	0.756	9.08	2.17	30.22	5.48	53.05	0.462	0.821
52	青贮玉米	内蒙古自治区呼和浩特市	93.1	6.97	3.41	24.96	4.23	53.52	0.401	0.7	7.49	3.66	26.81	4.54	57.49	0.43	0.752
53	青贮玉米	内蒙古自治区呼和浩特市	92.3	7.23	3.47	25.06	4.79	51.7	0.354	0.697	7.84	3.76	27.17	5.19	56.04	0.384	0.756
54	青贮玉米	内蒙古自治区乌兰察布市凉城县	91.9	7.7	2.09	29.77	7.06	45.3	0.146	0.907	8.38	2.27	32.39	7.68	49.28	0.158	0.986
55	青贮玉米	宁夏回族自治区石嘴山市惠农县	92.1	7.07	0.88	29.43	6.64	48.05	0.321	0.194	7.68	0.96	31.96	7.21	52.19	0.348	0.211
56	青贮玉米	宁夏回族自治区吴忠市	91.7	6.4	2.03	16.03	5.25	62	0.242	0.227	6.98	2.21	17.48	5.72	67.6	0.264	0.248
57	青贮玉米	宁夏回族自治区吴忠市	91.6	6.82	1.48	21.56	1.51	60.21	0.219	0.221	7.45	1.62	23.54	1.65	65.75	0.24	0.242
58	青贮玉米	宁夏回族自治区银川市	91.6	6.57	1.65	18.05	3.87	61.46	0.219	0.214	7.17	1.8	19.71	4.22	67.1	0.239	0.233
59	青贮玉米	青海省	92.3	6.99	1.32	25.26	5.77	52.91	0.424	0.878	7.58	1.43	27.38	6.25	57.36	0.46	0.951
60	青贮玉米	青海省海东市	92.9	6.33	2.66	21.45	5.25	57.19	0.519	0.713	6.82	2.86	23.09	5.65	61.57	0.559	0.767
61	青贮玉米	青海省海东市	94	7.02	2.71	24.9	7.79	51.58	0.328	0.748	7.47	2.88	26.49	8.29	54.87	0.349	0.795
62	青贮玉米	青海省海东市	93.4	6.1	1.73	25.48	8.11	51.94	0.36	0.78	6.53	1.85	27.29	8.69	55.63	0.386	0.835

续表1-32

序号	原料名称	采样地点	原样状态								绝干状态						
			干物质 DM	粗蛋白质 CP	粗脂肪 EE	粗纤维 CF	粗灰分 Ash	无氮浸出物 NFE	钙 Ca	磷 P	粗蛋白质 CP	粗脂肪 EE	粗纤维 CF	粗灰分 Ash	无氮浸出物 NFE	钙 Ca	磷 P
63	青贮玉米	山东省济宁市任城区	94.3	9.16	1.85	25.08	8.42	49.81	0.696	0.898	9.71	1.96	26.59	8.93	52.81	0.738	0.953
64	青贮玉米	山东省济宁市任城区	93.3	8.29	1.83	20.49	8.52	54.18	0.793	0.962	8.88	1.96	21.96	9.13	58.06	0.85	1.031
65	青贮玉米	山东省青岛市	93.3	7.79	2.39	23.23	4.3	55.62	0.201	0.82	8.35	2.56	24.89	4.61	59.59	0.215	0.879
66	青贮玉米	山东省青岛市	93.4	8.34	2.11	23.16	4.48	55.34	0.2	0.855	8.93	2.26	24.79	4.8	59.23	0.215	0.915
67	青贮玉米	山西省	93.7	7.74	0.65	29.05	7.13	49.09			8.26	0.69	31.02	7.61	52.42	0	0
68	青贮玉米	山西省	93.6	7.32	0.53	30.08	10.28	45.43			7.82	0.57	32.13	10.98	48.53	0	0
69	青贮玉米	山西省临汾市	93.6	7.71	1	29.1	7.16	48.63	0.345	0.793	8.24	1.07	31.09	7.65	51.96	0.369	0.848
70	青贮玉米	山西省临汾市	93.7	7.76	0.3	29	7.1	49.54	0.318	0.746	8.28	0.32	30.95	7.58	52.87	0.339	0.796
71	青贮玉米	山西省临汾市	93.6	6.9	0.4	31.1	13.42	41.78	0.464	0.079	7.37	0.43	33.23	14.34	44.64	0.495	0.085
72	青贮玉米	陕西省宝鸡市	96.1	8.86	1.28	15.73	14.34	55.92	2.429	0.17	9.22	1.33	16.36	14.92	58.17	2.526	0.177
73	青贮玉米	陕西省宝鸡市	95	8.98	1.84	14.82	9.16	60.16	2.114	0.175	9.46	1.94	15.61	9.65	63.35	2.226	0.184
74	青贮玉米	陕西省渭南市	95.7	9.17	2	16.1	11.73	56.72	2.106	0.176	9.58	2.09	16.82	12.25	59.26	2.2	0.184
75	青贮玉米	上海市	85.1	14.51	1.95	27.08	10.76	30.79			17.05	2.29	31.83	12.65	36.19	0	0
76	青贮玉米	上海市崇明区	85.1	13.22	1.87	27.08	11.53	31.38	0.443	0.956	15.54	2.2	31.83	13.55	36.88	0.52	1.124
77	青贮玉米	上海市崇明区	85.1	14.51	1.95	27.08	10.76	30.79	0.477	0.786	17.05	2.29	31.83	12.65	36.19	0.561	0.924
78	青贮玉米	上海市崇明区	85.1	13.74	1.92	27.2	11.31	30.9	0.525	0.222	16.15	2.26	31.97	13.29	36.32	0.617	0.26
79	青贮玉米	天津市	93.8	6.72	2.08	24.97	5.48	54.55	0.185	0.884	7.16	2.22	26.62	5.84	58.16	0.197	0.943
80	青贮玉米	天津市	92.8	6.56	2.24	24.45	5.34	54.25	0.154	0.619	7.07	2.41	26.34	5.75	58.43	0.166	0.667
81	青贮玉米	天津市	94.2	6.47	2.1	24.17	5.74	55.71	0.185	0.191	6.87	2.23	25.66	6.09	59.15	0.197	0.203
82	青贮玉米	新疆维吾尔自治区昌吉回族自治州昌吉市	93.8	7.06	1.67	30.29	10.9	43.9	0.305	0.132	7.53	1.78	32.29	11.62	46.79	0.325	0.141
83	青贮玉米	新疆维吾尔自治区昌吉回族自治州昌吉市六工镇	93.8	8	1.87	24.64	6.12	53.21	0.329	0.244	8.53	1.99	26.26	6.52	56.71	0.35	0.261

续表1-32

序号	原料名称	采样地点	原样状态								绝干状态						
			干物质 DM	粗蛋白质 CP	粗脂肪 EE	粗纤维 CF	粗灰分 Ash	无氮浸出物 NFE	钙 Ca	磷 P	粗蛋白质 CP	粗脂肪 EE	粗纤维 CF	粗灰分 Ash	无氮浸出物 NFE	钙 Ca	磷 P
84	青贮玉米	新疆维吾尔自治区塔城地区额敏县	93.3	5.7	2.2	28.69	4.72	52	0.228	0.13	6.11	2.36	30.75	5.06	55.73	0.244	0.139
85	青贮玉米	新疆维吾尔自治区昌吉回族自治州阜康市滋泥泉子镇	93.7	5.87	1.12	32.29	4.8	49.59	0.246	0.129	6.27	1.2	34.48	5.12	52.95	0.263	0.138
86	青贮玉米	新疆维吾尔自治区伊犁哈萨克自治州霍城县	93.4	6.28	1.24	26.84	5.84	53.21	0.251	0.714	6.72	1.33	28.73	6.25	56.96	0.269	0.764
87	青贮玉米	新疆维吾尔自治区昌吉回族自治州玛纳斯县	93.3	5.82	1.6	26.88	5.17	53.79	0.234	0.147	6.24	1.72	28.82	5.54	57.68	0.251	0.157
88	青贮玉米	新疆维吾尔自治区伊犁哈萨克自治州伊宁市	93.7	5.51	0.99	32.65	8.37	46.2	0.307	0.705	5.88	1.06	34.84	8.93	49.3	0.327	0.752
89	青贮玉米	新疆维吾尔自治区伊犁哈萨克自治州伊宁市	93.7	5.83	1.25	33.24	8.69	44.73	0.341	0.706	6.22	1.33	35.46	9.27	47.72	0.364	0.754
90	青贮玉米	云南省红河哈尼族彝族自治州泸西县	96.6	7.99	1.02	32.32	6.83	48.41	0.515	0.15	8.27	1.06	33.47	7.07	50.13	0.533	0.155
91	青贮玉米	云南省红河哈尼族彝族自治州泸西县	96.6	8.69	0.95	33.81	7.65	45.52	0.501	0.153	8.99	0.98	34.99	7.92	47.11	0.518	0.159

三十二、木薯干

表 1-33 木薯干样本原样状态及绝干状态下饲料常规成分和钙磷含量 %

序号	原料名称	采样地点	原样状态								绝干状态						
			干物质 DM	粗蛋白质 CP	粗脂肪 EE	粗纤维 CF	粗灰分 Ash	无氮浸出物 NFE	钙 Ca	磷 P	粗蛋白质 CP	粗脂肪 EE	粗纤维 CF	粗灰分 Ash	无氮浸出物 NFE	钙 Ca	磷 P
1	木薯干	福建省南平市	87.1	2.37	0.18	1.53	0.92	82.14	0.071	0.653	2.72	0.21	1.76	1.06	94.27	0.082	0.749

续表1-33

序号	原料名称	采样地点	原样状态								绝干状态						
			干物质 DM	粗蛋白质 CP	粗脂肪 EE	粗纤维 CF	粗灰分 Ash	无氮浸出物 NFE	钙 Ca	磷 P	粗蛋白质 CP	粗脂肪 EE	粗纤维 CF	粗灰分 Ash	无氮浸出物 NFE	钙 Ca	磷 P
2	木薯干	福建省南平市	87	2.49	0.25	1.61	0.95	81.73	0.06	0.615	2.86	0.23	1.85	1.09	93.91	0.069	0.706
3	木薯干	广东省梅州市	88.3	4.07	0.4	3.9	2.8	77.13	0.137	0.674	4.61	0.45	4.42	3.17	87.35	0.155	0.763
4	木薯干	广东省清远市	89.2	2.48	0.3	2.8	1.5	82.12	0.1	0.666	2.78	0.34	3.14	1.68	92.06	0.112	0.747
5	木薯干	广东省云浮市	85.4	3.14	0.64	3.78	2.1	75.69	0.091	0.652	3.68	0.75	4.43	2.46	88.68	0.107	0.764
6	木薯干	广东省云浮市	85.5	2.95	0.56	3.28	2	76.66	0.1	0.726	3.45	0.66	3.84	2.34	89.71	0.117	0.849
7	木薯干	广东省湛江市	89.9	3.25	0.3	2.6	2.3	81.45	0.066	0.618	3.62	0.33	2.89	2.56	90.6	0.073	0.688
8	木薯干	广东省肇庆市	87.4	1.19	0.1	2.3	0.6	83.21	0.051	0.606	1.36	0.11	2.63	0.69	95.21	0.059	0.694
9	木薯干	广东省肇庆市	87.7	1.16	0.2	2.3	0.6	83.44	0.061	0.636	1.32	0.23	2.62	0.68	95.14	0.07	0.726
10	木薯干	广西壮族自治区北海市	90.5	1.94	0.57	1.22	1.12	85.66	0.065	0.659	2.14	0.63	1.35	1.24	94.64	0.072	0.728
11	木薯干	广西壮族自治区贵港市	92.1	3.49	0.74	2.32	1.86	83.64	0.143	0.671	3.79	0.8	2.52	2.02	90.86	0.156	0.729
12	木薯干	广西壮族自治区贵港市	91.6	2.91	0.51	2.52	2.18	83.49	0.097	0.691	3.18	0.56	2.75	2.38	91.14	0.105	0.755
13	木薯干	广西壮族自治区贵港市	91.4	3.54	0.62	2.3	1.9	83.06	0.109	0.723	3.87	0.68	2.52	2.08	90.86	0.119	0.791
14	木薯干	海南省白沙黎族自治县光雅镇	95.4	3.79	0.36	4.99	5.26	81	0.167	0.638	3.97	0.38	5.23	5.51	84.91	0.175	0.668
15	木薯干	海南省白沙黎族自治县光雅镇	95.3	3.72	0.13	5.49	5.55	80.42	0.18	0.61	3.9	0.14	5.76	5.82	84.38	0.189	0.64
16	木薯干	海南省儋州市蓝洋农场	95.1	4.4	0.12	2.1	4.02	84.51	0.1	0.406	4.62	0.13	2.21	4.23	88.83	0.105	0.427
17	木薯干	海南省琼中黎族苗族自治县营根镇	95.3	3.65	0.16	2.37	3.28	85.84	0.11	0.67	3.83	0.17	2.49	3.44	90.07	0.116	0.703

三十三、甘薯藤

表 1-34　甘薯藤样本原样状态及绝干状态下饲料常规成分和钙磷含量

%

序号	原料名称	采样地点	原样状态								绝干状态						
			干物质 DM	粗蛋白质 CP	粗脂肪 EE	粗纤维 CF	粗灰分 Ash	无氮浸出物 NFE	钙 Ca	磷 P	粗蛋白质 CP	粗脂肪 EE	粗纤维 CF	粗灰分 Ash	无氮浸出物 NFE	钙 Ca	磷 P
1	甘薯藤	广东省广州市	87	9.35	3.31	21.31	9.9	43.17	1.015	0.935	10.74	3.8	24.48	11.37	49.6	1.166	1.075

续表1-34

序号	原料名称	采样地点	原样状态								绝干状态						
			干物质 DM	粗蛋白质 CP	粗脂肪 EE	粗纤维 CF	粗灰分 Ash	无氮浸出物 NFE	钙 Ca	磷 P	粗蛋白质 CP	粗脂肪 EE	粗纤维 CF	粗灰分 Ash	无氮浸出物 NFE	钙 Ca	磷 P
2	甘薯藤	广西省桂林市	91.4	9.79	2.66	19.9	7.61	51.42	1.062	0.767	10.71	2.91	21.78	8.33	56.27	1.163	0.84
3	甘薯藤	贵州省黔东南苗族侗族自治州	91.8	12.18	2.12	20.31	7.65	49.55	0.898	0.771	13.27	2.31	22.12	8.33	53.97	0.978	0.84
4	甘薯藤	贵州省铜仁市	92.3	15.31	1.12	19.47	20.15	36.29	2.155	0.945	16.58	1.21	21.09	21.82	39.3	2.334	1.024
5	甘薯藤	贵州省遵义市	93.4	13.92	1.04	17.57	21.94	38.9	2.353	0.929	14.91	1.11	18.82	23.5	41.66	2.52	0.994
6	甘薯藤	河北省邢台市信都区	91.3	15.35	1.74	27.17	7.9	39.14	1.795	0.801	16.81	1.91	29.76	8.65	42.87	1.966	0.877
7	甘薯藤	湖北省宜昌市	79	7.24	2.73	22.12	10.11	36.83	1.717	0.767	9.16	3.45	27.99	12.79	46.6	2.173	0.971
8	甘薯藤	湖南省永州市	87.3	10.23	1.87	31.14	13.62	30.4	1.884	0.857	11.72	2.14	35.69	15.61	34.84	2.159	0.982
9	甘薯藤	湖南省张家界市	87	9.96	1.86	30.8	13.24	31.13	1.868	0.886	11.45	2.14	35.41	15.22	35.79	2.147	1.019
10	甘薯藤	湖南省长沙市	86.9	10.97	1.82	30.94	14.2	28.93	1.594	0.931	12.63	2.1	35.62	16.35	33.31	1.835	1.072
11	甘薯藤	江西省南昌市	89.4	11.06	2.48	22.23	11.51	42.1	0.826	0.943	12.38	2.78	24.88	12.88	47.11	0.924	1.055
12	甘薯藤	山东省烟台市	92.2	15.92	1.66	21.04	9.72	43.85	1.293	0.799	17.27	1.8	22.82	10.54	47.56	1.402	0.867
13	甘薯藤	山东省烟台市	91.6	15.82	2.6	22.19	9.38	41.56	0.989	0.738	17.28	2.84	24.24	10.25	45.4	1.08	0.806
14	甘薯藤	四川省成都市	94.8	21.96	2.19	17.94	11.46	41.24	1.605	0.757	23.16	2.31	18.92	12.09	43.5	1.693	0.799
15	甘薯藤	四川省成都市	94.4	16.32	1.72	22.52	10.11	43.74	1.867	0.787	17.29	1.82	23.85	10.71	46.33	1.977	0.833
16	甘薯藤	四川省广元市	95.3	14.18	4.15	20.42	11.76	44.77	1.626	0.87	14.88	4.36	21.43	12.34	46.99	1.707	0.913
17	甘薯藤	四川省南充市	94.5	18.15	2.45	16.5	16.68	40.69	1.616	0.942	19.21	2.59	17.47	17.66	43.08	1.711	0.997
18	甘薯藤	四川省南充市	94.2	17.08	1.98	17.93	16.37	40.84	1.654	0.936	18.13	2.1	19.04	17.38	43.36	1.756	0.994
19	甘薯藤	天津市武清区下伍旗镇	91	19.36	1.21	18.44	8.65	43.36	1.237	0.854	21.27	1.33	20.26	9.5	47.64	1.359	0.938
20	甘薯藤	重庆市荣昌区	94	16.62	3.24	16.27	8.31	49.58	1.23	0.916	17.68	3.45	17.3	8.84	52.73	1.308	0.975

三十四、稻秸

表 1-35　稻秸样本原样状态及绝干状态下饲料常规成分和钙磷含量

%

序号	原料名称	采样地点	原样状态								绝干状态						
			干物质 DM	粗蛋白质 CP	粗脂肪 EE	粗纤维 CF	粗灰分 Ash	无氮浸出物 NFE	钙 Ca	磷 P	粗蛋白质 CP	粗脂肪 EE	粗纤维 CF	粗灰分 Ash	无氮浸出物 NFE	钙 Ca	磷 P
1	稻秸	安徽省安庆市	95. 4	7. 19	1. 66	34. 2	13. 86	38. 5	0. 408	0. 509	7. 54	1. 74	35. 85	14. 53	40. 35	0. 427	0. 534
2	稻秸	安徽省安庆市	92	4. 92	1. 4	28. 4	11. 84	44. 77	0. 396	0. 708	4. 9	1. 41	28. 38	11. 78	44. 35	0. 331	0. 879
3	稻秸	安徽省安庆市	90	5. 1	1. 68	27. 53	11. 42	42. 98	0. 393	0. 814	4. 82	1. 64	26. 21	10. 74	39. 52	0. 496	0. 753
4	稻秸	安徽省滁州市天长市	94. 8	3. 82	1. 17	37. 58	13. 64	38. 58	0. 319	0. 736	4. 03	1. 23	39. 65	14. 39	40. 7	0. 337	0. 777
5	稻秸	安徽省滁州市天长市	92	4. 92	1. 41	28. 38	11. 83	44. 72	0. 396	0. 711	4. 9	1. 42	28. 33	11. 76	44. 22	0. 519	0. 881
6	稻秸	安徽省滁州市天长市	90	5. 1	1. 69	27. 5	11. 41	42. 94	0. 393	0. 817	4. 82	1. 65	26. 16	10. 71	39. 4	0. 418	0. 79
7	稻秸	安徽省合肥市庐江县	95. 2	2. 58	1. 71	37. 43	15. 36	38. 13	0. 255	0. 355	2. 71	1. 8	39. 31	16. 13	40. 05	0. 268	0. 373
8	稻秸	安徽省合肥市庐江县	91. 9	4. 93	1. 42	28. 36	11. 82	44. 68	0. 396	0. 713	4. 9	1. 42	28. 27	11. 73	44. 1	0. 058	0. 475
9	稻秸	安徽省合肥市庐江县	89. 9	5. 11	1. 69	27. 48	11. 4	42. 89	0. 393	0. 82	4. 82	1. 66	26. 1	10. 68	39. 27	0. 342	0. 685
10	稻秸	安徽省六安市裕安区	94. 7	3. 18	1. 13	35. 29	15. 39	39. 73	0. 181	0. 773	3. 36	1. 19	37. 26	16. 25	41. 94	0. 191	0. 816
11	稻秸	安徽省六安市裕安区	91. 9	4. 93	1. 43	28. 33	11. 81	44. 63	0. 396	0. 716	4. 9	1. 43	28. 21	11. 7	43. 98	0. 074	0. 385
12	稻秸	安徽省六安市裕安区	89. 9	5. 11	1. 7	27. 46	11. 39	42. 85	0. 393	0. 823	4. 81	1. 66	26. 05	10. 65	39. 15	0. 368	0. 722
13	稻秸	北京市海淀区	93. 2	6. 36	0. 8	40. 7	10. 25	35. 09	0. 804	0. 648	6. 82	0. 86	43. 67	11	37. 65	0. 862	0. 696
14	稻秸	北京市海淀区	91. 8	4. 94	1. 43	28. 31	11. 8	44. 59	0. 396	0. 719	4. 89	1. 44	28. 16	11. 68	43. 85	0. 383	0. 754
15	稻秸	北京市海淀区	89. 8	5. 12	1. 71	27. 44	11. 38	42. 8	0. 393	0. 825	4. 81	1. 67	25. 99	10. 63	39. 03	0. 502	0. 726
16	稻秸	福建省南平市	93. 8	4. 08	1. 02	35. 36	12. 76	40. 59	0. 347	0. 562	4. 35	1. 09	37. 7	13. 6	43. 27	0. 37	0. 6
17	稻秸	福建省南平市	94. 2	4. 43	1. 02	33. 49	12. 14	43. 11	0. 372	0. 628	4. 7	1. 08	35. 56	12. 89	45. 77	0. 395	0. 667
18	稻秸	福建省南平市	91. 8	4. 94	1. 44	28. 29	11. 79	44. 54	0. 396	0. 722	4. 89	1. 44	28. 1	11. 65	43. 73	0. 263	0. 74
19	稻秸	福建省南平市	91. 7	4. 95	1. 45	28. 27	11. 78	44. 49	0. 396	0. 724	4. 89	1. 45	28. 05	11. 62	43. 61	0. 21	0. 711

续表1-35

序号	原料名称	采样地点	原样状态								绝干状态						
			干物质 DM	粗蛋白质 CP	粗脂肪 EE	粗纤维 CF	粗灰分 Ash	无氮浸出物 NFE	钙 Ca	磷 P	粗蛋白质 CP	粗脂肪 EE	粗纤维 CF	粗灰分 Ash	无氮浸出物 NFE	钙 Ca	磷 P
20	稻秸	福建省南平市	89.8	5.12	1.72	27.41	11.37	42.75	0.393	0.828	4.81	1.67	25.94	10.6	38.9	0.391	0.621
21	稻秸	甘肃省白银市靖远县	92.7	3.11	1.94	30.58	11.98	45.11	0.23	0.595	3.35	2.09	32.98	12.92	48.65	0.248	0.642
22	稻秸	甘肃省白银市靖远县	91.7	4.95	1.45	28.24	11.76	44.45	0.396	0.727	4.89	1.45	27.99	11.59	43.48	0.491	0.834
23	稻秸	甘肃省张掖市	91.3	4.95	1.32	19.37	8.73	56.92	0.153	0.73	5.42	1.45	21.22	9.56	62.35	0.167	0.799
24	稻秸	甘肃省张掖市	91.6	4.95	1.46	28.22	11.75	44.4	0.396	0.73	4.89	1.46	27.94	11.57	43.36	0.466	0.78
25	稻秸	广东省广州市	90.5	4.66	0.98	32.29	17.7	34.86	0.256	0.68	5.15	1.08	35.68	19.56	38.52	0.283	0.752
26	稻秸	广东省广州市	91.6	4.96	1.47	28.2	11.74	44.36	0.395	0.732	4.88	1.47	27.88	11.54	43.23	0.337	0.749
27	稻秸	广东省梅州市	90	6.77	1.14	32.67	8.9	40.47	0.417	0.767	7.53	1.27	36.32	9.89	44.99	0.463	0.853
28	稻秸	广东省梅州市	91.5	4.96	1.47	28.18	11.73	44.31	0.395	0.735	4.88	1.47	27.83	11.51	43.11	0.76	0.838
29	稻秸	广东省湛江市	88.7	6.46	1.7	9.4	3.9	67.24	1.71	0.797	7.28	1.92	10.6	4.4	75.81	1.928	0.898
30	稻秸	广东省湛江市	88.9	3.73	0	0	12.3	72.85	0.298	0.567	4.2	0	0	13.84	81.96	0.335	0.638
31	稻秸	广东省湛江市	91.5	4.97	1.48	28.15	11.72	44.26	0.395	0.738	4.88	1.48	27.77	11.49	42.99	0.358	0.811
32	稻秸	广东省湛江市	91.4	4.97	1.49	28.13	11.71	44.22	0.395	0.741	4.88	1.48	27.71	11.46	42.86	0.427	0.735
33	稻秸	广西壮族自治区桂林市	94.3	5.3	1.36	22.33	10.5	54.83	0.53	0.571	5.62	1.44	23.67	11.13	58.13	0.562	0.605
34	稻秸	广西壮族自治区桂林市	91.3	4.98	1.5	28.09	11.69	44.13	0.395	0.746	4.87	1.49	27.6	11.41	42.62	0.594	0.794
35	稻秸	广西壮族自治区贵港市	94.1	4.31	1.13	28.1	8.47	52.11	0.37	0.699	4.58	1.2	29.86	9	55.37	0.393	0.743
36	稻秸	广西壮族自治区贵港市	91.4	4.98	1.5	28.11	11.7	44.17	0.395	0.743	4.87	1.49	27.66	11.43	42.74	0.483	0.847
37	稻秸	广西壮族自治区南宁市	94.3	3.37	0.97	34.82	9.83	45.32	0.287	0.457	3.57	1.03	36.92	10.42	48.05	0.304	0.485
38	稻秸	广西壮族自治区南宁市	91.3	4.99	1.51	28.06	11.68	44.08	0.395	0.749	4.87	1.5	27.55	11.38	42.49	0.41	0.711
39	稻秸	贵州省黔东南苗族侗族自治州	93	6.51	1	28.9	9.38	47.16	0.406	0.693	7	1.08	31.09	10.09	50.74	0.437	0.746

续表1-35

序号	原料名称	采样地点	原样状态								绝干状态						
			干物质 DM	粗蛋白质 CP	粗脂肪 EE	粗纤维 CF	粗灰分 Ash	无氮浸出物 NFE	钙 Ca	磷 P	粗蛋白质 CP	粗脂肪 EE	粗纤维 CF	粗灰分 Ash	无氮浸出物 NFE	钙 Ca	磷 P
40	稻秸	贵州省黔东南苗族侗族自治州	91.2	4.99	1.52	28.04	11.67	44.04	0.395	0.752	4.87	1.51	27.49	11.35	42.37	0.454	0.665
41	稻秸	贵州省遵义市	93.8	7.03	1.33	27.1	9.43	48.88	0.484	0.69	7.5	1.42	28.9	10.06	52.13	0.516	0.736
42	稻秸	贵州省遵义市	91.2	5	1.52	28.02	11.66	43.99	0.395	0.754	4.87	1.51	27.44	11.33	42.24	0.415	0.643
43	稻秸	海南省澄迈县	96.4	6.52	0.44	30.44	23.18	35.83	0.253	0.654	6.76	0.46	31.57	24.04	37.16	0.262	0.679
44	稻秸	海南省澄迈县	91.1	5	1.53	28	11.65	43.94	0.395	0.757	4.86	1.52	27.38	11.3	42.12	0.405	0.817
45	稻秸	海南省海口市琼山区红旗镇	96.8	4.48	0.53	33.93	15.67	42.14	0.288	0.682	4.63	0.55	35.07	16.2	43.56	0.298	0.705
46	稻秸	海南省海口市琼山区红旗镇	91.1	5.01	1.54	27.97	11.64	43.9	0.395	0.76	4.86	1.52	27.32	11.27	42	0.772	0.827
47	稻秸	河北省唐山市乐亭县	93.8	4.57	0.84	33.6	9.44	45.35	0.198	0.659	4.87	0.9	35.82	10.06	48.35	0.211	0.702
48	稻秸	河北省唐山市乐亭县	93.7	5.09	1.39	34.08	9.22	43.95	0.354	0.138	5.43	1.48	36.36	9.84	46.89	0.378	0.147
49	稻秸	河北省唐山市乐亭县	91	5.01	1.55	27.95	11.63	43.85	0.395	0.763	4.86	1.53	27.27	11.25	41.87	0.227	0.707
50	稻秸	河北省唐山市乐亭县	91	5.01	1.55	27.93	11.61	43.81	0.395	0.765	4.86	1.54	27.21	11.22	41.75	0.265	0.686
51	稻秸	河南省信阳市	100						0.238	0.709	0	0	0	0	0	0.238	0.709
52	稻秸	河南省信阳市	90.9	5.02	1.56	27.91	11.6	43.76	0.394	0.768	4.86	1.54	27.16	11.19	41.63	0.33	0.738
53	稻秸	黑龙江省哈尔滨市	94	3.72	1.16	15.36	12.9	60.86	0.396	0.774	3.96	1.23	16.34	13.72	64.74	0.421	0.823
54	稻秸	黑龙江省哈尔滨市	90.8	5.02	1.57	27.88	11.59	43.72	0.394	0.771	4.85	1.55	27.1	11.17	41.5	0.409	0.798
55	稻秸	黑龙江省齐齐哈尔市	94	3.68	1.57	3.5	13.8	71.45	0.159	0.747	3.91	1.67	3.72	14.68	76.01	0.17	0.795
56	稻秸	黑龙江省齐齐哈尔市	90.8	5.03	1.57	27.86	11.58	43.67	0.394	0.773	4.85	1.55	27.05	11.14	41.38	0.663	0.62
57	稻秸	黑龙江省绥化市	93.2	3.29	1.08	12.42	10.2	66.21	0.348	0.659	3.53	1.16	13.33	10.94	71.04	0.374	0.707
58	稻秸	黑龙江省绥化市	90.7	5.03	1.58	27.84	11.57	43.62	0.394	0.776	4.85	1.56	26.99	11.11	41.25	0.185	0.654
59	稻秸	黑龙江省绥化市	92.3	3.1	3.25	22.08	12.9	50.97	0.213	0.651	3.36	3.52	23.92	13.98	55.22	0.231	0.705

续表1-35

序号	原料名称	采样地点	原样状态								绝干状态						
			干物质 DM	粗蛋白质 CP	粗脂肪 EE	粗纤维 CF	粗灰分 Ash	无氮浸出物 NFE	钙 Ca	磷 P	粗蛋白质 CP	粗脂肪 EE	粗纤维 CF	粗灰分 Ash	无氮浸出物 NFE	钙 Ca	磷 P
60	稻秸	黑龙江省绥化市	90.6	5.04	1.6	27.79	11.55	43.53	0.394	0.782	4.85	1.57	26.88	11.06	41.01	0.218	0.565
61	稻秸	黑龙江省哈尔滨市五常市	100						0.621	0.725	0	0	0	0	0	0.621	0.725
62	稻秸	黑龙江省哈尔滨市五常市	90.7	5.04	1.59	27.82	11.56	43.58	0.394	0.779	4.85	1.57	26.94	11.08	41.13	0.191	0.693
63	稻秸	湖北省荆门市	90.6	5.35	1.37	31.65	11.77	40.42	0.52	0.637	5.91	1.51	34.95	13	44.63	0.574	0.703
64	稻秸	湖北省荆门市	91	4.68	1.45	31.46	13.53	39.85	0.469	0.658	5.14	1.59	34.58	14.87	43.81	0.515	0.723
65	稻秸	湖北省荆门市	90.6	5.05	1.6	27.77	11.54	43.49	0.394	0.784	4.84	1.58	26.82	11.03	40.88	0.45	0.85
66	稻秸	湖北省荆门市	90.5	5.05	1.61	27.75	11.53	43.44	0.394	0.787	4.84	1.58	26.77	11	40.76	0.49	0.79
67	稻秸	湖北省荆门市沙洋县	90.8	6.61	1.44	36.18	11.35	35.2	0.411	0.701	7.28	1.59	39.85	12.5	38.78	0.452	0.772
68	稻秸	湖北省荆门市沙洋县	90.5	5.06	1.62	27.73	11.52	43.39	0.394	0.79	4.84	1.59	26.71	10.98	40.64	0.518	0.743
69	稻秸	湖北省仙桃市	91.2	5.18	1.41	31.6	13.63	39.37	0.457	0.615	5.68	1.55	34.66	14.95	43.18	0.501	0.675
70	稻秸	湖北省仙桃市	90.4	5.06	1.62	27.71	11.51	43.35	0.394	0.793	4.84	1.6	26.66	10.95	40.51	0.374	0.675
71	稻秸	湖北省襄阳市	90.5	5.79	1.41	32.31	14.59	36.44	0.298	0.649	6.39	1.56	35.69	16.11	40.25	0.33	0.717
72	稻秸	湖北省襄阳市	91.3	5.63	1.44	31.4	14.29	38.49	0.269	0.534	6.17	1.58	34.41	15.66	42.18	0.295	0.585
73	稻秸	湖北省襄阳市	90.8	4.21	1.39	30.63	13.4	41.19	0.271	0.601	4.64	1.53	33.73	14.76	45.36	0.298	0.662
74	稻秸	湖北省襄阳市	90.4	5.07	1.63	27.68	11.5	43.3	0.394	0.795	4.83	1.6	26.6	10.92	40.39	0.65	0.827
75	稻秸	湖北省襄阳市	90.3	5.07	1.64	27.66	11.49	43.26	0.394	0.798	4.83	1.61	26.55	10.9	40.26	0.365	0.766
76	稻秸	湖北省襄阳市	90.3	5.07	1.64	27.64	11.48	43.21	0.394	0.801	4.83	1.61	26.49	10.87	40.14	0.302	0.729
77	稻秸	湖南省常德市鼎城区	91.8	4.74	1.32	34.39	10.93	40.46	0.405	0.863	5.16	1.44	37.45	11.9	44.05	0.441	0.939
78	稻秸	湖南省常德市鼎城区	90.2	5.08	1.65	27.62	11.47	43.17	0.393	0.804	4.83	1.62	26.44	10.84	40.02	0.417	0.65
79	稻秸	湖南省常德市汉寿县	91.1	4.66	1.26	34.46	11.29	39.45	0.506	0.706	5.11	1.38	37.82	12.39	43.3	0.555	0.775
80	稻秸	湖南省常德市汉寿县	90.2	5.08	1.66	27.59	11.45	43.12	0.393	0.806	4.83	1.63	26.38	10.82	39.89	0.509	0.708
81	稻秸	湖南省衡阳市衡阳县	91.6	4.61	1.27	33.2	9.28	43.27	0.45	0.871	5.03	1.39	36.23	10.13	47.22	0.491	0.95

续表1-35

序号	原料名称	采样地点	原样状态								绝干状态						
			干物质 DM	粗蛋白质 CP	粗脂肪 EE	粗纤维 CF	粗灰分 Ash	无氮浸出物 NFE	钙 Ca	磷 P	粗蛋白质 CP	粗脂肪 EE	粗纤维 CF	粗灰分 Ash	无氮浸出物 NFE	钙 Ca	磷 P
82	稻秸	湖南省衡阳市衡阳县	90.1	5.09	1.67	27.57	11.44	43.07	0.393	0.809	4.82	1.63	26.32	10.79	39.77	0.188	0.829
83	稻秸	湖南省长沙市宁乡市花明楼镇	91.9	4.73	1.23	35.36	10.19	40.4	0.562	0.783	5.15	1.34	38.47	11.09	43.96	0.612	0.852
84	稻秸	湖南省长沙市宁乡市花明楼镇	90.1	5.09	1.67	27.55	11.43	43.03	0.393	0.812	4.82	1.64	26.27	10.76	39.64	0.443	0.662

三十五、小麦秸

表 1-36　小麦秸样本原样状态及绝干状态下饲料常规成分和钙磷含量

%

序号	原料名称	采样地点	原样状态								绝干状态						
			干物质 DM	粗蛋白质 CP	粗脂肪 EE	粗纤维 CF	粗灰分 Ash	无氮浸出物 NFE	钙 Ca	磷 P	粗蛋白质 CP	粗脂肪 EE	粗纤维 CF	粗灰分 Ash	无氮浸出物 NFE	钙 Ca	磷 P
1	小麦秸	安徽省亳州市	96.3	2.99	1.13	41.85	8.74	41.54	0.153	0.663	3.11	1.17	43.48	9.08	43.15	0.159	0.689
2	小麦秸	安徽省阜阳市颍上县	95.5	4.46	1.43	38.27	9.99	41.37	0.133	0.525	4.67	1.5	40.06	10.46	43.31	0.139	0.55
3	小麦秸	安徽省宿州市	95.8	3.52	1.27	44.67	6.06	40.23	0.136	0.562	3.68	1.33	46.65	6.33	42.01	0.142	0.587
4	小麦秸	安徽省宿州市	96.2	3.46	1.44	43.7	7.26	40.38	0.102	0.6	3.6	1.5	45.41	7.54	41.96	0.106	0.623
5	小麦秸	福建省南平市	93.1	3.53	1.43	36.97	9.39	41.76	0.218	0.676	3.79	1.54	39.71	10.09	44.86	0.235	0.726
6	小麦秸	甘肃省金昌市永昌县	93.1	3.4	0.98	34.38	8.81	45.52	0.162	0.648	3.65	1.05	36.93	9.46	48.9	0.174	0.696
7	小麦秸	甘肃省张掖市民乐县	92	2.84	1.32	39.15	7.09	41.61	0.091	0.577	3.09	1.43	42.55	7.71	45.22	0.099	0.627
8	小麦秸	贵州省贵阳市	94.2	4.17	0.95	33.8	8.75	46.5	0.201	0.673	4.43	1.01	35.89	9.29	49.38	0.213	0.715
9	小麦秸	贵州省贵阳市	95.9	2.97	1.25	30.52	9.98	51.16	0.16	0.652	3.1	1.3	31.83	10.41	53.36	0.167	0.68
10	小麦秸	河北省保定市定州市	89.1	4.74	1.84	37.13	5.35	40.01	0.267	0.632	5.32	2.07	41.69	6.01	44.92	0.3	0.709

续表1-36

序号	原料名称	采样地点	原样状态								绝干状态						
			干物质 DM	粗蛋白质 CP	粗脂肪 EE	粗纤维 CF	粗灰分 Ash	无氮浸出物 NFE	钙 Ca	磷 P	粗蛋白质 CP	粗脂肪 EE	粗纤维 CF	粗灰分 Ash	无氮浸出物 NFE	钙 Ca	磷 P
11	小麦秸	河北省邯郸市大名县	89	4.4	1.93	39.67	8.36	34.63	0.12	0.511	4.94	2.17	44.58	9.39	38.91	0.134	0.574
12	小麦秸	河北省邢台市宁晋县	88.7	4.5	1.49	38.64	9.8	34.22	0.291	0.602	5.08	1.68	43.59	11.05	38.6	0.329	0.679
13	小麦秸	河南省商丘市柘城县	93.8	4.89	2.18	37.58	5.9	43.25	0.354	0.59	5.21	2.32	40.06	6.29	46.1	0.377	0.629
14	小麦秸	河南省周口市项城市	92.2	4.2	2.25	33.75	7.66	44.33	0.625	0.054	4.56	2.44	36.61	8.31	48.09	0.678	0.059
15	小麦秸	河南省新乡市	94.5	2.6	1.26	37.45	7.51	45.7	0.316	0.582	2.75	1.33	39.62	7.95	48.35	0.334	0.616
16	小麦秸	河南省新乡市	94.2	3.14	1.84	39.9	8.43	40.91	0.276	0.666	3.33	1.95	42.35	8.95	43.42	0.293	0.707
17	小麦秸	河南省新乡市	95.6	2.86	1.39	39	8.73	43.59	0.322	0.73	2.99	1.45	40.81	9.13	45.61	0.337	0.764
18	小麦秸	河南省驻马店市	94.2	3.17	1.23	41.66	7.73	40.36	0.211	0.638	3.37	1.31	44.25	8.21	42.87	0.225	0.677
19	小麦秸	黑龙江省黑河市北安市	92.4	3.07	2.13	14.36	5.7	67.15	0.15	0.661	3.32	2.31	15.54	6.17	72.67	0.162	0.716
20	小麦秸	黑龙江省黑河市北安市	92.4	3.05	0.25	22.36	6.6	60.14	0.099	0.564	3.3	0.27	24.2	7.14	65.09	0.107	0.611
21	小麦秸	黑龙江省黑河市	92.4	3.05	2.1	22.48	6.6	58.17	0.123	0.624	3.3	2.27	24.33	7.14	62.95	0.133	0.675
22	小麦秸	湖南省常德市澧县	91	3.06	1.55	39.65	5.26	41.44	0.149	0.57	3.36	1.7	43.59	5.78	45.56	0.164	0.627
23	小麦秸	江苏省南京市浦口区	89.3	4.63	1.16	36.92	10.42	36.18	0.282	0.581	5.18	1.3	41.34	11.67	40.51	0.316	0.65
24	小麦秸	江苏省南京市浦口区	88.9	5.14	0.99	35.87	11.46	35.44	0.258	0.608	5.78	1.11	40.35	12.89	39.87	0.29	0.684
25	小麦秸	江苏省宿迁市宿城区	89	5.77	1.14	35.84	12.82	33.37	0.565	0.616	6.49	1.28	40.29	14.41	37.52	0.636	0.692
26	小麦秸	江西省九江市	92.8	6.39	1.47	33.77	10.51	40.61	0.147	0.62	6.89	1.58	36.41	11.33	43.78	0.159	0.668
27	小麦秸	辽宁省朝阳市朝阳县	95.3	5.77	1.26	36.29	9.41	42.58	0.22	0.521	6.05	1.32	38.08	9.87	44.68	0.231	0.547
28	小麦秸	辽宁省朝阳市建平县	95.8	3.41	0.81	39.13	7.73	44.72	0.28	0.055	3.56	0.85	40.85	8.07	46.68	0.292	0.057
29	小麦秸	内蒙古自治区呼伦贝尔市	92.9	3.55	2.37	38.6	7.09	41.31	0.12	0.727	3.82	2.55	41.54	7.63	44.46	0.129	0.782
30	小麦秸	内蒙古自治区呼伦贝尔市	92.8	3.21	2.57	39.09	6.81	41.08	0.116	0.611	3.46	2.77	42.14	7.34	44.29	0.125	0.658
31	小麦秸	内蒙古自治区通辽市	93	3.47	2.25	38.31	6.47	42.46	0.066	1.623	3.73	2.42	41.21	6.96	45.68	0.071	1.746

续表1-36

序号	原料名称	采样地点	原样状态								绝干状态						
			干物质 DM	粗蛋白质 CP	粗脂肪 EE	粗纤维 CF	粗灰分 Ash	无氮浸出物 NFE	钙 Ca	磷 P	粗蛋白质 CP	粗脂肪 EE	粗纤维 CF	粗灰分 Ash	无氮浸出物 NFE	钙 Ca	磷 P
32	小麦秸	宁夏回族自治区固原市	92.8	3.16	0.99	41.33	6.64	40.67	0.242	0.57	3.41	1.07	44.54	7.16	43.83	0.261	0.614
33	小麦秸	宁夏回族自治区银川市	93.7	3.46	0.51	42.48	8.75	38.51	0.145	0.611	3.69	0.54	45.33	9.34	41.09	0.154	0.652
34	小麦秸	青海省西宁市	94.3	4.11	1.04	33.94	9.02	46.19	0.184	0.646	4.36	1.1	35.99	9.57	48.98	0.195	0.685
35	小麦秸	山东省济宁市任城区	92.9	4.19	0.65	34.87	10.36	42.86	0.343	0.682	4.51	0.7	37.52	11.15	46.12	0.369	0.734
36	小麦秸	山东省济宁市任城区	92.9	4.95	0.8	34.84	10.11	42.16	0.264	0.645	5.33	0.86	37.52	10.89	45.4	0.284	0.694
37	小麦秸	山东省泰安市	94.1	2.2	1.86	37.24	6.06	46.7	0.233	0.572	2.34	1.98	39.59	6.44	49.65	0.248	0.608
38	小麦秸	山东省泰安市	93.5	4.16	1.16	35.61	7.59	44.99	0.351	0.761	4.45	1.24	38.08	8.12	48.11	0.375	0.814
39	小麦秸	山东省泰安市	93.4	5.38	0.84	36.88	13.74	36.54	0.289	0.815	5.76	0.9	39.49	14.71	39.13	0.31	0.872
40	小麦秸	山西省临汾市	94	3.46	0.8	44.3	11.78	33.66	0.207	0.62	3.68	0.85	47.13	12.53	35.81	0.22	0.66
41	小麦秸	山西省临汾市	93.7	4.03	0.9	44.2	9.09	35.48	0.228	0.662	4.3	0.96	47.17	9.7	37.87	0.243	0.706
42	小麦秸	陕西省咸阳市武功县	94	2.59	0.32	30.54	5.49	55.05	0.108	0.524	2.76	0.34	32.49	5.84	58.57	0.115	0.557
43	小麦秸	陕西省咸阳市杨陵区	95.3	3.54	0.75	32.71	7.92	50.39	0.123	0.476	3.71	0.79	34.32	8.31	52.87	0.129	0.499
44	小麦秸	陕西省西安市周至县	95.1	3.84	0.6	29.68	8.59	52.37	0.136	0.45	4.04	0.63	31.22	9.03	55.08	0.143	0.474
45	小麦秸	上海市崇明县城桥镇	86.8	4.58	1.19	37.91	11.22	31.9	0.13	0.529	5.28	1.37	43.68	12.93	36.76	0.15	0.609
46	小麦秸	四川省德阳市中江县	97.2	5.58	0.46	42.19	7	41.92	0.22	0.52	5.74	0.47	43.43	7.21	43.15	0.227	0.535
47	小麦秸	四川省眉山市仁寿县	97.2	4.08	0.72	36.75	9.41	46.26	0.225	0.498	4.2	0.74	37.8	9.68	47.58	0.232	0.512
48	小麦秸	四川省绵阳市三台县	97.1	2.71	0.83	42.26	7.85	43.47	0.186	0.536	2.79	0.85	43.51	8.08	44.76	0.192	0.552
49	小麦秸	天津市宝坻区新开口镇	90.7	4.85	1.7	35.11	9.78	39.29	0.195	0.63	5.35	1.87	38.7	10.78	43.3	0.215	0.694
50	小麦秸	天津市武清区下伍旗镇	89.5	4.41	2.07	38.83	7.5	36.68	0.283	0.594	4.93	2.31	43.39	8.38	40.99	0.316	0.664
51	小麦秸	西藏自治区林芝市	95.6	1.66	1.42	40.16	7.42	44.95	0.09	0.629	1.74	1.49	42	7.76	47.01	0.095	0.658
52	小麦秸	新疆维吾尔自治区阿克苏地区阿克苏市	93.2	2.74	0.22	44.28	7.79	38.18	0.055	0.603	2.94	0.24	47.51	8.36	40.96	0.059	0.646
53	小麦秸	新疆维吾尔自治区昌吉回族自治州奇台县	93.5	5.44	0.32	40.12	9.38	38.24	0.224	0.652	5.82	0.34	42.91	10.03	40.9	0.24	0.697

续表1-36

序号	原料名称	采样地点	原样状态								绝干状态						
			干物质 DM	粗蛋白质 CP	粗脂肪 EE	粗纤维 CF	粗灰分 Ash	无氮浸出物 NFE	钙 Ca	磷 P	粗蛋白质 CP	粗脂肪 EE	粗纤维 CF	粗灰分 Ash	无氮浸出物 NFE	钙 Ca	磷 P
54	小麦秸	新疆维吾尔自治区塔城地区乌苏市西大沟镇	93.9	2.37	0.2	44.67	7.73	38.89	0.136	0.635	2.53	0.21	47.59	8.24	41.43	0.145	0.677
55	小麦秸	云南省文山壮族苗族自治州砚山县	96.9	3.42	1.42	35.93	8.05	48.06	0.25	0.577	3.53	1.47	37.09	8.31	49.61	0.258	0.596
56	小麦秸	重庆市云阳县路阳镇	88.5	2.61	1.27	34.38	7.69	42.55	0.122	0.615	2.95	1.44	38.85	8.69	48.08	0.137	0.695
57	小麦秸	重庆市忠县白公街道	86.7	3.45	1.3	39.55	6.27	36.12	0.169	0.662	3.98	1.5	45.62	7.23	41.67	0.195	0.763

三十六、玉米秸

表 1-37　玉米秸样本原样状态及绝干状态下饲料常规成分和钙磷含量　%

序号	原料名称	采样地点	原样状态								绝干状态						
			干物质 DM	粗蛋白质 CP	粗脂肪 EE	粗纤维 CF	粗灰分 Ash	无氮浸出物 NFE	钙 Ca	磷 P	粗蛋白质 CP	粗脂肪 EE	粗纤维 CF	粗灰分 Ash	无氮浸出物 NFE	钙 Ca	磷 P
1	玉米秸	安徽省亳州市	94.7	3.19	0.7	43.01	5.88	41.87	0.327	0.071	3.37	0.74	45.44	6.21	44.23	0.345	0.075
2	玉米秸	安徽省阜阳市	94.7	5.54	1.09	32.97	4.99	50.07	0.459	0.12	5.85	1.15	34.83	5.27	52.9	0.485	0.127
3	玉米秸	安徽省阜阳市	95	5.3	1.47	32.89	5.51	49.83	0.624	0.174	5.58	1.55	34.62	5.8	52.46	0.656	0.184
4	玉米秸	安徽省宿州市	94.4	8.58	1.07	30.58	10.57	43.62	0.408	0.127	9.09	1.13	32.39	11.19	46.2	0.432	0.134
5	玉米秸	北京市顺义区	93.3	6.31	1.1	36.2	8.85	40.84	0.336	0.121	6.76	1.18	38.8	9.49	43.77	0.36	0.13
6	玉米秸	北京市延庆区	93.3	5.99	1.2	36.4	8.14	41.57	0.207	0.047	6.42	1.29	39.01	8.72	44.56	0.222	0.05
7	玉米秸	北京市延庆区	93.7	4.98	1.1	37.6	8.13	41.89	0.293	0.056	5.31	1.17	40.13	8.68	44.71	0.313	0.059
8	玉米秸	福建省龙岩市漳平市	89.7	9.27	0.92	27.16	8.47	43.89	0.623	0.115	10.33	1.03	30.28	9.44	48.92	0.695	0.128
9	玉米秸	福建省三明市清流县	91.2	8.45	0.61	28.77	6.97	46.42	0.697	0.167	9.26	0.67	31.54	7.64	50.89	0.764	0.183

续表1-37

序号	原料名称	采样地点	原样状态								绝干状态						
			干物质 DM	粗蛋白质 CP	粗脂肪 EE	粗纤维 CF	粗灰分 Ash	无氮浸出物 NFE	钙 Ca	磷 P	粗蛋白质 CP	粗脂肪 EE	粗纤维 CF	粗灰分 Ash	无氮浸出物 NFE	钙 Ca	磷 P
10	玉米秸	甘肃省庆阳市	88.9	7.14	1.38	26.33	10.87	43.22	0.507	0.073	8.03	1.55	29.6	12.22	48.59	0.57	0.082
11	玉米秸	甘肃省武威市	93.9	3.95	0.79	35.7	8.98	44.45	0.468	0.05	4.21	0.84	38.03	9.57	47.35	0.499	0.053
12	玉米秸	甘肃省武威市凉州区	87.3	4.72	1.22	30.86	10.87	39.58	0.507	0.096	5.41	1.4	35.37	12.46	45.36	0.582	0.11
13	玉米秸	甘肃省张掖市	93.9	5.22	0.74	30.29	6.6	51.09	0.415	0.054	5.56	0.79	32.24	7.03	54.39	0.441	0.057
14	玉米秸	甘肃省张掖市甘州区	84.9	5.24	0.46	32.67	5.62	40.89	0.46	0.189	6.17	0.54	38.49	6.62	48.17	0.542	0.223
15	玉米秸	广西壮族自治区南宁市	94.6	3.84	0.72	23.42	6.63	59.98	0.463	0.05	4.06	0.76	24.76	7.01	63.41	0.49	0.053
16	玉米秸	广西壮族自治区南宁市	94.3	4.09	1.23	20.7	6.89	61.4	0.413	0.083	4.34	1.3	21.95	7.31	65.1	0.438	0.088
17	玉米秸	贵州省毕节市	94.9	6.57	0.63	26.67	7.26	53.75	1.68	0.315	6.92	0.66	28.11	7.65	56.65	1.771	0.332
18	玉米秸	贵州省遵义市	94.2	5.3	0.71	29.8	5.5	52.89	0.417	0.245	5.63	0.75	31.63	5.84	56.15	0.443	0.26
19	玉米秸	海南省东方市八所镇	96.1	8.58	0.25	38.39	4.83	44.04	0.392	0.217	8.93	0.26	39.95	5.03	45.83	0.408	0.225
20	玉米秸	河北省保定市定州市	92.6	8.72	1.12	37.93	7.7	37.1	0.523	0.134	9.42	1.21	40.97	8.32	40.08	0.565	0.145
21	玉米秸	河北省廊坊市安次区	92.9	9.35	0.7	34.93	7.09	40.81	0.516	0.064	10.07	0.75	37.61	7.63	43.94	0.556	0.069
22	玉米秸	河北省廊坊市安次区	92.5	7.79	0.78	33.26	6.98	43.7	0.547	0.064	8.42	0.84	35.95	7.55	47.24	0.592	0.07
23	玉米秸	河南省商丘市柘城县	91.8	6.36	1.27	33.85	6.46	43.84	0.452	0.089	6.93	1.38	36.88	7.04	47.77	0.493	0.097
24	玉米秸	河南省驻马店市	94.7	3.73	1	35.6	7.18	47.14	0.465	0.199	3.94	1.06	37.61	7.59	49.8	0.492	0.21
25	玉米秸	黑龙江省哈尔滨市	100						0.552	0.077	0	0	0	0	0	0.552	0.077
26	玉米秸	黑龙江省哈尔滨市	90.7	3.1	0.34	35.33	5.1	46.83	0.376	0.112	3.42	0.37	38.95	5.62	51.63	0.415	0.123
27	玉米秸	黑龙江省哈尔滨市	91.4	3.06	3.28	2.93	5.1	77.03	0.43	0.092	3.35	3.59	3.21	5.58	84.28	0.471	0.101
28	玉米秸	黑龙江省绥化市	89.1	4.23	0.31	34.33	5	45.24	0.296	0.053	4.75	0.35	38.53	5.61	50.77	0.332	0.059
29	玉米秸	黑龙江省绥化市	90.8	3.1	0.21	31.31	6.1	50.09	0.144	0.196	3.41	0.23	34.48	6.72	55.17	0.158	0.216

续表1-37

序号	原料名称	采样地点	原样状态								绝干状态						
			干物质 DM	粗蛋白质 CP	粗脂肪 EE	粗纤维 CF	粗灰分 Ash	无氮浸出物 NFE	钙 Ca	磷 P	粗蛋白质 CP	粗脂肪 EE	粗纤维 CF	粗灰分 Ash	无氮浸出物 NFE	钙 Ca	磷 P
30	玉米秸	黑龙江省哈尔滨市五常市	100						0.509	0.206	0	0	0	0	0	0.509	0.206
31	玉米秸	黑龙江省大庆市肇州县	90.8	4.32	3.24	3.22	5	75.02	0.406	0.078	4.76	3.57	3.55	5.51	82.62	0.447	0.086
32	玉米秸	湖北省恩施土家族苗族自治州	88.2	7.79	1.18	36.9	6.43	35.87	0.498	0.176	8.84	1.34	41.86	7.29	40.69	0.565	0.199
33	玉米秸	湖北省襄阳市	88.4	6.94	1.28	37.24	6.55	36.38	0.333	0.274	7.85	1.45	42.14	7.41	41.16	0.376	0.31
34	玉米秸	湖南省长沙市宁乡市	90.9	8.04	1.37	36.89	8.48	36.09	0.654	0.168	8.85	1.51	40.6	9.33	39.72	0.72	0.185
35	玉米秸	湖南省长沙市望城区	91.9	7.81	1.45	33.6	8.28	40.79	0.78	0.182	8.5	1.58	36.55	9.01	44.37	0.848	0.198
36	玉米秸	吉林省吉林市梨树县	96.2	5.07	0.93	17.31	13.43	59.48	0.489	0.081	5.27	0.97	17.99	13.96	61.82	0.508	0.084
37	玉米秸	吉林省长春市农安县	95	5.61	0.85	23.45	7.26	57.87	0.342	0.173	5.9	0.89	24.67	7.64	60.89	0.36	0.182
38	玉米秸	吉林省四平市	94.4	4.83	1.04	26.26	13.22	49.03	0.221	0.504	5.12	1.1	27.82	14.01	51.95	0.234	0.534
39	玉米秸	吉林省松原市	96.2	5.92	1.14	19.88	8.02	61.26	0.345	0.168	6.15	1.18	20.66	8.34	63.67	0.358	0.175
40	玉米秸	吉林省长春市榆树市	95.5	5.18	0.89	24.08	6.84	58.53	0.332	0.148	5.42	0.93	25.21	7.16	61.28	0.347	0.155
41	玉米秸	江苏省盐城市射阳县	88.7	7.54	1.28	30.11	7.14	42.65	0.546	0.09	8.5	1.44	33.94	8.05	48.07	0.616	0.102
42	玉米秸	江苏省盐城市亭湖区	89.2	8.72	1.14	30.64	6.59	42.06	0.355	0.087	9.78	1.28	34.37	7.39	47.18	0.398	0.098
43	玉米秸	江西省宜春市高安市	87.7	4.28	0.57	13.51	5.64	63.74	0.531	0.159	4.88	0.65	15.4	6.43	72.65	0.606	0.182
44	玉米秸	江西省宜春市高安市	91.6	7.38	0.87	23.49	9.33	50.51	0.39	0.305	8.06	0.95	25.65	10.19	55.15	0.426	0.333
45	玉米秸	辽宁省朝阳市建平县	93.9	7.06	1.31	21.78	7.82	55.93	0.482	0.338	7.52	1.4	23.19	8.33	59.56	0.513	0.36
46	玉米秸	辽宁省阜新市阜新蒙古族自治县	93.4	5.13	0.57	28.26	5.66	53.76	0.619	0.122	5.49	0.61	30.26	6.06	57.57	0.663	0.131
47	玉米秸	辽宁省铁岭市昌图县	94.3	5.39	0.45	29.76	6.89	51.77	0.515	0.114	5.72	0.48	31.57	7.31	54.92	0.546	0.121
48	玉米秸	辽宁省铁岭市昌图县	93.9	5.53	0.52	30.12	6.13	51.56	0.383	0.117	5.89	0.55	32.09	6.53	54.93	0.408	0.125

续表1-37

序号	原料名称	采样地点	原样状态								绝干状态						
			干物质DM	粗蛋白质CP	粗脂肪EE	粗纤维CF	粗灰分Ash	无氮浸出物NFE	钙Ca	磷P	粗蛋白质CP	粗脂肪EE	粗纤维CF	粗灰分Ash	无氮浸出物NFE	钙Ca	磷P
49	玉米秸	内蒙古自治区呼伦贝尔市	92.4	6.01	1.53	26.34	5.19	53.36	0.532	0.422	6.5	1.66	28.5	5.62	57.73	0.576	0.457
50	玉米秸	内蒙古自治区呼伦贝尔市	92.6	6.09	1.65	25.79	5.47	53.56	0.703	0.489	6.58	1.78	27.86	5.91	57.87	0.76	0.528
51	玉米秸	内蒙古自治区通辽市	92.4	6.01	1.53	26.34	5.19	53.36	0.515	0.061	6.5	1.66	28.5	5.62	57.73	0.557	0.066
52	玉米秸	内蒙古自治区通辽市	92.6	6.09	1.65	25.79	5.47	53.56	0.528	0.092	6.58	1.78	27.86	5.91	57.87	0.57	0.099
53	玉米秸	内蒙古自治区通辽市	92	6.44	1.71	26.46	5.6	51.79	0.503	0.051	7	1.86	28.76	6.09	56.29	0.547	0.055
54	玉米秸	宁夏回族自治区石嘴山市平罗县	93.3	2.64	0.73	38.41	6.05	45.46	0.161	0.075	2.83	0.78	41.18	6.49	48.73	0.173	0.08
55	玉米秸	宁夏回族自治区银川市西夏区	92.6	4.08	0.56	33.87	9.4	44.69	0.343	0.052	4.41	0.6	36.58	10.15	48.26	0.37	0.056
56	玉米秸	青海省海东市	92.9	6.63	1.94	31.81	10.31	42.21	0.571	0.071	7.14	2.09	34.24	11.1	45.44	0.615	0.077
57	玉米秸	青海省海东市	93.3	6.62	2.14	31.8	8.8	43.89	0.404	0.063	7.1	2.29	34.1	9.44	47.07	0.433	0.068
58	玉米秸	山东省德州市	93.2	6.01	1.21	35.1	7.32	43.52	0.362	0.104	6.45	1.3	37.68	7.86	46.72	0.389	0.111
59	玉米秸	山东省聊城市	93.2	6.24	0.86	34.55	7.59	43.96	0.267	0.072	6.7	0.92	37.07	8.14	47.17	0.286	0.077
60	玉米秸	山东省泰安市	94	4.21	1.17	36.01	11.62	40.98	0.235	0.061	4.48	1.24	38.31	12.36	43.6	0.25	0.065
61	玉米秸	山东省泰安市	94.3	6.5	1.06	28.2	11.62	46.88	0.704	0.183	6.9	1.12	29.92	12.33	49.73	0.747	0.194
62	玉米秸	山西省吕梁市	93.6	4.58	0.83	41.3	5.22	41.71	0.467	0.077	4.89	0.89	44.11	5.58	44.55	0.499	0.083
63	玉米秸	山西省晋中市	94	4.61	0.75	41.1	5.74	41.75	0.442	0.044	4.91	0.8	43.75	6.11	44.44	0.47	0.046
64	玉米秸	山西省忻州市五寨县	93.3	4.54	0.9	41.5	4.7	41.66	0.489	0.048	4.87	0.96	44.48	5.04	44.65	0.524	0.051
65	玉米秸	山西省忻州市	94.6	4.68	0.6	40.7	6.78	41.84	0.788	0.041	4.95	0.63	43.02	7.17	44.23	0.833	0.043
66	玉米秸	陕西省西安市	94.4	5.74	0.9	23.36	6.43	57.99	0.245	0.069	6.08	0.95	24.74	6.81	61.42	0.26	0.073

续表1-37

序号	原料名称	采样地点	原样状态								绝干状态						
			干物质 DM	粗蛋白质 CP	粗脂肪 EE	粗纤维 CF	粗灰分 Ash	无氮浸出物 NFE	钙 Ca	磷 P	粗蛋白质 CP	粗脂肪 EE	粗纤维 CF	粗灰分 Ash	无氮浸出物 NFE	钙 Ca	磷 P
67	玉米秸	陕西省西安市	96	5.92	0.71	23.62	6.89	58.85	0.267	0.09	6.17	0.74	24.61	7.18	61.31	0.278	0.094
68	玉米秸	陕西省咸阳市	95.5	5.44	1.11	23.25	6.12	59.59	0.312	0.085	5.7	1.16	24.34	6.41	62.39	0.327	0.089
69	玉米秸	上海市奉贤区庄行镇	89.2	11.31	1.25	28.01	7.32	41.28	0.336	0.081	12.68	1.4	31.41	8.21	46.29	0.377	0.091
70	玉米秸	四川省绵阳市三台县	96.4	6.88	3.24	37.84	7.66	40.75	0.83	0.072	7.14	3.36	39.27	7.95	42.29	0.862	0.075
71	玉米秸	四川省德阳市中江县	96.6	4.62	0.52	37.08	4.59	49.8	0.788	0.089	4.78	0.54	38.38	4.75	51.55	0.815	0.092
72	玉米秸	天津市宝坻区新开口镇	92.9	5.17	0.64	35.71	7.82	43.56	0.378	0.102	5.57	0.69	38.44	8.42	46.89	0.407	0.11
73	玉米秸	天津市武清区下伍旗镇	93.9	3.7	0.94	32.77	3.63	52.81	0.317	0.09	3.94	1	34.92	3.87	56.27	0.338	0.096
74	玉米秸	西藏自治区林芝市	95	2.76	0.56	34.85	5.99	50.87	0.271	0.193	2.9	0.59	36.67	6.3	53.53	0.285	0.203
75	玉米秸	新疆维吾尔自治区昌吉回族自治州昌吉市	93.5	6.91	6.6	36.82	4.8	38.37	0.386	0.183	7.39	7.06	39.38	5.13	41.04	0.413	0.195
76	玉米秸	新疆维吾尔自治区昌吉回族自治州奇台县	93.7	2.33	0.3	44.28	3.85	42.95	0.26	0.03	2.49	0.32	47.25	4.11	45.83	0.277	0.032
77	玉米秸	新疆维吾尔自治区塔城地区乌苏市西大沟镇	93.2	2.6	0.43	40.81	4.39	44.95	0.278	0.169	2.79	0.46	43.8	4.71	48.24	0.298	0.182
78	玉米秸	云南省曲靖市陆良县	97.3	5.11	4.46	35.26	6.56	45.87	0.247	0.134	5.25	4.59	36.25	6.74	47.16	0.254	0.138
79	玉米秸	云南省文山壮族苗族自治州砚山县	96.6	6.47	0.52	33.11	8.91	47.54	0.858	0.119	6.7	0.54	34.29	9.23	49.23	0.889	0.123
80	玉米秸	云南省昭通市昭阳区靖安镇	96.6	5.71	0.72	35.27	9.44	45.46	0.493	0.09	5.91	0.75	36.52	9.77	47.06	0.511	0.093
81	玉米秸	云南省昭通市鲁甸县	96.9	5.56	0.52	38.02	5.95	46.84	0.266	0.049	5.74	0.54	39.24	6.14	48.34	0.275	0.051
82	玉米秸	浙江省杭州市	92.9	10.88	0.9	36.6	7.04	37.48	0.308	0.848	11.71	0.97	39.4	7.58	40.34	0.331	0.913
83	玉米秸	重庆市合川区龙凤镇	93.6	9.49	0.86	29.67	7.78	45.75	0.677	0.261	10.14	0.92	31.72	8.32	48.9	0.724	0.279
84	玉米秸	重庆市江津区朱杨镇	93.3	6.35	1.11	31.97	6.39	47.45	0.386	0.161	6.81	1.19	34.28	6.85	50.87	0.414	0.172

第二章

饲料中矿物元素含量

第一节 饲料样本概况

本章共包括36种畜禽常用的饲料,含27种精饲料及9种粗饲料。每种饲料所采集的样本均来自全国的主要产区。因不同饲料的产地、产品分布及在畜禽饲料中应用的频次及重要程度的差异,采集饲料的样本数有较大的差异。表2-1列出了36种饲料的样本数,样本总数达3 840种次。其中,有一部分样本的某些成分含量异常,尤其铬、铅等重金属的含量特别异常的样本不予列出,导致与第一章介绍的36种饲料样本数存在一定差异。

表2-1 36种饲料的名称及检测处理的样本数

序号	饲料名称	样本数	对应的表号
精饲料27种			
1	玉米	1 134	表2-2
2	小麦	246	表2-3
3	大麦	28	表2-4
4	稻谷	206	表2-5
5	米糠	121	表2-6
6	碎米	54	表2-7
7	小麦麸	116	表2-8
8	次粉	51	表2-9
9	玉米蛋白粉	91	表2-10
10	玉米胚芽粕	52	表2-11
11	玉米DDGS	96	表2-12
12	小麦DDGS	16	表2-13
13	喷浆玉米皮	35	表2-14
14	膨化大豆	108	表2-15
15	大豆粕	331	表2-16
16	棉籽粕	105	表2-17
17	菜籽粕	166	表2-18
18	亚麻籽粕	19	表2-19

续表2-1

序号	饲料名称	样本数	对应的表号
19	花生仁粕	49	表 2-20
20	葵花籽粕	16	表 2-21
21	脱脂米糠粕	71	表 2-22
22	鱼粉	57	表 2-23
23	肉粉	24	表 2-24
24	血浆蛋白粉	32	表 2-25
25	血球蛋白粉	28	表 2-26
26	肠膜蛋白粉	9	表 2-27
27	水解羽毛粉	33	表 2-28
粗饲料 9 种			
28	苜蓿	93	表 2-29
29	羊草	35	表 2-30
30	黑麦草	72	表 2-31
31	青贮玉米	88	表 2-32
32	木薯干	17	表 2-33
33	甘薯藤	20	表 2-34
34	稻秸	82	表 2-35
35	小麦秸	57	表 2-36
36	玉米秸	82	表 2-37

第二节 饲料样本中矿物元素含量

本章饲料样本中的矿物元素包含常量元素钠和镁，微量元素铜、铁、锰、锌、硒和砷，以及两种重金属元素铬和铅。尽管铬、铅和砷在设计饲料配方上一般不做考虑，但出于其作为饲料卫生指标的考量，本章仍提供以上三种矿物元素的含量数据。

一、玉米

表 2-2 玉米原样中主要矿物元素及其含量

序号	原料名称	采样地点	干物质 DM/%	钠 Na/%	镁 Mg/%	铜 Cu/(mg/kg)	铁 Fe/(mg/kg)	锰 Mn/(mg/kg)	锌 Zn/(mg/kg)	硒 Se/(μg/kg)	铬 Cr/(μg/kg)	铅 Pb/(μg/kg)	砷 As/(μg/kg)
1	玉米	安徽省安庆市	86.4	0.001	0.135	2.2	13.3	4.2	17.2	27.3	80	11.2	14.4
2	玉米	安徽省蚌埠市	86	0	0.108	2.3	20.8	5	18.2	7.7	35.5	594.6	1.1
3	玉米	安徽省亳州市	84.7	0.001	0.168	2.9	28.3	6.4	15	20	155.5	72.8	10
4	玉米	安徽省亳州市	85.4	0.001	0.127	2.3	16.8	4.1	14.8	5.4	34.5	42.2	2.4
5	玉米	安徽省亳州市	85.8	0.001	0.14	3	24.1	5.7	19.8	1.4	242	21.8	0
6	玉米	安徽省亳州市	85.4	0.001	0.126	3.6	20	6.6	15.9	1.5	222.6	13.1	0
7	玉米	安徽省亳州市	88.1	0.001	0.117	1.5	17.2	4.6	13.1	0.8	110	12.7	9.5
8	玉米	安徽省亳州市	84.3	0.001	0.173	2.8	12.9	5.5	14.5	10.7	43.3	3.9	1.7
9	玉米	安徽省亳州市	88	3.78	3.01	1.5	68.8	0	0.4	12.4	4.3	3.4	1.7
10	玉米	安徽省亳州市	88	0.001	0.163	1.8	23	12.5	26.8	5.7	170.9	2.6	12.7
11	玉米	安徽省滁州市	85.2	0.001	0.144	3	15.3	5.3	18.7	10.7	91.1	7.1	0
12	玉米	安徽省阜阳市	88.7	0.001	0.146	2.9	27.8	5.6	17.7	11.9	90.5	834.1	0.1
13	玉米	安徽省阜阳市	87.8	0.001	0.15	4.7	19	6.2	17.8	18	71.9	178.1	0
14	玉米	安徽省阜阳市	88.2	0.002	0.156	5.9	43.2	7.1	26.2	14	235.8	173.5	1.2
15	玉米	安徽省阜阳市	85.6	0.002	0.162	3.1	19.6	6.5	19.8	14.7	75.2	137.8	1
16	玉米	安徽省阜阳市	88.6	0.001	0.15	4.8	20.9	5.5	22	12.8	50.6	80.9	0
17	玉米	安徽省阜阳市	88.4	0	0.126	2.6	17	5.9	16.2	11.6	90.4	37.9	4.7
18	玉米	安徽省阜阳市	87.1	0.001	0.154	2.4	18	6.3	17.1	10.9	59.3	36.6	0
19	玉米	安徽省阜阳市	88.6	0	0.124	2.3	15.5	6	15.6	11.4	89.1	34.5	4.3
20	玉米	安徽省阜阳市	88.4	0	0.129	2.2	18.7	5.2	15	12.9	92	30.4	4.4
21	玉米	安徽省阜阳市	88.6	0	0.128	1.6	22.2	5.7	14.8	10.3	381.1	16	4.7

续表2-2

序号	原料名称	采样地点	干物质 DM/%	钠 Na/%	镁 Mg/%	铜 Cu/(mg/kg)	铁 Fe/(mg/kg)	锰 Mn/(mg/kg)	锌 Zn/(mg/kg)	硒 Se/(μg/kg)	铬 Cr/(μg/kg)	铅 Pb/(μg/kg)	砷 As/(μg/kg)
22	玉米	安徽省阜阳市	88.5	0.001	0.151	2.8	19.8	5.1	18.8	12.1	93.6	15.5	11.2
23	玉米	安徽省阜阳市	88.6	0	0.126	2.9	15.5	6.1	15.6	12	61.5	14.9	4.9
24	玉米	安徽省阜阳市	88.6	0	0.131	2.2	19.2	5.4	15.4	9.7	56.7	14.7	4.7
25	玉米	安徽省阜阳市	86.7	0.001	0.112	2.3	19.4	4.7	17.2	8.6	0	0	0
26	玉米	安徽省亳州市蒙城县	87.1	0	0.063	1.7	42.3	4.8	12.5	30.7	552.8	30.6	32
27	玉米	安徽省合肥市	87.8	0.001	0.164	3.4	145.8	8	21.8	4.8	81.3	200.7	0
28	玉米	安徽省合肥市	88.6	0.001	0.142	3.1	20.4	5.6	19.7	255.1	150.1	2.9	0
29	玉米	安徽省合肥市肥东县	87.4	0.001	0.017	1.9	16.7	4.9	10.7	13.2	422.8	21	4.8
30	玉米	安徽省六安市	89.3	0.001	0.142	2.8	21.3	6.6	15.7	13	131.3	21.5	0
31	玉米	安徽省六安市霍邱县	86.2	0.001	0.067	1.9	33.4	5	14.1	29.3	440.3	25	13.5
32	玉米	安徽省宿州市	86.7	0.001	0.161	2.5	11.7	4.6	14.9	4.2	119.9	13.9	5.4
33	玉米	安徽省宿州市	85.2	0.001	0.127	3.3	17.1	6.1	17.6	2.7	104.9	8.9	0
34	玉米	安徽省宿州市	86.3	0.001	0.162	3.2	31.5	4.5	21	6.6	79.7	6.2	6.8
35	玉米	安徽省宿州市	86.5	0.001	0.163	3.1	22.6	5.9	19.3	1	136.7	5.8	0
36	玉米	安徽省宿州市	87.1	0.001	0.121	3.5	18.9	4.8	19.6	5.4	90	3.4	0
37	玉米	安徽省宿州市	85.5	0.001	0.151	3.4	17.7	4.5	18.5	17.5	112	2.1	0
38	玉米	安徽省宿州市	85.5	0.002	0.117	2.9	18.3	4.4	14.8	5.4	98.2	1.7	0
39	玉米	安徽省宿州市	86.3	0.001	0.135	2.3	13.2	4.2	10.8	9.1	193.4	9.1	6.8
40	玉米	北京市大兴区榆垡镇	89.8	0.001	0.011	3.3	26.6	5.1	18.6	48.7	201.2	89.7	8.8
41	玉米	北京市大兴区榆垡镇	90.3	0.001	0.113	6.1	17	5.8	21.3	32.5	92.4	42.6	5.2
42	玉米	北京市大兴区榆垡镇	89.5	0.001	0.012	2.2	17.3	5.2	17.2	51.4	172	12.5	6
43	玉米	北京市大兴区榆垡镇	90.2	0.001	0.125	0.5	17.4	4.3	14.9	20.3	98.6	11.9	4.9
44	玉米	北京市大兴区榆垡镇	90.8	0.001	0.118	2.1	19.6	5.1	18.6	33.4	0	5.5	0

续表2-2

序号	原料名称	采样地点	干物质 DM/%	钠 Na/%	镁 Mg/%	铜 Cu/(mg/kg)	铁 Fe/(mg/kg)	锰 Mn/(mg/kg)	锌 Zn/(mg/kg)	硒 Se/(μg/kg)	铬 Cr/(μg/kg)	铅 Pb/(μg/kg)	砷 As/(μg/kg)
45	玉米	北京市房山区	89.4	0.001	0.117	2.9	14.4	5.8	18.2	28.5	53.6	72.4	0
46	玉米	北京市房山区	89.8	0.001	0.126	2.3	19.7	5.2	23.8	24.6	35.7	18	0
47	玉米	北京市房山区	90.4	0.001	0.144	2.9	26.5	6	20.3	9.2	178.9	11.7	1.7
48	玉米	北京市怀柔区	89.7	0.004	0.187	2.7	18.1	4.9	17.9	21.1	102.8	4.1	5.5
49	玉米	北京市怀柔区	89.6	0.001	0.187	2.7	21.7	5.2	17.2	20.9	57.1	1.3	5.7
50	玉米	北京市密云区	89.3	0.001	0.184	2.4	29.4	5.5	16.5	15	120.9	17.3	8.8
51	玉米	北京市密云区	89.8	0.001	0.135	2.5	24.1	5.3	16.1	15.1	146.7	9.5	0
52	玉米	北京市密云区	89.7	0.003	0.159	3.4	16.5	7.1	17.2	49.5	91.2	9.1	4.6
53	玉米	北京市密云区	89.7	0.012	0.157	3.1	18	6.8	17.1	49.7	44.2	6.4	4.6
54	玉米	北京市密云区	90.8	0.001	0.111	3	21.7	6.6	17.6	53.8	53.4	4.1	0
55	玉米	北京市平谷区	89.8	0.001	0.187	3	15.2	6.8	19.3	46.7	38.5	122.8	7.3
56	玉米	北京市平谷区	90.5	0.001	0.13	2.8	13.3	6.3	17.1	35.4	47.7	3	0
57	玉米	北京市顺义区	89.5	0.002	0.16	2.8	19.4	5.4	13.6	30.8	139.7	12.4	9.3
58	玉米	北京市顺义区	89.4	0.001	0.15	2.9	15.6	5.8	14.4	26.6	129.1	10.5	4.5
59	玉米	北京市通州区	89.8	0.001	0.182	2.8	26.4	5.4	16	19.4	191.9	592.1	4.6
60	玉米	北京市延庆区	90.5	0.001	0.165	1.8	26.2	4.1	17	39	256.4	357.5	14.7
61	玉米	北京市延庆区	89.8	0.001	0.14	2.4	11.7	2.7	12.6	16.9	194.2	11.9	6.9
62	玉米	北京市延庆区	89.6	0.001	0.136	2.1	12.8	3.4	11.7	14.6	118	11.8	20.2
63	玉米	北京市延庆区	89.7	0.003	0.147	2.7	14.4	3	12.7	7.8	102	6.1	5.8
64	玉米	北京市延庆区	90.4	0.002	0.134	1.9	19.2	3.3	11.5	14.5	47.8	3.5	18.6
65	玉米	福建省福州市福清市龙田镇	86.8	0.001	0.063	1.7	22.6	4.4	12.3	18.1	150.8	10.5	2.6
66	玉米	福建省南平市建瓯市房道镇	87.4	0	0.063	3	22.6	7.9	19.2	17.3	242.6	56.8	17.1
67	玉米	福建省南平市建瓯市房道镇	87.4	3.64	3.33	1.2	69	0	0.3	11.7	4.2	3.8	1.3

续表2-2

序号	原料名称	采样地点	干物质 DM/%	钠 Na/%	镁 Mg/%	铜 Cu/(mg/kg)	铁 Fe/(mg/kg)	锰 Mn/(mg/kg)	锌 Zn/(mg/kg)	硒 Se/(μg/kg)	铬 Cr/(μg/kg)	铅 Pb/(μg/kg)	砷 As/(μg/kg)
68	玉米	福建省南平市建阳区水吉镇	86.4	0.001	0.069	1.4	19.1	3.4	11.3	9.7	108.1	5.6	6.1
69	玉米	福建省龙岩市漳平市	87.8	0.001	0.115	2.7	18.8	4.1	14.9	14.3	110.9	17.8	0
70	玉米	福建省龙岩市漳平市	87.8	0.001	0.12	2.5	22.1	4.3	14.7	13	40.8	8.2	0
71	玉米	福建省宁德市福安市	87.6	0.001	0.119	1.8	18	3.4	12.6	11.2	123.4	13	3.4
72	玉米	福建省宁德市福安市	87.5	0.001	0.117	1.8	18.6	3.2	12.4	8.9	70.9	9.1	2.2
73	玉米	福建省莆田市秀屿区	87.5	0.001	0.119	2.6	33.2	4.4	17	1.3	86.7	9.2	3.2
74	玉米	福建省三明市清流县	87.6	0.001	0.118	2.3	23.3	4	14.1	11.3	289.4	19.7	3.3
75	玉米	福建省三明市清流县	87.4	0.001	0.12	2.3	21.5	4.4	13.9	11.8	115.9	17	4.6
76	玉米	福建省三明市清流县	87.7	0.001	0.116	1.3	18.3	3.5	13.2	10.1	205.9	10.1	2.8
77	玉米	福建省漳州市南靖县	87.5	0.001	0.121	2.8	23.2	4.2	15.2	1.4	91.2	17	0.6
78	玉米	福建省漳州市南靖县	87.8	0.001	0.121	2.7	14.7	4	13.7	10.3	77.8	8.9	0
79	玉米	甘肃省白银市会宁县	88.5	0.002	0.088	1.9	23.3	4.4	11	27.9	116.5	24.3	8.4
80	玉米	甘肃省白银市景泰县	88	0.001	0.034	2.1	12.5	6.3	13.4	16.6	76.3	2.6	0.8
81	玉米	甘肃省白银市靖远县	88.7	0.002	0.075	2.3	23.7	7.9	14.6	46.7	137.5	36	17.8
82	玉米	甘肃省白银市靖远县	88.1	0.001	0.074	2.1	9	5.2	11.7	5.4	369	30.1	0
83	玉米	甘肃省定西市安定区	86.6	0.001	0.126	3.8	23.9	5.3	15.2	28	40.8	35.7	6.1
84	玉米	甘肃省定西市陇西县	87	0.004	0.14	3.9	15.7	4.7	14.5	27.4	0	119.7	0.4
85	玉米	甘肃省定西市陇西县	88	0.001	0.13	1.3	14.6	3.9	9.8	13.5	79	32.7	3.4
86	玉米	甘肃省定西市通渭县	84.8	0.001	0.124	5	17.3	4.7	15	29	18.2	151.4	4.3
87	玉米	甘肃省兰州市永登县	88.8	0.001	0.083	2.7	7.1	4.8	17.7	14	101.6	37.2	0
88	玉米	甘肃省临夏回族自治州广河县	87.2	0.001	0.127	2.6	19.4	4.8	14.5	10.9	140.5	47.8	9.5
89	玉米	甘肃省临夏回族自治州积石山保安族东乡族撒拉族自治县	88	0.001	0.123	2.9	18.9	4.5	15	14.5	0	56.9	3.5
90	玉米	甘肃省临夏回族自治州临夏县	86.6	0.001	0.134	1.8	18.2	4	12	4.6	82.6	9.9	0.7

续表2-2

序号	原料名称	采样地点	干物质 DM/%	钠 Na/%	镁 Mg/%	铜 Cu/(mg/kg)	铁 Fe/(mg/kg)	锰 Mn/(mg/kg)	锌 Zn/(mg/kg)	硒 Se/(μg/kg)	铬 Cr/(μg/kg)	铅 Pb/(μg/kg)	砷 As/(μg/kg)
91	玉米	甘肃省临夏回族自治州永靖县	88.7	0.001	0.096	2.2	13	5.3	15.3	5.3	130	31.2	0
92	玉米	甘肃省陇南市徽县	88.4	0.001	0.112	2.4	27.8	3.8	19	7	0	27.9	0
93	玉米	甘肃省平凉市静宁县	87.4	0.001	0.141	1.2	23.1	3.4	15.5	10.4	41.9	44.1	3.8
94	玉米	甘肃省平凉市崆峒区	86.5	0.001	0.148	1.4	20.8	3.5	10.3	3.9	42.9	11	3.7
95	玉米	甘肃省平凉市灵台县	86.2	0.001	0.131	1.2	21.2	3.6	13.1	7.2	19.6	10.4	3.1
96	玉米	甘肃省庆阳市华池县	86.7	0.001	0.123	3.2	22.9	5.5	18.1	1	48	13.5	3.6
97	玉米	甘肃省庆阳市环县	89.1	0.001	0.134	2.4	23.9	3.6	17.3	6	89.7	12.3	2.5
98	玉米	甘肃省庆阳市环县	86.7	0.001	0.114	1.8	15.1	4.8	9.5	20.5	45.7	0	0.6
99	玉米	甘肃省庆阳市宁县	84.5	0.001	0.128	2.4	16	5.2	14.3	6.6	0	37.8	0.7
100	玉米	甘肃省庆阳市镇原县	86.6	0.001	0.108	1.5	15.9	3.9	10.4	6.3	0	34.5	0
101	玉米	甘肃省庆阳市镇原县	87.1	0.001	0.108	2.9	13.6	4.7	12	19.9	13.6	20.3	2.6
102	玉米	甘肃省酒泉市肃州区	89.2	0.001	0.153	2.2	22.6	3.9	10	72.8	0	12.3	1.8
103	玉米	甘肃省天水市甘谷县	88.8	0.035	0.123	1.1	23.6	4.3	19.4	18.9	61.1	26	5.1
104	玉米	甘肃省天水市麦积区	88.2	0.001	0.137	1.5	17.6	3.1	12.3	11.3	79.9	15.4	7.8
105	玉米	甘肃省天水市秦安县	84.9	0.001	0.14	1.3	16	3.1	12.4	10.1	519.6	26	4.1
106	玉米	甘肃省天水市秦州区	89.2	0.001	0.144	1.5	20.9	3.3	12.8	17.7	81.9	47.3	7.6
107	玉米	甘肃省天水市秦州区	89.2	3.4	1.82	1.2	72.2	0	0.2	12	3.8	2	1.3
108	玉米	甘肃省天水市清水县	85.9	0.001	0.119	3	25.9	4.4	25.2	11.5	83.7	55.9	4.6
109	玉米	甘肃省武威市	89.1	0.001	0.185	2.7	17.3	5.9	11.7	37	225.8	93.2	19.2
110	玉米	甘肃省武威市	88.3	0.001	0.2	2.7	17.2	4.5	11.4	19.2	36.1	0	5.8
111	玉米	甘肃省武威市凉州区	88.2	0.001	0.135	3.9	14.7	4.5	13.5	16.3	0	109.4	3.9
112	玉米	甘肃省武威市凉州区	87.8	0.001	0.155	1.6	19.8	3.7	16.6	21.5	103.5	64.4	9.5
113	玉米	甘肃省武威市凉州区	89.5	0.001	0.129	2.1	30.8	4.2	23.8	30.4	90.1	53.8	13.1

续表2-2

序号	原料名称	采样地点	干物质 DM/%	钠 Na/%	镁 Mg/%	铜 Cu/(mg/kg)	铁 Fe/(mg/kg)	锰 Mn/(mg/kg)	锌 Zn/(mg/kg)	硒 Se/(μg/kg)	铬 Cr/(μg/kg)	铅 Pb/(μg/kg)	砷 As/(μg/kg)
114	玉米	甘肃省武威市凉州区	86.2	0.001	0.161	2	16	5.2	14.9	9.6	0	20.2	1.1
115	玉米	甘肃省张掖市	88.5	0.002	0.257	3.7	23.8	6.3	17.9	65.6	174.3	9.1	10.6
116	玉米	甘肃省张掖市甘州区	87.5	0.001	0.127	5.9	29.6	4.4	13.9	112.6	313.4	51	10.9
117	玉米	甘肃省张掖市甘州区	87.2	0.001	0.16	2	23.4	5	16.9	28	61.9	5.7	6
118	玉米	甘肃省张掖市高台县	87.4	0.001	0.121	2.6	19.9	5.5	11.5	23.3	94.8	7.8	0
119	玉米	甘肃省张掖市临泽县	87.2	0.001	0.13	3.3	13.7	6.1	11.8	7.2	71.8	4.3	0
120	玉米	广东省佛山市	86.6	0.001	0.148	1.9	16.7	4.9	12.7	14	78.3	205.5	0
121	玉米	广东省广州市	87.9	0	0.104	2	27.1	7.3	16.8	11.1	140.7	59.4	3.8
122	玉米	广东省广州市	87.2	0.001	0.159	3.3	31.2	6.4	22	16	549.3	46.2	2.2
123	玉米	广东省广州市	88.1	0	0.097	2	19.1	5	14.4	19.5	62.8	45.9	0
124	玉米	广东省广州市	88.3	0	0.091	2.2	19.7	9	31.2	0.1	12.8	24.9	2.1
125	玉米	广东省广州市	88.3	0	0.107	2.1	18.9	6.2	21.5	13.9	18.7	6.4	0.7
126	玉米	广东省惠州市	87.3	0.001	0.152	1.6	18	4.2	11.3	19.5	119	422.5	3.7
127	玉米	广东省惠州市	86.7	0.001	0.154	2.1	18.1	5.6	13.8	24.5	226.1	34	8.9
128	玉米	广东省慧州市	86.6	0.001	0.149	2.4	17.3	5.1	14	19.1	137.1	576.6	0.1
129	玉米	广东省江门市	88.1	0.001	0.149	3.4	24.2	5.6	16	20.5	94.5	28	2.1
130	玉米	广东省茂名市	88.2	0.003	0.153	4.3	46.2	7	28.7	17.1	250.2	45.7	4.9
131	玉米	广东省茂名市	87.9	0.001	0.153	3.3	31.7	5.8	17.5	12.5	117.5	17.8	0.2
132	玉米	广东省梅州市	86.6	0.001	0.152	2.1	48.8	5.1	13.7	18	668	212	19
133	玉米	广东省清远市	89.4	0.001	0.108	2	20.2	6.7	27.2	62.2	210.2	488.3	10.3
134	玉米	广东省清远市	88.1	0	0.116	1.5	19.7	5.2	15.2	16.1	26.6	307.6	0
135	玉米	广东省清远市	88.6	0	0.058	1.7	32.9	6	14.6	11.6	309.3	0	13.2
136	玉米	广东省韶关市	88.4	0	0.113	2.4	20.4	5.8	23.8	14.4	69.3	457.4	2.4

续表2-2

序号	原料名称	采样地点	干物质 DM/%	钠 Na/%	镁 Mg/%	铜 Cu/(mg/kg)	铁 Fe/(mg/kg)	锰 Mn/(mg/kg)	锌 Zn/(mg/kg)	硒 Se/(μg/kg)	铬 Cr/(μg/kg)	铅 Pb/(μg/kg)	砷 As/(μg/kg)
137	玉米	广东省云浮市	87.9	0.001	0.116	1.3	15.3	3.7	13.2	14.4	48.6	426.7	0
138	玉米	广东省湛江市	88.3	0	0.115	2.5	20.2	5.9	18.6	16.2	72	622.5	3.5
139	玉米	广东省湛江市	88.3	0	0.109	2.7	19.9	5.6	17.2	5.5	135.4	510.4	0.8
140	玉米	广东省湛江市	89.2	0	0.12	2.1	23.6	5.6	15.7	15.8	128.5	469	6.6
141	玉米	广东省肇庆市	88.3	0.001	0.155	1.8	18.2	4.3	10.5	17.9	50.8	103.5	0
142	玉米	广东省肇庆市	87.8	0	0.097	1.8	24.9	4.9	13.7	6	132.5	4.3	0.7
143	玉米	广东省肇庆市	87.8	0	0.1	1.9	23.8	5.1	14.6	4.8	64.4	0	0
144	玉米	广东省中山市	86.7	0.001	0.149	1.7	23.4	5.2	12.5	15.8	86	386.4	1.8
145	玉米	广西壮族自治区百色市	90.4	0.001	0.109	3.7	16.7	5.2	21.5	22	99	534.6	1.4
146	玉米	广西壮族自治区百色市	90.5	0.001	0.147	3.7	17.2	7	23.5	24.5	39	168.1	0
147	玉米	广西壮族自治区百色市	88.4	0.001	0.093	1.9	19.4	4	15	2.9	59.2	81.3	2.8
148	玉米	广西壮族自治区河池市	89.5	0.001	0.125	3.8	23.3	8	28.8	60	324.4	605	0.9
149	玉米	广西壮族自治区河池市	90.6	0	0.105	2.2	15	5.3	15.2	49.8	66.4	220.4	0.7
150	玉米	广西壮族自治区河池市	90.6	0	0.105	2.2	17.3	5.8	18	28.1	60	78	2.6
151	玉米	广西壮族自治区河池市	90.1	0	0.106	3.6	15.2	6.6	23.2	39.1	29	51	8.3
152	玉米	广西壮族自治区河池市	90.5	0	0.119	3.2	14.2	5.2	24.1	233.5	9.4	33.5	6
153	玉米	广西壮族自治区河池市	90.5	0.001	0.117	2.1	17.7	4.4	19.6	11.4	50.3	0	0.8
154	玉米	广西壮族自治区河池市	90.3	0	0.128	2.1	25.6	3.5	18.6	22.4	138.5	0	6.1
155	玉米	广西壮族自治区河池市	90.9	0	0.104	2.2	15.1	5.9	15.9	85.9	67	0	2.1
156	玉米	广西壮族自治区河池市	90.6	0	0.089	2.5	23.4	6.2	17.6	48.6	127.8	0	2.4
157	玉米	广西壮族自治区河池市	91.2	0	0.116	2.4	13.4	5.5	17.1	8.5	70.1	0	1.9
158	玉米	广西壮族自治区河池市	90.6	0	0.093	1.6	15.9	6.2	15.2	14.6	64	0	1.4
159	玉米	广西壮族自治区河池市	90.2	0	0.091	2.3	21.2	4.6	16.4	42.6	189.3	0	2.6

续表2-2

序号	原料名称	采样地点	干物质 DM/%	钠 Na/%	镁 Mg/%	铜 Cu/(mg/kg)	铁 Fe/(mg/kg)	锰 Mn/(mg/kg)	锌 Zn/(mg/kg)	硒 Se/(μg/kg)	铬 Cr/(μg/kg)	铅 Pb/(μg/kg)	砷 As/(μg/kg)
160	玉米	广西壮族自治区河池市	88.3	0	0.086	2.1	30.2	5	14.8	14.3	87.7	0	9.6
161	玉米	广西壮族自治区来宾市	90.8	0	0.097	2.2	19.9	5.5	20.9	70.7	42.2	337.1	0.7
162	玉米	广西壮族自治区柳州市	90.8	0	0.117	2	19.7	8.1	22.1	29.1	148.3	0	1.8
163	玉米	广西壮族自治区南宁市	90.4	0	0.117	2.7	19.4	7.4	20.5	52.8	80	753.9	1.6
164	玉米	广西壮族自治区南宁市	89.7	0	0.1	2.3	21.7	5.2	21.8	102.5	31.4	256.1	4.7
165	玉米	广西壮族自治区南宁市	89.7	0	0.095	2	11.4	5.5	16.4	114.8	0	101.3	1.2
166	玉米	广西壮族自治区南宁市	92.4	0	0.11	2	21.1	5.9	22.7	104.2	380.4	69.2	5.9
167	玉米	广西壮族自治区南宁市	91.3	0	0.102	4.5	16.3	5.7	20.7	23.2	21.5	50	4.8
168	玉米	广西壮族自治区南宁市	89.4	0	0.091	1.8	11.5	4.7	18.9	91.8	49.4	15.6	23.9
169	玉米	广西壮族自治区南宁市	89.2	0	0.087	2.3	16.1	6	19.6	1.1	36	15.1	5.2
170	玉米	广西壮族自治区南宁市	88.2	0	0.083	1.6	11.2	6.1	13.7	0	31	12.3	0
171	玉米	广西壮族自治区南宁市	88.9	0	0.091	2.2	13.4	5.1	17.1	28.3	6.2	0	0
172	玉米	广西壮族自治区南宁市	88.8	0	0.09	2	15.4	5.4	18	18.2	140.1	0	31.8
173	玉米	广西壮族自治区南宁市	88.7	0	0.101	2	17.5	5.5	18.1	4.4	19.2	0	0
174	玉米	广西壮族自治区南宁市	88.6	0	0.093	1.9	12.3	4.9	19.3	86.9	14.7	0	24.4
175	玉米	广西壮族自治区南宁市	88.6	0	0.099	1.6	15.2	4.8	20.3	80.9	24.7	0	22.9
176	玉米	广西壮族自治区钦州市	90.5	0.001	0.138	2.7	16.4	5.8	30.2	120	49.9	990.9	1
177	玉米	广西壮族自治区钦州市	89.3	0.001	0.121	3.4	27.7	7.8	31.7	21.2	88.5	778.1	0
178	玉米	广西壮族自治区钦州市	90.5	0.001	0.151	4	22.1	7	33.2	21.4	57.1	269.7	0
179	玉米	贵州省	90.2	0	0.125	3.3	19.2	4.9	18.7	76.7	557	17.3	26.8
180	玉米	贵州省安顺市	91.3	0.001	0.167	3.3	26.3	7.7	25.9	7	258.5	212.7	0
181	玉米	贵州省毕节市	90.4	0.001	0.128	1.6	21.8	4.8	16.7	167	381.9	235	24.2
182	玉米	贵州省毕节市	90.5	0.001	0.131	3.3	29.4	9.5	25.3	70.1	300.4	227.5	45.9

续表2-2

序号	原料名称	采样地点	干物质 DM/%	钠 Na/%	镁 Mg/%	铜 Cu/(mg/kg)	铁 Fe/(mg/kg)	锰 Mn/(mg/kg)	锌 Zn/(mg/kg)	硒 Se/(μg/kg)	铬 Cr/(μg/kg)	铅 Pb/(μg/kg)	砷 As/(μg/kg)
183	玉米	贵州省毕节市	90.7	0.001	0.125	1.5	15.1	4.2	12.1	170.5	99.2	199.1	24.6
184	玉米	贵州省毕节市威宁彝族回族苗族自治县	88.4	0.001	0.115	2.6	25.3	4.9	23.5	8.3	30.3	942.1	6.1
185	玉米	贵州省黔南布依族苗族自治州都匀市	89.9	0.001	0.093	2.5	11.8	6.1	19.7	5	0	0	0.6
186	玉米	贵州省黔南布依族苗族自治州贵定县	89.7	0.001	0.096	2.6	16.2	6.1	19.6	5.8	29	75.6	0
187	玉米	贵州省贵阳市	88.9	0	0.118	2.6	17.3	4.1	17	36.6	27.6	486.2	0.6
188	玉米	贵州省贵阳市	88.7	0	0.121	1.9	20	4.5	16.4	35.1	114.6	76	4.3
189	玉米	贵州省贵阳市	91	0	0.145	2.6	17.9	5.7	21.9	30.4	48.1	30.4	6.2
190	玉米	贵州省贵阳市开阳县	89.8	0.001	0.115	2.7	31.6	5.6	20.9	32.9	215.9	0	4.2
191	玉米	贵州省贵阳市开阳县	90	0.001	0.116	3.6	19.8	5.1	20.7	35	41.1	0	0.6
192	玉米	贵州省贵阳市清镇市	89.8	0.001	0.137	3.9	22	6.3	27.4	27.8	47.1	0	4.4
193	玉米	贵州省黔东南苗族侗族自治州凯里市	90	0	0.106	1.4	19.1	5.1	12.6	22.6	48.6	54.8	0
194	玉米	贵州省黔东南苗族侗族自治州黄平县	89.7	0.001	0.09	1.9	15.4	5	16.6	2.3	2.5	0	0
195	玉米	贵州省六盘水市	90.4	0.001	0.173	2.2	18.5	5.9	19	25.3	140.5	960	0
196	玉米	贵州省六盘水市	90.6	0.001	0.164	2.3	31.9	5.2	23.2	11	150.1	351.2	38.3
197	玉米	贵州省六盘水市	91.4	0.001	0.155	5.9	22.7	5.1	20.9	9.8	92.7	289.8	5
198	玉米	贵州省六盘水市	91	0.001	0.187	1.7	22.7	4.6	19.1	12.9	104.8	231.1	1
199	玉米	贵州省黔西南布依族苗族自治州	90.7	0	0.108	2.4	18.3	7.2	18.9	2.9	108.7	275.4	3.3
200	玉米	贵州省黔西南布依族苗族自治州	90.6	0.001	0.149	2.3	19.3	4.7	16.3	20.8	89.7	567	11.6
201	玉米	贵州省黔西南布依族苗族自治州	90.7	0.001	0.15	2.2	17.9	4.1	19.6	15.7	58.3	375.2	0

续表2-2

序号	原料名称	采样地点	干物质 DM/%	钠 Na/%	镁 Mg/%	铜 Cu/(mg/kg)	铁 Fe/(mg/kg)	锰 Mn/(mg/kg)	锌 Zn/(mg/kg)	硒 Se/(μg/kg)	铬 Cr/(μg/kg)	铅 Pb/(μg/kg)	砷 As/(μg/kg)
202	玉米	贵州省黔西南布依族苗族自治州	90.1	0.001	0.139	2.3	18.4	3.9	15.5	20	164.3	93.3	0
203	玉米	贵州省铜仁市德江县	89.6	0	0.092	1.9	14.7	5.3	19.1	9.9	6	63.7	0
204	玉米	贵州省铜仁市德江县	89.8	0	0.092	1.8	14	5	18.8	11.5	0	40.6	0
205	玉米	贵州省黔西南布依族苗族自治州	90.6	0.001	0.164	2.3	25.6	6.6	21.4	14.8	425.2	36.1	0
206	玉米	贵州省遵义市	88.9	0	0.119	1.5	21.6	4.6	16.2	33.9	93.2	53.3	5.1
207	玉米	贵州省遵义市	90	0	0.103	1.5	17.7	4.7	11.8	17	73.5	48	0
208	玉米	贵州省遵义市	89.8	0	0.108	1.5	18.6	4.9	11.9	12.8	60.7	29.9	0
209	玉米	贵州省遵义市汇川区	90.4	0.001	0.123	2	14.6	4.7	17.1	80.8	20.8	6	4.6
210	玉米	贵州省遵义市播州区龙坪镇	89	0.001	0.128	3.6	21.3	5.9	27.3	80.6	148.3	34.6	2.5
211	玉米	贵州省遵义市播州区龙坪镇	88.5	0.001	0.114	2.1	32.9	5.8	21.3	23.8	168.5	13.5	6.1
212	玉米	海南省东方市八所镇	94.6	0.001	0.062	3.6	13.5	22.9	29.9	42.3	176.7	31.4	27.7
213	玉米	海南省东方市八所镇	93.4	0.001	0.06	2.7	10.9	27	30.5	37.1	164.2	18.7	21.8
214	玉米	海南省东方市八所镇	94.6	11.83	6.46	2.7	57.1	0	0.5	17.4	12.5	6.8	2.9
215	玉米	海南省东方市八所镇	93.4	11.51	6.15	2.8	57.2	0	0.6	16.9	12.3	6.6	3
216	玉米	海南省东方市感城镇	91.7	0.001	0.064	3.1	18.9	29.2	31.3	32	184.1	19.5	35.3
217	玉米	海南省东方市感城镇	93.7	0.001	0.078	3.1	14.5	27.9	31.2	30.8	87.6	8.8	31.6
218	玉米	海南省东方市感城镇	93.7	11.65	7.1	3.2	53.1	0	0.5	19.9	12.4	7.6	3.4
219	玉米	海南省东方市感城镇	91.7	10.78	5.57	3.3	57.1	0	0.5	16.4	11.8	6.1	3.6
220	玉米	海南省东方市新龙镇	93.8	0	0.07	5.7	17.5	14.2	32.5	23.5	220.4	73.8	25.2
221	玉米	海南省东方市新龙镇	95.1	0.002	0.107	6.2	16	14.8	34.8	18.6	514.3	59.7	24.2
222	玉米	海南省东方市新龙镇	95.1	14.99	6.74	3	52.7	0	0.6	18.5	15.8	7.1	3.2
223	玉米	海南省东方市新龙镇	93.8	14.71	6.14	2.9	51.8	0	0.6	19.4	15.7	6.6	3.1
224	玉米	海南省琼海市万泉镇	92.8	0.001	0.071	3.9	13	7.8	26.4	44.5	709.2	18	8.9
225	玉米	海南省琼海市万泉镇	93.1	0.001	0.085	3.8	15	22.7	31.9	26.8	165.2	14.3	30
226	玉米	海南省琼海市万泉镇	93.1	12.5	7.28	3	52.2	0	0.6	19.5	13.4	7.8	3.2
227	玉米	海南省琼海市万泉镇	92.8	5.62	4.95	1.9	69	0	0.4	12.2	6.1	5.3	2.1
228	玉米	海南省琼海市嘉积镇	93.9	0.001	0.064	3.2	10.5	22	27.9	39.3	152.1	33.6	24
229	玉米	海南省琼海市嘉积镇	93.9	11.57	5.86	2.9	57.3	0	0.5	17.4	12.3	6.2	3.1

续表2-2

序号	原料名称	采样地点	干物质 DM/%	钠 Na/%	镁 Mg/%	铜 Cu/(mg/kg)	铁 Fe/(mg/kg)	锰 Mn/(mg/kg)	锌 Zn/(mg/kg)	硒 Se/(μg/kg)	铬 Cr/(μg/kg)	铅 Pb/(μg/kg)	砷 As/(μg/kg)
230	玉米	海南省屯昌县屯城镇	93.1	0.001	0.11	4.1	13.1	8	26	48.2	410.9	18.7	8
231	玉米	海南省屯昌县屯城镇	93.1	4.96	4.44	2.2	70.5	0	0.4	11.8	5.3	4.8	2.3
232	玉米	海南省文昌市文教镇	92.6	0.001	0.067	3.6	18.9	7.6	26.1	46.6	986.8	21	14.9
233	玉米	海南省文昌市文教镇	94.2	6.19	4.46	2	68.8	0	0.4	13.6	6.6	4.7	2.1
234	玉米	海南省文昌市文教镇	92.6	5.92	3.03	2	70.6	0	0.4	12	6.4	3.3	2.1
235	玉米	河北省保定市定州市	89.3	0.001	0.137	2.1	17.9	4.7	23	53.7	0	56.4	10.4
236	玉米	河北省保定市定州市	89.3	0.001	0.135	2.7	22.9	4	15.7	42.6	112.4	17.6	2
237	玉米	河北省保定市定州市	90.8	0.001	0.128	2.3	17.5	6	16.1	34.5	15.7	16.5	8
238	玉米	河北省保定市定州市	89.5	0.001	0.116	2	14.7	5.3	15	62.7	0	0	4.8
239	玉米	河北省保定市高阳县	90.2	0.001	0.128	1.9	19.9	5.7	24.8	24.1	432.5	229	17.7
240	玉米	河北省保定市徐水区	90.2	0.001	0.134	1.7	34.5	5.7	19.7	130.6	110.3	118.5	16.9
241	玉米	河北省沧州市河间市	90.6	0.001	0.134	2.8	39.2	7	28.2	24.2	0	17	2.6
242	玉米	河北省沧州市河间市	89	0.001	0.123	1.8	25.9	3.3	14.1	4.7	48.2	15.8	5.8
243	玉米	河北省沧州市河间市	89	0.001	0.124	1.7	15.1	3	12.5	4.3	71	8	4.8
244	玉米	河北省沧州市泊头市	90.2	0.001	0.14	2.3	43.4	7.5	23.8	25.1	11.4	37.7	2.9
245	玉米	河北省沧州市青县	90.4	0.001	0.118	2.1	20.4	6.7	21.2	22.6	67.3	62.7	11.5
246	玉米	河北省承德市承德县	88.9	0.002	0.129	3.2	36.9	8.8	25.8	5.5	7.4	24.2	0.7
247	玉米	河北省承德市承德县	90.9	0.001	0.145	2.2	21.6	4.8	17.1	5.6	56.1	19.4	0
248	玉米	河北省承德市承德县	89.9	0.001	0.145	2.3	18.7	4.5	16.5	3.2	93.2	18.4	0.7
249	玉米	河北省邯郸市大名县	88.7	0.001	0.121	1.7	28.1	3.8	12.9	9.1	415.2	42.9	9.8
250	玉米	河北省邯郸市大名县	89.4	0.001	0.114	2.8	20.9	4.5	22.1	12.9	210.3	42.4	5.6
251	玉米	河北省邯郸市大名县	88.2	0.001	0.063	2	26.6	6.3	18.3	6.6	251.3	41.6	4.9

续表2-2

序号	原料名称	采样地点	干物质 DM/%	钠 Na/%	镁 Mg/%	铜 Cu/(mg/kg)	铁 Fe/(mg/kg)	锰 Mn/(mg/kg)	锌 Zn/(mg/kg)	硒 Se/(μg/kg)	铬 Cr/(μg/kg)	铅 Pb/(μg/kg)	砷 As/(μg/kg)
252	玉米	河北省邯郸市大名县	89	0.001	0.138	1.4	12.3	2.8	15	21.6	41.7	31.2	6.9
253	玉米	河北省邯郸市大名县	88.5	0.001	0.126	2.8	33.1	7.3	24.2	6.1	258.3	1.6	3
254	玉米	河北省邯郸市永年区	89.6	0.001	0.116	2.4	37.7	5.6	21.7	38	168.4	86.3	7.1
255	玉米	河北省邯郸市永年区	88.5	0.001	0.121	2.3	25.9	7.7	20.6	59.2	158.8	36.5	7.9
256	玉米	河北省邯郸市永年区	88.7	0.001	0.114	2.7	30.5	5.1	19	30.4	260.2	14	4.6
257	玉米	河北省邯郸市永年区	90	0.001	0.113	2.3	24	7.2	21	44.2	64.2	11.4	5.3
258	玉米	河北省衡水市故城县	89.8	0.001	0.143	1.6	23.9	3.8	14.4	12	56.2	14	3.6
259	玉米	河北省衡水市故城县	89.9	0.001	0.13	3.1	15.6	4.8	17.3	30.4	23.5	7.5	0
260	玉米	河北省衡水市桃城区	89.8	0.001	0.133	2.6	14.6	4.8	16.5	23.2	23.1	23.2	3.8
261	玉米	河北省衡水市桃城区	89.8	0.001	0.111	2.1	19.2	4.3	12.2	7.7	0	0	3
262	玉米	河北省廊坊市安次区	90.2	0.001	0.113	2	31.4	6.8	20	11.2	86.2	48.4	6.8
263	玉米	河北省廊坊市安次区	89.7	0.001	0.103	2.2	33.8	6.5	26.5	26.4	97.6	21.7	3.1
264	玉米	河北省廊坊市安次区	89.8	0.001	0.124	2.2	31	7.3	20.7	19.2	94.4	0	1.7
265	玉米	河北省廊坊市大城县	89.9	0.001	0.115	3.3	23.8	6.3	25.7	14.7	166.7	39.3	3.7
266	玉米	河北省廊坊市文安县	89.9	0.002	0.113	2.9	22.7	5.9	27.7	16.2	202	31.6	6.3
267	玉米	河北省秦皇岛市昌黎县	90.2	0.001	0.134	2.4	25.8	6.5	14.2	26.1	47.3	29.7	7.7
268	玉米	河北省石家庄市藁城区	89.6	0.001	0.124	2.8	33.2	7.6	26.7	85.3	153.6	13.3	6.1
269	玉米	河北省石家庄市藁城区	90	0.001	0.135	2.1	15.2	4.7	16.2	70.4	28.4	2.6	1.3
270	玉米	河北省石家庄市藁城区	89.7	0.001	0.132	2.4	15.2	4.8	17.5	66.8	33.1	1.3	0
271	玉米	河北省石家庄市鹿泉区	89.2	0.001	0.106	3.1	32.2	6.3	32.2	65.8	239.8	50.3	8.1
272	玉米	河北省石家庄市鹿泉区	89.1	0.001	0.105	2.1	23.6	5	23.5	63	248.2	31.3	4.5
273	玉米	河北省石家庄市深泽县	88.4	0.003	0.114	2.3	20.9	7.3	26.9	12.2	299.3	29.5	1.7
274	玉米	河北省唐山市丰润区	90.3	0.001	0.132	1.9	20.3	4.5	14.2	41.6	227.5	14.9	4.2

续表2-2

序号	原料名称	采样地点	干物质 DM/%	钠 Na/%	镁 Mg/%	铜 Cu/(mg/kg)	铁 Fe/(mg/kg)	锰 Mn/(mg/kg)	锌 Zn/(mg/kg)	硒 Se/(μg/kg)	铬 Cr/(μg/kg)	铅 Pb/(μg/kg)	砷 As/(μg/kg)
275	玉米	河北省唐山市乐亭县	89.2	0.001	0.131	2.1	17.1	4.1	14.6	17.8	67.6	37.7	4.3
276	玉米	河北省唐山市滦州市	89.7	0.001	0.134	2.4	26.8	5.3	23.6	285.1	591.5	263	19.4
277	玉米	河北省唐山市玉田县	89.8	0.001	0.135	1.5	19.2	5.4	13.2	18	40.5	13.5	8.5
278	玉米	河北省唐山市遵化市	90.7	0.001	0.142	2.1	18.9	3.1	14.8	7.4	36.8	5.9	0
279	玉米	河北省邢台市宁晋县	90.4	0.001	0.142	2.6	25.8	5.2	22	15.3	155.7	35.1	3.3
280	玉米	河北省邢台市宁晋县	90.9	0.001	0.139	2.1	19	5.4	20.3	13.6	98.5	21.5	2.8
281	玉米	河北省邢台市宁晋县	90.4	0.001	0.107	3	44.2	7.4	30	13.3	59.7	17.8	2
282	玉米	河北省邢台市信都区	90	0.001	0.134	2.2	33	5.2	18.6	23.8	82	26.5	6.4
283	玉米	河北省邢台市信都区	90.8	0.001	0.132	2.1	26.4	4.1	16.1	46.8	60.8	18	8.4
284	玉米	河北省张家口市	89.8	0.001	0.151	2.6	35	4.8	21.5	37.3	411.7	168.3	6
285	玉米	河南省安阳市安阳县	91.2	0	0.066	1.6	26.1	3.5	15	25.5	93.7	33.3	6.2
286	玉米	河南省安阳市安阳县	89.3	0.001	0.123	1.5	14.3	6.3	14	33.5	392.3	33	10
287	玉米	河南省安阳市安阳县	91.2	0	0.076	1.9	23.6	3.5	14.6	29.2	144.1	26.1	6.1
288	玉米	河南省安阳市安阳县	91.2	0.002	0.067	1.8	23.6	3.4	20.6	50.8	69.3	22.2	7.4
289	玉米	河南省鹤壁市	87.1	0	0.112	2.7	31.9	5.3	19.6	9.1	91.7	93.2	4.3
290	玉米	河南省鹤壁市	87.8	0	0.102	2.5	19.3	5	18.7	8.5	144.7	69	3.4
291	玉米	河南省鹤壁市	87.2	0	0.107	2.6	17.7	5.3	18.8	11.8	79.7	38.8	2.1
292	玉米	河南省鹤壁市	87.1	0	0.097	2.7	15	4.6	17.7	9.1	100.5	29.3	2.5
293	玉米	河南省鹤壁市	85.3	0	0.122	2.3	18.4	5.1	19	9.6	106.8	20.3	2.7
294	玉米	河南省鹤壁市	87	0	0.099	2.6	15.9	4.8	17.8	12.2	283.8	0	2.9
295	玉米	河南省鹤壁市	87.6	0	0.101	2.6	14.1	4.9	17.9	7.9	223.2	0	2.5
296	玉米	河南省鹤壁市浚县	89.6	0.001	0.063	2.2	20.5	4.2	20.3	18.3	127.5	13.8	16.7
297	玉米	河南省焦作市孟州市	89	0.001	0.064	2.5	22.9	4.7	16.9	30.8	90.9	29.9	12.3

续表2-2

序号	原料名称	采样地点	干物质 DM/%	钠 Na/%	镁 Mg/%	铜 Cu/(mg/kg)	铁 Fe/(mg/kg)	锰 Mn/(mg/kg)	锌 Zn/(mg/kg)	硒 Se/(μg/kg)	铬 Cr/(μg/kg)	铅 Pb/(μg/kg)	砷 As/(μg/kg)
298	玉米	河南省焦作市孟州市	88.8	0.001	0.067	2.2	19.8	3.4	14.6	16.2	61.3	9.7	12.8
299	玉米	河南省开封市杞县	89.3	0.002	0.07	1.4	25.9	4.2	20.6	63.2	156.8	17.2	11.6
300	玉米	河南省洛阳市嵩县	88.8	0.001	0.126	2.8	11.3	4.6	15.5	25.9	185.6	22.7	4.1
301	玉米	河南省洛阳市嵩县	91.2	0	0.068	2.7	21.3	4.3	16.7	25.5	270.3	19.1	3.1
302	玉米	河南省南阳市	87.8	0	0.123	1.7	18.2	5.4	16.9	17.7	25.2	35.2	1.9
303	玉米	河南省南阳市	89.8	0.003	0.069	2.6	38.5	5.8	20.1	51.5	367.6	13.3	10.9
304	玉米	河南省南阳市邓州市	89.8	0.001	0.06	2.7	27.4	7.2	20.2	30.4	133.4	25	9.4
305	玉米	河南省南阳市社旗县	89.4	0	0.037	1.7	17.7	4.8	15.8	27.2	65.6	5.3	5.2
306	玉米	河南省南阳市桐柏县	90.2	0	0.068	2.4	20.4	5.6	18.8	23.5	114.3	7.9	2.6
307	玉米	河南省平顶山市宝丰县	89.2	0	0.065	1.8	48.8	4.5	13.8	20.1	169.2	7.3	3.9
308	玉米	河南省平顶山市宝丰县	91.2	0.001	0.044	1.5	20.6	4.1	13.4	17.3	128.1	6.7	0
309	玉米	河南省平顶山市宝丰县	91.2	0.001	0.041	1.5	17.3	4.1	16.2	16.6	48.8	1.6	1.7
310	玉米	河南省濮阳市清丰县	90.2	0.001	0.078	2	17	3.8	13.3	10.2	86.6	14.5	13.5
311	玉米	河南省三门峡市灵宝市	88.3	0.001	0.068	1.5	20	5.4	16.3	27.5	109.8	12.7	4.8
312	玉米	河南省三门峡市灵宝市	88.3	2.74	1.95	1.2	71.6	0	0.3	12.3	3.1	2.2	1.4
313	玉米	河南省商丘市永城市	91.2	0	0.063	2.2	40.6	5.2	17.9	12.8	150.4	11.8	7.1
314	玉米	河南省商丘市柘城县	91.2	0.001	0.078	1.9	37.3	4	16.5	11.6	397.5	40.6	5
315	玉米	河南省商丘市柘城县	89	0.002	0.06	2.1	23.1	4	14.8	12.6	124.3	17.9	10.7
316	玉米	河南省商丘市柘城县	89.3	0.001	0.078	1.9	14.5	3.8	15.1	8.1	32.3	8.2	2.3
317	玉米	河南省商丘市柘城县	89.7	0.001	0.083	1.5	14.7	3.9	14.2	9.5	145.6	4.2	4.2
318	玉米	河南省商丘市柘城县	89.6	0.001	0.067	2	56	3.8	16.3	8.8	157.3	4	4.3
319	玉米	河南省新乡市	87.4	0.002	0.112	2.3	19.5	3.3	14	5.9	76.6	19.7	2.1
320	玉米	河南省新乡市	84.3	0.001	0.128	1.9	23.1	3.4	14.4	7	53.1	12.5	1.4

续表2-2

序号	原料名称	采样地点	干物质 DM/%	钠 Na/%	镁 Mg/%	铜 Cu/(mg/kg)	铁 Fe/(mg/kg)	锰 Mn/(mg/kg)	锌 Zn/(mg/kg)	硒 Se/(μg/kg)	铬 Cr/(μg/kg)	铅 Pb/(μg/kg)	砷 As/(μg/kg)
321	玉米	河南省新乡市辉县市	91.5	0.002	0.065	1.9	28.9	3.5	15.9	20.6	105.3	12.5	12.9
322	玉米	河南省信阳市平桥区	90.5	0.001	0.068	2.4	15.5	4.9	17.8	18.2	74.9	16	4.2
323	玉米	河南省许昌市	88	0.003	0.116	2.1	40.2	4.2	14.8	8.4	195.3	24.2	5.2
324	玉米	河南省许昌市	88.4	0	0.078	2	30.7	4	15.4	7.5	101.9	14.1	3.5
325	玉米	河南省许昌市	91.2	0.001	0.134	2.2	18.3	4.9	17.2	461.6	92.2	1.2	9.1
326	玉米	河南省郑州市	89.9	0.003	0.146	2.5	27.5	6.1	23.2	2.8	154.8	17.5	0
327	玉米	河南省郑州市	87.1	0.001	0.116	2.1	20.2	5.3	17.2	11	118.5	67	3
328	玉米	河南省郑州市	87.2	0	0.118	1.5	23.4	4.9	17.8	11.7	92.6	3.8	3.8
329	玉米	河南省郑州市荥阳市	90.2	0.001	0.079	1.5	18.3	3.7	17.8	21.2	106.7	19.4	15.9
330	玉米	河南省周口市	88.9	0.004	0.147	2.9	31.9	5.1	23.3	2.8	477	41.7	4.9
331	玉米	河南省周口市	90.1	0.001	0.148	2.1	19	5.8	18.8	28.5	144.9	13.2	9.4
332	玉米	河南省周口市	89.8	0.001	0.117	1.7	19.3	5	18	8.2	90.2	51.8	3.1
333	玉米	河南省周口市	87.7	0.001	0.104	2	21.6	4.9	19.1	2.7	81.1	0	0
334	玉米	河南省周口市项城市	89.6	0.003	0.072	2	25.4	5.1	20.6	27.6	281.1	27.2	8.1
335	玉米	河南省周口市项城市	91.6	0.001	0.061	1.1	22.6	4.3	16.3	13.4	174.5	15.6	5.5
336	玉米	河南省驻马店市汝南县	90.2	0.001	0.067	3.3	14.5	6.2	23.4	59.1	85	23.3	55.6
337	玉米	河南省驻马店市	92.4	0.001	0.136	3.3	26.2	8	19.9	4.5	172.7	14.6	5.9
338	玉米	黑龙江省	89.2	0	0.122	1.9	21.9	5.3	12.9	9	59.6	86	7.1
339	玉米	黑龙江省	88.9	0	0.125	2.1	22.2	5.4	13.3	9.8	65.3	56.9	5.6
340	玉米	黑龙江省	88.9	0	0.123	2.1	23	5.2	13	9.6	33.2	35.4	7.3
341	玉米	黑龙江省	88.8	0	0.125	2.5	22.3	5.3	13.3	11.3	41.5	30.7	8.2
342	玉米	黑龙江省	88.4	0	0.123	2.7	32.9	5.7	13.8	14.9	67.3	21.5	9.8
343	玉米	黑龙江省哈尔滨市巴彦县	89.2	0.001	0.157	2	22.3	5.6	13.4	25.5	197.8	109.8	11.2

续表2-2

序号	原料名称	采样地点	干物质 DM/%	钠 Na/%	镁 Mg/%	铜 Cu/(mg/kg)	铁 Fe/(mg/kg)	锰 Mn/(mg/kg)	锌 Zn/(mg/kg)	硒 Se/(μg/kg)	铬 Cr/(μg/kg)	铅 Pb/(μg/kg)	砷 As/(μg/kg)
344	玉米	黑龙江省哈尔滨市	89	0	0.12	2.1	18.4	5.3	13	8.6	51.5	234.6	1.3
345	玉米	黑龙江省哈尔滨市	88.8	0	0.126	2.4	20.8	5.1	14	7.2	44.3	168.9	1.1
346	玉米	黑龙江省哈尔滨市	89.2	0	0.12	2.9	33.6	8.1	17.2	7.1	388.4	77	13.9
347	玉米	黑龙江省哈尔滨市	89.1	0	0.122	2.3	32.9	5.5	13.5	9	114.8	22.6	5.7
348	玉米	黑龙江省哈尔滨市	89.3	0.001	0.14	2	24.3	6.3	14.1	6.7	314.1	447.4	0.7
349	玉米	黑龙江省哈尔滨市	89.2	0.001	0.157	2.2	24.7	4.7	11.5	15.8	186.4	167.9	9
350	玉米	黑龙江省哈尔滨市	88.9	0.001	0.146	2.1	19.4	5.9	15.2	7.1	241.7	106.5	0
351	玉米	黑龙江省哈尔滨市	89.3	0.001	0.159	2.1	57.4	5.2	11.6	13.9	179.5	91.4	7
352	玉米	黑龙江省哈尔滨市	89.6	0.001	0.161	3	20	5	16.2	18.5	94.6	38	2.5
353	玉米	黑龙江省哈尔滨市	89.6	0.001	0.178	2.5	49	6	14.8	9.7	285.5	28.2	62.4
354	玉米	黑龙江省哈尔滨市	89	0.001	0.122	2.2	25.3	4.8	10.8	68.7	50.2	21.8	7.9
355	玉米	黑龙江省哈尔滨市方正县	89.6	0.001	0.151	2.5	37.7	7	19.1	8.8	229	178.3	1.8
356	玉米	黑龙江省佳木斯市桦南县	89.2	0.001	0.138	2.4	38.6	6.9	19.1	11.7	224.8	159	0.9
357	玉米	黑龙江省佳木斯市桦南县	88.9	0.001	0.154	2.9	27.7	5.8	16.1	30.1	169	156.4	10.8
358	玉米	黑龙江省鸡西市	89.3	0	0.125	2.5	21.2	5.3	14.2	7.3	61	84.1	3.9
359	玉米	黑龙江省鸡西市	89.3	0	0.128	2.4	21	5.4	13.8	8.4	55.5	50	5.8
360	玉米	黑龙江省佳木斯市	89.3	0.001	0.136	3	24.6	6.2	21.4	9.4	229.8	278	2.2
361	玉米	黑龙江省牡丹江市	89.2	0.001	0.155	2	23.6	5.3	14.4	16	817.8	267.9	1.4
362	玉米	黑龙江省牡丹江市	89	0.001	0.154	2.9	15.8	5.5	14.9	3.9	67.8	38.8	0
363	玉米	黑龙江省牡丹江市	89	2.26	4.29	1.2	57.8	0	0.3	26.4	2.5	4.8	1.4
364	玉米	黑龙江省七台河市	89.3	0.001	0.154	2.9	40.1	7	18.5	10.1	518.8	260.6	3.5
365	玉米	黑龙江省齐齐哈尔市	89.2	0	0.123	2.4	29.5	5.2	13.7	10	63.7	469.6	3.4
366	玉米	黑龙江省齐齐哈尔市	89.3	0	0.124	2.3	24.6	5.2	15.1	5.9	82.7	394.6	4.3

续表2-2

序号	原料名称	采样地点	干物质 DM/%	钠 Na/%	镁 Mg/%	铜 Cu/(mg/kg)	铁 Fe/(mg/kg)	锰 Mn/(mg/kg)	锌 Zn/(mg/kg)	硒 Se/(μg/kg)	铬 Cr/(μg/kg)	铅 Pb/(μg/kg)	砷 As/(μg/kg)
367	玉米	黑龙江省齐齐哈尔市	89.2	0	0.119	2	22.3	5.5	14.5	12.9	83.1	258.4	6.7
368	玉米	黑龙江省齐齐哈尔市	88.8	0	0.121	2.3	23.7	5.3	13.4	6.5	65.5	239.8	3.9
369	玉米	黑龙江省齐齐哈尔市	88.8	0	0.12	2.3	25.8	5.6	14.7	15	76.9	192.3	9
370	玉米	黑龙江省齐齐哈尔市	88.9	0	0.116	2.1	21.8	5.1	13.8	7.5	42.8	184.8	6.3
371	玉米	黑龙江省齐齐哈尔市	89.2	0	0.121	2.8	22.6	5.6	13.6	13.2	27	141.9	7.7
372	玉米	黑龙江省齐齐哈尔市	89.2	0	0.12	2.2	39.4	5.4	13.4	26.3	86.7	137.6	17.9
373	玉米	黑龙江省齐齐哈尔市	88.9	0	0.123	2.4	24.9	5.2	13.9	12.1	71.7	112.1	8.4
374	玉米	黑龙江省齐齐哈尔市	89.2	0	0.13	2.6	29.1	6	14.7	13.9	31.9	104.9	8.4
375	玉米	黑龙江省齐齐哈尔市	88.9	0	0.119	1.6	36	5.4	13.8	12.9	33.5	103	9.3
376	玉米	黑龙江省齐齐哈尔市	89	0	0.12	2.3	24.5	5.3	15.4	7.5	61.2	100.4	4.5
377	玉米	黑龙江省齐齐哈尔市	88.9	0	0.119	2.3	20.7	4.9	13.6	6.8	79	81.8	3.6
378	玉米	黑龙江省齐齐哈尔市	88.9	0	0.117	2.5	20.4	5.3	14	7.8	60.7	81.2	2.4
379	玉米	黑龙江省齐齐哈尔市	89.2	0	0.122	2.3	20.3	5.3	13.5	11.6	54.3	69.5	9.4
380	玉米	黑龙江省齐齐哈尔市	89.2	0	0.116	1.6	96.2	5.1	13.3	13.1	52.1	67.1	37.2
381	玉米	黑龙江省齐齐哈尔市	89.3	0	0.123	2	31.2	5.3	13.2	9.2	57	63.7	13.4
382	玉米	黑龙江省齐齐哈尔市	89	0	0.116	2.6	20.5	5.2	13.9	7.4	55.2	59.7	4.5
383	玉米	黑龙江省齐齐哈尔市	89.1	0	0.123	2.2	20.6	5.4	13.6	16.1	57.8	57.6	7.5
384	玉米	黑龙江省齐齐哈尔市	86.8	0	0.114	1.7	39.5	5.2	13.2	10.8	163.5	56.8	8.5
385	玉米	黑龙江省齐齐哈尔市	89.2	0	0.122	2.3	20.3	4.9	13.9	6.9	48.5	56.3	3.4
386	玉米	黑龙江省齐齐哈尔市	88.8	0	0.116	1.5	39.4	5.7	13.1	13.3	53.6	55.3	9.8
387	玉米	黑龙江省齐齐哈尔市	89.1	0	0.126	2	25.9	5.4	14.3	10.9	41	49.2	7.7
388	玉米	黑龙江省齐齐哈尔市	89.1	0	0.131	1.7	23.8	5.4	14	12	14.8	48.6	8
389	玉米	黑龙江省齐齐哈尔市	89.3	0	0.117	1.9	35	5	12.8	11.1	42.1	44.4	7.5

续表2-2

序号	原料名称	采样地点	干物质 DM/%	钠 Na/%	镁 Mg/%	铜 Cu/(mg/kg)	铁 Fe/(mg/kg)	锰 Mn/(mg/kg)	锌 Zn/(mg/kg)	硒 Se/(μg/kg)	铬 Cr/(μg/kg)	铅 Pb/(μg/kg)	砷 As/(μg/kg)
390	玉米	黑龙江省齐齐哈尔市	89	0	0.117	1.9	22.1	5.4	13.1	11.7	21.5	42	6.1
391	玉米	黑龙江省齐齐哈尔市	85.8	0	0.123	1.4	24.1	5.3	14.1	10.5	13.1	41.8	7.2
392	玉米	黑龙江省齐齐哈尔市	88.8	0	0.125	2.4	21.3	5.5	14.2	10	17	41.2	7.4
393	玉米	黑龙江省齐齐哈尔市	88.8	0	0.12	2.9	27.3	5.2	14.2	8.5	86.7	37	6
394	玉米	黑龙江省齐齐哈尔市	89	0	0.13	2.6	24.9	5.6	14.4	6.5	42.7	23.5	4.6
395	玉米	黑龙江省齐齐哈尔市	88.4	0	0.118	1.6	21.2	4.9	12.7	8.9	45.4	15.7	0.5
396	玉米	黑龙江省齐齐哈尔市	89.1	2.21	4.32	4.7	54.7	0	0.3	26	2.5	4.9	5.3
397	玉米	黑龙江省绥化市	88.9	0.001	0.143	1.8	16.9	2.7	11.6	10.3	197.8	548.5	3.3
398	玉米	黑龙江省绥化市	89.3	0.002	0.14	3.7	84	8	17.2	17.8	897.6	231.6	36.5
399	玉米	黑龙江省绥化市	89.3	0	0.122	2.1	21.2	5.4	14.2	31.5	80.4	162.3	14.7
400	玉米	黑龙江省绥化市	88.8	0	0.122	2.8	21.1	5.4	14.4	16.6	62.2	91.7	8.4
401	玉米	黑龙江省绥化市	89.2	0	0.122	2.5	22.8	5.1	13.9	14.4	56.5	85.9	8.2
402	玉米	黑龙江省齐齐哈尔市泰来县	89.2	0	0.121	2.2	21.6	5.1	13	7.9	45.5	58.2	7.1
403	玉米	黑龙江省哈尔滨市五常市	89	0.001	0.158	2.3	20	4.6	10.3	18.1	324.5	16.6	11.1
404	玉米	黑龙江省佳木斯市汤原县	89.2	0.001	0.141	2.5	48.2	6.5	22	9.3	513.3	109.8	5.6
405	玉米	黑龙江省绥化市肇东市	88.8	0.001	0.112	1.6	44	5	15.8	64.5	324.8	12.1	10.3
406	玉米	黑龙江省绥化市肇东市	89.2	0.002	0.138	3.4	36.4	5.6	15.1	16.4	354.2	193.9	8.6
407	玉米	黑龙江省绥化市肇东市	89.2	0	0.123	2.4	17.7	5.4	16.8	6.1	74.6	30.8	5.2
408	玉米	湖北省恩施土家族苗族自治州	88.4	0.001	0.138	2.7	15.7	6	18.5	146.9	105	89	0.1
409	玉米	湖北省恩施土家族苗族自治州巴东县	83.8	0.001	0.073	2.6	10.6	5.2	14.8	5.7	14.6	0	0
410	玉米	湖北省恩施土家族苗族自治州鹤峰县	82.7	0.001	0.069	2.4	10.7	3.7	16	10.8	53.4	0	0
411	玉米	湖北省恩施土家族苗族自治州建始县	86.3	0.001	0.063	2.3	10.9	4	16.5	408.1	4.5	0	0
412	玉米	湖北省恩施土家族苗族自治州利川市	84.7	0	0.066	2.8	8.8	6.2	17.5	17.5	122.5	0	0

续表2-2

序号	原料名称	采样地点	干物质 DM/%	钠 Na/%	镁 Mg/%	铜 Cu/(mg/kg)	铁 Fe/(mg/kg)	锰 Mn/(mg/kg)	锌 Zn/(mg/kg)	硒 Se/(μg/kg)	铬 Cr/(μg/kg)	铅 Pb/(μg/kg)	砷 As/(μg/kg)
413	玉米	湖北省恩施土家族苗族自治州利川市	84.9	0	0.069	3	11.9	6.1	17.1	16.7	23.9	0	0
414	玉米	湖北省恩施土家族苗族自治州咸丰县	84.5	0.001	0.053	2.6	21.6	4.6	19.2	155.3	43	39.2	0
415	玉米	湖北省恩施土家族苗族自治州宣恩县	86.8	0	0.062	2.3	13	3.7	15.6	480.7	31.6	0	0
416	玉米	湖北省黄石市	84.3	0	0.125	2.9	19.7	7.8	18.6	6.6	95	19.8	1.3
417	玉米	湖北省黄石市阳新县	87.7	0.001	0.12	3.1	12.5	4.2	18.4	28.3	20.6	0	0
418	玉米	湖北省荆门市屈家岭管理区	85.2	0.001	0.07	4	9.1	5.6	23.8	16.1	43.4	0	0
419	玉米	湖北省十堰市丹江口市	87.6	0	0.061	3.1	13.9	5.2	19.6	10.9	35.4	0	0
420	玉米	湖北省十堰市房县	85.5	0	0.077	3.4	12.9	4.8	19.1	67	164	12.4	0.6
421	玉米	湖北省十堰市郧西县	85.7	0	0.066	3	18.3	4.8	17.7	6.2	48.4	24.5	0
422	玉米	湖北省十堰市郧西县	86.6	0	0.058	2.6	14.2	4.2	22.7	31.7	37	3.3	0
423	玉米	湖北省十堰市竹山县	85.1	0	0.069	2	17.4	4.5	21.8	44.7	27.5	0	0
424	玉米	湖北省十堰市竹溪县	89	0.001	0.073	2.8	16.4	7.3	20	15.6	17.9	0	0
425	玉米	湖北省随州市广水市	83.4	0.001	0.122	1.2	15	5.1	18.9	26.3	21.6	3.1	2.5
426	玉米	湖北省随州市广水市	83.4	4.96	2.23	1.8	64.7	0	0.4	11.8	6	2.7	2.1
427	玉米	湖北省随州市随县	88.6	0	0.079	2.4	15.1	5.4	14.8	7.8	116.9	2	0
428	玉米	湖北省仙桃市	84.6	0	0.096	2.1	26.6	4.8	22	22.3	104	250.1	3.4
429	玉米	湖北省仙桃市杨林尾镇	87.4	0.001	0.076	3	19.9	6.1	21	69.2	23.1	0	0.8
430	玉米	湖北省襄阳市保康县	85	0.001	0.076	2.1	19.8	4.2	15.7	10.1	25.8	0	0.8
431	玉米	湖北省襄阳市保康县	85.6	0.001	0.033	2.1	20.9	4	14.9	12.2	32.9	0	0
432	玉米	湖北省襄阳市谷城县	85.9	0.001	0.059	2.6	18.8	6.8	17.4	13.7	38.9	0.9	0
433	玉米	湖北省襄阳市老河口市	85.2	0	0.058	2.7	26.9	6.1	17.1	12.2	28.3	0	0.5
434	玉米	湖北省襄阳市老河口市	87	0.001	0.071	2.9	36.7	7.4	18.7	14.7	23.7	0	0.6
435	玉米	湖北省襄阳市南漳县	85.7	0	0.065	3.7	20	5.1	20.3	12.5	44.1	0	1.5
436	玉米	湖北省襄阳市宜城市	85.7	0	0.064	2.4	18.3	4.7	18.2	21.7	36.4	7.9	6.4

续表2-2

序号	原料名称	采样地点	干物质 DM/%	钠 Na/%	镁 Mg/%	铜 Cu/ (mg/kg)	铁 Fe/ (mg/kg)	锰 Mn/ (mg/kg)	锌 Zn/ (mg/kg)	硒 Se/ (μg/kg)	铬 Cr/ (μg/kg)	铅 Pb/ (μg/kg)	砷 As/ (μg/kg)
437	玉米	湖北省宜昌市	87.9	0	0.119	2.5	15.1	5.8	16.8	10.6	50.2	9.8	3.3
438	玉米	湖北省宜昌市当阳市	89.7	0	0.083	2.8	12.7	5	15.4	22.6	40.4	0	2.8
439	玉米	湖北省宜昌市五峰土家族自治县	81.8	0	0.067	3.1	20.5	3.8	16.9	13.1	32	0.5	2.1
440	玉米	湖北省宜昌市兴山县	86.4	0	0.082	2.7	35.5	5.2	17.6	12.4	21.3	0.5	3.5
441	玉米	湖北省宜昌市宜都市	84	0	0.08	3.4	41.6	6.4	19.8	28.8	282	16.1	11.4
442	玉米	湖北省宜昌市长阳土家族自治县	87.3	0	0.077	2.7	11.2	3.6	15.4	16.5	30.7	0	0.6
443	玉米	湖北省宜昌市枝江市	86.7	0	0.089	4.7	12.7	7	19.1	26.7	339.6	28.2	5.6
444	玉米	湖北省宜昌市秭归县	84.9	0	0.069	3.3	16.2	6.3	19.8	24.6	101.1	6.2	5.9
445	玉米	湖北省襄阳市枣阳市	88.4	0.001	0.122	3	26.4	4.7	24.3	13.5	109.7	590.8	0
446	玉米	湖南省益阳市安化县洞市乡	86.3	0.001	0.033	2.2	33.4	3.5	17.7	45.8	69.1	20.3	2.8
447	玉米	湖南省常德市石门县	85.8	0	0.071	3.3	24.1	5.2	29.9	159.3	63.4	29.3	13.6
448	玉米	湖南省常德市石门县	88.8	0	0.065	3.3	18.2	5	28.5	131.2	0	14.1	9.4
449	玉米	湖南省常德市桃源县	88.2	0	0.076	3.6	29.4	5.9	28.3	103.7	380.4	50.3	43.8
450	玉米	湖南省郴州市桂阳县	88.9	0.001	0.066	3.6	21.9	5.1	24.9	190.8	92.2	6.8	0
451	玉米	湖南省郴州市临武县	89.3	0.001	0.079	3.9	13.2	4.9	24.4	203.5	90.1	35.6	0
452	玉米	湖南省郴州市宜章县	87.4	0	0.077	3.3	10.3	4	25.7	86.3	278.9	47.7	15.5
453	玉米	湖南省怀化市辰溪县	88.2	0.001	0.078	3	16.1	4.4	21.2	37	119.4	16.4	0
454	玉米	湖南省怀化市沅陵县	88	0	0.064	3.4	30.6	5.1	24.1	304.3	983.3	14.3	8.2
455	玉米	湖南省怀化市芷江侗族自治县	89.2	0	0.067	3.3	11.3	4.1	23.4	63.7	42.8	33.6	7.2
456	玉米	湖南省娄底市涟源市	87.3	3.75	1.42	1.3	70.3	0	0.4	12.1	4.3	1.6	1.4
457	玉米	湖南省娄底市双峰县	87.4	0	0.068	3	10.2	4.6	23.6	54.1	81	12	0
458	玉米	湖南省娄底市双峰县	87.4	3.74	1.38	1.3	70.3	0	0.5	12.2	4.3	1.6	1.5
459	玉米	湖南省邵阳市洞口县	89.5	0	0.054	2.6	75.5	5.6	14.9	43.8	534.9	42.4	10.2
460	玉米	湖南省邵阳市隆回县	87.6	0	0.076	2.9	22.6	5.4	15.5	26.7	412.6	12	4.2

续表2-2

序号	原料名称	采样地点	干物质 DM/%	钠 Na/%	镁 Mg/%	铜 Cu/(mg/kg)	铁 Fe/(mg/kg)	锰 Mn/(mg/kg)	锌 Zn/(mg/kg)	硒 Se/(μg/kg)	铬 Cr/(μg/kg)	铅 Pb/(μg/kg)	砷 As/(μg/kg)
461	玉米	湖南省邵阳市邵东市	87.4	0	0.068	3.4	25.8	4.4	22.6	60.9	99.7	7.8	0
462	玉米	湖南省邵阳市邵东市	87.4	3.68	1.39	1.3	70.3	0	0.4	12.3	4.2	1.6	1.5
463	玉米	湖南省邵阳市武冈市	88.1	0.001	0.075	3.4	21.1	5.2	25	176.9	299.5	17.9	0
464	玉米	湖南省邵阳市新宁县	85.5	0.001	0.059	3.5	13.1	5.1	24.5	158	60.7	45.3	0.3
465	玉米	湖南省邵阳市新邵县	86.5	0.001	0.068	4.1	17.9	5.5	26	22.7	0	1.8	0
466	玉米	湖南省湘西土家族苗族自治州保靖县	86.6	0.001	0.063	3.2	13.3	4.7	22	31.4	47.5	27.8	0
467	玉米	湖南省湘西土家族苗族自治州龙山县	88.5	0.001	0.067	3.9	19.5	7	35.1	36.2	91.1	46.6	0
468	玉米	湖南省湘西土家族苗族自治州永顺县	86.9	0	0.067	3.8	18.7	4.9	24.3	345	17.6	14.6	2.8
469	玉米	湖南省湘西土家族苗族自治州永顺县	86.9	3.81	1.64	1.2	69.9	0	0.6	11.9	4.4	1.9	1.4
470	玉米	湖南省娄底市新化县吉庆镇	87.1	0	0.066	2.3	17.5	3.3	16.4	44.1	79.1	22.2	2.3
471	玉米	湖南省益阳市安化县	85.7	0.001	0.071	3.5	13.9	4.6	23.8	169.6	128.5	65	0
472	玉米	湖南省张家界市永定区教字垭镇	89	0.001	0.074	3.2	18.7	4.6	23.8	311.1	85	22.6	4.2
473	玉米	湖南省张家界市永定区教字垭镇	89	3.87	1.42	1.3	71.6	0	0.5	12.2	4.4	1.6	1.4
474	玉米	湖南省永州市江华瑶族自治县	86	0	0.066	3.6	24.2	4.9	22.5	387.7	134	28.3	9
475	玉米	湖南省永州市江华瑶族自治县	86	3.81	1.53	1.1	69.4	0	0.5	11.9	4.4	1.8	1.3
476	玉米	湖南省永州市宁远县	88	0.002	0.138	3	14.9	7	21	20.1	118.2	18	0
477	玉米	湖南省永州市祁阳市	87.4	0	0.055	3.7	23.9	5	24.2	254.8	780.8	12.5	7.7
478	玉米	湖南省岳阳市汨罗市	87.2	0.001	0.077	3.5	15.3	4.4	25.1	37.8	108.5	66	9.1
479	玉米	湖南省岳阳市湘阴县	87.3	0.001	0.034	3.8	219.3	7	35.1	250.4	695.2	22.7	21.8
480	玉米	湖南省岳阳市湘阴县	87.3	3.7	1.53	1.2	70.7	0	0.6	11.8	4.2	1.8	1.4
481	玉米	湖南省张家界市慈利县	86.8	0.001	0.064	2.9	14	4.7	23.2	16.8	69.2	48.3	0

续表2-2

序号	原料名称	采样地点	干物质 DM/%	钠 Na/%	镁 Mg/%	铜 Cu/(mg/kg)	铁 Fe/(mg/kg)	锰 Mn/(mg/kg)	锌 Zn/(mg/kg)	硒 Se/(μg/kg)	铬 Cr/(μg/kg)	铅 Pb/(μg/kg)	砷 As/(μg/kg)
482	玉米	湖南省张家界市慈利县	87.1	0.001	0.066	3.2	15.2	4.6	23.5	21.4	90.9	12.2	0
483	玉米	湖南省张家界市桑植县	88.3	0	0.069	2.9	19.2	4.5	21.5	33.6	81.1	11.3	0
484	玉米	湖南省长沙市宁乡市	87	0	0.058	2.3	20.4	4.5	22.5	37.9	31.6	20.7	6.9
485	玉米	湖南省长沙市宁乡市	87	3.92	1.6	1.2	70.1	0	0.3	11.7	4.5	1.8	1.3
486	玉米	吉林省白城市	90.9	0.001	0.157	2.1	18.2	4	11.6	34.3	201.8	769.5	6.9
487	玉米	吉林省白城市	90.5	0.001	0.159	2.2	14.7	3.8	11.7	31.4	119.7	304.8	7.9
488	玉米	吉林省白城市大安市	91.3	0.001	0.135	1.9	15.4	3.5	11.3	20.5	127.8	331.5	5.9
489	玉米	吉林省长春市德惠市	91	0.001	0.155	1.9	17.7	4.9	15	19	149.5	33.5	2.4
490	玉米	吉林省长春市德惠市	91.9	0.002	0.18	2.4	24.6	5.3	15.6	34.2	187	32.6	2.9
491	玉米	吉林省长春市德惠市	92.1	0.001	0.162	3.3	20.3	5.3	16.8	15.4	151.9	16	4.6
492	玉米	吉林省延边朝鲜族自治州敦化市	89.9	0.001	0.164	1.7	16	4.5	12.2	7.3	119.2	13.1	0
493	玉米	吉林省松原市扶余市	91	0.001	0.173	3.1	26.8	5.8	17.4	25.7	195	8.2	1.2
494	玉米	吉林省长春市公主岭市	89.9	0.002	0.174	2.2	21.6	4.5	11.5	26.5	56.9	3.9	3.8
495	玉米	吉林省长春市公主岭市	90.3	0.001	0.164	2.4	7.3	4.3	11.8	14.8	77.6	1.3	1.8
496	玉米	吉林省吉林市	90.5	0.002	0.1	1.5	32.4	6.7	16.6	8.8	226.8	227.5	0.4
497	玉米	吉林省吉林市	90	0	0.106	1.6	21.4	6.3	19	2.1	43.5	180.3	1.7
498	玉米	吉林省吉林市	90.6	0.001	0.133	1.6	14	5.9	11.1	19.2	112.4	100	0
499	玉米	吉林省吉林市	89.7	0.001	0.155	2	19.5	6.3	14.2	19.1	116.8	16.5	7
500	玉米	吉林省吉林市	89.9	0.001	0.143	1.5	19	4.8	12.3	12.4	105.2	13	0.4
501	玉米	吉林省吉林市	89.8	0.001	0.135	1.7	21	5.4	13.5	12	114.3	10	0
502	玉米	吉林省吉林市蛟河市	90.2	0.001	0.161	2	26.2	5.4	12.2	34.1	149.6	6.2	6.4
503	玉米	吉林省辽源市	90.3	0.001	0.101	1.4	16.6	6	14.6	1.6	22.1	52.3	0

续表2-2

序号	原料名称	采样地点	干物质 DM/%	钠 Na/%	镁 Mg/%	铜 Cu/(mg/kg)	铁 Fe/(mg/kg)	锰 Mn/(mg/kg)	锌 Zn/(mg/kg)	硒 Se/(μg/kg)	铬 Cr/(μg/kg)	铅 Pb/(μg/kg)	砷 As/(μg/kg)
504	玉米	吉林省辽源市	90	0	0.105	1.2	19.3	7.1	14.2	1.4	62.9	0	0
505	玉米	吉林省辽源市	90.2	0.001	0.104	2	20.2	5.1	17.8	0.9	74.1	0	0
506	玉米	吉林省辽源市	90.3	0	0.098	2.1	17.7	4.8	17.5	0.9	82	0	0
507	玉米	吉林省通化市梅河口市	90	0.001	0.101	1.5	19.1	6.8	16.6	5.8	55.4	0	0
508	玉米	吉林省通化市梅河口市	90.2	0	0.09	1.2	17.3	5	13.4	2.4	32.6	0	0
509	玉米	吉林省通化市梅河口市	90.5	0	0.096	1.4	14.7	5.5	13.7	4.4	76.2	0	0
510	玉米	吉林省通化市梅河口市	89.8	0.001	0.125	1.3	13.9	4.3	11.2	14	116.7	738.3	0
511	玉米	吉林省吉林市舒兰市	90.6	0.001	0.13	2.5	14.4	4.4	13.4	12.9	79.5	631.4	0
512	玉米	吉林省四平市	89.6	0.001	0.151	1.8	12.8	4.8	12.4	21	88.6	792.8	1.7
513	玉米	吉林省四平市	90	0.001	0.15	2	17.5	4.6	12.2	9.6	106.8	109.5	0
514	玉米	吉林省四平市	90.1	0.002	0.16	2.2	26	3.7	11.7	12.8	251.6	14.7	4.5
515	玉米	吉林省四平市	89.9	0.001	0.158	2.9	26.8	5.6	14.5	15.1	61.3	0.9	2.4
516	玉米	吉林省四平市	89.7	0.001	0.099	2.1	24.2	4	14.3	16.9	150.1	21	0.4
517	玉米	吉林省四平市梨树县	90	0	0.102	2.1	15.3	6.5	14.7	4.5	32	73.2	0
518	玉米	吉林省四平市梨树县	89.7	0	0.109	1.7	20.8	5.2	16.1	5.8	41.4	50.1	0.7
519	玉米	吉林省四平市梨树县	90.4	0.001	0.088	2.2	71.8	4.9	15.3	19.5	834	40.9	26.4
520	玉米	吉林省松原市	90.7	0.001	0.139	1.9	15.1	6.4	10.9	21	137	687.9	0
521	玉米	吉林省松原市	90.6	0.001	0.151	2	16.2	5	13.2	8.3	86.3	465.3	0
522	玉米	吉林省松原市	90.1	0.001	0.146	2.5	17.7	5	15.4	24.8	151.3	321.4	10
523	玉米	吉林省松原市	89.8	0.001	0.151	2.2	16.6	4.3	12.5	17.2	208.1	199.4	0.6
524	玉米	吉林省松原市	88.5	0.002	0.143	2.6	15.6	3.8	12.4	7.2	209.8	19.7	3
525	玉米	吉林省松原市	90.6	0.001	0.154	2.1	21.9	6.5	12.4	24.8	232.9	15.9	6
526	玉米	吉林省松原市	90.6	0.001	0.14	2.9	22.6	6.6	14.9	21.3	228	15.3	2.5
527	玉米	吉林省松原市	88	0.001	0.14	2.5	22.8	5.1	13.3	8.8	348	15.1	2.1

续表2-2

序号	原料名称	采样地点	干物质 DM/%	钠 Na/%	镁 Mg/%	铜 Cu/(mg/kg)	铁 Fe/(mg/kg)	锰 Mn/(mg/kg)	锌 Zn/(mg/kg)	硒 Se/(μg/kg)	铬 Cr/(μg/kg)	铅 Pb/(μg/kg)	砷 As/(μg/kg)
528	玉米	吉林省松原市	90.3	0.001	0.138	2.5	19.5	5.3	13.3	16.5	165.2	10.1	0.2
529	玉米	吉林省松原市	90.9	0.001	0.121	1.9	16.6	3.9	11.9	106.9	0	0.7	7.8
530	玉米	吉林省长春市榆树市	90.6	0.001	0.16	2.5	18.8	4.5	13.4	17.9	108.9	15.8	1.5
531	玉米	吉林省长春市榆树市	90.8	0.002	0.151	2.6	17.6	5.5	16.6	10.7	167.5	14.2	2.3
532	玉米	吉林省长春市榆树市	90.9	0.001	0.145	2.5	19.1	4.7	11.3	10.8	101.3	11.2	0
533	玉米	吉林省长春市榆树市	90.6	0.001	0.155	2.6	15.2	4.5	14.1	12.8	110.5	6.3	0.6
534	玉米	吉林省长春市	90.1	0.001	0.154	2.1	18.2	5	13.3	17.7	675	176.7	1.1
535	玉米	吉林省长春市	90.4	0.001	0.154	2.4	15.9	5.4	11.5	23.7	132.9	96.2	3.7
536	玉米	吉林省长春市	90.6	0.001	0.147	2.4	15.6	5.4	12.4	13.5	172	36.3	3.5
537	玉米	吉林省长春市	88.3	0.002	0.146	2.6	15.8	5.6	12.1	12.5	149.1	24.3	0
538	玉米	吉林省长春市	90.9	0.001	0.162	2	17.3	4.6	20.3	7.9	105	16.5	2.1
539	玉米	吉林省长春市	90.5	0.001	0.159	1.9	18.9	6.5	13.8	15.6	162.2	8.1	5.3
540	玉米	吉林省长春市	90.9	0.001	0.134	2	16.6	4	12	16.8	94.9	8	0
541	玉米	吉林省长春市	89.9	0.001	0.111	1.2	19.2	5.8	11.6	1.7	46.5	0	0
542	玉米	吉林省长春市	90	0	0.116	1.1	19.3	6.1	12.5	2	27.2	0	0
543	玉米	吉林省长春市	90.4	0	0.093	1.7	16.1	5.4	13.2	1.2	13.2	0	0
544	玉米	吉林省白城市洮南市	90.8	0.001	0.154	1.9	14.8	3.6	11.4	17.4	137.4	154.3	7.8
545	玉米	江苏省淮安市工业园区	89.7	0.001	0.129	2.6	16.5	4.7	19.1	29.5	0	44.4	0
546	玉米	江苏省淮安市工业园区	89.8	0.001	0.126	2.7	17.2	4.8	17.8	32.5	0	26.6	0
547	玉米	江苏省淮安市工业园区	89.9	0.001	0.006	2.9	15.9	3.8	18.2	16.9	39.5	22.7	0.7
548	玉米	江苏省淮安市工业园区	89.9	0.001	0.143	1.5	19.6	3.3	13.5	16.1	86.7	16.6	1
549	玉米	江苏省淮安市工业园区	90.1	0.001	0.111	1.9	13.3	4.3	12.8	8.2	216.1	16	1.2
550	玉米	江苏省淮安市工业园区	89.8	0.001	0.118	1.9	21.9	3.7	13.2	9.7	187.3	13.4	2.4

续表2-2

序号	原料名称	采样地点	干物质 DM/%	钠 Na/%	镁 Mg/%	铜 Cu/(mg/kg)	铁 Fe/(mg/kg)	锰 Mn/(mg/kg)	锌 Zn/(mg/kg)	硒 Se/(μg/kg)	铬 Cr/(μg/kg)	铅 Pb/(μg/kg)	砷 As/(μg/kg)
551	玉米	江苏省淮安市工业园区	89.8	0.001	0.132	2.5	18.7	3.9	19.3	69.7	0	9.4	0
552	玉米	江苏省淮安市工业园区	90.1	0.001	0.104	2	17.2	4.7	13.1	3.9	71.8	5.7	0
553	玉米	江苏省淮安市工业园区	89.8	0.001	0.127	1.9	19.3	4.7	17.9	6.6	60.8	3.8	0
554	玉米	江苏省淮安市工业园区	89.7	0.001	0.109	1.7	16.2	3	14.9	12.7	23.7	2.5	0
555	玉米	江苏省淮安市工业园区	89.8	0.001	0.098	1.8	16.1	3.2	15	51.8	0	0	0
556	玉米	江苏省淮安市清江浦区	90.4	0.001	0.101	6	34.9	4.6	18.9	19.6	335.4	28.6	10.8
557	玉米	江苏省淮安市清江浦区	90.4	0.001	0.108	2.1	28.5	4.3	16.7	15.7	105.5	8.8	0
558	玉米	江苏省淮安市盱眙县	90.5	0.001	0.132	2.9	14.7	7	13.9	19	0	6.2	7.6
559	玉米	江苏省淮安市盱眙县	90.5	0.001	0.145	2.5	14.2	6.1	13.7	32.6	0	6.2	3.2
560	玉米	江苏省淮安市盐碱科技产业园	90.1	0.001	0.103	2	18.6	2.7	11.4	2.9	33.3	8.1	1.2
561	玉米	江苏省淮安市盐碱科技产业园	89.9	0.001	0.095	1.7	16	2.9	12.3	42.7	0	0	0
562	玉米	江苏省南京市六合区	89.6	0.002	0.132	2	17.1	4.8	13.6	8.3	76.2	13.1	0.6
563	玉米	江苏省宿迁市	89.7	0.001	0.115	2.8	16.5	3.7	14.6	4.3	97.9	14.7	3.2
564	玉米	江苏省宿迁市	90.1	0.001	0.105	2.4	20	3.6	13.2	126.5	135.6	1.3	0
565	玉米	江苏省徐州市	88.6	0.001	0.132	3.1	10.2	5.4	16.9	1.1	315.2	17.6	0
566	玉米	江苏省徐州市	90.5	0.001	0.127	3.1	20.1	5.8	18.5	18.8	107.3	14.3	0
567	玉米	江苏省徐州市	90.2	0.001	0.126	2.8	18.2	6.1	19.3	5.4	84.6	13.6	0
568	玉米	江苏省徐州市	89.6	0.001	0.18	3.1	24.6	4.7	17.8	18.5	390	12.8	0
569	玉米	江苏省徐州市	89.8	0.001	0.174	3.4	19.4	5.8	17.7	18.5	109.9	12.7	0
570	玉米	江苏省徐州市	87.7	0.001	0.129	3.2	17.5	5.9	18.3	7.2	146.3	10.1	0
571	玉米	江苏省徐州市	90.2	0.001	0.119	3	13.4	4.1	14.3	1.3	60.2	9.5	0.5
572	玉米	江苏省徐州市	90.1	0.001	0.156	3.1	21.5	4.3	14.8	20.5	205.1	8	0
573	玉米	江苏省徐州市	89.6	0.001	0.158	3.3	10.3	5.3	15.9	20.5	148.4	6.4	0

续表2-2

序号	原料名称	采样地点	干物质 DM/%	钠 Na/%	镁 Mg/%	铜 Cu/(mg/kg)	铁 Fe/(mg/kg)	锰 Mn/(mg/kg)	锌 Zn/(mg/kg)	硒 Se/(μg/kg)	铬 Cr/(μg/kg)	铅 Pb/(μg/kg)	砷 As/(μg/kg)
574	玉米	江苏省徐州市	89.6	0.001	0.178	3.2	17.5	4.8	16.9	0.4	237.3	5.7	0
575	玉米	江苏省徐州市	89.7	0.001	0.139	2.8	17.6	4.5	17.8	9	214.2	5.4	0
576	玉米	江苏省盐城市射阳县	89.9	0.001	0.125	3.1	22.4	4.8	18.1	9.6	0	15.6	4.5
577	玉米	江苏省盐城市射阳县	89.8	0.001	0.129	2.4	21.3	5.2	16.9	2	193.4	0	4.6
578	玉米	江苏省盐城市亭湖区	89.8	0.001	0.009	3.3	17.5	4.3	20.3	5.5	106.9	59.3	5.7
579	玉米	江苏省盐城市亭湖区	89.7	0.001	0.151	2.7	20.6	5.9	20	9	0	36.7	0
580	玉米	江苏省盐城市亭湖区	90.2	0.003	0.131	2.1	22.1	4.5	16.8	33.1	9.5	36.4	0
581	玉米	江苏省盐城市亭湖区	89.7	0.004	0.139	2.1	17.1	5.1	15.8	10.4	0	34.8	0.6
582	玉米	江苏省盐城市亭湖区	90	0.001	0.127	2.5	22.6	4.7	17.1	6.5	0	27.7	0
583	玉米	江苏省盐城市亭湖区	90.1	0.001	0.013	2.8	17.1	5.6	19	19.9	102.3	18.2	13.2
584	玉米	江苏省盐城市亭湖区	88.5	0.001	0.016	2.6	16.7	5.9	17.2	5.7	213.6	17.6	2.6
585	玉米	江苏省盐城市亭湖区	90.1	0.001	0.125	2.5	16.2	4.7	15.8	15.5	0	10.3	3.1
586	玉米	江苏省盐城市亭湖区	88.4	0.001	0.143	2.3	22.2	5.8	17	1.1	123.6	10	1.8
587	玉米	江苏省盐城市亭湖区	90.3	0.001	0.13	1.9	25.6	3.7	12.8	28	213.5	7.4	1.3
588	玉米	江苏省盐城市亭湖区	90.2	0.001	0.105	2.3	19.1	3.2	15.7	11.6	180.3	7.4	0
589	玉米	江苏省盐城市亭湖区	89.7	0.001	0.148	2.1	26.5	5.1	17.7	0.9	109.1	5.3	0.3
590	玉米	江西省宜春市丰城市	87	0.001	0.115	1.6	25.8	4.6	17.9	10.4	97.7	17.4	12.6
591	玉米	江西省景德镇市浮梁县	87.7	0.001	0.149	2.7	24.6	8	32.1	16.6	356.7	655	0.6
592	玉米	江西省抚州市	87.5	0	0.112	1.3	21.1	5.2	13.9	17.5	56.2	24.3	9.8
593	玉米	江西省吉安市	87.5	0	0.108	1.7	19.1	4	13.6	27.9	21.4	5.7	11.2
594	玉米	江西省南昌市	86.6	0.001	0.149	2.9	30.8	6.2	19	17.5	466.6	942.2	3
595	玉米	江西省南昌市	87.2	0.002	0.152	4	26.7	8.7	32.9	12.2	166.4	455.1	8.5
596	玉米	江西省萍乡市	89.8	0.001	0.12	2.5	34.2	4.7	17.7	10.7	130.3	82.4	13.5

续表2-2

序号	原料名称	采样地点	干物质 DM/%	钠 Na/%	镁 Mg/%	铜 Cu/(mg/kg)	铁 Fe/(mg/kg)	锰 Mn/(mg/kg)	锌 Zn/(mg/kg)	硒 Se/(μg/kg)	铬 Cr/(μg/kg)	铅 Pb/(μg/kg)	砷 As/(μg/kg)
597	玉米	江西省萍乡市	87.9	0	0.123	2.1	23.3	5.1	15.4	17.4	23.4	32.6	9.2
598	玉米	江西省宜春市	88.1	0	0.123	2.1	34.4	5.8	15.3	17.5	82.5	28.5	15.2
599	玉米	江西省宜春市	87.4	0	0.111	2	19.1	5.3	15	17.8	81.7	23.1	9.9
600	玉米	辽宁省鞍山市海城市	90.2	0.001	0.135	1.2	14.9	3.2	9.7	3.5	33.3	0	0.7
601	玉米	辽宁省鞍山市台安县	91.1	0.001	0.143	1.7	18.9	4.8	11.3	40	51	10.4	8.1
602	玉米	辽宁省鞍山市岫岩满族自治县	90.5	0.001	0.127	1.6	15	3.4	13.4	16.4	0	0	0
603	玉米	辽宁省锦州市北镇市沟帮子镇	91.4	0.001	0.128	2.1	24.3	4.2	15.4	28.8	96.2	21.5	9.6
604	玉米	辽宁省朝阳市	90.6	0.001	0.16	2.8	21	4.1	13.9	16.8	180.1	494.5	0.6
605	玉米	辽宁省朝阳市	90.6	0.001	0.11	2.9	19.5	3.8	15.2	7.5	271.5	63.9	1.6
606	玉米	辽宁省朝阳市	92.3	0.001	0.164	2.1	21.2	6.7	18	6.1	60.5	1.8	0
607	玉米	辽宁省朝阳市北票市	90.7	0.001	0.163	1.2	21.2	6.2	16.4	10.2	89.1	9.3	5.9
608	玉米	辽宁省朝阳市朝阳县	91	0.001	0.108	2.6	13.4	4.2	14.2	17.3	96.5	20.6	3.5
609	玉米	辽宁省朝阳市建平县	90.7	0.001	0.124	2.3	15.8	5.3	17.4	8.2	0	132.1	0
610	玉米	辽宁省朝阳市建平县	90.8	0.001	0.117	2	16.9	4	16	2.6	150.2	5.1	0
611	玉米	辽宁省营口市大石桥市	90.6	0.001	0.11	4.1	15.9	3.5	17.3	15.6	0	11.8	4.7
612	玉米	辽宁省丹东市宽甸满族自治县	91	0.001	0.111	2.8	19.8	4.3	12.5	20.6	16.6	5.6	0
613	玉米	辽宁省辽阳市灯塔市西马峰镇	90.7	0.001	0.134	2.1	15.1	6.5	12.5	27.8	55	20.1	52.4
614	玉米	辽宁省丹东市东港市	91.1	0.001	0.119	1.8	12.9	3.9	14	56.5	0	11.4	1
615	玉米	辽宁省丹东市凤城市	91.9	0.001	0.128	5	18.4	4.3	17.4	23.7	0	2.4	2.5
616	玉米	辽宁省阜新市阜新蒙古族自治县	90.7	0.001	0.131	3.4	16.5	4.9	17.6	22.2	87.5	15.2	9.2
617	玉米	辽宁省阜新市阜新蒙古族自治县	91.1	0.001	0.13	1.4	24	4.7	12.4	3.1	105.1	11.4	3.4
618	玉米	辽宁省阜新市阜新蒙古族自治县	91	0.001	0.134	1.5	29	5.1	12.4	10.2	876.4	9.3	3.6

续表2-2

序号	原料名称	采样地点	干物质 DM/%	钠 Na/%	镁 Mg/%	铜 Cu/(mg/kg)	铁 Fe/(mg/kg)	锰 Mn/(mg/kg)	锌 Zn/(mg/kg)	硒 Se/(μg/kg)	铬 Cr/(μg/kg)	铅 Pb/(μg/kg)	砷 As/(μg/kg)
619	玉米	辽宁省阜新市阜新蒙古族自治县	91.3	0.001	0.159	2.5	23.2	4.1	18.7	8.2	97.3	20.6	16.7
620	玉米	辽宁省阜新市新邱区	90.7	0.002	0.123	2.5	30.5	6	20.3	22.2	104	14.2	9.1
621	玉米	辽宁省阜新市彰武县	90.8	0.001	0.138	2.5	13.8	6.1	15.2	16.6	63.8	23.3	1.5
622	玉米	辽宁省阜新市彰武县	90.6	0.001	0.124	2.3	16.2	4.5	18.3	23.6	0	0	2.3
623	玉米	辽宁省葫芦岛市	90.4	0	0.119	2.2	21.6	5.6	14.6	17.3	453.2	36.2	7.7
624	玉米	辽宁省葫芦岛市绥中县	90.5	0.001	0.134	2	27.1	4.3	20.6	10	36.9	9.7	6.4
625	玉米	辽宁省锦州市黑山县	89.9	0.001	0.129	2.1	15.5	4.4	11.9	30.5	0	16.5	0
626	玉米	辽宁省锦州市黑山县	90.8	0.001	0.118	2.4	16.5	3.2	14.6	45	4.2	0	2.8
627	玉米	辽宁省锦州市义县	90.4	0.001	0.13	2.1	56.9	6.2	15.2	21.2	0	0	0
628	玉米	辽宁省铁岭市开原市	90.7	0.001	0.13	4.8	16.2	5.6	20	14.6	52.1	127.2	3.6
629	玉米	辽宁省辽阳市辽阳县	90.8	0.001	0.129	1.8	15.3	3.8	14.8	3.9	0	0	0
630	玉米	辽宁省辽阳市辽阳县	91.8	0.001	0.152	1.6	18.7	3.7	11.8	10.9	74.2	0	0
631	玉米	辽宁省辽阳市	90.6	0.001	0.141	2.2	20.6	4.5	15.9	9.1	15.8	0	0.4
632	玉米	辽宁省朝阳市凌源市	91.4	0.001	0.139	1.5	24.1	4.3	13.3	1.1	135.7	12.9	3.6
633	玉米	辽宁省朝阳市凌源市	90.7	0.004	0.144	1.8	10.8	4	17.4	15.6	0	4.8	0
634	玉米	辽宁省大连市普兰店区	90.8	0.001	0.142	2.5	19.8	5.1	19.4	12.8	17.8	8.3	0
635	玉米	辽宁省沈阳市	90.5	0.001	0.136	2.3	16.5	5.6	17.7	9.9	40.2	0	0
636	玉米	辽宁省沈阳市法库县	91.3	0.001	0.134	2.2	37.1	6.7	15.2	34.8	0	65	5
637	玉米	辽宁省沈阳市法库县	91.4	0.001	0.007	2.3	14.9	4.7	14.8	9.8	30.8	62.8	3.2
638	玉米	辽宁省沈阳市新民市	91.1	0.001	0.144	2	25.6	5.3	16.3	25.2	0	54.8	0.9
639	玉米	辽宁省铁岭市昌图县	90.7	0.001	0.021	2.5	13.6	5.8	12.4	19.4	91.6	52.2	2.3
640	玉米	辽宁省铁岭市昌图县	90.4	0.001	0.143	2	14.4	4.8	14.2	14.2	0	24.2	0
641	玉米	辽宁省铁岭市昌图县	91.1	0.001	0.149	2	27	5.8	14.1	15.4	57.7	12.7	2.8
642	玉米	辽宁省铁岭市昌图县	90.6	0.001	0.127	2.3	17.6	5.7	14	57.4	0	10.8	1

续表2-2

序号	原料名称	采样地点	干物质 DM/%	钠 Na/%	镁 Mg/%	铜 Cu/(mg/kg)	铁 Fe/(mg/kg)	锰 Mn/(mg/kg)	锌 Zn/(mg/kg)	硒 Se/(μg/kg)	铬 Cr/(μg/kg)	铅 Pb/(μg/kg)	砷 As/(μg/kg)
643	玉米	辽宁省铁岭市昌图县	90.9	0.001	0.013	2.4	40.5	6.2	16.6	15.2	157.6	7.1	11.4
644	玉米	辽宁省铁岭市昌图县	90.7	0.001	0.151	1.6	19.3	5.4	15.5	0.5	76.6	6	0.6
645	玉米	辽宁省铁岭市昌图县	90.6	0.001	0.135	1.7	19.2	4.5	14.5	4.4	42.5	4.8	1.2
646	玉米	辽宁省铁岭市铁岭县	90.9	0.001	0.124	1.5	13	4.1	14.7	49.4	0	5.2	0
647	玉米	辽宁省铁岭市铁岭县	90.5	0.001	0.132	2	15.5	4.8	15.9	14.7	11.1	0	0.5
648	玉米	辽宁省铁岭市西丰县	91.2	0.001	0.122	2	19.4	5.1	11.5	9.1	124.3	12.7	0
649	玉米	辽宁省大连市瓦房店市	90.7	0.001	0.168	3.3	19.8	4.3	18.6	23.1	72.1	79.5	3.2
650	玉米	辽宁省沈阳市新民市	90.4	0.001	0.154	2.7	22.7	6.5	15.1	25	63.2	101.8	11.9
651	玉米	辽宁省大连市庄河市庄河县	90.4	0.001	0.128	2.5	16.3	3.6	18	10.2	0	0	1
652	玉米	内蒙古自治区巴彦淖尔市杭锦后旗	88.9	0.001	0.132	2.2	18.8	4.7	13.8	19	0	9.2	3.6
653	玉米	内蒙古自治区巴彦淖尔市临河区	88.5	0.001	0.154	2.6	16.8	3.8	17.7	9.9	0	44.1	0
654	玉米	内蒙古自治区巴彦淖尔市乌拉特中旗	88.6	0.004	0.134	3	14.8	4.5	13.5	21.5	0	105.5	3.9
655	玉米	内蒙古自治区巴彦淖尔市五原县	88.6	0.004	0.104	1.7	37.9	5.4	11.9	61.3	648.2	1.8	96
656	玉米	内蒙古自治区包头市	87.9	0.001	0.154	2.2	20.1	4.2	12	47.2	134.6	152.3	3.4
657	玉米	内蒙古自治区包头市	88.7	0.001	0.147	1.7	22.2	4.1	12.2	35.8	84.5	47.8	1.6
658	玉米	内蒙古自治区赤峰市	89	0	0.101	1.6	21	4.3	13.6	8.7	209.1	276.9	12.8
659	玉米	内蒙古自治区赤峰市	89.6	0	0.105	2	23.6	4.1	14.2	7.1	220.4	199.1	14
660	玉米	内蒙古自治区赤峰市	89.5	0	0.104	2	18.8	4	14.2	7.1	171.2	171.1	12.9
661	玉米	内蒙古自治区赤峰市	88.6	0	0.101	1.6	51.7	4.2	14.3	7.6	263	100.5	14.9
662	玉米	内蒙古自治区赤峰市	88.7	0	0.097	1.6	22.5	3.9	13.2	15	260.1	68.2	5.7

续表2-2

序号	原料名称	采样地点	干物质 DM/%	钠 Na/%	镁 Mg/%	铜 Cu/(mg/kg)	铁 Fe/(mg/kg)	锰 Mn/(mg/kg)	锌 Zn/(mg/kg)	硒 Se/(μg/kg)	铬 Cr/(μg/kg)	铅 Pb/(μg/kg)	砷 As/(μg/kg)
663	玉米	内蒙古自治区赤峰市	88.4	0	0.104	1.3	23	4.5	14.3	11.6	188.9	68.1	5.6
664	玉米	内蒙古自治区赤峰市	88.4	0	0.098	1.4	22.1	3.7	13.9	5.2	234.3	23.6	11.7
665	玉米	内蒙古自治区赤峰市	88.9	0	0.105	1.2	21.2	4.3	14.5	9.1	162.1	3.5	4.5
666	玉米	内蒙古自治区赤峰市	88.7	0	0.107	1.5	32.4	4.5	14.7	8.9	410.3	0	7
667	玉米	内蒙古自治区赤峰市	90	0	0.104	1.2	20.4	3.8	14	9.5	168.3	0	5.1
668	玉米	内蒙古自治区赤峰市	89.9	0	0.107	1.4	20.3	4.1	14.5	7	213	0	3.9
669	玉米	内蒙古自治区赤峰市	89.7	0	0.104	1.5	20.6	4.4	14.5	17.5	245.7	0	5.5
670	玉米	内蒙古自治区赤峰市	89.6	0	0.112	1.4	23	4.7	15.6	11.3	161.1	0	5.4
671	玉米	内蒙古自治区赤峰市	88	0	0.107	1.6	23.8	4.2	14.6	10.5	154.5	0	5.2
672	玉米	内蒙古自治区呼和浩特市	88.3	0.001	0.146	1.7	21	3.5	12.2	46.4	205.7	205.9	2.1
673	玉米	内蒙古自治区呼和浩特市	88	0.001	0.12	2	19.6	4.2	11.6	52.3	237.4	0.8	2.6
674	玉米	内蒙古自治区呼伦贝尔市	88.8	0	0.101	1.5	20.8	4.2	13.8	13.3	171	826.8	5.5
675	玉米	内蒙古自治区呼伦贝尔市	90.1	0	0.102	1.7	20.9	4	13.8	6.9	184.2	88.5	13.5
676	玉米	内蒙古自治区呼伦贝尔市	88.9	0	0.103	1.3	25.8	3.9	13.9	8.7	284.8	69.8	14.2
677	玉米	内蒙古自治区呼伦贝尔市	89.8	0	0.122	1.8	18.9	4.3	14.4	5.9	246.7	54.1	12.3
678	玉米	内蒙古自治区呼伦贝尔市	89.4	0	0.108	1.5	20.5	4	14.7	9.7	196.7	0	5.6
679	玉米	内蒙古自治区呼伦贝尔市	89.5	0	0.11	1.4	25.1	4.5	15.2	12.1	322.4	0	5.5
680	玉米	内蒙古自治区呼伦贝尔市	88.3	0	0.104	1.7	20.9	4.5	14.2	8.4	226.1	39.5	14.3
681	玉米	内蒙古自治区乌兰察布市凉城县	88.4	0.001	0.128	2	18.7	4.5	11.9	51.3	191.6	10.9	2.4
682	玉米	内蒙古自治区通辽市	89.7	0	0.098	1.3	21.4	4.1	14	6.1	169.7	204.8	13.1
683	玉米	内蒙古自治区通辽市	90.4	0	0.103	1.5	24.9	4	13.9	7.1	199	201.7	14.4
684	玉米	内蒙古自治区通辽市	88.2	0.001	0.093	1.7	16.9	3.8	13.1	12.6	24.5	154.2	2.2
685	玉米	内蒙古自治区通辽市	89.8	0	0.104	1.7	42.8	4.4	13.7	9.7	697.2	58.8	16.6

续表2-2

序号	原料名称	采样地点	干物质 DM/%	钠 Na/%	镁 Mg/%	铜 Cu/(mg/kg)	铁 Fe/(mg/kg)	锰 Mn/(mg/kg)	锌 Zn/(mg/kg)	硒 Se/(μg/kg)	铬 Cr/(μg/kg)	铅 Pb/(μg/kg)	砷 As/(μg/kg)
686	玉米	内蒙古自治区通辽市	89.3	0	0.103	1.5	25	4.1	14.1	7	268.3	57.2	15.1
687	玉米	内蒙古自治区通辽市	89.5	0	0.103	1.4	22.2	4.1	13.8	5.1	253	52.9	14
688	玉米	内蒙古自治区通辽市	89.6	0	0.133	1.1	34.5	4.4	14.3	9.9	214.9	49.7	15.5
689	玉米	内蒙古自治区通辽市	89.9	0	0.101	1.2	23.2	3.9	13.4	7.2	164.5	35.5	18.3
690	玉米	内蒙古自治区通辽市	89.7	0	0.136	1.4	21.1	4.1	13.9	6.7	177.6	19.2	12.5
691	玉米	内蒙古自治区通辽市	89.6	0	0.148	1.8	24.4	4.1	14	7.9	310.5	10.3	14.8
692	玉米	内蒙古自治区通辽市	89.3	0	0.107	1.2	24.9	4.5	14.5	10.9	172.8	0	4.3
693	玉米	内蒙古自治区通辽市	89.4	0	0.102	1.6	22	4.2	14.2	11.9	193.7	0	5.3
694	玉米	内蒙古自治区通辽市	88.5	0.001	0.098	1.7	15.9	4	12.6	13.9	29.8	0	1.7
695	玉米	内蒙古自治区通辽市	87.7	0.002	0.097	1.8	16.1	4	12.8	12.6	20.7	0	1.7
696	玉米	内蒙古自治区兴安盟乌兰浩特市	89.3	0	0.109	2	21.7	4.4	14.9	9.5	228.1	0	4.6
697	玉米	内蒙古自治区兴安盟	89.5	0	0.129	1.5	24.5	4.1	13.5	11.4	272	193.7	13.8
698	玉米	内蒙古自治区兴安盟	89.5	0	0.1	1.5	23.6	4	13.3	6.8	291.9	81.4	14.9
699	玉米	内蒙古自治区兴安盟	89.7	0	0.105	1.4	22.8	4.5	14.6	9.9	175.9	0	5.6
700	玉米	内蒙古自治区兴安盟	89.1	0	0.107	1.2	23.3	4.1	14.3	10.9	157.6	0	5.8
701	玉米	内蒙古自治区	88.4	0.001	0.152	2.2	21.2	4.1	12.4	36.8	203.9	392.3	2.4
702	玉米	内蒙古自治区	88.7	0.001	0.15	2	21.4	3.8	12.1	49.4	151.6	364.3	1.9
703	玉米	内蒙自治区古阿拉善盟	88.7	0.001	0.179	2.7	48.6	5.9	11.7	44.1	412.5	17.2	12.8
704	玉米	宁夏省回族自治区固原市隆德县	89.8	0.002	0.194	2.4	16.6	5.7	14.5	0.6	107.1	12.1	0
705	玉米	宁夏回族自治区固原市彭阳县	89.7	0.001	0.143	2.3	19.9	4.7	14.3	1.1	59.5	6.2	1.8
706	玉米	宁夏回族自治区固原市彭阳县	89.6	0.001	0.146	1.6	16.5	4.1	9.9	0.6	35	4.9	1.3
707	玉米	宁夏回族自治区固原市西吉县	89.3	0.001	0.157	2.6	25	5.8	14.7	4.2	123.3	15.7	0
708	玉米	宁夏回族自治区固原市原州区	89.4	0.001	0.155	2.4	24.1	4.9	13.8	3.6	128.9	14.5	0

续表2-2

序号	原料名称	采样地点	干物质DM/%	钠Na/%	镁Mg/%	铜Cu/(mg/kg)	铁Fe/(mg/kg)	锰Mn/(mg/kg)	锌Zn/(mg/kg)	硒Se/(μg/kg)	铬Cr/(μg/kg)	铅Pb/(μg/kg)	砷As/(μg/kg)
709	玉米	宁夏回族自治区石嘴山市惠农区	89.5	0.001	0.15	2.7	22.1	5	16.7	18.1	80.9	12.6	3.1
710	玉米	宁夏回族自治区石嘴山市平罗县	89.4	0.001	0.136	2.2	17.8	4.8	13.8	17.6	64.3	13.8	1.7
711	玉米	宁夏回族自治区石嘴山市平罗县	89.4	0.001	0.138	3	20.2	4.8	16.3	36.9	10.7	11.3	6.6
712	玉米	宁夏回族自治区石嘴山市平罗县	89.6	0.001	0.146	2.3	15.1	5.9	15.2	4.7	66.6	1.8	4.3
713	玉米	宁夏回族自治区吴忠市	90.2	0.002	0.131	2.4	22.4	5.1	11.6	8.2	218.4	16.5	0
714	玉米	宁夏回族自治区吴忠市	90.2	0.002	0.084	2.2	18.6	4.5	10.7	15	76.8	0	3.7
715	玉米	宁夏回族自治区吴忠市红寺堡区	89.3	0.001	0.135	2.5	16.9	5.3	9	4.3	93.2	18.4	3.9
716	玉米	宁夏回族自治区吴忠市利通区	90.1	0.001	0.144	2.7	17.8	5.6	14.8	12.4	96.6	9.7	0
717	玉米	宁夏回族自治区吴忠市同心县	90.2	0.001	0.135	2.4	15.4	5.6	10.9	21.3	84.2	27.1	6.9
718	玉米	宁夏回族自治区吴忠市同心县	90.1	0.002	0.116	2.9	21.7	4.6	13.1	27.4	96.1	16.6	0
719	玉米	宁夏回族自治区吴忠市同心县	89.8	0.001	0.139	2.6	16.1	5.6	10.9	3.2	130.2	10.6	0
720	玉米	宁夏回族自治区吴忠市盐池县	90.1	0.001	0.128	2.3	21	4.7	12.7	4.7	195	33.1	3.5
721	玉米	宁夏回族自治区银川市贺兰县	89.6	0.001	0.142	2.8	15.9	5.5	12.2	7.4	58.5	7.3	8.3
722	玉米	宁夏回族自治区银川市金凤区	89.1	0.002	0.138	2.4	15.4	4.9	17.7	7.2	150.7	12.9	5
723	玉米	宁夏回族自治区银川市灵武市	89.8	0.001	0.146	2.4	23	4.3	15.3	29	75.4	19.1	0
724	玉米	宁夏回族自治区银川市西夏区	89.2	0.001	0.127	2.4	18.4	5	13.1	6.9	92.7	7	2
725	玉米	宁夏回族自治区银川市西夏区	90.2	0.001	0.153	2.4	17.6	5.3	11.4	18.4	117.3	12.6	2.7
726	玉米	宁夏回族自治区银川市西夏区	90.4	0.001	0.133	1.7	13.1	4.5	11.4	23.7	76.4	5.6	1.6
727	玉米	宁夏回族自治区银川市西夏区	89.7	0.001	0.181	2.8	11.6	5.5	15.1	6.3	87.1	1.9	0
728	玉米	宁夏回族自治区银川市永宁县	89.5	0.001	0.147	2.3	19.5	4.7	11.9	9.3	73.3	10.5	3.8
729	玉米	宁夏回族自治区银川市永宁县	89.7	0.001	0.114	3.4	19.3	6.1	13.1	9.3	13.9	3.9	1.9

续表2-2

序号	原料名称	采样地点	干物质 DM/%	钠 Na/%	镁 Mg/%	铜 Cu/(mg/kg)	铁 Fe/(mg/kg)	锰 Mn/(mg/kg)	锌 Zn/(mg/kg)	硒 Se/(μg/kg)	铬 Cr/(μg/kg)	铅 Pb/(μg/kg)	砷 As/(μg/kg)
730	玉米	宁夏回族自治区中卫市海原县	89.4	0.001	0.139	2.3	25.5	5.1	9.7	35.1	208.3	33.2	4.9
731	玉米	宁夏回族自治区中卫市海原县	89.7	0.001	0.148	2.2	19.3	5.5	18.4	2.6	221	20.6	1.3
732	玉米	宁夏回族自治区中卫市沙坡头区	90.1	0.002	0.146	2.4	19.9	5.6	14.1	2	168.8	33.5	2.7
733	玉米	宁夏回族自治区中卫市沙坡头区	89.9	0.001	0.149	0.9	23.4	4.7	13.4	20	54	16	5.1
734	玉米	宁夏回族自治区中卫市中宁县	89.7	0.001	0.152	2.1	20.2	6	14.6	14.3	45.6	84.8	2.7
735	玉米	宁夏回族自治区中卫市中宁县	89.7	0.001	0.156	2.4	15	6.4	17.4	4.2	49.8	20.6	3.7
736	玉米	青海省海东市	88.5	0	0.119	1.9	28.8	5.7	15.3	10	220.1	830	3.7
737	玉米	青海省海东市	89.1	0.001	0.127	2.5	24.9	4.4	16.3	22.9	193.6	522.1	2.3
738	玉米	青海省海东市	88.9	0.001	0.104	2	25.5	5.4	14.7	9.7	152.8	132.6	2.5
739	玉米	青海省海东市	89	0	0.12	1.5	23.3	5.5	15.6	9.3	139.3	127.1	2.3
740	玉米	青海省海东市	88.8	0	0.112	1.5	25.4	5.5	15.2	11	251.6	103.7	2.9
741	玉米	青海省海东市	89.3	0	0.111	1.4	21.6	5.3	15.9	23.8	234.8	96.4	2.6
742	玉米	青海省海东市	89.4	0	0.092	1.8	27.4	4.9	14	11.4	186.8	93.8	3.4
743	玉米	青海省海东市	88.8	0.001	0.132	2.3	22.9	4.5	15.9	22.1	135.6	0	1.6
744	玉米	青海省海东市	88.8	0	0.097	1.8	24.5	5	14.5	4.7	201.6	0	2.3
745	玉米	青海省海东市	89	0	0.12	1.9	18	5.3	16.9	24.9	139.1	0	1.9
746	玉米	青海省海东市	88.7	0	0.104	1.2	15.1	4.1	13	4.4	79.6	0	2
747	玉米	青海省海东市	88.9	0	0.112	1.9	20.3	4.3	13	5	175.3	0	0.8
748	玉米	青海省海东市	87.1	0.001	0.163	2.4	26.4	5.9	14.1	43.9	118	369.9	6.2
749	玉米	山东省滨州市	89.8	0.002	0.106	2.6	50.9	6	20.1	10.3	697.9	338.2	11.1
750	玉米	山东省滨州市	86.4	0.001	0.125	3.7	27	5.7	22.3	10.7	156.6	852.8	6.2
751	玉米	山东省滨州市	89.1	0.001	0.113	2.9	31.7	5.1	21.3	9	241.8	675.1	7.2
752	玉米	山东省德州市	87.5	0.001	0.121	3	24.4	5.8	20.1	11	125.2	748.5	7.9
753	玉米	山东省德州市	88.9	0.001	0.121	3.4	23.8	6	22.9	13.6	166.7	560.3	7.6

续表2-2

序号	原料名称	采样地点	干物质 DM/%	钠 Na/%	镁 Mg/%	铜 Cu/(mg/kg)	铁 Fe/(mg/kg)	锰 Mn/(mg/kg)	锌 Zn/(mg/kg)	硒 Se/(μg/kg)	铬 Cr/(μg/kg)	铅 Pb/(μg/kg)	砷 As/(μg/kg)
754	玉米	山东省东营市	88.8	0.001	0.115	3	42.7	8.1	18.2	17.3	376.3	372.5	20.3
755	玉米	山东省荷泽市	87.9	0	0.104	2.6	16.5	6.7	20.4	8.4	59.8	425.8	2.6
756	玉米	山东省荷泽市	88.3	0.001	0.105	2.5	26.3	6.9	20.5	12.4	381.1	12.5	7.3
757	玉米	山东省菏泽市曹县	89.4	0.001	0.141	3	30.8	6.7	22.1	21.3	287.5	180.7	4.8
758	玉米	山东省济宁市石墙镇	88.6	0.001	0.116	2.7	23.9	5.8	23.2	9.5	131.6	462.5	7.2
759	玉米	山东省聊城市	89.4	0.002	0.131	2.7	19.2	5.6	21.5	23.9	128.9	834	7.2
760	玉米	山东省聊城市	87.8	0.001	0.102	2.7	25.6	4.6	21.9	12.5	155.4	787.7	9.2
761	玉米	山东省聊城市	88.6	0.002	0.131	2.7	22.4	5.4	20.7	24.4	437.5	453.6	7.3
762	玉米	山东省聊城市	89.4	0.002	0.12	2.4	34	5.5	22	12.1	227.9	188.2	8.6
763	玉米	山东省临沂市	88.7	0.002	0.111	3.1	27.6	7.5	19.1	29	179.8	592.8	8.4
764	玉米	山东省临沂市	86.8	0.001	0.112	2.8	28.8	7.1	22.3	14.3	101	488.7	4.6
765	玉米	山东省青岛市	87.4	0	0.015	1.3	13.7	1.1	3.3	9.6	85.4	838.7	2.8
766	玉米	山东省日照市	88	0.001	0.111	2.3	34.3	6	18.3	16.5	300.8	506.1	13.1
767	玉米	山东省日照市	87.7	0.001	0.119	3.1	36.5	5.3	20.9	26.8	477.6	471.9	10.9
768	玉米	山东省泰安市	88.2	0	0.107	1.8	18.5	5.3	16.2	20.2	147.8	867.9	1.8
769	玉米	山东省泰安市	86.7	0	0.109	2.2	66.5	6	18.8	13.4	71.4	260.2	11.5
770	玉米	山东省威海市	87.6	0.001	0.114	3	21.9	6.1	20.3	14.8	70.7	408	7.4
771	玉米	山东省潍坊市	89.9	0.001	0.134	2.7	22.8	8.2	22.1	18.8	194.5	707.2	9.6
772	玉米	山东省潍坊市	88.4	0.002	0.136	2.7	39.7	6.8	17.9	18.8	530.1	244.5	14.9
773	玉米	山东省潍坊市	89.5	0.001	0.13	3.1	19.7	5.3	21.4	19.1	105	0	5.5
774	玉米	山东省潍坊市	90.1	0.002	0.131	2.9	24.6	6.1	21.6	20.8	95.3	0	6.7
775	玉米	山东省烟台市	89.3	0.003	0.104	1.8	26.1	8.5	15.9	17.6	612.5	7	104.3
776	玉米	山东省烟台市	88.3	0.003	0.11	1.6	27.4	9.3	16.7	14	617.2	5.1	92.7
777	玉米	山东省烟台市	88.1	0.001	0.119	2.8	42.1	6	19.5	13.7	290.4	0	11.5

续表2-2

序号	原料名称	采样地点	干物质 DM/%	钠 Na/%	镁 Mg/%	铜 Cu/(mg/kg)	铁 Fe/(mg/kg)	锰 Mn/(mg/kg)	锌 Zn/(mg/kg)	硒 Se/(μg/kg)	铬 Cr/(μg/kg)	铅 Pb/(μg/kg)	砷 As/(μg/kg)
778	玉米	山东省枣庄市	88.3	0	0.108	1.6	19.1	4.3	13.8	17.7	71.6	31	9.4
779	玉米	山东省济南市章丘区	87.6	0	0.124	3.1	22.3	6.2	24.2	37.3	106	592.2	9.7
780	玉米	山东省淄博市	87.8	0.001	0.126	2.8	25.5	6	22.3	5.8	51.1	607	2.9
781	玉米	山东省淄博市	87.7	0.001	0.131	3.2	28.5	5.7	19.5	23.1	144.9	538.6	11
782	玉米	山东省邹城市	89	0.002	0.126	3.3	27.5	5.9	23.2	11.8	318.1	795.6	12.6
783	玉米	山东省邹城市	89.2	0.001	0.119	2.7	23.5	5.4	21.8	11.4	165.3	149.8	7.6
784	玉米	山西省大同市广灵县	90.3	0.001	0.107	2.6	19.3	3.6	18	8	213.5	31	24.1
785	玉米	山西省大同市广灵县	90.2	0.001	0.109	3.1	34.1	5.2	18.8	9.9	252.2	24.9	22.4
786	玉米	山西省大同市浑源县	90.3	0.001	0.116	2.9	27.1	5.1	17.8	57.2	244.6	25.1	25
787	玉米	山西省大同市浑源县	90.5	0.001	0.121	2.8	19	5.4	19.7	57.7	86.9	12	5.5
788	玉米	山西省大同市云冈区南郊区	90.2	0.001	0.156	2.7	27	5.6	20.6	29.7	140.8	239.9	5.4
789	玉米	山西省大同市云冈区南郊区	89.2	0.001	0.152	2.4	24.4	5.5	19.7	40.2	95.8	188.9	8.3
790	玉米	山西省大同市天镇县	90.5	0.001	0.148	2.5	29.6	4.9	18.1	18	413.2	299.6	8.4
791	玉米	山西省大同市天镇县	90.7	0.001	0.144	2.3	21.4	4.8	17.2	24.1	246.6	64.5	2.5
792	玉米	山西省大同市阳高县	90.1	0.001	0.166	2.4	30.4	5.2	19.1	10.8	679.8	235.9	10.1
793	玉米	山西省大同市阳高县	90.2	0.001	0.114	2.3	30.9	4.8	19.4	8.1	189.8	41.9	22.5
794	玉米	山西省晋城市	90.6	0	0.116	2.3	19.3	5	16.6	52.2	38.8	30.9	18.7
795	玉米	山西省晋城市	90.6	0	0.118	2.1	13.7	4.6	14	123.6	79.6	2.8	6.5
796	玉米	山西省晋中市	90.6	0	0.122	2	19.4	5.4	17.5	58	102.4	101.8	20.8
797	玉米	山西省晋中市	90.5	0	0.104	1.9	17.6	4.1	14	37.9	79.9	68.9	7
798	玉米	山西省晋中市	90.2	0	0.111	2.9	18.2	5.3	17.1	73.6	59.7	40.5	9
799	玉米	山西省晋中市	90.7	0.002	0.154	2.2	29.3	5.4	17.3	43	223.5	383.2	8.8
800	玉米	山西省晋中市	90.2	0.001	0.143	1.5	24.2	4.3	13	26.2	976.3	241.3	2.1

续表2-2

序号	原料名称	采样地点	干物质 DM/%	钠 Na/%	镁 Mg/%	铜 Cu/（mg/kg）	铁 Fe/（mg/kg）	锰 Mn/（mg/kg）	锌 Zn/（mg/kg）	硒 Se/（μg/kg）	铬 Cr/（μg/kg）	铅 Pb/（μg/kg）	砷 As/（μg/kg）
801	玉米	山西省晋中市	90.7	0.001	0.142	2.7	34.8	6.8	21.5	57.1	221.8	225.4	6.4
802	玉米	山西省晋中市	90.7	0.001	0.147	2.3	32.3	7.2	21	48.8	195.2	208.8	6.7
803	玉米	山西省晋中市	90.6	0.002	0.139	2.9	37	6.8	19.4	38.2	254.7	164.5	6.8
804	玉米	山西省晋中市	90.5	0.001	0.127	2.3	31.3	6.3	18.7	35	285.9	130.8	6.7
805	玉米	山西省晋中市	90.6	0.001	0.134	1.3	19.5	4.1	13.1	37.3	224.1	121.9	2.9
806	玉米	山西省晋中市	90.7	0.001	0.143	1.8	21.8	4.1	13.8	48.6	151.1	112.1	9.7
807	玉米	山西省晋中市	90.1	0.001	0.143	1.8	18.7	4.2	12.4	27.1	248.2	75	0
808	玉米	山西省晋中市	90.4	0.001	0.116	1.7	26.5	3.9	13.2	46.4	276.7	69.1	3.5
809	玉米	山西省临汾市	90.7	0	0.125	2.8	16.5	5.4	16.5	30.9	467.7	422.8	9.5
810	玉米	山西省临汾市	90.7	0	0.112	2.1	17.3	4	13.6	26.7	119.4	310.8	23.9
811	玉米	山西省临汾市	90.8	0	0.109	2.2	20.8	4	15.6	12.9	106.1	273.2	7.7
812	玉米	山西省临汾市	90.6	0	0.129	2.7	16	5.6	16.7	30.1	151.4	248.9	9.5
813	玉米	山西省临汾市	90.8	0	0.114	2	17.8	4.1	15.6	11.5	91.8	171.8	6.8
814	玉米	山西省临汾市	90.2	0	0.12	2.4	27.5	5.1	19	30.6	229.6	102.4	19
815	玉米	山西省临汾市	89.1	0	0.119	1.8	16.6	4.5	13.6	35.7	339.7	43.7	19.8
816	玉米	山西省临汾市	90.3	0	0.123	2.4	15.3	5.4	18.1	15.7	24.8	42.6	10
817	玉米	山西省临汾市	90.8	3.4	3.2	1.2	71.7	0	0.2	12.4	3.7	3.5	1.4
818	玉米	山西省临汾市	90.8	3.4	3.2	1.2	71.7	0	0.2	12.4	3.7	3.5	1.4
819	玉米	山西省吕梁市文水县	90.7	0.001	0.12	2.8	39.7	5.8	22.7	100.5	221.1	38.9	29.9
820	玉米	山西省吕梁市文水县	90.4	0.001	0.118	1.9	33.8	6.2	22.4	110.4	211.7	19.6	30
821	玉米	山西省朔州市怀仁市	90.2	0.001	0.158	3	18	6.3	18.2	18.4	78.9	266.5	2.7
822	玉米	山西省朔州市怀仁市	90.2	0.001	0.151	2.7	21.9	6.4	17.6	17.8	251.9	77.6	2.6
823	玉米	山西省朔州市山阴县	91	0.001	0.152	3	26.8	5	17.7	31	189.5	257.9	2.6

续表2-2

序号	原料名称	采样地点	干物质 DM/%	钠 Na/%	镁 Mg/%	铜 Cu/(mg/kg)	铁 Fe/(mg/kg)	锰 Mn/(mg/kg)	锌 Zn/(mg/kg)	硒 Se/(μg/kg)	铬 Cr/(μg/kg)	铅 Pb/(μg/kg)	砷 As/(μg/kg)
824	玉米	山西省朔州市山阴县	90.6	0.001	0.154	3.5	20.6	4.9	17.3	33.7	259.4	224.9	2.8
825	玉米	山西省太原市	90.7	0.006	0.126	1.7	39.4	4.5	12.1	28.9	913.5	107.3	11.5
826	玉米	山西省忻州市五寨县	90.5	0.001	0.103	2.5	44.9	5.4	15.2	17.5	242.7	66.7	43.6
827	玉米	山西省忻州市五寨县	90.5	0.001	0.101	2.5	32.2	4.7	15.4	6.4	240.1	27.3	22.3
828	玉米	山西省阳泉市	90.6	0	0.139	3	20.9	5	21.5	116.1	149.2	104.1	11.2
829	玉米	山西省阳泉市	90.4	0	0.139	3.2	22.1	5.1	21.3	113.7	172.3	100.9	11.2
830	玉米	山西省忻州市五台县	90.5	0.001	0.176	3.1	20.4	5.7	21.7	25.8	106.9	711.6	6.5
831	玉米	山西省忻州市忻府区	90.5	0.001	0.139	2.1	25.5	5.3	20.5	36.8	197.8	880.3	5
832	玉米	山西省忻州市忻府区	90.3	0.002	0.107	2.7	30.2	6	21.3	33.9	162.1	674.9	5.7
833	玉米	山西省朔州市应县义井乡	90.5	0.001	0.049	2.1	28.6	5.4	17.1	20.9	145.9	0	3.3
834	玉米	山西省朔州市应县义井乡	90.6	0.001	0.112	2.3	24.5	5	17	22.6	70.6	0	4.3
835	玉米	山西省运城市	90.6	0.001	0.118	3.7	22	6.2	23.3	16.1	528.7	727.2	45.9
836	玉米	山西省运城市	90.4	0	0.107	2.9	17.9	5.1	20.3	30.7	415.2	388.5	13.5
837	玉米	山西省运城市	90.8	0	0.122	2.9	18.3	4.3	17.1	5.6	464.6	239.9	12.2
838	玉米	山西省运城市	90.8	0.002	0.124	3.4	30.4	6.3	18.8	7.5	273.7	99.4	16.7
839	玉米	山西省运城市	90.3	0.001	0.138	3.2	18.3	6.9	19.3	10.2	66.2	58.9	16.7
840	玉米	山西省运城市	90.5	0	0.114	2.7	16	5	19	37.3	126.1	34.5	13.6
841	玉米	山西省运城市	90.8	0	0.124	2.6	20	5.5	21	11.8	66.3	29.8	8
842	玉米	山西省运城市	90.9	0	0.118	2.1	18.2	5.1	19.3	7.2	68.8	8	21.9
843	玉米	山西省运城市	90.2	0	0.101	1.8	13.5	4.4	14.1	13.1	63.1	7.5	7.8
844	玉米	山西省长治市	90.3	0	0.105	1.6	15.5	3.5	12.3	72.6	130.6	166	8.4
845	玉米	山西省长治市	90.4	0	0.109	1.2	21	4.4	12.9	135.7	128.1	106.7	9.1
846	玉米	山西省长治市	90.5	0	0.103	1.5	25.1	4.1	13.3	74.3	92.3	105.6	9.9

续表2-2

序号	原料名称	采样地点	干物质 DM/%	钠 Na/%	镁 Mg/%	铜 Cu/(mg/kg)	铁 Fe/(mg/kg)	锰 Mn/(mg/kg)	锌 Zn/(mg/kg)	硒 Se/(μg/kg)	铬 Cr/(μg/kg)	铅 Pb/(μg/kg)	砷 As/(μg/kg)
847	玉米	山西省长治市	90.8	0	0.1	1.3	19.2	3.7	13.1	35.1	164.2	77.7	20.7
848	玉米	山西省长治市	90.3	0	0.114	1.3	18.3	4.6	13.7	177.9	116.3	67.2	8.7
849	玉米	山西省长治市	90.5	0	0.099	1.4	31.7	3.7	12.2	72.1	58.5	64.1	10.2
850	玉米	山西省长治市	89.9	0	0.12	1.7	16.6	5.1	15.9	114.9	138.7	56.3	6.5
851	玉米	山西省长治市	90.2	0	0.111	1.2	36.9	4.1	13.5	195.8	168.5	48.8	13.5
852	玉米	山西省长治市	90.6	0	0.114	1.9	24.6	4.5	14	114.7	262.8	45.3	9.1
853	玉米	山西省长治市	90.4	0	0.112	1.4	22	4.2	12.8	125.5	171.9	24	9.6
854	玉米	山西省长治市	90.4	0	0.1	1.6	18.1	4.4	12.5	63.8	354.8	21.7	8.1
855	玉米	山西省长治市	90.7	0	0.103	1.3	14.8	3.9	13.5	34	52.3	15.1	14.5
856	玉米	山西省长治市	90.2	0	0.114	1.3	15.9	4.8	15.6	115.9	55.6	8.7	6.9
857	玉米	山西省长治市沁县	90.3	0	0.111	2.3	20.2	4.6	15.2	27.2	69	38.5	7.5
858	玉米	山西省长治市沁县	90.4	0	0.11	1.8	18.9	4.3	13.8	29.5	74.9	18.3	7
859	玉米	山西省长治市襄垣县	90.6	0	0.112	2.2	22.3	6.9	19.4	122.3	101	108.2	7.4
860	玉米	山西省长治市襄垣县	90.5	0	0.109	1.8	17.7	6.3	18.1	115.8	41.8	5.1	6.9
861	玉米	陕西省铜川市	90.8	0.001	0.184	2.7	20.8	5.1	15.1	35.5	153.4	79.6	10.1
862	玉米	陕西省铜川市	91.3	0.001	0.174	2.4	14.1	4.8	14	19.1	118.6	28.3	11
863	玉米	陕西省铜川市	90.8	0.001	0.163	2.9	25.6	4.6	15.7	10.1	192.1	14.4	6.5
864	玉米	陕西省铜川市耀州区	90.6	0.001	0.125	3.6	15.2	4.4	13.1	25	77.4	79.9	7.6
865	玉米	陕西省铜川市耀州区	90.4	0.001	0.107	1.2	20.9	4	14.8	2.6	79.4	5	1.8
866	玉米	陕西省铜川市耀州区	90.2	0.001	0.134	2.3	17.3	3.9	10.7	14.6	0	2	3
867	玉米	陕西省铜川市耀州区	89.8	0.001	0.126	1.8	22.8	3.3	12	18.1	35.5	0	4.2
868	玉米	陕西省渭南市白水县	89.9	0.001	0.013	3.4	22.4	4.5	13.1	9.3	204.6	57	7.7
869	玉米	陕西省渭南市大荔县	90	0.001	0.116	1.9	18.1	3.7	9.3	16.9	127.1	7.6	7

续表2-2

序号	原料名称	采样地点	干物质 DM/%	钠 Na/%	镁 Mg/%	铜 Cu/(mg/kg)	铁 Fe/(mg/kg)	锰 Mn/(mg/kg)	锌 Zn/(mg/kg)	硒 Se/(μg/kg)	铬 Cr/(μg/kg)	铅 Pb/(μg/kg)	砷 As/(μg/kg)
870	玉米	陕西省西安市阎良区	90.8	0.001	0.026	3.2	12.7	4.1	11.6	8.1	119.8	8.2	5.6
871	玉米	陕西省西安市	89.3	0.001	0.159	2.8	17.6	5.3	14.5	20	86.2	459.5	1.5
872	玉米	陕西省西安市	88.6	0.001	0.109	1.5	27.1	4.2	13.8	42.3	53.2	235.5	8.3
873	玉米	陕西省西安市	89.7	0.001	0.152	2.4	15.1	5.1	14.7	21.2	54.6	63	0.8
874	玉米	陕西省西安市	89.9	0.063	1.176	3.3	28.2	8.1	34.9	27.1	581.4	49.8	11.6
875	玉米	陕西省西安市	89.2	0.001	0.128	2.5	17.3	5.3	14.7	58.1	0	28.7	0
876	玉米	陕西省西安市	90.5	0.001	0.193	3.2	15.4	5.5	16.5	35.7	225.6	27.6	9.7
877	玉米	陕西省西安市	90	0.003	0.106	2.3	31.1	5.9	17.7	14.9	477.8	24.4	87.5
878	玉米	陕西省西安市	91	0.001	0.195	3.1	19.3	5.6	16	34.9	215.8	13.9	8.1
879	玉米	陕西省西安市	91	0.002	0.188	2.6	19.7	5.4	15.3	35.9	127.2	12	5
880	玉米	陕西省西安市	90	0.001	0.114	2	15.1	4.5	13.6	45.3	0	11.6	0
881	玉米	陕西省西安市	89.4	0.001	0.171	2.7	20.5	4.8	15.3	9.1	127.5	7.5	5.6
882	玉米	陕西省西安市高陵区	90.4	0.001	0.128	3	14.7	4.9	19	22.6	77	65.2	5.9
883	玉米	陕西省西安市高陵区	90.3	0.001	0.122	2.7	28	5.3	19.4	35	60	24.6	8.2
884	玉米	陕西省西安市高陵区	90.6	0.001	0.12	3.5	22.7	5.1	20	29.5	16.2	10.6	6.2
885	玉米	陕西省西安市阎良区	90.6	0.001	0.117	2.8	21.5	5.1	18.7	36.3	16.7	25.3	6.7
886	玉米	陕西省西安市长安区	90.6	0.001	0.117	3.4	23.3	5	20.4	30.7	14	63.1	10.1
887	玉米	陕西省西安市长安区	90.4	0.001	0.117	2.8	23.7	5.3	20.9	27.4	41	35.6	6.5
888	玉米	陕西省西安市长安区	90.3	0.001	0.118	4	25.9	5.3	21.1	32.4	167	33.2	5.5
889	玉米	陕西省西安市长安区	90.7	0.001	0.134	2.2	35.6	5	18.9	18.9	116.3	25.5	5.6
890	玉米	陕西省西安市长安区	90.5	0.001	0.008	2.7	18.8	5.4	20.3	28.3	41.5	25	6.1
891	玉米	陕西省西安市长安区	89.8	0.001	0.016	6.4	22.5	5.3	23.5	21.3	99.4	21.7	6.3
892	玉米	陕西省西安市长安区	90.7	0.001	0.065	2.8	13.7	5.4	20.1	19.9	101.4	11.6	4.7

续表2-2

序号	原料名称	采样地点	干物质 DM/%	钠 Na/%	镁 Mg/%	铜 Cu/(mg/kg)	铁 Fe/(mg/kg)	锰 Mn/(mg/kg)	锌 Zn/(mg/kg)	硒 Se/(μg/kg)	铬 Cr/(μg/kg)	铅 Pb/(μg/kg)	砷 As/(μg/kg)
893	玉米	陕西省咸阳市	90.5	0.001	0.191	2.8	16.1	5.4	16	33.4	84.5	146.1	9.3
894	玉米	陕西省咸阳市	90.5	0.001	0.175	2.5	14.2	4.9	13.8	32.9	61.5	75.5	9.5
895	玉米	陕西省咸阳市	89.7	0.001	0.141	2.6	18.2	6.2	17.9	58.4	0	41.8	1.7
896	玉米	陕西省咸阳市	90.3	0.001	0.178	2.8	19.5	6.2	16.3	25.2	302.9	41.2	12.2
897	玉米	陕西省咸阳市	90.2	0.001	0.129	2.3	16.5	4.7	16.6	66.1	0	14.8	0.2
898	玉米	陕西省咸阳市彬州市	90.3	0.001	0.132	2.2	30	4.8	17.5	23.8	87.4	28.3	6.7
899	玉米	陕西省咸阳市礼泉县	90.5	0.001	0.134	1.9	19.5	4.7	18.1	23.6	54.1	16.8	5.1
900	玉米	陕西省咸阳市礼泉县	90.6	0.001	0.125	1.9	16.1	3.9	14.1	25.4	9.3	0	4.7
901	玉米	四川省巴中市	92.8	0.001	0.116	3.3	17	5.1	16.4	5	62.1	11.6	0
902	玉米	四川省巴中市	91.5	0.002	0.147	2.9	29.2	4.4	13.4	4.6	219.9	8.7	7
903	玉米	四川省巴中市	93.2	0.001	0.118	2.8	16.7	4.5	18.4	18.1	37.7	6	0
904	玉米	四川省巴州市	92.8	0.001	0.11	2.7	16.3	4.3	17.7	4.4	74.4	1.7	0
905	玉米	四川省成都市简阳市	92.6	0	0.077	2.8	27.5	5.9	17.2	44.7	241.6	50.9	11
906	玉米	四川省成都市简阳市	92.6	0	0.059	3.3	19.7	5.2	19.5	20.9	124.1	6.4	16.4
907	玉米	四川省成都市金堂县	92.4	0.001	0.059	3.2	11.4	4.1	16.8	10.7	59.8	0	3
908	玉米	四川省达州市	92.3	0.001	0.16	2.9	18.6	5.4	17.5	11.4	68.2	107.5	8.2
909	玉米	四川省达州市	93	0.001	0.113	2.6	17.5	3.5	15.1	1.1	96.3	3.8	0
910	玉米	四川省达州市	92.1	0.001	0.134	3.1	15.7	6.5	15.6	1.5	59.9	2.6	0
911	玉米	四川省达州市	91.8	0.001	0.164	3.5	21.8	5.3	17.9	13.5	111.9	2.1	5.9
912	玉米	四川省绵阳市三台县	93	0	0.07	3.9	9.7	4.7	15.1	7.4	58	13.1	6.9
913	玉米	四川省德阳市中江县	92.2	0.001	0.074	3.5	12.4	5.9	17.8	9.5	36	103.5	0
914	玉米	四川省德阳市中江县	93.5	0	0.074	1.8	19.8	5.1	16.4	12.9	33.6	10.2	8.9
915	玉米	四川省广安市	93.2	0.001	0.127	3.4	19.1	5.5	17.5	2.2	72.5	7.4	0

续表2-2

序号	原料名称	采样地点	干物质 DM/%	钠 Na/%	镁 Mg/%	铜 Cu/(mg/kg)	铁 Fe/(mg/kg)	锰 Mn/(mg/kg)	锌 Zn/(mg/kg)	硒 Se/(μg/kg)	铬 Cr/(μg/kg)	铅 Pb/(μg/kg)	砷 As/(μg/kg)
916	玉米	四川省广元市苍溪县	92	0.001	0.067	3.4	11.6	4.1	17.1	3.3	360	2.8	0.6
917	玉米	四川省广元市剑阁县	90.9	0.001	0.059	2.6	14.7	4.6	14.8	2.8	69.3	0	3.1
918	玉米	四川省南充市阆中市彭城镇	92.9	0.002	0.067	3.5	19.1	5.5	16.5	29.9	62.8	0.3	3.3
919	玉米	四川省泸州市	93	0.001	0.106	2.6	27.4	5.6	19.3	51.6	52.7	18.6	0
920	玉米	四川省泸州市	93.1	0.002	0.157	3.8	39.3	6.6	19	27	172.4	12.7	16.6
921	玉米	四川省泸州市	93.7	0.001	0.119	3.9	16.2	4.2	16.8	45.9	25.8	5.3	1.5
922	玉米	四川省泸州市	92.7	0.001	0.106	3.6	24.2	6.4	20.2	14	29.4	4.5	0
923	玉米	四川省眉山市仁寿县	94.1	0	0.073	3.9	14.8	5.3	23	4.2	71.6	0.2	5.1
924	玉米	四川省绵阳市盐亭县	92.7	0	0.065	1.7	14.2	6	15.9	7.3	67.8	7.3	1.1
925	玉米	四川省南充市	92.6	0.001	0.175	2.8	21.9	6.1	21	9.1	19.5	17.8	3.8
926	玉米	四川省南充市	92.8	0.003	0.132	3.6	21.3	6.8	25.9	7.9	79.5	13.1	0
927	玉米	四川省南充市南部县	92.5	0	0.072	2.2	22	4.5	20.3	22.6	56.4	1	0.8
928	玉米	四川省南充市蓬安县	92.9	0	0.072	2.4	25	4.7	19	35.5	255.5	26.4	7.9
929	玉米	四川省南充市西充县	93.9	0	0.07	2.5	21.3	4.3	20.8	7.4	56.6	6.3	1.5
930	玉米	四川省内江市威远县	92.6	0	0.063	3.4	12	5.8	18.2	12.9	22.6	31.1	2.9
931	玉米	四川省内江市资中县	92.3	0.001	0.098	3.3	13.7	5.6	17.7	4.7	72.8	10.1	1.2
932	玉米	四川省遂宁市安居区	92.7	0	0.036	1.8	12.6	4.4	21.5	9.8	29.8	0.3	0
933	玉米	四川省遂宁市大英县	92.2	0	0.076	2.7	28.6	5	18.1	10.2	135.5	7	2.8
934	玉米	四川省遂宁市射洪市	92.3	0.001	0.063	2.1	15	3.6	16.6	203.1	45.2	5.4	0
935	玉米	四川省宜宾市	92.5	0.001	0.135	2.8	18.2	5.8	17	23.6	35.2	35.8	7
936	玉米	四川省宜宾市	92.1	0.001	0.144	2.5	19.5	4.2	17.7	149	72.9	11.8	6.2
937	玉米	四川省宜宾市	92.2	0.001	0.141	2.6	17.1	3.6	17.9	68.1	33.8	7.5	5
938	玉米	四川省资阳市乐至县	92.6	0	0.062	2.4	16	4.5	20	18.6	19.4	0	2.5

续表2-2

序号	原料名称	采样地点	干物质 DM/%	钠 Na/%	镁 Mg/%	铜 Cu/(mg/kg)	铁 Fe/(mg/kg)	锰 Mn/(mg/kg)	锌 Zn/(mg/kg)	硒 Se/(μg/kg)	铬 Cr/(μg/kg)	铅 Pb/(μg/kg)	砷 As/(μg/kg)
939	玉米	四川省资阳市雁江区	92.9	0.001	0.064	3.4	15.3	4.4	18.8	12.8	29.4	0	1.8
940	玉米	四川省巴中市	92	0.001	0.138	3.4	28.7	6.6	19.8	7.5	612.6	25.4	1.4
941	玉米	四川省巴中市	92.4	0.001	0.119	2.5	21.8	5.4	17.2	6	259.5	13.9	0.3
942	玉米	四川省自贡市荣县	93.2	0.001	0.073	2.7	16.8	7.1	19.9	11.5	31.1	0	0.4
943	玉米	四川省泸州市	92.8	0.001	0.159	3.3	15.9	4.5	20.5	37.4	203.6	102.4	6.8
944	玉米	天津市宝坻区大白庄镇	89.5	0.002	0.15	1.5	19.5	4.2	12.4	69	56.4	71.1	7.5
945	玉米	天津市宝坻区大白庄镇	89.8	0.001	0.144	2.3	18.6	4.4	15	15.5	0	42.4	3.5
946	玉米	天津市宝坻区大白庄镇	89.7	0.001	0.142	3.8	27.2	4.4	24	48	0	21.7	2.2
947	玉米	天津市宝坻区大白庄镇	89.7	4.38	2.21	1.4	71	0	0.3	12	4.9	2.5	1.5
948	玉米	天津市宝坻区新开口镇	89.5	0.001	0.118	2.8	19.4	3.4	14	27.2	0	78.9	3.8
949	玉米	天津市宝坻区新开口镇	89.6	0.001	0.114	2.5	17.9	3.3	13	28.9	0	67	3.6
950	玉米	天津市宝坻区新开口镇	88.7	0.001	0.118	2.3	17	3.1	12.9	28.7	0	50.3	3.9
951	玉米	天津市宝坻区新开口镇	88.9	0.001	0.135	2.3	15.6	3.9	11.2	22.9	0	34.9	5.1
952	玉米	天津市北辰区	89.5	0.001	0.149	4.7	26.7	4.8	19.7	25.8	288.2	159.1	5.2
953	玉米	天津市北辰区	89.5	0.001	0.15	3.2	30.2	5.1	21.3	27.9	723.2	88.2	6.3
954	玉米	天津市滨海新区	89.5	0.001	0.119	2.6	30.4	3.8	17.7	14.1	60.7	28.4	2.9
955	玉米	天津市蓟州区	90.6	0.001	0.153	3.4	28.3	6	25.2	16.4	121.5	494.7	3.7
956	玉米	天津市蓟州区	89.6	0.001	0.144	3.2	22.2	6.1	16.1	16.7	197.3	448.6	1.3
957	玉米	天津市蓟州区	89.5	0.001	0.151	2.8	24.1	6.4	17.5	17.1	81.7	302.8	1
958	玉米	天津市蓟州区	90.7	0.001	0.153	3.6	26.4	5.5	25.4	17.2	172.9	285.5	3.2
959	玉米	天津市蓟州区	90.8	0.001	0.158	3.5	26.1	5.8	25.6	14.5	121.5	50.6	3.3
960	玉米	天津市蓟州区	89.2	0.001	0.142	2.6	21.8	6.2	15.7	14.5	93.2	36	0.6
961	玉米	天津市静海区	90.4	0.001	0.138	7.7	19.6	3.4	23.4	23.7	0	279.4	1.9

续表2-2

序号	原料名称	采样地点	干物质 DM/%	钠 Na/%	镁 Mg/%	铜 Cu/(mg/kg)	铁 Fe/(mg/kg)	锰 Mn/(mg/kg)	锌 Zn/(mg/kg)	硒 Se/(μg/kg)	铬 Cr/(μg/kg)	铅 Pb/(μg/kg)	砷 As/(μg/kg)
962	玉米	天津市静海区	89.1	0.001	0.109	1.1	13.3	2.5	14	17.8	0	72.4	4.4
963	玉米	天津市静海区大丰堆镇	89.3	0.001	0.122	3.7	22.1	3.9	21.6	35.2	0	77.9	9.4
964	玉米	天津市静海区大丰堆镇	90.2	0.001	0.086	2.2	15.2	2.9	14.8	25.9	0	30.4	5.4
965	玉米	天津市静海区大丰堆镇	90.2	4.7	2.55	1.3	70.9	0	0.2	11.9	5.2	2.8	1.4
966	玉米	天津市静海区大丰堆镇	89.3	4.67	2.5	1.3	70.1	0	0.3	12.1	5.2	2.8	1.4
967	玉米	天津市宁河区	90.4	0.001	0.152	2.4	25.4	5.8	15.3	28.3	93.3	19.9	4.9
968	玉米	天津市武清区城关镇	89.6	0.002	0.114	2.4	17.4	3.7	16.2	51.2	124.6	33.8	19.4
969	玉米	天津市武清区城关镇	90	0.001	0.147	1.6	20.4	5	17.1	33.4	41.2	14.7	5.3
970	玉米	天津市武清区大孟庄镇	89	0.002	0.119	1.7	16.3	3.2	11.3	27.5	0	63.3	5.8
971	玉米	天津市武清区下伍旗镇	89.1	0.002	0.123	2.5	16.6	3.7	13.2	24.4	0	85.6	2.8
972	玉米	天津市武清区下伍旗镇	89.5	0.004	0.141	2.3	16.3	6.1	17.1	36.8	0	65.1	5.3
973	玉米	天津市武清区下伍旗镇	89.1	0.003	0.128	1.6	14.3	3.9	13.5	25.9	0	24	4
974	玉米	天津市武清区下伍旗镇	89.5	0.001	0.116	3.1	29.8	4.8	23.5	25.8	52	23.3	6.3
975	玉米	天津市西青区辛口镇	89.9	0.001	0.123	1.4	14.3	3.2	13.7	184.7	0	24.9	9.2
976	玉米	西藏自治区林芝市	91.7	0	0.121	2.1	18.6	4.7	12.8	99.2	61.6	34.6	9.6
977	玉米	西藏自治区林芝市	91.8	0	0.151	1.9	20.9	6	15.6	5.2	38.1	0	1.3
978	玉米	西藏自治区林芝市	91.7	0	0.152	1.9	16.5	5.7	14.5	5.6	76	0	0.8
979	玉米	西藏自治区林芝市	91.3	0	0.159	1.7	20.1	6	15.7	9.7	79.1	0	1.1
980	玉米	西藏自治区林芝市	92.5	0	0.122	2.3	15.8	5.7	17.5	2.7	48.4	0	0.2
981	玉米	西藏自治区林芝市	92.7	0	0.122	2.2	15.8	4.6	14.5	3	70.3	0	0.3
982	玉米	西藏自治区林芝市	92.3	0	0.144	1.6	15.6	6.4	11	10.6	64.1	0	2.3
983	玉米	西藏自治区林芝市	91.6	0	0.141	2	14.9	6.5	12.3	10.7	59.4	0	3.2
984	玉米	西藏自治区林芝市	92.2	0	0.124	2	22	3.6	10.8	42.7	106.4	0	4.1

续表2-2

序号	原料名称	采样地点	干物质 DM/%	钠 Na/%	镁 Mg/%	铜 Cu/(mg/kg)	铁 Fe/(mg/kg)	锰 Mn/(mg/kg)	锌 Zn/(mg/kg)	硒 Se/(μg/kg)	铬 Cr/(μg/kg)	铅 Pb/(μg/kg)	砷 As/(μg/kg)
985	玉米	西藏自治区林芝市	92	0	0.115	2.2	12.6	5.2	22.2	4.7	176.2	0	0.1
986	玉米	西藏自治区林芝市	91.7	0	0.127	2.1	30.2	3.6	11.2	45.5	74.3	0	3.6
987	玉米	西藏自治区林芝市	91.9	0	0.12	2	18.9	4.9	12.7	103.2	55.2	0	3.3
988	玉米	西藏自治区林芝市	91.4	0	0.125	2	18.4	4.9	12.7	94.4	78.7	0	3.3
989	玉米	新疆维吾尔自治区	90.3	0.001	0.122	2.3	18.7	6.1	17.4	8.6	314.3	45.9	12.9
990	玉米	新疆维吾尔自治区	91	0.005	0.1	1.2	18.2	4.4	13.1	3.6	136.1	0	2.1
991	玉米	新疆维吾尔自治区阿克苏地区阿克苏市	89.9	0.001	0.128	2.8	28.9	5.4	17.2	75	161.5	17.3	17.4
992	玉米	新疆维吾尔自治区阿克苏地区阿克苏市	90.5	0	0.127	2.3	32.7	3.5	13.1	66.1	93	11.1	12.9
993	玉米	新疆维吾尔自治区喀什地区巴楚县	88.2	0	0.139	2	19	5.9	16.3	25.7	174.1	0	3.1
994	玉米	新疆维吾尔自治区博尔塔拉蒙古自治州博乐市小营盘镇	93.5	0.001	0.121	3	13.2	4.1	14.1	11.8	64.1	4.6	0
995	玉米	新疆维吾尔自治区博尔塔拉蒙古自治州博乐市小营盘镇	93.7	0.001	0.116	2.5	20.7	4.2	14.6	4.5	45.2	2.2	0
996	玉米	新疆维吾尔自治区伊犁哈萨克自治州察布查尔锡伯自治县	91.1	0.001	0.129	2	16.9	4.1	16.2	31	104.8	13.1	0.3
997	玉米	新疆维吾尔自治区昌吉回族自治州昌吉市	92.5	0.001	0.13	2.7	22.5	4.7	15.3	26.3	104.7	13.2	0
998	玉米	新疆维吾尔自治区昌吉回族自治州昌吉市六工镇	93.7	0.001	0.121	2.7	15.9	5.7	15.1	38	112	6	0
999	玉米	新疆维吾尔自治区塔城地区额敏县	90.1	0.001	0.144	2	15.7	5	12	20.7	154.6	8.5	0
1000	玉米	新疆维吾尔自治区塔城地区额敏县	92.1	0.002	0.112	2	17	5.3	12.9	37.9	144.6	14.3	0
1001	玉米	新疆维吾尔自治区塔城地区额敏县	92	0.001	0.116	1.5	10	4.4	11.1	38.7	26.9	6.2	0
1002	玉米	新疆维吾尔自治区阿勒泰地区福海县阿达尔乡	91.4	0.001	0.151	2.2	12.8	8.6	9.3	8	94.8	7	0.4
1003	玉米	新疆维吾尔自治区昌吉回族自治州阜康市城关镇	92.4	0.001	0.07	1.7	23.3	5.5	15.5	27.3	554.3	2.8	0

续表2-2

序号	原料名称	采样地点	干物质 DM/%	钠 Na/%	镁 Mg/%	铜 Cu/(mg/kg)	铁 Fe/(mg/kg)	锰 Mn/(mg/kg)	锌 Zn/(mg/kg)	硒 Se/(μg/kg)	铬 Cr/(μg/kg)	铅 Pb/(μg/kg)	砷 As/(μg/kg)
1004	玉米	新疆维吾尔自治区昌吉回族自治州阜康市滋泥泉镇	91.7	0.001	0.14	2.6	29	6.4	13.7	86.7	153.6	32.6	2.6
1005	玉米	新疆维吾尔自治区昌吉回族自治州阜康市滋泥泉镇	91.4	0.001	0.135	2	20.3	4.9	9.9	68.2	88.1	10.1	6.5
1006	玉米	新疆维吾尔自治区昌吉回族自治州呼图壁县大丰镇	94.2	0.001	0.127	2	17.7	3.4	12.4	31.7	104.7	6.7	8.4
1007	玉米	新疆维吾尔自治区伊犁哈萨克自治州霍城县	91.1	0.002	0.119	1.8	29.7	5.1	11.9	58.3	525.1	44.9	7.7
1008	玉米	新疆维吾尔自治区伊犁哈萨克自治州霍城县	91.7	0.001	0.122	2.1	13.7	4.5	12.6	22.3	125.7	26.1	2.7
1009	玉米	新疆维吾尔自治区伊犁哈萨克自治州霍城县	91.5	0.001	0.132	2.9	17.7	5.6	13	37.7	300.3	11.1	6.1
1010	玉米	新疆维吾尔自治区昌吉回族自治州玛纳斯县包家店镇	91.3	0.001	0.126	1.8	16.2	4.2	11.4	44.2	44.5	5.7	5.7
1011	玉米	新疆维吾尔自治区喀什地区麦盖提县	87.9	0.001	0.136	2	20.5	7.3	26.8	11.5	121.8	0	8
1012	玉米	新疆维吾尔自治区喀什地区麦盖提县	88.8	0.006	0.123	1.6	21.2	4.6	16.6	37.3	226.4	0	4.4
1013	玉米	新疆维吾尔自治区昌吉回族自治州奇台县	93.1	0.001	0.159	2.6	20.1	5.2	12.3	18.5	237.5	27.3	0
1014	玉米	新疆维吾尔自治区昌吉回族自治州奇台县	93.7	0.002	0.132	2.5	27.6	5.2	9.1	33.3	140.3	7.2	3.8
1015	玉米	新疆维吾尔自治区昌吉回族自治州奇台县	93.8	0.001	0.117	2.6	13.6	4.7	10.8	30.6	74.9	1.2	0
1016	玉米	新疆维吾尔自治区塔城地区沙湾市乌兰乌苏镇	92.7	0.001	0.12	2.6	21.9	4.2	13.5	16.2	165.1	9.3	0
1017	玉米	新疆维吾尔自治区塔城地区沙湾市乌兰乌苏镇	93.1	0.001	0.11	1.8	17.8	4.5	13.9	10.7	64.7	7.3	3
1018	玉米	新疆维吾尔自治区喀什地区莎车县	89.6	0.001	0.12	2	24.9	5.6	17.2	11.7	168.9	170.7	3.4

续表2-2

序号	原料名称	采样地点	干物质 DM/%	钠 Na/%	镁 Mg/%	铜 Cu/(mg/kg)	铁 Fe/(mg/kg)	锰 Mn/(mg/kg)	锌 Zn/(mg/kg)	硒 Se/(μg/kg)	铬 Cr/(μg/kg)	铅 Pb/(μg/kg)	砷 As/(μg/kg)
1019	玉米	新疆维吾尔自治区喀什地区莎车县	89.9	0	0.127	1.8	18	5.2	15.1	5.9	185.6	0	2.9
1020	玉米	新疆维吾尔自治区喀什地区疏勒县	90.9	0	0.137	2	21.5	6.7	17.2	22.3	222.2	0	7.7
1021	玉米	新疆维吾尔自治区喀什地区疏勒县	91	0	0.125	2.2	18.5	5.3	18.5	34.7	197.8	0	1.9
1022	玉米	新疆维吾尔自治区塔城地区塔城市喀拉哈巴克乡	89.7	0.001	0.127	1.9	31.1	4.9	12.1	116.9	267.4	16.9	0.9
1023	玉米	新疆维吾尔自治区塔城地区塔城市齐巴尔吉迭	87.8	0.001	0.118	1.7	14.5	3.1	11.7	36.5	70.3	5.3	3.5
1024	玉米	新疆维吾尔自治区塔城地区塔城市恰夏镇	86.1	0.001	0.124	1.9	14.7	5	11.6	8.8	45.9	1.5	0
1025	玉米	新疆维吾尔自治区塔城地区托里县托里镇	86.7	0.001	0.12	1.7	25.8	3.5	11.1	5.6	199.6	7.6	6.5
1026	玉米	新疆维吾尔自治区博尔塔拉蒙古自治州温泉县	94.4	0.002	0.142	2.1	16.3	3.4	12	14.5	257.7	61.6	12.4
1027	玉米	新疆维吾尔自治区博尔塔拉蒙古自治州温泉县	93.6	0.001	0.112	2.6	19.1	3.8	11.3	3.5	218.4	9.3	0
1028	玉米	新疆维吾尔自治区塔城地区乌苏市西大沟镇	89.8	0.001	0.158	2.3	18.5	5	12.8	26.6	127.2	5.1	0
1029	玉米	新疆维吾尔自治区塔城地区乌苏市	90.5	0.001	0.133	1.3	15.2	6.2	13.1	0.7	88.4	3.1	13.3
1030	玉米	新疆维吾尔自治区塔城地区乌苏市西大沟镇	91.2	0.001	0.151	2.1	17.9	6.1	17	10.2	43.1	1.7	0.3
1031	玉米	新疆维吾尔自治区伊犁哈萨克自治州伊宁县	91.4	0.001	0.146	2.5	22.4	5.3	19.9	36.5	168.1	32.7	2.8
1032	玉米	新疆维吾尔自治区伊犁哈萨克自治州伊宁县	91.3	0.001	0.133	2.1	16.3	5	14.2	13.9	87.4	17.2	2
1033	玉米	新疆维吾尔自治区喀什地区英吉沙县	90	0.001	0.138	1.9	19.2	7.2	19.5	22.5	171.5	132.8	2.1

续表2-2

序号	原料名称	采样地点	干物质 DM/%	钠 Na/%	镁 Mg/%	铜 Cu/(mg/kg)	铁 Fe/(mg/kg)	锰 Mn/(mg/kg)	锌 Zn/(mg/kg)	硒 Se/(μg/kg)	铬 Cr/(μg/kg)	铅 Pb/(μg/kg)	砷 As/(μg/kg)
1034	玉米	新疆维吾尔自治区喀什地区英吉沙县	88.4	0	0.15	2	12.4	5.9	19	16.2	86.8	31.1	4.1
1035	玉米	新疆维吾尔自治区喀什地区英吉沙县	90.3	0	0.15	2	18.5	6.5	17.9	21.6	136.9	0	0.7
1036	玉米	新疆维吾尔自治区塔城地区裕民县阿勒腾也木勒乡	87.6	0.001	0.142	2	27.3	4.4	12.5	11.8	190.9	11.2	9
1037	玉米	云南省红河哈尼族彝族自治州建水县	93.1	0.001	0.134	2.3	16	4.8	17.6	11.5	182	12.7	31.2
1038	玉米	云南省红河哈尼族彝族自治州蒙自市文澜街道	92.2	0.001	0.124	2.3	23.1	5.1	16.1	4.9	190.1	19.8	15.7
1039	玉米	云南省红河哈尼族彝族自治州蒙自市新安所街道	92.3	0.001	0.107	1.4	11.7	5	12.9	5.8	108	44.6	24.5
1040	玉米	云南省红河哈尼族彝族自治州弥勒市东山镇	91.3	0.001	0.12	2	18.7	5	15	4.3	161	4.9	17.8
1041	玉米	云南省红河哈尼族彝族自治州弥勒市虹溪镇	92.1	0.001	0.133	3.4	14.3	4.4	19.5	3.5	149.6	23.8	4.1
1042	玉米	云南省红河哈尼族彝族自治州弥勒市新哨镇	92	0.001	0.133	1.7	18.3	5.1	18.1	5.3	159.2	6.6	12.7
1043	玉米	云南省红河哈尼族彝族自治州弥勒市新哨镇	92	3.52	2.77	1.2	73.6	0	0.3	11.9	3.8	3	1.3
1044	玉米	云南省普洱市景谷傣族彝族自治县	92.7	0.001	0.118	2.4	45.3	4.6	18.5	0	766.9	20.6	1
1045	玉米	云南省普洱市景谷傣族彝族自治县	94	0.001	0.118	2.3	29.3	4.3	17.7	0	236.2	7.3	0
1046	玉米	云南省普洱市景谷傣族彝族自治县	92.3	0.001	0.11	1.8	13.4	5.1	16.5	3.7	712.6	6.3	1
1047	玉米	云南省普洱市宁洱哈尼族彝族自治县	91.8	0.001	0.136	2.7	40.7	5.1	17.3	0.8	240	18.3	4.4
1048	玉米	云南省普洱市宁洱哈尼族彝族自治县	92.1	0.001	0.109	2	16.4	4.7	15.9	2.9	116.6	12.4	3.2

续表2-2

序号	原料名称	采样地点	干物质 DM/%	钠 Na/%	镁 Mg/%	铜 Cu/(mg/kg)	铁 Fe/(mg/kg)	锰 Mn/(mg/kg)	锌 Zn/(mg/kg)	硒 Se/(μg/kg)	铬 Cr/(μg/kg)	铅 Pb/(μg/kg)	砷 As/(μg/kg)
1049	玉米	云南省普洱市思茅区	93.1	0.001	0.128	2.2	21.3	4.2	15.9	20.7	170.1	15.2	10.1
1050	玉米	云南省文山壮族彝族自治州丘北县平寨乡	92.4	0.001	0.116	1.7	18.2	4.5	17.3	4.2	325.3	13.1	0.6
1051	玉米	云南省文山壮族彝族自治州丘北县平寨乡	92.7	0.001	0.12	1.8	17.4	4.4	17.5	4.7	334.1	9.1	−0.1
1052	玉米	云南省曲靖市富源县	92.3	0.001	0.134	2.2	22.8	4.3	17	4.6	445	24.9	0.2
1053	玉米	云南省曲靖市富源县	90.9	0.001	0.111	1.9	13.4	3.2	14.4	4.5	219.3	16.1	0
1054	玉米	云南省曲靖市富源县	92.6	0.001	0.128	2.2	20.1	4.3	17	2.8	289.3	13.3	0.1
1055	玉米	云南省曲靖市富源县	93.8	0.001	0.135	2	21.4	4.7	16.5	1.8	232.6	7.6	0
1056	玉米	云南省曲靖市富源县	90.3	0.001	0.129	1.7	20	5.1	16	0.6	415.7	1.8	0
1057	玉米	云南省曲靖市会泽县	92.4	0.001	0.127	1.8	23.9	3.8	14.8	10.5	209.5	11.4	3.8
1058	玉米	云南省曲靖市会泽县	92	0.001	0.125	1.7	30	3.7	14.1	0	154.8	4.9	0
1059	玉米	云南省曲靖市陆良县	92	0.001	0.132	2.6	40.3	4.5	15.8	3.2	29.2	3.8	4
1060	玉米	云南省曲靖市陆良县	92.3	3.18	2.54	1.3	74.4	0	0.6	11.8	3.5	2.8	1.4
1061	玉米	云南省曲靖市沾益区	92.6	0.001	0.114	3.6	44.7	3.6	48	5.8	672	42.6	5.8
1062	玉米	云南省曲靖市沾益区	92.9	0.001	0.123	2.3	26.4	3.8	17.9	8.5	272.3	5.4	8.1
1063	玉米	云南省曲靖市沾益区	91.7	0.001	0.132	2.6	23.8	4.2	15.5	2	222.2	3.5	0.8
1064	玉米	云南省红河哈尼族彝族自治州石屏县坝心镇	91.5	0.001	0.143	1.9	18	3.8	17.5	5.4	98	10.6	15.9
1065	玉米	云南省文山壮族苗族自治州丘北县	92.2	0.001	0.159	2.1	25.8	6.6	13.7	10.8	546.3	12.2	26.1
1066	玉米	云南省文山壮族苗族自治州西畴县	92.2	0.001	0.123	2.1	16.4	5.8	19	3.4	109.1	21.6	0
1067	玉米	云南省文山壮族苗族自治州西畴县	90.8	0.001	0.108	1.9	18.2	4.3	15.7	10.8	193	10	5.6
1068	玉米	云南省文山壮族苗族自治州西畴县	92.1	0.001	0.109	2.1	14.8	5.6	17.7	1.6	94.1	3.9	0
1069	玉米	云南省文山壮族苗族自治州西畴县	92.2	4.38	2.7	1.2	72.6	0	0.3	12.3	4.8	2.9	1.3

续表2-2

序号	原料名称	采样地点	干物质 DM/%	钠 Na/%	镁 Mg/%	铜 Cu/(mg/kg)	铁 Fe/(mg/kg)	锰 Mn/(mg/kg)	锌 Zn/(mg/kg)	硒 Se/(μg/kg)	铬 Cr/(μg/kg)	铅 Pb/(μg/kg)	砷 As/(μg/kg)
1070	玉米	云南省文山壮族苗族自治州砚山县	92.5	0.001	0.109	1.4	11.7	3.8	15.7	2.3	163.3	14.4	0
1071	玉米	云南省文山壮族苗族自治州砚山县	92.2	0.001	0.121	2	20.7	4.6	15.5	3.7	140.6	8.4	0.7
1072	玉米	云南省西双版纳傣族自治州景洪市	92.6	0.001	0.133	1.5	15.9	4.5	23.7	1.6	188.4	42.9	0
1073	玉米	云南省西双版纳傣族自治州景洪市	92.4	0.001	0.147	2.1	10.8	7.5	17.9	8	148.6	26.9	6.8
1074	玉米	云南省昭通市大关县	90.3	0.001	0.105	2.6	19.5	4.7	16.1	0	30.9	165.6	0
1075	玉米	云南省昭通市大关县	92.1	0.001	0.117	3	42	4.1	19.8	6.7	95.8	58.7	0
1076	玉米	云南省昭通市靖安县	91.5	0.001	0.111	1.8	15.7	2.7	13.2	11	47	354.1	0
1077	玉米	云南省昭通市鲁甸县	92.2	0.001	0.122	3.2	20.9	4	21.3	8.8	0	73.5	0.2
1078	玉米	云南省昭通市鲁甸县	92.1	0.001	0.134	2.5	30.4	3.5	20.8	12.2	197.3	54.1	2.6
1079	玉米	云南省昭通市鲁甸县	92.3	0.001	0.139	4.3	16.4	5.3	21.1	1.1	228.1	14.9	0
1080	玉米	云南省昭通市鲁甸县	93	0.001	0.142	2.6	18.3	4.5	18.5	0.5	145.4	14.4	0
1081	玉米	云南省昭通市鲁甸县	93	4.29	2.69	1.3	73.8	0	0.3	11.8	4.6	2.9	1.4
1082	玉米	云南省昭通市彝良县	93.8	0.001	0.163	2.6	25.8	5.6	20.5	7	184.9	33.7	0
1083	玉米	云南省昭通市彝良县	93.1	0.001	0.11	2.3	19.5	4.6	17.5	6.8	215.2	16	0
1084	玉米	云南省昭通市彝良县	92.7	0.001	0.114	1.9	20.5	4.3	18.9	0	310.6	14.5	0
1085	玉米	浙江省杭州市	88.7	0.001	0.132	2.7	23.4	4.7	13.7	41.7	261.2	26.6	9.2
1086	玉米	浙江省杭州市	87.5	0.001	0.132	2.9	23	4.9	13.9	5.5	392	15.4	1.6
1087	玉米	浙江省湖州市	87.7	0.001	0.111	2.1	18.8	4.4	12.5	59.3	0	14.3	1
1088	玉米	浙江省嘉兴市	87.9	0.001	0.128	2.3	18.4	5.8	14.8	46.7	0	23	0
1089	玉米	浙江省金华市	88.1	0.001	0.114	1.9	18.8	4.6	12.5	59.8	0	11.7	0.2
1090	玉米	浙江省金华市	87.9	0.001	0.172	2.5	27.2	5.4	15.6	13.7	70.6	7.5	2.9
1091	玉米	浙江省丽水市	87.6	0.001	0.141	2.2	24	5.2	13.9	4.2	398.5	24.5	0
1092	玉米	浙江省丽水市	87.3	0.001	0.142	2.8	29.7	6.5	14.4	20.9	333.6	10.5	4.7
1093	玉米	浙江省宁波市鄞州区	86.5	0.001	0.133	1.8	23.8	5.5	13.2	10.9	638.3	31.6	1.7
1094	玉米	浙江省宁波市鄞州区	86.7	0.001	0.135	2.6	19.5	5.5	13.7	5.5	176.2	17.8	0

续表2-2

序号	原料名称	采样地点	干物质 DM/%	钠 Na/%	镁 Mg/%	铜 Cu/(mg/kg)	铁 Fe/(mg/kg)	锰 Mn/(mg/kg)	锌 Zn/(mg/kg)	硒 Se/(μg/kg)	铬 Cr/(μg/kg)	铅 Pb/(μg/kg)	砷 As/(μg/kg)
1095	玉米	浙江省衢州市	88	0.001	0.164	2.7	18.9	5.1	13.5	19.5	209.3	26.3	10.5
1096	玉米	浙江省衢州市	87.6	0.001	0.114	1.9	17.9	4.9	12.6	47.9	0	9.6	1.1
1097	玉米	浙江省绍兴市	88	0.001	0.163	3	14.1	5.2	13.1	17.2	140	18	10.3
1098	玉米	浙江省绍兴市	87.6	0.001	0.167	2.6	27.6	5.2	13.1	14.5	247	16.9	6.4
1099	玉米	浙江省台州市	87.6	0.003	0.1	2	27.7	4.7	14.6	14.2	486.3	17.8	96.1
1100	玉米	浙江省温州市	88	0.001	0.17	3.1	20	5.6	14.8	14.7	108.9	17.7	5.9
1101	玉米	浙江省舟山市高亭镇	87	0.001	0.136	2.2	16.5	5.3	13.8	5.2	124.8	9.9	0
1102	玉米	重庆市城口县北屏乡	81.6	0.001	0.115	2.7	20	6	20.7	85.7	404.6	3	4.2
1103	玉米	重庆市大足区邮亭镇	91.5	0.001	0.113	2.1	24.3	5	19.7	3.3	68.4	7	0
1104	玉米	重庆市垫江县坪山镇	89.3	0.001	0.111	3.1	25.6	4.4	22.9	16.2	103	42.1	0
1105	玉米	重庆市丰都县社坛镇	87.3	0.001	0.121	4	11.3	7.3	16.6	6.8	64.3	13.4	0
1106	玉米	重庆市奉节县永乐镇	90.1	0.001	0.058	2.5	8.7	4.7	17.6	6.2	172	46.7	0
1107	玉米	重庆市奉节县永乐镇	90.3	0.002	0.071	2.2	10.2	4.3	15.7	10.9	79.4	4.9	0
1108	玉米	重庆市合川区龙凤镇	89.9	0.001	0.13	3.6	24.3	5.9	22.2	4.2	69.8	4.9	0
1109	玉米	重庆市合川区钱塘镇	89	0.001	0.119	2.1	18.9	5	17.5	3.3	8.7	1.3	0
1110	玉米	重庆市江津区石门镇	89.3	0.001	0.136	2.9	26.1	5.5	20.4	25.3	37.8	8.2	0
1111	玉米	重庆市江津区朱杨镇	88.4	0.001	0.137	3.9	19	7.6	17.3	25	59.1	6.4	0
1112	玉米	重庆市开州区中和镇	90	0.002	0.131	2.6	25.5	5.1	15.8	3.6	515.9	10.4	5.7
1113	玉米	重庆市开州区九龙山镇	87.7	0.001	0.121	1.7	18.4	4.7	15.3	3.8	29.1	4.4	4.7
1114	玉米	重庆市梁平区回龙镇	88.5	0.001	0.118	2	21.5	4.6	17.6	1.4	371.9	11.2	3
1115	玉米	重庆市黔江区城西街道	83	0.001	0.107	2.5	17.1	4.2	15.3	4.3	38	4	0
1116	玉米	重庆市南川区大观镇	88.9	0.001	0.107	2.3	17.5	4.4	15.8	1.9	40.8	2.9	0
1117	玉米	重庆市彭水苗族土家族自治县万足镇	87.4	0.001	0.101	1.9	29.5	5.8	18.3	5	95.8	22.4	0
1118	玉米	重庆市彭水苗族土家族自治县新田镇	88.5	0.001	0.124	2.6	24.5	5	16	4.4	139.5	25.1	0.8
1119	玉米	重庆市綦江县石角镇	88.6	0.001	0.109	3.4	24.3	4.9	22.1	24.2	269.7	5.6	0
1120	玉米	重庆市石柱土家族自治县沙子镇	81.9	0.001	0.118	1.8	23.1	5.8	13.6	1	132.8	8.9	1.1

续表2-2

序号	原料名称	采样地点	干物质 DM/%	钠 Na/%	镁 Mg/%	铜 Cu/(mg/kg)	铁 Fe/(mg/kg)	锰 Mn/(mg/kg)	锌 Zn/(mg/kg)	硒 Se/(μg/kg)	铬 Cr/(μg/kg)	铅 Pb/(μg/kg)	砷 As/(μg/kg)
1121	玉米	重庆市铜梁区	86	0.001	0.108	2.7	26.7	3.9	20.6	42	0	14.5	0
1122	玉米	重庆市潼南区	87.9	0.001	0.147	3.1	28.8	4.5	18.6	36	370.2	18.7	21.4
1123	玉米	重庆市万州区走马镇	87	0.001	0.069	2.8	14.7	5.8	18.2	9.2	76.7	7.2	0
1124	玉米	重庆市巫山县铜鼓镇	90	0.001	0.081	2.4	13.4	4.1	15	13.4	152.2	46.1	0
1125	玉米	重庆市巫溪县塘坊镇	89.3	0.002	0.075	2.8	14.6	4.5	18.4	5.2	213	107.4	0
1126	玉米	重庆市武隆区平桥镇	88	0.001	0.1	2.1	16	5.1	17	1.4	103.1	14.1	0
1127	玉米	重庆市酉阳土家族苗族自治县麻旺镇	87.1	0.001	0.123	2.5	15.1	4.1	13.5	26	4.5	7.1	2.1
1128	玉米	重庆市酉阳土家族苗族自治县涂市镇	88	0.001	0.116	2.7	43.2	6.3	16.1	2	242.5	22.7	2.6
1129	玉米	重庆市秀山土家族苗族自治县清溪场街道	87.3	0.001	0.118	2.5	19.1	4.9	21.2	146.6	120.6	19.6	4.4
1130	玉米	重庆市永川区来苏镇	87.6	0.001	0.101	2.7	18.7	5	19.8	5.3	33.6	16.7	0
1131	玉米	重庆市渝北区统景镇	90.5	0.001	0.123	2.1	18.3	4.2	15.8	1.7	37.5	9.9	1.3
1132	玉米	重庆市云阳县凤鸣镇	88.3	0.001	0.114	3.3	21.9	4.3	19.4	24.5	29.2	13	0
1133	玉米	重庆市长寿区渡舟镇	88.2	0.001	0.122	2.9	17	7.4	21.4	2.8	58.4	7.8	0
1134	玉米	重庆市忠县白公街道	88.6	0.001	0.074	2.9	11.6	5.4	18	5.6	94.1	12.1	0

二、小麦

表 2-3　小麦原样中主要矿物元素及其含量

序号	原料名称	采样地点	干物质 DM/%	钠 Na/%	镁 Mg/%	铜 Cu/(mg/kg)	铁 Fe/(mg/kg)	锰 Mn/(mg/kg)	锌 Zn/(mg/kg)	硒 Se/(μg/kg)	铬 Cr/(μg/kg)	铅 Pb/(μg/kg)	砷 As/(μg/kg)
1	小麦	安徽省亳州市	87.8	0.002	0.128	5.8	40.7	31.4	38.8	22.7	309.4	2.4	14.2
2	小麦	安徽省亳州市	86.7	0.002	0.129	4.5	72.3	31.4	27.4	81.8	762.4	90.9	41.1
3	小麦	安徽省亳州市	86.5	0.002	0.113	4.6	46.3	26.3	18.5	20.7	441.9	41.9	18.5
4	小麦	安徽省亳州市	84.8	0.001	0.122	4.3	49.8	48	24.1	25.2	432.1	4.2	16.9

续表2-3

序号	原料名称	采样地点	干物质 DM/%	钠 Na/%	镁 Mg/%	铜 Cu/(mg/kg)	铁 Fe/(mg/kg)	锰 Mn/(mg/kg)	锌 Zn/(mg/kg)	硒 Se/(μg/kg)	铬 Cr/(μg/kg)	铅 Pb/(μg/kg)	砷 As/(μg/kg)
5	小麦	安徽省滁州市天长市	89.1	0.002	0.136	5.5	63.3	55.6	37.1	27.6	467.6	23.8	22.3
6	小麦	安徽省阜阳市颍上县	86.5	0.002	0.135	4.2	51.9	50.2	28.9	24	159.1	37.8	20.1
7	小麦	安徽省阜阳市颍上县	86.9	0.001	0.118	4.5	58.5	49.6	24.8	32.8	290	62.2	50.1
8	小麦	安徽省阜阳市颍上县	86.9	0.002	0.119	5	175.7	36.5	26.6	44.8	1 696.6	207.7	104.7
9	小麦	安徽省合肥市	88.8	0.002	0.113	5.8	31.1	25.6	27.1	34	157.8	133.8	1.3
10	小麦	安徽省合肥市长丰县	85.8	0.001	0.127	4.8	42	32.1	27.8	44.1	95.2	48.8	5.2
11	小麦	安徽省淮北市杜集县	88.6	0.005	0.127	4.2	38.6	23.1	27.2	71.7	311.1	16.4	33.3
12	小麦	安徽省六安市	89.1	0.002	0.124	4.9	67.9	47.5	31.6	42.9	499.5	553.2	9.3
13	小麦	安徽省宿州市	87.1	0.002	0.121	4.1	31.6	28	25.6	12.7	104	19.1	3.4
14	小麦	安徽省宿州市	90	0.004	0.147	5.1	198.1	31.6	24.2	38.1	1 555	138.8	65.3
15	小麦	北京市大兴区榆垡镇	90.9	0.002	0.163	4.9	36.2	28.4	27.5	15.6	204.7	20.7	35.1
16	小麦	北京市大兴区榆垡镇	90.1	0.002	0.167	4.8	40.3	28.9	29.2	14.4	317.4	75.3	36.5
17	小麦	北京市房山区	90.6	0.002	0.237	9	64.2	61.4	62.2	39.6	561.6	3.6	23.4
18	小麦	北京市密云区	90.5	0.002	0.141	4.9	40.5	21.9	33.7	25.4	398.5	23.3	21.1
19	小麦	北京市顺义区南彩镇	89.5	0.002	0.184	5.5	56.1	29.8	33.4	22.3	1 450.5	49.1	24.5
20	小麦	北京市顺义区赵全营镇	89.5	0.002	0.144	5.4	39.9	30.5	27.1	16.5	110	17.8	36.2
21	小麦	北京市通州区	90.5	0.002	0.131	6.4	43.5	29.3	39.1	34.9	302.7	68.9	25
22	小麦	福建省泉州市	86.9	0.003	0.161	6.4	69.3	53.3	51.9	33.8	197	31.2	5.6
23	小麦	福建省泉州市	86.7	0.002	0.141	6	63.7	48.6	47.7	35	172.8	25.3	4.9
24	小麦	福建省漳州市	86.3	0.003	0.156	6.1	65.2	52.2	51	36.3	282.4	55.4	5.3
25	小麦	福建省漳州市	86.4	0.002	0.139	5.8	61.8	48.6	46.7	37.6	170	23.8	5.3
26	小麦	福建省漳州市	86.1	0.003	0.148	6.1	68.5	51	49.2	35.1	363.1	30.1	6.6
27	小麦	甘肃省金昌市永昌县	88.6	0.002	0.149	5.3	48.4	40.6	16.9	98.9	978.4	50.4	28.3
28	小麦	甘肃省兰州市永登县	89	0.001	0.122	4.1	33.9	36	28	70.2	58.6	647.2	8.5
29	小麦	甘肃省平凉市静宁县	87.6	0.002	0.145	6.6	111.1	38.6	29.5	6.8	3 772.5	50.1	47.5

续表2-3

序号	原料名称	采样地点	干物质 DM/%	钠 Na/%	镁 Mg/%	铜 Cu/(mg/kg)	铁 Fe/(mg/kg)	锰 Mn/(mg/kg)	锌 Zn/(mg/kg)	硒 Se/(μg/kg)	铬 Cr/(μg/kg)	铅 Pb/(μg/kg)	砷 As/(μg/kg)
30	小麦	甘肃省庆阳市宁县	87.6	0.003	0.152	6.1	138.3	47.6	25.9	9.7	1 852	118.5	67.4
31	小麦	甘肃省庆阳市镇原县	87.7	0.002	0.118	5.5	85.7	35.4	28.7	8.9	1 316.2	40.6	49.5
32	小麦	甘肃省武威市	88.4	0.003	0.146	6.4	174.2	42.4	19.3	32.3	1 580.7	75.9	78.6
33	小麦	甘肃省武威市	89.2	0.003	0.15	4.9	33.6	30.6	21.6	60.4	321.2	77.2	17.4
34	小麦	甘肃省张掖市民乐县	89.2	0.003	0.16	6.7	50.3	54.9	15.6	56.7	238.1	134.8	15.9
35	小麦	甘肃省张掖市山丹县	87.6	0.003	0.155	4.9	51.4	48.9	16.1	54.3	433	157.8	24.5
36	小麦	广东省广州市	87.1	0.002	0.129	4.9	49.5	42.7	22.7	21.9	225.7	24.8	4.8
37	小麦	广东省茂名市	87	0.006	0.112	3.4	38.5	29.6	16.7	122.7	375.1	157.3	12.8
38	小麦	广东省茂名市	87.2	0.004	0.105	3.2	28.7	28.5	15.3	127.2	208.5	94.9	8.3
39	小麦	广东省梅州市	87.5	0.003	0.12	4.8	63.4	39.1	27.1	48.4	1 352.2	25.5	15.8
40	小麦	广东省湛江市	88.1	0.005	0.13	3.8	31.4	35.8	19.9	196.2	120.4	37	7.9
41	小麦	贵州省安顺市紫云县	90	0.002	0.141	6.5	41.4	32.9	31.3	94.1	96.1	0	0
42	小麦	贵州省毕节市威宁彝族回族苗族自治县	89.1	0.001	0.135	6.8	90.5	28.4	41.4	28.3	176.4	27.9	8.5
43	小麦	贵州省贵阳市	91.2	0.003	0.174	6.2	68.4	54.4	43.4	77.9	560.4	57.2	8.6
44	小麦	贵州省贵阳市	89.8	0.001	0.112	4.5	43.8	32.1	27.5	12.4	365.3	26.4	0
45	小麦	贵州省六盘水市水城区	89.8	0.002	0.113	6.1	43.4	36.9	29.3	54.8	164.5	0	0
46	小麦	贵州省铜仁市沿河土家族自治县	90	0.002	0.127	4.3	49.4	35.3	24.5	11.8	155.8	0	8
47	小麦	贵州省遵义市习水县	89.8	0.002	0.135	4.7	40.4	35.4	26.2	11.6	197.2	0	4.5
48	小麦	河北省保定市定州市	85.6	0.002	0.135	4.1	46.5	30.4	21.5	74.7	422.5	153.2	42.2
49	小麦	河北省保定市定州市	87	0.002	0.132	4	35.5	25.7	21.4	48.5	273.2	609.5	32.9
50	小麦	河北省保定市定州市	88.5	0.001	0.134	3.6	34	21.5	19.9	58.5	215.3	168.2	12.1
51	小麦	河北省邯郸市大名县	87.2	0.003	0.125	4.2	46	33.6	27.9	14.9	219.1	84.3	26.8
52	小麦	河北省邯郸市大名县	86.5	0.002	0.127	3.3	32.8	30.8	18	15.6	94.6	112	23.6
53	小麦	河北省邯郸市大名县	86.2	0.002	0.109	3.9	71.2	42.6	26.1	12	261	256.3	30.8

续表2-3

序号	原料名称	采样地点	干物质 DM/%	钠 Na/%	镁 Mg/%	铜 Cu/(mg/kg)	铁 Fe/(mg/kg)	锰 Mn/(mg/kg)	锌 Zn/(mg/kg)	硒 Se/(μg/kg)	铬 Cr/(μg/kg)	铅 Pb/(μg/kg)	砷 As/(μg/kg)
54	小麦	河北省邯郸市永年区	87.8	0.002	0.141	4.3	49.5	31.3	21.9	54.1	64.9	112	44.6
55	小麦	河北省邯郸市永年区	87.4	0.002	0.127	4.1	31.4	31.9	25.6	74.1	96	231.8	35.3
56	小麦	河北省邯郸市永年区	87.6	0.002	0.141	4.4	29	33.7	26.8	54.3	51.8	209.5	53.7
57	小麦	河北省衡水市故城县	88	0.001	0.129	4	35.8	25.4	20.9	44.6	71.3	380.1	43
58	小麦	河北省衡水市桃城区	88	0.002	0.114	4.6	36	31.9	33.2	17.3	59.3	104.9	38.6
59	小麦	河北省衡水市桃城区	87.6	0.002	0.127	4.3	37.9	36.8	31.9	13.5	128.2	96.9	43.8
60	小麦	河北省石家庄市藁城区	88.3	0.002	0.129	3.9	33	26	31.6	71.5	65.1	74.3	25.9
61	小麦	河北省石家庄市深泽县	88.1	0.002	0.146	4.1	30.5	23.3	26.5	48	58	168.9	38.9
62	小麦	河北省石家庄市深泽县	89.1	0.002	0.123	3.5	30.9	22	21.4	13.5	114.6	293.5	34.8
63	小麦	河北省邢台市宁晋县	88.5	0.002	0.141	4	29.1	25.7	20.6	67.4	55.3	167.3	22.9
64	小麦	河北省邢台市宁晋县	87.4	0.002	0.132	3.7	32.2	21.6	18	83.4	89	42.4	31.8
65	小麦	河北省邢台市信都区	87.5	0.001	0.129	5	71.4	52.4	28.2	222.9	2 815.6	72.7	35.2
66	小麦	河北省邢台市信都区	87.1	0.001	0.117	3.4	29.3	36.1	21	110.9	69.3	219	21.4
67	小麦	河南省安阳市安阳县	90.3	0.001	0.134	5.6	33.9	42.3	17.2	130.8	120.3	181.8	16.3
68	小麦	河南省安阳市滑县	88.8	0.002	0.127	4.3	42.2	30.5	29.1	19.5	234.3	63.1	32.6
69	小麦	河南省焦作市孟州市	89.3	0.001	0.113	4.8	35.7	27.4	33.8	24.2	48.9	313.5	15.5
70	小麦	河南省焦作市孟州市	90.1	0.001	0.111	4.6	34.7	29.7	24.4	22.8	39.5	264.5	25
71	小麦	河南省开封市杞县	89.6	0.002	0.11	4.6	38	27.3	29.8	18.3	223.5	269.6	23.2
72	小麦	河南省洛阳市嵩县	90.2	0.002	0.115	5.1	84.9	41.2	26	25.4	890.2	131.7	33.1
73	小麦	河南省南阳市	88.6	0.002	0.135	5.2	44.2	43.6	31.3	18.6	183.6	0	0
74	小麦	河南省南阳市	91.4	0.002	0.13	5.3	76.7	40.8	31.7	17.5	683.9	85.1	27.6
75	小麦	河南省南阳市邓州市	90.4	0.001	0.135	4.6	41	70.9	32.7	49	16.9	32.9	0
76	小麦	河南省南阳市社旗县	89.2	0.001	0.142	5.5	63.1	65.2	33.3	43.9	156	769.9	0
77	小麦	河南省平顶山市宝丰县	89.5	0.002	0.121	4.7	33.7	36.2	26.7	36.9	97.1	94.1	25.6
78	小麦	河南省濮阳市清丰县	90.5	0.001	0.126	3.6	29.4	22.3	26.9	22.3	48.1	8.7	25.5

续表2-3

序号	原料名称	采样地点	干物质 DM/%	钠 Na/%	镁 Mg/%	铜 Cu/(mg/kg)	铁 Fe/(mg/kg)	锰 Mn/(mg/kg)	锌 Zn/(mg/kg)	硒 Se/(μg/kg)	铬 Cr/(μg/kg)	铅 Pb/(μg/kg)	砷 As/(μg/kg)
79	小麦	河南省商丘市柘城县	89.8	0.002	0.123	4.4	49	23.3	26.1	12.4	187.2	70.1	46.1
80	小麦	河南省商丘市柘城县	90.2	0.002	0.125	4.3	45	23.9	26.3	13.8	186.6	51.5	41.4
81	小麦	河南省商丘市柘城县	91.3	0.001	0.126	3.8	50	30.8	24	35.7	141.1	29.5	25.4
82	小麦	河南省新乡市	89.7	0.002	0.129	3.4	38.2	35.7	20.4	21.6	184.7	113.7	16.6
83	小麦	河南省新乡市	89.1	0.003	0.132	5	63.8	41.5	33.1	17.2	339.2	0	6.2
84	小麦	河南省信阳市平桥区	90.6	0.002	0.121	6.3	28.8	49.8	22.4	35	41.2	38.1	0
85	小麦	河南省许昌市	89.7	0.002	0.118	4.3	30.5	27.2	23.4	12.5	99	2.7	32.3
86	小麦	河南省郑州市荥阳市	94.1	0.001	0.118	3.9	27.2	26	30.7	71.8	40.6	129.6	30
87	小麦	河南省周口市项城市	89.3	0.001	0.122	3.8	33.6	31.1	18.7	15.8	28.9	172.5	0
88	小麦	河南省周口市项城市	90.3	0.011	0.457	13.2	177.3	43.1	50.7	119.1	3 840.1	105.3	43.8
89	小麦	河南省周口市项城市郑郭镇	87.9	0.002	0.128	4.1	33.8	26.9	23.7	21	89.7	76.5	31.8
90	小麦	河南省驻马店市汝南县	90.2	0.001	0.116	4.4	31.4	52.5	22.1	63.7	105	18	5
91	小麦	河南省驻马店市	90.6	0.006	0.245	8.9	3 216.6	172.1	79.9	219.4	46 808.7	2 280.1	1 638.8
92	小麦	黑龙江省大兴安岭地区	88.8	0.002	0.158	4.8	42.6	42.8	34.1	4.2	294.4	12.7	0
93	小麦	黑龙江省大兴安岭地区	88.9	0.002	0.167	5	43.3	45.3	34.5	4.8	425.1	37.1	0.3
94	小麦	黑龙江省黑河市	90.3	0.007	0.146	5.5	73.8	29.7	33.3	14	891.2	185.3	195.6
95	小麦	黑龙江省五大连池市	88.5	0.001	0.178	6.2	49.7	48.4	39.3	2.1	287.7	0	0
96	小麦	湖北省襄阳市谷城县	86.5	0.002	0.118	4.2	50.7	47.6	29.5	43.9	223.7	118.2	20.1
97	小麦	湖北省随州市随县	86.6	0.001	0.115	5	64.6	53.5	28.7	36	230.1	58.5	25
98	小麦	湖北省天门市多宝镇	86.3	0.002	0.114	5.5	75.7	71.5	37.9	43	186.6	123.5	19.2
99	小麦	湖北省襄阳市保康县	86	0.002	0.111	5.6	89.6	73.3	36.6	46.1	950.4	206.1	48
100	小麦	湖北省襄阳市保康县	85.9	0.001	0.11	5.1	62.3	37.3	28	36.6	374.8	98	25.6
101	小麦	湖北省襄阳市老河口市	86.7	0.001	0.114	5.2	38.8	47.1	24.4	27.1	111.6	119.2	16.4

续表2-3

序号	原料名称	采样地点	干物质 DM/%	钠 Na/%	镁 Mg/%	铜 Cu/(mg/kg)	铁 Fe/(mg/kg)	锰 Mn/(mg/kg)	锌 Zn/(mg/kg)	硒 Se/(μg/kg)	铬 Cr/(μg/kg)	铅 Pb/(μg/kg)	砷 As/(μg/kg)
102	小麦	湖北省襄阳市宜城市	85.6	0.002	0.126	5.2	44.1	39.8	30.5	47	57.8	54.8	19.3
103	小麦	湖北省襄阳市枣阳市	86.2	0.001	0.121	4.8	51	38.1	28.1	180.7	105.1	109.6	16.8
104	小麦	湖南省常德市	87.4	0.002	0.126	4.9	109.9	43	38.9	165.7	792.1	187.8	60.9
105	小麦	湖南省常德市安乡县	89.7	0.001	0.121	4.8	80.9	41.4	38.7	58.8	344.4	140.7	31.3
106	小麦	湖南省常德市澧县	88.9	0.002	0.127	5.2	69.3	41.7	44.1	64.1	582.3	33.9	26.5
107	小麦	湖南省常德市澧县	89.5	0.002	0.129	4.8	95.6	42.6	41.2	56.1	386	65.4	34.8
108	小麦	湖南省常德市石门县	87.9	0.002	0.129	5	109.4	42.7	40.6	101.8	699.5	72.2	43.4
109	小麦	湖南省岳阳市君山区	88.3	0.002	0.129	5.2	140.8	43.9	40.6	162.8	925.7	111.5	57.1
110	小麦	江苏省淮安市盱眙县	90.1	0.002	0.157	6.4	69	31	28.9	18.2	312	19.2	23.5
111	小麦	江苏省淮安市盱眙县	90	0.003	0.157	6.2	94.6	30.8	28.8	16.7	728.7	57.4	35.7
112	小麦	江苏省淮安市盱眙县	90.7	0.001	0.112	5.6	63.1	43.2	24.7	27.5	730.2	164.3	37.1
113	小麦	江苏省淮安市盱眙县	90.4	0.001	0.113	5.7	84.2	43.3	24.7	30.8	432.8	64.7	20.9
114	小麦	江苏省南京市六合区	90	0.002	0.138	5.2	67.5	46.3	34.7	28.7	1 575	34.1	18.2
115	小麦	江苏省南京市六合区	90.2	0.008	0.148	5.1	180.4	48.4	34.6	28.7	2 460.2	49.1	22.7
116	小麦	江苏省南京市浦口区	91.7	0.002	0.129	4.7	69	40.5	28.8	43.8	417.5	167.2	25.5
117	小麦	江苏省南京市浦口区	90.5	0.001	0.125	4.1	46.4	48.7	23.9	47.5	102.1	71	0
118	小麦	江苏省南京市浦口区	90.3	0.001	0.14	4.9	49.8	28.7	27.5	32.2	134.2	98	0
119	小麦	江苏省宿迁市泗洪县	91.2	0.001	0.125	5.8	49.6	25.1	29	21.1	102	180.4	9.2
120	小麦	江苏省宿迁市泗洪县	90.9	0.002	0.127	5.9	50.6	25.3	29.1	18.5	70.6	334.5	7.5
121	小麦	江苏省宿迁市宿城区	91.2	0.002	0.139	5.6	33.5	17.2	32.4	11.3	70	140.7	21.8
122	小麦	江苏省宿迁市宿城区	90.6	0.002	0.105	4.7	31.7	47	20.8	27	72.7	664.8	14.8
123	小麦	江苏省宿迁市宿城区	91.4	0.002	0.123	4.9	37.7	54.3	28.5	24.6	23.1	119	0
124	小麦	江苏省宿迁市宿城区	90.9	0.002	0.131	5.7	88.2	31.1	30.6	22	240.9	70.3	39.3

续表2-3

序号	原料名称	采样地点	干物质 DM/%	钠 Na/%	镁 Mg/%	铜 Cu/(mg/kg)	铁 Fe/(mg/kg)	锰 Mn/(mg/kg)	锌 Zn/(mg/kg)	硒 Se/(μg/kg)	铬 Cr/(μg/kg)	铅 Pb/(μg/kg)	砷 As/(μg/kg)
125	小麦	江苏省盐城市亭湖区	90.4	0.004	0.153	5.2	59	18.4	31.5	9.8	350.8	18.6	32.2
126	小麦	江西省九江市	89.5	0.002	0.134	4.4	103.5	41.6	30.2	40.2	158.7	24.3	3
127	小麦	江西省九江市	90.7	0.002	0.134	4.4	44.1	41.4	30.3	45.1	189.4	19.6	2.7
128	小麦	江西省南昌市	89.6	0.002	0.157	6.5	67.8	73.9	71.1	38.8	265.5	23.7	2.5
129	小麦	江西省瑞金市	91.5	0.003	0.145	4.5	43.5	25.2	27.7	12	456.8	0	17.7
130	小麦	江西省上饶市	90.7	0.002	0.138	4.6	57.5	42.4	31.7	43.3	1 732.1	16.6	0.5
131	小麦	辽宁省朝阳市朝阳县	90.4	0.002	0.174	5.4	117.1	63.1	35.2	20.7	1 211	33	45.5
132	小麦	辽宁省朝阳市建平县	89.6	0.002	0.158	5.1	43.8	48.7	35	32.5	216.8	258.4	99.5
133	小麦	辽宁省朝阳市建平县	90.1	0.002	0.165	4.8	43.8	49.6	24.2	15.2	168.4	1.9	22.9
134	小麦	辽宁省凌海市建业镇	90.4	0.003	0.182	6.1	67.3	52.4	57.8	27.3	372.4	20.9	28.3
135	小麦	辽宁省凌海市新庄子镇	90.4	0.003	0.177	6.2	65.4	57	58.3	33.9	283.5	19.1	42.2
136	小麦	辽宁省沈阳市法库县	90.6	0.005	0.163	6.1	63.4	50.7	32.2	50.1	292	16.8	23.5
137	小麦	内蒙古自治区	87.9	0.004	0.154	5.9	59.6	38.8	37	18.8	504.8	62.4	50.8
138	小麦	内蒙古自治区巴彦淖尔市杭锦后旗	88.7	0.007	0.157	5.4	51.7	37.1	26.7	22.8	354.3	40.7	43.9
139	小麦	内蒙古自治区巴彦淖尔市恒丰集团	89.5	0.005	0.123	5.4	36.5	32	23.7	48.5	162.5	30.6	43.5
140	小麦	内蒙古自治区额尔古纳市	88.2	0.004	0.16	6.2	62	41.1	37.6	20.3	312.2	65.4	49.5
141	小麦	内蒙古自治区呼和浩特市	88.3	0.004	0.161	6.5	56.7	42.6	39.6	22.5	512	66.1	47.8
142	小麦	内蒙古自治区呼伦贝尔市	87.4	0.001	0.158	3.7	82.1	37	29.9	3.7	805.2	24.6	13.7
143	小麦	内蒙古自治区呼伦贝尔市	87.3	0.002	0.133	2.1	63.8	34.8	23.4	2.2	299.8	13.3	1.1
144	小麦	宁夏回族自治区固原市彭阳县	89.9	0.002	0.14	5.8	49.7	50.4	21.1	20.2	315.5	80.5	13.2

续表2-3

序号	原料名称	采样地点	干物质 DM/%	钠 Na/%	镁 Mg/%	铜 Cu/(mg/kg)	铁 Fe/(mg/kg)	锰 Mn/(mg/kg)	锌 Zn/(mg/kg)	硒 Se/(μg/kg)	铬 Cr/(μg/kg)	铅 Pb/(μg/kg)	砷 As/(μg/kg)
145	小麦	宁夏回族自治区石嘴山市平罗县	89.5	0.005	0.168	6.7	74.3	33.7	27.3	59.7	404.5	45.8	30.6
146	小麦	宁夏回族自治区吴忠市利通区	90.1	0.003	0.155	4.7	46.1	38.8	25	84.7	229.4	110.7	49
147	小麦	宁夏回族自治区吴忠市青铜峡市	89.5	0.004	0.135	4.4	72.8	38.2	19	33.4	809.3	61.5	83.3
148	小麦	宁夏回族自治区固原市西吉县	90.3	0.002	0.123	7.8	47.9	45.8	26.5	13.2	255.7	74.2	13.4
149	小麦	宁夏回族自治区银川市贺兰县	89.6	0.004	0.154	4.9	47.2	36.4	23.8	73.4	260.4	92.3	37.8
150	小麦	宁夏回族自治区银川市永宁县	89.7	0.002	0.157	5.9	138.2	37.9	27.4	88.7	2 648.2	228.3	81.4
151	小麦	青海省	90.8	0.002	0.128	4.4	58.3	37.2	20.4	11	422.4	22	37.4
152	小麦	青海省海东市	89.2	0.002	0.138	4.6	70.4	40.7	21.9	12.8	595.3	9.5	26
153	小麦	青海省海东市	89.4	0.002	0.159	4.9	62.6	46.5	30.9	23.1	205.2	6.4	18
154	小麦	青海省西宁市	88.9	0.002	0.127	6.1	47.8	33.3	34.5	16	241.7	25.5	19.3
155	小麦	青海省西宁市	88.8	0.002	0.144	4.8	55.8	37.9	29	79.1	325.1	111.3	36.1
156	小麦	青海省西宁市	88.5	0.003	0.139	4.2	189.2	32.9	22.7	16.3	2 047.7	88.6	104.9
157	小麦	青海省西宁市	88.1	0.002	0.124	5.4	60.4	28.6	24.2	4	401	13.4	21.4
158	小麦	山东省滨州市	90.5	0.003	0.142	4.7	47.7	35.6	21.2	16.5	400.1	57.6	25.8
159	小麦	山东省荷泽市定陶区	88.2	0.003	0.122	4.6	40.8	29.4	24.1	15.9	314.1	0	26.2
160	小麦	山东省菏泽市曹县	89.4	0.002	0.114	4.8	46.2	42	28.6	413.9	275.7	0	21.9
161	小麦	山东省菏泽市曹县	89.6	0.005	0.137	5.9	40	27.5	34.9	164.4	284.5	11.4	38.8
162	小麦	山东省聊城市	88.5	0.005	0.139	5	41.8	35.8	38.2	18.6	141.5	0	26.7
163	小麦	山东省聊城市	87.9	0.003	0.148	4.5	99.3	34.5	30.2	39.3	1 332.1	84.2	55.6
164	小麦	山东省临沂市	86.6	0.002	0.135	4.8	48.3	49.3	26.6	43.1	288.5	0	0
165	小麦	山东省临沂市	80.9	0.002	0.123	4.5	71.9	47.6	24.2	44.1	571.2	4.5	7.4

续表2-3

序号	原料名称	采样地点	干物质 DM/%	钠 Na/%	镁 Mg/%	铜 Cu/(mg/kg)	铁 Fe/(mg/kg)	锰 Mn/(mg/kg)	锌 Zn/(mg/kg)	硒 Se/(μg/kg)	铬 Cr/(μg/kg)	铅 Pb/(μg/kg)	砷 As/(μg/kg)
166	小麦	山东省泰安市	88	0.003	0.157	4.8	43.4	27.8	26.9	62.9	479.7	61.1	0
167	小麦	山东省泰安市	86.8	0.002	0.169	4.6	52.5	29.1	27	82.7	609.4	43	1.4
168	小麦	山东省潍坊市	88.6	0.002	0.124	4	39.7	33.6	18.7	25.6	407.9	100.1	19.3
169	小麦	山东省枣庄市	89.3	0.002	0.127	4.3	58.4	43.7	24.3	27.1	478.7	60	8.7
170	小麦	山东省济南市章丘区	89.5	0.002	0.129	4.1	49.8	38.9	24.8	98.7	387.6	21.9	18.2
171	小麦	山东省淄博市	88.8	0.003	0.134	4.6	70.8	35	20.8	36.5	518	30.6	28.9
172	小麦	山西省大同市新荣区	90.8	0.003	0.155	8.4	79.5	40.6	46.1	14.5	506	41.6	2.5
173	小麦	山西省大同市新荣区	90.7	0.009	0.098	4.1	19.5	11.2	15.9	139.5	84.4	84.3	15
174	小麦	山西省晋城市	91	0.002	0.144	4.7	46.9	38.1	28.9	94.2	740.3	0	15.5
175	小麦	山西省晋城市	91	0.002	0.119	3.7	36	38.6	17.6	43.7	1 140	0	0
176	小麦	山西省晋城市	90.9	0.001	0.114	3.9	31.9	37.8	17.7	42.6	285.1	0	0
177	小麦	山西省临汾市	90.8	0.003	0.139	5.8	54.6	40	34.9	52.3	573	41.3	53
178	小麦	山西省临汾市	90.7	0.002	0.137	5.5	58.6	39.9	35	53.2	635.2	49.6	54.1
179	小麦	山西省临汾市	90.8	0.002	0.134	4.7	54.9	37.6	27.8	102.5	1 399.7	0	12.5
180	小麦	山西省临汾市	91	0.002	0.137	4.5	40.6	38.8	28.7	15.7	355.3	0	12.9
181	小麦	山西省临汾市	90.9	0.002	0.137	4.4	43.2	39.1	28.8	16.3	329.2	25.3	14.9
182	小麦	山西省运城市	90.8	0.002	0.135	4.9	45	41.5	26.4	24.4	351.9	0.7	20.1
183	小麦	山西省运城市	91	0.002	0.14	5	50.9	43.9	27.2	28	444.3	21.5	22.9
184	小麦	山西省运城市	90.2	0.002	0.123	4.9	82.9	39.8	20.5	16	507.3	15.5	18.5
185	小麦	山西省运城市	90.9	0.002	0.124	5.1	82.1	39.7	20.3	11.9	511.7	28.1	21.5
186	小麦	陕西省安康市	87.4	0.003	0.133	6.2	385.6	41	39.1	88.2	4 632.3	604.7	280
187	小麦	陕西省宝鸡市眉县	89.9	0.002	0.128	3.8	41	44.7	26.4	17.1	142.7	16.2	16
188	小麦	陕西省渭南市大荔县	90.6	0.002	0.128	4.4	37.1	43.8	23.2	27.1	131.4	106.2	43

续表2-3

序号	原料名称	采样地点	干物质 DM/%	钠 Na/%	镁 Mg/%	铜 Cu/(mg/kg)	铁 Fe/(mg/kg)	锰 Mn/(mg/kg)	锌 Zn/(mg/kg)	硒 Se/(μg/kg)	铬 Cr/(μg/kg)	铅 Pb/(μg/kg)	砷 As/(μg/kg)
189	小麦	陕西省西安市鄠邑区	90.4	0.002	0.132	5	83.9	44.2	25.1	75.6	731.4	67.3	29.3
190	小麦	陕西省西安市蓝田县	90.6	0.002	0.14	6.1	54.5	63.5	33.9	26.3	147.9	61.8	13.5
191	小麦	陕西省西安市临潼区	87.8	0.002	0.122	3.6	47.4	39.7	23.5	30.7	239.3	8.9	50.6
192	小麦	陕西省咸阳市武功县	90.6	0.002	0.127	3.2	41.8	41.3	22	13.1	154	56.3	45.1
193	小麦	陕西省咸阳市杨陵区	90.8	0.001	0.12	4.4	55.8	40.6	27.7	20.5	199.3	98.5	34.1
194	小麦	陕西省西安市周至县	91	0.002	0.126	4.4	90.9	44.8	20.8	27.4	574.7	103.6	38.9
195	小麦	上海市崇明区城桥镇	92.2	0.001	0.114	3.7	32.6	23.1	18.7	19.8	67	305.3	9.8
196	小麦	上海市崇明区三星镇	90.8	0.002	0.128	6.4	45.8	15	25.8	20.6	119.1	116.5	0
197	小麦	上海市崇明区三星镇	91.7	0.002	0.116	6.2	53.6	18	21	28	280.8	296.7	8.8
198	小麦	上海市崇明区三星镇	90.8	0.001	0.125	4.6	29.4	17.6	17.8	19	52.8	347.9	0
199	小麦	上海市奉贤区庄行镇	91.3	0.002	0.143	5.1	105.3	40.8	29	26.9	639.4	165.6	24.1
200	小麦	上海市金山区廊下镇	91.3	0.002	0.133	5.6	76.4	36.6	32.9	31.3	331.5	622.6	16.2
201	小麦	上海市金山区廊下镇	91.3	0.002	0.145	6	99.8	38.3	34.4	29.6	606.3	277	22.2
202	小麦	四川省成都市简阳市	93	0.001	0.094	4.7	68.6	28.3	37.4	16.7	181.1	16.8	25.2
203	小麦	四川省德阳市中江县	93.1	0.002	0.096	5.4	69.1	23.7	44.1	17.3	232.8	10.7	13.1
204	小麦	四川省德阳市中江县	93.4	0.002	0.115	5.7	101.5	42.3	34.3	61.4	386.2	34.9	40.9
205	小麦	四川省眉山市仁寿县	91.7	0.001	0.101	5.8	47.1	35.8	50.6	17.3	138.6	0	14.1
206	小麦	四川省眉山市仁寿县	93.1	0.002	0.098	5.1	68.2	34.5	48.4	14.8	270.8	32.4	20.8
207	小麦	四川省绵阳市三台县	92.5	0.002	0.101	5	53.5	25.7	32.9	9.4	272.7	9.9	17.8
208	小麦	四川省南充市南部县	93.3	0.002	0.111	5.9	52.6	30.6	42.4	11.4	205.1	6.2	12.1
209	小麦	四川省遂宁市射洪市	93.2	0.002	0.098	5.2	54.7	34.4	41.1	15.6	217	3.9	18.5
210	小麦	天津市宝坻区新开口镇	88.1	0.003	0.165	4.6	95.8	44.8	27.6	33.9	1 448	107.6	32
211	小麦	天津市宝坻区新开口镇	87.9	0.003	0.172	4.7	97.7	46.7	27.6	30.9	1 913.3	171.7	36.1
212	小麦	天津市宝坻区新开口镇	88.2	0.004	0.167	4.8	99.9	45.4	28.8	33.8	1 491.9	399	33.7
213	小麦	天津市蓟州区尤古庄镇	88.2	0.002	0.147	4.7	34.3	34.9	23.2	31.6	100.9	30.5	24.7
214	小麦	天津市蓟州区尤古庄镇	88.1	0.002	0.15	4.6	33.5	34.7	23.8	29	185.3	117.6	24

续表2-3

序号	原料名称	采样地点	干物质 DM/%	钠 Na/%	镁 Mg/%	铜 Cu/(mg/kg)	铁 Fe/(mg/kg)	锰 Mn/(mg/kg)	锌 Zn/(mg/kg)	硒 Se/(μg/kg)	铬 Cr/(μg/kg)	铅 Pb/(μg/kg)	砷 As/(μg/kg)
215	小麦	天津市武清区下伍旗镇	87.7	0.002	0.139	5.1	38.7	41.5	34.7	73.5	149.5	280.1	24.6
216	小麦	天津市武清区下伍旗镇	88.4	0.004	0.14	4.5	33.5	37	21.9	76.4	72	104.6	24.9
217	小麦	西藏自治区林芝市	91.8	0.001	0.131	4.7	32.9	26	25.4	13.6	219.7	18.6	0
218	小麦	西藏自治区林芝市	93.5	0.001	0.12	5.5	29.4	27.3	23.5	30.8	243.6	125.6	0
219	小麦	西藏自治区林芝市	92	0.002	0.126	5.3	32	20.2	22.8	39	482.5	0	0
220	小麦	西藏自治区林芝市	91.7	0.002	0.103	3.8	28.8	20.3	19.2	37.9	256.3	0	0
221	小麦	西藏自治区林芝市	92.4	0.002	0.109	5.1	29.5	21.5	20.2	37.1	305.2	11.9	0
222	小麦	新疆维吾尔自治区塔城地区额敏县玛热勒苏镇	94.9	0.002	0.16	4.4	43.8	50.2	24	232	198.3	44.4	41.3
223	小麦	新疆维吾尔自治区昌吉回族自治州奇台县	94.5	0.002	0.133	5.5	51.4	43.6	21.7	40.5	363.7	84.8	9.6
224	小麦	新疆维吾尔自治区昌吉回族自治州奇台县	94.3	0.001	0.123	4.7	29.2	40.7	19.9	21.5	100.3	12	0
225	小麦	新疆维吾尔自治区昌吉回族自治州奇台县	94.2	0.002	0.126	5.3	51	49	21	50.2	427.1	11.4	9
226	小麦	新疆维吾尔自治区喀什地区莎车县	90.4	0.006	0.169	4.9	45.5	31.2	33.1	17.4	304.8	0	22
227	小麦	新疆维吾尔自治区塔城地区塔城市	94.5	0.004	0.155	5.2	37.5	49.2	16.9	148.1	124.6	13.2	34.1
228	小麦	新疆维吾尔自治区塔城地区塔城市	94.3	0.004	0.156	5.2	39.4	50.5	16.8	159.9	174.6	8.1	37.9
229	小麦	新疆维吾尔自治区塔城地区塔城市恰夏镇	94.6	0.002	0.153	4.7	39.4	45.5	35	64.6	147.6	1	24.8
230	小麦	新疆维吾尔自治区塔城地区塔城市恰夏镇	94.9	0.002	0.165	4.3	91.6	49.7	36.8	86.4	479.6	32.1	51.6
231	小麦	新疆维吾尔自治区塔城地区托里县库甫乡	94.5	0.003	0.15	4.6	87.4	47.5	23.3	35.1	1 340.3	36.3	208.9
232	小麦	云南省红河哈尼族彝族自治州石屏县	92.9	0.002	0.118	4.4	80.3	27.7	27.9	8.8	675.7	108.8	34.3

续表2-3

序号	原料名称	采样地点	干物质 DM/%	钠 Na/%	镁 Mg/%	铜 Cu/(mg/kg)	铁 Fe/(mg/kg)	锰 Mn/(mg/kg)	锌 Zn/(mg/kg)	硒 Se/(μg/kg)	铬 Cr/(μg/kg)	铅 Pb/(μg/kg)	砷 As/(μg/kg)
233	小麦	云南省红河哈尼族彝族自治州石屏县	92.8	0.002	0.117	4.1	46.6	25.6	27.7	7.9	333.3	325.1	24.5
234	小麦	云南省文山壮族苗族自治州丘北县	92.1	0.001	0.092	2.7	102.9	46.9	23.5	24.2	477.8	167.5	99.9
235	小麦	云南省文山壮族苗族自治州砚山县	94.2	0.002	0.124	4.2	70	27.7	27.9	8.9	727	38.5	29.1
236	小麦	云南省文山壮族苗族自治州砚山县	92.8	0.002	0.121	4	43.2	26.1	27.5	9.5	272.3	13.5	22.2
237	小麦	浙江省湖州市	89.9	0.003	0.127	5.2	108.8	73.2	45.2	52.9	1 435.8	137.8	34.9
238	小麦	浙江省湖州市	89	0.002	0.119	5	80.3	70.6	44.2	46.9	431.2	33.4	1.9
239	小麦	浙江省绍兴市	90.1	0.002	0.13	5.9	57	59.1	42.8	32.5	240.2	28	13.2
240	小麦	浙江省绍兴市	90.6	0.002	0.136	5.9	50.3	65.5	48	31	190.6	90.3	11.5
241	小麦	浙江省绍兴市	90.9	0.002	0.128	6	46	60.1	44.7	30.3	151.1	29.1	10.3
242	小麦	浙江省绍兴市	91.2	0.002	0.132	6.3	48.8	61	45.2	28.7	186.3	66.2	9.7
243	小麦	重庆市大足区回龙镇	90.6	0.002	0.101	5.3	42.1	21.8	41.2	12.3	86.5	9	10.9
244	小麦	重庆市万州区走马镇	88.1	0.002	0.119	5.5	54.1	40.6	30.8	22.2	115.7	62.2	12
245	小麦	重庆市云阳县路阳镇	88.6	0.001	0.111	5.5	57.6	61.5	42	39.3	151.3	42.3	14.6
246	小麦	重庆市忠县白公街道	90.3	0.001	0.124	5.7	55.6	49.1	36.3	33.2	192.1	248.8	21.2

三、大麦

表 2-4 大麦原样中主要矿物元素及其含量

序号	原料名称	采样地点	干物质 DM/%	钠 Na/%	镁 Mg/%	铜 Cu/(mg/kg)	铁 Fe/(mg/kg)	锰 Mn/(mg/kg)	锌 Zn/(mg/kg)	硒 Se/(μg/kg)	铬 Cr/(μg/kg)	铅 Pb/(μg/kg)	砷 As/(μg/kg)
1	大麦	安徽省亳州市	89.2	0.043	0.142	4.8	77.9	18.8	21.4	19.4	2 031.5	54.4	59.5
2	大麦	安徽省合肥市	88.9	0.041	0.138	7.1	171.8	17.8	35.7	49.8	1 696.3	62.3	18.9

续表2-4

序号	原料名称	采样地点	干物质 DM/%	钠 Na/%	镁 Mg/%	铜 Cu/(mg/kg)	铁 Fe/(mg/kg)	锰 Mn/(mg/kg)	锌 Zn/(mg/kg)	硒 Se/(μg/kg)	铬 Cr/(μg/kg)	铅 Pb/(μg/kg)	砷 As/(μg/kg)
3	大麦	福建省莆田市秀屿区	87.4	0.019	0.106	3.3	94.2	17.6	21	50.3	522.7	314.9	5.6
4	大麦	甘肃省金昌市永昌县	89.5	0.025	0.135	5.7	70.5	16.8	17.2	21.2	1 246.2	320.9	21.7
5	大麦	甘肃省金昌市永昌县	89.7	0.018	0.142	5.6	87.5	17.6	18	30.4	926.7	171.3	29.3
6	大麦	甘肃省张掖市民乐县	86.5	0.007	0.147	5.2	112.9	14.9	23.1	25.9	1 617.6	241.9	41.1
7	大麦	河北省保定市定州市	88.5	0.027	0.149	5.1	198.9	25.8	30.7	31.5	2 076.1	630.7	62.5
8	大麦	黑龙江省大兴安岭地区	90.6	0.047	0.175	8.6	272.8	28	47.9	27.6	7 074.1	58.8	217.7
9	大麦	湖北省荆州市	88.3	0.019	0.139	4.2	50.7	19.5	18.2	125.7	381	877.8	20.6
10	大麦	湖北省仙桃市	88.8	0.019	0.128	4.5	37.8	18.6	17.8	104.6	267.7	188.8	19.4
11	大麦	湖南省涟源市	88.2	0.034	0.159	5.3	234.7	26.6	26.6	72.4	2 609.4	308.5	65.9
12	大麦	江苏省扬州市邗江区	90.6	0.006	0.17	6.7	306.9	30.3	38.8	52.2	3 955.6	430.7	176.6
13	大麦	江苏省扬州市邗江区	91	0.009	0.166	8.4	511	41.3	32.4	77.1	9 660.3	810.6	355.7
14	大麦	江苏省扬州市邗江区	90.8	0.005	0.153	7.7	177.7	27	27.9	32.8	1 023	107.5	39.1
15	大麦	内蒙古自治区呼伦贝尔市	90.3	0.011	0.148	4.3	116.6	25.3	29.8	7.4	1 574.9	32.6	125.2
16	大麦	内蒙古自治区呼伦贝尔市	90.7	0.009	0.124	3.8	132.5	22	25	5.7	2 099.5	65.9	258.3
17	大麦	内蒙古自治区呼伦贝尔市	88.8	0.012	0.129	4.6	47.4	15.7	23.7	192.7	231.3	45.8	11.3
18	大麦	山东省济南市章丘区	82.4	0.019	0.123	3.9	47.8	21.6	18.8	56.6	395.3	82.3	7.7
19	大麦	陕西省西安市	91.3	0.038	0.148	5.7	88.2	23	20.8	193.4	1 318.1	59.1	55.1
20	大麦	上海市奉贤区庄行镇	90.3	0.008	0.118	4.4	238	21	18.8	28.3	2 047	203.8	64.5
21	大麦	四川省绵阳市三台县	92.8	0.008	0.106	5.7	63.8	14.3	32.1	12.6	1 506.6	24.4	11.6
22	大麦	四川省绵阳市三台县	91.7	0.007	0.103	5.7	43.5	15	32.7	9	586.9	19.4	8.4
23	大麦	西藏自治区林芝市	92.4	0.003	0.141	5.8	54.9	15.5	32.1	14.5	378.4	106.1	0.9
24	大麦	西藏自治区林芝市	92.3	0.002	0.118	3.5	49.3	12.8	21.6	74.8	376.7	110.7	1.5
25	大麦	西藏自治区林芝市	92	0.003	0.125	3.8	92.8	13.3	22.3	73.2	1 817.5	318.8	5.9

续表2-4

序号	原料名称	采样地点	干物质 DM/%	钠 Na/%	镁 Mg/%	铜 Cu/(mg/kg)	铁 Fe/(mg/kg)	锰 Mn/(mg/kg)	锌 Zn/(mg/kg)	硒 Se/(μg/kg)	铬 Cr/(μg/kg)	铅 Pb/(μg/kg)	砷 As/(μg/kg)
26	大麦	浙江省嘉兴市	90.9	0.012	0.123	6.4	63.1	23.3	28.1	22.3	460.7	12.5	10.4
27	大麦	浙江省嘉兴市	91.1	0.012	0.126	5.7	80.4	22.9	26.8	19.4	681.7	39.7	12.6
28	大麦	浙江省嘉兴市	91.2	0.012	0.124	6.1	73.3	23.4	27.9	17.9	670.5	152.6	10.7

四、稻谷

表 2-5　稻谷原样中主要矿物元素及其含量

序号	原料名称	采样地点	干物质 DM/%	钠 Na/%	镁 Mg/%	铜 Cu/(mg/kg)	铁 Fe/(mg/kg)	锰 Mn/(mg/kg)	锌 Zn/(mg/kg)	硒 Se/(μg/kg)	铬 Cr/(μg/kg)	铅 Pb/(μg/kg)	砷 As/(μg/kg)
1	稻谷	安徽省安庆市	88.3	0.002	0.12	3.9	42.1	104.3	27.6	43.7	2 343.2	81.9	178
2	稻谷	安徽省滁州市天长市	88.3	0.001	0.098	3.1	57.3	97.3	16.6	29.8	4 602.8	49	224
3	稻谷	安徽省阜阳市	88.7	0.001	0.113	1.4	50.8	73.6	17.2	0	4 936.4	0	120.5
4	稻谷	安徽省合肥市庐江县	88.3	0.001	0.139	4.6	129.2	142.1	25.5	52	6 476	8 576.4	192
5	稻谷	安徽省六安市	89.8	0.001	0.111	3.8	67.8	108	21	44.6	3 603.3	553.9	214.3
6	稻谷	安徽省六安市霍邱县	88	0.001	0.122	3.4	37.3	92.6	19.1	38.3	2 092.3	89.8	189.8
7	稻谷	安徽省六安市裕安区	89.3	0.001	0.116	3.8	170.8	113	18.3	44	5 140.1	32.1	224.1
8	稻谷	安徽省芜湖市芜湖县	88.5	0.001	0.103	3.9	202.9	119.3	28.9	54	9 220	5 337.8	261.6
9	稻谷	安徽省宣城市泾县	88.5	0.001	0.104	2.6	65.2	75.5	20.6	22.3	4 931.3	55.6	135.1
10	稻谷	北京市海淀区	90.6	0.003	0.095	2.2	78.9	51.2	18.1	87.6	2 904.9	343.5	243.6
11	稻谷	北京市海淀区	90.6	0.002	0.108	3.1	54	30	18.6	34.6	2 207.3	486.3	292.2
12	稻谷	北京市延庆区	91.1	0.002	0.109	2.5	62.3	54.1	15.2	26.4	2 998.8	433	238.8
13	稻谷	北京市延庆区	90.9	0.002	0.106	1.8	50.2	48.7	15.3	25.5	2 229.3	355	227.8
14	稻谷	福建省南平市建瓯市房道镇	86.4	0.001	0.114	3.5	55.9	111.1	21.5	84.2	2 677.8	62.8	135

续表2-5

序号	原料名称	采样地点	干物质 DM/%	钠 Na/%	镁 Mg/%	铜 Cu/(mg/kg)	铁 Fe/(mg/kg)	锰 Mn/(mg/kg)	锌 Zn/(mg/kg)	硒 Se/(μg/kg)	铬 Cr/(μg/kg)	铅 Pb/(μg/kg)	砷 As/(μg/kg)
15	稻谷	福建省漳州市龙海区程溪镇	87.3	0	0.12	3.8	48.8	138	19.5	63.2	2 778.2	55	165.8
16	稻谷	福建省漳州市南靖县靖城镇	86.9	0.001	0.131	2.4	41.8	47.8	22.5	26.5	2 871.5	29.3	147.6
17	稻谷	福建省三明市清流县崇溪镇	87.2	0.001	0.123	1.8	39	37.6	20.7	26.1	3 015.7	77.9	364.9
18	稻谷	福建省三明市清流县温郊乡	86.6	0.001	0.104	2.6	107	64.4	20.1	21	4 327.5	75.5	146
19	稻谷	甘肃省白银市靖远县	89.6	0.007	0.12	2.5	41.3	26.6	19.6	22.7	1 130.8	262.1	380.4
20	稻谷	甘肃省陇南市文县	89.3	0.006	0.125	3.5	107.5	52.1	19.9	60	9 650.4	10.1	528.4
21	稻谷	甘肃省张掖市	87.1	0.004	0.119	3.5	58	43.2	19	52.9	1 552.7	444.8	374.7
22	稻谷	广东省广州市	88.7	0.001	0.107	2.9	47.4	48.3	19.7	22.3	3 513.2	750.6	96.4
23	稻谷	广东省江门市	87.8	0.002	0.102	5.8	66	301.7	29.3	71.6	2 993.1	227.7	147.5
24	稻谷	广东省茂名市	88.8	0.005	0.108	4.2	91	216.8	23	67.8	3 138.3	89.9	90.4
25	稻谷	广东省梅州市	87.5	0.001	0.112	2.6	68.5	94.1	21.9	16.8	3 598.3	189	270.4
26	稻谷	广东省韶兴市	88.7	0.001	0.107	3.6	69.7	108.4	22.3	51.6	3 128	78.3	305.3
27	稻谷	广东省湛江市	88.1	0.003	0.134	5.3	97.1	94.6	30.7	475.3	4 277.6	51.2	278.3
28	稻谷	广东省肇庆市	88	0.001	0.109	5	67.1	120.1	27.5	95	3 436.2	206	221.9
29	稻谷	广西壮族自治区贵港市	90.4	0.001	0.111	3.8	30.2	49.7	20.9	0	2 474.6	843.6	42.7
30	稻谷	广西壮族自治区贵港市	90.9	0.001	0.099	2.1	64.9	53	15.9	0	9 284	7.9	22.4
31	稻谷	广西壮族自治区桂林市	91.1	0.001	0.108	2.5	62.1	65.4	19.9	48	4 387.6	458.9	265.7
32	稻谷	广西壮族自治区南宁市	89.5	0.001	0.121	2.2	41.7	97.9	21.8	61.4	2 812.9	201.9	139.8
33	稻谷	广西壮族自治区南宁市	89	0.002	0.116	1.6	52.7	88.2	18.7	41.6	2 217.8	376.8	240.1
34	稻谷	广西壮族自治区钦州市	90.4	0.003	0.11	2.3	49.3	63.7	17.3	0	5 309.2	0	0
35	稻谷	广西壮族自治区玉林市	90.4	0.002	0.113	2.8	50.9	80.4	16.9	0	7 590.9	0	185
36	稻谷	贵州省黔东南苗族侗族自治州	90.5	0.001	0.125	2.4	46.3	108.4	21.6	51.6	2 393.1	498.1	139.8
37	稻谷	贵州省黔东南苗族侗族自治州	90.5	0.001	0.124	1.1	56.1	80.9	19.1	98.3	2 735.6	341.6	126.4

续表2-5

序号	原料名称	采样地点	干物质 DM/%	钠 Na/%	镁 Mg/%	铜 Cu/(mg/kg)	铁 Fe/(mg/kg)	锰 Mn/(mg/kg)	锌 Zn/(mg/kg)	硒 Se/(μg/kg)	铬 Cr/(μg/kg)	铅 Pb/(μg/kg)	砷 As/(μg/kg)
38	稻谷	贵州省遵义市	90.7	0.002	0.113	3.3	69.1	58.4	17.7	49.1	2 741.2	253.4	105.4
39	稻谷	贵州省遵义市	89.5	0.001	0.095	3.4	85.2	101.2	21.2	35.1	5 078.8	155.3	131.5
40	稻谷	海南省澄迈县	94.4	0.004	0.114	4.1	48.1	63.7	22.2	47.3	2 823.6	32.7	242.1
41	稻谷	海南省澄迈县	93.9	0.002	0.103	2	63.2	48.9	21	19.1	3 411.9	0	407.4
42	稻谷	海南省海口市琼山区红旗镇	93.1	0.001	0.104	3.3	46.7	41.2	19	70.7	2 855.8	0	55.5
43	稻谷	海南省海口市秀英区永兴镇	94.6	0.001	0.104	3.4	40.4	40.5	18.8	69.7	2 430.5	0	54.9
44	稻谷	海南省文昌市锦山镇	92.4	0.01	0.119	3.5	153	30.2	21.3	39.9	2 334.2	95.7	315.5
45	稻谷	河北省承德市承德县	89.3	0.004	0.083	1.7	53	67.4	19.1	38.7	4 901.8	66.1	171.2
46	稻谷	河北省唐山市乐亭县	89.1	0.007	0.113	2.3	90.7	42.1	18.1	39.2	1 804	5 010.2	222.7
47	稻谷	河北省唐山市乐亭县	88.2	0.007	0.105	2.5	84.2	41.7	17.4	37.9	1 563.1	10 996.1	218.7
48	稻谷	河北省唐山市乐亭县	88.7	0.007	0.1	2.3	76.8	40.6	17.5	34.6	1 664.9	7 766.3	215.5
49	稻谷	河北省唐山市乐亭县	88.5	0.008	0.106	2.3	90.5	41.7	19.7	35.5	2 282	8 434.9	219.5
50	稻谷	河南省信阳市	89.4	0.001	0.122	2.6	103.9	114.4	22.8	33.2	7 240.8	115.1	400.3
51	稻谷	河南省信阳市	91.9	0.001	0.096	1.9	98.6	89.2	22.9	25.8	6 231.6	108.5	349.4
52	稻谷	河南省信阳市	92.4	0.002	0.093	2.5	121	150.5	31.8	22.5	9 853.3	88.5	324.1
53	稻谷	河南省信阳市	89.6	0.002	0.116	1.4	72.2	83.7	19.7	25.6	3 817.4	87.4	518.5
54	稻谷	河南省信阳市	89.3	0.001	0.101	3	96.7	86.1	19.8	46.3	4 106.2	139.5	151.8
55	稻谷	河南省信阳市	86.4	0.001	0.128	2.2	171.7	90.2	19	28.5	4 347.6	147	647.3
56	稻谷	黑龙江省哈尔滨市	88.4	0.002	0.111	2	31.4	123.1	16.7	25	1 447.9	34.7	347.1
57	稻谷	黑龙江省哈尔滨市	88.2	0.002	0.103	1.8	29.7	127.2	16.3	23.7	1 220.3	53.1	352.1
58	稻谷	黑龙江省哈尔滨市	88.2	0.003	0.135	1.6	84.6	39.5	18.7	32.8	3 324	100.7	173.7
59	稻谷	黑龙江省哈尔滨市	88.4	0.002	0.098	1.3	101.6	61.2	16.5	15.8	4 441.9	153.8	328.6
60	稻谷	黑龙江省鸡西市	88.4	0.002	0.115	2.2	53.9	72.4	22.7	23.6	2 247.9	160.3	199

续表2-5

序号	原料名称	采样地点	干物质 DM/%	钠 Na/%	镁 Mg/%	铜 Cu/(mg/kg)	铁 Fe/(mg/kg)	锰 Mn/(mg/kg)	锌 Zn/(mg/kg)	硒 Se/(μg/kg)	铬 Cr/(μg/kg)	铅 Pb/(μg/kg)	砷 As/(μg/kg)
61	稻谷	黑龙江省鸡西市	88.6	0.002	0.124	2.4	44.9	74.2	22.6	23.1	1 797.1	266.1	206.4
62	稻谷	黑龙江省鸡西市	88.4	0.002	0.136	2.4	40.3	78.7	23.6	22.8	1 295	227.9	212.5
63	稻谷	黑龙江省佳木斯市	88.4	0.002	0.116	2.9	75.4	70.2	20.7	8.4	1 609.5	283.7	271.8
64	稻谷	黑龙江省绥化市	88.7	0.004	0.122	1.1	155.8	44.7	14.9	21	3 635.2	268.1	327.3
65	稻谷	黑龙江省绥化市	88.7	0.002	0.113	1.6	47.1	118.3	16.1	24.6	1 768.9	63.2	350.5
66	稻谷	黑龙江省绥化市	88.6	0.002	0.097	1.5	79.5	55.4	16.7	24.8	2 363.5	80.1	382
67	稻谷	黑龙江省五常市	88.4	0.003	0.105	1.6	98.3	70.8	15.1	23	2 550.4	226.4	366.3
68	稻谷	湖北省洪湖市新滩镇	86.2	0	0.114	6.2	64.1	55.9	14.5	31.5	4 140.2	65.9	167.8
69	稻谷	湖北省荆门市京山市	83.4	0.002	0.13	6.3	53.4	36.3	36.7	51.5	4 215.9	69	164.1
70	稻谷	湖北省荆门市京山市屈家岭县	84.5	0.001	0.108	2.9	56.7	97.4	20.7	37	3 799.4	34.6	393.8
71	稻谷	湖北省荆门市沙洋县	86.9	0.001	0.093	3.1	66.5	88	21.1	42.2	5 037.2	3.2	212.8
72	稻谷	湖北省荆州市监利市	88	0.001	0.134	3.9	63.6	78.3	23	27.1	2 885.6	112.8	327.1
73	稻谷	湖北省荆州市石首市	87.3	0	0.111	5.1	87.1	50.3	23.1	51.4	5 528.3	68.2	203.6
74	稻谷	湖北省潜江市	84.1	0.001	0.089	3.3	79.6	107.9	19.8	69	4 210.1	26.7	187.3
75	稻谷	湖北省松滋市刘家场镇	84.4	0.001	0.094	2.4	67.3	70.6	16.4	45.1	3 389.5	98.9	124.8
76	稻谷	湖北省仙桃市杨林尾镇	84	0.001	0.113	2.8	56.1	87.5	19.7	65.6	3 200.6	137.1	223.1
77	稻谷	湖北省孝感市孝昌县	84.3	0	0.11	2.8	52.4	60.7	16.2	71.6	3 180.6	116.9	370.5
78	稻谷	湖南省常德市	88.3	0.001	0.093	3.2	88.5	51.2	14.3	30.6	5 202.2	182.4	149.4
79	稻谷	湖南省常德市鼎城区	89	0.001	0.114	2.8	58	82.6	18.3	62.5	3 045.1	80.4	236
80	稻谷	湖南省常德市汉寿县	88.9	0.001	0.121	2.6	86.9	82.8	18.6	61.6	4 166.9	96.8	237.4
81	稻谷	湖南省衡阳市衡南县	87.2	0.001	0.129	4.1	47.1	63.9	18.7	32.4	2 367.4	158.9	221.9
82	稻谷	湖南省衡阳市衡南县	88.6	0.002	0.107	3.2	48.6	58.6	23.5	40.8	2 828.5	97.9	481
83	稻谷	湖南省长沙市望城区靖港镇	87.4	0.001	0.105	3.9	98.1	169	18.4	89.7	6 133.9	136.6	170.6

续表2-5

序号	原料名称	采样地点	干物质 DM/%	钠 Na/%	镁 Mg/%	铜 Cu/(mg/kg)	铁 Fe/(mg/kg)	锰 Mn/(mg/kg)	锌 Zn/(mg/kg)	硒 Se/(μg/kg)	铬 Cr/(μg/kg)	铅 Pb/(μg/kg)	砷 As/(μg/kg)
84	稻谷	湖南省湘潭市	87.7	0.001	0.113	2.5	56.5	45.7	21.1	21.4	4 683.7	89	231.2
85	稻谷	湖南省益阳市南县	87.8	0.001	0.12	4.4	55.6	54.9	18	35.1	2 594	76.1	227
86	稻谷	湖南省永州市祁阳市	88.6	0.001	0.12	2.9	94.2	78.9	19.1	64.9	4 939.1	112.9	246.3
87	稻谷	湖南省岳阳市湘阴县	89	0.001	0.116	2.4	85.4	60.6	19.9	40.6	4 091.6	103.2	488.8
88	稻谷	湖南省长沙市宁乡市	87.8	0.001	0.11	3.9	86.2	174.3	18.3	90.7	4 996.5	134.9	165.9
89	稻谷	吉林省白城市	89.1	0.003	0.109	2.2	101.7	154.9	17	38.3	1 675.3	533.4	350
90	稻谷	吉林省吉林市	89.5	0.002	0.103	2	39.2	134	16.4	34.7	1 546.8	2 229.4	315.4
91	稻谷	吉林省吉林市	89.9	0.002	0.099	2	42.7	98.4	14.6	24.4	1 819.9	789.5	248.4
92	稻谷	吉林省松原市	90.3	0.002	0.113	2.5	67.3	130.7	20.2	58	1 298.2	125.1	488.6
93	稻谷	吉林省榆树市	90.3	0.001	0.097	2.4	57.8	101.8	19.2	20	1 629.8	144.7	219.4
94	稻谷	吉林省长春市	90	0.003	0.143	3.5	97.7	62	35.9	19.2	1 658	1 712.6	287.5
95	稻谷	江苏省淮安市洪泽区	89.1	0.003	0.086	2.5	76.5	65.2	22.1	15.7	4 080.7	10 247	191.5
96	稻谷	江苏省淮安市洪泽区	88.9	0.002	0.1	2.6	61.6	61.8	22.2	13.6	1 878.4	13 412.7	183.7
97	稻谷	江苏省淮安市洪泽区	89.4	0.003	0.1	2.2	58.6	55.1	19.7	15.5	1 737.2	6 276.8	268.9
98	稻谷	江苏省淮安市洪泽区	89.6	0.003	0.103	2.6	141.5	61.8	19.2	18.8	3 179.4	134.7	296.2
99	稻谷	江苏省淮安市盱眙县	89.3	0.001	0.101	4.3	80.4	198.9	18.9	76.4	4 870.2	104.1	104.7
100	稻谷	江苏省淮安市盱眙县	89.3	0.001	0.093	4.4	88.8	186	18.5	65.6	5 284.7	90.1	104.9
101	稻谷	江苏省淮安市盐碱科技产业园	90.3	0.003	0.095	3.6	60.2	36.6	22.2	19.5	2 228.7	97.4	131.7
102	稻谷	江苏省淮安市盐碱科技产业园	90.3	0.002	0.091	4.3	59.2	81.6	25.6	15.7	1 870.9	101.2	113.9
103	稻谷	江苏省南京市六合区	89.7	0.001	0.086	5.3	77.1	127.7	29.3	34	3 589	104.5	113.6
104	稻谷	江苏省南京市六合区	90.1	0.001	0.093	2.9	94.3	105	20.3	35.8	5 829	94.4	154.7
105	稻谷	江苏省盐城市射阳县	89	0.006	0.101	3.7	46	33.9	20.3	21.5	2 649.2	68.4	229.7
106	稻谷	江苏省盐城市射阳县	89.8	0.006	0.125	3.1	85.7	41.6	21.4	14.5	2 830.4	112.7	211.7

续表2-5

序号	原料名称	采样地点	干物质 DM/%	钠 Na/%	镁 Mg/%	铜 Cu/(mg/kg)	铁 Fe/(mg/kg)	锰 Mn/(mg/kg)	锌 Zn/(mg/kg)	硒 Se/(μg/kg)	铬 Cr/(μg/kg)	铅 Pb/(μg/kg)	砷 As/(μg/kg)
107	稻谷	江苏省盐城市射阳县	89.6	0.01	0.13	3.2	131.2	32	21.6	16.8	1 708.1	81	245
108	稻谷	江苏省盐城市射阳县	89.4	0.009	0.117	3.3	153.1	30.9	20	15.9	715.1	70.6	234.4
109	稻谷	江苏省盐城市射阳县	89.9	0.006	0.119	3.7	39.2	37	20.6	20.6	1 611.6	73.8	233.9
110	稻谷	江苏省盐城市射阳县	89.1	0.001	0.128	2.8	82.4	45.6	18.4	61.6	5 858.2	15.6	244.8
111	稻谷	江西省	91.2	0.001	0.085	4.2	48.6	176.2	22.5	36.4	1 731.8	119.7	176.8
112	稻谷	江西省丰城市	87.6	0.001	0.124	3.2	78.3	120.8	22	84.8	3 306.8	291.4	260.2
113	稻谷	江西省抚州市	91.4	0.001	0.102	3.2	77	220.5	23.8	55.1	4 261.2	141.6	219.3
114	稻谷	江西省赣州市	85.3	0.011	0.359	4.1	197.5	51.6	374.2	0	1 553.9	0	338.5
115	稻谷	江西省赣州市	88	0.001	0.105	2.1	39.7	40.3	16.1	0	4 079.1	816.2	63.6
116	稻谷	江西省高安市	86.8	0.001	0.108	2.6	100.2	176.6	24.7	41.3	5 004	196.7	145.7
117	稻谷	江西省吉安市	87.5	0.007	0.135	5.3	94.8	78.9	27.6	0	10 687.9	24 454.3	209.6
118	稻谷	江西省吉安市	89.9	0.001	0.113	3	63.8	84.4	16.4	0	7 824	804.8	178.5
119	稻谷	江西省井冈山市	88.9	0.001	0.106	2.6	38.4	68	18	0	1 921.2	0	26.1
120	稻谷	江西省南昌市	88	0.001	0.119	3.9	76.5	118.5	26.4	53.1	1 895.3	166.1	364
121	稻谷	江西省南昌市	86.5	0.002	0.109	4.8	84.9	137.6	24.7	28.9	5 486.8	2 017.1	174
122	稻谷	江西省南昌市	88	0.001	0.114	3.8	62.9	135.9	22.6	40.9	2 203.7	89.5	194.5
123	稻谷	江西省南昌市	85.9	0.001	0.117	2	72.1	176.3	23.4	51.2	3 292.9	201.1	179.3
124	稻谷	江西省上饶市鄱阳县	87.1	0.001	0.104	3.2	97.4	112.2	24.2	38.1	3 686.6	108.3	431.8
125	稻谷	江西省樟树市	87	0.013	0.139	3.4	96.7	142.7	23.7	0	6 424.7	2 635.5	53.7
126	稻谷	辽宁省大石桥市	90.9	0.007	0.151	2.9	178.3	65.6	15.6	31.5	4 810.2	575.7	264
127	稻谷	辽宁省东港市	91	0.002	0.125	2.9	41.1	126.5	21.3	40.9	2 489.8	625.1	317.1
128	稻谷	辽宁省盘锦市	91.2	0.003	0.102	2.4	43.8	90.6	18.5	57.9	2 002.5	390.6	232.5
129	稻谷	辽宁省盘锦市	91.1	0.005	0.126	2.4	94.7	59.9	18.9	32.3	2 930.3	1 215.8	233.1

续表2-5

序号	原料名称	采样地点	干物质 DM/%	钠 Na/%	镁 Mg/%	铜 Cu/（mg/kg）	铁 Fe/（mg/kg）	锰 Mn/（mg/kg）	锌 Zn/（mg/kg）	硒 Se/（μg/kg）	铬 Cr/（μg/kg）	铅 Pb/（μg/kg）	砷 As/（μg/kg）
130	稻谷	辽宁省盘锦市	91.2	0.005	0.112	2.6	54.4	46.2	16.7	39.1	2 734.5	760.1	161.1
131	稻谷	辽宁省沈阳市	91.4	0.003	0.114	2.8	52.4	65.4	19.7	30.9	2 796.6	972.3	441.7
132	稻谷	内蒙古自治区呼伦贝尔市阿荣旗	87.9	0.002	0.106	2.4	41	45.2	15.3	22.9	1 545.6	735.9	361.4
133	稻谷	内蒙古自治区赤峰市	89.1	0.002	0.106	0.9	37.5	63.1	12.1	0	2 972.3	0	0
134	稻谷	内蒙古自治区呼伦贝尔市	89.1	0.003	0.116	0.9	59.1	67.6	12	0	6 502.1	0	22.5
135	稻谷	内蒙古自治区呼伦贝尔市	88.1	0.002	0.115	3.3	32.8	57	15.5	31.4	1 093.6	687	172.4
136	稻谷	内蒙古自治区通辽市	89.7	0.002	0.087	0.8	45.5	61.1	11.5	0	5 349.9	0	0
137	稻谷	宁夏回族自治区灵武市崇兴县	90.4	0.003	0.111	2.8	103.9	48.1	19.5	37.4	2 970.7	144.8	658.5
138	稻谷	宁夏回族自治区吴忠市青铜峡市	89.8	0.004	0.109	1.7	91.5	48.3	19.9	34.3	3 311.8	486.1	408.6
139	稻谷	宁夏回族自治区银川市	91.4	0.006	0.122	2.1	159	53.1	20.6	37	3 966.1	167.3	434.6
140	稻谷	宁夏回族自治区银川市	90.1	0.002	0.106	2.9	97.3	87.2	23.8	53	3 628.9	134.6	272.3
141	稻谷	宁夏回族自治区银川市	90.2	0.001	0.113	2.3	84.7	71.4	21.8	44.9	3 808.7	125.8	375.4
142	稻谷	山东省济宁市	87.9	0.009	0.108	5.1	35.4	102.1	29.6	30.8	1 384.8	148.5	210
143	稻谷	山东省济宁市	88.3	0.009	0.114	5.2	38.2	103.5	29.6	30	1 171.3	367.4	225.2
144	稻谷	山东省临沂市	87.3	0.002	0.091	4.7	62	97.8	22.8	28.7	1 782.1	284.2	277.4
145	稻谷	山东省临沂市	88.1	0.002	0.096	4.1	103.3	95.6	21.9	32.7	1 856.4	212.5	277.7
146	稻谷	山西省太原市	91.1	0.002	0.093	1.2	109	22.3	18.2	74.3	4 385.5	207.5	26.9
147	稻谷	山西省太原市	90.7	0.003	0.116	1.5	81.5	25.1	19.6	113.1	2 822	341.7	64.8
148	稻谷	山西省忻州市代县	91.5	0.001	0.105	1.3	48.7	103	18.5	19.5	1 781.2	34.4	497.4
149	稻谷	山西省忻州市代县	90.9	0.001	0.106	1.2	58.7	99.3	18.3	16.6	2 291.1	78.2	477.4
150	稻谷	山西省忻州市原平市	91.5	0.005	0.114	1.6	187.5	47.4	16.9	41.3	2 061.8	260.1	168.4
151	稻谷	山西省忻州市原平市	91.7	0.005	0.11	1.4	173.9	43.4	16.5	35	2 086.8	241.9	156.9
152	稻谷	陕西省汉中市	91.4	0.001	0.105	3.1	57.8	70.7	17.3	23.1	4 646.8	441.6	175.8

续表2-5

序号	原料名称	采样地点	干物质 DM/%	钠 Na/%	镁 Mg/%	铜 Cu/(mg/kg)	铁 Fe/(mg/kg)	锰 Mn/(mg/kg)	锌 Zn/(mg/kg)	硒 Se/(μg/kg)	铬 Cr/(μg/kg)	铅 Pb/(μg/kg)	砷 As/(μg/kg)
153	稻谷	陕西省汉中市	90.8	0.001	0.108	2.7	64.4	69.8	16.5	23.1	5 656.1	164.4	178.9
154	稻谷	陕西省汉中市	90.9	0.002	0.1	2.6	49.3	66.4	16.3	19.8	4 045.2	364.5	184.7
155	稻谷	陕西省汉中市	91.2	0.002	0.112	3.8	66.3	72.8	17.8	29.2	4 828.6	546.5	177.9
156	稻谷	陕西省汉中市	91.5	0.001	0.1	3	47.3	70.7	16.7	24.4	3 749.5	255.2	178.8
157	稻谷	上海市奉贤区庄行镇	90.4	0.008	0.103	3.4	90.9	74.4	27.2	39.4	2 438.6	374.2	126
158	稻谷	上海市奉贤区庄行镇	90.4	0.004	0.111	3.8	77.4	136.2	31.4	29.8	2 299.9	8 690.1	182.8
159	稻谷	上海市奉贤区庄行镇	90.3	0.003	0.086	3.3	56.7	115.5	26.3	19.8	2 096	12 239.7	199
160	稻谷	上海市青浦区华新镇	90.6	0.003	0.101	4.5	74.8	119.6	30.1	59.2	2 480.9	14 409	101
161	稻谷	上海市青浦区华新镇	89.7	0.002	0.101	4	188.8	143.3	32.3	53.7	13 684.2	1 861.9	174.1
162	稻谷	四川省广安市	93	0	0.107	3	71	108.4	24.6	29.5	4 337	44.1	132.4
163	稻谷	四川省泸州市	93.2	0.001	0.118	1.7	129.7	85.9	24.7	45.8	4 836.3	89.9	170.4
164	稻谷	四川省泸州市	94.3	0.001	0.127	5.4	392.2	134.4	20.4	35	72 755.1	120.9	193.4
165	稻谷	四川省眉山市东坡县	91.3	0	0.111	3.6	52	64.2	20.8	43.3	3 020	77.6	170.8
166	稻谷	四川省眉山市仁寿县	93.4	0.001	0.103	2.7	51.7	80.8	18.9	30.5	3 472	95.8	245.6
167	稻谷	四川省眉山市仁寿县	95.1	0.001	0.103	2.6	60.1	80.3	19.2	29.7	3 676.2	123.2	246
168	稻谷	四川省宜宾市	92.6	0.001	0.113	0.7	117.3	60.4	25.2	40	5 159	125.8	255.5
169	稻谷	四川省自贡市	93.4	0.001	0.129	0.8	120.8	60.6	22.6	22.4	4 548.4	142.8	179.6
170	稻谷	天津市宝坻区新开口镇	89.5	0.003	0.108	3.5	46.5	31.7	18.9	37.9	2 261.8	178.3	118.8
171	稻谷	天津市宝坻区新开口镇	89.3	0.003	0.116	3.4	52.8	31.3	18.6	35.3	3 671.7	143.6	115
172	稻谷	天津市宁河区芦台镇	90.5	0.003	0.101	5	79.4	66.1	25.3	52.5	2 550.5	15 577.5	71.9
173	稻谷	天津市宁河区芦台镇	90.4	0.008	0.106	3.4	77.2	60.2	27.9	46.8	1 911.9	4 433.6	149.9
174	稻谷	西藏自治区林芝市	91.8	0.001	0.087	1.2	34.3	65.3	23.2	0	3 977.2	0	0
175	稻谷	西藏自治区林芝市	92.6	0.001	0.12	0	49.8	76	18	2.8	4 142.7	162.4	295.3
176	稻谷	西藏自治区林芝市	93.2	0.001	0.103	0.4	53.5	72.6	11.8	3.2	5 835.2	27.9	10.7
177	稻谷	西藏自治区林芝市	92.1	0.001	0.092	1.2	49.5	65.7	13.5	7.7	4 929.9	237.4	15.7
178	稻谷	西藏自治区林芝市	92	0.001	0.096	1.4	44.8	94.4	14	0	6 571	0	0

续表2-5

序号	原料名称	采样地点	干物质 DM/%	钠 Na/%	镁 Mg/%	铜 Cu/(mg/kg)	铁 Fe/(mg/kg)	锰 Mn/(mg/kg)	锌 Zn/(mg/kg)	硒 Se/(μg/kg)	铬 Cr/(μg/kg)	铅 Pb/(μg/kg)	砷 As/(μg/kg)
179	稻谷	新疆维吾尔自治区伊犁哈萨克自治州察布查尔锡伯自治县	90.4	0.003	0.113	2.7	40.6	35.5	14.3	29.3	1 621	526.6	252
180	稻谷	新疆维吾尔自治区伊犁哈萨克自治州察布查尔锡伯自治县	91	0.004	0.118	3.1	96.5	54.3	14.6	32.1	2 239.1	413.4	365.4
181	稻谷	新疆维吾尔自治区阿克苏地区温宿县	91.4	0.003	0.113	2.9	97.3	42.7	14.8	28	1 642.6	589.1	213.9
182	稻谷	新疆维吾尔自治区乌鲁木齐市	91.7	0.005	0.104	3.6	65.7	68.2	20.9	135.2	1 574	229	266.6
183	稻谷	新疆维吾尔自治区乌鲁木齐市米东区	92	0.008	0.108	3.7	82.1	47.4	22.3	80.3	1 983.1	123.3	163
184	稻谷	云南省红河哈尼族彝族自治州建水县	95.2	0.002	0.127	3.8	66	82.1	19.2	29.2	5 196.3	376.6	562.1
185	稻谷	云南省红河哈尼族彝族自治州弥勒市新哨镇	92.3	0.001	0.117	2.3	56.7	33.5	13	22.9	3 104.1	164.7	375.9
186	稻谷	云南省普洱市景谷傣族彝族自治县	94.8	0.001	0.125	3.3	82.1	95.1	21.4	13.3	5 092	21.5	158.6
187	稻谷	云南省普洱市宁洱哈尼族彝族自治县	94.5	0.001	0.099	3.4	57.9	79.7	18.6	46.4	5 051.4	51.9	127.9
188	稻谷	云南省文山壮族苗族自治州丘北县	93.7	0.001	0.106	2.1	55.8	98.7	14.7	30.1	3 349.7	88.4	355.4
189	稻谷	浙江省湖州市	90.1	0.004	0.087	3.1	120.1	59.9	20.9	43.5	3 603	429.2	137.6
190	稻谷	浙江省湖州市	89.4	0.003	0.089	2.5	72.9	59	20	45.5	2 467.6	210.4	126.2
191	稻谷	浙江省湖州市	89.7	0.004	0.103	2.9	143.5	69.9	19.7	36.7	4 451.8	292.8	137.8
192	稻谷	浙江省湖州市	90	0.004	0.094	3.1	109.8	63.8	19.9	33.5	4 246.7	159.9	133.8
193	稻谷	浙江省嘉兴市	89.9	0.003	0.113	3.9	39.3	90.7	21.7	26.2	1 309.1	199	99.8
194	稻谷	浙江省嘉兴市	90	0.003	0.114	3.5	39.2	87	25.3	26.4	1 340.9	126.4	102.2
195	稻谷	浙江省嘉兴市	89.8	0.002	0.121	4.2	40.8	72.3	29.5	31	1 737	121.8	98.1
196	稻谷	浙江省绍兴市	89.7	0.004	0.114	6.1	77.3	162	23.8	118.1	2 886	278.6	117.7

续表2-5

序号	原料名称	采样地点	干物质 DM/%	钠 Na/%	镁 Mg/%	铜 Cu/(mg/kg)	铁 Fe/(mg/kg)	锰 Mn/(mg/kg)	锌 Zn/(mg/kg)	硒 Se/(μg/kg)	铬 Cr/(μg/kg)	铅 Pb/(μg/kg)	砷 As/(μg/kg)
197	稻谷	浙江省绍兴市	88.5	0.004	0.114	7	59.7	169.3	24.4	32.4	1 898.8	320.5	82.4
198	稻谷	重庆市大足区	88.3	0.001	0.102	1.8	57.8	36.8	20.4	20.8	3 313.1	333.5	199.8
199	稻谷	重庆市合川区龙凤镇	90	0.001	0.106	1.8	62	52.6	18.3	11.3	3 517.9	9 759.1	278.2
200	稻谷	重庆市江津区朱杨镇	90.2	0.001	0.13	0.8	226	68.4	20.9	35.5	3 923.1	8 934.2	145.7
201	稻谷	重庆市梁平区回龙镇	87	0.001	0.105	2.8	65.8	94.7	24.4	19.6	3 141.2	7 564.1	195.6
202	稻谷	重庆市荣昌县	86.8	0.003	0.124	2.2	143.4	52.6	17.1	39.5	3 269.2	111.4	233
203	稻谷	重庆市铜梁区	87.5	0.001	0.108	0.7	92.8	37.4	13.3	15	3 764.4	221.9	164.9
204	稻谷	重庆市万州区走马镇	86.9	0.001	0.128	1.5	77.1	50.2	17.5	13.4	2 805	92.1	138.9
205	稻谷	重庆市永川区来苏镇	87.9	0.001	0.131	2.3	156.6	94	28	42.8	3 053.7	7 637.8	251.4
206	稻谷	重庆市忠县白公街道	88.6	0.001	0.123	2.7	37.4	86.6	19.8	24.6	2 867.7	46.6	332.2

五、米糠

表 2-6 米糠原样中主要矿物元素及其含量

序号	原料名称	采样地点	干物质 DM/%	钠 Na/%	镁 Mg/%	铜 Cu/(mg/kg)	铁 Fe/(mg/kg)	锰 Mn/(mg/kg)	锌 Zn/(mg/kg)	硒 Se/(μg/kg)	铬 Cr/(μg/kg)	铅 Pb/(μg/kg)	砷 As/(μg/kg)
1	米糠	安徽省蚌埠市	90.2	0.014	0.745	8.7	151.1	193.3	37.2	63.6	7 085	88	1 074.7
2	米糠	安徽省合肥市肥东县	91	0.008	0.606	7.4	106.4	172	49	97.5	6 456.8	32.4	1 198.3
3	米糠	安徽省六安市裕安区	91	0.007	0.716	10.4	84.7	195.8	59.7	105.7	4 973.1	2.1	1 082.3
4	米糠	安徽省六安市裕安区	91.2	0.009	0.766	11.2	101.6	202.6	61.5	165.8	5 418	128.6	1 201.3
5	米糠	安徽省六安市裕安区	91	0.009	0.797	9.8	86	199.4	59.7	253.1	6 284.5	20.6	1 438.9
6	米糠	福建省泉州市	89	0.012	0.668	10.3	186.2	180.4	46.8	66.4	5 427.2	390	994.9
7	米糠	福建省泉州市南安市	89	0.005	0.639	7.7	81.2	141.1	56.1	94.6	4 173	88.7	749.7
8	米糠	福建省泉州市南安市	89.1	0.008	0.636	7.9	111.3	189.3	46.5	50.7	4 717.8	180.2	790.4

续表2-6

序号	原料名称	采样地点	干物质 DM/%	钠 Na/%	镁 Mg/%	铜 Cu/(mg/kg)	铁 Fe/(mg/kg)	锰 Mn/(mg/kg)	锌 Zn/(mg/kg)	硒 Se/(μg/kg)	铬 Cr/(μg/kg)	铅 Pb/(μg/kg)	砷 As/(μg/kg)
9	米糠	广西壮族自治区南宁市	92.4	0.011	0.67	7	134.5	130.6	55.8	96.8	7 512.1	275.3	1 258
10	米糠	广西壮族自治区南宁市	93.7	0.009	0.222	3.5	331.2	184.3	27.7	69.1	18 201.9	382.1	1 184.8
11	米糠	广西壮族自治区南宁市	92.9	0.009	0.237	3.9	295.5	171.9	26.1	53.6	26 847.2	215.7	1 113.6
12	米糠	广西壮族自治区南宁市	93.2	0.008	0.131	2.6	258.3	176.3	29.7	79.6	22 942.7	196.1	1 019.9
13	米糠	贵州省贵阳市	87.7	0.018	1.043	9.9	179.1	80	47.4	48.9	5 684.1	307.2	1 163
14	米糠	贵州省贵阳市	88.8	0.012	0.718	8	137.9	73	41	58.5	3 892.2	158.8	968.5
15	米糠	贵州省遵义市	87.3	0.017	0.979	9.9	177.6	74	46.3	61.4	5 235	152	1 030.9
16	米糠	海南省琼海市嘉积镇	96.4	0.007	0.157	2.3	252.3	328.6	23.6	38.6	21 690.1	431.3	730.1
17	米糠	海南省琼海市嘉积镇	96.7	0.008	0.287	4.9	173.2	238.1	26.9	66.1	12 859.2	0	536.4
18	米糠	海南省文昌市东阁镇	97.1	0.007	0.16	3.4	212	324	24.5	70.4	17 103.2	401.1	700.2
19	米糠	海南省文昌市东阁镇	96.5	0.007	0.156	2.8	225.3	320.3	23.4	62.4	13 665.4	338.8	654.8
20	米糠	河北省衡水市深州市	88.5	0.011	0.63	5.4	194.2	191.4	33.7	68.4	4 969.2	304	909.5
21	米糠	河北省衡水市深州市	89	0.009	0.732	8	179	254.3	46.5	59.6	6 787.8	560.8	835.8
22	米糠	河北省廊坊市	91.4	0.014	0.982	7.7	157.4	165.1	49.2	127.6	6 462.5	36.3	1 646.4
23	米糠	河北省邢台市	89.6	0.011	0.53	8	252.7	102.3	38	59.5	5 141.8	5.4	1 166.6
24	米糠	河北省邢台市南和区	91.9	0.01	0.456	7	235.5	95	32.7	26.4	8 043.5	203.1	550.4
25	米糠	河南省开封市	91.7	0.014	0.804	6.2	193.4	183.3	44.5	147	7 733.9	318.8	1 513.7
26	米糠	河南省信阳市	91.6	0.009	0.045	2.9	122.4	242	13.1	36.6	15 462.7	262.6	1 108.5
27	米糠	河南省信阳市	91.8	0.009	0.043	2.3	201.5	238.2	19.7	42.1	29 126	269.9	1 122.1
28	米糠	黑龙江省哈尔滨市	82.1	0.011	0.274	3.2	270.3	108.2	20.5	79.9	12 729.7	157.5	1 269.3
29	米糠	黑龙江省哈尔滨市	82.1	0.013	0.773	9.1	144.3	299.2	53.4	123.6	7 002.7	18.7	1 676.6
30	米糠	黑龙江省佳木斯市桦南县	82.1	0.013	0.75	6.8	78.6	139.2	39.4	55.2	6 164.3	0	1 369.8
31	米糠	黑龙江省讷河市	82.1	0.013	0.73	5.6	80.8	138.8	39.5	63.1	6 637	39.4	1 340

续表2-6

序号	原料名称	采样地点	干物质 DM/%	钠 Na/%	镁 Mg/%	铜 Cu/(mg/kg)	铁 Fe/(mg/kg)	锰 Mn/(mg/kg)	锌 Zn/(mg/kg)	硒 Se/(μg/kg)	铬 Cr/(μg/kg)	铅 Pb/(μg/kg)	砷 As/(μg/kg)
32	米糠	黑龙江省齐齐哈尔市	90.5	0.011	0.651	5.8	73.8	125.3	34.2	49.7	5 986.2	6.3	1 211.3
33	米糠	黑龙江省五常市	82.1	0.013	0.743	6.2	77.5	140	39	49	6 493.1	106	1 340.2
34	米糠	湖北省荆州市	88.7	0.009	0.951	7.6	130.7	158.7	73.1	97.3	4 863.8	10.9	1 523.7
35	米糠	湖北省荆州市	87	0.008	0.779	8.2	131.5	140.7	53.1	67.5	4 856.3	15	1 000.6
36	米糠	湖北省荆州市公安县	87.3	0.008	0.805	9.3	137.3	208.6	54.4	82.8	4 726.9	0	1 387.1
37	米糠	湖北省武汉市	89	0.009	0.728	10	101.1	224	45.4	155.4	6 971.5	93	939.5
38	米糠	湖北省武汉市	88.8	0.007	0.728	8.7	106.8	211.2	53.4	230.7	6 456.2	55.4	1 095.9
39	米糠	湖北省襄阳市宜城市	88.8	0.009	0.848	8.4	158.7	156.9	54.5	94.4	5 146.2	147.6	943.1
40	米糠	湖北省襄阳市宜城市	90.2	0.009	0.603	6.4	154.7	215.9	43	75.5	6 671.9	184.3	1 088.4
41	米糠	湖北省宜昌市宜都市	86.6	0.017	0.774	7.3	621	165.4	46.2	105.9	10 781.4	1 931.6	1 225.9
42	米糠	湖南省益阳市兰溪镇	89.7	0.008	0.706	8.8	130.6	243	50.6	74.8	4 754.8	1 717	569
43	米糠	湖南省益阳市兰溪镇	90.2	0.009	0.68	10	102.1	184	50	189	6 984.4	0	1 236.8
44	米糠	湖南省长沙市长沙县榔梨街道	88.9	0.008	0.627	7.9	127.7	265.8	39.6	138.1	4 380.2	161.8	784.4
45	米糠	湖南省长沙市长沙县榔梨街道	89.5	0.008	0.64	8.6	135.6	228.6	41.6	49.6	4 329.3	3 464.7	344.6
46	米糠	湖南省长沙市	90.4	0.008	0.613	8	136.6	248.4	40	151.5	6 209.7	225.5	1 022.8
47	米糠	湖南省长沙市望城区	89.7	0.009	0.557	8.3	123.4	271.5	37.5	168.6	5 253.2	190.2	1 000.4
48	米糠	江苏省宿迁市	89.4	0.014	0.79	12	163.9	219.1	49.5	100.9	6 531	110.4	860
49	米糠	江苏省宿迁市	89.8	0.012	0.906	11.1	160.7	152.3	49	61.4	6 875.1	489.6	1 188.5
50	米糠	江苏省宿迁市	89.3	0.012	0.843	10.5	154.3	235.4	47.9	93.5	4 995.2	18.2	790.8
51	米糠	江苏省宿迁市	89.7	0.01	0.912	9.9	135.7	156.3	45.6	58.7	6 419.3	166.9	1 178.5
52	米糠	江苏省宿迁市	89.7	0.01	0.886	9.7	138.3	161.1	47.7	82.2	5 695.2	7.7	1 099.6
53	米糠	江苏省泰州市	88.8	0.013	0.249	6.5	174.9	229.5	34.7	15.9	14 098.3	348.5	747.9
54	米糠	江苏省泰州市	89	0.012	0.26	6.7	306	251.4	33.7	23.7	19 276.4	361.1	751.4

续表2-6

序号	原料名称	采样地点	干物质 DM/%	钠 Na/%	镁 Mg/%	铜 Cu/(mg/kg)	铁 Fe/(mg/kg)	锰 Mn/(mg/kg)	锌 Zn/(mg/kg)	硒 Se/(μg/kg)	铬 Cr/(μg/kg)	铅 Pb/(μg/kg)	砷 As/(μg/kg)
55	米糠	江苏省泰州市	88.7	0.013	0.262	6.4	193.5	243	33.8	53.6	14 730.8	316.9	737.4
56	米糠	江苏省徐州市	89	0.013	0.286	6.7	244.1	266.5	35.8	28.5	13 048.4	514.9	788.4
57	米糠	江苏省徐州市	88.7	0.012	0.246	7.5	264.6	244.2	41.9	49.1	16 470	470.7	733.3
58	米糠	江西省高安市	89.3	0.008	0.916	10.1	135.2	184.9	57.1	0	2 243	523.9	1 101.9
59	米糠	江西省高安市	89.4	0.009	0.728	11.6	182.9	223.8	62.8	0	1 871.3	399.3	742.5
60	米糠	江西省高安市	89.1	0.008	0.892	9.7	168.7	185.3	53.2	0	2 350.3	197	1 077.8
61	米糠	江西省高安市	88.9	0.011	0.86	10.7	144.9	184.4	55.6	178.4	6 131.5	724.1	1 363.8
62	米糠	江西省高安市	89.1	0.011	0.888	10.8	134.3	178.5	56.6	228.1	6 135.1	529.9	1 340
63	米糠	江西省高安市	89.5	0.009	0.965	10.3	133.7	191.7	57.9	0	1 644.3	26.6	728
64	米糠	江西省高安市	88.8	0.009	0.854	9.5	157.6	189.2	55.7	0	2 485.3	317.3	1 130.4
65	米糠	江西省高安市	89.1	0.011	0.836	10.5	136.6	182.8	55.1	265.4	5 858.9	771.8	1 324.3
66	米糠	江西省高安市	89.2	0.01	0.848	12.3	197.7	222.9	65.3	0	1 739.5	26.7	958
67	米糠	江西省高安市	89.4	0.011	0.916	9.8	166.8	185.2	55.9	0	2 316.5	132.6	1 216.2
68	米糠	江西省高安市	89.1	0.009	1.019	11	233.7	214.6	60.8	0	1 476.1	71	742.9
69	米糠	江西省高安市	89.7	0.009	0.947	10.4	135.9	188.7	57.3	0	1 997.7	1 830.3	966.3
70	米糠	内蒙古自治区赤峰市	89.8	0.009	0.142	8.1	203.5	29.2	35.4	7.1	15 505.8	120.6	525.6
71	米糠	内蒙古自治区呼伦贝尔市	92.4	0.008	0.029	2.7	302.1	265.1	12.4	27.9	46 107.5	31.8	816.5
72	米糠	内蒙古自治区通辽市	90.1	0.009	0.095	5.3	183.2	24	27.2	16.1	14 929.3	97.9	525
73	米糠	内蒙古自治区通辽市	88.6	0.01	0.108	7.3	240	26.3	29.7	9	22 094.5	108	559.5
74	米糠	宁夏回族自治区灵武市	91.1	0.023	0.696	6.3	129.3	89.1	36.1	80.2	6 884.3	23.6	1 656.2
75	米糠	宁夏回族自治区灵武市	90.8	0.022	0.67	5.7	143.3	84.8	35.7	63.1	6 221	13.7	1 549.3
76	米糠	宁夏回族自治区灵武市	92.1	0.017	0.843	5.6	90.1	111.7	41	124.6	6 616.5	175.2	1 617.4
77	米糠	宁夏回族自治区灵武市	92.2	0.016	0.824	6.2	107.1	109.9	39.1	91.5	6 052.8	168.8	1 564.6

续表2-6

序号	原料名称	采样地点	干物质DM/%	钠Na/%	镁Mg/%	铜Cu/(mg/kg)	铁Fe/(mg/kg)	锰Mn/(mg/kg)	锌Zn/(mg/kg)	硒Se/(μg/kg)	铬Cr/(μg/kg)	铅Pb/(μg/kg)	砷As/(μg/kg)
78	米糠	宁夏回族自治区银川市	92.2	0.017	0.34	3.3	373.1	105.2	22.2	84.8	15 826.2	307.7	1 900.1
79	米糠	宁夏回族自治区银川市	91.6	0.017	0.596	6	146.9	88.7	33	84.3	7 555.2	97.8	1 606.7
80	米糠	山东省德州市	92.1	0.013	0.675	7.5	549.3	208.9	41.9	99.9	10 631.8	331.1	1 446.3
81	米糠	山东省济宁市	91.4	0.019	0.868	7.8	178.7	154.9	41.8	89.8	6 788	206.6	1 217.2
82	米糠	山东省临沂市沂水县	86.4	0.012	0.638	6.5	200.6	224.9	44.2	0	3 862.9	0	1 097.9
83	米糠	山东省寿光市	91	0.017	0.959	8.2	178.3	248.8	54.6	92.9	8 858.4	365	1 499.5
84	米糠	山东省淄博市	91.4	0.01	0.1	6	248.4	27.7	19.3	32.5	15 694.7	110.2	624.9
85	米糠	山西省忻州市原平市	93.1	0.015	0.153	4.3	690.5	124.2	20	489.5	19 943.9	1 787.8	1 450.4
86	米糠	上海市奉贤区庄行镇	90.8	0.009	0.531	6	71.6	161.2	34	32.1	2 920.2	0	365.6
87	米糠	上海市奉贤区庄行镇	91	0.012	0.643	7.1	100.7	192.6	36.2	74.5	5 885.5	30.5	793.1
88	米糠	上海市奉贤区庄行镇	91.2	0.01	0.562	8.1	92.6	184.6	33.9	62	5 296.8	179.4	734.5
89	米糠	四川省成都市	96.5	0.009	0.235	4.6	316.5	117.7	32.2	41.9	15 226.1	567.3	792.5
90	米糠	四川省成都市	96.1	0.009	0.233	5.2	277.2	117.5	38.3	56.5	16 174	452.1	751.4
91	米糠	四川省成都市	95.7	0.009	0.228	5.3	247.1	116	41.7	53.3	12 983.9	560.1	775.6
92	米糠	四川省成都市新津区	95.5	0.009	0.906	9.2	85.7	130.9	61	79.4	5 097.7	115	810.2
93	米糠	四川省成都市新津区	95.7	0.009	0.623	5.9	132.3	130.3	31.2	58.6	4 996.1	548.9	960.2
94	米糠	四川省成都市新津区	95.7	0.01	0.659	8.4	138.4	131.4	42.8	64.6	5 769.8	88.6	838.6
95	米糠	四川省成都市新津区	95.4	0.01	0.664	6.1	120.6	156.3	35.2	52.3	4 059.1	312.6	828.3
96	米糠	四川省绵阳市游仙区	95.4	0.008	0.581	7.4	132.5	124.9	38.9	25.8	3 874.9	20	630
97	米糠	四川省南充市	95.7	0.01	0.54	5.1	130.8	108	40.1	46.5	6 262.4	82.9	1 211.5
98	米糠	四川省南充市	95.8	0.01	0.525	5.2	118.2	103.6	41	21	7 342.5	281.8	1 134.3
99	米糠	西藏自治区林芝市	96.6	0.008	0.254	2.8	186.6	229.2	29.5	26.7	22 486.4	45.1	535.1
100	米糠	西藏自治区林芝市	95.4	0.008	0.151	2	268.1	105.5	22.3	5.6	20 062.3	52.7	559.4

续表2-6

序号	原料名称	采样地点	干物质 DM/%	钠 Na/%	镁 Mg/%	铜 Cu/(mg/kg)	铁 Fe/(mg/kg)	锰 Mn/(mg/kg)	锌 Zn/(mg/kg)	硒 Se/(μg/kg)	铬 Cr/(μg/kg)	铅 Pb/(μg/kg)	砷 As/(μg/kg)
101	米糠	云南省昆明市倘甸镇	96.2	0.006	0.251	2.3	251.4	202.5	26.3	10	9 316.5	460.6	481.8
102	米糠	云南省昆明市倘甸镇	96.4	0.008	0.282	2.9	289.5	238.9	28.4	70.1	8 534.6	721.3	621.7
103	米糠	云南省昆明市官渡区	96.3	0.007	0.036	1.1	175	227.7	12.8	15.9	21 193.3	987.3	1 932.9
104	米糠	云南省昆明市禄劝彝族苗族自治县转龙镇	95.8	0.007	0.25	3.1	323.4	138.9	27.6	64.4	8 206	664.9	571.3
105	米糠	云南省玉溪市峨山彝族自治县小街街道	96.5	0.008	0.301	3.2	182.2	115.7	37.3	57.6	9 371.8	1 630.5	1 096.6
106	米糠	云南省玉溪市峨山彝族自治县小街街道	96.3	0.008	0.251	4.1	113.2	119.1	34	41.2	10 187.8	919.9	928.7
107	米糠	浙江省杭州市	90.3	0.016	0.723	9.1	88.8	171.1	51.3	57.7	5 604.1	0	821.6
108	米糠	浙江省杭州市余杭区	91.4	0.015	0.627	9.7	100.8	197.9	84.3	79.6	6 294.9	91.4	968.2
109	米糠	浙江省湖州市	92.4	0.015	0.206	5.4	287.7	221.9	34.9	58.9	15 763.6	1 050.7	933.9
110	米糠	浙江省湖州市	92.5	0.015	0.199	4.4	374	205.4	36	55.2	18 817.7	1 476	932.5
111	米糠	浙江省湖州市	92.8	0.015	0.24	5.7	331.4	232.4	37	87.1	15 871.9	1 289.4	963.8
112	米糠	浙江省湖州市	90.9	0.017	0.725	8.9	121.2	167.6	50.5	55.1	6 452.5	0	867.4
113	米糠	浙江省嘉兴市	89.8	0.014	0.671	7.3	74.1	93.6	32.3	59.6	5 821.1	207.7	864.9
114	米糠	浙江省嘉兴市	89.8	0.012	0.525	6.3	72.5	81.3	30.3	42.8	6 179.6	178.7	807.8
115	米糠	浙江省嘉兴市	91.9	0.015	0.719	10.4	95.2	258.8	62.9	81.6	5 189.6	67.5	1 034.4
116	米糠	浙江省嘉兴市	91.9	0.015	0.737	10.1	100.3	265.9	68.2	104.5	5 151.9	52.2	1 034.5
117	米糠	浙江省宁波市鄞州区	89.5	0.017	0.705	9.4	104.5	209	49.2	51.4	5 287.5	0	860.6
118	米糠	重庆市	90.9	0.011	0.695	4.4	118	111.6	47.8	46.2	6 232.3	62.4	1 104.7
119	米糠	重庆市大足区	88.8	0.01	0.581	5.9	94.2	84.2	39	73.8	6 290.4	0	1 204.8
120	米糠	重庆市大足县	89.3	0.011	0.78	8.5	98.9	129	54.1	110.8	4 424.3	0	1 098.2
121	米糠	重庆市铜梁区	88.4	0.01	0.57	8.9	94.3	117.6	48.4	82.9	5 989.1	0	1 022.3

六、碎米

表 2-7　碎米原样中主要矿物元素及其含量

序号	原料名称	采样地点	干物质 DM/%	钠 Na/%	镁 Mg/%	铜 Cu/(mg/kg)	铁 Fe/(mg/kg)	锰 Mn/(mg/kg)	锌 Zn/(mg/kg)	硒 Se/(μg/kg)	铬 Cr/(μg/kg)	铅 Pb/(μg/kg)	砷 As/(μg/kg)
1	碎米	安徽省六安市裕安区	87.9	0.001	0.02	1.3	15.9	9	13.6	34.2	57.9	0	44.5
2	碎米	安徽省六安市裕安区	87.4	0.001	0.017	1.3	11.4	9.3	10.4	40.1	81.4	0	45.5
3	碎米	福建省漳州市龙海区	85.5	0.001	0.028	1.4	17.1	9.1	11.2	36.4	0	0	75.8
4	碎米	福建省漳州市龙海区	86.3	0.001	0.033	2.5	10.1	9.7	14	47	72.6	0	84.5
5	碎米	广东省广州市	86.9	0.001	0.023	2.2	6.5	8.5	13.6	65.4	43.1	0	50
6	碎米	广东省广州市	87.7	0.001	0.019	2.6	16	8.9	12.9	36.5	274	0	33.6
7	碎米	广东省广州市	87.4	0	0.085	2.5	9.9	16.5	16.9	26.1	381.3	0	81.5
8	碎米	广西壮族自治区南宁市	89.2	0.002	0.047	1	20.9	12.1	11.1	45.2	0	0	115
9	碎米	广西壮族自治区南宁市	89.3	0.001	0.035	1	3.5	7.5	11.9	58	0	0	114.6
10	碎米	贵州省贵阳市	86.7	0.001	0.028	0.8	8.9	10	10.6	16.2	174.8	0	20.2
11	碎米	贵州省遵义市	87.3	0.002	0.029	1.4	4.1	11.4	10.7	14.7	0	0	29.1
12	碎米	海南省海口市秀英区	95	0.002	0.058	1.6	28.9	11.1	14	20.9	106.3	82.8	89.5
13	碎米	海南省琼海市嘉积镇	95.1	0.001	0.052	1.8	18.4	9.2	11.9	77.7	908.2	0	69.9
14	碎米	河北省邢台市南和区	85.9	0.002	0.041	1.5	8	11	10.4	42.1	0	0	105.3
15	碎米	河北省邢台市南和区	85.5	0.002	0.036	0.5	10.4	10	9.7	40.7	0	0	87.7
16	碎米	河南省开封市	88.5	0.001	0.04	1.1	6.4	11	14.3	24	196.1	0	142.4
17	碎米	河南省周口市	88.2	0.001	0.028	0.6	4	12	10.6	22.7	262.7	0	126.9
18	碎米	黑龙江省哈尔滨市	88.1	0.001	0.026	0.1	3.1	14.3	7.6	14.8	0	0	44.8
19	碎米	黑龙江省哈尔滨市	88.1	0.001	0.034	0.7	4.9	10.8	12.8	25.3	0	0	103.2
20	碎米	黑龙江省哈尔滨市	88.1	0.001	0.028	1.2	8.4	12.9	9.1	8.9	0	0	50.6

续表2-7

序号	原料名称	采样地点	干物质 DM/%	钠 Na/%	镁 Mg/%	铜 Cu/(mg/kg)	铁 Fe/(mg/kg)	锰 Mn/(mg/kg)	锌 Zn/(mg/kg)	硒 Se/(μg/kg)	铬 Cr/(μg/kg)	铅 Pb/(μg/kg)	砷 As/(μg/kg)
21	碎米	黑龙江省绥化市	88.1	0.001	0.036	0.7	9.8	10.2	8.9	6.5	48.3	34.8	26
22	碎米	湖北省黄冈市	86.5	0.001	0.036	0.8	8.5	7.1	10.6	14.4	0	0	77.6
23	碎米	湖北省荆门市	84.9	0.001	0.033	2.2	9	7.5	13.2	31.4	191.2	0	89.9
24	碎米	湖北省武汉市	90.7	0.001	0.039	2.9	9.8	9.6	13.1	81.1	0	7.6	46.8
25	碎米	湖北省武汉市	84.2	0.001	0.054	3.1	16.1	9.6	11.4	61	163	0	68.5
26	碎米	江苏省宿迁市	86.3	0.001	0.032	1.8	7	8.4	14.2	26.4	0	0	63.5
27	碎米	江苏省宿迁市	86.2	0.001	0.037	2.3	4.3	7.2	12.8	20.2	23.6	0	71.6
28	碎米	江西省鹰潭市	86.6	0.001	0.015	2.1	11.6	8.2	12	24.3	0	0	64.4
29	碎米	江西省鹰潭市	86.6	0	0.01	2.2	23	11.2	9.9	237.1	3 248.4	0	58.7
30	碎米	江西省鹰潭市	86.5	0.001	0.012	2.1	2.5	8.4	12.2	36.5	0	0	60.4
31	碎米	江西省鹰潭市	86.6	0.001	0.012	2	2.3	8.1	12.3	33.2	0	0	72.4
32	碎米	江西省鹰潭市	86.6	0.001	0.013	2	2.2	8.9	12.2	18.6	0	0	71.1
33	碎米	江西省鹰潭市	86.5	0.001	0.013	1.8	3.6	9.2	12.8	32.3	0	0	63.6
34	碎米	内蒙古自治区赤峰市	88.2	0.001	0.028	0.5	4.6	9.2	11.7	11.1	0	0	77.1
35	碎米	内蒙古自治区通辽市	88.2	0.001	0.024	0.5	8.6	11.9	12	9.2	14.8	0	74.7
36	碎米	山东省济宁市	89.5	0.002	0.05	1	24.2	12.7	11.7	28.9	793	0	64.6
37	碎米	山东省淄博市	85.4	0.001	0.021	1.5	2.4	6.7	11.2	15.9	0	0	66.1
38	碎米	上海市奉贤区庄行镇	89	0.003	0.146	5.4	84.5	44.8	31.2	76.8	0	0	62.3
39	碎米	上海市奉贤区庄行镇	89.1	0.002	0.036	2	8.1	11.6	10.8	54.8	0	0	44.7
40	碎米	四川省成都市新津区	94.6	0.001	0.069	2.6	18.6	10.5	12.6	41.5	813.8	198.5	108.1
41	碎米	四川省绵阳市游仙区	94.6	0.001	0.053	1.7	13.8	9.5	12.2	15	0	0	62.5
42	碎米	西藏自治区林芝市	92.3	0.001	0.026	0.1	4.8	10.2	11.4	10.2	217	12.9	0
43	碎米	西藏自治区林芝市	92.8	0.001	0.029	0.2	3.8	9.4	11.5	9.5	0	0	0

续表2-7

序号	原料名称	采样地点	干物质 DM/%	钠 Na/%	镁 Mg/%	铜 Cu/(mg/kg)	铁 Fe/(mg/kg)	锰 Mn/(mg/kg)	锌 Zn/(mg/kg)	硒 Se/(μg/kg)	铬 Cr/(μg/kg)	铅 Pb/(μg/kg)	砷 As/(μg/kg)
44	碎米	云南省昆明市	94.9	0.001	0.032	0.9	17.7	7.2	14.9	51.7	0	0	76.9
45	碎米	云南省昆明市	94.8	0.002	0.03	1.4	27.5	8.8	14.5	3.3	0	0	0
46	碎米	云南省昆明市	95.2	0.001	0.027	1.4	32.4	7.5	12.9	5.6	40.6	0	0
47	碎米	浙江省嘉兴市	88.4	0	0.089	3	9.2	20.6	17.2	43.2	0	0	38.2
48	碎米	浙江省嘉兴市	87.9	0	0.061	3.3	7.2	21.2	17.2	32.2	0	0	34.6
49	碎米	浙江省嘉兴市	88.2	0	0.061	3	8.4	21.2	17.4	40.4	0	0	42.3
50	碎米	浙江省嘉兴市	88.1	0	0.06	3.3	9.4	21.1	17.7	34.7	0	0	42.6
51	碎米	浙江省嘉兴市	88.3	0	0.07	3.3	8.6	23.1	19.3	31.6	0	0	40
52	碎米	浙江省嘉兴市	88.2	0	0.063	3.1	5	21.5	17.2	32.8	0	0	38.6
53	碎米	重庆市大足区	86.5	0.001	0.039	1.4	27.7	8.8	14.3	32.4	0	41.8	98.7
54	碎米	重庆市铜梁区	85.6	0.001	0.029	2.1	95.5	7.7	13.9	44	0	0	83.9

七、小麦麸

表 2-8　小麦麸原样中主要矿物元素及其含量

序号	原料名称	采样地点	干物质 DM/%	钠 Na/%	镁 Mg/%	铜 Cu/(mg/kg)	铁 Fe/(mg/kg)	锰 Mn/(mg/kg)	锌 Zn/(mg/kg)	硒 Se/(μg/kg)	铬 Cr/(μg/kg)	铅 Pb/(μg/kg)	砷 As/(μg/kg)
1	小麦麸	安徽省亳州市	89.5	0.01	0.523	10.2	236.2	134.7	83.5	46.2	2 509.4	272.7	77.4
2	小麦麸	安徽省亳州市	87.8	0.003	0.248	8.2	299.4	224.4	67.1	37.2	5 504.5	261.6	213.3
3	小麦麸	安徽省亳州市	90.1	0.006	0.365	9.3	275	197.4	67.5	38.6	14 642.5	123.7	130.7
4	小麦麸	安徽省亳州市	88.8	0.008	0.446	12.1	126.6	157.5	86.8	36.9	117	777.2	51.1
5	小麦麸	安徽省亳州市	89.3	0.008	0.446	12.4	131.4	160.8	87.1	39.6	151.7	327.4	52
6	小麦麸	安徽省阜阳市	88.6	0.004	0.368	10.3	141.8	169	78.4	55.4	430.4	177.6	41.1

续表2-8

序号	原料名称	采样地点	干物质 DM/%	钠 Na/%	镁 Mg/%	铜 Cu/(mg/kg)	铁 Fe/(mg/kg)	锰 Mn/(mg/kg)	锌 Zn/(mg/kg)	硒 Se/(μg/kg)	铬 Cr/(μg/kg)	铅 Pb/(μg/kg)	砷 As/(μg/kg)
7	小麦麸	安徽省阜阳市颍上县	87.3	0.004	0.328	12.6	133.6	174	90.3	64.4	1 125.8	161.1	71.5
8	小麦麸	安徽省合肥市肥东县	89	0.007	0.444	11.7	215.2	166.3	74.1	65.2	8 745.2	824.4	307.6
9	小麦麸	安徽省六安市霍邱县	89.8	0.006	0.389	12.3	129.2	101.1	87.1	41.3	269.5	208.1	68.2
10	小麦麸	北京市顺义区	90.9	0.011	0.55	15	149.5	129.1	103.7	40.4	167.8	28.3	79.6
11	小麦麸	北京市顺义区	90.9	0.009	0.451	12.6	238.5	158.1	88.8	64.5	5 948.8	200	88.6
12	小麦麸	北京市顺义区南彩镇	91.2	0.01	0.519	15.3	129.5	124	110.4	40.1	128.3	434.3	57.2
13	小麦麸	北京市顺义区赵全营镇	91.6	0.012	0.533	12.9	177	114.9	78.6	37.3	1 272.8	99.1	64.8
14	小麦麸	福建省泉州市泉港区	88	0.007	0.455	12.2	194.6	141.9	91.8	134.7	778.9	136.8	47.1
15	小麦麸	福建省厦门市	87.2	0.005	0.382	12.2	143.2	188.5	102.4	234.5	59.9	44.9	14.2
16	小麦麸	甘肃省白银市景泰县	84.2	0.029	0.508	14.9	133.4	144.8	92.7	62.2	124.2	46.3	55.8
17	小麦麸	甘肃省金昌市永昌县	88.4	0.01	0.569	14.8	138.1	152.2	62.7	110.7	133.6	651.5	54.9
18	小麦麸	甘肃省金昌市永昌县	88.4	0.008	0.539	14.2	137.2	148.3	67.9	157.6	103.9	42.6	48.2
19	小麦麸	贵州省贵阳市	90.1	0.003	0.373	14.2	140.1	155.1	100.9	55.2	215.1	83.5	21.7
20	小麦麸	贵州省贵阳市	88.3	0.009	0.486	12.4	184	117.2	91.6	74.8	2 758.1	213.2	135.5
21	小麦麸	贵州省黔西南布依族苗族自治州兴义市	92.1	0.002	0.232	8.3	75.2	79.6	55.9	11.3	336.4	128.9	6.7
22	小麦麸	海南省文昌市东阁镇	95.5	0.006	0.506	11	151	149.6	81.7	61.7	150.8	175.7	43.1
23	小麦麸	海南省文昌市东阁镇	95.5	0.006	0.509	11.2	152.6	151.7	82.2	68.5	150.5	16.8	39.4
24	小麦麸	河北省衡水市深州市	87.3	0.011	0.571	14.1	205.8	144.4	102.4	62	560	540.9	107.4
25	小麦麸	河北省衡水市深州市	87.8	0.011	0.537	14	205.4	147.8	97	54.6	424.7	517.5	97.3
26	小麦麸	河北省衡水市深州市	87.5	0.011	0.537	13.4	205.7	141	95.4	60.3	345.9	636.5	90.7
27	小麦麸	河北省衡水市深州市	88.8	0.012	0.589	13.3	214.1	136.3	93.4	67.8	733.8	323.8	101
28	小麦麸	河北省衡水市深州市	87.9	0.016	0.55	13.4	154	149.2	96.4	31.3	211.1	92	82.2

续表2-8

序号	原料名称	采样地点	干物质 DM/%	钠 Na/%	镁 Mg/%	铜 Cu/(mg/kg)	铁 Fe/(mg/kg)	锰 Mn/(mg/kg)	锌 Zn/(mg/kg)	硒 Se/(μg/kg)	铬 Cr/(μg/kg)	铅 Pb/(μg/kg)	砷 As/(μg/kg)
29	小麦麸	河北省秦皇岛市昌黎县	88.5	0.015	0.557	13.5	216.5	140.3	85.6	48.7	614.7	402.7	103.8
30	小麦麸	河北省秦皇岛市山海关区	88.7	0.013	0.473	13.9	195.3	151.9	76.5	57.3	862.8	271	96.3
31	小麦麸	河北省邢台市	87.9	0.009	0.588	12.5	138.2	145	84.9	72.2	74.9	121.1	64.5
32	小麦麸	河北省邢台市	89	0.028	0.42	13.6	172.5	140.2	98	48	408.6	108.2	79.4
33	小麦麸	河北省邢台市	90.8	0.007	0.552	13.2	215.8	157	103.5	64.7	938	108.8	74.7
34	小麦麸	河北省邢台市南和区	88.7	0.014	0.528	12.5	191.1	125.2	88	54.5	337.9	257.6	103.4
35	小麦麸	河北省邢台市南和区	88.8	0.014	0.535	12.5	194.1	120.4	90.8	58.2	398.4	256.9	95
36	小麦麸	河南省鹤壁市	88.7	0.009	0.439	12	195	156.6	87.6	58.1	3 284.5	163.2	90.2
37	小麦麸	河南省鹤壁市	89	0.009	0.47	12	274.1	113.3	88.1	77	4 847.7	184.9	121.4
38	小麦麸	河南省鹤壁市	88.6	0.009	0.472	12.3	142.2	114.6	90.3	72.6	3 549.4	206.6	127.3
39	小麦麸	河南省鹤壁市	87.2	0.01	0.44	11.4	188.9	112.6	99.4	34.1	486.7	82.5	78.4
40	小麦麸	河南省鹤壁市	87.8	0.009	0.438	11.3	243.9	115.8	96.9	36.4	984.8	1 230	86
41	小麦麸	河南省鹤壁市	88.8	0.01	0.432	11.5	173.5	108.2	96	34.1	744.5	227.7	84.5
42	小麦麸	河南省鹤壁市	91.2	0.008	0.415	11.1	167.2	110.8	94.4	35.7	681.7	421	84
43	小麦麸	河南省开封市	89.4	0.01	0.42	12.5	149.6	102.2	76	32.5	951	90.8	74.3
44	小麦麸	河南省开封市	90	0.012	0.444	15	158.3	128.4	106.9	48.7	209.9	34	100
45	小麦麸	河南省开封市	90	0.011	0.542	15.3	142.2	129.5	103.6	31.3	225.8	15.2	80.4
46	小麦麸	河南省三门峡市	90.2	0.029	0.492	13	128.9	124.6	76.3	42.5	428.5	28.9	45.1
47	小麦麸	河南省新乡市	90.3	0.007	0.481	14.1	165	144.2	95.5	52.5	668.6	41.1	56.7
48	小麦麸	河南省许昌市	89	0.005	0.39	11.2	143	109.4	84.5	57.3	248	60.3	57
49	小麦麸	河南省许昌市	89.4	0.006	0.419	12	137.5	115.8	87.3	57.7	319.8	68	58.8
50	小麦麸	河南省许昌市	89.6	0.006	0.429	12.4	162.8	115	86.3	59.8	303.6	248.7	55.9
51	小麦麸	河南省许昌市	89.4	0.005	0.409	11.3	154.1	117.4	85.8	59.3	263.8	642.6	56.8
52	小麦麸	河南省郑州市	89.8	0.027	0.556	15	228.9	128.2	98	56	3 020.4	906.4	206.4

续表2-8

序号	原料名称	采样地点	干物质 DM/%	钠 Na/%	镁 Mg/%	铜 Cu/(mg/kg)	铁 Fe/(mg/kg)	锰 Mn/(mg/kg)	锌 Zn/(mg/kg)	硒 Se/(μg/kg)	铬 Cr/(μg/kg)	铅 Pb/(μg/kg)	砷 As/(μg/kg)
53	小麦麸	河南省郑州市荥阳市	90.5	0.009	0.542	13.2	142.4	113.7	115.3	75.4	154.1	94	66.5
54	小麦麸	河南省周口市	92.1	0.01	0.556	13.3	158.6	180.1	99.8	56.7	135.9	38.5	27.7
55	小麦麸	河南省周口市	88.6	0.007	0.501	14.7	209.1	206.7	109.5	70.7	598.9	176	38.8
56	小麦麸	黑龙江省七台河市勃利县	88.7	0.005	0.577	12.5	199.7	202.6	104.6	54.8	605.1	215.5	59.3
57	小麦麸	黑龙江省七台河市	88.7	0.004	0.581	12.2	186.4	196.5	101.1	36.5	217.2	54.1	36.8
58	小麦麸	湖北省荆州市公安县	87.3	0.009	0.603	11.8	221.5	124.8	88.1	91.2	1 832	307.1	103.6
59	小麦麸	湖北省武汉市	86.3	0.004	0.397	13	152.3	157.3	94.3	83.4	216	84.2	28
60	小麦麸	湖北省宜昌市宜都市	85.6	0.02	0.493	11.3	123.2	104.3	85.4	37.5	240.7	57.1	77.6
61	小麦麸	湖北省襄阳市枣阳市	87.8	0.012	0.508	11.3	134.1	151.1	77.8	80.8	368.3	40.5	78.2
62	小麦麸	江苏省	86.3	0.004	0.391	10.4	131.4	132.1	71.6	49.1	198.9	380.5	37.7
63	小麦麸	江苏省徐州市	86.2	0.004	0.401	10.6	141.2	134.8	71.1	55.3	258.8	224.1	39.7
64	小麦麸	江苏省徐州市	86.3	0.004	0.41	11	133.4	138.8	73.4	50.3	232.1	864.1	36.6
65	小麦麸	江苏省徐州市	86.2	0.015	0.378	10.9	137.8	108.7	93	36	2 390.3	546.2	106.9
66	小麦麸	江苏省徐州市	86.1	0.014	0.425	11.3	192.3	120.7	102.7	42.6	5 272.9	97.8	102.6
67	小麦麸	江西省上饶市	88.7	0.01	0.479	13.7	173.1	143.4	106.8	61.1	657.7	120.6	61.2
68	小麦麸	江西省上饶市	88.5	0.01	0.493	14.1	178.1	143.9	108.5	76.1	581.1	49.9	62.4
69	小麦麸	内蒙古自治区巴彦淖尔市临河区	90.1	0.023	0.531	15.9	157	146.7	80	102.6	334.3	33.2	80.2
70	小麦麸	内蒙古自治区包头市	89.9	0.003	0.472	15.7	215	131.7	94.4	27.8	2 771.4	142.4	21.5
71	小麦麸	内蒙古自治区呼伦贝尔市	89.8	0.007	0.502	12.4	200.5	181.3	95.4	73	2 957.4	163.4	63
72	小麦麸	宁夏回族自治区吴忠市	90.8	0.009	0.528	13.4	108	97.3	74.9	24	351.6	972.8	56.3
73	小麦麸	宁夏回族自治区吴忠市	90.7	0.013	0.573	15.8	131.9	147.8	94	65	873.9	800.3	63.6
74	小麦麸	宁夏回族自治区银川市	90.8	0.018	0.497	13	154.8	140	93.4	63.9	466.6	94.1	79.5
75	小麦麸	青海省海东市	89.9	0.002	0.292	9	73.1	60	59.8	12.7	253.9	124.5	0

续表2-8

序号	原料名称	采样地点	干物质 DM/%	钠 Na/%	镁 Mg/%	铜 Cu/(mg/kg)	铁 Fe/(mg/kg)	锰 Mn/(mg/kg)	锌 Zn/(mg/kg)	硒 Se/(μg/kg)	铬 Cr/(μg/kg)	铅 Pb/(μg/kg)	砷 As/(μg/kg)
76	小麦麸	青海省海东市	89.3	0.003	0.366	13.7	140.4	143	71.7	8.5	449.5	183.6	19.4
77	小麦麸	青海省海东市	89.1	0.002	0.278	9.4	89.5	94	63.8	14.1	363.7	68.5	9.1
78	小麦麸	山东省滨州市邹平市	90.7	0.011	0.549	11.7	173.2	134.6	88.6	52.7	786.9	57.8	66
79	小麦麸	山东省潍坊市	89.8	0.008	0.608	11.1	206.2	171.1	80.1	71.8	5 593.3	108.7	118.7
80	小麦麸	山东省泰安市新泰市	90.1	0.005	0.52	11.7	179.4	177.2	90.9	32.2	1 937.7	58.5	55.3
81	小麦麸	山东省枣庄市	91.1	0.006	0.489	12.7	164	170.6	107.1	60.4	278.2	92.9	50.9
82	小麦麸	山东省章丘区	89	0.01	0.528	11.6	265	144.2	85	78.3	3 300.6	124.4	91.4
83	小麦麸	山西省晋中市	91.4	0.016	0.481	13	171.4	166.3	93.2	56.5	890.7	84.3	48
84	小麦麸	山西省临汾市	91.2	0.005	0.521	12.6	153.3	153.6	99.5	61.1	235.2	55.7	61.4
85	小麦麸	山西省临汾市	91.4	0.006	0.4	10.2	140.3	96.6	78.2	101.5	591.9	42.6	36.9
86	小麦麸	陕西省西安市	93.6	0.011	0.431	12.6	132.8	142.2	99.6	32.1	493	513.4	66.2
87	小麦麸	陕西省西安市	93.5	0.011	0.442	11.9	192.7	155.4	84.8	60.1	2 108.2	507.1	265.6
88	小麦麸	陕西省西安市	93.6	0.016	0.508	13.6	283.6	177.3	100.3	93.1	9 925.8	1 404.3	862.6
89	小麦麸	陕西省咸阳市	93.9	0.012	0.491	12.2	132.1	139.4	81.9	75.4	282	380.6	57
90	小麦麸	陕西省咸阳市	93.9	0.014	0.402	11.2	208.4	137.1	79.1	59.4	2 494.9	638.4	352
91	小麦麸	陕西省咸阳市杨陵区	93.7	0.008	0.446	11.8	225.6	159.3	87.8	39.7	994.3	197.8	104
92	小麦麸	上海市闵行区	86.1	0.004	0.408	10.7	137.6	135.9	72.1	69.6	338.8	205.1	43.5
93	小麦麸	上海市闵行区	86.2	0.005	0.406	10.8	140.9	133.8	72.6	107	328.8	667.6	66
94	小麦麸	四川省成都市	95.7	0.001	0.048	2.3	36.9	11.9	14.1	46.9	96.1	5.9	0.8
95	小麦麸	四川省成都市	95.3	0.004	0.44	12	382.1	196	93.4	49.6	8 189.6	264.4	121.6
96	小麦麸	四川省成都市	95.2	0.019	0.516	12.7	199.3	198.9	88.1	54.3	1 361.4	205.1	62.5
97	小麦麸	四川省成都市	95.6	0.003	0.5	13	190.1	212	94.2	51.8	644	175.8	38
98	小麦麸	四川省成都市简阳市	95.9	0.004	0.334	12.8	217.3	86.4	106.8	27.8	200.2	53.2	34

续表2-8

序号	原料名称	采样地点	干物质 DM/%	钠 Na/%	镁 Mg/%	铜 Cu/(mg/kg)	铁 Fe/(mg/kg)	锰 Mn/(mg/kg)	锌 Zn/(mg/kg)	硒 Se/(μg/kg)	铬 Cr/(μg/kg)	铅 Pb/(μg/kg)	砷 As/(μg/kg)
99	小麦麸	四川省成都市简阳市	96.4	0.004	0.314	12.1	213.5	82.7	103.5	26.9	212.3	53.9	30.7
100	小麦麸	四川省成都市新津区	94.6	0.006	0.437	12.9	208.4	153.5	101.9	61.2	738.9	343.3	119.3
101	小麦麸	四川省绵阳市游仙区	95.6	0.004	0.366	12.9	135.5	129.1	94.8	61.7	215.2	201.4	33.7
102	小麦麸	四川省绵阳市游仙区	95.1	0.005	0.453	11.6	180.2	137	86.2	85.7	805.3	247.9	80.2
103	小麦麸	西藏自治区林芝市	94.9	0.004	0.515	17.3	153.9	150.4	121.5	32.4	730.2	251.3	82.1
104	小麦麸	西藏自治区林芝市	95.4	0.001	0.294	9	74.3	59	60.6	13.2	315.3	18.2	0
105	小麦麸	西藏自治区林芝市	95.6	0.003	0.244	6.4	61.6	60.4	49.8	57.6	204.1	274.4	19.6
106	小麦麸	云南省昆明市五华区	96.4	0.005	0.335	11.1	149.1	160	96.4	77.1	533.9	425.7	19.1
107	小麦麸	云南省昆明市五华区	95.9	0.003	0.332	11	144.5	164.7	96.7	77.7	137	642.8	14.8
108	小麦麸	云南省玉溪市峨山彝族自治县	95.1	0.019	0.585	12.1	262.8	140.5	107.7	44.7	2 945.3	114.5	124.8
109	小麦麸	浙江省杭州市	90.7	0.007	0.568	9	242.1	236.5	61.7	69.3	45 312.5	1 484.2	365
110	小麦麸	浙江省杭州市	91.1	0.007	0.541	9.1	182.8	231.6	61.8	66.6	40 303.6	1 279.1	343.9
111	小麦麸	浙江省杭州市	92.6	0.006	0.5	8.1	281.1	242.6	57.3	66.3	43 716.7	1 681.5	337.2
112	小麦麸	浙江省杭州市	90.8	0.007	0.54	8	380.5	246.3	58.5	65.5	51 450.4	1 652.5	362
113	小麦麸	浙江省金华市	90.8	0.006	0.523	8	1 071.7	251.3	56.9	73.7	67 658.9	1 286	368.5
114	小麦麸	浙江省绍兴市上虞区	90.7	0.006	0.569	8.1	405.4	252.7	59.8	75.2	53 945.4	1 688.2	398.6
115	小麦麸	重庆市巴南区	87.2	0.005	0.454	13.3	207.3	172.8	97.6	91.3	8 556.8	149.2	47.8
116	小麦麸	重庆市巴南区	86.9	0.004	0.354	14.4	204.1	183.5	111.5	102.8	1 593.3	52.4	36.5

八、次粉

表 2-9 次粉原样中主要矿物元素及其含量

序号	原料名称	采样地点	干物质 DM/%	钠 Na/%	镁 Mg/%	铜 Cu/(mg/kg)	铁 Fe/(mg/kg)	锰 Mn/(mg/kg)	锌 Zn/(mg/kg)	硒 Se/(μg/kg)	铬 Cr/(μg/kg)	铅 Pb/(μg/kg)	砷 As/(μg/kg)
1	次粉	安徽省宿州市	85.1	0.002	0.157	5.3	61.4	57.7	35	14.9	0	0	0

续表2-9

序号	原料名称	采样地点	干物质 DM/%	钠 Na/%	镁 Mg/%	铜 Cu/(mg/kg)	铁 Fe/(mg/kg)	锰 Mn/(mg/kg)	锌 Zn/(mg/kg)	硒 Se/(μg/kg)	铬 Cr/(μg/kg)	铅 Pb/(μg/kg)	砷 As/(μg/kg)
2	次粉	北京市顺义区	90.7	0.004	0.252	8.6	158.2	75.2	51	291.6	0	159.9	164.4
3	次粉	北京市顺义区	90.8	0.004	0.272	9.1	112	112.5	59.1	54.2	0	12.3	9.7
4	次粉	福建省漳州市芗城区	87.6	0.005	0.328	10.1	96.9	109.9	72.6	52	0	0	7.5
5	次粉	甘肃省白银市景泰县	87.6	0.008	0.261	9.4	76.6	94.3	57.8	43.2	0	0	0
6	次粉	甘肃省金昌市永昌县	87.2	0.008	0.296	10.3	83.8	71.9	45.4	188.6	0	0	0
7	次粉	甘肃省金昌市永昌县	86.5	0.003	0.222	6.6	63.1	39.3	24.7	112.6	0	0	0
8	次粉	贵州省贵阳市	89.9	0.005	0.177	6.6	78.2	49.9	36.7	12	0	124.2	0
9	次粉	河北省衡水市深州市	87.3	0.033	0.239	7.5	125.6	46	52.1	66.5	0	0	20.6
10	次粉	河北省邢台市	88	0.005	0.314	8.7	105.6	76.2	62.6	90.3	0	0	12.4
11	次粉	河北省邢台市	88.7	0.034	0.258	9.5	171.7	78.6	65.3	84.9	1 498.4	210	38.8
12	次粉	河北省邢台市南和区	88.7	0.006	0.355	10.9	105.9	100.6	77.1	83.4	0	0	43.8
13	次粉	河北省邢台市南和区	88.7	0.006	0.322	9	101.3	82.3	65.4	68.4	0	0	31.9
14	次粉	河南省鹤壁市	88.2	0.006	0.255	8.4	201.9	70.3	60.4	46	1 262.9	586.3	77.9
15	次粉	河南省南阳市	89.4	0.004	0.312	11.1	100.6	129	74.3	22.4	0	0	0
16	次粉	河南省新乡市	88.5	0.008	0.315	10.2	98.9	86.3	69.3	50.2	0	0.1	25.5
17	次粉	河南省许昌市	88.9	0.005	0.321	9.7	93.1	103.8	68	26.4	0	0	39.9
18	次粉	河南省郑州市荥阳市	89.5	0.005	0.296	9.4	126.4	85	71.7	38.7	0	0	16
19	次粉	河南省周口市	89.3	0.004	0.239	8.2	113.4	88.8	61.6	50.8	0	23.6	9.5
20	次粉	黑龙江省七台河市勃利县	89.7	0.003	0.332	9.9	112.6	147.9	86.8	22.1	0	24.6	0
21	次粉	黑龙江省双鸭山市	89.7	0.003	0.342	9.9	120.8	151.3	89.1	17.8	0	48.7	0
22	次粉	黑龙江省七台河市	89.7	0.003	0.204	6.3	71.9	84.7	49.6	22.2	0	0	0
23	次粉	湖北省武汉市	88.1	0.003	0.302	9.8	94	113.9	74.1	239.9	0	0	0
24	次粉	湖北省武汉市	88.7	0.006	0.211	8	66.6	81.5	53.3	33.2	0	0	9.2

续表2-9

序号	原料名称	采样地点	干物质 DM/%	钠 Na/%	镁 Mg/%	铜 Cu/(mg/kg)	铁 Fe/(mg/kg)	锰 Mn/(mg/kg)	锌 Zn/(mg/kg)	硒 Se/(μg/kg)	铬 Cr/(μg/kg)	铅 Pb/(μg/kg)	砷 As/(μg/kg)
25	次粉	湖北省襄阳市宜城市	89.9	0.005	0.296	9.1	81.2	99.9	60.6	29.7	0	0	0
26	次粉	江苏省徐州市	86.7	0.006	0.172	6.5	71.5	60.4	37.4	37.8	41.3	0	0
27	次粉	江苏省徐州市	86.7	0.003	0.237	8.7	99.1	99	53.9	40.1	162.8	1	0
28	次粉	江西省上饶市	86.7	0.031	0.132	4.1	136.6	39.2	26.6	55.5	0	0	0
29	次粉	内蒙古自治区巴彦淖尔市临河区	88.9	0.01	0.245	8.9	302.2	70.8	41.8	83.7	0	0	33.3
30	次粉	内蒙古自治区呼和浩特市	89.6	0.006	0.217	6.6	63.6	68.1	46.7	103.3	0	0	0
31	次粉	内蒙古自治区呼伦贝尔市	89.1	0.002	0.018	0.9	5.7	2.7	2.6	19.4	0	0	0
32	次粉	内蒙古自治区通辽市	89.1	0.003	0.207	6.9	74.1	91.5	47.5	16	0	212.8	0
33	次粉	宁夏回族自治区吴忠市	90.5	0.008	0.106	4.2	39.4	22.6	20.9	41.9	0	0	0
34	次粉	宁夏回族自治区吴忠市	90.2	0.008	0.225	8.8	67.5	64.6	47.9	39.6	60.3	0	0
35	次粉	宁夏回族自治区银川市	90.5	0.005	0.27	9.3	81.6	70.2	47.8	75.6	0	22.2	19.6
36	次粉	青海省海东市	89.3	0.004	0.049	1.9	241.3	13.2	9.1	9.8	192.3	121.1	41.2
37	次粉	青海省海东市	89.2	0.004	0.035	0.8	160	8.5	6.1	10.6	350.1	309	116.8
38	次粉	青海省海东市	88.8	0.005	0.163	6.5	148.1	47.3	35.5	20.5	0	10	35.3
39	次粉	山东省青岛市胶州市	89.6	0.006	0.253	6.6	66.1	77.7	45	24.9	0	0	35.4
40	次粉	山东省青岛市	90.7	0.01	0.348	11.2	103.6	112.3	78.6	19	164	0	39.6
41	次粉	陕西省咸阳市	90.9	0.005	0.199	6.2	59.6	62.7	45.2	66.4	0	0	23.6
42	次粉	陕西省咸阳市杨陵区	90	0.01	0.173	9.1	103.8	96.5	60.2	11.7	755.4	132.3	195.7
43	次粉	上海市闵行区	86.7	0.003	0.241	9	101.6	100.6	55.1	24.6	211.5	0	0
44	次粉	四川省成都市	93.8	0.004	0.333	12	114.8	144.8	79.2	55.3	0	0	0
45	次粉	四川省成都市	92.2	0.004	0.393	13	144.6	179.3	90.2	50.5	0	0	2.7
46	次粉	四川省成都市新津区	96.2	0.012	0.348	17.5	179.2	185.1	126.9	43.8	1 965.5	32	268.8
47	次粉	四川省绵阳市游仙区	96.1	0.009	0.2	10.6	128.2	101.6	71.5	35.8	956	25.7	256.1

续表2-9

序号	原料名称	采样地点	干物质 DM/%	钠 Na/%	镁 Mg/%	铜 Cu/ (mg/kg)	铁 Fe/ (mg/kg)	锰 Mn/ (mg/kg)	锌 Zn/ (mg/kg)	硒 Se/ (μg/kg)	铬 Cr/ (μg/kg)	铅 Pb/ (μg/kg)	砷 As/ (μg/kg)
48	次粉	云南省玉溪市通海县	96.1	0.006	0.155	4.2	449.6	45.5	21.3	60.4	1 348.3	373	251.9
49	次粉	云南省玉溪市通海县	92.5	0.008	0.154	3.9	413	42.9	21.9	54.3	1 214.6	348	258.2
50	次粉	云南省玉溪市通海县	94.3	0.007	0.168	5	389.7	43.3	32.6	41.1	1 176.3	330.8	236.1
51	次粉	重庆市巴南区	88.7	0.004	0.176	6.2	57.3	61.6	41.7	63	0	0	0

九、玉米蛋白粉

表 2-10　玉米蛋白粉原样中主要矿物元素及其含量

序号	原料名称	采样地点	干物质 DM/%	钠 Na/%	镁 Mg/%	铜 Cu/ (mg/kg)	铁 Fe/ (mg/kg)	锰 Mn/ (mg/kg)	锌 Zn/ (mg/kg)	硒 Se/ (μg/kg)	铬 Cr/ (μg/kg)	铅 Pb/ (μg/kg)	砷 As/ (μg/kg)
1	玉米蛋白粉	安徽省蚌埠市	94.4	0.035	0.093	6.3	552.5	9.1	17.8	66.3	3 387.4	390.3	64.1
2	玉米蛋白粉	安徽省蚌埠市	90.1	0.085	0.297	4.5	332.4	20.2	39.8	60.1	2 090.2	282.6	75.4
3	玉米蛋白粉	安徽省合肥市	92.1	0.029	0.099	8.7	144	2.5	16.4	78.4	2 564	125	46.5
4	玉米蛋白粉	安徽省合肥市肥东县	92	0.003	0.016	8.4	235.5	2.3	10.9	186.2	8 816.3	122.5	34
5	玉米蛋白粉	福建省漳州市龙海区	89	0.006	0.026	8.6	185.4	2.1	11.7	123.1	11 431.9	114.1	17
6	玉米蛋白粉	福建省漳州市龙海区	89.4	0.006	0.025	7.9	154.9	1.6	11.3	117.3	6 309	229.6	12.9
7	玉米蛋白粉	甘肃省定西市安定区	96.3	0.119	0.054	6.3	319.3	14.3	14.6	133.6	2 173	81.3	40.4
8	玉米蛋白粉	甘肃省定西市安定区	95.7	0.092	0.045	8.2	270.9	12.7	14.1	125.7	2 440.9	85.1	48.7
9	玉米蛋白粉	甘肃省张掖市甘州区	92.4	0.005	0.028	11.5	635.8	10.6	9.2	222.1	10 505.3	416	95.8
10	玉米蛋白粉	广东省广州市	91.7	0.003	0.031	10.2	149.5	1.8	15	170.5	5 838	17.5	0
11	玉米蛋白粉	广东省广州市	91.3	0.003	0.022	7.7	152.7	2.4	8.4	107.5	1 790.6	13.7	24.6
12	玉米蛋白粉	广东省广州市	93.3	0.004	0.029	9.2	275.8	3.1	11.2	139.4	17 164.4	115.2	31
13	玉米蛋白粉	贵州省遵义市	92.6	0.024	0.099	8.8	154.7	4	13.3	208.8	5 817.9	134.2	0

续表2-10

序号	原料名称	采样地点	干物质 DM/%	钠 Na/%	镁 Mg/%	铜 Cu/(mg/kg)	铁 Fe/(mg/kg)	锰 Mn/(mg/kg)	锌 Zn/(mg/kg)	硒 Se/(μg/kg)	铬 Cr/(μg/kg)	铅 Pb/(μg/kg)	砷 As/(μg/kg)
14	玉米蛋白粉	贵州省遵义市	92.9	0.009	0.024	8.1	205.3	2.6	10.3	193.9	3 339.7	77.6	0
15	玉米蛋白粉	贵州省遵义市	92.5	0.005	0.023	10.7	283.1	2.9	9.8	108.6	3 525	88.5	0
16	玉米蛋白粉	河北省廊坊市	94.2	0.035	0.153	8	136.7	6.8	27.9	151.9	1 749.1	89	46.1
17	玉米蛋白粉	河北省邢台市南和区	91.5	0.01	0.032	15.6	195.6	3.2	25	201.3	2 529.2	224.9	113.6
18	玉米蛋白粉	河北省邢台市宁晋县	92.7	0.013	0.016	12.2	317.3	1.5	8.2	153.7	4 747.8	53.2	40.1
19	玉米蛋白粉	河北省邢台市宁晋县	93	0.008	0.023	9.9	152	3.4	13.5	209.3	1 657	135	24.8
20	玉米蛋白粉	河北省邢台市宁晋县	91.7	0.012	0.018	12.4	304.1	1.6	9.4	149.7	5 463.3	119	42.6
21	玉米蛋白粉	河南省安阳市	93	0.059	0.14	9.1	149.7	3.4	21.4	64.3	1 224.7	43	0
22	玉米蛋白粉	河南省焦作市孟州市	91.1	0.017	0.046	10.3	345.8	13.4	19.7	123.5	2 348.1	36.9	225.8
23	玉米蛋白粉	河南省濮阳市	92.4	0.002	0.034	8.5	239.6	2.9	18.8	160.5	2 370.5	0	0
24	玉米蛋白粉	河南省郑州市	92.9	0.009	0.02	8	100.9	1.4	14.5	296	625.2	0	0
25	玉米蛋白粉	河南省郑州市	93.8	0.008	0.019	7.9	101.7	1.3	13.8	315	882.8	0	0
26	玉米蛋白粉	河南省郑州市	93.7	0.002	0.033	8.4	282.1	2.7	18.4	159.5	2 481.3	78.2	0
27	玉米蛋白粉	河南省郑州市	93.8	0.002	0.012	8.2	212.9	1.9	10.4	42.1	2 063.6	0	0
28	玉米蛋白粉	河南省郑州市	93.6	0.003	0.106	6.9	221.5	4.9	30.8	217.8	1 195.1	16	0
29	玉米蛋白粉	河南省郑州市	93.6	0.003	0.107	7.2	200.6	4.6	29.8	216	1 156.3	26.1	0
30	玉米蛋白粉	河南省郑州市	92.2	0.008	0.019	7.8	110.3	1.3	14.1	307.8	569	29.9	0
31	玉米蛋白粉	河南省郑州市	92.4	0.002	0.033	8.6	216	2.6	18.2	165.4	3 216.8	16.5	0
32	玉米蛋白粉	河南省郑州市	92.6	0.002	0.012	9.1	259.9	1.5	11	75.4	2 816.6	4	0
33	玉米蛋白粉	黑龙江省	92.4	0.004	0.01	12.8	136.3	0.8	4.2	43.7	5 504.9	2.7	0
34	玉米蛋白粉	黑龙江省	92.4	0.004	0.01	12.8	144.6	0.7	4.4	48.2	5 084.5	0	0
35	玉米蛋白粉	黑龙江省大庆市	92.2	0.005	0.01	12.7	155	0.8	5.1	44.7	5 339.2	105.6	0
36	玉米蛋白粉	黑龙江省大庆市	92	0.004	0.01	12.3	144.1	0.6	4.6	62.7	6 976.1	153	4.2

续表2-10

序号	原料名称	采样地点	干物质 DM/%	钠 Na/%	镁 Mg/%	铜 Cu/(mg/kg)	铁 Fe/(mg/kg)	锰 Mn/(mg/kg)	锌 Zn/(mg/kg)	硒 Se/(μg/kg)	铬 Cr/(μg/kg)	铅 Pb/(μg/kg)	砷 As/(μg/kg)
37	玉米蛋白粉	黑龙江省大庆市	92.4	0.003	0.009	12.3	133.4	0.7	4.2	35.3	5 561.1	89.7	0
38	玉米蛋白粉	黑龙江省绥化市肇东市	92.4	0.006	0.051	12.7	455.9	5.9	17.6	126.1	8 983.5	335.4	78.4
39	玉米蛋白粉	黑龙江省绥化市肇东市	92.4	0.005	0.01	12.8	147	0.7	4.6	44.4	5 573.4	0.4	0
40	玉米蛋白粉	湖南省株洲市芦淞区	89.6	0.039	0.226	10.1	118.3	9.1	37.9	97	1 035.1	66.3	41.7
41	玉米蛋白粉	湖南省株洲市芦淞区	88.9	0.004	0.03	6	101.3	5.9	11	85.2	887.7	47.8	160.5
42	玉米蛋白粉	湖南省株洲市芦淞区	90.5	0.004	0.03	6.2	95.6	6	11.2	69.4	914.7	21.3	257.4
43	玉米蛋白粉	吉林省德惠市	89.6	0.003	0.108	2.1	47.6	149.2	17	33.9	1 543.7	529.1	321.7
44	玉米蛋白粉	吉林省公主岭市	92.4	0.006	0.053	9.5	322.8	5.1	19.2	55.8	5 541.8	38.4	0
45	玉米蛋白粉	吉林省公主岭市	93.7	0.005	0.048	11.1	259.5	3.5	11	91.6	2 614.5	138.5	0
46	玉米蛋白粉	吉林省四平市	93.9	0.017	0.026	9.9	134.9	1.6	8.8	109.8	1 113.6	53.9	153
47	玉米蛋白粉	吉林省四平市	93.9	0.016	0.025	9	130	1.6	7.7	116.6	1 418.9	67.5	147.6
48	玉米蛋白粉	吉林省松原市	92.6	0.006	0.053	9.5	223.2	5	18.1	66.3	5 628.1	20.4	0
49	玉米蛋白粉	吉林省长春市	93.2	0.008	0.021	9.8	270.9	2.2	7.7	79.1	2 599	0	0
50	玉米蛋白粉	吉林省长春市	92.8	0.006	0.055	9.7	300.7	5.3	18	51.1	5 553.8	18.8	0
51	玉米蛋白粉	吉林省长春市	92.8	0.006	0.054	9.6	305.1	5	18	52.7	5 432.3	35.3	0
52	玉米蛋白粉	吉林省长春市	92.4	0.006	0.019	6.8	113.3	1.1	5.8	108.2	656	0	0
53	玉米蛋白粉	吉林省长春市	92.6	0.01	0.018	11.7	286.1	1.8	9.1	81.6	8 065	0	0
54	玉米蛋白粉	吉林省长春市	93	0.006	0.019	7.1	112.7	1.2	6.1	102.2	571.5	308.1	0
55	玉米蛋白粉	江苏省南京市	93.8	0.04	0.034	7.7	99.5	5.1	18.7	83.8	531.6	86.8	0
56	玉米蛋白粉	江苏省南京市	93.7	0.038	0.033	7.3	92.8	5	17.6	93.3	837.9	39.1	0
57	玉米蛋白粉	江苏省南京市	93.8	0.041	0.034	7.5	93.8	4.9	18	93.4	616	37.5	0
58	玉米蛋白粉	辽宁省锦州市	93.4	0.004	0.073	10.2	235.5	6.6	15.5	55.9	1 504.7	49.5	82
59	玉米蛋白粉	辽宁省锦州市	92.9	0.007	0.038	8.1	167.5	2.6	12	109.3	2 973.3	0	0

续表2-10

序号	原料名称	采样地点	干物质 DM/%	钠 Na/%	镁 Mg/%	铜 Cu/(mg/kg)	铁 Fe/(mg/kg)	锰 Mn/(mg/kg)	锌 Zn/(mg/kg)	硒 Se/(μg/kg)	铬 Cr/(μg/kg)	铅 Pb/(μg/kg)	砷 As/(μg/kg)
60	玉米蛋白粉	辽宁省沈阳市	94.4	0.014	0.225	11.9	145.3	10.9	31.5	117	1 118.3	117.4	3.4
61	玉米蛋白粉	辽宁省沈阳市	93.6	0.009	0.031	8	137.4	9.8	13.9	149.4	1 601.1	38.2	11
62	玉米蛋白粉	辽宁省铁岭市开原市	92.8	0.009	0.021	8.2	152.1	1.8	13.2	102.5	5 583.7	31	32.2
63	玉米蛋白粉	辽宁省铁岭市开原市	93	0.005	0.028	7.9	153.9	2.6	12.7	167.3	5 135.9	23.6	37
64	玉米蛋白粉	内蒙古自治区呼和浩特市	92.7	0.012	0.018	8.6	224.5	2	7.7	179.5	6 976.8	58.6	22.2
65	玉米蛋白粉	内蒙古自治区呼和浩特市托克托县	92.6	0.004	0.018	9.4	209.6	2.1	10.6	189.3	5 568.6	86	9.2
66	玉米蛋白粉	内蒙古自治区呼和浩特市	93.1	0.011	0.06	9.6	147.3	2.8	9.2	91.2	1 901.6	68.3	22.3
67	玉米蛋白粉	内蒙古自治区呼和浩特市	93.1	0.011	0.061	9.9	150	2.9	9.1	98.7	1 974.7	115.9	19.2
68	玉米蛋白粉	内蒙古自治区呼伦贝尔市	92.7	0.006	0.021	10.7	253.7	2.3	8.1	57.2	3 079.2	80.1	0
69	玉米蛋白粉	内蒙古自治区呼伦贝尔市	88.7	0.001	0.108	0.3	41.4	4.9	11.4	4.8	254.3	0	0
70	玉米蛋白粉	内蒙古自治区通辽市	92.7	0.006	0.02	10.4	262.7	2.3	11.4	58.2	9 869.5	80.8	0
71	玉米蛋白粉	宁夏回族自治区吴忠市	93.1	0.045	0.155	9.5	563.5	12.5	31.2	76.2	16 467.1	672.4	121.8
72	玉米蛋白粉	宁夏回族自治区吴忠市	92.5	0.04	0.153	9.8	446	10	31	82.6	10 359.4	605.9	106.9
73	玉米蛋白粉	宁夏回族自治区银川市永宁县	93.2	0.02	0.165	10.9	148.8	7.7	21.5	184.9	1 927.6	172.6	81.2
74	玉米蛋白粉	宁夏回族自治区银川市永宁县	92.4	0.02	0.02	9.7	178.4	4.5	7	224.7	2 855.3	58.8	40.3
75	玉米蛋白粉	山东省滨州市	93	0.007	0.109	11.2	174.2	5.7	22.4	324.7	4 729.8	144.8	220.6
76	玉米蛋白粉	山东省滨州市	92.5	0.004	0.032	11	149	3.3	12	62.1	7 683.7	112.7	109.5
77	玉米蛋白粉	山东省滨州市	92	0.003	0.032	10.7	166.5	3.2	12.2	112.5	8 056.4	137.9	118.4
78	玉米蛋白粉	山东省滨州市邹平市	91.7	0.003	0.031	10.5	165.5	3.3	11.8	63	6 303.4	245.2	76
79	玉米蛋白粉	山东省临沂市	93.2	0.009	0.122	8.8	153.5	4.7	21.9	104.7	1 338.4	92.9	86.9
80	玉米蛋白粉	山东省临沂市	92.8	0.004	0.01	12	122.6	1.2	5.5	69.9	10 258.2	179.3	0
81	玉米蛋白粉	山东省潍坊市	92.6	0.003	0.01	11.9	129.7	1.2	5.2	69.7	10 018.4	32.9	0
82	玉米蛋白粉	陕西省西安市	93.8	0.006	0.039	8.5	168.7	4.2	15.7	89.9	647	50.2	119.3
83	玉米蛋白粉	陕西省西安市	93.7	0.005	0.038	8.7	170.2	4.1	16.1	82.7	601.9	18.4	129.9

续表2-10

序号	原料名称	采样地点	干物质 DM/%	钠 Na/%	镁 Mg/%	铜 Cu/(mg/kg)	铁 Fe/(mg/kg)	锰 Mn/(mg/kg)	锌 Zn/(mg/kg)	硒 Se/(μg/kg)	铬 Cr/(μg/kg)	铅 Pb/(μg/kg)	砷 As/(μg/kg)
84	玉米蛋白粉	陕西省咸阳市	93.9	0.014	0.043	7.4	306.2	3.4	14.3	65.2	3 568.2	86.7	4.3
85	玉米蛋白粉	陕西省咸阳市	93.6	0.014	0.043	7	271.3	3.3	14.4	46.8	3 703	86.4	0
86	玉米蛋白粉	陕西省咸阳市杨陵区	94.5	0.004	0.089	9.5	205.1	10.3	23.7	74.2	1 077.3	94.8	67.1
87	玉米蛋白粉	陕西省咸阳市兴平市	93.5	0.014	0.043	7.2	274.9	3.4	14.4	64.6	59 002.1	27.6	0
88	玉米蛋白粉	新疆维吾尔自治区阿克苏地区阿克苏市	94.4	0.008	0.02	9.8	143.6	1.7	10.1	222.2	7 347.9	31.6	50.4
89	玉米蛋白粉	新疆维吾尔自治区阿克苏地区阿克苏市	94.9	0.007	0.022	9.6	150.5	1	4.5	199.1	10 519	139.2	36.2
90	玉米蛋白粉	新疆维吾尔自治区乌鲁木齐市经济技术开发区	94	0.003	0.016	8	155	1.8	10.6	259.4	5 736.9	87.2	43.1
91	玉米蛋白粉	新疆维吾尔自治区塔城地区乌苏市	93.9	0.006	0.014	8.1	113.8	0.6	3.4	176	10 610.1	53.5	94.5

十、玉米胚芽粕

表 2-11 玉米胚芽粕原样中主要矿物元素及其含量

序号	原料名称	采样地点	干物质 DM/%	钠 Na/%	镁 Mg/%	铜 Cu/(mg/kg)	铁 Fe/(mg/kg)	锰 Mn/(mg/kg)	锌 Zn/(mg/kg)	硒 Se/(μg/kg)	铬 Cr/(μg/kg)	铅 Pb/(μg/kg)	砷 As/(μg/kg)
1	玉米胚芽粕	安徽省蚌埠市	88.6	0.009	0.646	4.6	201.5	31.6	73	39	769	31.2	0
2	玉米胚芽粕	安徽省亳州市	90	0.013	0.283	5.3	213	11.5	47.2	73.8	2 495.6	248.4	0
3	玉米胚芽粕	安徽省亳州市	89.9	0.045	0.242	4.7	245.2	9.3	39.4	71.3	5 112.7	159.3	0
4	玉米胚芽粕	河南省鹤壁市	90.6	0.016	0.455	6.2	107.9	17.2	69.2	39.1	240.1	63.4	0
5	玉米胚芽粕	河南省鹤壁市	90.8	0.047	0.136	5.7	106.3	6.6	33.6	40.9	2 171.5	8.3	0
6	玉米胚芽粕	河南省焦作市	90.9	0.047	0.137	5.6	113.9	6.6	33.6	31	1 809.3	29.7	0
7	玉米胚芽粕	河南省焦作市	91.2	0.046	0.136	5.6	105.7	6.4	33.7	41.6	1 905	18.8	0

续表2-11

序号	原料名称	采样地点	干物质 DM/%	钠 Na/%	镁 Mg/%	铜 Cu/(mg/kg)	铁 Fe/(mg/kg)	锰 Mn/(mg/kg)	锌 Zn/(mg/kg)	硒 Se/(μg/kg)	铬 Cr/(μg/kg)	铅 Pb/(μg/kg)	砷 As/(μg/kg)
8	玉米胚芽粕	河南省濮阳市	91.8	0	0.376	7.8	101.4	22.7	49.3	20	1 605.2	7	0
9	玉米胚芽粕	河南省郑州市	91.6	0.04	0.544	3.9	190.3	21.2	55.1	51	3 153.1	92.4	0
10	玉米胚芽粕	河南省郑州市	91.5	0.06	0.47	3.7	205.5	17.8	48.5	52.9	2 719.5	53	0
11	玉米胚芽粕	河南省郑州市	91.6	0.056	0.419	3.5	185.4	15.7	45.8	58.1	2 604.8	73.5	0
12	玉米胚芽粕	河南省郑州市	91.8	0.035	0.486	3.5	167.4	19.1	51.9	37.3	880.2	54.3	0
13	玉米胚芽粕	黑龙江省绥化市	86.8	0.016	0.56	3.8	162.8	22.4	58.7	38	905.1	45	0
14	玉米胚芽粕	黑龙江省绥化市	88.6	0.016	0.556	3.5	160.7	22.8	58.1	45.6	790	33.3	0
15	玉米胚芽粕	黑龙江省绥化市	86.9	0.016	0.571	4	163.9	22.9	59.2	34.4	810	14	0
16	玉米胚芽粕	黑龙江省绥化市	86.9	0.016	0.553	4.4	158.8	24.5	58.3	52.8	936.8	25.2	0
17	玉米胚芽粕	黑龙江省绥化市	86.7	0.016	0.57	4	161	22.9	59.2	33.7	888.2	48.4	0
18	玉米胚芽粕	黑龙江省绥化市	88.6	0.014	0.515	3.5	141.7	21	54.4	41.5	848.9	30.3	0
19	玉米胚芽粕	黑龙江省绥化市	88.6	0.015	0.55	3.3	154.8	22	57.1	31.3	982.5	29.4	0
20	玉米胚芽粕	黑龙江省绥化市	86.9	0.016	0.565	3.9	149.4	22.5	57.9	36.6	831.7	51.2	0
21	玉米胚芽粕	黑龙江省绥化市	88.6	0.039	0.533	3.4	181.3	20.6	56.1	59.8	3 538.1	143.9	0
22	玉米胚芽粕	黑龙江省绥化市	88.3	0.008	0.417	7.2	136.3	24.2	47.8	19.3	824.5	47.7	0
23	玉米蛋白粉	吉林省长春市德惠市	89.6	1.35	6.92	4	71.8	0	0.3	6.2	1.5	7.7	4.5
24	玉米胚芽粕	吉林省公主岭市	91.7	0.046	0.591	6.2	158.8	23.3	74.9	72.5	532.8	19.1	0
25	玉米胚芽粕	吉林省公主岭市	91.4	0.033	0.332	4.8	126.9	12.4	49.6	50.8	1 184	43.9	0
26	玉米胚芽粕	吉林省公主岭市	92.2	0.06	0.183	4.6	144.2	7.1	30.1	64.1	1 054	31.2	0
27	玉米胚芽粕	吉林省通化市梅河口市	92.4	0.059	0.213	4.5	154.4	8.7	33.7	88.5	885.5	8.5	15.6
28	玉米胚芽粕	吉林省四平市	93.3	0.049	0.454	5.1	106.5	20.6	56.3	49.5	788.9	0	37.5
29	玉米胚芽粕	吉林省四平市	93.5	0.048	0.555	4.4	122.1	20.5	57.9	39.4	1 325.7	41.5	52.4
30	玉米胚芽粕	吉林省四平市	91	0.061	0.191	4.5	154.6	7.3	31.8	58.7	1 092.9	46.4	0

续表2-11

序号	原料名称	采样地点	干物质 DM/%	钠 Na/%	镁 Mg/%	铜 Cu/(mg/kg)	铁 Fe/(mg/kg)	锰 Mn/(mg/kg)	锌 Zn/(mg/kg)	硒 Se/(μg/kg)	铬 Cr/(μg/kg)	铅 Pb/(μg/kg)	砷 As/(μg/kg)
31	玉米胚芽粕	吉林省四平市	91.7	0.06	0.187	5	146.8	7.2	30.3	45.5	1 081.7	64.3	0
32	玉米胚芽粕	吉林省四平市	92	0.058	0.2	4.8	146.9	8	32	66.3	1 155.6	90.7	9
33	玉米胚芽粕	吉林省松原市	89.6	0.034	0.501	4.6	165.5	18.7	60.4	29.5	1 759.6	27.5	0
34	玉米胚芽粕	吉林省长春市	90.7	0.061	0.191	4.7	153.9	7.2	32.1	121.5	1 030.3	69.8	55.1
35	玉米胚芽粕	吉林省长春市	92	0.059	0.186	4.7	158.1	7.5	31.1	79.3	1 221.9	30.5	25.2
36	玉米胚芽粕	内蒙古自治区呼和浩特市托克托县	89.9	0.032	0.092	3.9	132.3	4.6	21.5	51.1	699	347.1	0
37	玉米胚芽粕	内蒙古自治区呼和浩特市	91.2	0.023	0.165	4.5	173.5	6.7	24	297.4	3 356.6	141.2	107.6
38	玉米胚芽粕	内蒙古自治区通辽市	90.8	0.016	0.417	5	124.1	14.9	46.4	44.1	697.7	0	0
39	玉米胚芽粕	山东省滨州市	92.4	0.007	0.116	3.4	82	4.5	30.4	155.2	914.7	55	0
40	玉米胚芽粕	山东省滨州市	91.2	0.011	0.122	3.4	91.5	4.5	35.2	92.7	865.7	43.7	0
41	玉米胚芽粕	山东省滨州市	90.1	0.067	0.782	5.1	211.4	30.6	90.4	161.1	1 713.3	409	47.3
42	玉米胚芽粕	山东省滨州市	91.8	0.017	0.11	4.9	123.4	5.1	31.2	90.5	1 657.5	33.7	0
43	玉米胚芽粕	山东省滨州市	93.2	0.018	0.102	4.9	142.8	4.4	31.1	76.3	1 592.1	26.5	0
44	玉米胚芽粕	山东省滨州市	91.8	2.13	11.18	1.2	60.1	0	0.5	18.7	2.3	12.2	1.4
45	玉米胚芽粕	山东省滨州市	93.2	2.58	11.68	1.2	60.4	0	0.4	18.6	2.8	12.5	1.3
46	玉米胚芽粕	山东省潍坊市	89.8	0.03	0.172	4.4	150.2	5.5	31.5	88.1	1 605.2	61.6	0
47	玉米胚芽粕	陕西省西安市	93.2	0.026	0.188	6	121.3	9.1	37.5	50.1	1 261.7	51.1	0
48	玉米胚芽粕	陕西省西安市	93.3	0.023	0.095	3.3	120.9	5.7	23.9	78.4	2 513.7	147.9	0
49	玉米胚芽粕	陕西省西安市	93.7	0.03	0.226	5.9	131.4	8.5	33.9	49	1 841.9	136.4	0
50	玉米胚芽粕	陕西省西安市	94.1	0.042	0.332	4.1	147.4	13.1	47.4	64.4	2 348	30.4	0
51	玉米胚芽粕	陕西省西安市	94	0.044	0.351	4.6	173.3	13.9	50.1	61.3	2 606.3	35.4	0
52	玉米胚芽粕	陕西省咸阳市杨陵区	94.1	0.016	0.457	5.9	107.5	17.6	70.5	32.7	264.1	116.9	0

十一、玉米 DDGS

表 2-12　玉米 DDGS 原样中主要矿物元素及其含量

序号	原料名称	采样地点	干物质 DM/%	钠 Na/%	镁 Mg/%	铜 Cu/(mg/kg)	铁 Fe/(mg/kg)	锰 Mn/(mg/kg)	锌 Zn/(mg/kg)	硒 Se/(μg/kg)	铬 Cr/(μg/kg)	铅 Pb/(μg/kg)	砷 As/(μg/kg)
1	玉米 DDGS	安徽省亳州市	87.1	0.677	0.351	5.3	299.3	27.1	52	32.4	4 015.1	187.9	98.8
2	玉米 DDGS	安徽省滁州市	91.5	0.334	0.329	5.6	284.7	18.5	46.2	46.6	1 543.2	243.1	117.9
3	玉米 DDGS	安徽省合肥市肥东县	89.7	0.22	0.37	4.3	82.5	15.8	52.9	628.9	260.9	35.3	0
4	玉米 DDGS	贵州省遵义市	92.3	0.224	0.311	4.7	65.5	12.2	52.4	122.2	3 173.5	73.6	48.1
5	玉米 DDGS	贵州省遵义市	92.2	0.311	0.313	4.3	301.9	17.7	39.2	40.9	2 705.7	217.9	71.5
6	玉米 DDGS	贵州省遵义市	91.2	0.376	0.328	3.2	298.2	17	35.1	48.6	1 928.9	44.2	76.7
7	玉米 DDGS	贵州省遵义市	91.1	0.255	0.3	3.9	267.1	16.1	36.2	38	1 502.8	23.3	40.6
8	玉米 DDGS	贵州省遵义市	92.2	0.255	0.333	4.5	68.4	12.2	53.4	259.6	279.9	16.2	0
9	玉米 DDGS	河北省衡水市深州市	89.4	0.23	0.348	5.5	94.1	15	62.5	497.1	209.7	0.7	0
10	玉米 DDGS	河北省衡水市深州市	91.2	0.26	0.351	4.2	270.4	18.7	44.1	28.9	798.9	70	52.4
11	玉米 DDGS	河北省石家庄市	90.8	0.09	0.315	4.1	396.6	16.4	41.1	88.1	2 593.5	2 342.8	90.5
12	玉米 DDGS	河北省石家庄市	92.4	0.09	0.313	4.5	387.2	16.1	40.7	83.7	3 163.1	2 316.3	100.6
13	玉米 DDGS	河北省石家庄市	91.4	0.097	0.323	4.4	392.3	16.3	41	87.1	2 952.6	2 373.9	99
14	玉米 DDGS	河北省邢台市	91.1	0.135	0.327	3.3	135.3	19.2	45.7	20	867	22.3	10.3
15	玉米 DDGS	河北省邢台市南和区	91.1	0.074	0.483	3.4	121.7	17.7	50.4	70.5	2 893.9	67.9	32.5
16	玉米 DDGS	河北省邢台市南和区	90.1	0.261	0.338	4.5	164.1	13.9	51	68.9	357.2	60.3	28.4
17	玉米 DDGS	河南省焦作市	91	0.172	0.251	4.2	620.6	15	37	66.9	5 055.8	91.5	312.3
18	玉米 DDGS	河南省焦作市孟州市	95.3	0.032	0.142	7.6	674.2	15.6	24.3	92.1	3 374.9	1 393.3	129
19	玉米 DDGS	河南省焦作市孟州市	94.7	0.028	0.138	7.7	725.3	14.8	23.6	89.1	4 690.6	1 472.1	112.2
20	玉米 DDGS	河南省开封市	89.6	0.046	0.33	4.5	506.8	19.2	42.5	38.5	2 518.1	1 185.5	155.4
21	玉米 DDGS	河南省孟州市	92.4	0.074	0.312	4.2	367.2	16.2	41.2	83.8	2 238.7	2 346.5	94

续表2-12

序号	原料名称	采样地点	干物质 DM/%	钠 Na/%	镁 Mg/%	铜 Cu/(mg/kg)	铁 Fe/(mg/kg)	锰 Mn/(mg/kg)	锌 Zn/(mg/kg)	硒 Se/(μg/kg)	铬 Cr/(μg/kg)	铅 Pb/(μg/kg)	砷 As/(μg/kg)
22	玉米 DDGS	河南省南阳市	93.3	0.074	0.124	5.7	512.2	14.9	27.6	67.5	5 261	693.4	55.5
23	玉米 DDGS	河南省南阳市	93	0.134	0.234	5.5	300.5	14.9	43.2	118.1	2 951.3	21	59.7
24	玉米 DDGS	河南省濮阳市	91.1	0.136	0.239	5.3	293.6	15.7	43.8	105.1	2 810.1	21.9	29
25	玉米 DDGS	河南省濮阳市	91.6	0.202	0.344	5.2	92.5	15.3	59	154.7	718	25.9	0
26	玉米 DDGS	河南省濮阳市	91	0.197	0.346	5.6	88	15.4	59.1	173.5	473.8	0	0
27	玉米 DDGS	河南省新乡市	89.3	0.047	0.328	4.5	509.4	19.1	41.8	32.5	2 861.5	1 275.2	152.9
28	玉米 DDGS	河南省郑州市	91.9	0.134	0.3	3.4	336	15.7	41.7	39.8	1 245.2	208	52.5
29	玉米 DDGS	河南省郑州市	91.6	0.135	0.3	3.2	338.5	15.8	42	41.6	1 392.4	192.6	53.7
30	玉米 DDGS	河南省郑州市	91.7	0.132	0.297	3.2	351.2	15.5	41.8	35.8	1 491.8	186.3	62
31	玉米 DDGS	黑龙江省	85.6	0.196	0.354	3.5	254.9	21.3	45.2	12.1	866.6	39	36.4
32	玉米 DDGS	黑龙江省	86.8	0.187	0.348	3.6	258.9	21	45.6	10	814.1	26.5	30.8
33	玉米 DDGS	黑龙江省	85.8	0.188	0.351	3.5	256.8	21.1	45.6	9.5	1 052.3	28.9	38
34	玉米 DDGS	黑龙江省大庆市	88.4	0.185	0.348	3.7	259.1	21.2	45.2	16.6	828.5	31.5	42.1
35	玉米 DDGS	黑龙江省大庆市	85.8	0.184	0.343	3.7	257.2	20.7	45.6	13.3	1 001	24.5	35.7
36	玉米 DDGS	黑龙江省哈尔滨市	88.4	0.034	0.381	4.9	206.3	17.8	45.9	45.3	1 339.5	34.6	68.2
37	玉米 DDGS	吉林省吉林市	93.7	0.204	0.318	4	104.2	17	47.2	17.3	1 409	44.8	44.2
38	玉米 DDGS	吉林省吉林市	91.3	0.051	0.34	3.8	145.6	19.2	48.9	34.1	1 654.5	38.3	20.1
39	玉米 DDGS	吉林省吉林市	93.4	0.165	0.329	4.5	165.1	17.8	43.6	69.3	1 744.4	32.4	33.1
40	玉米 DDGS	吉林省吉林市	92.4	0.411	0.362	4.2	229.2	22.1	52.7	31.7	3 348	84.3	43.1
41	玉米 DDGS	吉林省吉林市	92.1	0.381	0.361	4	231.6	22.3	53.2	55.4	3 244.2	67.8	59.8
42	玉米 DDGS	吉林省吉林市	92.7	0.251	0.33	4.5	218.7	20.2	47.1	26.9	3 392.3	58.6	58.4
43	玉米 DDGS	吉林省辽源市	91.6	0.117	0.335	4	150.3	18.3	45.7	33.3	1 929.7	29.1	23.8
44	玉米 DDGS	吉林省辽源市	92.6	0.151	0.3	3.4	157.6	20.3	41.1	25.5	1 558.5	35.9	45.2

续表2-12

序号	原料名称	采样地点	干物质 DM/%	钠 Na/%	镁 Mg/%	铜 Cu/(mg/kg)	铁 Fe/(mg/kg)	锰 Mn/(mg/kg)	锌 Zn/(mg/kg)	硒 Se/(μg/kg)	铬 Cr/(μg/kg)	铅 Pb/(μg/kg)	砷 As/(μg/kg)
45	玉米 DDGS	吉林省辽源市	92.5	0.248	0.34	4.1	194.9	24.6	45.7	44.2	1 608.4	20.8	68.9
46	玉米 DDGS	吉林省辽源市	92.6	0.253	0.348	4.2	210.5	25.3	46.8	40.2	1 519.1	22.9	64.1
47	玉米 DDGS	吉林省辽源市	91.8	0.26	0.342	4.6	183.3	24.7	46.9	35	1 262.4	25	77.8
48	玉米 DDGS	吉林省通化市梅河口市	91.5	0.804	0.349	4.5	195.7	20.1	45.9	30.6	2 831.8	66.2	42
49	玉米 DDGS	吉林省四平市	91.8	0.828	0.339	4.3	196.3	20	45.2	29.8	2 792.3	42.6	40.7
50	玉米 DDGS	吉林省四平市	92.3	0.167	0.32	4.3	119.8	16.4	42.6	49.5	621.1	30	31.1
51	玉米 DDGS	吉林省四平市	92.5	0.179	0.322	5	126.9	17.1	44.3	41.4	551.1	3	30.7
52	玉米 DDGS	吉林省四平市	92.7	0.176	0.318	4.8	126.3	16.7	42	34.7	480.8	0.4	30.9
53	玉米 DDGS	吉林省四平市	92.6	0.183	0.327	4.3	125.9	17.1	43	50.4	630.5	15.2	31.3
54	玉米 DDGS	吉林省四平市	93.2	0.171	0.317	4.7	127.2	16.8	42.4	72.1	529.9	53.2	69.9
55	玉米 DDGS	吉林省长春市	91.6	0.182	0.265	4.4	615.3	17.3	39.5	63.7	3 507.7	123.5	279.1
56	玉米 DDGS	吉林省长春市	91.7	0.108	0.335	4.4	128.4	18.4	43.8	48.3	753.4	27.9	17.7
57	玉米 DDGS	吉林省长春市	92.7	0.113	0.331	4.4	127.9	18.1	42.6	44.8	500.7	12.7	20.5
58	玉米 DDGS	吉林省长春市	91.5	0.073	0.326	4.1	125.9	18.4	43	32.7	454.3	24.5	40.5
59	玉米 DDGS	江苏省连云港市	87	0.096	0.292	4.1	317.4	17.1	42.4	18	2 307.7	96.7	86.8
60	玉米 DDGS	江苏省连云港市	87	0.093	0.294	4.2	301.5	17.1	42.7	32.8	1 156.9	83	39.8
61	玉米 DDGS	江苏省连云港市	87	0.092	0.296	4.2	325.9	17.5	42.9	17.3	1 947.5	82.8	48.6
62	玉米 DDGS	江苏省连云港市	87	0.097	0.302	4.3	336.7	17.7	43.2	23.2	2 167.7	126.1	51.2
63	玉米 DDGS	江苏省南通市	84.8	0.347	0.293	4.7	186.5	14.9	47.7	190.4	4 233.7	55.1	75.1
64	玉米 DDGS	江苏省南通市	84.7	0.33	0.274	4.6	178.9	14.4	44	211.7	3 561.7	51.4	75.2
65	玉米 DDGS	江苏省南通市	84.7	0.313	0.265	4.2	193.4	14	43.1	197.2	3 597.2	53.5	72.3
66	玉米 DDGS	江苏省宿迁市	87	0.099	0.294	4	320.6	17.1	42.2	29.6	2 221.7	140.8	69
67	玉米 DDGS	江苏省宿迁市	87	0.094	0.288	4.1	322.2	16.9	41.2	29.9	2 192.1	102.3	47.3

续表2-12

序号	原料名称	采样地点	干物质 DM/%	钠 Na/%	镁 Mg/%	铜 Cu/(mg/kg)	铁 Fe/(mg/kg)	锰 Mn/(mg/kg)	锌 Zn/(mg/kg)	硒 Se/(μg/kg)	铬 Cr/(μg/kg)	铅 Pb/(μg/kg)	砷 As/(μg/kg)
68	玉米 DDGS	江苏省宿迁市	87	0.099	0.301	4.3	332.6	17.2	43.2	26.1	2 301.7	217.6	53
69	玉米 DDGS	江西省九江市	86.3	0.081	0.51	3.6	177.4	20.1	59.7	57.1	4 569.2	127.4	64.4
70	玉米 DDGS	江西省九江市	86.3	0.092	0.496	3.7	188.9	20.6	58.2	59.1	4 402.5	99.4	60.5
71	玉米 DDGS	江西省九江市	86.5	0.103	0.536	3.7	186.5	20.4	60.6	59.7	5 033.5	99.1	66.2
72	玉米 DDGS	辽宁省锦州市	92.5	0.058	0.241	4.5	156.7	19.1	33	34.8	2 907.2	96.1	175.7
73	玉米 DDGS	辽宁省锦州市	92.7	0.078	0.454	2.7	349	25.7	48.5	39	2 560.2	69.3	123.5
74	玉米 DDGS	辽宁省沈阳市	93.9	0.028	0.259	3.9	120.2	17.5	35.7	44.7	1 789.2	114.2	14.6
75	玉米 DDGS	辽宁省沈阳市	92.8	0.116	0.289	3.9	97.9	15.8	44.2	14.9	1 461.2	139.8	1.3
76	玉米 DDGS	内蒙古自治区呼和浩特市托克托县	89.3	0.577	0.36	3.9	234	15.8	45.4	52.6	949.4	11.1	48.9
77	玉米 DDGS	内蒙古自治区赤峰市	90.9	0.143	0.38	4.8	403.2	23.4	47.1	38	5 405.8	138.9	110.4
78	玉米 DDGS	内蒙古自治区呼和浩特市	89.7	0.064	0.335	4	284.4	16.2	43.2	57.9	1 754	54.5	54.5
79	玉米 DDGS	内蒙古自治区呼伦贝尔市	91	0.144	0.375	4.7	435	22.8	46	36.1	6 099	162.2	114.4
80	玉米 DDGS	山东省临沂市	91.3	0.1	0.344	5.4	166	26.2	68.1	26	1 558.6	35.5	131.4
81	玉米 DDGS	山东省临沂市	91.1	0.126	0.359	5.5	209.9	26.8	66.9	30.7	2 096.6	35.3	142.6
82	玉米 DDGS	山东省临沂市	91.6	0.106	0.357	5.2	158.7	23.5	61.5	29.8	2 001.8	55.1	121.6
83	玉米 DDGS	山东省临沂市	91.6	0.125	0.321	4.2	137.9	17.9	49.5	26.8	2 404.7	70.9	22.7
84	玉米 DDGS	山东省潍坊市	89.6	0.061	0.265	4.9	536.7	18.8	36.1	39.7	10 255.9	372.5	118.2
85	玉米 DDGS	山东省潍坊市	89.1	0.113	0.335	3	434.6	19.5	39.6	26.6	4 040.9	101.5	149.4
86	玉米 DDGS	山东省潍坊市	89.2	0.116	0.33	3.2	420.7	17.9	38.5	29.5	4 711.5	112.4	123
87	玉米 DDGS	山东省潍坊市	89.4	0.121	0.378	4.4	540.5	24.4	48.9	41.2	763.1	113.3	299.2
88	玉米 DDGS	山东省潍坊市	88.4	0.12	0.351	3.4	423.4	19.2	42.2	29.5	3 125	208.9	149.7
89	玉米 DDGS	山东省潍坊市	89.2	0.113	0.358	3.2	479.1	20.4	43.6	21.8	4 089.1	133.7	198.9

续表2-12

序号	原料名称	采样地点	干物质 DM/%	钠 Na/%	镁 Mg/%	铜 Cu/(mg/kg)	铁 Fe/(mg/kg)	锰 Mn/(mg/kg)	锌 Zn/(mg/kg)	硒 Se/(μg/kg)	铬 Cr/(μg/kg)	铅 Pb/(μg/kg)	砷 As/(μg/kg)
90	玉米 DDGS	山西省吕梁市文水县	93.3	0.156	0.276	4.2	208.5	14.3	38	43.5	1 235.6	226.4	78.5
91	玉米 DDGS	山西省吕梁市文水县	92	0.16	0.277	4	205.1	14.8	37.6	39.9	1 451.8	217.2	70.1
92	玉米 DDGS	四川省内江市资中县	91.2	0.027	0.303	3.5	183.2	23.9	35.4	55.3	842	137.8	59.9
93	玉米 DDGS	四川省内江市资中县	92.3	0.027	0.306	3.6	169.1	15.1	36.1	45	812.7	111.7	51.6
94	玉米 DDGS	四川省内江市资中县	92.8	0.027	0.312	3.3	179.3	15.4	36.8	53.4	975.5	143.2	52.6
95	玉米 DDGS	四川省内江市资中县	92	0.027	0.311	3.5	159.5	15.5	36.7	60.7	839.3	115.9	220.3
96	玉米 DDGS	四川省内江市资中县	92.3	0.027	0.311	3.4	185.4	15.6	36.4	59	816.8	115.6	63.6

十二、小麦 DDGS

表 2-13 小麦 DDGS 原样中主要矿物元素及其含量

序号	原料名称	采样地点	干物质 DM/%	钠 Na/%	镁 Mg/%	铜 Cu/(mg/kg)	铁 Fe/(mg/kg)	锰 Mn/(mg/kg)	锌 Zn/(mg/kg)	硒 Se/(μg/kg)	铬 Cr/(μg/kg)	铅 Pb/(μg/kg)	砷 As/(μg/kg)
1	小麦 DDGS	安徽省亳州市	89.8	0.035	0.234	6.5	1 562.8	128.8	26.7	182.3	39 043.2	1 656.5	1 768.2
2	小麦 DDGS	安徽省亳州市	89.8	0.035	0.228	6.3	1 303.7	117.4	27.2	179.2	33 816.1	1 371.8	861.9
3	小麦 DDGS	安徽省亳州市	89	0.036	0.242	6.4	1 468.3	124.3	28.7	189.4	52 214.6	1 187.7	805.7
4	小麦 DDGS	贵州省遵义市仁怀市茅台镇	92.2	0.058	0.407	7.3	393.2	47.1	45.5	70	7 351.9	693.4	645.8
5	小麦 DDGS	贵州省遵义市仁怀市茅台镇	92.2	0.067	0.484	8.6	690.1	56.3	52.2	106.6	5 141.6	801.9	759
6	小麦 DDGS	贵州省遵义市仁怀市茅台镇	91.9	0.058	0.415	7	765.8	47.8	44.8	96.9	5 220.3	696.7	661.1
7	小麦 DDGS	河南省南阳市	94.4	0.014	0.139	9.9	1 140.6	51.1	34.8	104.3	36 236.5	11 561.3	340.9
8	小麦 DDGS	河南省南阳市	94.2	0.026	0.136	9.6	1 256.8	51.6	29.1	114.1	18 887	4 802.2	280.4
9	小麦 DDGS	河南省南阳市	94.2	0.019	0.139	9.5	1 156.3	52	32.9	102.4	58 135.1	8 852.6	304
10	小麦 DDGS	河南省南阳市	94.3	0.015	0.144	10.6	1 532.2	56.2	33.9	104.6	33 187.4	5 967.4	247.4
11	小麦 DDGS	河南省南阳市	94.9	0.016	0.158	10.9	1 449.6	66.6	34.2	110.3	29 468.3	2 032.2	121.8

续表2-13

序号	原料名称	采样地点	干物质 DM/%	钠 Na/%	镁 Mg/%	铜 Cu/(mg/kg)	铁 Fe/(mg/kg)	锰 Mn/(mg/kg)	锌 Zn/(mg/kg)	硒 Se/(μg/kg)	铬 Cr/(μg/kg)	铅 Pb/(μg/kg)	砷 As/(μg/kg)
12	小麦 DDGS	山东省聊城市	87	0.098	0.081	25.3	842.1	45.7	29.8	63.6	6 993	526.9	164.4
13	小麦 DDGS	山东省聊城市	87.4	0.099	0.08	25.3	585.1	44.9	32.3	75.2	5 580.9	452.9	148.5
14	小麦 DDGS	山东省聊城市	87.2	0.095	0.077	23.7	582	41.4	26.1	61.3	3 464.2	559.1	129.7
15	小麦 DDGS	山东省聊城市	87	0.014	0.538	11	118	18.2	45	78.1	1 090.6	277.7	509.9
16	小麦 DDGS	山东省聊城市	87.3	0.097	0.079	24.8	819.5	44.5	28.4	71.7	6 677.1	695.5	154.6

十三、喷浆玉米皮

表 2-14 喷浆玉米皮原样中主要矿物元素及其含量

序号	原料名称	采样地点	干物质 DM/%	钠 Na/%	镁 Mg/%	铜 Cu/(mg/kg)	铁 Fe/(mg/kg)	锰 Mn/(mg/kg)	锌 Zn/(mg/kg)	硒 Se/(μg/kg)	铬 Cr/(μg/kg)	铅 Pb/(μg/kg)	砷 As/(μg/kg)
1	喷浆玉米皮	安徽省蚌埠市	90.8	0.07	0.544	5.4	351	22.2	53.8	76	6 708	358.9	268.4
2	喷浆玉米皮	安徽省亳州市	89.8	0.092	0.461	5.4	170.5	9.1	18.8	56	4 104.1	209.6	132.6
3	喷浆玉米皮	安徽省合肥市肥东县	91.7	0.014	0.353	5	377.7	9.9	19.3	58.4	16 209.2	474.8	130.6
4	喷浆玉米皮	福建省漳州市龙海区	89.7	0.023	0.327	4.9	334.3	21.9	60.6	55.9	2 363.6	144.1	143.6
5	喷浆玉米皮	甘肃省张掖市甘州区	91.4	0.032	0.53	2.9	224.4	50.6	54.3	64.3	4 387	691.1	38
6	喷浆玉米皮	河北省邢台市	93.6	0.029	0.489	3.2	167.2	25.3	62.8	57.5	2 370.7	1 056.9	18
7	喷浆玉米皮	河北省邢台市南和区	93.2	0.06	0.436	5.2	174.5	18.6	66.6	57.5	896.5	253.5	23.7
8	喷浆玉米皮	河北省邢台市宁晋县	92.8	0.039	0.398	5.3	184.3	17.5	56.9	72.2	703.1	186.2	15.1
9	喷浆玉米皮	河南省焦作市孟州市	92.2	0.045	0.537	5.4	324	26.1	80.2	93.2	2 300.6	1 592.8	102.3
10	喷浆玉米皮	河南省郑州市	91.4	0.036	0.457	4.1	184.5	21.6	50.3	47.9	3 620.9	468.3	59.3
11	喷浆玉米皮	河南省郑州市	91.6	0.038	0.47	4.1	162.2	21.8	52.4	49.4	2 016.6	462.5	40.1
12	喷浆玉米皮	黑龙江省	88.8	0.011	0.468	2.7	177.9	29	56.1	44.1	4 324.9	92.1	34.5

续表2-14

序号	原料名称	采样地点	干物质 DM/%	钠 Na/%	镁 Mg/%	铜 Cu/(mg/kg)	铁 Fe/(mg/kg)	锰 Mn/(mg/kg)	锌 Zn/(mg/kg)	硒 Se/(μg/kg)	铬 Cr/(μg/kg)	铅 Pb/(μg/kg)	砷 As/(μg/kg)
13	喷浆玉米皮	黑龙江省	88.8	0.012	0.459	2.5	166.5	28.3	56	38.1	4 210.7	124.8	38.4
14	喷浆玉米皮	黑龙江省绥化市	88.8	0.037	0.508	3.3	238.8	33.6	60.9	56.8	5 478.3	299.5	61.4
15	喷浆玉米皮	吉林省公主岭市	93.3	0.057	0.477	3.5	152.2	24.7	59.6	38.1	2 490.1	303.2	13.7
16	喷浆玉米皮	吉林省公主岭市	92.6	0.017	0.471	2.8	168.8	20.2	26.4	59.5	4 464	295	137.4
17	喷浆玉米皮	吉林省四平市	91.7	0.082	0.376	3.8	104.4	15.9	48.3	59.5	3 511.9	194.7	17.4
18	喷浆玉米皮	吉林省松原市	91	0.086	0.379	4.1	94.6	16.2	49.8	86.1	4 143.2	154.5	19.7
19	喷浆玉米皮	吉林省长春市	92.6	0.017	0.446	3.6	152.7	22.1	55.2	60.5	1 373.6	74.7	25.8
20	喷浆玉米皮	江苏省徐州市	90.1	0.005	0.388	4.8	77.1	18.6	63.4	33.2	2 430.3	70.7	6.8
21	喷浆玉米皮	江苏省徐州市	90.1	0.005	0.388	4.8	85	19	62.5	51.7	2 161.6	100.5	16
22	喷浆玉米皮	辽宁省沈阳市	94.1	0.04	0.42	2.8	205.3	21.6	51.6	39.8	6 638.9	441	232.8
23	喷浆玉米皮	辽宁省铁岭市开原市	93.8	0.014	0.366	3.5	89.7	19.3	49	51.8	1 808.5	85.7	19.8
24	喷浆玉米皮	辽宁省铁岭市开原市	93.4	0.018	0.366	3.3	125.7	17.4	48.6	62.6	2 622.5	187.8	9.7
25	喷浆玉米皮	内蒙古自治区呼和浩特市	90.8	0.121	0.401	3.1	122.4	16.6	49.9	35.2	1 715.5	13.4	0
26	喷浆玉米皮	宁夏回族自治区银川市永宁县	93.3	0.046	0.446	3.8	98.7	20.6	55.6	79.9	1 714.1	349.5	19.7
27	喷浆玉米皮	山东省滨州市	91.9	0.025	0.401	4.3	254.3	11.7	29.7	56.2	3 277.5	249.7	79.9
28	喷浆玉米皮	山东省滨州市	91.8	0.008	0.405	3.9	158.5	20	67.3	39.3	3 862.3	254.8	29.9
29	喷浆玉米皮	山东省潍坊市	91.5	0.11	0.496	4.8	86.9	22.1	64	73.7	2 240.6	1 074.4	9.7
30	喷浆玉米皮	山东省枣庄市	94	0.012	0.357	5.4	287.9	21.4	50.9	56.2	8 044.7	647.9	106
31	喷浆玉米皮	山东省枣庄市	91.9	0.037	0.348	4.3	116.8	14	44.5	95.4	3 828.1	216.1	16.2
32	喷浆玉米皮	山东省枣庄市	91.9	0.035	0.336	4.1	120.6	13.6	42.3	78.9	4 769.9	156	18
33	喷浆玉米皮	陕西省咸阳市杨陵区	93.6	0.023	0.659	4.8	229.1	30.6	72.1	36.3	1 751.3	397.6	32.8
34	喷浆玉米皮	新疆维吾尔自治区	94.2	0.006	0.081	2.4	95.4	4.2	15.7	57.8	904.4	73.3	0
35	喷浆玉米皮	新疆维吾尔自治区	93.3	0.024	0.436	4.1	100.8	20.3	51.4	76	3 355.7	119.5	11.9

十四、膨化大豆

表 2-15　膨化大豆原样中主要矿物元素及其含量

序号	原料名称	采样地点	干物质 DM/%	钠 Na/%	镁 Mg/%	铜 Cu/(mg/kg)	铁 Fe/(mg/kg)	锰 Mn/(mg/kg)	锌 Zn/(mg/kg)	硒 Se/(μg/kg)	铬 Cr/(μg/kg)	铅 Pb/(μg/kg)	砷 As/(μg/kg)
1	膨化大豆	福建省泉州市泉港区	89	0.004	0.286	15.3	159.3	34.6	42.7	277.4	622.4	362.9	36.3
2	膨化大豆	福建省福州市长乐区	90.7	0.001	0.277	13	132	42.8	46.8	18.9	79.3	515.3	0
3	膨化大豆	福建省福州市长乐区	88.9	0.004	0.288	15.5	155	34.5	42.9	284	387.3	1 011	38.4
4	膨化大豆	福建省泉州市泉港区	91	0.005	0.304	15.5	226	38.8	64	20.2	234	140.5	8
5	膨化大豆	福建省厦门市翔安区	90.1	0.011	0.282	13.4	126.5	40.6	46.3	265.8	126.3	144.5	0
6	膨化大豆	福建省漳州市长泰区	90.1	0.001	0.266	12.8	161.9	35.4	47.2	302	132.5	1 501.8	0
7	膨化大豆	福建省漳州市长泰区	90.2	0.001	0.26	12.9	148.3	33.9	46.9	302.8	131.6	431.9	0
8	膨化大豆	福建省漳州市长泰区	90.1	0.004	0.27	14.6	143.2	35.8	63.5	290.1	160.1	791	0
9	膨化大豆	广东省东莞市	92	0.001	0.238	12.1	76.9	31.6	31.8	525	10.3	93.9	0
10	膨化大豆	广东省东莞市	90.2	0.001	0.252	12.8	114.1	28.3	35.1	220.7	238.6	57	0
11	膨化大豆	广东省佛山市	92.1	0.002	0.246	13.8	115.4	30.3	45.4	413.4	722.1	2	0
12	膨化大豆	广东省惠州市	92.3	0.002	0.261	13.6	152.4	30.7	38.4	637.4	257.2	70.2	10.4
13	膨化大豆	广东省深圳市	90.3	0.001	0.239	11.7	80.7	30.9	32.6	496.9	29.3	0	0
14	膨化大豆	广西壮族自治区防城港市	93.8	0.001	0.263	12.6	112.2	34	37.4	28.9	76.5	0	0
15	膨化大豆	广西壮族自治区防城港市	92.1	0.001	0.262	12.5	115.1	33.6	37.1	24.1	181.4	31.6	0
16	膨化大豆	广西壮族自治区防城港市	92.8	0.001	0.25	10.6	145.6	24.6	33	26.5	214.9	452	18.3
17	膨化大豆	广西壮族自治区防城港市	92.4	0.001	0.261	11.1	181	26.1	34	7.8	336.4	0	27.7
18	膨化大豆	广西壮族自治区防城港市	92.5	0.001	0.257	10.9	161.6	25.7	34.7	7.7	214.6	0	45.6
19	膨化大豆	河北省沧州市	93.1	0.001	0.263	13	110.1	31.9	37.9	366.9	861	0	0
20	膨化大豆	河北省沧州市	92.6	0.001	0.256	13	165.8	32.8	37.5	299.4	249.8	116.8	14.5

续表2-15

序号	原料名称	采样地点	干物质 DM/%	钠 Na/%	镁 Mg/%	铜 Cu/(mg/kg)	铁 Fe/(mg/kg)	锰 Mn/(mg/kg)	锌 Zn/(mg/kg)	硒 Se/(μg/kg)	铬 Cr/(μg/kg)	铅 Pb/(μg/kg)	砷 As/(μg/kg)
21	膨化大豆	河北省沧州市	92.8	0.001	0.249	12.7	218	31.4	36.7	276.5	1 668.7	48.4	22.5
22	膨化大豆	河北省秦皇岛市昌黎县	91.9	0.002	0.31	15.1	98.4	43.6	50.4	589.4	80.5	2 125.7	0
23	膨化大豆	河北省秦皇岛市山海关区	92.9	0.001	0.264	13.1	87.7	37.2	44.4	281	4.9	1 661.4	0
24	膨化大豆	河北省秦皇岛市山海关区	92.7	0.001	0.275	13.5	90.2	37.9	45.5	302.8	46.2	390.6	7.9
25	膨化大豆	河南省新乡市	93	0.001	0.281	10.1	126.3	24.6	38	3.7	145.7	102.6	0
26	膨化大豆	河南省郑州市	92.8	0.001	0.269	11.4	163.5	27.4	38.3	14.9	102.2	0	0
27	膨化大豆	河南省郑州市	92.4	0.001	0.276	11.7	178	32.2	38.5	17.4	126	0	3.7
28	膨化大豆	河南省郑州市	92.6	0.001	0.278	10.1	115.3	24.7	38.5	1.6	57.9	38.9	0
29	膨化大豆	河南省郑州市	92.4	0.001	0.271	11.6	160.6	28	38.3	22	37.1	0	8.4
30	膨化大豆	河南省郑州市	92.9	0.001	0.275	11.6	145.2	28.5	37.9	35.1	179.8	398.8	14.5
31	膨化大豆	河南省郑州市	92.9	0.002	0.272	12.1	134.4	34.3	38.3	16.6	105.3	0	0
32	膨化大豆	河南省郑州市	92.8	0.005	0.26	11.1	124.9	33.7	38.4	6.7	0	2.1	0
33	膨化大豆	河南省郑州市	91.8	0.002	0.242	11.5	138	32.6	34.1	390.7	15.1	13	7
34	膨化大豆	河南省郑州市	92	0.002	0.242	11.6	128.7	31	33.8	397.6	16.3	0	1.6
35	膨化大豆	河南省郑州市	91.8	0.002	0.244	11.8	131.2	31.3	34.5	370.5	24.2	0	2.7
36	膨化大豆	河南省郑州市	91.6	0.002	0.241	11.8	143.5	34.7	33.9	397.1	15.4	0	13.7
37	膨化大豆	河南省周口市	92.4	0.001	0.271	11.4	178.6	30.3	37.6	14.5	130.1	0	0
38	膨化大豆	河南省周口市	92.6	0.001	0.273	11.3	170.4	27.5	37.8	12.2	88.5	0	1.3
39	膨化大豆	河南省周口市	92.4	0.002	0.268	13	257.8	42.7	38.2	29.3	219	78.1	61.9
40	膨化大豆	河南省周口市	92.8	0.001	0.248	12.2	79	33.6	33.4	422	0	0	−12.5
41	膨化大豆	河南省周口市商水县	90.9	0.002	0.355	16.6	126.3	48.3	50.4	183.8	117.8	68.7	5.1
42	膨化大豆	河南省驻马店市	92.8	0.002	0.276	11.3	149.2	28.5	39	19.1	67.8	27.3	2
43	膨化大豆	河南省驻马店市	92.7	0.001	0.278	11.4	163.7	28.6	38.1	23.2	58	0	11.5

续表2-15

序号	原料名称	采样地点	干物质 DM/%	钠 Na/%	镁 Mg/%	铜 Cu/(mg/kg)	铁 Fe/(mg/kg)	锰 Mn/(mg/kg)	锌 Zn/(mg/kg)	硒 Se/(μg/kg)	铬 Cr/(μg/kg)	铅 Pb/(μg/kg)	砷 As/(μg/kg)
44	膨化大豆	黑龙江省哈尔滨市	92.2	0.001	0.263	12.7	80.8	30.6	37.1	287.5	20.9	240.3	0
45	膨化大豆	黑龙江省哈尔滨市	92.2	0.001	0.259	12.6	72.7	29.7	37.9	294.8	47	169.6	0
46	膨化大豆	黑龙江省哈尔滨市	92.2	0.001	0.262	12.9	77.1	30.3	36.4	297.7	10.5	14.9	0
47	膨化大豆	黑龙江省哈尔滨市	91.7	0.001	0.259	12.5	77.1	29.9	36	286.1	26.2	425.4	0
48	膨化大豆	黑龙江省哈尔滨市	91.6	0.001	0.27	12.2	154.6	32.3	38.1	9.4	351	575.8	15.5
49	膨化大豆	黑龙江省哈尔滨市	91.2	0.001	0.25	12.2	71.5	28.9	35.9	295.5	61.2	297.7	0
50	膨化大豆	黑龙江省哈尔滨市	91.2	0.001	0.257	11.6	160	30	37.2	16.3	308.7	668	12.1
51	膨化大豆	黑龙江省哈尔滨市	92.2	0.001	0.254	12.3	71.6	30.3	35.7	281.7	0	2 004.1	0
52	膨化大豆	黑龙江省哈尔滨市	92.2	0.001	0.255	11.5	164.5	31.6	36.2	11	251.6	300.4	15.9
53	膨化大豆	黑龙江省哈尔滨市	92.2	0.001	0.26	12.6	74	29.6	36	282.2	164.8	346.3	0
54	膨化大豆	黑龙江省哈尔滨市	91.7	0.001	0.262	11.5	148.1	32.4	35.8	9.4	349.1	628.6	17.5
55	膨化大豆	黑龙江省讷河市	91.6	0.001	0.247	12.3	81.5	31	35.7	272.7	0	0	0
56	膨化大豆	黑龙江省讷河市	91.2	0.001	0.25	12.3	91.2	31.3	35.5	283.2	123.3	290.1	0
57	膨化大豆	黑龙江省讷河市	92.2	0.001	0.245	12.6	84.8	34.1	35.1	272.2	0	12.3	0
58	膨化大豆	黑龙江省讷河市	92.2	0.001	0.261	12.8	83.8	30.1	36.3	287.5	85	517.9	0
59	膨化大豆	黑龙江省讷河市	92.3	0	0.262	12.6	75.1	31.2	36.4	153	29.1	949.4	0
60	膨化大豆	黑龙江省讷河市	92.2	0.001	0.26	12.6	80.1	30	35.8	290.4	9.1	96.6	0
61	膨化大豆	黑龙江省讷河市	92.2	0.001	0.258	12.6	73.7	29.6	36.3	282.2	289.3	247.4	0
62	膨化大豆	黑龙江省讷河市	92.6	0.001	0.259	12.4	77.1	30.2	36.7	293.8	16.2	891.2	0
63	膨化大豆	黑龙江省讷河市	91.6	0	0.248	11.8	74.5	29.5	35.7	294.7	0	35.6	0
64	膨化大豆	黑龙江省讷河市	91.2	0	0.256	12.3	77.4	30.3	35.3	294.5	0	275.9	0
65	膨化大豆	黑龙江省讷河市	92.6	0.001	0.247	12	76.6	29.5	34.5	274.8	0	164.3	0
66	膨化大豆	黑龙江省讷河市	91.6	0	0.245	12.4	79	29.9	36.2	291	52.6	432.8	0

续表2-15

序号	原料名称	采样地点	干物质 DM/%	钠 Na/%	镁 Mg/%	铜 Cu/(mg/kg)	铁 Fe/(mg/kg)	锰 Mn/(mg/kg)	锌 Zn/(mg/kg)	硒 Se/(μg/kg)	铬 Cr/(μg/kg)	铅 Pb/(μg/kg)	砷 As/(μg/kg)
67	膨化大豆	湖北省武汉市	92	0.001	0.271	12.5	103.4	36.5	40.7	500.8	25.9	200.2	0
68	膨化大豆	湖北省武汉市	90.8	0.002	0.239	11.7	103.2	30.7	32.2	258.5	198.4	14.4	7.5
69	膨化大豆	湖北省武汉市	90.4	0.005	0.272	12.3	134	32	44.9	58.9	139.1	870.8	0
70	膨化大豆	湖北省武汉市	91.2	0.001	0.25	12.2	77.1	26.3	36.3	243.9	1.4	72.9	0
71	膨化大豆	湖北省武汉市	89.9	0.001	0.246	12.4	88.7	31.4	33.7	425.6	26.6	0	0
72	膨化大豆	湖北省襄阳市宜城市	91.6	0.001	0.293	12.1	151.5	33.9	46.2	14.6	85.1	0	0
73	膨化大豆	湖北省宜昌市宜都市	90.8	0.001	0.31	11.1	165.1	32.5	50	10.3	1 064.1	130.3	0
74	膨化大豆	吉林省长春市德惠市	93.5	0.001	0.229	12.4	143.9	28.5	34.7	51.8	105.9	583.7	0
75	膨化大豆	吉林省长春市德惠市	93.4	0.001	0.232	12.8	102.1	28.6	36.7	48.9	20.6	0	0
76	膨化大豆	吉林省长春市德惠市	93.2	0.001	0.231	12.9	86.9	27.8	34.8	51	14.8	0	0
77	膨化大豆	吉林省四平市	94.1	0.001	0.261	13	79.7	32.7	36.6	289	105.1	0	0
78	膨化大豆	吉林省四平市	93.9	0.001	0.222	12.5	93.4	29.8	38.8	324.6	0	0	0
79	膨化大豆	吉林省长春市	93.2	0.002	0.242	13.2	133.4	31.9	33.4	33.7	192.9	842.7	4.2
80	膨化大豆	吉林省长春市	93.9	0.001	0.249	13.2	103.8	33	37.9	431.9	236.3	0	0
81	膨化大豆	江苏省南通市	88.5	0.001	0.268	12.4	164.4	35.9	44.1	664.8	210.8	1 160.5	8.5
82	膨化大豆	江苏省南通市	88.3	0.001	0.26	12.7	136.6	29.8	36.7	667.1	310	2 597.9	7.7
83	膨化大豆	江苏省泰州市	88.6	0.001	0.262	12.6	128.2	29.5	36.3	674.3	173.2	472.3	5.4
84	膨化大豆	江苏省泰州市	88.7	0.001	0.254	12.3	127.3	29	35.6	674	230.2	161.3	3.9
85	膨化大豆	江苏省泰州市	88.5	0.001	0.254	12.8	127.2	28.6	35.6	646.5	193.5	541.3	6.4
86	膨化大豆	江西省南昌市	90.9	0.001	0.271	13	163.1	28.2	37.2	28.5	167.7	32.4	1.7
87	膨化大豆	江西省南昌市	90.9	0.001	0.274	12.6	208.7	28.7	36.9	34.3	80.4	20.6	6
88	膨化大豆	江西省南昌市	90.8	0.001	0.265	12.5	177.7	27.9	37.2	35.7	193.2	43.5	7
89	膨化大豆	江西省南昌市	90.9	0.001	0.274	12.9	184.8	28.4	38	30.4	135.6	71.9	7.6

续表2-15

序号	原料名称	采样地点	干物质 DM/%	钠 Na/%	镁 Mg/%	铜 Cu/(mg/kg)	铁 Fe/(mg/kg)	锰 Mn/(mg/kg)	锌 Zn/(mg/kg)	硒 Se/(μg/kg)	铬 Cr/(μg/kg)	铅 Pb/(μg/kg)	砷 As/(μg/kg)
90	膨化大豆	江西省南昌市	91	0.001	0.275	12.6	175.7	28.6	36.6	33.3	136.2	47.3	3.6
91	膨化大豆	江西省南昌市	90.7	0.001	0.269	12.5	183.6	28	36.9	31.1	308.3	0	4.4
92	膨化大豆	江西省南昌市	90.7	0.001	0.27	12.6	192	28.3	38.5	35.8	130.2	95.7	7.5
93	膨化大豆	内蒙古自治区赤峰市	92	0.001	0.243	12.8	79.2	32.7	37.5	379.3	0	8.4	0
94	膨化大豆	内蒙古自治区赤峰市	92	0.001	0.243	13.2	95.2	32.8	37.3	387.8	0	0	0
95	膨化大豆	内蒙古自治区赤峰市	92.4	0.001	0.244	13.1	80.4	32.7	37.6	386.1	0	0	0
96	膨化大豆	内蒙古自治区赤峰市	91.9	0.001	0.24	13.1	77.4	32.2	37.1	377.6	0	0	0
97	膨化大豆	山东省青岛市	93.4	0.001	0.249	12.7	120.1	32	35.2	469.1	14.6	0	0
98	膨化大豆	山东省青岛市	92.3	0.001	0.244	12.6	84.2	31.3	33.8	520.4	47.2	20.5	0
99	膨化大豆	山东省青岛市	91.7	0.001	0.244	12.4	83.8	31.3	33.5	514.8	13.9	157.2	0
100	膨化大豆	山东省日照市	93.6	0.001	0.303	11.7	91.9	52.4	35.5	550.5	123.6	263.2	80.1
101	膨化大豆	山东省烟台市	93.7	0.001	0.26	13.3	84.8	29.5	37.1	536.6	28.4	184.6	0
102	膨化大豆	山东省烟台市	92.8	0.001	0.252	13.3	100.7	32.8	35.5	515.8	75.4	14.9	0
103	膨化大豆	山东省烟台市	92.6	0.001	0.252	13.3	99.5	32.2	35.1	501.1	93.9	0	0
104	膨化大豆	四川省德阳市广汉市	96.3	0.001	0.267	12.4	142.9	32.7	36.9	18	74.1	0	0
105	膨化大豆	四川省德阳市广汉市	96.3	0.001	0.266	12.5	132.1	33.5	37.6	16	77.4	37.1	0
106	膨化大豆	四川省德阳市广汉市	96.1	0.001	0.24	12.7	100.9	26.7	35.1	237.2	0	0	0
107	膨化大豆	四川省德阳市广汉市	96.2	0.001	0.237	12.9	101.3	26.2	35.3	237.3	30.1	0	0
108	膨化大豆	四川省德阳市广汉市	96.2	0.001	0.238	13	101	26.4	35.7	244.4	13.2	68.7	0

十五、大豆粕

表 2-16　大豆粕原样中主要矿物元素及其含量

序号	原料名称	采样地点	干物质 DM/%	钠 Na/%	镁 Mg/%	铜 Cu/(mg/kg)	铁 Fe/(mg/kg)	锰 Mn/(mg/kg)	锌 Zn/(mg/kg)	硒 Se/(μg/kg)	铬 Cr/(μg/kg)	铅 Pb/(μg/kg)	砷 As/(μg/kg)
1	大豆粕	安徽省亳州市	89.2	0.001	0.328	14.8	140.9	39.5	48.1	311.1	374.5	4.4	13.2
2	大豆粕	安徽省亳州市	89	0.001	0.382	9.8	190.8	31	50.9	27	799.9	58.5	36.5

续表2-16

序号	原料名称	采样地点	干物质 DM/%	钠 Na/%	镁 Mg/%	铜 Cu/(mg/kg)	铁 Fe/(mg/kg)	锰 Mn/(mg/kg)	锌 Zn/(mg/kg)	硒 Se/(μg/kg)	铬 Cr/(μg/kg)	铅 Pb/(μg/kg)	砷 As/(μg/kg)
3	大豆粕	安徽省亳州市	89.5	0.001	0.329	15.3	138.8	38.7	50	324.4	330.4	236.8	16.9
4	大豆粕	安徽省亳州市	89.1	0.001	0.378	14.7	232.1	30.8	50.4	27.9	779.8	151.6	35.6
5	大豆粕	安徽省亳州市	89.3	0.001	0.374	9.8	250.5	30.7	50.4	29.8	630.6	47.1	36
6	大豆粕	安徽省亳州市	89.1	0.001	0.375	9.6	260.4	31.2	50.7	32.1	1 049.3	24.5	35.6
7	大豆粕	安徽省亳州市	88.9	0.001	0.37	10.5	215.3	32.6	50.8	41.8	766.9	403.1	35.3
8	大豆粕	安徽省亳州市	89	0.001	0.324	15.1	151.3	38.6	50.7	349.2	359.1	139.4	11.7
9	大豆粕	安徽省亳州市	89.1	0.001	0.327	14.8	148.3	39.7	50.1	333.8	307.5	9.8	15.3
10	大豆粕	安徽省亳州市	89.1	0.001	0.335	15.1	151.6	38.5	48.7	341.4	382.2	11.1	10.1
11	大豆粕	安徽省阜阳市	91.6	0.001	0.303	18	152.5	43	53	55.6	595.7	561.7	27.1
12	大豆粕	安徽省阜阳市	91.3	0.001	0.302	17.8	147.1	42.8	53.2	67	445.7	2 645.7	31.7
13	大豆粕	安徽省合肥市肥东县	90.9	0.009	0.355	13.8	183.1	35.3	51.6	7.5	2 632.8	62.3	247.3
14	大豆粕	安徽省宿州市	90.1	0.001	0.332	15.2	107.7	38.4	47.3	484.7	218.5	1 328.8	37.4
15	大豆粕	安徽省宿州市	90.3	0.002	0.329	15.2	116.1	39.5	46.9	458.7	234.6	0	15
16	大豆粕	安徽省宿州市	90.2	0.001	0.325	14.5	112.2	37.2	47	367.7	571.3	6.6	14.5
17	大豆粕	安徽省宿州市	89.6	0.003	0.336	16.4	118	40.8	55.5	392.3	366.9	550.9	20.1
18	大豆粕	安徽省宿州市	89.9	0.001	0.33	14.8	123	37.1	47.3	357.5	254.8	100.7	11
19	大豆粕	福建省福州市福清市	87.1	0.009	0.314	15.2	92.5	41.6	46.6	18.8	1 711.4	13.3	202
20	大豆粕	福建省福州市福清市	87.2	0.01	0.351	17.4	137.4	47.2	50.7	4.6	1 767.5	160.4	207.2
21	大豆粕	福建省福州市福清市	87.4	0.009	0.338	17	126.8	46.6	50.4	7.5	1 822.3	0	220.1
22	大豆粕	福建省莆田市秀屿区	87.6	0.009	0.368	15.1	193.4	34	56.3	2	1 518.4	0	189.9
23	大豆粕	福建省莆田市秀屿区	86.8	0.009	0.345	15.3	151.1	35.5	50.9	33.2	1 673	50.4	218.9
24	大豆粕	福建省泉州市泉港区	88	0.009	0.355	16.9	237.4	42	49.9	27.4	1 706.4	14.4	214.8
25	大豆粕	福建省泉州市泉港区	87.4	0.009	0.335	14.6	199.2	33.1	49.6	65.1	1 898.5	35.7	238.2

续表2-16

序号	原料名称	采样地点	干物质 DM/%	钠 Na/%	镁 Mg/%	铜 Cu/(mg/kg)	铁 Fe/(mg/kg)	锰 Mn/(mg/kg)	锌 Zn/(mg/kg)	硒 Se/(μg/kg)	铬 Cr/(μg/kg)	铅 Pb/(μg/kg)	砷 As/(μg/kg)
26	大豆粕	福建省泉州市泉港区	87.2	0.009	0.323	13.9	152.1	31.5	47.1	31.1	1 788.7	34.4	208.5
27	大豆粕	福建省泉州市泉港区	87.8	0.009	0.338	15.7	183.6	39.4	48.2	22.4	1 977.1	27.8	225.4
28	大豆粕	福建省厦门市同安区	88.5	0.009	0.313	14.7	118.6	36.7	45.7	118.8	1 795.8	534.3	208.6
29	大豆粕	福建省漳州市龙海区	87.4	0.009	0.306	12.5	93.9	27.4	42.2	11.5	1 980.1	61.9	217.8
30	大豆粕	福建省漳州市龙海区	87.6	0.01	0.366	14.8	261.4	33.3	53	16.1	2 234	40.8	240.3
31	大豆粕	福建省漳州市龙海区	87	0.011	0.303	15.1	84	37.9	41	132.4	1 739.2	77.9	233.5
32	大豆粕	福建省漳州市龙海区	86.9	0.009	0.296	14.9	121	37.2	43.3	446.5	1 747.8	0	193
33	大豆粕	福建省漳州市龙海区	86.4	0.01	0.302	14.9	108.3	36.3	43	539.9	1 899.2	823.1	188.2
34	大豆粕	福建省漳州市龙海区	87.2	0.01	0.318	16.7	127.4	40.5	47	528.9	2 074.7	30.2	215.4
35	大豆粕	广东省东莞市	89	0.001	0.378	13.2	147.3	32.1	52.7	12.9	170.9	0	37.2
36	大豆粕	广东省东莞市	87.5	0.001	0.327	14.2	158.9	38.3	48.9	251.5	375.3	33.8	19.7
37	大豆粕	广东省东莞市	86.4	0.004	0.342	12	358.4	33.8	52.9	48.5	1 083.3	372.7	30.2
38	大豆粕	广东省佛山市	88.1	0.002	0.35	13.9	166	35.4	60.9	129.8	1 008.3	102.4	19.5
39	大豆粕	广东省佛山市	87.1	0.001	0.309	14.2	132.6	39.4	48.8	222.4	341.9	102.3	14.7
40	大豆粕	广东省佛山市	87.6	0.002	0.317	13.6	122.8	29.7	46.4	59.4	341.8	74.9	13.3
41	大豆粕	广东省佛山市	87.8	0.003	0.313	13.4	129.6	29.9	46.6	75.5	336.6	162.7	18.1
42	大豆粕	广东省佛山市	87.3	0.001	0.323	15	127.8	41	49.4	235.6	217.9	0	11.7
43	大豆粕	广东省广州市	89.8	0.002	0.327	16	110.4	36.3	48	525.1	154.4	74.5	39.5
44	大豆粕	广东省广州市	87.3	0.001	0.365	11.5	149.8	35.8	51.3	26.4	399.7	71.3	11.4
45	大豆粕	广东省广州市	87.1	0.001	0.378	11.3	158.3	31.1	51.9	22.2	2 063.6	0	16.4
46	大豆粕	广东省惠州市	87.4	0.004	0.284	14.5	97.4	31.7	44.9	98.7	308.2	30.3	20.5
47	大豆粕	广东省慧州市	87.5	0.001	0.355	11	188	28.9	50.5	31.2	506.5	29.8	19.1
48	大豆粕	广东省深圳市	87.1	0.002	0.306	15	101.3	39.6	44.2	348.6	269.4	23.8	23.7

续表2-16

序号	原料名称	采样地点	干物质 DM/%	钠 Na/%	镁 Mg/%	铜 Cu/(mg/kg)	铁 Fe/(mg/kg)	锰 Mn/(mg/kg)	锌 Zn/(mg/kg)	硒 Se/(μg/kg)	铬 Cr/(μg/kg)	铅 Pb/(μg/kg)	砷 As/(μg/kg)
49	大豆粕	广东省深圳市	87.6	0.001	0.329	14.2	165.7	37.2	49	29.5	209.3	10.9	7.1
50	大豆粕	广东省肇庆市	87.2	0.001	0.352	12.5	134.4	32.2	50.1	32.2	264.2	111.2	10.1
51	大豆粕	广东省肇庆市	87.2	0.001	0.369	8.4	138.3	28.8	50.8	35.5	254.2	59.2	9.7
52	大豆粕	广东省肇庆市	87.2	0.001	0.346	11.6	173.6	29	49.1	15	237.5	15.2	8.4
53	大豆粕	广东省肇庆市	87.2	0.001	0.328	14.7	193.9	37.4	48.7	47.7	392.4	351.8	13.4
54	大豆粕	广西壮族自治区北海市	91.7	0.002	0.306	14.2	91.8	34.9	43.5	72	250.5	36.4	10.6
55	大豆粕	广西壮族自治区防城港市	90	0.001	0.348	15.5	159.1	43.6	50.9	59.3	209.5	115.5	6.5
56	大豆粕	广西壮族自治区防城港市	92.4	0.001	0.376	16	182.1	46.6	54.5	76.6	239.3	9.9	1.7
57	大豆粕	广西壮族自治区钦州市	89.9	0.001	0.338	15	178.7	38.5	48	40.6	646.5	28.3	1.8
58	大豆粕	广西壮族自治区钦州市	89.6	0.002	0.287	15.7	96.5	38.3	42.1	84.7	297.6	35.3	0
59	大豆粕	贵州省安顺市	91.2	0.002	0.352	15.3	136.2	43.9	50.2	24.8	432	13.3	0
60	大豆粕	贵州省安顺市	92.1	0.001	0.348	15.5	165.5	39.4	51.2	31.9	192.8	94.8	0.2
61	大豆粕	贵州省安顺市	90.7	0.002	0.326	14.4	136.8	38.8	45.2	141.5	663.6	49	10.8
62	大豆粕	贵州省安顺市	94.6	1.175	0.443	2	261.8	7.3	160	231.3	2 945.5	566.6	44.9
63	大豆粕	贵州省安顺市	94.7	1.207	0.46	2.5	250.4	6.8	161.9	209.9	2 328.7	568.1	34.6
64	大豆粕	贵州省安顺市	94.6	1.184	0.315	1.9	194.3	5.4	156.9	196.9	2 354.4	653.5	40.1
65	大豆粕	贵州省遵义市	92.3	0.001	0.356	13.1	246.8	35.2	48.3	11.7	565.1	90.8	29.5
66	大豆粕	贵州省遵义市	90.4	0.002	0.349	12.8	167.8	33.7	47.3	14	1 326.4	39.5	7.4
67	大豆粕	贵州省遵义市	92.5	0.002	0.357	14.7	169.3	41.5	52.1	47.2	394.8	1 144.9	11.8
68	大豆粕	贵州省遵义市	92.4	0.002	0.343	14.2	160.2	39.7	50.6	110.5	340.8	899.8	65.5
69	大豆粕	河北省沧州市	90.5	0.036	0.367	17.4	138.8	42.5	52.3	358.6	261	175.3	18.1
70	大豆粕	河北省沧州市	92.2	0.001	0.328	15.5	107.3	38.6	50	358.2	420.7	85.9	13.3
71	大豆粕	河北省沧州市	92	0.001	0.323	14.7	109.3	38.1	52.2	308.4	422.8	170.8	9.1

续表2-16

序号	原料名称	采样地点	干物质 DM/%	钠 Na/%	镁 Mg/%	铜 Cu/(mg/kg)	铁 Fe/(mg/kg)	锰 Mn/(mg/kg)	锌 Zn/(mg/kg)	硒 Se/(μg/kg)	铬 Cr/(μg/kg)	铅 Pb/(μg/kg)	砷 As/(μg/kg)
72	大豆粕	河北省沧州市	92.6	0.004	0.292	14.8	121.5	33.3	46.7	109.1	322.9	281.6	21
73	大豆粕	河北省沧州市	90.6	0.004	0.29	15	105	33.2	46.8	132.5	230.9	328	17.1
74	大豆粕	河北省衡水市深州市	88.9	0.008	0.304	15	68.9	34.5	44.9	323.2	976.3	12.8	202.7
75	大豆粕	河北省衡水市深州市	88.5	0.009	0.28	14	78.1	36.1	45.1	415.6	1 129.4	56.9	286.6
76	大豆粕	河北省衡水市深州市	88.1	0.009	0.345	16.6	114.7	48.2	56.3	636.4	1 061.7	0	246
77	大豆粕	河北省衡水市深州市	88.6	0.01	0.309	15.5	78	40	46.5	153.9	1 074.2	0	212.3
78	大豆粕	河北省衡水市深州市	88.7	0.01	0.316	16.6	120.9	41.9	47.7	201.5	1 333.7	0	289.6
79	大豆粕	河北省衡水市深州市	89.1	0.009	0.296	15.6	91.4	37.8	45.1	705.2	1 297.2	31.2	268.1
80	大豆粕	河北省衡水市深州市	88.4	0.009	0.296	14.9	96.5	37.5	47.1	427.7	1 009.3	11.4	216.1
81	大豆粕	河北省廊坊市	91.6	0.009	0.347	17.1	227.6	43	52.1	268.9	10 703.1	346.2	26.9
82	大豆粕	河北省廊坊市	92.8	0.001	0.338	16.5	130.1	38	54.1	362.2	668.2	594.1	6.4
83	大豆粕	河北省廊坊市	93.9	0.001	0.348	16	124.6	40.4	53.7	280.5	469.4	56.6	8.9
84	大豆粕	河北省廊坊市	92.8	0.001	0.27	12.8	88.8	31.5	51.5	230.5	317.6	103.1	6.3
85	大豆粕	河北省廊坊市	91.8	0.001	0.33	15.3	188.3	43.3	49.9	35.9	899.8	303.8	13.4
86	大豆粕	河北省秦皇岛市	88.1	0.003	0.315	15	133	39.4	47.4	75.9	518.6	29	35.7
87	大豆粕	河北省秦皇岛市	87.1	0.003	0.309	14.4	144.3	39.9	47.4	90.1	575.9	158.3	16.9
88	大豆粕	河北省秦皇岛市	88.1	0.009	0.307	15.1	68.5	39.2	50.3	244.9	810.5	434.7	164.5
89	大豆粕	河北省秦皇岛市	88.5	0.008	0.306	15	86.6	38.6	49.4	295.6	1 030.3	7.8	188.4
90	大豆粕	河北省秦皇岛市	88.7	0.008	0.322	16.2	92.5	42.2	52.5	279.5	939.8	28.3	199.4
91	大豆粕	河北省秦皇岛市	88.3	0.007	0.288	13.7	73.4	36	45.6	250.5	795.8	0	184.9
92	大豆粕	河北省邢台市	89	0.008	0.308	16.3	137.2	38.1	49.9	438.3	1 097.5	49.5	279.8
93	大豆粕	河北省邢台市	88.2	0.001	0.304	11.2	142.9	31	48.6	26.6	310.6	339.2	8.2
94	大豆粕	河北省邢台市南和区	89.6	0.009	0.327	17.4	105.8	44.5	56	452.6	1 435	145.1	360.8

续表2-16

序号	原料名称	采样地点	干物质 DM/%	钠 Na/%	镁 Mg/%	铜 Cu/(mg/kg)	铁 Fe/(mg/kg)	锰 Mn/(mg/kg)	锌 Zn/(mg/kg)	硒 Se/(μg/kg)	铬 Cr/(μg/kg)	铅 Pb/(μg/kg)	砷 As/(μg/kg)
95	大豆粕	河北省邢台市南和区	89.7	0.01	0.317	15.4	115.8	43.4	49.7	643.6	1 533.9	46.8	307.7
96	大豆粕	河南省鹤壁市	91	0.007	0.322	15.6	92.7	43.7	47.5	562	239.7	97.1	28.2
97	大豆粕	河南省开封市	91.3	0.001	0.324	14.8	105.1	42.4	50	466.3	90.2	64.9	5.9
98	大豆粕	河南省南阳市	90.6	0.001	0.352	12.5	136.9	36.4	50.1	52.3	170.4	233.6	3.9
99	大豆粕	河南省濮阳市	91	0.002	0.341	12.6	179.9	37.1	51.9	157.7	306.7	155	16.5
100	大豆粕	河南省濮阳市	91.6	0.002	0.354	12.5	128.5	37.2	53.2	45.5	87.1	198.5	1.5
101	大豆粕	河南省濮阳市	91.2	0.002	0.328	15.3	100.6	39.5	49.6	461.7	132.4	15.7	2.4
102	大豆粕	河南省三门峡市	91.1	0.001	0.348	13.1	171.6	37.1	50.9	46.5	210.7	19.2	0.9
103	大豆粕	河南省新乡市	90.9	0.001	0.338	15.8	132.2	48.2	50.9	33.2	197.7	79	5.9
104	大豆粕	河南省郑州市	91.2	0.002	0.38	11.6	194.1	35.7	53.4	56.4	731.1	145.4	26.6
105	大豆粕	河南省周口市	91.3	0.004	0.365	14.2	185.6	37.8	52.8	150.5	390.9	67.8	22.8
106	大豆粕	河南省周口市	91	0.001	0.331	15.5	120	49	51.2	12.5	81.8	67.9	2.9
107	大豆粕	河南省周口市	91.6	0.001	0.371	10.5	137.5	35.1	52.7	56	265.2	123.1	10.2
108	大豆粕	河南省周口市	91.4	0.001	0.333	15.9	128.5	49.6	50.1	19.4	137.6	54.7	2.5
109	大豆粕	河南省驻马店市	91.3	0.001	0.35	13.1	121.7	35.2	50.1	24.5	113.2	67.8	2
110	大豆粕	河南省驻马店市	91.1	0.001	0.359	12.9	133.6	37.9	51.3	34	119.8	66.2	1.7
111	大豆粕	黑龙江省八五四农场	90.6	0.001	0.349	12.7	131.6	31.4	50.2	97.5	238.2	309.9	16.5
112	大豆粕	黑龙江省哈尔滨市	90.1	0.001	0.327	14.5	120.8	41.3	47.7	465.7	530.2	26.4	0
113	大豆粕	黑龙江省哈尔滨市	90.2	0.001	0.327	14.1	118.7	42.3	48.2	543.6	533.8	80.3	25
114	大豆粕	黑龙江省哈尔滨市	89.9	0.001	0.335	14.1	130.4	38.7	49.5	198.7	275	0	13.6
115	大豆粕	黑龙江省哈尔滨市	90.2	0.001	0.316	14.2	113.9	38.7	46.9	392.9	301.1	25	13.5
116	大豆粕	黑龙江省哈尔滨市	90.2	0.001	0.356	13	122.7	31.2	50.5	84	248.7	39.4	7.7
117	大豆粕	黑龙江省哈尔滨市	89.9	0.001	0.345	12.4	130.5	30	49.4	100.2	362	37.3	13.7

续表2-16

序号	原料名称	采样地点	干物质 DM/%	钠 Na/%	镁 Mg/%	铜 Cu/(mg/kg)	铁 Fe/(mg/kg)	锰 Mn/(mg/kg)	锌 Zn/(mg/kg)	硒 Se/(μg/kg)	铬 Cr/(μg/kg)	铅 Pb/(μg/kg)	砷 As/(μg/kg)
118	大豆粕	黑龙江省哈尔滨市	90	0.002	0.303	15.4	116.2	36.9	44.4	117.3	273.8	176.7	13.5
119	大豆粕	黑龙江省哈尔滨市	90.3	0.001	0.333	14.6	126.7	43	50.2	243.5	183.2	42.7	7.4
120	大豆粕	黑龙江省哈尔滨市	90.2	0.001	0.353	12.3	122.4	30.2	48.6	111	171.4	0	11.3
121	大豆粕	黑龙江省哈尔滨市	89.8	0.001	0.314	14.2	90.7	35.5	44.2	429.1	77.7	0	6.2
122	大豆粕	黑龙江省哈尔滨市	90.4	0.001	0.335	14	131.9	37.1	47.4	187.3	199.7	0	9.9
123	大豆粕	黑龙江省哈尔滨市	90	0.003	0.298	14.1	114	34.8	43.9	104	270.4	17.5	15.6
124	大豆粕	黑龙江省哈尔滨市	90	0.001	0.31	13.5	94.4	37.5	45	405	109.6	0	4.2
125	大豆粕	黑龙江省哈尔滨市	90.6	0.001	0.344	12.7	202.1	32.9	48.6	20.8	544.3	2.6	16
126	大豆粕	黑龙江省哈尔滨市	90.6	0.01	0.338	17.7	127.7	41.3	52.5	487.6	356	28	70.5
127	大豆粕	黑龙江省哈尔滨市	90.2	0.002	0.318	14.6	102.5	40	47.6	446	304	5.1	19.2
128	大豆粕	黑龙江省哈尔滨市	90	0.002	0.316	14.8	109.8	40.7	48.8	366.8	384.9	0	14.7
129	大豆粕	黑龙江省哈尔滨市	90.1	0.002	0.309	13.7	129.2	37.2	47.2	435.7	219.9	0	6.5
130	大豆粕	黑龙江省哈尔滨市	90.1	0.001	0.337	13.8	146.5	36.9	49.9	151.3	373.4	36.6	15.6
131	大豆粕	黑龙江省哈尔滨市	90.4	0.001	0.338	12.6	119.1	29.6	48.4	92.5	252.1	118.7	12.4
132	大豆粕	黑龙江省哈尔滨市	90.1	0.001	0.327	15.2	109.4	38.3	50.4	466	78	1.5	4
133	大豆粕	黑龙江省哈尔滨市	90.1	0.001	0.336	12.5	209.3	30	48.5	28.6	570.7	55.9	32.4
134	大豆粕	黑龙江省哈尔滨市	90	0.001	0.341	12.7	216.9	29.7	48.9	20.1	1 198.7	57.5	32
135	大豆粕	黑龙江省哈尔滨市	90.2	0.001	0.345	12.8	122.4	31.2	50	99.1	191.7	54	10.4
136	大豆粕	黑龙江省哈尔滨市	90.1	0.001	0.319	15.2	94.3	38.6	48.5	443.4	171.2	0	5
137	大豆粕	黑龙江省哈尔滨市	90.1	0.002	0.345	12.5	178.9	30.1	46.9	18.2	355.3	12.1	15.1
138	大豆粕	黑龙江省哈尔滨市	90.1	0.001	0.326	14.7	95.4	38.1	47.6	469	237.9	0	10.4
139	大豆粕	黑龙江省哈尔滨市	90.1	0.001	0.311	13.8	90.3	36.3	44.3	416.4	90.9	0	2.7
140	大豆粕	黑龙江省哈尔滨市	90	0.001	0.337	12.5	222.8	31.9	47	24.3	626.1	18.9	21.7

续表2-16

序号	原料名称	采样地点	干物质 DM/%	钠 Na/%	镁 Mg/%	铜 Cu/(mg/kg)	铁 Fe/(mg/kg)	锰 Mn/(mg/kg)	锌 Zn/(mg/kg)	硒 Se/(μg/kg)	铬 Cr/(μg/kg)	铅 Pb/(μg/kg)	砷 As/(μg/kg)
141	大豆粕	黑龙江省哈尔滨市	90	0.001	0.344	12.7	228.2	32.4	47	24.9	672.8	4	29.1
142	大豆粕	黑龙江省哈尔滨市	89.5	0.001	0.296	14.9	101.5	35.1	45.4	380.8	255.2	147.5	9.6
143	大豆粕	黑龙江省哈尔滨市	90.2	0.001	0.351	13.4	220.2	33.5	48.3	16.8	723.4	37	22.2
144	大豆粕	黑龙江省哈尔滨市	89.7	0.001	0.359	13.1	128.6	30.7	49.8	72.1	126.8	0	4.3
145	大豆粕	黑龙江省哈尔滨市	90.3	0.001	0.344	12.7	217.9	32.7	47.9	22.7	730.7	11.5	25.8
146	大豆粕	黑龙江省哈尔滨市	90.2	0.002	0.315	13.6	104.2	39.8	47.3	391.7	129.2	18.8	4.9
147	大豆粕	黑龙江省哈尔滨市	89.7	0.001	0.306	14.9	106.6	37.2	45.8	534.4	222.6	19.4	10
148	大豆粕	黑龙江省绥化市海伦市	89.9	0.001	0.324	13	108	28.7	46.8	151.4	271.1	90.9	11.6
149	大豆粕	黑龙江省绥化市海伦市	90.6	0.001	0.323	12.8	108.3	29	46.2	154.2	261.7	7.4	12
150	大豆粕	黑龙江省绥化市海伦市	90.6	0.001	0.326	12.9	118.8	30.4	47.1	168	277.7	605.6	12.2
151	大豆粕	黑龙江省绥化市海伦市	90.6	0.001	0.33	12.9	121.2	29.9	46.8	187.2	284.1	30.1	8.2
152	大豆粕	黑龙江省绥化市海伦市	89.4	0.001	0.324	12.9	107.2	29.7	46	178.7	237.9	162	9
153	大豆粕	黑龙江省黑河市嫩江市九三农场	90	0.001	0.322	13.8	114.4	40.6	48.3	491.6	244.2	44.3	2.4
154	大豆粕	黑龙江省黑河市嫩江市九三农场	90.1	0.001	0.328	14.1	114.3	41.3	47.9	493.9	159.2	33.4	3.4
155	大豆粕	黑龙江省黑河市嫩江市九三农场	90	0.001	0.324	14.2	122.8	41.5	48	422	181.5	35.1	1.5
156	大豆粕	湖北省荆州市公安县	88.5	0.01	0.346	14.7	168.6	34.3	50.5	224.4	2 240.1	233.2	238.2
157	大豆粕	湖北省荆州市公安县	87.3	0.01	0.355	16.2	329.3	45.4	52.7	125.9	2 850.7	161.4	259.6
158	大豆粕	湖北省武汉市	87.5	0.009	0.324	14.2	96.3	36.9	43.9	26.5	2 116.9	122	218.5
159	大豆粕	湖北省武汉市	87.7	0.009	0.366	14.6	242.3	37.9	51.3	32.7	2 226.1	55.3	246.2
160	大豆粕	湖北省武汉市	87.9	0.01	0.361	13.9	224.3	32.8	50.7	134.9	2 233.9	131.8	250.6
161	大豆粕	湖北省武汉市	87.1	0.009	0.317	12.5	135.1	33.2	46.1	33.2	2 253.6	122	248.8
162	大豆粕	湖北省武汉市	86.6	0.002	0.338	14.5	134.9	37.4	47.4	605.7	12 485.3	72.9	0
163	大豆粕	湖北省武汉市	89.1	0.002	0.328	15.4	105.1	41.2	46	765.7	220.8	594.4	19.4

续表2-16

序号	原料名称	采样地点	干物质 DM/%	钠 Na/%	镁 Mg/%	铜 Cu/(mg/kg)	铁 Fe/(mg/kg)	锰 Mn/(mg/kg)	锌 Zn/(mg/kg)	硒 Se/(μg/kg)	铬 Cr/(μg/kg)	铅 Pb/(μg/kg)	砷 As/(μg/kg)
164	大豆粕	湖北省襄阳市宜城市	86.5	0.009	0.346	14	193.5	32.3	49.3	12.8	1 763.7	124.4	217.3
165	大豆粕	湖北省宜昌市宜都市	87.4	0.009	0.362	13.6	144.3	32.7	52.6	11.4	1 738.3	39.6	220.3
166	大豆粕	湖南省长沙市	89	0.01	0.309	15	113.3	40.6	64.3	917.6	1 232.7	125.9	448.9
167	大豆粕	湖南省长沙市望城区	89.8	0.008	0.318	14.4	178.3	36.1	44.5	40	854.3	36.3	185
168	大豆粕	湖南省长沙市望城区	90.2	0.007	0.292	11.8	88.4	32	41.7	66	791.9	14.5	183.7
169	大豆粕	湖南省株洲市芦淞区	88.9	0.01	0.378	16	241.6	41.9	52.5	186.4	2 483.3	194.2	375.3
170	大豆粕	湖南省株洲市芦淞区	90.5	0.01	0.362	15.1	186.8	35.3	48.4	19.9	2 162.2	84.4	234.8
171	大豆粕	湖南省株洲市芦淞区	89.4	0.01	0.372	15.5	209	37	52.7	30.5	2 112.3	173.2	236.3
172	大豆粕	湖南省株洲市芦淞区	90	0.009	0.352	14.5	254.6	35.8	50.5	49.2	2 358.5	113.9	261.3
173	大豆粕	吉林省长春市德惠市	92.7	0.003	0.328	12.9	143	34.1	53	295.8	213.1	89.9	15.9
174	大豆粕	吉林省辽源市	92.4	0.001	0.358	16.4	97.2	45.4	52.5	446.9	147.9	0	0
175	大豆粕	吉林省四平市双辽市	90.4	0.002	0.314	13.7	315	44.8	46.7	176.3	1 437.6	96.4	73
176	大豆粕	吉林省四平市	92.6	0.002	0.329	16	127.9	40.3	57.6	605.6	148.5	62.3	7.8
177	大豆粕	吉林省四平市	92.7	0.003	0.316	15.5	159.4	41.7	54.5	423.3	820.5	79.3	39.5
178	大豆粕	吉林省四平市	93	0.003	0.294	14.1	184.8	39.3	50.6	416.2	1 056.6	132.8	33.2
179	大豆粕	吉林省四平市	91.6	0.002	0.319	14.9	129.9	38.2	53.7	527.7	170.2	114.4	5.7
180	大豆粕	吉林省长春市	92.6	0.001	0.325	11.7	157.1	29.6	47.8	8.6	157.5	79.8	8.8
181	大豆粕	吉林省长春市	91.8	0.001	0.337	12.3	139.4	29.5	49.2	31.3	58.3	86.2	4
182	大豆粕	吉林省长春市	91.7	0.001	0.339	12.1	142.3	29.9	49.3	16.1	130.6	28.8	3.1
183	大豆粕	吉林省长春市	93	0.001	0.31	12.9	207.9	46.1	46.8	25.1	1 307.1	253.3	64.8
184	大豆粕	江苏省淮安市	87.4	0.001	0.331	13.1	153.9	34.9	46.3	160.8	390.5	0	5.7
185	大豆粕	江苏省淮安市	86.8	0.001	0.338	13.8	137.4	35.8	46.6	161.1	292.3	0	7.8
186	大豆粕	江苏省淮安市	87.1	0.001	0.322	12.9	131	34.5	45.6	168.9	316.2	0	4.4

续表2-16

序号	原料名称	采样地点	干物质DM/%	钠Na/%	镁Mg/%	铜Cu/(mg/kg)	铁Fe/(mg/kg)	锰Mn/(mg/kg)	锌Zn/(mg/kg)	硒Se/(μg/kg)	铬Cr/(μg/kg)	铅Pb/(μg/kg)	砷As/(μg/kg)
187	大豆粕	江苏省淮安市	86.8	0.001	0.337	13.6	149.2	35.3	45.9	161.3	357.3	9.2	7.5
188	大豆粕	江苏省淮安市	86.9	0.001	0.335	13.7	146.7	35.7	46.7	168.1	295.7	0	3.2
189	大豆粕	江苏省淮安市	86.8	0.001	0.326	13	131.4	34.1	45.6	148.3	236.8	0	0
190	大豆粕	江苏省南通市	88.5	0.001	0.333	13.2	126.6	35.4	46.6	186.3	178.5	0	6
191	大豆粕	江苏省南通市	88.4	0.001	0.334	13.6	126.7	35.3	47.3	187.1	242.6	0	4.2
192	大豆粕	江苏省南通市	86.9	0.001	0.334	13.4	137.9	35.3	46.9	164.5	311.4	0	6.1
193	大豆粕	江苏省宿迁市	87.8	0.001	0.323	12.7	134.5	35.1	46.5	153.6	208.6	0	0
194	大豆粕	江苏省宿迁市	87	0.001	0.332	13.2	136.2	35.4	47.1	162.6	435.2	0	4
195	大豆粕	江苏省宿迁市	87.1	0.001	0.332	13.4	144	35.3	46.5	151.5	300	0	2.9
196	大豆粕	江苏省泰州市	87.1	0.001	0.334	13.4	140.5	34.7	47.2	162.2	262	0	8.4
197	大豆粕	江苏省泰州市	87.1	0.001	0.336	13.7	143	36	47.6	158.1	320.5	0	7
198	大豆粕	江苏省泰州市	87	0.001	0.336	13.5	133.9	34.7	47.2	172.8	296.5	0	0
199	大豆粕	江西省九江市	86.9	0.001	0.371	13.2	206.1	32.5	51.6	24.1	731.7	505.9	11.8
200	大豆粕	江西省九江市	86.7	0.001	0.367	12.5	192.6	32.4	52.1	46.9	593.2	930	13.4
201	大豆粕	江西省九江市	86.9	0.001	0.367	13.3	238.2	32.4	51.2	32	1 330.2	1 984	24.1
202	大豆粕	江西省九江市	87.1	0.001	0.367	13	197.3	31.3	49.4	39.2	927.3	0	15.7
203	大豆粕	江西省九江市	86.9	0.001	0.372	13.4	204.5	33	52.3	44.1	625.1	559.6	15.5
204	大豆粕	江西省九江市	86.8	0.001	0.368	12.6	190.1	31.6	50	36.5	545.7	120	22.1
205	大豆粕	江西省九江市	86.8	0.001	0.371	12.8	200	32.6	51.5	35.6	480	548.4	14.5
206	大豆粕	辽宁省大连市	92.4	0.001	0.341	12.6	141.7	35.3	48.2	49.5	388.9	231.9	0
207	大豆粕	辽宁省大连市	92.1	0.002	0.352	13.1	154.5	40.7	49.8	39.5	439.2	42.9	23.4
208	大豆粕	辽宁省大连市	92.7	0.001	0.318	14.8	117.9	36.8	47.6	655.9	267.3	34.4	18.2
209	大豆粕	辽宁省大连市	92.7	0.002	0.317	15.3	117.8	40.1	48.4	484.5	258	66	19.1

续表2-16

序号	原料名称	采样地点	干物质 DM/%	钠 Na/%	镁 Mg/%	铜 Cu/(mg/kg)	铁 Fe/(mg/kg)	锰 Mn/(mg/kg)	锌 Zn/(mg/kg)	硒 Se/(μg/kg)	铬 Cr/(μg/kg)	铅 Pb/(μg/kg)	砷 As/(μg/kg)
210	大豆粕	辽宁省大连市	92.8	0.001	0.326	14.4	185.7	37.2	48.5	499	427.5	144.5	23.7
211	大豆粕	辽宁省丹东市	92.3	0.001	0.349	15	148	43.7	48.3	33.7	409.8	0	0
212	大豆粕	辽宁省丹东市	92.6	0.002	0.33	13.6	120.4	35.1	48.9	563.4	297	261.3	10.4
213	大豆粕	辽宁省丹东市	92.5	0.001	0.328	13.9	121.3	35.6	51.1	506.7	260.1	48.7	6.4
214	大豆粕	辽宁省丹东市	92.6	0.002	0.334	13.9	122.4	35.9	50.2	565.4	245	0	3.8
215	大豆粕	辽宁省丹东市	92.6	0.001	0.328	14.2	123.7	36.3	51	535.1	283.2	189.8	8.2
216	大豆粕	辽宁省丹东市	92.5	0.002	0.331	13.8	120.6	35.8	49.5	590	448.5	0	6.3
217	大豆粕	辽宁省丹东市	92.5	0.001	0.33	14.2	120	36.1	50.1	592.6	233.2	184.7	0
218	大豆粕	辽宁省锦州市	90.2	0.006	0.35	16.8	105.8	47.7	50.5	50.1	112.6	257.2	0
219	大豆粕	辽宁省锦州市	91.6	0.001	0.35	13.9	202.4	44.1	50.6	42	324.6	35.2	0
220	大豆粕	辽宁省沈阳市	89.7	0.001	0.391	9.3	149.2	33.8	49.3	199.1	201.1	60.1	0
221	大豆粕	辽宁省沈阳市	90.9	0.001	0.335	14.4	170.3	41.6	48.9	181.6	333.7	105.5	15.3
222	大豆粕	辽宁省沈阳市	92.3	0.002	0.355	12.2	157.6	31	49.2	17.1	771.4	63	0
223	大豆粕	辽宁省沈阳市	90	0.001	0.392	9.3	202.8	36.2	51.1	97.1	389.8	205.9	10.9
224	大豆粕	辽宁省铁岭市	89.1	0.001	0.365	12.3	137.9	34.4	51	26.7	376.5	0	0
225	大豆粕	辽宁省铁岭市	92.7	0.001	0.333	14.4	129.9	41.3	48.7	709.3	321.2	147	2.4
226	大豆粕	辽宁省铁岭市	92.7	0.001	0.325	11.7	188.6	35.1	48.2	45.9	297.5	107.7	0
227	大豆粕	辽宁省营口市	93	0.001	0.339	15.8	163.9	44.5	50.4	27.9	222	35.8	9.9
228	大豆粕	内蒙古自治区呼伦贝尔市海拉尔区	88.9	0.002	0.34	12.4	175.7	37.9	48.3	38.2	960.1	180.6	0
229	大豆粕	内蒙古自治区呼伦贝尔市海拉尔区	89	0.002	0.337	12.1	182.1	37.9	47.5	49.1	1 051.2	53.2	0
230	大豆粕	内蒙古自治区呼和浩特市	89.4	0.001	0.312	14.5	117.3	38.4	50.9	508.2	94.5	33.3	10.5
231	大豆粕	内蒙古自治区呼和浩特市	89.7	0.001	0.351	11.8	195.3	27.3	51.8	24.6	235.3	157.1	17.9
232	大豆粕	内蒙古自治区呼和浩特市	89.8	0.001	0.352	11.6	146.1	27.1	51.5	12.8	114.8	139.8	4.5

续表2-16

序号	原料名称	采样地点	干物质 DM/%	钠 Na/%	镁 Mg/%	铜 Cu/(mg/kg)	铁 Fe/(mg/kg)	锰 Mn/(mg/kg)	锌 Zn/(mg/kg)	硒 Se/(μg/kg)	铬 Cr/(μg/kg)	铅 Pb/(μg/kg)	砷 As/(μg/kg)
233	大豆粕	内蒙古自治区呼和浩特市	89	0.001	0.304	14.3	109.6	36.1	49	575.9	152.4	89.9	40.7
234	大豆粕	内蒙古自治区呼和浩特市	89	0.001	0.306	14.7	114.9	36.8	49.8	503.9	59.5	174.1	3.3
235	大豆粕	内蒙古自治区呼和浩特市	89.2	0.001	0.31	14.8	126.3	38.9	51.3	511.2	195.4	162.9	7.3
236	大豆粕	内蒙古自治区呼和浩特市	89.1	0.001	0.287	10.3	133.4	23.1	50.7	26.4	110	100.1	5.3
237	大豆粕	内蒙古自治区呼和浩特市	90	0.001	0.344	11.3	137	27.2	51.6	9.1	93.4	217.7	6
238	大豆粕	内蒙古自治区呼和浩特市	89.1	0.001	0.346	11.6	148.9	26.8	51	36	123.9	321.9	3.3
239	大豆粕	内蒙古自治区呼伦贝尔市	90.4	0.001	0.376	11.5	218.1	35.2	48.4	44.4	794.9	27.7	12.6
240	大豆粕	内蒙古自治区呼伦贝尔市	88.5	0.001	0.344	13.1	160.5	36.7	48.2	102.8	594.9	85.6	40.3
241	大豆粕	内蒙古自治区呼伦贝尔市	90.8	0.001	0.374	12.1	213.5	36.9	49.3	36.8	1 639.2	94.1	22.6
242	大豆粕	内蒙古自治区呼伦贝尔市	91.2	0.001	0.362	11.4	353.8	37	49.3	35.7	1 189.6	109.7	24.7
243	大豆粕	内蒙古自治区呼伦贝尔市	91.3	0.002	0.371	11.5	294.5	37.6	49.2	52.6	2 187.4	184.2	190
244	大豆粕	内蒙古自治区呼伦贝尔市	90.7	0.002	0.375	11.9	203.4	36.5	49.3	46.9	1 276.4	50.4	45
245	大豆粕	内蒙古自治区呼伦贝尔市	90.5	0.001	0.375	11.8	273.2	36.9	49.7	35.5	901.4	31.7	33.6
246	大豆粕	内蒙古自治区呼伦贝尔市	88.3	0.003	0.282	11.2	329.1	51.8	42.9	37.5	7 813.2	422	183.6
247	大豆粕	内蒙古自治区呼伦贝尔市	87.6	0.002	0.28	10.7	304.8	45	42.3	21	3 169	547.9	105.4
248	大豆粕	内蒙古自治区呼伦贝尔市	89.8	0.003	0.282	11.1	188.2	45.5	42.7	43.7	3 332.2	260	133.3
249	大豆粕	内蒙古自治区呼伦贝尔市	88	0.003	0.277	10.3	260.4	46.3	42.9	20.1	4 340.3	288.5	139.1
250	大豆粕	内蒙古自治区呼伦贝尔市	86.1	0.004	0.28	10.7	408.3	54.1	42.3	42.9	7 016.2	470.5	169.3
251	大豆粕	内蒙古自治区呼伦贝尔市	87.4	0.003	0.289	11.3	381.7	49.1	43.8	40.5	5 192.5	335.1	147.5
252	大豆粕	内蒙古自治区呼伦贝尔市	87.9	0.003	0.281	10.1	294.4	44.2	40.9	38	5 224.6	255.4	104.8
253	大豆粕	内蒙古自治区呼伦贝尔市	86.1	0.003	0.287	10.4	258.9	48.6	41.6	25.7	3 121	427.9	102.8
254	大豆粕	内蒙古自治区呼伦贝尔市	91.7	0.003	0.282	10.7	332.6	47.9	42.8	25.8	5 312.4	218.6	129
255	大豆粕	内蒙古自治区呼伦贝尔市	90.9	0.006	0.247	10.9	258.1	37.8	45.6	35	2 639.6	763.7	70.3

续表2-16

序号	原料名称	采样地点	干物质 DM/%	钠 Na/%	镁 Mg/%	铜 Cu/ (mg/kg)	铁 Fe/ (mg/kg)	锰 Mn/ (mg/kg)	锌 Zn/ (mg/kg)	硒 Se/ (μg/kg)	铬 Cr/ (μg/kg)	铅 Pb/ (μg/kg)	砷 As/ (μg/kg)
256	大豆粕	内蒙古自治区呼伦贝尔市	92.2	0.003	0.291	11.2	237	48.6	42.6	35.2	4 009.9	231.5	138.1
257	大豆粕	内蒙古自治区呼伦贝尔市	92.1	0.003	0.277	10.5	258.3	44.2	40.4	30.4	3 656.7	192.1	77.6
258	大豆粕	山东省	91.5	0.001	0.316	13.2	106.2	36	45.2	17.4	99	18.1	0
259	大豆粕	山东省滨州市	91.2	0.001	0.361	15.8	181.8	48.3	51.6	104.9	46.4	32.2	18.8
260	大豆粕	山东省滨州市	92.4	0.001	0.295	12.7	79.3	34.2	43.7	25.2	24	265.1	0
261	大豆粕	山东省滨州市	92.5	0.001	0.334	14.6	89.3	38.3	49.3	21.7	57.8	260.1	0.5
262	大豆粕	山东省滨州市	92.1	0.001	0.333	14.5	94.3	36.5	47.7	19.5	197.7	75.4	1.7
263	大豆粕	山东省滨州市	92.5	0.001	0.308	13.2	85.6	35.2	43.2	26.4	983.5	0	0
264	大豆粕	山东省济宁市	91.9	0.001	0.38	14.1	122.2	35.1	49.7	31.2	22.8	0	0
265	大豆粕	山东省济宁市任城区	91	0.001	0.367	14	120.9	34.9	50.4	24.9	66.2	0	0.2
266	大豆粕	山东省烟台市龙口市	90.6	0.002	0.367	13.6	181.6	35.1	49.7	224.2	560	0	24.8
267	大豆粕	山东省日照市	90.3	0.001	0.348	16.2	108.9	41.4	50.7	442.1	114	0	6.6
268	大豆粕	山东省日照市	88.5	0.002	0.335	15	121.7	43.6	47.5	584	403.3	5.9	8.2
269	大豆粕	山东省日照市	89.2	0.003	0.336	14.9	128	45.3	49.9	409	328.4	0	151.4
270	大豆粕	山东省潍坊市	91	0.003	0.34	16.1	129.2	44.8	51.3	484.4	470.8	279.8	22.3
271	大豆粕	山东省烟台市	90	0.003	0.35	14.9	217.3	37.7	49.7	370.1	391.7	161.1	12.7
272	大豆粕	山东省烟台市	90.8	0.001	0.365	13.6	125.8	33.1	46.5	65.8	206.4	0	12
273	大豆粕	山东省烟台市	90.7	0.001	0.37	13.2	162.6	32.2	47.1	22.6	130.6	0	20
274	大豆粕	山东省烟台市	90.8	0.001	0.367	13.7	154.7	33.2	49	54.7	244.4	0	15.9
275	大豆粕	山东省烟台市	90.9	0.001	0.34	15.6	130.6	39.1	51.4	581.1	256.7	0	15.7
276	大豆粕	山东省济南市章丘区	89	0.001	0.343	13.8	136.3	33.9	46	174.8	1 040	89.5	12
277	大豆粕	山东省淄博市	90.6	0.001	0.342	15.5	114.9	40	48.1	310.5	156.5	0	5.8
278	大豆粕	山西省运城市	92	0.001	0.345	15.3	128.1	43.9	53.2	380	649.3	241.2	0

续表2-16

序号	原料名称	采样地点	干物质 DM/%	钠 Na/%	镁 Mg/%	铜 Cu/(mg/kg)	铁 Fe/(mg/kg)	锰 Mn/(mg/kg)	锌 Zn/(mg/kg)	硒 Se/(μg/kg)	铬 Cr/(μg/kg)	铅 Pb/(μg/kg)	砷 As/(μg/kg)
279	大豆粕	山西省运城市	92.1	0.001	0.326	14.4	117.9	41.8	49.8	385.9	771.4	728	0
280	大豆粕	山西省运城市	92.3	0.001	0.346	14.4	147.5	40.9	51.6	862	748.9	69.5	15.5
281	大豆粕	陕西省西安市	94.8	0.004	0.33	17.4	396.1	51.4	56.1	163.7	1 508.5	95.4	200.6
282	大豆粕	陕西省西安市	94.3	0.005	0.326	17.4	358	51.1	56.3	214.1	1 451.2	88.3	118.1
283	大豆粕	陕西省西安市	93.4	0.005	0.278	14.5	237.9	37.9	48.2	101.7	736.7	14.3	129.2
284	大豆粕	陕西省西安市	93.2	0.002	0.339	16.4	205.8	49	52.5	35.1	779	173.8	33.7
285	大豆粕	陕西省西安市	92.9	0.002	0.335	16.6	284.5	49.1	53.3	220	1 562.6	104.8	80.1
286	大豆粕	陕西省西安市	93.3	0.001	0.292	14.4	189.1	44.4	53.3	30.8	697	6.8	42.8
287	大豆粕	陕西省西安市	93.3	0.002	0.337	16.3	199	48.7	52.2	35.5	745	0	34.9
288	大豆粕	陕西省西安市	92.3	0.002	0.313	14.4	198.5	39.5	49.4	374.8	509.6	0	41.1
289	大豆粕	陕西省西安市	91.9	0.001	0.391	13.8	281.9	36.8	55.3	9	1 487.3	14	40.8
290	大豆粕	陕西省西安市	92	0.001	0.371	14	206.8	38.3	52.5	25.8	450.5	67	28.3
291	大豆粕	陕西省西安市	92.1	0.001	0.366	12.6	257.2	31.9	52.4	13.6	797.1	593.9	37.7
292	大豆粕	陕西省西丰县	90.6	0.001	0.367	13	225.5	33.6	50.9	7.7	599	140.3	33.8
293	大豆粕	陕西省咸阳市	93.1	0.002	0.211	11	336.6	35.6	42.2	117.4	2 406.1	816.3	154.6
294	大豆粕	陕西省咸阳市	93.2	0.002	0.318	14.7	103.7	42.8	46.3	506.1	267.1	0	9
295	大豆粕	陕西省咸阳市	93.7	0.002	0.321	15	181.5	43.2	48.3	515.6	420.4	0	31.5
296	大豆粕	上海市浦东新区	87.1	0.001	0.339	13.6	136.9	36.1	46.6	152.6	231.8	0	0
297	大豆粕	上海市浦东新区	87	0.001	0.334	13.3	135.5	35.1	46.3	777.5	415.9	58.8	20
298	大豆粕	上海市浦东新区	87.7	0.001	0.335	13.4	128.5	35.1	46.4	751.3	636.3	366.2	22.9
299	大豆粕	上海市浦东新区	87.1	0.001	0.339	13.2	139.9	35.6	46.6	36.6	15.9	197.2	0
300	大豆粕	上海市浦东新区	87	0.001	0.336	13.4	131.8	35.3	46.9	1 037.5	410.8	8.2	14.7
301	大豆粕	四川省德阳市广汉市	94.7	0.001	0.349	14.8	136.6	41	48.8	21.5	357.8	121.4	79.2

续表2-16

序号	原料名称	采样地点	干物质 DM/%	钠 Na/%	镁 Mg/%	铜 Cu/(mg/kg)	铁 Fe/(mg/kg)	锰 Mn/(mg/kg)	锌 Zn/(mg/kg)	硒 Se/(μg/kg)	铬 Cr/(μg/kg)	铅 Pb/(μg/kg)	砷 As/(μg/kg)
302	大豆粕	四川省德阳市广汉市	93.8	0.002	0.338	14.5	140.9	41.3	48.5	37.5	256.4	928.8	0
303	大豆粕	四川省德阳市广汉市	94.5	0.001	0.359	14.7	138.9	41.8	49.3	24.7	596.5	66.4	0
304	大豆粕	四川省眉山市彭山区	98.4	0.009	0.337	15.8	98.9	38.9	46.7	13.6	1 950.2	26.1	258.6
305	大豆粕	四川省眉山市彭山区	98	0.009	0.357	16.4	142.8	42.3	49.4	19.5	2 697.1	65.5	255.7
306	大豆粕	四川省眉山市彭山区	98	0.009	0.37	17.1	221.7	44.2	51.9	55	1 881.3	15.9	195.7
307	大豆粕	四川省眉山市彭山区	98.1	0.009	0.337	15.5	175.7	39.9	46.8	17.7	2 133.5	46	221.7
308	大豆粕	四川省眉山市彭山区	97.3	0.009	0.36	17.2	190.6	43.8	50.8	25.6	2 086.2	73.1	263.6
309	大豆粕	新疆维吾尔自治区昌吉回族自治州昌吉市	90	0.001	0.338	14.8	151.1	42.6	48	179.9	424.4	0	18.5
310	大豆粕	新疆维吾尔自治区	89.5	0.001	0.365	15.6	143.8	42.4	53.5	630.7	393.8	0	16.8
311	大豆粕	新疆维吾尔自治区乌鲁木齐市	91.3	0.01	0.352	18.2	267.1	47.3	53.4	36.1	3 124.9	96.6	364.8
312	大豆粕	新疆维吾尔自治区乌鲁木齐市	89.9	0.003	0.359	15	213.3	41.9	49.6	114.3	609.8	39.5	48.2
313	大豆粕	新疆维吾尔自治区乌鲁木齐市	87.8	0.002	0.346	15.9	192.9	47.3	51.8	39.5	430.3	122.6	24
314	大豆粕	新疆维吾尔自治区益海(昌吉)粮油工业有限公司	88	0.001	0.333	13.1	88.2	40.2	45	272.4	138.1	0	0
315	大豆粕	浙江省湖州市德清县	89.1	0.001	0.338	13.7	131.1	36.5	48.5	527.9	459.1	0	7
316	大豆粕	浙江省杭州市	92.1	0.002	0.289	13.8	118.7	41.4	48.4	477	183.7	127.3	16.7
317	大豆粕	浙江省杭州市	91.8	0.002	0.283	13.2	127.1	41.4	48.8	520	261.1	140.7	19.2
318	大豆粕	浙江省杭州市	89	0.002	0.339	14.2	149.5	36.7	49.3	485.4	687	0	13.4
319	大豆粕	浙江省宁波市北仑区	89.2	0.002	0.335	14.4	160.8	41.8	48.5	15.1	470.5	0	3.4
320	大豆粕	浙江省宁波市北仑区	88.8	0.002	0.333	14	152.8	41	47.9	17.9	366.1	44.5	0
321	大豆粕	浙江省宁波市北仑区	88.8	0.002	0.335	14.2	164.6	41.7	49.3	17.2	741.2	21.6	0
322	大豆粕	浙江省宁波市北仑区	88.8	0.002	0.328	14.5	160.2	41.5	50.2	17.9	423.4	69.1	0
323	大豆粕	浙江省绍兴市	88.6	0.002	0.34	14	137.7	36.5	49.5	520.1	825.5	0	13.5

续表2-16

序号	原料名称	采样地点	干物质 DM/%	钠 Na/%	镁 Mg/%	铜 Cu/(mg/kg)	铁 Fe/(mg/kg)	锰 Mn/(mg/kg)	锌 Zn/(mg/kg)	硒 Se/(μg/kg)	铬 Cr/(μg/kg)	铅 Pb/(μg/kg)	砷 As/(μg/kg)
324	大豆粕	浙江省舟山市	92.8	0.11	3.105	10.5	435.3	91.5	35.5	352.5	30 410.7	1 447.1	100.4
325	大豆粕	浙江省舟山市	92.9	0.112	3.008	10.7	420.2	90	38	397.9	29 261.8	1 389.7	110.4
326	大豆粕	浙江省舟山市	88.4	0.001	0.325	14.2	149.9	40.2	47.9	9.2	496.7	0	0
327	大豆粕	重庆市	87.2	0.002	0.341	15.8	143.4	46.7	50	156.3	388	375.2	20
328	大豆粕	重庆市	88	0.002	0.347	14.9	130.1	43	49.1	334.3	346.7	77.2	0
329	大豆粕	重庆市	88	0.001	0.341	14.6	146.2	44.4	49	27	225.5	62.3	2.1
330	大豆粕	重庆市涪陵区龙桥街道	87.1	0.009	0.351	16	109	41.6	50.2	87.6	2 127.1	16	248.4
331	大豆粕	重庆市涪陵区龙桥街道	87.1	0.009	0.326	16.3	92.7	41.5	45.7	109.2	1 909.4	1	235

十六、棉籽粕

表 2-17　棉籽粕原样中主要矿物元素及其含量

序号	原料名称	采样地点	干物质 DM/%	钠 Na/%	镁 Mg/%	铜 Cu/(mg/kg)	铁 Fe/(mg/kg)	锰 Mn/(mg/kg)	锌 Zn/(mg/kg)	硒 Se/(μg/kg)	铬 Cr/(μg/kg)	铅 Pb/(μg/kg)	砷 As/(μg/kg)
1	棉籽粕	安徽省亳州市	89.7	0.015	0.758	13.8	131.9	18.9	63.6	134.8	389.1	239.7	20.5
2	棉籽粕	安徽省亳州市	90.3	0.015	0.726	15.4	210	20.5	63.7	140.5	584.3	46.2	23
3	棉籽粕	安徽省亳州市	91.3	0.021	0.41	8.3	216.2	19.7	30.3	51.2	1 999.6	155.4	44.4
4	棉籽粕	安徽省阜阳市	89.1	0.016	0.761	13.1	153	18.2	58.7	87.1	1 372.2	257	18.8
5	棉籽粕	安徽省阜阳市	88.7	0.016	0.776	13.1	159.2	18.8	61	82.7	1 862.1	314.9	23
6	棉籽粕	甘肃省定西市安定区	90.6	0.016	0.623	15.7	390	24.2	53	85.2	1 056.8	325.6	123.6
7	棉籽粕	甘肃省定西市安定区	90.3	0.009	0.595	10.8	123	16.5	44.6	52.8	509	34.9	49.1
8	棉籽粕	河北省沧州市	92.6	0.029	0.679	11.9	97.7	17.1	50	104.5	665.9	1 490.7	24.6
9	棉籽粕	河北省沧州市	93.1	0.038	0.667	12.2	116.2	17.2	47.4	76	1 115.7	6 894.4	28.1

续表2-17

序号	原料名称	采样地点	干物质 DM/%	钠 Na/%	镁 Mg/%	铜 Cu/(mg/kg)	铁 Fe/(mg/kg)	锰 Mn/(mg/kg)	锌 Zn/(mg/kg)	硒 Se/(μg/kg)	铬 Cr/(μg/kg)	铅 Pb/(μg/kg)	砷 As/(μg/kg)
10	棉籽粕	河北省衡水市深州市	90.4	0.009	0.683	14.8	418.1	18.9	54.2	81.2	699.5	191.3	67.3
11	棉籽粕	河北省衡水市深州市	89.2	0.019	0.71	14.3	124	18.6	56.1	104.5	711.3	90.5	28
12	棉籽粕	河北省衡水市深州市	91.4	0.019	0.746	14.1	121.9	18.4	58.5	134.3	622.6	50.1	33
13	棉籽粕	河北省衡水市深州市	90	0.021	0.703	12.7	99.2	16.8	56.2	76.6	273.3	608.3	1.1
14	棉籽粕	河北省秦皇岛市	90.2	0.008	0.726	11.3	230.6	88.9	49.5	121.5	1 008.8	452.6	122.5
15	棉籽粕	河北省秦皇岛市昌黎县	90.2	0.012	0.731	14.1	286.6	27.6	61.5	87.3	668	462.9	36.1
16	棉籽粕	河北省秦皇岛市山海关区	89.8	0.014	0.762	14.2	202.7	23.3	63	83.1	361.2	366.4	29
17	棉籽粕	河北省秦皇岛市山海关区	89.6	0.014	0.73	14.4	157	19.7	56.2	81.3	328.8	187.7	25
18	棉籽粕	河北省邢台市	90	0.016	0.741	14.1	214.6	31.8	69.2	110.5	696.1	216.6	29.2
19	棉籽粕	河北省邢台市	89.8	0.017	0.753	14.7	297.9	25.6	62	78.4	517.6	357	53
20	棉籽粕	河北省邢台市	90.4	0.022	0.665	12.9	417.6	22.1	52.6	115.7	1 206.5	264.4	83
21	棉籽粕	河南省安阳市	91.2	0.018	0.851	15.1	207.2	26	56.3	46.7	1 045.3	5 128	109
22	棉籽粕	河南省安阳市	90.4	0.02	0.778	14.2	223.2	25.2	75.5	150	730.2	2 214.1	14
23	棉籽粕	河南省鹤壁市	92.2	0.023	0.449	17.8	283.3	78.2	72.2	148.4	2 735.6	5 603.7	180
24	棉籽粕	河南省鹤壁市	91.8	0.024	0.454	17.5	175.7	78.8	73.3	146.9	4 248.7	2 543.8	185.4
25	棉籽粕	河南省开封市	90.1	0.012	0.697	15.5	279.5	25.9	69.9	105.7	1 335.7	5 979.8	43.7
26	棉籽粕	河南省开封市	90	0.013	0.698	15	368.6	27.7	66.7	103.4	1 358.6	6 239.2	51.3
27	棉籽粕	河南省开封市	90	0.012	0.657	14.2	319.8	24.9	59.5	86.5	844	4 756	38.6
28	棉籽粕	河南省开封市	92.7	0.007	0.432	5.4	260.4	65.8	63.9	85.7	911.8	287.8	127.3
29	棉籽粕	河南省南阳市	91.2	0.018	0.823	14.3	305.7	25.2	55.3	48.5	1 236.6	3 757.1	80.2
30	棉籽粕	河南省南阳市	91.6	0.016	0.834	16.1	198	24.9	74	87.1	688.5	3 038.2	4.1
31	棉籽粕	湖北省荆门市	88.2	0.013	0.549	11.1	105.6	16.6	40.9	75.2	506.2	3 694.4	420.3
32	棉籽粕	湖北省荆州市	87.7	0.008	0.658	12.1	126.7	28.9	51.6	78.7	498.8	163	29.3

续表2-17

序号	原料名称	采样地点	干物质 DM/%	钠 Na/%	镁 Mg/%	铜 Cu/(mg/kg)	铁 Fe/(mg/kg)	锰 Mn/(mg/kg)	锌 Zn/(mg/kg)	硒 Se/(μg/kg)	铬 Cr/(μg/kg)	铅 Pb/(μg/kg)	砷 As/(μg/kg)
33	棉籽粕	湖北省荆州市	88.2	0.013	0.567	12	114.8	18.2	46.4	60.3	599	229.9	522.4
34	棉籽粕	湖北省武汉市	88.4	0.006	0.689	12.1	403.2	24.9	62.3	227.1	659.9	52.2	28.2
35	棉籽粕	湖北省武汉市	89.5	0.012	0.735	13.7	153.2	28.7	65.4	110.3	731.1	183.3	47.2
36	棉籽粕	湖北省武汉市	89.5	0.009	0.669	13.2	140.8	18	53.5	240.7	598.3	69.2	8.5
37	棉籽粕	湖北省武汉市	90.7	0.018	0.72	17.8	478.4	71.7	65.9	117.4	5 352	2 468.5	266.8
38	棉籽粕	湖北省武汉市	89.1	0.008	0.663	13	163.3	22.6	56.5	291.7	876.9	750.6	31.1
39	棉籽粕	湖南省长沙市望城区	90.8	0.027	0.744	15.3	127.4	23.5	58.3	77.8	325.9	309.8	27.8
40	棉籽粕	湖南省长沙市望城区	90	0.017	0.681	13.3	128.3	17.4	55.3	123.5	261.6	285.9	29.5
41	棉籽粕	湖南省长沙市望城区	91.4	0.009	0.801	16.4	363.2	27.4	92.8	259.2	871.4	976.1	82.5
42	棉籽粕	湖南省长沙市望城区	91.4	0.017	0.734	14.3	127.6	18.1	59.9	139.8	371.1	373.5	34
43	棉籽粕	湖南省长沙市望城区	90.4	0.053	0.764	15.7	215	24.2	62.7	77.7	578.5	139.3	44.7
44	棉籽粕	江苏省南京市	89.5	0.017	0.737	14.1	187.7	23.2	63.5	72.8	1 126.2	104.4	13
45	棉籽粕	江苏省南京市	89.5	0.017	0.764	14.6	192.5	23.4	65.7	70.5	1 629.9	2 073.8	10.5
46	棉籽粕	江苏省宿迁市	89.2	0.017	0.726	14	180.8	22.6	63.4	75.8	1 011.8	4 400.3	9.3
47	棉籽粕	江苏省宿迁市	89	0.018	0.737	14.2	183.8	22.6	63.2	73.7	1 013.5	143.3	11
48	棉籽粕	江西省宜春市高安市	91	0.017	0.707	17.6	446.5	82.9	71	118.5	6 029	527.3	307.3
49	棉籽粕	江西省宜春市高安市	90.9	0.017	0.697	16.7	311.7	66.3	64.8	102.8	4 241.5	460.4	246.6
50	棉籽粕	江西省宜春市高安市	90.9	0.017	0.715	17.5	415.8	81.6	69.7	108.4	3 797.4	988.9	276
51	棉籽粕	内蒙古自治区赤峰市	90.5	0.008	0.648	12.2	96	22.4	54.8	79.9	48.3	3 025.3	0
52	棉籽粕	内蒙古自治区赤峰市	90.4	0.009	0.677	14.8	92.1	22.6	55.9	83.3	37.1	3 462.8	0
53	棉籽粕	内蒙古自治区赤峰市	90.4	0.009	0.654	12.2	105	22.1	54.6	83.3	83.3	4 607.1	0
54	棉籽粕	内蒙古自治区赤峰市	90.4	0.009	0.696	13.4	114.1	22.9	58	91.9	126.8	3 729	0
55	棉籽粕	内蒙古自治区呼和浩特市	89.4	0.017	0.766	14.6	122.1	21.9	64.7	118.9	140	3 898.7	0

续表2-17

序号	原料名称	采样地点	干物质 DM/%	钠 Na/%	镁 Mg/%	铜 Cu/(mg/kg)	铁 Fe/(mg/kg)	锰 Mn/(mg/kg)	锌 Zn/(mg/kg)	硒 Se/(μg/kg)	铬 Cr/(μg/kg)	铅 Pb/(μg/kg)	砷 As/(μg/kg)
56	棉籽粕	内蒙古自治区呼和浩特市	89.5	0.011	0.752	14.9	115.8	21.3	67.3	107.3	67.9	2 949.5	0
57	棉籽粕	内蒙古自治区呼和浩特市	89.6	0.012	0.764	14.8	109.1	21.1	66.7	109.5	108.8	4 703.3	0
58	棉籽粕	山东省滨州市	90.1	0.009	0.367	4.3	549.4	75.1	60.9	41.1	4 236.4	425	164.6
59	棉籽粕	山东省滨州市	89.6	0.011	0.487	9.7	95.3	15.2	36.3	48.5	1 227.7	219.7	475
60	棉籽粕	山东省德州市	91.4	0.022	0.664	13.6	323.6	18.8	51.8	156.1	643.4	1 722.8	100.6
61	棉籽粕	山东省德州市	90.7	0.016	0.718	12.8	179.5	20.2	55.4	81.4	940.6	178.3	47.4
62	棉籽粕	山东省德州市	90.9	0.021	0.678	12.1	116	18	52.3	108.2	576.1	70.8	27.4
63	棉籽粕	山东省德州市	91.9	0.02	0.703	12.8	183.2	19.3	53.8	97.4	969.1	4 371.3	109.8
64	棉籽粕	山东省德州市	91.2	0.012	0.477	10	163.9	18	40.4	69.4	1 296.4	131.1	22.3
65	棉籽粕	山东省德州市	90.6	0.012	0.446	9.8	160.9	17	38.7	61.7	1 344.4	98.1	13.4
66	棉籽粕	山东省德州市	91.8	0.011	0.455	10	169.6	17.8	40.4	65.9	1 427.6	129.2	19.8
67	棉籽粕	山东省德州市夏津县	91.1	0.018	0.732	13	202.3	20.8	57	87.8	784.5	369.9	55.3
68	棉籽粕	山东省济南市	90	0.015	0.571	11.2	116.1	17.4	43.2	83.3	856.1	118.5	317.9
69	棉籽粕	山东省济南市	90.4	0.015	0.602	11.8	137.5	18.2	46.4	84.6	720.7	149.9	435.6
70	棉籽粕	山东省济南市	89.9	0.014	0.553	11.1	97.5	16.4	41.8	73.4	419.6	233.1	364.9
71	棉籽粕	山东省聊城市	90.3	0.013	0.59	11.7	119.4	18	46	61.5	764.4	233.8	444.2
72	棉籽粕	山东省聊城市	90	0.018	0.556	11.3	115.5	18.5	46.3	68.7	1 373.3	232.5	472.7
73	棉籽粕	山东省聊城市	90	0.012	0.561	11.5	118.8	17.6	43.1	59.4	972.5	267.3	530
74	棉籽粕	山东省聊城市	91	0.013	0.558	11.7	112.6	17.1	43.6	53	1 303.8	153.6	408.1
75	棉籽粕	山东省聊城市	90	0.016	0.523	11	114.7	18.7	43.8	62.8	1 399.7	130.2	477.6
76	棉籽粕	山东省聊城市	90.8	0.012	0.574	11.7	129.3	17.6	44.3	61.3	1 179.1	296.2	415.8
77	棉籽粕	山东省临沂市	90.4	0.013	0.723	13.4	122.4	20	55.2	114.5	588.1	70.8	26.3
78	棉籽粕	山东省临沂市	90.9	0.011	0.748	14	124.7	19.9	55.8	126.2	701.8	1 052.5	24.2

续表2-17

序号	原料名称	采样地点	干物质 DM/%	钠 Na/%	镁 Mg/%	铜 Cu/(mg/kg)	铁 Fe/(mg/kg)	锰 Mn/(mg/kg)	锌 Zn/(mg/kg)	硒 Se/(μg/kg)	铬 Cr/(μg/kg)	铅 Pb/(μg/kg)	砷 As/(μg/kg)
79	棉籽粕	山西省运城市	90.9	0.019	0.589	9.4	90.2	17.3	42.3	35.5	865.3	192.8	9
80	棉籽粕	山西省运城市	90.7	0.017	0.566	9.2	78.8	16.8	39.3	30.3	709.3	128.9	5.6
81	棉籽粕	陕西省渭南市	93.3	0.011	0.742	14.3	174.5	26.1	51.7	68.5	642.9	4 329.1	54.9
82	棉籽粕	陕西省渭南市	92.3	0.017	0.735	17.4	187.3	20	65	171.2	863.2	471.1	50
83	棉籽粕	陕西省渭南市	92.1	0.017	0.73	15.9	194.8	19.2	62.5	162.5	741.3	349.9	56.7
84	棉籽粕	四川省成都市新津区	98.8	0.012	0.668	12.9	114.8	17.8	51.3	119.4	478.8	177.6	31.2
85	棉籽粕	新疆维吾尔自治区	98.7	0.006	0.602	9.7	70.5	14.2	37.3	111.9	273.1	3 246.2	22.8
86	棉籽粕	新疆维吾尔自治区	98.8	0.006	0.612	9.2	71.1	14.5	38.1	111.2	647.6	4 335	19.4
87	棉籽粕	新疆维吾尔自治区昌吉回族自治州昌吉市	91.6	0.009	0.701	13.1	203.2	20.4	51	101.8	1 211.4	1 788.1	42.6
88	棉籽粕	新疆维吾尔自治区昌吉回族自治州昌吉市	93.1	0.008	0.679	13.4	121.2	19.2	49.8	101.8	767.9	1 949.3	29.3
89	棉籽粕	新疆维吾尔自治区昌吉回族自治州昌吉市	93.6	0.008	0.686	13.4	150.8	18.6	52.8	101.3	1 548.1	355	41.2
90	棉籽粕	新疆维吾尔自治区巴音郭楞蒙古自治州库尔勒市	92	0.022	0.678	13.6	159.5	19.9	59	125.2	844.7	204.6	44.2
91	棉籽粕	新疆维吾尔自治区巴音郭楞蒙古自治州库尔勒市	91.8	0.024	0.72	13.3	194.1	20.4	54.9	102.4	865	108	45.4
92	棉籽粕	新疆维吾尔自治区巴音郭楞蒙古自治州库尔勒市	92.1	0.021	0.73	13.2	145.1	20	59.4	130.4	1 333.9	2 314.8	39.9
93	棉籽粕	新疆维吾尔自治区巴音郭楞蒙古自治州库尔勒市	92.3	0.029	0.667	11.7	141.5	18.7	46.4	55.9	746	1 656.8	42.3
94	棉籽粕	新疆维吾尔自治区巴音郭楞蒙古自治州轮台县	91.6	0.034	0.599	10.1	329.6	18.3	45.6	89.6	1 591.1	2 821.9	108.9
95	棉籽粕	新疆维吾尔自治区昌吉回族自治州玛纳斯县包家店镇	91	0.027	0.586	11.8	544.2	19.7	46.6	46	432.1	71.8	32.9
96	棉籽粕	新疆维吾尔自治区昌吉回族自治州玛纳斯县乐土锋镇	97.6	0.014	0.678	13.5	124.7	18.7	50.4	112.3	372.2	32.8	20.5

续表2-17

序号	原料名称	采样地点	干物质 DM/%	钠 Na/%	镁 Mg/%	铜 Cu/(mg/kg)	铁 Fe/(mg/kg)	锰 Mn/(mg/kg)	锌 Zn/(mg/kg)	硒 Se/(μg/kg)	铬 Cr/(μg/kg)	铅 Pb/(μg/kg)	砷 As/(μg/kg)
97	棉籽粕	新疆维吾尔自治区昌吉回族自治州玛纳斯县乐土锋镇	97.6	0.02	0.646	12.8	299.2	18.9	48.6	105.9	497.6	238.6	18.3
98	棉籽粕	新疆维吾尔自治区	92.2	0.025	0.746	18.1	170.8	19	49.9	100.1	1 266.6	3 892.9	46.5
99	棉籽粕	新疆维吾尔自治区	92.7	0.008	0.708	24.1	119.1	19.4	53.5	106.9	504.1	2 725.3	25.4
100	棉籽粕	新疆维吾尔自治区乌鲁木齐市	95.6	0.008	0.706	13.4	124.7	19.9	52.2	149.9	1 196.6	178.2	61.7
101	棉籽粕	新疆维吾尔自治区乌鲁木齐市	90.8	0.008	0.719	17.2	122	18.5	56.3	94.4	1 111.5	4 933.6	25.7
102	棉籽粕	新疆维吾尔自治区乌鲁木齐市	97.9	0.008	0.724	13.8	113.1	19.6	53.1	118.7	1 023.3	3 649.4	23.4
103	棉籽粕	新疆维吾尔自治区新疆金鑫生物科技发展有限公司	91.3	0.009	0.687	13.2	121.2	19.6	50.4	120.9	668.8	310.7	35.5
104	棉籽粕	新疆维吾尔自治区益海(昌吉)粮油工业有限公司	97.5	0.008	0.671	12.9	102.6	17.1	49	101.2	981.1	644.1	21.6
105	棉籽粕	新疆维吾尔自治区益海(昌吉)粮油工业有限公司	93	0.008	0.708	13.7	138.7	20.3	58.1	94.4	414.4	24.5	22.6

十七、菜籽粕

表 2-18 菜籽粕原样中主要矿物元素及其含量

序号	原料名称	采样地点	干物质 DM/%	钠 Na/%	镁 Mg/%	铜 Cu/(mg/kg)	铁 Fe/(mg/kg)	锰 Mn/(mg/kg)	锌 Zn/(mg/kg)	硒 Se/(μg/kg)	铬 Cr/(μg/kg)	铅 Pb/(μg/kg)	砷 As/(μg/kg)
1	菜籽粕	安徽省滁州市	92.2	0.01	0.476	5	140.5	53.3	58.8	172.6	381.7	215.6	68.9
2	菜籽粕	安徽省滁州市	92.4	0.01	0.479	5.1	153.6	53.8	59.1	171.5	490.3	196.1	60.2
3	菜籽粕	安徽省滁州市	92.5	0.01	0.473	5	180.3	53.2	59.4	168.6	906.7	199.8	68.5
4	菜籽粕	安徽省滁州市	92.1	0.01	0.489	5.8	289.1	78	63.2	115.8	1 803.1	356.6	153.7
5	菜籽粕	安徽省滁州市天长市	91.7	0.008	0.572	6.3	355.9	76.2	71.8	95.7	3 356.5	299.7	126.1
6	菜籽粕	安徽省阜阳市	93.2	0.004	0.472	4.1	107	57.3	55.4	31.1	527.9	0.9	0
7	菜籽粕	安徽省阜阳市	93.2	0.005	0.47	4.1	119.8	58.1	53.5	28.5	698.7	61.4	0
8	菜籽粕	安徽省合肥市肥东县	90.4	0.111	0.574	5.1	182.7	64.8	53.6	625	2 315.8	53.6	48.5

续表2-18

序号	原料名称	采样地点	干物质 DM/%	钠 Na/%	镁 Mg/%	铜 Cu/(mg/kg)	铁 Fe/(mg/kg)	锰 Mn/(mg/kg)	锌 Zn/(mg/kg)	硒 Se/(μg/kg)	铬 Cr/(μg/kg)	铅 Pb/(μg/kg)	砷 As/(μg/kg)
9	菜籽粕	安徽省六安市	93	0.004	0.481	4.4	104.3	57.8	55.3	33	201.5	0	0
10	菜籽粕	安徽省六安市	93.1	0.004	0.474	4.5	99.5	58.2	53.2	26.3	583.7	0	0
11	菜籽粕	安徽省六安市	92.8	0.004	0.476	4	109.5	58.3	53.5	24	732.7	0	0
12	菜籽粕	安徽省六安市	93	0.004	0.477	4.4	110.8	58.9	54.2	26.5	598.3	17.4	0
13	菜籽粕	安徽省六安市	93.2	0.004	0.487	4.2	103.2	58.9	55.3	18.4	546	0	0
14	菜籽粕	福建省福州市福清市	88.1	0.006	0.616	5.4	102.3	71.7	62	761.9	824.6	38.5	7.1
15	菜籽粕	福建省福州市福清市	87.5	0.006	0.617	5.2	120.7	71.5	61.3	749.5	698.4	26.1	7.5
16	菜籽粕	福建省福州市福清市	87.7	0.008	0.62	5.2	133.5	71.4	61.9	845.9	506.5	0	5.4
17	菜籽粕	福建省福州市福清市	87.6	0.006	0.619	5.3	128.3	70.4	60	955.7	387.2	0	3.1
18	菜籽粕	福建省厦门市同安区	88.6	0.007	0.618	5.9	146.7	72.3	66.4	656	495	4.9	9.5
19	菜籽粕	福建省厦门市同安区	88.5	0.007	0.624	5.6	108.9	70.7	67.2	635.1	1 020.1	52.9	11.4
20	菜籽粕	福建省厦门市同安区	89	0.006	0.63	6	132.6	73.4	67.5	635.6	463.6	30.2	6.8
21	菜籽粕	甘肃省陇南市礼县	93.6	0.011	0.438	6.2	579.1	64.7	57.3	72.5	2 406.5	317	301.3
22	菜籽粕	甘肃省天水市秦州区	92.3	0.018	0.484	6.1	432.3	56.7	48.2	86.2	2 843.5	236.8	216.4
23	菜籽粕	甘肃省天水市武山县	92.9	0.016	0.445	10.7	1 093	71.2	58.1	98.4	5 615.6	304.5	451.1
24	菜籽粕	广东省佛山市	86.6	0.008	0.623	5.5	122.6	69.1	59.9	512	2 756	45.4	14.2
25	菜籽粕	广东省佛山市	88.6	0.112	0.569	6.1	128.4	70.1	58.6	228.9	1 053.1	46.6	11.3
26	菜籽粕	广东省广州市	88.2	0.011	0.59	9.2	149.4	71.4	56.9	460.4	841.1	28.4	14.6
27	菜籽粕	广东省广州市	88.9	0.008	0.607	5.7	133.3	66	58.9	436.7	889.9	0	7.3
28	菜籽粕	广东省广州市	88.6	0.01	0.608	6.3	141.5	65.8	57.4	540.2	388.1	0	0
29	菜籽粕	广东省广州市	89.8	0.008	0.601	5.7	164.2	66.1	59	814.6	637.2	16.6	3.2
30	菜籽粕	贵州省安顺市	92.1	0.031	0.523	8.4	149.9	69	79.5	81.2	1 442	390.2	368.2
31	菜籽粕	贵州省安顺市	92.5	0.033	0.548	8.7	283.9	73.4	79.9	91.9	1 860.8	514.8	435.3

续表2-18

序号	原料名称	采样地点	干物质 DM/%	钠 Na/%	镁 Mg/%	铜 Cu/(mg/kg)	铁 Fe/(mg/kg)	锰 Mn/(mg/kg)	锌 Zn/(mg/kg)	硒 Se/(μg/kg)	铬 Cr/(μg/kg)	铅 Pb/(μg/kg)	砷 As/(μg/kg)
32	菜籽粕	贵州省安顺市	91.6	0.032	0.529	8.6	261.4	70.2	80.5	81.7	1 795.3	424.8	409.7
33	菜籽粕	贵州省安顺市	91.8	0.033	0.546	8.8	306	72.8	81.1	101.2	2 176.6	660.2	444.1
34	菜籽粕	贵州省安顺市	90.8	0.045	0.548	7.9	243.4	66.5	83.2	72.8	1 242.8	643.8	250.2
35	菜籽粕	贵州省安顺市	91.7	0.056	0.546	7.3	147.7	67.3	75.2	91	1 009.9	303.6	194
36	菜籽粕	贵州省安顺市	92.1	0.037	0.546	8.7	207.1	68.9	79.9	89.9	1 185.2	295.4	233.9
37	菜籽粕	河北省衡水市深州市	89.4	0.006	0.667	7.9	127.8	75.8	63.7	1 295.7	373.4	24.6	14.7
38	菜籽粕	河北省衡水市深州市	88.8	0.007	0.638	6	146.8	77.2	65.2	837.3	416.5	18.9	11.3
39	菜籽粕	河北省廊坊市	92.1	0.008	0.612	5.4	129.9	65.5	57.1	558.7	739	20.5	5.6
40	菜籽粕	河北省秦皇岛市昌黎县	88.8	0.007	0.664	6.4	164.6	78	63.2	1 100.4	454.1	12.2	17.6
41	菜籽粕	河北省邢台市	90.3	0.008	0.64	5.7	159.5	67.1	59.3	567.5	750.2	13.3	5.9
42	菜籽粕	河南省开封市	92.4	0.008	0.426	5.8	295.9	65.6	65.1	82.4	1 925	341.1	155
43	菜籽粕	河南省开封市	92.2	0.007	0.425	5.6	260	64.7	62.8	76.3	1 236.9	264.6	125.2
44	菜籽粕	河南省开封市	92.6	0.007	0.424	6.1	284.9	65.3	60.6	68.6	1 213.7	312.9	148.7
45	菜籽粕	河南省开封市	92.1	0.007	0.517	5	202.1	57.6	73.6	86.9	654.4	314.1	37.4
46	菜籽粕	河南省开封市	92.8	0.006	0.494	4.9	191.3	55.2	71.3	90.3	861.3	165.1	32.8
47	菜籽粕	河南省郑州市	92.3	0.008	0.428	5.8	387.4	60.3	65.3	121.1	1 739	366.2	744.7
48	菜籽粕	河南省郑州市	92.1	0.008	0.446	6.2	402.3	63.6	67.9	157.9	1 676.8	454	705.9
49	菜籽粕	黑龙江省齐齐哈尔市	91.3	0.015	0.711	8	255.6	100.5	77.5	737.1	1 668.1	48.1	186.4
50	菜籽粕	黑龙江省齐齐哈尔市	91.3	0.013	0.612	7.2	219.8	87.8	68.1	878.7	1 980.9	62.6	246.2
51	菜籽粕	黑龙江省齐齐哈尔市	91.3	0.014	0.642	6.9	225.9	90.3	69.2	809.2	3 433.6	5.6	298.6
52	菜籽粕	黑龙江省齐齐哈尔市	91.3	0.013	0.617	6.9	231.2	88	66.7	927.8	2 797.1	48.6	268.6
53	菜籽粕	湖北省荆州市	89.5	0.023	0.63	4.3	169.6	58.6	59.8	514.1	2 399.4	79.4	50.7
54	菜籽粕	湖北省荆州市	88.6	0.026	0.628	5	163.3	64	60.6	771.9	1 033.2	55.5	50.6

续表2-18

序号	原料名称	采样地点	干物质 DM/%	钠 Na/%	镁 Mg/%	铜 Cu/(mg/kg)	铁 Fe/(mg/kg)	锰 Mn/(mg/kg)	锌 Zn/(mg/kg)	硒 Se/(μg/kg)	铬 Cr/(μg/kg)	铅 Pb/(μg/kg)	砷 As/(μg/kg)
55	菜籽粕	湖北省十堰市	85.7	0.008	0.472	5.4	234.2	64.3	59.4	143.8	653.5	160	121.4
56	菜籽粕	湖北省十堰市	91.3	0.04	0.537	6.5	479.6	74.1	72.7	105.8	2 622.7	843.7	109.1
57	菜籽粕	湖北省武汉市	84.5	0.014	0.502	5.8	106	64.3	63.6	246.9	1 611	293.5	187.6
58	菜籽粕	湖北省武汉市	86.1	0.015	0.52	6.9	170.8	68.5	67.7	275.7	1 093.2	350.5	146.4
59	菜籽粕	湖北省武汉市	88.4	0.018	0.518	6.8	206.5	70	68.5	352.7	757.9	294.7	132.5
60	菜籽粕	湖北省武汉市	94.8	0.008	0.588	5	182	76.7	69.5	595.5	1 315	47.4	42.5
61	菜籽粕	湖北省襄阳市	89.3	0.006	0.454	5.1	170.6	47.4	54.1	299.4	712.2	108.2	57.5
62	菜籽粕	湖北省襄阳市	86.7	0.006	0.487	5.5	446.6	53.9	54.8	159.9	3 832	528.5	309.7
63	菜籽粕	湖南省益阳市	89.9	0.95	0.135	8.1	772.3	19	109.1	776.2	3 056	86.5	265
64	菜籽粕	湖南省益阳市	89.2	0.021	0.643	5.2	143.7	63.9	64.5	488.3	670.7	0	8.8
65	菜籽粕	湖南省益阳市	89.8	0.003	0.538	6.1	193.2	151.4	66.7	155.6	507.2	126.2	80.3
66	菜籽粕	湖南省益阳市	91	0.003	0.625	5.7	117	72.7	59.5	39.1	356.1	3.1	13.1
67	菜籽粕	湖南省益阳市	88	0.024	0.547	5.7	150.1	68.6	58.8	47.3	490.8	139.9	74.7
68	菜籽粕	湖南省益阳市南县	88.9	0.004	0.495	6.3	136.9	64.8	70.7	371.7	393.2	122.4	44.6
69	菜籽粕	湖南省长沙市	89.4	0.005	0.49	6.6	155.9	63.7	67.7	372.5	889.3	127.7	56.6
70	菜籽粕	湖南省长沙市	90.5	0.005	0.505	7.3	241.2	62.8	69.3	333.6	1 131	261.9	127.3
71	菜籽粕	湖南省长沙市	89.1	0.005	0.497	6.6	135.4	64.9	69.3	342.5	614.9	121.3	43.6
72	菜籽粕	湖南省长沙市	88.8	0.005	0.504	6.8	180.2	64.5	70.5	371.9	904.6	210.6	97
73	菜籽粕	湖南省长沙市	89.7	0.004	0.491	6.7	146.1	64	69.7	354.7	810.4	99.2	42.6
74	菜籽粕	湖南省长沙市	88.6	0.005	0.49	7.1	214.4	62.6	68.4	384.7	992.4	238.4	97.7
75	菜籽粕	湖南省长沙市	87.4	0.004	0.504	6.5	129.9	66.4	72.6	421.4	260.1	106.6	43.5
76	菜籽粕	湖南省长沙市	90.2	0.004	0.486	6.2	153.1	63.5	68.4	362.8	737.2	169.7	52.7
77	菜籽粕	湖南省长沙市	90	0.005	0.497	6	167.3	60	66.4	382	882.2	242	104.4

续表2-18

序号	原料名称	采样地点	干物质 DM/%	钠 Na/%	镁 Mg/%	铜 Cu/(mg/kg)	铁 Fe/(mg/kg)	锰 Mn/(mg/kg)	锌 Zn/(mg/kg)	硒 Se/(μg/kg)	铬 Cr/(μg/kg)	铅 Pb/(μg/kg)	砷 As/(μg/kg)
78	菜籽粕	湖南省长沙市	88.1	0.005	0.482	6.1	140.9	58.1	64.6	369.6	659.7	186.1	87.7
79	菜籽粕	湖南省长沙市	89.9	0.005	0.475	5.5	135.1	58.9	65.5	390.1	839.3	146.1	51.9
80	菜籽粕	江苏省淮安市	88.2	0.008	0.597	5.4	167.2	72.8	63.5	444.8	890.1	10.3	6.1
81	菜籽粕	江苏省淮安市	86.6	0.008	0.591	5.4	163.5	71.6	63.1	450.1	749.7	11.2	3.1
82	菜籽粕	江苏省淮安市	87	0.008	0.606	5.4	166.8	72.9	65.1	439.6	1 035.3	51.2	4.3
83	菜籽粕	江苏省淮安市	87.6	0.008	0.603	5.3	163.6	73.3	63.9	440.9	826.5	0	8
84	菜籽粕	江苏省淮安市	87.9	0.008	0.593	4.9	160.5	71.8	63.2	439.8	558.1	110.7	9.7
85	菜籽粕	江苏省淮安市	86.6	0.008	0.597	5.3	160.5	72.2	64.2	458.4	664.5	151.5	3.3
86	菜籽粕	江苏省淮安市	87.8	0.008	0.603	4.9	151	73	63.5	409.6	978.3	92.2	2.8
87	菜籽粕	江苏省南通市	86.6	0.008	0.594	4.9	158.9	72.5	63.1	434.5	1 139.2	16.8	2.1
88	菜籽粕	江苏省南通市	87.4	0.008	0.586	4.7	155.9	71.9	60.9	445.7	847.3	22.9	4.5
89	菜籽粕	江苏省南通市	86.7	0.008	0.578	4.9	128.4	70.5	62.6	431.3	1 545.4	0	8.2
90	菜籽粕	江苏省南通市	87	0.008	0.583	5	154.7	71.6	62.4	426.3	829	11.4	5.4
91	菜籽粕	江苏省泰州市	86.9	0.008	0.592	5.2	160.5	72.2	63	454.8	488.6	12	5.5
92	菜籽粕	江苏省泰州市	87.9	0.008	0.589	5	157.8	70.7	62.8	439.1	940.1	27.5	1.7
93	菜籽粕	江苏省泰州市	88.6	0.008	0.601	4.8	161.6	72.7	62.1	442.6	1 189.5	3.6	2.4
94	菜籽粕	江苏省泰州市	86.6	0.008	0.607	4.8	167.2	74.7	63.2	453.1	998.1	11.7	3.8
95	菜籽粕	江西省九江市九江港	92.8	0.004	0.496	5.5	113.3	86.2	58.7	39.5	0	54.6	18.2
96	菜籽粕	江西省九江市九江港	92.5	0.004	0.504	5.4	112.7	87	61.6	40.1	158	100.3	0
97	菜籽粕	江西省九江市九江港	92.5	0.004	0.517	5.7	102.7	88.6	61.2	42.1	0	26.2	0
98	菜籽粕	内蒙古自治区呼和浩特市	90.7	0.008	0.607	5.2	140.5	65.1	59.6	594.4	685.7	0	10
99	菜籽粕	内蒙古自治区呼和浩特市	91.8	0.008	0.604	5.6	138	65.2	56.9	585.1	894.9	17.7	11.3
100	菜籽粕	内蒙古自治区呼和浩特市	91.5	0.008	0.622	5.2	123.3	66.1	58.2	595.5	505.9	0.5	6.9

续表2-18

序号	原料名称	采样地点	干物质 DM/%	钠 Na/%	镁 Mg/%	铜 Cu/(mg/kg)	铁 Fe/(mg/kg)	锰 Mn/(mg/kg)	锌 Zn/(mg/kg)	硒 Se/(μg/kg)	铬 Cr/(μg/kg)	铅 Pb/(μg/kg)	砷 As/(μg/kg)
101	菜籽粕	内蒙古自治区呼伦贝尔市	90.7	0.003	0.551	4.3	106.2	50	45	10.6	715	6.7	8.9
102	菜籽粕	内蒙古自治区呼伦贝尔市	91.8	0.007	0.564	4.4	166.8	62.5	59	26.9	982.3	87.7	90.3
103	菜籽粕	内蒙古自治区呼伦贝尔市	91.2	0.007	0.564	4.6	209	62.2	60.5	27	988.7	131.3	90.2
104	菜籽粕	内蒙古自治区呼伦贝尔市	90.8	0.006	0.558	4.7	188.5	61.7	60.7	22	1 000.5	119.3	96.1
105	菜籽粕	内蒙古自治区呼伦贝尔市	91.3	0.006	0.56	4.7	154.9	62.3	60.1	23.7	1 100.8	98.6	89.1
106	菜籽粕	青海省海东市	91.8	0.003	0.49	3.8	173.3	61.2	41.9	20.4	655.2	41	31.7
107	菜籽粕	青海省海东市	92.5	0.031	0.521	8.1	327.5	62.9	55.1	55.7	703.4	288.6	113
108	菜籽粕	青海省海东市	92.7	0.016	0.49	7.5	364.7	57.3	52	43.2	1 334.4	211.4	167.1
109	菜籽粕	青海省西宁市	92.4	0.079	0.589	4.7	278.3	67.6	44.9	35.2	1 419.6	91.1	81.6
110	菜籽粕	青海省西宁市	95.1	0.011	0.563	4.7	186.5	65.8	60.6	62	2 231.1	457.6	247
111	菜籽粕	山东省枣庄市	92.6	0.01	0.371	4.8	437.3	81.4	62.8	37.9	6 924.2	466.3	180.7
112	菜籽粕	山东省枣庄市	91.3	0.098	0.081	25.3	1 246.4	44.8	29.6	71.5	7 543.4	512.4	159.6
113	菜籽粕	陕西省西安市	92.9	0.03	0.511	8.8	683.5	104.2	60.3	253.2	5 075.4	608.8	505.2
114	菜籽粕	陕西省西安市	92.7	0.033	0.526	5.8	162.8	65.8	64.1	229.5	1 922.6	156	70.1
115	菜籽粕	陕西省咸阳市	93.2	0.03	0.51	8.6	343.3	102.4	60.9	237.8	3 946.6	462.8	399
116	菜籽粕	陕西省咸阳市	93.6	0.194	0.536	5	182.7	68.9	40.7	111.1	3 687.8	376	381.8
117	菜籽粕	陕西省咸阳市杨陵区	92.4	0.011	0.553	13.7	327.6	68	78	189.3	2 347.5	459.7	94.1
118	菜籽粕	四川省成都市蒲江县	98	0.006	0.49	5.7	221.1	57.7	64.3	61.7	843	215	141.7
119	菜籽粕	四川省成都市蒲江县	96.7	0.006	0.483	5.8	228.5	55.3	63.3	68.1	454.9	94.4	64.8
120	菜籽粕	四川省成都市邛崃市	95.6	0.014	0.503	6.2	273.6	64.1	60.8	53.3	1 226.9	172.1	71.7
121	菜籽粕	四川省成都市邛崃市羊安镇	98.5	0.009	0.509	5	161.1	39.8	62.9	42.2	480.9	11	0
122	菜籽粕	四川省成都市邛崃市羊安镇	97.1	0.009	0.488	4.9	127.3	37.9	60.1	28.5	235.4	0	0
123	菜籽粕	四川省成都市温江区	96.3	0.134	0.421	5.2	355.2	60.2	61.5	36.4	1 858.7	384.3	112.2

续表2-18

序号	原料名称	采样地点	干物质 DM/%	钠 Na/%	镁 Mg/%	铜 Cu/(mg/kg)	铁 Fe/(mg/kg)	锰 Mn/(mg/kg)	锌 Zn/(mg/kg)	硒 Se/(μg/kg)	铬 Cr/(μg/kg)	铅 Pb/(μg/kg)	砷 As/(μg/kg)
124	菜籽粕	四川省成都市温江区	97.3	0.007	0.466	6.1	325.6	58	61.2	147	1 805.4	268.8	148.2
125	菜籽粕	四川省成都市新津区	95.8	0.01	0.505	6.2	171.6	58.2	71.7	56.4	941.3	102.5	23
126	菜籽粕	四川省成都市新津区	98.6	0.014	0.499	6.5	194.2	59.4	65.6	41.7	648.9	137.6	48.2
127	菜籽粕	四川省成都市新津区	95.6	0.012	0.507	6.3	147.1	62.3	65.1	42.5	566.5	143.8	74.6
128	菜籽粕	四川省成都市新津区	98.3	0.008	0.466	5.5	148.4	55.1	62.9	182.9	547.7	80.4	0
129	菜籽粕	四川省成都市崇州市白头镇	98.2	0.011	0.551	5	207.7	51.1	63.3	121.8	505.5	276.5	0
130	菜籽粕	四川省德阳市中江县	97.8	0.014	0.484	6.4	151.8	59.6	68	42.5	780.1	213.4	55.2
131	菜籽粕	四川省德阳市中江县	95.9	0.012	0.498	6.7	188.1	62.7	68.1	30.5	918.2	145.6	30.6
132	菜籽粕	四川省眉山市彭山区	96	0.144	0.435	6.6	703.8	62	551.9	35.6	2 819.2	2 146.4	292.9
133	菜籽粕	四川省眉山市彭山区青龙镇	95.7	0.049	0.498	6	215.2	62.6	178.4	34.1	778.8	207.3	79.9
134	菜籽粕	四川省眉山市仁寿县	98.7	0.008	0.499	6	120.2	67.8	73.9	40.7	145.5	42	2.8
135	菜籽粕	四川省眉山市仁寿县	96.9	0.01	0.479	5.6	128.4	59	69.8	29.3	246	80.9	5.4
136	菜籽粕	四川省眉山市仁寿县	96.5	0.005	0.467	6	165	55.5	65	22.5	369.6	48.1	16.3
137	菜籽粕	四川省眉山市仁寿县	96.4	0.005	0.463	5.9	179.5	55.9	65.5	28.3	649.9	87.9	28.8
138	菜籽粕	四川省绵阳市三台县	98.3	0.006	0.461	5.7	314.4	71.4	65.9	51	3 337.3	384	257.2
139	菜籽粕	四川省绵阳市三台县	95.7	0.008	0.475	5.7	244.4	72.8	67.3	0	1 732.2	432.9	176.7
140	菜籽粕	四川省邛崃市经济开发区	98.7	0.011	0.507	6.1	222.6	61.8	70.5	27.4	1 300.9	210.2	140.1
141	菜籽粕	四川省遂宁市安居区	97.2	0.006	0.469	6.4	312.5	58	62.1	29	322.8	194.7	57.2
142	菜籽粕	四川省遂宁市安居区	96.7	0.006	0.438	5.6	309.6	61.1	59.9	16.2	1 588.6	229.4	45.4
143	菜籽粕	四川省宜宾市	97.1	0.007	0.577	6.8	261.3	70.3	57.9	174.8	766.3	595.3	67.2
144	菜籽粕	四川省自贡市	98.2	0.009	0.544	6	249	64.8	68.6	123.5	1 253.4	168.8	64.7
145	菜籽粕	四川省自贡市贡井区	97.2	0.007	0.53	6.1	125.5	68.3	69.6	40.5	424.3	36.2	3.9
146	菜籽粕	四川省自贡市贡井区	97	0.008	0.511	5.8	147.6	68	68.7	4.1	452.3	5.6	0

续表2-18

序号	原料名称	采样地点	干物质 DM/%	钠 Na/%	镁 Mg/%	铜 Cu/ (mg/kg)	铁 Fe/ (mg/kg)	锰 Mn/ (mg/kg)	锌 Zn/ (mg/kg)	硒 Se/ (μg/kg)	铬 Cr/ (μg/kg)	铅 Pb/ (μg/kg)	砷 As/ (μg/kg)
147	菜籽粕	四川省广安市	97.4	0.01	0.517	5.4	320.7	60.4	62.9	308.1	967.4	221	109.4
148	菜籽粕	新疆维吾尔自治区	92	0.007	0.601	5.4	157.7	70	62.2	829.9	550.6	11.4	31.3
149	菜籽粕	新疆维吾尔自治区	92.8	0.063	0.538	4.8	265	68.4	39.2	36.2	1 354.3	183.2	185.4
150	菜籽粕	新疆维吾尔自治区	91.9	0.013	0.482	4.4	230.6	61.7	41.2	22.9	2 737.1	827.3	316.4
151	菜籽粕	云南省大理白族自治州洱源县	96	0.005	0.485	4.7	420.8	63.6	67.1	44.7	7 846	351.1	195.4
152	菜籽粕	云南省昆明市呈贡区	97.4	0.007	0.508	10.3	273.1	57.2	71.3	76.8	1 115.4	304.9	367.6
153	菜籽粕	云南省昆明市晋宁区	96.7	0.304	0.49	4.3	224.7	71	62.8	65	4 510.9	325.7	54.6
154	菜籽粕	云南省曲靖市师宗县	96.5	0.003	0.467	5.4	155.4	56.1	65	36.9	661.9	110.4	68.3
155	菜籽粕	云南省曲靖市师宗县	96.5	0.003	0.471	5.5	198.4	56.7	65.4	41.8	807.4	142.7	88
156	菜籽粕	云南省玉溪市	96.4	0.032	0.557	5.7	198.2	54.8	68.5	90.8	1 516.6	156.6	87.3
157	菜籽粕	浙江省杭州市	93.2	0.026	0.529	5.2	212.8	61.1	60.4	133.1	477.8	281.2	48.8
158	菜籽粕	浙江省杭州市	93.9	0.063	0.518	4.8	276.7	60.7	59.1	125.4	818.3	357.2	60.1
159	菜籽粕	浙江省杭州市	92.3	0.052	0.511	4.9	244.7	63.8	58.7	146	1 059.6	585	95.2
160	菜籽粕	浙江省杭州市	92.2	0.034	0.49	4.9	347	63.5	56.8	151.5	658.6	399.7	110.2
161	菜籽粕	重庆市荣昌区昌元街道	92.8	0.007	0.489	6.1	155.2	59.1	63.2	113.2	349.3	69.7	53.4
162	菜籽粕	重庆市荣昌区昌元街道	95	0.011	0.532	5.2	200.5	63.2	63.3	83	976.5	150.3	51.1
163	菜籽粕	重庆市铜梁区	97.5	0.006	0.362	4.6	210.5	48.8	50.5	53	951.7	137.3	55.6
164	菜籽粕	重庆市潼南区	96.2	0.005	0.479	5.2	246.7	60.5	64.5	82.4	1 742.1	186.8	67.2
165	菜籽粕	重庆市永川区	95.2	0.038	0.504	5.6	232.1	67.4	58.8	70	535.7	157.9	81.4
166	菜籽粕	重庆市永川区	97.7	0.007	0.52	5.9	306.9	54.6	58.9	151.1	1 527.6	174.2	115.4

十八、亚麻籽粕

表 2-19　亚麻籽粕原样中主要矿物元素及其含量

序号	原料名称	采样地点	干物质 DM/%	钠 Na/%	镁 Mg/%	铜 Cu/(mg/kg)	铁 Fe/(mg/kg)	锰 Mn/(mg/kg)	锌 Zn/(mg/kg)	硒 Se/(μg/kg)	铬 Cr/(μg/kg)	铅 Pb/(μg/kg)	砷 As/(μg/kg)
1	亚麻籽粕	甘肃省白银市靖远县	94.5	0.102	0.571	13.5	276.8	34.1	44.6	347.7	589.1	100.2	55.7
2	亚麻籽粕	甘肃省白银市靖远县	94.8	0.1	0.567	13.3	148.1	34	44.5	319.6	273.6	81.6	43.3
3	亚麻籽粕	甘肃省白银市靖远县	95.1	0.103	0.577	13.9	286.2	34.7	44.7	294.9	608.9	128.1	48.9
4	亚麻籽粕	甘肃省定西市安定区	93.3	0.017	0.575	9	276.8	30.3	56.3	354.3	3 479.1	184.1	138
5	亚麻籽粕	甘肃省定西市安定区	93.4	0.018	0.557	9.5	171.7	29.9	56	376	1 591.2	192	166.8
6	亚麻籽粕	甘肃省定西市安定区	93.7	0.018	0.563	9.5	146.6	29.7	56.7	346.5	1 862	178.9	149.8
7	亚麻籽粕	甘肃省武威市	93.8	0.083	0.736	23.6	211.8	58.3	65.5	395.9	943.4	60.1	64.8
8	亚麻籽粕	黑龙江省绥化市	94.1	0.13	0.67	31.8	502.4	100.4	131.3	47.1	3 485.8	129.7	288.5
9	亚麻籽粕	黑龙江省绥化市	94.1	0.134	0.665	31.3	516.2	96.4	135.4	39.3	3 909.8	116.7	285
10	亚麻籽粕	黑龙江省绥化市	94.1	0.149	0.743	36.5	599.8	110.8	155.6	30.3	2 718.3	69.3	201.9
11	亚麻籽粕	黑龙江省绥化市	94.3	0.14	0.696	33.7	564.1	99.3	135.2	30.2	6 313.4	92.5	342.5
12	亚麻籽粕	黑龙江省绥化市	94.6	0.138	0.708	34.6	510.1	99.9	136.2	38.7	5 869.2	66.2	296
13	亚麻籽粕	黑龙江省绥化市	94.1	0.138	0.69	33.4	516.9	99.8	135.2	43.5	4 316.1	116.3	247.7
14	亚麻籽粕	宁夏回族自治区吴忠市	89.4	0.084	0.754	19.5	107.7	42.6	65.7	1 513.1	50.3	18	25.1
15	亚麻籽粕	宁夏回族自治区吴忠市	89	0.082	0.724	18.9	98.5	40.7	63.4	1 416.7	0	7.4	15.7
16	亚麻籽粕	宁夏回族自治区吴忠市	90	0.079	0.709	18.6	94.5	40	63.3	1 427.2	0	32.3	19.1
17	亚麻籽粕	宁夏回族自治区银川市西夏区	91.6	0.047	0.664	17.1	128.6	42.8	68.6	858	242.5	82.6	19.1
18	亚麻籽粕	宁夏回族自治区银川市西夏区	90.8	0.05	0.642	15.5	109.2	40	61.3	721	588.9	54	13.1
19	亚麻籽粕	宁夏回族自治区银川市西夏区	91.8	0.046	0.682	15.9	122.3	42.2	66.8	789.6	503	107.9	19.8

十九、花生仁粕

表 2-20　花生仁粕原样中主要矿物元素及其含量

序号	原料名称	采样地点	干物质 DM/%	钠 Na/%	镁 Mg/%	铜 Cu/(mg/kg)	铁 Fe/(mg/kg)	锰 Mn/(mg/kg)	锌 Zn/(mg/kg)	硒 Se/(μg/kg)	铬 Cr/(μg/kg)	铅 Pb/(μg/kg)	砷 As/(μg/kg)
1	花生仁粕	安徽省亳州市	92.9	0.001	0.46	15.1	44.6	27.2	61.6	89.9	536.8	6.7	14
2	花生仁粕	安徽省亳州市	90.9	0.001	0.457	15.4	49.9	27.1	61	60.6	174.8	27	1.8
3	花生仁粕	北京市怀柔区	92.5	0	0.47	12.9	72.2	30.5	60.7	109.2	368.7	0	0
4	花生仁粕	北京市怀柔区	92.3	0	0.473	12.8	75	30.1	60.4	144.6	466	0	23.2
5	花生仁粕	北京市怀柔区	92.2	0.001	0.486	13.3	81.4	31.6	62.2	154.9	281.5	0	30.6
6	花生仁粕	北京市怀柔区	91.4	0.001	0.467	12.5	78.2	30	59.3	165.3	619.9	0	23.9
7	花生仁粕	北京市怀柔区	91.8	0	0.472	12.9	77.4	30.5	60.2	141.3	534.3	28.2	29.3
8	花生仁粕	福建省龙岩市漳平市	90.4	0.013	0.469	13.2	252.4	44.6	49.1	101.5	3 082.3	130.3	58
9	花生仁粕	福建省莆田市仙游县	90.2	0.009	0.374	10.8	218.2	35.5	33.9	103.4	6 172.6	83.7	72.8
10	花生仁粕	福建省莆田市仙游县	90.4	0.014	0.472	13.4	261	45.3	49	84.7	4 455.1	165.9	66.9
11	花生仁粕	福建省莆田市仙游县	90.2	0.009	0.455	12.9	206.2	43	49.9	96.7	21 375.5	112.8	59.5
12	花生仁粕	福建省厦门市集美区	90.3	0.011	0.465	13.2	227.7	43.8	48.7	90.4	1 999.2	269	57.8
13	花生仁粕	福建省厦门市集美区	90.2	0.01	0.437	12.6	286.4	41.8	45.6	104.8	11 872.2	79.2	64.4
14	花生仁粕	福建省厦门市集美区	90.2	0.018	0.505	13.2	1 278.4	80.5	66.9	47.3	8 136.9	139.5	300.8
15	花生仁粕	福建省厦门市集美区	90.4	0.012	0.455	12.9	148.1	43.1	50.3	104.1	4 279.3	95	53.4
16	花生仁粕	福建省龙岩市漳平市	90.2	0.008	0.43	12.3	185.7	40.5	42.7	98.9	2 316.8	46.2	58.4
17	花生仁粕	广西壮族自治区南宁市	93.8	0.001	0.46	18.3	58.2	48.7	55.7	117.6	405.8	71.4	45
18	花生仁粕	广西壮族自治区南宁市	94.4	0	0.499	23	40.3	64.3	63	109.1	156.5	35.8	8.3
19	花生仁粕	海南省琼中黎族苗族自治县营根镇	98.3	0.001	0.491	15.4	70.2	36.5	73	39.1	610.8	0	0
20	花生仁粕	海南省琼中黎族苗族自治县营根镇	98.2	0.001	0.506	14.8	69.3	37.5	68.8	34.5	134.5	0	0
21	花生仁粕	河北省衡水市	89.9	0.013	0.442	14.2	164.1	68.6	41.1	59.3	1 045.5	105.4	46.7

续表2-20

序号	原料名称	采样地点	干物质 DM/%	钠 Na/%	镁 Mg/%	铜 Cu/(mg/kg)	铁 Fe/(mg/kg)	锰 Mn/(mg/kg)	锌 Zn/(mg/kg)	硒 Se/(μg/kg)	铬 Cr/(μg/kg)	铅 Pb/(μg/kg)	砷 As/(μg/kg)
22	花生仁粕	河北省衡水市	91.9	0.01	0.445	12.8	169.2	47.9	48.4	132.9	1 563.9	123.9	48
23	花生仁粕	河北省衡水市深州市	90.2	0.019	0.429	12.7	269.5	48.2	48.6	131	2 422.6	151.7	116.9
24	花生仁粕	河北省邢台市	91.2	0.008	0.554	20.9	396.8	64.3	62.8	101.6	2 521.6	256.8	161.6
25	花生仁粕	黑龙江省大庆市肇源县	91.4	0.001	0.5	19.2	190.5	60.9	64	200.7	1 609	158.4	59.9
26	花生仁粕	黑龙江省大庆市肇源县	91.4	0.001	0.505	19.1	145.9	61.6	65	198.3	2 021.5	197.4	68.1
27	花生仁粕	黑龙江省大庆市肇源县	91.4	0.001	0.503	19.5	134.6	61.2	64.1	446.3	1 982.5	247.2	195.1
28	花生仁粕	湖北省襄阳市	88.7	0.002	0.481	22.1	268.2	66.1	62.8	64.7	1 917.2	217.3	188.6
29	花生仁粕	湖北省襄阳市	88.4	0.001	0.325	18.1	146.5	40.8	48	59	1 315.9	147.3	45.3
30	花生仁粕	湖北省襄阳市	89.9	0	0.421	11.4	77.7	36.7	55.3	41	238	32.9	26.5
31	花生仁粕	湖北省襄阳市	87.6	0.003	0.45	10.8	145.7	39.8	36	75.7	8 793.8	78.7	98.3
32	花生仁粕	湖北省襄阳市	88.5	0	0.475	20.4	44.5	31.1	59.4	36.7	69.2	0	0
33	花生仁粕	江苏省泰州市	88.6	0.059	0.494	16.7	237.1	67.9	62.7	163.2	5 046.3	1 002.2	337.5
34	花生仁粕	江苏省泰州市	88.6	0.058	0.483	15.9	147.8	57.2	61.2	159	4 051.5	964.2	319.9
35	花生仁粕	江苏省泰州市	88.7	0.063	0.507	16.7	221.1	60.5	63.5	148.2	5 118.1	1 047.3	374.5
36	花生仁粕	江苏省泰州市	88.7	0.059	0.478	16.1	290.7	64.5	59.5	172.1	4 413.7	1 110.4	334.1
37	花生仁粕	江苏省泰州市	88.7	0.062	0.494	16.3	253.4	67.5	62.2	168.3	4 249.1	1 051.4	326.2
38	花生仁粕	江西省宜春市	91.5	0	0.517	18.9	140.1	53.9	72.5	77.2	1 487.2	153.1	74.6
39	花生仁粕	江西省宜春市	91.3	0	0.544	19.1	149.6	58.6	77.3	94.8	1 421.1	110.3	48.8
40	花生仁粕	江西省宜春市	91.3	0	0.555	19.6	126.3	57.7	79.2	112.8	922	116.6	40.4
41	花生仁粕	江西省宜春市	91.4	0	0.537	18.8	143.6	58.6	76	139.6	1 472	166.9	72.2
42	花生仁粕	江西省宜春市	91.5	0	0.55	19.2	126.5	59.9	78.6	227.6	819.8	134.1	106.2
43	花生仁粕	江西省宜春市	91.4	0	0.553	19.3	165.4	58.2	79.1	153.6	1 398.8	217.1	94.3
44	花生仁粕	山东省青岛市莱西市	91.8	0.013	0.482	18	260.1	72	56.9	125.3	5 136.2	560.8	196.1

续表2-20

序号	原料名称	采样地点	干物质 DM/%	钠 Na/%	镁 Mg/%	铜 Cu/(mg/kg)	铁 Fe/(mg/kg)	锰 Mn/(mg/kg)	锌 Zn/(mg/kg)	硒 Se/(μg/kg)	铬 Cr/(μg/kg)	铅 Pb/(μg/kg)	砷 As/(μg/kg)
45	花生仁粕	山东省临沂市	92.1	0.016	0.467	15.3	291.1	61	57.1	137.7	6 441.8	718.6	96.6
46	花生仁粕	山东省临沂市	93.6	0.001	0.468	13.4	65.4	54.6	59.5	73.1	214.2	37.2	9
47	花生仁粕	山东省临沂市	94.3	0.001	0.464	12.9	65.3	53.9	59.5	73.8	450.5	30.4	11.8
48	花生仁粕	山东省临沂市沂水县	94.5	0.009	0.519	10.5	82.7	36.9	97.1	92	989.7	198.7	29.2
49	花生仁粕	山东省临沂市沂水县	93.4	0.009	0.519	10.7	66.4	36.7	95.7	78	593.6	136.7	19.1

二十、葵花籽粕

表 2-21 葵花籽粕原样中主要矿物元素及其含量

序号	原料名称	采样地点	干物质 DM/%	钠 Na/%	镁 Mg/%	铜 Cu/(mg/kg)	铁 Fe/(mg/kg)	锰 Mn/(mg/kg)	锌 Zn/(mg/kg)	硒 Se/(μg/kg)	铬 Cr/(μg/kg)	铅 Pb/(μg/kg)	砷 As/(μg/kg)
1	葵花籽粕	黑龙江省齐齐哈尔市	93.1	0.01	0.393	22.4	470.9	27.4	37	29.5	6 894.9	49.9	218.2
2	葵花籽粕	黑龙江省齐齐哈尔市	93.1	0.012	0.392	22.2	493.3	28	36	39.3	8 353.7	13.2	211.8
3	葵花籽粕	黑龙江省齐齐哈尔市	93.1	0.012	0.392	22.2	493.3	28	36	39.3	8 353.7	13.2	211.8
4	葵花籽粕	黑龙江省齐齐哈尔市	93.1	0.01	0.398	22.6	376.7	26.7	35.9	76.6	6 880.8	123.4	293.4
5	葵花籽粕	黑龙江省齐齐哈尔市	93	0.008	0.322	19.7	224.2	22.3	35.4	50.1	7 694.2	56.4	248.5
6	葵花籽粕	黑龙江省齐齐哈尔市	93.1	0.011	0.392	23.2	435.5	26.5	36.2	46.6	8 144.6	33.9	272.9
7	葵花籽粕	黑龙江省齐齐哈尔市	93.1	0.009	0.399	22.5	377	26.5	35.6	37.4	5 456.1	55.7	264.4
8	葵花籽粕	山东省青岛市	92	0.017	0.438	26.9	401.7	34.6	59.6	86.5	14 553.3	489	450.5
9	葵花籽粕	山东省青岛市	91.8	0.017	0.432	27	416	31.7	60.1	149.4	12 957.3	502.6	502.9
10	葵花籽粕	山东省青岛市	91.4	0.006	0.647	36.4	146.9	52.5	111.9	141.5	4 222.7	18.8	190.1
11	葵花籽粕	山东省青岛市	91.4	0.009	0.727	39.2	192.2	58.2	113.4	192.5	9 707.9	0	412.4
12	葵花籽粕	山东省青岛市	92.1	0.006	0.644	36.3	139.2	52.4	110.2	117.5	3 906.1	10.6	179.6

续表2-21

序号	原料名称	采样地点	干物质 DM/%	钠 Na/%	镁 Mg/%	铜 Cu/(mg/kg)	铁 Fe/(mg/kg)	锰 Mn/(mg/kg)	锌 Zn/(mg/kg)	硒 Se/(μg/kg)	铬 Cr/(μg/kg)	铅 Pb/(μg/kg)	砷 As/(μg/kg)
13	葵花籽粕	山西省运城市	93.9	0.016	0.629	38.9	581.7	45.5	71.7	88.8	13 378.6	85.8	401.5
14	葵花籽粕	山西省运城市	93.4	0.011	0.496	35.6	340.7	29.8	81.5	119.5	7 646.2	93.9	308.4
15	葵花籽粕	山西省运城市	93.7	0.015	0.453	32.3	288.8	35.1	70.9	115.1	10 498.6	104.5	337.4
16	葵花籽粕	山西省运城市	93.4	0.012	0.509	37	304.6	30.1	84.1	101.8	8 654	147.7	390.5

二十一、脱脂米糠粕

表 2-22 脱脂米糠粕原样中主要矿物元素及其含量

序号	原料名称	采样地点	干物质 DM/%	钠 Na/%	镁 Mg/%	铜 Cu/(mg/kg)	铁 Fe/(mg/kg)	锰 Mn/(mg/kg)	锌 Zn/(mg/kg)	硒 Se/(μg/kg)	铬 Cr/(μg/kg)	铅 Pb/(μg/kg)	砷 As/(μg/kg)
1	脱脂米糠粕	安徽省六安市	90.9	0.001	1.116	11.2	244.1	213.2	65.7	104.8	967.9	150.4	1 030.9
2	脱脂米糠粕	安徽省六安市	90.9	0.001	1.117	10.9	315.4	262.9	69.2	87.2	1 115.5	145.9	1 031.3
3	脱脂米糠粕	安徽省六安市	91	0.001	1.101	10.8	298.8	258.4	69.2	101.1	1 443.7	171.5	1 055.2
4	脱脂米糠粕	福建省宁德市福鼎市	90.3	0.003	0.709	8.7	243.1	176.8	57	86.7	15 424.4	301.1	540.5
5	脱脂米糠粕	福建省宁德市福鼎市	90.4	0.002	0.719	8.3	198.2	205.9	50.7	98.6	5 339	275	528.2
6	脱脂米糠粕	福建省泉州市南安市	89.1	0.001	0.718	7.5	123.3	241.4	42.1	89.3	496	104.2	427.9
7	脱脂米糠粕	福建省泉州市南安市	88.7	0.001	0.822	8.8	122.5	259.4	47.8	77.1	408.4	151	422.5
8	脱脂米糠粕	福建省泉州市南安市	90.2	0.003	0.722	8.8	283.2	180.1	57.6	92.8	4 666.6	304.4	536.1
9	脱脂米糠粕	广东省广州市	93.2	0.001	0.317	9.5	270.5	345.6	43.1	157.3	8 334.8	658	606.5
10	脱脂米糠粕	广东省广州市	93.8	0.001	0.307	10.4	293.9	337	42.8	171.7	7 133.5	619.9	600.9
11	脱脂米糠粕	广东省广州市	88.5	0.003	1.033	5.7	116.5	216.4	51.8	115.3	430.9	77.7	1 045.5
12	脱脂米糠粕	广东省清远市	91.4	0	0.316	4.2	89.6	210.3	28.8	126	4 667.7	165.1	814.9
13	脱脂米糠粕	贵州省毕节市	90.6	0.009	1.069	5.5	207.7	159.2	44.6	52.8	2 934.1	78.9	948.7

续表2-22

序号	原料名称	采样地点	干物质 DM/%	钠 Na/%	镁 Mg/%	铜 Cu/(mg/kg)	铁 Fe/(mg/kg)	锰 Mn/(mg/kg)	锌 Zn/(mg/kg)	硒 Se/(μg/kg)	铬 Cr/(μg/kg)	铅 Pb/(μg/kg)	砷 As/(μg/kg)
14	脱脂米糠粕	贵州省贵阳市	92.8	0.002	0.137	2.5	218.9	225.4	17.4	47.1	20 085.1	455.2	447.8
15	脱脂米糠粕	贵州省贵阳市	90.9	0.004	0.97	8	141.2	161.2	53.3	97.5	107.1	239.6	942.7
16	脱脂米糠粕	贵州省遵义市	91	0.01	1.15	5.8	214.2	180.9	46.8	81.7	3 212.2	124.7	977.7
17	脱脂米糠粕	贵州省遵义市	90	0.009	1.067	5.7	185.8	162.3	45	55.1	2 373.3	27.7	937.1
18	脱脂米糠粕	河北省沧州市	90.6	0.01	0.907	13.6	137.6	116.1	44.5	74.4	567.9	167	749.1
19	脱脂米糠粕	河北省廊坊市	91.1	0.012	1.005	7.4	96.6	152.9	53.9	58.2	0	64.8	636.3
20	脱脂米糠粕	河北省廊坊市	91.5	0.011	0.965	6.3	129.6	136.7	51.2	45	712.3	214.1	589.3
21	脱脂米糠粕	河南省新乡市	90.6	0.005	1.188	6.5	150.2	241.8	57.6	101.1	280.4	202.3	1 107.9
22	脱脂米糠粕	河南省周口市	91	0.005	1.329	6.5	152.2	246.8	59.6	98.6	405.8	15.2	1 073.4
23	脱脂米糠粕	黑龙江省哈尔滨市木兰县	90.1	0.003	1.236	7.1	158	241.2	59.6	100	217.5	86.5	1 025.4
24	脱脂米糠粕	黑龙江省	89.8	0.003	1.199	8.7	155.3	241	62	81.8	10 138.4	85.3	645.1
25	脱脂米糠粕	黑龙江省哈尔滨市方正县	90.5	0.003	1.191	7.4	291.3	340.2	62.6	90	1 751.9	136.1	1 261.5
26	脱脂米糠粕	黑龙江省哈尔滨市方正县	90.1	0.003	1.216	7	145.4	239.6	58.2	102.2	170.9	69	943.1
27	脱脂米糠粕	黑龙江省哈尔滨市	90.1	0.004	1.211	6.8	155.9	238.9	58.2	131.5	792.8	44.4	1 057.4
28	脱脂米糠粕	黑龙江省哈尔滨市	90.5	0.003	1.239	6.9	189.8	254.7	52.7	85.5	806.4	14.1	970.3
29	脱脂米糠粕	黑龙江省佳木斯市桦南县	90.1	0.005	1.226	6.8	155.1	242	59.6	113.1	777.6	208.3	1 076.2
30	脱脂米糠粕	黑龙江省佳木斯市桦南县	90.4	0.003	1.24	6.7	162.5	243.6	59	102.4	232.7	470.8	987.5
31	脱脂米糠粕	黑龙江省鸡西市	90.4	0.003	1.219	6.7	215.3	243.7	57.7	112	503.9	55.8	988.4
32	脱脂米糠粕	黑龙江省佳木斯市	90.4	0.003	1.27	6.9	194.1	217	61.9	106.9	1 136.9	28.5	995.8
33	脱脂米糠粕	黑龙江省齐齐哈尔市讷河市	89.9	0.005	1.216	6.7	175	242.6	59.5	120.4	1 802.6	71.4	1 070.4
34	脱脂米糠粕	黑龙江省齐齐哈尔市讷河市	90.1	0.003	1.222	7	169.3	241.5	58.6	92.3	350.1	117.1	986.3
35	脱脂米糠粕	黑龙江省齐齐哈尔市	90.5	0.003	1.222	6.7	163.6	240.6	58.4	99.7	352	25.2	977.5
36	脱脂米糠粕	黑龙江省双鸭山市饶河县	90.1	0.004	1.223	6.5	160.2	245.3	59.7	120.8	1 004.6	97.1	1 054.6

续表2-22

序号	原料名称	采样地点	干物质 DM/%	钠 Na/%	镁 Mg/%	铜 Cu/(mg/kg)	铁 Fe/(mg/kg)	锰 Mn/(mg/kg)	锌 Zn/(mg/kg)	硒 Se/(μg/kg)	铬 Cr/(μg/kg)	铅 Pb/(μg/kg)	砷 As/(μg/kg)
37	脱脂米糠粕	黑龙江省哈尔滨市尚志市	89.9	0.003	1.229	6.6	167.7	243.9	58.9	89	222.6	377.6	956.6
38	脱脂米糠粕	黑龙江省哈尔滨市尚志市	90.5	0.004	1.217	7	175.2	241	58.2	102.8	650.9	198.1	1 036.4
39	脱脂米糠粕	黑龙江省双鸭山市	90.1	0.004	1.22	6.9	175.5	242.7	58.9	84.9	523.4	149.4	983.5
40	脱脂米糠粕	黑龙江省绥化市	90.4	0.004	1.223	7.1	218.5	242.6	58.9	129.1	1 358.9	176	0
41	脱脂米糠粕	黑龙江省哈尔滨市通河县	90.5	0.004	1.181	6.6	141.1	232.5	57.4	104.8	816.1	74.1	1 024
42	脱脂米糠粕	黑龙江省哈尔滨市五常市	89.9	0.004	1.224	6.8	199.8	244.2	59	98.4	809.6	65.7	1 048.8
43	脱脂米糠粕	黑龙江省哈尔滨市五常市	90.5	0.004	1.253	7	172.4	247.7	58.7	107.9	1 309.8	38.5	1 063.5
44	脱脂米糠粕	黑龙江省哈尔滨市五常市	89.9	0.004	1.237	6.8	187	243.5	58.6	96.4	764.3	71.9	1 028.4
45	脱脂米糠粕	黑龙江省哈尔滨市依兰县	90.4	0.004	1.213	6.8	157.3	240.5	58.5	99.7	745.6	56.9	1 033
46	脱脂米糠粕	湖北省荆州市	91.6	0.002	0.906	10.1	237.3	207	63.2	122.5	1 190.5	40.8	678.3
47	脱脂米糠粕	湖北省荆州市	92.9	0	1.116	11.9	178.4	201.8	66.4	102.3	1 445.8	138	808
48	脱脂米糠粕	湖北省荆州市公安县	90.2	0.005	0.893	9.5	217.7	235	58.2	139	445.8	257.1	1 180.8
49	脱脂米糠粕	湖北省武汉市	92.3	0.001	0.934	9.4	159.6	209	56.7	66.5	1 795.4	116.2	602.9
50	脱脂米糠粕	湖北省武汉市	88.7	0	1.24	12.3	148.7	208	78.1	185.1	1 249.3	54.3	1 185.4
51	脱脂米糠粕	湖北省襄阳市宜城市	89.3	0	1.03	8.6	208.6	240	60.1	81.5	2 083	103.5	887.9
52	脱脂米糠粕	湖北省襄阳市宜城市	89.5	0	1.064	11.1	120.8	164	68.8	89	919.7	84.8	1 177.4
53	脱脂米糠粕	湖南省长沙市望城区	90.6	0.012	0.463	5.5	143.6	118.5	47.8	56.4	2 230.6	365.5	3 711.6
54	脱脂米糠粕	湖南省长沙市望城区	89.7	0.017	0.497	7.1	241.7	243	40	65	1 631.1	404.4	2 186.1
55	脱脂米糠粕	湖南省长沙市望城区	90.1	0.004	0.67	7.6	236.7	274.8	46.4	74.2	1 321.8	328.5	1 121.5
56	脱脂米糠粕	湖南省长沙市望城区	88.5	0.006	0.584	7.1	202.3	257.8	42.1	74.3	1 434.6	389.7	1 039.6
57	脱脂米糠粕	湖南省长沙市望城区	88.4	0.007	0.541	7.4	216.5	240.2	40.4	64.6	1 199.4	443.8	1 236.5
58	脱脂米糠粕	江西省宜春市丰城市	88.3	0.001	1.175	11.3	207.2	270.6	72.3	132.1	1 779	198.6	741.8
59	脱脂米糠粕	江西省宜春市丰城市	88.5	0.001	1.187	11	168.1	269.3	71.4	107.7	1 647.9	476.2	747.9

续表2-22

序号	原料名称	采样地点	干物质 DM/%	钠 Na/%	镁 Mg/%	铜 Cu/(mg/kg)	铁 Fe/(mg/kg)	锰 Mn/(mg/kg)	锌 Zn/(mg/kg)	硒 Se/(μg/kg)	铬 Cr/(μg/kg)	铅 Pb/(μg/kg)	砷 As/(μg/kg)
60	脱脂米糠粕	江西省宜春市高安市祥符镇	88.7	0.005	0.607	7.6	227.3	244.4	44.3	56.7	1 005.3	303.4	923.3
61	脱脂米糠粕	江西省南昌市	88.6	0.003	1.195	8.6	164.3	239.7	61.3	109.9	658.5	103.2	916.5
62	脱脂米糠粕	江西省南昌市	88.8	0.002	1.156	11	137.4	240.1	64.9	98.7	373.6	73.1	811.6
63	脱脂米糠粕	江西省南昌市	88.5	0.002	1.094	10.2	147.8	224.1	56.6	134.3	560.4	337.2	863.8
64	脱脂米糠粕	内蒙古自治区包头市	89.8	0.003	1.294	9	148.8	276	63.6	103.8	899	7.9	1 183
65	脱脂米糠粕	内蒙古自治区呼伦贝尔市	91.9	0.005	0.196	9.2	128.2	26.9	28.4	10.5	2 200.4	130.5	130.9
66	脱脂米糠粕	内蒙古自治区通辽市	91.5	0.014	0.146	7.2	152.5	23.1	22.2	12.7	11 519.5	164	431.9
67	脱脂米糠粕	内蒙古自治区兴安盟	91.1	0.013	0.153	6.5	150.6	24.9	22.7	0	10 244.1	54.3	463.3
68	脱脂米糠粕	山东省滨州市	90.8	0.007	1.077	7.2	326.8	207.1	51.5	92.7	2 464	179.1	1 040.3
69	脱脂米糠粕	山东省济宁市	91.4	0.022	0.95	10.9	372	182	55.1	70.3	8 753.6	276	1 253.2
70	脱脂米糠粕	山东省济宁市	91.4	0.003	1.171	6.9	167.8	238.1	54.1	80.6	2 085	9.4	918.6
71	脱脂米糠粕	山东省济宁市	91.3	0.021	0.897	11.4	550.1	186.9	49.4	52.7	8 145.7	506.2	1 116.5

二十二、鱼粉

表 2-23 鱼粉原样中主要矿物元素及其含量

序号	原料名称	采样地点	干物质 DM/%	钠 Na/%	镁 Mg/%	铜 Cu/(mg/kg)	铁 Fe/(mg/kg)	锰 Mn/(mg/kg)	锌 Zn/(mg/kg)	硒 Se/(μg/kg)	铬 Cr/(μg/kg)	铅 Pb/(μg/kg)	砷 As/(μg/kg)
1	鱼粉	安徽省合肥市肥东县	91.9	1.664	0.387	15	587.1	24.9	90.1	2 860.3	6 503.9	512.3	7 947.6
2	鱼粉	福建省漳州市龙海区	91.3	1.289	0.312	6.1	334.3	8.2	74.4	1 755.9	3 167.7	204.9	3 476.9
3	鱼粉	福建省漳州市龙海区	92	1.352	0.342	5.7	364	10.8	81.1	1 616.3	2 752.7	137.8	2 659.8
4	鱼粉	福建省漳州市龙海区	90.9	1.869	0.447	14.2	1 599.9	66.8	81	2 293.8	6 406.7	1 029.5	5 074.3
5	鱼粉	广东省东莞市	91.6	0.839	0.278	4.1	498	22.3	79.2	2 402.4	4 908.3	1 429.3	5 463.2

续表2-23

序号	原料名称	采样地点	干物质 DM/%	钠 Na/%	镁 Mg/%	铜 Cu/(mg/kg)	铁 Fe/(mg/kg)	锰 Mn/(mg/kg)	锌 Zn/(mg/kg)	硒 Se/(μg/kg)	铬 Cr/(μg/kg)	铅 Pb/(μg/kg)	砷 As/(μg/kg)
6	鱼粉	广东省佛山市	90.6	1.061	0.25	7.2	920.6	14.3	84.4	2 255	3 314.8	484.5	3 553.3
7	鱼粉	广西壮族自治区北海市	94	1.01	0.317	28.3	20 810.8	142.2	84.9	3 384.6	21 527.2	1 097.6	15 728.5
8	鱼粉	广西壮族自治区北海市	93.4	0.962	0.307	7.2	3 609.6	42.1	112.3	3 205.9	4 625.4	2 733.4	12 087.5
9	鱼粉	广西壮族自治区玉林市	91.6	1.492	0.292	6.5	1 523.4	39.5	95.3	3 097.4	1 244 322	6 776.8	6 502.3
10	鱼粉	海南省澄迈县	96.2	2.544	0.027	21	151.9	0.9	11.6	1 300.7	4 326.3	347.9	591.1
11	鱼粉	海南省澄迈县	96.2	2.964	0.027	20.8	110.3	1.4	14	1 344.7	6 154.6	438.2	664.3
12	鱼粉	河北省秦皇岛市昌黎县	95	1.515	0.473	19.7	2 860.7	148.6	83.5	2 359.5	14 606.1	4 922.1	6 291.8
13	鱼粉	河北省秦皇岛市昌黎县	95.8	1.455	0.599	67.8	3 375.1	240.4	85.5	3 375.1	14 433	3 420.4	10 662.2
14	鱼粉	河北省秦皇岛市昌黎县	96.1	1.373	0.631	62.1	3 454.7	236.1	76.9	2 826.2	18 656.7	3 555.4	9 212.9
15	鱼粉	河南省鹤壁市	91.9	1.247	0.377	8.5	1 510.3	97.1	88.2	1 248.3	6 723.2	1 371.9	3 298.2
16	鱼粉	河南省鹤壁市	91.3	1.269	0.376	8.1	1 415.1	95.3	84.4	1 352.4	4 616.5	1 115.2	3 466
17	鱼粉	湖北省襄阳市宜城市	92.7	2.635	0.037	19.8	178.4	1.4	17.3	2 904	4 590.8	569	6 842.7
18	鱼粉	湖北省宜昌市宜都市	93	2.207	0.022	23.3	133.5	1.2	16.7	3 122.8	7 598.9	529.3	8 774.7
19	鱼粉	湖南省株洲市	88.5	1.191	0.325	5.5	957.5	8.9	72.1	1 738.9	3 581.9	62.4	2 645.3
20	鱼粉	湖南省株洲市芦淞区	89.4	0.922	0.151	9	833.9	22.2	117.2	1 901.4	3 616.8	795.9	3 737.4
21	鱼粉	湖南省株洲市芦淞区	89.4	1.298	0.151	6.7	638.3	27.8	109.9	2 048.3	3 875.3	619.8	4 319.3
22	鱼粉	江苏省南通市	90	1.397	0.346	6	1 952.7	11.5	80.3	2 120.3	3 492.1	23.8	3 748.5
23	鱼粉	江苏省南通市	90.7	1.3	0.311	6.3	1 843.5	10.5	74.4	2 174.1	3 990.3	412.8	4 084.3
24	鱼粉	辽宁省大连市	94.3	1.437	0.319	9	834.8	43.9	74	3 045.9	4 112.6	715.5	5 962
25	鱼粉	辽宁省大连市	94.4	1.247	0.297	6.2	901	56.9	71	3 251.5	4 328.5	693.1	6 527.8
26	鱼粉	辽宁省大连市	95.9	1.112	0.332	12.8	539.2	39.6	90.1	3 180.2	3 650.5	575.8	6 415.9
27	鱼粉	辽宁省大连市	94.4	1.611	0.313	13	828.5	31.9	73.2	2 468.8	3 114	547.5	5 999
28	鱼粉	辽宁省大连市	94.8	0.983	0.325	6.1	576.6	28.9	87.8	2 218.3	2 846	323.2	4 560.9

续表2-23

序号	原料名称	采样地点	干物质 DM/%	钠 Na/%	镁 Mg/%	铜 Cu/(mg/kg)	铁 Fe/(mg/kg)	锰 Mn/(mg/kg)	锌 Zn/(mg/kg)	硒 Se/(μg/kg)	铬 Cr/(μg/kg)	铅 Pb/(μg/kg)	砷 As/(μg/kg)
29	鱼粉	辽宁省大连市	95.1	1.72	0.365	14.3	1 339	56.5	77.5	2 777.8	81 594.9	856.8	6 883.4
30	鱼粉	辽宁省丹东市	94.4	1.402	0.357	10.1	648.1	34.9	72.8	2 703.3	5 043.2	1 138.3	8 398.6
31	鱼粉	辽宁省丹东市	94.2	1.424	0.366	10.1	950.6	39.2	74.7	2 546.3	4 190.5	786.6	7 532.3
32	鱼粉	辽宁省丹东市	94.5	1.382	0.351	10.3	875.2	36.5	71.5	2 806.5	4 712.7	812.8	8 317.3
33	鱼粉	辽宁省丹东市	94.5	1.379	0.351	10.4	659.7	39.1	71.9	2 596	3 914.1	715.7	7 559.3
34	鱼粉	山东省滨州市	93.7	2.333	0.313	37.5	7 934.5	143.2	234.4	810.8	27 616.9	57 886.9	6 591.5
35	鱼粉	山东省滨州市	93	2.44	0.299	37	10 000.1	148.4	245.5	904.4	41 587.9	74 135.1	8 982.3
36	鱼粉	山东省滨州市	93.1	1.516	0.375	9	952.4	23.4	71.9	924.7	45 616.2	75 349	9 556.1
37	鱼粉	山东省	89.6	2.274	0.77	4.1	1 174.6	59.3	39.5	499.7	14 467.4	839.2	1 043.7
38	鱼粉	山东省	89.7	2.257	0.796	3.9	1 747	71.9	37.2	390.3	15 126.9	524.4	965.8
39	鱼粉	山东省	90.6	2.374	0.766	5	1 605	56.6	39.2	501.7	17 084.8	609	1 034.3
40	鱼粉	山东省青岛市	92.6	0.03	0.646	6.8	147.2	64.5	61.7	1 066.1	13 051.5	1 289	1 990.4
41	鱼粉	山东省青岛市	93	1.152	0.313	7.6	538	15.5	82.2	1 144.5	12 613.2	1 318	1 940.8
42	鱼粉	山东省青岛市	93.4	0.866	0.152	8.9	897.7	22.1	127.1	1 125.4	11 318.6	1 946.5	2 001.7
43	鱼粉	山东省青岛市	93	1.761	0.498	12.1	1 350.2	30.7	72.4	789.4	42 320.5	2 122.6	1 708.1
44	鱼粉	山东省威海市	91.2	0.93	0.162	6	673.4	30.1	120.1	2 056.5	107 175.2	732.8	2 923.8
45	鱼粉	山东省威海市	91.6	1.075	0.309	5.8	692.6	19.2	84.9	1 717.7	240 695.3	746.3	2 685.4
46	鱼粉	山东省威海市	91.4	1.123	0.292	6.7	1 269.7	14	71.4	2 012.1	4 894.1	212.6	3 208.1
47	鱼粉	山东省威海市	91.5	1.186	0.159	6.3	771.2	34.4	120.4	1 674.3	225 871.9	753	2 983
48	鱼粉	山东省威海市荣成市	91.3	1.687	0.454	14.4	984.5	25.7	90.4	1 789.3	4 213.3	118.9	3 009.7
49	鱼粉	山东省济南市章丘区	86	2.009	0.661	5.7	1 406.6	189	42	425.4	4 845.1	1 460	1 891.2
50	鱼粉	云南省昆明市官渡区	96.8	0.8	0.291	3.4	697	20.7	72.1	3 246.5	4 385.6	646.3	5 962.9
51	鱼粉	云南省昆明市官渡区	96.8	0.615	0.218	14.1	886.4	72.8	90.5	793.3	6 116.9	448.1	869.4

续表2-23

序号	原料名称	采样地点	干物质 DM/%	钠 Na/%	镁 Mg/%	铜 Cu/(mg/kg)	铁 Fe/(mg/kg)	锰 Mn/(mg/kg)	锌 Zn/(mg/kg)	硒 Se/(μg/kg)	铬 Cr/(μg/kg)	铅 Pb/(μg/kg)	砷 As/(μg/kg)
52	鱼粉	浙江省宁波市象山县	91	2.437	0.281	37.8	10 514.2	133.3	223.1	2 111	4 887.6	1 300.8	6 078.7
53	鱼粉	浙江省宁波市象山县	88.2	1.605	0.461	16.7	1 093.6	18.5	64.5	2 542.5	5 891.5	627.8	7 403.5
54	鱼粉	浙江省宁波市象山县	90	1.671	0.454	12	1 283.8	26.7	63.6	2 265.4	5 526.7	1 710.6	9 325.9
55	鱼粉	浙江省宁波市象山县	88	1.209	0.272	7.3	1 123.7	11.5	68.1	2 571.2	4 959.2	1 458.4	9 355.2
56	鱼粉	浙江省宁波市象山县	90.3	1.578	0.411	11.4	850.2	18.5	67.2	2 370.6	4 863.8	992.9	6 775.6
57	鱼粉	浙江省宁波市象山县	90.1	2.37	0.32	7.1	2 346.8	78.5	109.1	2 275.4	5 127.7	1 716.7	8 794.4

二十三、肉粉

表 2-24 肉粉原样中主要矿物元素及其含量

序号	原料名称	采样地点	干物质 DM/%	钠 Na/%	镁 Mg/%	铜 Cu/(mg/kg)	铁 Fe/(mg/kg)	锰 Mn/(mg/kg)	锌 Zn/(mg/kg)	硒 Se/(μg/kg)	铬 Cr/(μg/kg)	铅 Pb/(μg/kg)	砷 As/(μg/kg)
1	肉粉	福建省南平市光泽县	91.8	0.416	0.11	10.5	528.5	9.2	133.8	668.2	3 873.8	114.1	96.8
2	肉粉	福建省南平市光泽县	91.9	0.41	0.108	10.6	501.1	9.1	131.7	637.6	3 228.7	454.7	51.4
3	肉粉	贵州省贵阳市	92.8	0.318	0.093	7	952.1	19.6	338.1	562	12 746.9	1 355.9	268.5
4	肉粉	贵州省贵阳市	93.3	0.315	0.095	10.8	995.3	21.4	71.3	472.9	12 747.8	1 319.5	273.2
5	肉粉	贵州省贵阳市	93	0.322	0.097	7.1	998.7	23.2	70.7	438.8	12 077.5	2 491.5	202.4
6	肉粉	河北省石家庄市无极县	93.9	0.469	0.084	7.2	381.7	9.2	82.9	724.5	3 695.2	398.5	228.2
7	肉粉	河北省邢台市南和区	94.3	0.82	0.242	6.7	248	5.7	80.9	273.8	3 745.2	4.8	0
8	肉粉	河南省鹤壁市	92.9	0.301	0.074	4.8	915.2	14.9	74.8	486.6	3 224	353.3	182.2
9	肉粉	河南省鹤壁市	93	0.357	0.11	4	860.3	15.2	89.3	399.2	2 774.3	266.3	128.3
10	肉粉	河南省鹤壁市	93.4	0.951	0.086	9.2	2 005.9	23.4	61.4	522.5	35 413.4	3 057.2	403.5
11	肉粉	河南省	92.8	0.699	0.217	8.9	435.1	16	72.2	602.4	2 835.8	994	127.5

续表2-24

序号	原料名称	采样地点	干物质 DM/%	钠 Na/%	镁 Mg/%	铜 Cu/(mg/kg)	铁 Fe/(mg/kg)	锰 Mn/(mg/kg)	锌 Zn/(mg/kg)	硒 Se/(μg/kg)	铬 Cr/(μg/kg)	铅 Pb/(μg/kg)	砷 As/(μg/kg)
12	肉粉	湖南省长沙市望城区	94	0.351	0.453	8.8	619.1	21	100.2	699.7	5 431.4	4 883.2	202.2
13	肉粉	湖南省株洲市芦淞区	94.9	0.6	0.24	8.3	360.7	20.4	87.1	322.6	4 034.8	546.2	0
14	肉粉	江苏省徐州市	90.9	0.512	0.069	8.8	551.8	11	78.5	743.4	6 079.7	471.9	94.8
15	肉粉	江苏省徐州市	90.9	0.555	0.068	8.5	463.8	10.7	76.5	790.9	5 034.3	289.1	72.7
16	肉粉	辽宁省锦州市	95.8	0.791	0.211	23.5	337	16.1	117.1	666	5 344.2	28.6	0
17	肉粉	山东省潍坊市	90.4	0.97	0.131	12	889.2	13.9	113.9	713.6	7 017	852.7	186.3
18	肉粉	陕西省西安市	93.4	1.418	0.122	10.8	814.9	113.2	93.3	686.2	9 004.5	3 631	510.4
19	肉粉	陕西省西安市	94	1.406	0.116	10.7	811.7	90.1	95	650.9	6 446.4	4 633.7	417.4
20	肉粉	四川省成都市崇州市崇阳街道	96.7	0.554	0.078	8.6	790.7	14.6	72.4	754.1	6 447.1	1 071.9	274.1
21	肉粉	四川省遂宁市射洪市	96.1	0.55	0.072	7	624.2	9.8	71.7	770.7	6 700.3	780.2	170.3
22	肉粉	天津市宝坻区大口屯镇	93.4	1.179	0.102	8.5	660	12.4	84	922.3	7 207.4	802.3	168.3
23	肉粉	天津市宝坻区牛道口镇	95.1	1.805	0.155	12.9	1 101.5	17.3	112.7	650.6	9 097.7	953.5	395.8
24	肉粉	云南省昆明市盘龙区	96.7	0.383	0.059	6.9	374.7	4.7	52.9	518.7	3 482.5	479.4	126.5

二十四、血浆蛋白粉

表 2-25 血浆蛋白粉原样中主要矿物元素及其含量

序号	原料名称	采样地点	干物质 DM/%	钠 Na/%	镁 Mg/%	铜 Cu/(mg/kg)	铁 Fe/(mg/kg)	锰 Mn/(mg/kg)	锌 Zn/(mg/kg)	硒 Se/(μg/kg)	铬 Cr/(μg/kg)	铅 Pb/(μg/kg)	砷 As/(μg/kg)
1	血浆蛋白粉	北京市顺义区	86.2	2.291	0.029	22.9	112.4	1.2	14.4	1 967.2	3 529.3	0	54.5
2	血浆蛋白粉	北京市顺义区	86.2	2.25	0.029	22.7	206.3	1.4	13.2	2 004.1	3 981.8	0	127.8
3	血浆蛋白粉	北京市顺义区	92.2	1.972	0.022	21.8	109.7	1.1	12.7	1 769.6	3 365.4	0	46.5
4	血浆蛋白粉	广西壮族自治区桂林市	90.1	3.208	0.061	20.9	180.2	2.7	16	1 834.1	3 607.7	286	58.6

续表2-25

序号	原料名称	采样地点	干物质 DM/%	钠 Na/%	镁 Mg/%	铜 Cu/(mg/kg)	铁 Fe/(mg/kg)	锰 Mn/(mg/kg)	锌 Zn/(mg/kg)	硒 Se/(μg/kg)	铬 Cr/(μg/kg)	铅 Pb/(μg/kg)	砷 As/(μg/kg)
5	血浆蛋白粉	广西壮族自治区桂林市	91.6	0.36	0.029	1.9	2 492.5	0.4	20.5	950	3 101.2	197.2	11
6	血浆蛋白粉	湖南省株洲市芦淞区	90.8	0.704	0.237	14.5	518.6	18.8	102.4	2 120.3	3 165.3	0	225.1
7	血浆蛋白粉	吉林省四平市	90.1	2.227	0.02	26.5	110.4	1.9	18.2	1 988	3 045.1	0	46.9
8	血浆蛋白粉	吉林省长春市	90.8	2.39	0.021	24.9	160.7	2.5	17.6	1 800.2	3 076.7	45	84
9	血浆蛋白粉	江苏省淮安市	88.6	2.662	0.028	22.5	162.5	0.7	13.6	2 269.5	3 733.8	0	252
10	血浆蛋白粉	江西省南昌市	91.4	3.066	0.026	20.3	165.4	1.6	11.4	1 992.6	3 692.2	0	62.5
11	血浆蛋白粉	江西省南昌市	91.7	3.019	0.024	19.6	104.6	0.7	11.3	1 796.9	4 789.7	0	33.1
12	血浆蛋白粉	江西省南昌市	91.6	3.112	0.026	19.8	106.5	0.8	11.9	1 733.5	3 513.1	0	55.6
13	血浆蛋白粉	辽宁省沈阳市	90.3	2.413	0.025	24.2	111.3	2	15.1	2 001.3	3 343.6	0	39.7
14	血浆蛋白粉	内蒙古自治区赤峰市	86.2	2.256	0.028	22.5	112.8	1.2	13.3	1 828.2	3 390.4	0	106.8
15	血浆蛋白粉	内蒙古自治区赤峰市	86.3	3.096	0.038	16.2	213.8	2.2	15.4	1 834.6	3 921.2	0	57
16	血浆蛋白粉	内蒙古自治区乌兰察布市	86.1	2.982	0.04	17.7	207.5	2.6	16.9	1 784.7	3 387.6	0	93.9
17	血浆蛋白粉	山东省潍坊市	92.4	2.466	0.028	23.2	105.5	1.3	14.5	2 065.9	2 957.8	85.6	352.1
18	血浆蛋白粉	山东省潍坊市	92.2	2.395	0.027	23.1	109.1	1.7	14.7	1 995.2	2 914.9	0	379
19	血浆蛋白粉	山西省晋城市	94.7	2.116	0.025	20.1	103.3	0.9	12.1	1 831.7	3 546.4	0	67.3
20	血浆蛋白粉	山西省晋城市	86.2	2.317	0.028	22.8	111.1	1.1	13.1	2 101.5	3 369.9	0	72
21	血浆蛋白粉	上海市浦东新区	88.6	0.693	0.23	13.4	450	16.1	99.1	2 305.2	3 572.2	0	245.9
22	血浆蛋白粉	深圳市	86.6	2.669	0.027	24	148.3	2.1	15.5	2 110.1	3 037.7	0	130
23	血浆蛋白粉	四川省成都市崇州市	93.3	3.314	0.032	24.3	538.4	4.8	25.3	1 600.3	2 474.1	37.6	364.2
24	血浆蛋白粉	四川省成都市龙泉驿区	92.4	3.417	0.049	25	207.1	3.8	16.5	1 501.8	2 145.6	85.7	244.6
25	血浆蛋白粉	四川省成都市龙泉驿区	93	3.455	0.047	25.8	211.1	4	16.9	1 582.7	2 408.8	60.8	291.7
26	血浆蛋白粉	四川省南充市	92.2	2.054	0.015	20.6	100.4	0.7	6.8	2 005.3	3 398.3	0	110.9
27	血浆蛋白粉	四川省南充市	93.2	2.147	0.016	20.8	100.8	0.7	10.9	2 036.6	3 175.3	306.1	74.9

续表2-25

序号	原料名称	采样地点	干物质 DM/%	钠 Na/%	镁 Mg/%	铜 Cu/(mg/kg)	铁 Fe/(mg/kg)	锰 Mn/(mg/kg)	锌 Zn/(mg/kg)	硒 Se/(μg/kg)	铬 Cr/(μg/kg)	铅 Pb/(μg/kg)	砷 As/(μg/kg)
28	血浆蛋白粉	天津市宝坻区	91.7	1.629	0.32	8.6	921.3	27.4	95.1	2 310.3	3 452.3	0	126.4
29	血浆蛋白粉	天津市宝坻区新安镇	92.4	1.58	0.347	11.6	1 025.7	32.9	85.7	1 905.8	3 536.8	0	1 259.2
30	血浆蛋白粉	浙江省金华市	92	2.318	0.028	23.3	111.7	1	13.8	2 095.6	3 812.1	0	81
31	血浆蛋白粉	重庆市渝北区	93.2	2.058	0.018	22.3	101.3	0.7	9.1	2 339.4	3 180.3	0	65.1
32	血浆蛋白粉	重庆市渝北区	91	2.386	0.034	22.7	195.3	2.6	14.9	1 863.2	3 329.6	0	75.2

二十五、血球蛋白粉

表 2-26 血球蛋白粉原样中主要矿物元素及其含量

序号	原料名称	采样地点	干物质 DM/%	钠 Na/%	镁 Mg/%	铜 Cu/(mg/kg)	铁 Fe/(mg/kg)	锰 Mn/(mg/kg)	锌 Zn/(mg/kg)	硒 Se/(μg/kg)	铬 Cr/(μg/kg)	铅 Pb/(μg/kg)	砷 As/(μg/kg)
1	血球蛋白粉	北京市顺义区	90.8	0.41	0.025	2.3	2 416.5	0	17.8	917.2	3 110.8	0	0
2	血球蛋白粉	北京市顺义区	92	0.37	0.023	1.9	2 444.5	0	17.1	971.8	3 103.5	0	0
3	血球蛋白粉	福建省福州市鼓楼区	90.5	0.17	0.027	1.1	2 532.7	0.5	27.1	825.7	3 105.3	0	53.6
4	血球蛋白粉	广东省广州市	89.5	0.388	0.027	1.8	2 444.4	0.2	17.7	791.3	2 760.6	0	2.9
5	血球蛋白粉	广东省广州市	89.2	0.301	0.026	1.7	2 504.3	0.5	17.5	799.7	3 361.9	0	13.3
6	血球蛋白粉	湖南省长沙市	89.6	0.361	0.033	0.7	2 118.1	1	25.4	771.6	4 064.1	0	12.2
7	血球蛋白粉	吉林省四平市	91.3	0.39	0.025	1.8	2 212.2	0	16.1	900.5	2 955.5	0	0
8	血球蛋白粉	吉林省长春市	91.6	0.486	0.027	2.2	2 341.1	0.3	18.1	874.4	2 992.9	0	0
9	血球蛋白粉	江苏省淮安市	90.7	0.445	0.027	2.5	2 525.6	0.5	18.2	685.3	4 187.4	77.5	44.9
10	血球蛋白粉	江苏省淮安市	90.7	0.453	0.027	2.1	2 643.2	0.3	18	1 014.7	3 429.4	0	60.9
11	血球蛋白粉	江西省南昌市	90.1	0.384	0.027	2.1	2 403.3	0.1	17.9	848.7	3 117.7	0	5.9
12	血球蛋白粉	江西省南昌市	90.2	0.392	0.028	2	2 385.8	0.3	18.1	924.3	3 468.4	568	22.7

续表2-26

序号	原料名称	采样地点	干物质 DM/%	钠 Na/%	镁 Mg/%	铜 Cu/(mg/kg)	铁 Fe/(mg/kg)	锰 Mn/(mg/kg)	锌 Zn/(mg/kg)	硒 Se/(μg/kg)	铬 Cr/(μg/kg)	铅 Pb/(μg/kg)	砷 As/(μg/kg)
13	血球蛋白粉	辽宁省沈阳市	92.8	0.301	0.028	1.7	2 434.6	0.9	20.2	1 053.3	3 328.7	676.9	0
14	血球蛋白粉	内蒙古自治区赤峰市	91.3	0.417	0.025	2.4	2 373.7	0.1	17.1	908.8	3 098.9	0	1.7
15	血球蛋白粉	内蒙古自治区乌兰察布市	91.7	0.224	0.025	0.6	2 137.7	0.3	26.9	805.1	2 622.2	310	51
16	血球蛋白粉	山东省潍坊市	93.2	0.225	0.028	1.6	2 439.8	0	17.9	773	3 144.2	1 875.8	16.2
17	血球蛋白粉	山西省晋城市	86.2	0.422	0.026	2.3	2 461.6	0.2	17.4	824.3	3 065.3	0	0
18	血球蛋白粉	山西省晋城市	91.5	0.416	0.025	2.2	2 433.1	0.4	17.6	918	3 055.1	0	0
19	血球蛋白粉	上海市浦东新区	90.7	0.452	0.027	2.3	2 484.6	0.3	18.5	816.3	2 981.8	0	36.8
20	血球蛋白粉	四川省成都市崇州市	94	0.554	0.033	3.3	3 743.3	2	22.8	729.3	2 383.1	2.7	270.6
21	血球蛋白粉	四川省成都市龙泉驿区	94.2	0.373	0.031	3.1	3 728.6	1.4	22.9	648.8	2 113.8	6.3	227.4
22	血球蛋白粉	四川省南充市	94.3	0.299	0.027	1.3	2 499.9	0	17.5	811.7	3 058.9	0	40.1
23	血球蛋白粉	天津市宝坻区	91.1	0.376	0.029	2.1	2 539.4	0.6	19.7	929.5	2 988.7	0	51.6
24	血球蛋白粉	天津市宝坻区新安镇	92.6	0.307	0.026	2	2 491.4	0.1	18.6	953.4	2 904.3	0	90.5
25	血球蛋白粉	浙江省金华市	92.4	0.406	0.025	2.2	2 396.1	0.1	18	988.8	3 079.3	0	2.5
26	血球蛋白粉	浙江省金华市	92.7	0.42	0.025	1.9	2 436.7	0.5	17.9	957.8	3 079.7	0	2.3
27	血球蛋白粉	重庆市	93.4	0.277	0.028	1.7	2 562.3	0.1	18.7	839.8	3 737.3	46.5	24.5
28	血球蛋白粉	重庆市渝北区	90.4	0.534	0.026	3.4	2 307.9	0.4	18	1 056.5	2 935.2	0	34

二十六、肠膜蛋白粉

表 2-27 肠膜蛋白粉原样中主要矿物元素及其含量

序号	原料名称	采样地点	干物质 DM/%	钠 Na/%	镁 Mg/%	铜 Cu/(mg/kg)	铁 Fe/(mg/kg)	锰 Mn/(mg/kg)	锌 Zn/(mg/kg)	硒 Se/(μg/kg)	铬 Cr/(μg/kg)	铅 Pb/(μg/kg)	砷 As/(μg/kg)
1	肠膜蛋白粉	山东省滨州市	93.1	3.722	0.129	9.2	416.5	17.6	120.2	1 001.8	2 944.8	369.5	51.1
2	肠膜蛋白粉	山东省滨州市	93.2	3.804	0.128	9.6	352.6	17.8	118	1 152.9	3 160.8	374.8	74.4

续表2-27

序号	原料名称	采样地点	干物质 DM/%	钠 Na/%	镁 Mg/%	铜 Cu/(mg/kg)	铁 Fe/(mg/kg)	锰 Mn/(mg/kg)	锌 Zn/(mg/kg)	硒 Se/(μg/kg)	铬 Cr/(μg/kg)	铅 Pb/(μg/kg)	砷 As/(μg/kg)
3	肠膜蛋白粉	山东省潍坊市	95.4	1.844	0.244	13.9	105.5	23	52.2	1 213.8	2 548.6	0	0
4	肠膜蛋白粉	四川省广元市利州区	96.1	0	0.179	8.4	166.6	7.5	50.9	825.5	2 407.3	18.5	308
5	肠膜蛋白粉	四川省广元市利州区	95.2	0	0.17	10.8	198.9	10.3	69.5	697.4	2 094.9	22	249.4
6	肠膜蛋白粉	四川省广元市利州区	95.2	0	0.173	19.6	341.2	17.4	138.5	813	2 336.7	116.5	311.8
7	肠膜蛋白粉	浙江省金华市	94.7	3.609	0.111	8.7	425.5	15.8	121.7	1 009.8	3 386.4	249.7	59.4
8	肠膜蛋白粉	浙江省金华市	94.5	3.559	0.108	8.6	405.7	14.5	117.3	1 056.8	2 910.5	298	52.3
9	肠膜蛋白粉	浙江省金华市	95	3.557	0.106	7.9	403.3	14.3	118.2	997.5	3 242.6	208.5	83.8

二十七、水解羽毛粉

表 2-28 水解羽毛粉原样中主要矿物元素及其含量

序号	原料名称	采样地点	干物质 DM/%	钠 Na/%	镁 Mg/%	铜 Cu/(mg/kg)	铁 Fe/(mg/kg)	锰 Mn/(mg/kg)	锌 Zn/(mg/kg)	硒 Se/(μg/kg)	铬 Cr/(μg/kg)	铅 Pb/(μg/kg)	砷 As/(μg/kg)
1	水解羽毛粉	安徽省蚌埠市	91.4	0.073	0.035	7.5	396.7	9.9	110.6	669.5	3 501.9	737	316.7
2	水解羽毛粉	安徽省阜阳市	91.6	0.101	0.092	14.2	1 546.4	38.1	143.9	761	6 248	3 653.1	1 172.1
3	水解羽毛粉	安徽省阜阳市	91.5	0.101	0.094	14.1	1 655.1	40.8	143.2	726.1	8 160.5	4 460.4	1 178.8
4	水解羽毛粉	安徽省宣城市	90.1	0.098	0.055	7.1	847.6	30.5	133.2	690	4 518.6	962.1	621
5	水解羽毛粉	甘肃省武威市	91.4	0.108	0.162	9.8	3 194.9	70.9	135.1	617.8	53 838.9	7 497.1	1 432.1
6	水解羽毛粉	广东省茂名市	90.4	0.058	0.055	12.5	2 700.2	34.2	166	784.8	6 751.7	4 052.5	1 242.7
7	水解羽毛粉	贵州省贵阳市	91.2	0.086	0.086	10.6	1 185.8	57.4	172.1	680.6	6 334	2 140.2	621
8	水解羽毛粉	贵州省贵阳市	91.5	0.085	0.091	10.2	1 193.7	61.2	173.3	592.4	6 178.7	2 100.7	635.7
9	水解羽毛粉	河北省邯郸市大名县	90.6	0.081	0.093	9.8	1 590.1	40	141.6	598.8	34 668.7	1 034.3	1 053.8
10	水解羽毛粉	河南省安阳市	92.6	0.295	0.028	5.7	598.9	7.9	106	503.1	5 023.7	2 276.9	385.4

续表2-28

序号	原料名称	采样地点	干物质 DM/%	钠 Na/%	镁 Mg/%	铜 Cu/(mg/kg)	铁 Fe/(mg/kg)	锰 Mn/(mg/kg)	锌 Zn/(mg/kg)	硒 Se/(μg/kg)	铬 Cr/(μg/kg)	铅 Pb/(μg/kg)	砷 As/(μg/kg)
11	水解羽毛粉	河南省鹤壁市	93.4	0.124	0.082	7.5	1 114.8	22	137.6	546.2	9 329.9	1 591.7	1 575.7
12	水解羽毛粉	黑龙江省哈尔滨市	92.2	0.083	0.039	6.7	501.5	19.9	96	695.6	9 952.1	369.3	573.5
13	水解羽毛粉	黑龙江省齐齐哈尔市	92.2	0.16	0.075	8.1	1 461.6	34.5	98.5	632.4	8 891.5	2 065.5	1 571.1
14	水解羽毛粉	吉林省长春市德惠市	92.6	0.08	0.027	6.9	400.3	6	80	505.1	12 968.1	44.5	607
15	水解羽毛粉	江西省宜春市丰城市	94.7	0.089	0.087	13.2	1 362.5	35.4	137.7	811.8	8 482.7	3 995.8	923.9
16	水解羽毛粉	辽宁省鞍山市	93.4	0.065	0.022	4.8	87.8	6.2	97.4	700.7	3 154.6	116.2	313.4
17	水解羽毛粉	辽宁省鞍山市	93.6	0.066	0.022	5.3	42.9	6.4	88.4	694.3	3 443.9	57.1	296.9
18	水解羽毛粉	辽宁省锦州市	89.7	0.951	0.109	3	2 715.8	22.7	16.2	195.9	23 152 790.8	1 809.4	787.1
19	水解羽毛粉	内蒙古自治区赤峰市	89.9	0.034	0.055	11.4	409.4	9.4	104.4	517.2	9 596.6	768.5	801.6
20	水解羽毛粉	内蒙古自治区赤峰市	91.4	0.102	0.05	10.3	543.8	10.1	105.5	545.5	8 612.7	476.9	671.9
21	水解羽毛粉	内蒙古自治区赤峰市	91.3	0.103	0.051	11.3	486.3	9.3	107.3	537	8 515.8	399.8	694.1
22	水解羽毛粉	内蒙古自治区通辽市	90	0.033	0.052	12	389.4	8.6	100.3	584.3	10 093.2	820.8	811.4
23	水解羽毛粉	山东省滨州市	93.4	0.146	0.044	8.3	640	10.9	101.9	614.9	7 116.9	1 694.1	390
24	水解羽毛粉	山东省潍坊市	91.9	0.081	0.077	12.2	895	13.7	118.2	555.2	256 445.5	837.4	454.9
25	水解羽毛粉	山西省运城市	90	0.032	0.055	11	389.1	10.9	102.3	474	9 734.4	1 071.3	805.9
26	水解羽毛粉	山西省运城市	90.1	0.034	0.056	12.6	412.2	11	109	561.8	11 314.5	853.5	795.6
27	水解羽毛粉	陕西省咸阳市	93	0.175	0.076	5.2	230.6	7.5	103.6	469.2	3 454.1	659.1	324.7
28	水解羽毛粉	四川省德阳市广汉市三水镇	94.3	0.352	0.044	9	1 154.1	20	112.2	532.5	8 962.4	1 616.8	551
29	水解羽毛粉	四川省德阳市广汉市三水镇	94.5	0.482	0.076	9.1	1 568	40	135.3	654.9	9 049.3	1 914.4	675.6
30	水解羽毛粉	四川省乐山市井研县	94.9	0.133	0.097	13.2	2 977.8	60.3	165.5	740.2	14 851.4	2 915.2	962.6
31	水解羽毛粉	四川省眉山市东坡区	95	0.294	0.069	10.3	1 153.4	26	141.7	591	7 616.8	909.6	592.5
32	水解羽毛粉	浙江省杭州市萧山区	91.5	0.109	0.068	12.6	1 137.7	30.1	121.5	616.7	12 204.1	3 247.3	722.6
33	水解羽毛粉	浙江省杭州市萧山区	91.5	0.109	0.071	12.8	1 215.9	32.4	124.5	663	14 224.3	3 496.8	732.9

二十八、苜蓿

表 2-29　苜蓿原样中主要矿物元素及其含量

序号	原料名称	采样地点	干物质 DM/%	钠 Na/%	镁 Mg/%	铜 Cu/(mg/kg)	铁 Fe/(mg/kg)	锰 Mn/(mg/kg)	锌 Zn/(mg/kg)	硒 Se/(μg/kg)	铬 Cr/(μg/kg)	铅 Pb/(μg/kg)	砷 As/(μg/kg)
1	苜蓿	安徽省淮南市	92.9	0.155	0.296	8.4	466.9	27.7	20.9	68.1	13 638.6	621.8	505.8
2	苜蓿	安徽省淮南市	93	0.148	0.275	7.1	359	22.9	17.7	88.4	12 477.5	426.7	521.3
3	苜蓿	北京市昌平区	93.2	0.07	0.207	11	252.7	37.3	33.3	41	6 101.2	415.8	439.3
4	苜蓿	北京市昌平区	92.8	0.15	0.394	12.2	183.3	30.9	44.8	7.7	1 142.2	68.9	268
5	苜蓿	北京市顺义区	92.5	0.098	0.513	4.3	390.6	33.7	19.7	301.6	8 162.8	559.6	323.2
6	苜蓿	福建省南平市	90.7	0.052	0.304	10.9	2 198.9	78	35.1	387.2	21 211	1 202.2	1 133.9
7	苜蓿	福建省南平市	91	0.055	0.329	11.3	2 639.2	85.9	35.8	530.9	27 799.2	1 737.3	1 431.2
8	苜蓿	福建省南平市延平区	91	0.524	0.284	6.4	387.1	11	23	0	41 551.6	0	1 153.3
9	苜蓿	甘肃省白银市会宁县	91.9	0.07	0.403	15.9	820.8	57.1	31.1	83	12 905.5	521.4	798.2
10	苜蓿	甘肃省定西市安定区	90.7	0.014	0.333	10.3	438.4	70.6	23.7	10.4	10 775.8	421.5	367.8
11	苜蓿	甘肃省庆阳市环县	89	0.016	0.421	7.4	1 078.5	44.8	14.7	165.5	39 488	433.4	557.8
12	苜蓿	甘肃省庆阳市庆城县	88.2	0.056	0.159	9.6	335	18.1	17.3	11.8	19 200.4	78.7	459.4
13	苜蓿	甘肃省庆阳市镇原县	88.1	0.012	0.157	5.5	204.2	25.8	9.3	0	10 076.9	106.8	301.2
14	苜蓿	贵州省安顺市	94	0.63	0.341	7.6	607.8	25.7	21.8	804.6	28 397.1	101.6	350.1
15	苜蓿	贵州省黔东南苗族侗族自治州	93.6	0.434	0.395	7.4	888.4	36	24.6	701.2	37 179.8	130.7	350.7
16	苜蓿	河北省沧州市黄骅市	89.9	0.198	0.312	6.8	225.1	15.1	13.2	35	8 394	338.8	366.4
17	苜蓿	河北省沧州市黄骅市	88.7	0.305	0.409	7.1	305.4	19.6	11.7	30.2	11 947.7	526.9	492.2
18	苜蓿	河北省沧州市黄骅市	88.3	0.287	0.357	7.1	160.9	16.2	10	8.7	7 819.4	297.7	404.1
19	苜蓿	河北省沧州市黄骅市	90.2	0.08	0.312	7.1	299.2	25.2	17.1	70.1	8 116.2	863.9	358.8
20	苜蓿	河南省新乡市	93.5	0.095	0.269	12.7	220.4	26.3	30.1	99.8	11 680.6	532.1	534.3

续表2-29

序号	原料名称	采样地点	干物质 DM/%	钠 Na/%	镁 Mg/%	铜 Cu/(mg/kg)	铁 Fe/(mg/kg)	锰 Mn/(mg/kg)	锌 Zn/(mg/kg)	硒 Se/(μg/kg)	铬 Cr/(μg/kg)	铅 Pb/(μg/kg)	砷 As/(μg/kg)
21	苜蓿	河南省新乡市	93.7	0.059	0.264	11.6	116.3	19.6	23.4	67.6	6 420.6	307.9	384.7
22	苜蓿	黑龙江省大庆市	90.7	0.181	0.368	3.9	202.2	19.1	20.8	32.7	9 242.4	0	263.4
23	苜蓿	黑龙江省哈尔滨市	90.7	0.078	0.275	6.2	550.7	34.2	20.8	46.9	18 273.6	0	256.7
24	苜蓿	黑龙江省鸡西市	90.7	0.052	0.271	5.8	233.6	20.1	12.8	175.7	8 393.2	16.5	358.6
25	苜蓿	湖北省荆门市	88.5	0.137	0.279	8.3	271.3	19.1	25.5	44.3	10 011.2	830.7	393.9
26	苜蓿	湖北省十堰市	88.7	0.191	0.508	9.8	591.5	61.5	25	52.3	10 177.6	779.5	373.1
27	苜蓿	湖北省随州市	93	0.251	0.52	10.7	267.2	41.6	28.2	55.6	9 033.6	415	383.2
28	苜蓿	湖北省孝感市	91.7	0.065	0.5	13.7	229.6	50.7	37.3	60.6	8 424.5	526	333
29	苜蓿	吉林省白城市	94.2	0.164	0.251	10.1	190.3	17.4	21.7	27	9 147.9	62.4	504
30	苜蓿	吉林省四平市双辽市	94.2	0.026	0.229	13.1	218.6	29.9	36.7	23.4	8 107.9	0	333.7
31	苜蓿	江苏省盐城市	85.7	0.156	0.401	8.8	194.4	24.4	23.4	43.3	7 357.6	186.9	285
32	苜蓿	江苏省盐城市	85.6	0.08	0.37	10.9	128.3	31.3	30.1	86.2	9 196.7	73.2	391.9
33	苜蓿	辽宁省沈阳市	95.3	0.112	0.366	7.2	306.1	58	25.4	10.5	6 918.6	362.4	287.9
34	苜蓿	辽宁省沈阳市沈北新区	94.6	0.103	0.414	9	1 147.6	122.1	23.3	61.3	24 962.7	1 851	791
35	苜蓿	辽宁省铁岭市昌图县	94.9	0.126	0.261	8.2	409.3	26.6	17.5	41.7	9 567.1	96.4	279.5
36	苜蓿	辽宁省铁岭市昌图县	94.1	0.123	0.328	9.5	582.6	48.4	21.2	27.9	12 732.4	225	401.8
37	苜蓿	内蒙古自治区呼和浩特市	90.9	0.47	0.224	7.1	120.1	24.2	6.7	40.9	7 661.2	28.6	241.6
38	苜蓿	内蒙古自治区呼和浩特市罗家营镇	91	0.474	0.177	7.9	105.6	13.1	9.2	5.3	9 032.8	0	319.1
39	苜蓿	内蒙古自治区赤峰市	93.9	0.134	0.162	7.1	275.5	16.8	9.4	17.1	16 504.8	523	534.6
40	苜蓿	内蒙古自治区赤峰市	93.1	0.23	0.248	10.7	372.2	18.8	16	37.9	12 141.6	383.1	427.8
41	苜蓿	内蒙古自治区赤峰市	93.2	0.311	0.246	11	499.4	29.7	35.7	63.7	15 317.9	441.1	562.5
42	苜蓿	内蒙古自治区赤峰市	92.8	0.343	0.291	11.6	488.7	23.3	14	19.2	13 774.8	1 853.6	648.4
43	苜蓿	内蒙古自治区呼和浩特市	89.9	0.111	0.107	3.9	165.5	15.5	8.1	9.3	9 533.3	7.6	307.9

续表2-29

序号	原料名称	采样地点	干物质 DM/%	钠 Na/%	镁 Mg/%	铜 Cu/(mg/kg)	铁 Fe/(mg/kg)	锰 Mn/(mg/kg)	锌 Zn/(mg/kg)	硒 Se/(μg/kg)	铬 Cr/(μg/kg)	铅 Pb/(μg/kg)	砷 As/(μg/kg)
44	苜蓿	内蒙古自治区乌兰察布市	90.8	0.096	0.171	4.9	206.6	19.9	11.7	0	15 230.6	67.7	307.4
45	苜蓿	内蒙古自治区乌兰察布市	89.4	0.083	0.21	5.6	448.9	43.1	16	0	10 602.6	31.3	350.1
46	苜蓿	内蒙古自治区	90.5	0.07	0.305	6.7	579.5	54.2	18.9	29.2	27 497.6	346.8	443.1
47	苜蓿	宁夏回族自治区固原市	92.5	0.227	0.28	9.1	285.1	31.9	25.8	76.8	10 022.1	258.8	846.4
48	苜蓿	宁夏回族自治区固原市	93.2	0.031	0.29	9.9	397.4	39.7	19.6	44.2	11 215.9	960.3	442.1
49	苜蓿	宁夏回族自治区固原市	92.4	0.084	0.262	9.7	326.3	26.3	19.5	226.6	12 694.9	612.1	645.8
50	苜蓿	宁夏回族自治区吴忠市	92.8	0.019	0.275	6.5	244.1	38.8	11.8	28.5	9 399.1	489.2	329.4
51	苜蓿	宁夏回族自治区银川市	92.5	0.347	0.377	9.1	702.9	31.4	22	8.4	17 094.2	629.8	549.1
52	苜蓿	青海省海东市	92.9	0.042	0.324	12.6	172.5	24.8	27.4	73.5	12 392.7	297.4	394.3
53	苜蓿	青海省海东市	93	0.025	0.316	7.8	218.5	23.8	12.4	17.3	10 024	286.9	338.8
54	苜蓿	青海省海东市	92.5	0.064	0.325	10	699.4	45.2	15.2	33.1	15 703.9	605.4	483.2
55	苜蓿	青海省海东市	92.9	0.049	0.319	10.5	437.2	38.2	16.8	17.4	12 656.2	428.8	399
56	苜蓿	青海省西宁市	94.9	0.121	0.264	11.2	209.7	16	13	20.9	4 007.7	138	355
57	苜蓿	山东省泰安市	94	0.059	0.299	8.1	129.5	30.5	20.7	6.3	7 744.2	214.6	291.3
58	苜蓿	山东省泰安市	93.3	0.027	0.344	8.6	185.4	52.7	29.3	5.4	10 280.1	261.8	341.6
59	苜蓿	山东省泰安市	93.1	0.072	0.228	7.4	200.8	32.8	21.4	25	12 544.1	228.4	317.4
60	苜蓿	山西省朔州市	93	0.017	0.09	6.7	142.6	10.4	8.9	97.6	13 058.4	66.6	380.6
61	苜蓿	山西省运城市	93.1	0.247	0.292	8.3	240.5	18.1	12	28.8	9 759.6	178.9	432.6
62	苜蓿	山西省运城市	93	0.163	0.309	10.3	391.3	32.9	16.8	54.5	24 101.8	772.9	552.5
63	苜蓿	山西省运城市	93	0.416	0.299	10.7	485.2	38	23.7	47.8	32 967.9	681.6	1 253.2
64	苜蓿	山西省运城市	93	0.103	0.238	8.7	257.6	30	24.8	36.1	19 178.4	258.9	465.3
65	苜蓿	山西省运城市	93.1	0.262	0.248	9.2	173	36	26	14.3	11 100.9	155.8	751.8
66	苜蓿	陕西省铜川市	94.4	0.207	0.265	9.2	154.4	18.7	48.3	79.3	9 683.6	231.9	447

续表2-29

序号	原料名称	采样地点	干物质 DM/%	钠 Na/%	镁 Mg/%	铜 Cu/(mg/kg)	铁 Fe/(mg/kg)	锰 Mn/(mg/kg)	锌 Zn/(mg/kg)	硒 Se/(μg/kg)	铬 Cr/(μg/kg)	铅 Pb/(μg/kg)	砷 As/(μg/kg)
67	苜蓿	陕西省铜川市	94.6	0.259	0.265	9.5	209.4	18.4	14.9	28	10 597.1	145.3	420.3
68	苜蓿	陕西省铜川市	94.6	0.38	0.328	8.7	161.9	14.6	16.3	29.7	10 009.3	129.9	409.6
69	苜蓿	陕西省咸阳市兴平市	94.2	0.169	0.325	9.9	255.8	23.2	22.3	47.7	35 231.9	264.5	449.1
70	苜蓿	陕西省延安市	94.5	0.185	0.25	10.1	103.7	15.7	16.6	122.6	8 573.8	265.3	490.8
71	苜蓿	陕西省延安市	94.1	0.254	0.306	9.4	188	19.4	17.8	70.7	10 163.7	139.8	469.4
72	苜蓿	陕西省延安市	94.9	0.539	0.263	7.8	106.6	13.4	16	0	7 049.4	16.6	1 222.4
73	苜蓿	陕西省延安市	94.2	0.277	0.265	10.9	109.8	15.7	14.7	50.9	7 349.2	330.1	452.1
74	苜蓿	四川省绵阳市盐亭县	96.3	0.096	0.338	14	788.9	46.4	33.5	36.6	23 022.8	1 429.4	625.6
75	苜蓿	天津市武清区下伍旗镇	87.8	0.185	0.371	8.7	144.9	19.6	16.8	35	6 965.3	265	370
76	苜蓿	天津市武清区下伍旗镇	87.7	0.081	0.284	8	148.7	17.7	15.2	35.9	7 296.3	359.5	328.2
77	苜蓿	西藏自治区林芝市	94.5	0.095	0.202	9.3	700.6	22.2	13.3	8.9	30 260.9	0	507.5
78	苜蓿	西藏自治区林芝市	95.2	0.418	0.235	7.2	225.6	21.8	22	68.9	12 850.9	169.8	1 283.6
79	苜蓿	西藏自治区林芝市	94.4	0.056	0.313	9.5	543.1	92.8	31.8	17.6	30 748.2	219.2	433.1
80	苜蓿	西藏自治区林芝市	95.1	0.079	0.226	6.5	131.5	21.6	17.5	125	10 187	0	412.5
81	苜蓿	新疆维吾尔自治区阿克苏地区阿克苏市	93	0.124	0.241	7.2	351.6	13.6	6.9	90.6	16 049.4	98.4	518.4
82	苜蓿	新疆维吾尔自治区昌吉回族自治州昌吉市六工镇	93.2	0.041	0.303	8	446.2	38.3	10.7	0.7	10 950.7	466	450.6
83	苜蓿	新疆维吾尔自治区喀什地区麦盖提县	92.7	0.13	0.257	7.8	535.9	26.5	14.2	46.3	22 051.7	241.4	588.3
84	苜蓿	新疆维吾尔自治区喀什地区麦盖提县	92.6	0.068	0.34	10.6	1 350.5	57.5	23.2	28.7	53 210.1	510.4	663.7
85	苜蓿	新疆维吾尔自治区喀什地区莎车县	92.9	0.403	0.32	10.3	807.2	28.5	17.7	40.1	45 623	990.5	1 431.5
86	苜蓿	新疆维吾尔自治区乌鲁木齐市	93.2	0.019	0.175	5.1	108	22.6	5.6	26.4	8 104.1	154	319.2
87	苜蓿	云南省大理白族自治州洱源县	96.2	0.205	0.526	13	1 897.8	63.9	29.4	24.3	15 195.5	2 284	501.8

续表2-29

序号	原料名称	采样地点	干物质 DM/%	钠 Na/%	镁 Mg/%	铜 Cu/(mg/kg)	铁 Fe/(mg/kg)	锰 Mn/(mg/kg)	锌 Zn/(mg/kg)	硒 Se/(μg/kg)	铬 Cr/(μg/kg)	铅 Pb/(μg/kg)	砷 As/(μg/kg)
88	苜蓿	云南省红河哈尼族彝族自治州泸西县	95.8	0.036	0.313	10.8	233.5	28.5	22.6	42.8	10 225.9	966.6	705.1
89	苜蓿	云南省曲靖市会泽县	96.1	0.359	0.425	10.2	635.7	50.2	73	40.1	7 915.3	1 437.2	1 341.4
90	苜蓿	浙江省杭州市	90.3	0.136	0.326	10.9	132.8	15.9	26.4	185.3	9 674.2	178.5	275.2
91	苜蓿	浙江省杭州市	91.1	0.13	0.343	10.5	145.3	18.8	28	187.5	8 400.6	396	241
92	苜蓿	重庆市巫山县铜鼓镇	93.6	0.056	0.223	6.7	179.8	25.2	79.8	4.9	5 990.4	218.9	248
93	苜蓿	重庆市巫山县铜鼓镇	93.2	0.04	0.247	7.7	265.4	44	99.1	14.3	6 254.7	440.6	257.6

二十九、羊草

表 2-30　羊草原样中主要矿物元素及其含量

序号	原料名称	采样地点	干物质 DM/%	钠 Na/%	镁 Mg/%	铜 Cu/(mg/kg)	铁 Fe/(mg/kg)	锰 Mn/(mg/kg)	锌 Zn/(mg/kg)	硒 Se/(μg/kg)	铬 Cr/(μg/kg)	铅 Pb/(μg/kg)	砷 As/(μg/kg)
1	羊草	福建省福州市永泰县	93	0.204	0.117	3.4	498.9	65.6	18.5	130.1	28 959	954.8	582.1
2	羊草	福建省宁德市柘荣县	92.7	0.192	0.103	2.8	130.5	42.1	17.7	37.8	13 221.4	780.3	494.8
3	羊草	福建省宁德市柘荣县	92.2	0.177	0.091	2.8	135.4	37.5	15.7	12.6	11 586.6	563.6	427.1
4	羊草	黑龙江省大庆市	91.9	0.332	0.116	3.6	151	43.2	16.3	710.9	15 285.9	406.3	672.1
5	羊草	黑龙江省大庆市	91.9	0.186	0.115	4.1	176.3	47.3	17.5	197.4	13 124.1	2 070.5	377.1
6	羊草	黑龙江省大庆市	91.8	0.455	0.226	5.4	1 318.7	65.1	23	187	55 279.1	850.4	1 002.6
7	羊草	黑龙江省大庆市	91.6	0.431	0.115	3.7	223.5	47.7	17.8	75	16 976.9	211.6	677.6
8	羊草	黑龙江省哈尔滨市	91.8	0.308	0.114	2.8	199.9	57.7	15	51.8	16 592.4	192.9	593.9
9	羊草	黑龙江省哈尔滨市	91.9	0.425	0.135	2.8	218.4	44.4	15.2	82.3	19 435	417.3	681.6
10	羊草	黑龙江省齐齐哈尔市	91.2	0.451	0.164	3.7	522.3	55.5	18.2	83	24 066.2	400.6	658.1
11	羊草	黑龙江省齐齐哈尔市	91.8	0.232	0.146	4.9	1 336.7	98.3	11.9	78.2	76 608.4	699.2	833.7

续表2-30

序号	原料名称	采样地点	干物质 DM/%	钠 Na/%	镁 Mg/%	铜 Cu/ (mg/kg)	铁 Fe/ (mg/kg)	锰 Mn/ (mg/kg)	锌 Zn/ (mg/kg)	硒 Se/ (μg/kg)	铬 Cr/ (μg/kg)	铅 Pb/ (μg/kg)	砷 As/ (μg/kg)
12	羊草	黑龙江省绥化市	91.8	0.336	0.103	3	199.2	43.1	14.7	87.1	18 373.2	128.7	621.4
13	羊草	黑龙江省绥化市	91.9	0.203	0.139	3.9	163.3	46.1	24.2	60.6	15 298.6	226.7	376
14	羊草	吉林省白城市	93.3	0.264	0.336	5.1	1 828.2	60.1	36.2	68.6	129 991.4	891.1	750.1
15	羊草	吉林省松原市	93.8	0.539	0.205	4.2	889.4	43.4	28.1	75.9	56 109.4	731.9	902.3
16	羊草	吉林省松原市	93.6	0.375	0.169	3.8	271	31.6	15.1	84.8	23 605	152	429.6
17	羊草	吉林省松原市长岭县	93.8	0.216	0.149	3.7	121.4	56.3	7.9	56.9	7 917.9	96.8	331.8
18	羊草	吉林省松原市长岭县	93.5	0.336	0.133	3.7	292.7	25.7	21	50.8	28 025.9	167.9	399.7
19	羊草	吉林省松原市长岭县	93.4	0.43	0.146	4.6	191.4	30.8	28.2	37.8	14 965	227.6	522.3
20	羊草	辽宁省沈阳市	93.8	0.059	0.102	10.5	128	77.8	10.8	30.9	14 536.4	82.5	341.3
21	羊草	辽宁省沈阳市	94.2	0.17	0.14	5.2	264.8	44	14.9	48.3	15 894.9	305.5	459.6
22	羊草	辽宁省沈阳市	93.4	0.268	0.136	4.8	154.9	41.2	9.4	49.6	11 232.1	74.1	357.8
23	羊草	辽宁省铁岭市	94	0.246	0.15	3.7	188.8	44.6	10.1	55.8	13 769.1	114.2	383.6
24	羊草	内蒙古自治区呼伦贝尔市	91.4	0.012	0.14	3.8	137.4	48.7	31.3	64.2	13 355	43.9	357.9
25	羊草	内蒙古自治区呼伦贝尔市	90.6	0.012	0.128	2.6	117.2	44.9	26.3	30.8	11 555.9	144.7	358.1
26	羊草	内蒙古自治区呼伦贝尔市	91	0.029	0.2	4.9	650.6	82.9	38.3	40.6	41 350.7	582.4	557.8
27	羊草	内蒙古自治区呼伦贝尔市	91	0.054	0.208	7.4	1 489.3	60	24.5	77.9	113 766.7	979.3	704.3
28	羊草	内蒙古自治区呼伦贝尔市	93.5	0.013	0.156	3.4	195.7	55	18.9	46.5	16 430.2	219.5	369
29	羊草	内蒙古自治区呼伦贝尔市	93.7	0.035	0.179	6.3	1 816.7	64	23.2	78.5	158 283.4	1 001.3	727.1
30	羊草	山东省滨州市博兴县	95.2	0.24	0.658	11.1	4 560.5	134.2	361.7	339.5	267 552	7 473.1	1 633.2
31	羊草	山东省济宁市任城区	92.3	0.135	0.184	4.1	1 033.7	60	21.7	36.8	42 740.4	829.1	587.1
32	羊草	山东省济宁市任城区	92.5	0.085	0.163	3.6	295.1	62.1	20.3	36.1	15 863.4	307.8	435.1
33	羊草	云南省红河哈尼族彝族自治州泸西县	97.1	0.009	0.065	2.1	158.8	373.8	66.2	32.5	10 112.2	569.7	730.1

续表2-30

序号	原料名称	采样地点	干物质 DM/%	钠 Na/%	镁 Mg/%	铜 Cu/(mg/kg)	铁 Fe/(mg/kg)	锰 Mn/(mg/kg)	锌 Zn/(mg/kg)	硒 Se/(μg/kg)	铬 Cr/(μg/kg)	铅 Pb/(μg/kg)	砷 As/(μg/kg)
34	羊草	云南省红河哈尼族彝族自治州泸西县	97.1	0.009	0.073	2	131.8	445	74.1	56.9	8 210.5	525.5	572.2
35	羊草	云南省红河哈尼族彝族自治州开远市	96.9	0.007	0.158	2.4	147.2	28.3	27.8	52.9	9 940.8	5 145.4	3 301.5

三十、黑麦草

表 2-31　黑麦草原样中主要矿物元素及其含量

序号	原料名称	采样地点	干物质 DM/%	钠 Na/%	镁 Mg/%	铜 Cu/(mg/kg)	铁 Fe/(mg/kg)	锰 Mn/(mg/kg)	锌 Zn/(mg/kg)	硒 Se/(μg/kg)	铬 Cr/(μg/kg)	铅 Pb/(μg/kg)	砷 As/(μg/kg)
1	黑麦草	安徽省蚌埠市	92.9	0.264	0.191	11.3	188.8	202.7	31.1	65.7	8 803.1	493.4	490.5
2	黑麦草	安徽省蚌埠市	94.3	0.173	0.137	9.9	133.2	138.7	32.9	89.4	9 028.3	572.7	547
3	黑麦草	安徽省蚌埠市	92.8	0.273	0.21	12.3	201.6	217.2	31.2	87.3	9 626.3	458.3	475.6
4	黑麦草	福建省南平市	93.3	0.01	0.131	5.3	229.2	52.8	24.8	74.9	5 994.3	566.2	546.9
5	黑麦草	福建省南平市	91.8	0.011	0.133	5.8	271.9	53	25.3	156.8	7 481.3	460.4	639.6
6	黑麦草	福建省南平市	93.6	0.011	0.13	6.5	244.4	43.3	23.8	110.1	6 774.3	406.3	606.1
7	黑麦草	贵州省毕节市	94.7	0.011	0.066	2.7	237.2	15.3	10.7	10.5	5 818.3	300.6	488
8	黑麦草	贵州省毕节市	94	0.074	0.119	6.2	150.7	139.5	31.7	29.5	4 252.9	465.6	260
9	黑麦草	贵州省黔东南苗族侗族自治州凯里市	94.5	0.103	0.199	11.3	204.8	20.9	51.5	46.3	6 159.5	587.2	467.2
10	黑麦草	贵州省遵义市	94.7	0.012	0.079	2.8	313.4	17.5	12.2	15.3	6 459.9	329.9	493.7
11	黑麦草	贵州省遵义市	94.4	0.043	0.148	5	111.9	234.9	30.4	52.5	2 416.5	280.4	180.4
12	黑麦草	贵州省遵义市	93.9	0.015	0.233	11.4	241.4	381.8	25.9	184.9	5 963	543.6	423.4
13	黑麦草	河北省沧州市沧县	87.9	0.055	0.117	5.7	262.6	34.4	22.1	49.3	14 411.2	566.6	672.8
14	黑麦草	河北省沧州市沧县	87.5	0.013	0.132	4.5	146.6	31	23.7	51.1	9 488.1	298.1	548.6
15	黑麦草	河北省沧州市沧县	88.4	0.059	0.112	5.1	226.2	32	15.4	65.9	10 880.5	551.8	645

续表2-31

序号	原料名称	采样地点	干物质 DM/%	钠 Na/%	镁 Mg/%	铜 Cu/(mg/kg)	铁 Fe/(mg/kg)	锰 Mn/(mg/kg)	锌 Zn/(mg/kg)	硒 Se/(μg/kg)	铬 Cr/(μg/kg)	铅 Pb/(μg/kg)	砷 As/(μg/kg)
16	黑麦草	湖北省恩施土家族苗族自治州	84.9	0.036	0.217	10.4	1 102.1	140.5	32.2	122.3	21 039.7	1 049.1	885.7
17	黑麦草	湖北省恩施土家族苗族自治州	83.4	0.081	0.238	12.7	645.7	163.9	37.2	172.6	11 093.8	762.1	682.5
18	黑麦草	湖北省荆门市	83.5	0.019	0.227	10	238.6	55.8	37.1	101.4	16 292.2	614.9	631.2
19	黑麦草	湖北省仙桃市	89.6	0.08	0.121	6.3	98.7	31.6	20.8	47.7	8 307.3	104.8	685.3
20	黑麦草	湖北省仙桃市	89.5	0.988	0.27	14.2	390.2	74.9	56.6	32.3	2 763.4	256.5	325.7
21	黑麦草	湖北省襄阳市	86.8	0.025	0.241	15.4	492.2	281.7	27.5	189.6	28 693.4	1 256.5	922.5
22	黑麦草	江苏省盐城市	89.1	0.074	0.116	5.9	108	27.8	15.1	34.3	8 239.7	419.7	476.1
23	黑麦草	江苏省盐城市	89.1	0.06	0.114	6.8	124.3	28.9	17.1	55.3	7 583.2	299.3	492.9
24	黑麦草	江苏省盐城市	89.1	0.051	0.105	5.3	114	30.6	16.1	46	7 516.6	228.8	496.5
25	黑麦草	江西省宜春市高安市	89.1	0.322	0.131	7.5	307.9	189.1	27.2	162.5	11 794	1 084.8	658.9
26	黑麦草	江西省宜春市高安市	89	0.345	0.125	6.6	320.5	183.1	25.9	117.5	12 391	855.4	620.2
27	黑麦草	江西省宜春市高安市	89	0.293	0.144	8.6	1 385.4	194	30.7	138.5	44 971.3	1 612.2	994.4
28	黑麦草	江西省宜春市高安市	89.1	0.304	0.134	6.8	314.7	189	27.6	142	9 988.3	969.2	609.2
29	黑麦草	江西省宜春市高安市	88.9	0.144	0.075	3.3	204.2	96.4	14.5	134.2	7 429.6	0	0
30	黑麦草	江西省宜春市高安市	89	0.274	0.144	7.8	309.8	199.6	33.3	163.1	11 763.3	1 150.1	691.4
31	黑麦草	江西省宜春市高安市	89.1	0.328	0.153	7.7	255.5	202.5	28.7	140.2	7 648.9	909	666.8
32	黑麦草	江西省宜春市高安市	88.9	0.303	0.149	8.5	263.6	201.8	30	120.6	10 044.9	903.1	651
33	黑麦草	江西省宜春市高安市	89	0.301	0.161	8.1	438.6	196.7	30.4	168.6	18 964.1	999.8	678.4
34	黑麦草	江西省宜春市高安市	88.9	0.256	0.148	8.2	283.4	197.3	29.3	114.1	10 504.6	1 030.4	686.1
35	黑麦草	青海省西宁市	94.3	0.022	0.116	6.7	139.6	16.1	19.3	26.4	12 115.5	407.6	603.8
36	黑麦草	青海省西宁市	93.7	0.012	0.161	4.4	182.6	30.2	14.8	24.8	3 994.8	61.4	306.9
37	黑麦草	青海省西宁市	95.7	0.011	0.078	2.4	241.2	17.1	11.9	16.9	5 357.7	259.2	456.6
38	黑麦草	青海省西宁市	95.5	0.012	0.077	2.6	235.1	17.1	12.5	21.7	5 663.4	315.1	498.1
39	黑麦草	青海省西宁市	96	0.016	0.102	3.2	464.8	24.8	17.2	20.1	8 373.6	395.2	384.9

续表2-31

序号	原料名称	采样地点	干物质 DM/%	钠 Na/%	镁 Mg/%	铜 Cu/(mg/kg)	铁 Fe/(mg/kg)	锰 Mn/(mg/kg)	锌 Zn/(mg/kg)	硒 Se/(μg/kg)	铬 Cr/(μg/kg)	铅 Pb/(μg/kg)	砷 As/(μg/kg)
40	黑麦草	青海省西宁市	95.6	0.012	0.076	3.1	382.7	18.5	11.7	6.6	7 362.7	247	336.2
41	黑麦草	山东省东营市	94.6	0.225	0.165	3.9	225.8	19.3	12.9	43.3	13 884.3	169.4	565.4
42	黑麦草	山东省东营市	94.2	0.476	0.124	3.7	279.5	19.3	11.7	14.6	14 724.9	394	571.1
43	黑麦草	陕西省咸阳市兴平市	93.4	0.774	0.169	9.2	175.4	73.3	28.3	95.3	10 976.6	277	495.3
44	黑麦草	陕西省咸阳市兴平市	94.3	0.557	0.177	10.1	229.9	79.8	28.7	87.6	10 749	406.7	546.5
45	黑麦草	陕西省咸阳市兴平市	93.6	0.751	0.19	11.5	247.8	79	28.5	77.6	10 567.7	414.2	570.2
46	黑麦草	陕西省咸阳市兴平市	94.3	0.694	0.189	12.5	222.6	71	31	95.7	15 067.1	442.7	466.6
47	黑麦草	四川省达州市	96.4	0.425	0.216	14.9	635.6	103.9	44.9	113.4	16 744.3	1 856.1	702.2
48	黑麦草	四川省泸州市	96.8	0.212	0.248	12.2	2 340.5	71.5	44.7	561.9	34 360.3	3 932.2	1 756.9
49	黑麦草	天津市武清区下伍旗镇	89.1	0.011	0.114	3.5	173	32.1	16.4	63.7	8 831.1	370.1	553.6
50	黑麦草	西藏自治区林芝市	95	0.017	0.245	8.2	701	58	21.3	8.7	29 959.1	134.5	556.1
51	黑麦草	西藏自治区林芝市	95.7	0.016	0.224	7.1	800.3	56.6	20.3	26.7	32 729.9	107.9	504.2
52	黑麦草	西藏自治区林芝市	95.7	0.016	0.209	7	840.8	50.7	22.3	48.4	40 988.8	196.4	597.2
53	黑麦草	西藏自治区林芝市	96	0.043	0.235	9.4	3 597.1	85.7	26.3	88	161 084.8	725.4	1 076.9
54	黑麦草	西藏自治区林芝市	97.1	0.016	0.285	5.9	701.1	52.7	17.9	27	27 842.3	178.9	504.6
55	黑麦草	西藏自治区林芝市	95.3	0.015	0.254	7.1	660.8	51.1	21.1	9.9	25 736.7	121.6	567.5
56	黑麦草	云南省大理白族自治州洱源县	95.2	0.21	0.303	14.5	925.4	54.1	27.3	36.4	10 119.7	529.8	581.6
57	黑麦草	云南省大理白族自治州洱源县	96.1	0.349	0.302	13.5	1 485.9	75.9	18.3	55.9	9 540.5	327.7	525.1
58	黑麦草	云南省大理白族自治州弥渡县	96.5	0.11	0.225	10.7	389.4	32.5	25.5	19.1	12 062.1	388.4	544.4
59	黑麦草	云南省大理白族自治州弥渡县	96.9	0.592	0.411	18.4	414.9	37.2	38.8	15.1	9 550.4	371.7	581.8
60	黑麦草	云南省红河哈尼族彝族自治州泸西县	96.4	0.129	0.225	6.5	360.1	37.2	14.8	59.5	17 700.2	841.3	900.6
61	黑麦草	云南省红河哈尼族彝族自治州泸西县	96.1	0.352	0.327	16.2	311.2	134.6	73.1	48.3	7 588.8	656	866.9
62	黑麦草	云南省红河哈尼族彝族自治州泸西县	95.8	0.096	0.304	12.2	1 313.5	124.4	33.6	60.1	13 959.3	1 040.5	1 019.5

续表2-31

序号	原料名称	采样地点	干物质 DM/%	钠 Na/%	镁 Mg/%	铜 Cu/(mg/kg)	铁 Fe/(mg/kg)	锰 Mn/(mg/kg)	锌 Zn/(mg/kg)	硒 Se/(μg/kg)	铬 Cr/(μg/kg)	铅 Pb/(μg/kg)	砷 As/(μg/kg)
63	黑麦草	云南省红河哈尼族彝族自治州泸西县	96.2	0.313	0.304	15.4	450.4	140.2	73.6	44.7	9 289.8	912.2	1 026.7
64	黑麦草	云南省昆明市寻甸回族彝族自治县	96.4	0.025	0.185	12.2	184.5	41.8	27.9	38	7 589.9	819.7	703.8
65	黑麦草	云南省昆明市寻甸回族彝族自治县	96.3	0.062	0.242	12.6	268.1	35.9	22.4	62.8	8 256.3	833.3	742.7
66	黑麦草	云南省曲靖市会泽县	96	0.029	0.47	16.4	830.8	67.4	44.9	62.6	9 749.8	999.8	638.7
67	黑麦草	重庆市开州区温泉镇	93.4	0.09	0.227	7.7	234.7	41.4	98.4	114.4	7 749.6	690.6	586.6
68	黑麦草	重庆市荣昌区远觉镇	94.7	0.063	0.133	6.3	263.7	200.3	24.2	58.1	10 233.4	570	589.4
69	黑麦草	重庆市荣昌区远觉镇	92.7	0.114	0.115	7	191.3	184.1	31.4	93.4	9 016.5	534.3	629.9
70	黑麦草	重庆市巫溪县	93.4	0.15	0.185	8.6	379.7	101.1	199.8	49.2	7 886.7	325.6	609.8
71	黑麦草	重庆市云阳县	93.5	0.563	0.305	11.9	525.6	149.4	262.6	55.4	10 528.8	672.7	638.8
72	黑麦草	重庆市云阳县	94.6	0.09	0.161	6.9	352.8	77	167.3	72.9	9 043	757	585

三十一、青贮玉米

表 2-32 青贮玉米原样中主要矿物元素及其含量

序号	原料名称	采样地点	干物质 DM/%	钠 Na/%	镁 Mg/%	铜 Cu/(mg/kg)	铁 Fe/(mg/kg)	锰 Mn/(mg/kg)	锌 Zn/(mg/kg)	硒 Se/(μg/kg)	铬 Cr/(μg/kg)	铅 Pb/(μg/kg)	砷 As/(μg/kg)
1	青贮玉米	安徽省蚌埠市	92.8	0	0.25	9.6	174.5	29.8	15	62.3	6 924.2	477.1	0
2	青贮玉米	安徽省合肥市	92.8	0.009	0.239	7	222.2	50.1	15.2	23.7	9 476.3	313.5	510
3	青贮玉米	北京市顺义区	93.5	0.025	0.25	8.8	182.2	30.7	21.4	40.2	8 873	309.2	266.3
4	青贮玉米	福建省三明市清流县	91.6	0.03	0.246	11.4	234.2	27.6	25.6	38.8	9 395.3	1 022.7	101.8
5	青贮玉米	甘肃省定西市	95.9	0.051	0.316	9.7	281.3	33.5	9.2	79.9	14 227.7	404.8	70.3
6	青贮玉米	甘肃省庆阳市	96.9	0.002	0.436	9.9	1 213.8	75.3	14	65.8	61 388.2	874.3	287.1
7	青贮玉米	甘肃省武威市	97.8	0.309	0.307	9.6	253.3	51.1	7.4	92	7 227.9	404.3	121.6

续表2-32

序号	原料名称	采样地点	干物质 DM/%	钠 Na/%	镁 Mg/%	铜 Cu/(mg/kg)	铁 Fe/(mg/kg)	锰 Mn/(mg/kg)	锌 Zn/(mg/kg)	硒 Se/(μg/kg)	铬 Cr/(μg/kg)	铅 Pb/(μg/kg)	砷 As/(μg/kg)
8	青贮玉米	甘肃省武威市	97.2	0.006	0.399	13.2	672.3	44.9	35.5	152.4	20 633.1	6 874.9	409.4
9	青贮玉米	甘肃省武威市凉州区	90.9	0.032	0.555	13.6	1 431.3	49.4	25.2	146.5	33 803	1 363.5	691.9
10	青贮玉米	甘肃省张掖市	96.8	0.005	0.412	12.1	583.1	33.8	9.1	31.4	12 307.1	516	103.3
11	青贮玉米	甘肃省张掖市	88.9	0.004	0.41	13.1	677.6	34.8	9.9	64.8	20 813.5	458	112.7
12	青贮玉米	贵州省贵阳市	95.3	0.007	0.252	9	466.2	109.6	24.3	20.4	10 103.3	562.3	387.3
13	青贮玉米	贵州省贵阳市	95.1	0.007	0.245	8.3	569.2	107.1	25	24.3	9 622.7	451.8	393.4
14	青贮玉米	贵州省贵阳市	95.1	0.007	0.237	7.8	478.4	94.9	21.9	14	7 655.3	678.2	389.4
15	青贮玉米	河北省保定市	91.6	0.069	0.275	9.4	256.6	27.5	30.5	66	9 411.9	1 151.9	311.4
16	青贮玉米	河北省沧州市	93.6	0.057	0.274	8.7	260.4	26.1	29	63.5	9 976.7	2 690.2	222.3
17	青贮玉米	河北省沧州市	94.5	0.053	0.267	9.4	276.3	28	28	52.4	9 280.9	1 122.8	318.3
18	青贮玉米	河南省新乡市	94.1	0.01	0.159	9.1	207.8	18.2	13.5	23.4	8 884.9	938.4	301.6
19	青贮玉米	黑龙江省哈尔滨市	91.2	0.116	0.268	10.1	439.3	60.1	27.6	123.2	14 557	966	690.5
20	青贮玉米	黑龙江省鸡西市虎林市	91.4	0.024	0.153	6.4	359.3	28.1	8.4	24.7	25 578.2	217.2	373.5
21	青贮玉米	黑龙江省鸡西市鸡东县	91.2	0.025	0.158	6.3	393.8	28.3	8.9	34.2	26 034.7	202.5	262
22	青贮玉米	黑龙江省鸡西市	91.4	0.022	0.141	6.6	329.7	25.9	8.2	13.9	18 443.5	146	290.1
23	青贮玉米	黑龙江省鸡西市	91.4	0.018	0.164	6.6	769	35	10	40.6	45 076.1	510.8	112.1
24	青贮玉米	黑龙江省齐齐哈尔市克山县	91.1	0.028	0.143	6.5	464.6	29.7	8.4	17.6	22 595.8	269.9	415
25	青贮玉米	黑龙江省哈尔滨市五常市	91.4	0.03	0.169	5.9	551	31	10.3	20.3	17 789.8	200.1	346.7
26	青贮玉米	湖南省长沙市	89.4	0.009	0.171	8	249.5	23	24.1	73.1	10 763.5	453.9	258
27	青贮玉米	吉林省长春市榆树市	91.9	0.014	0.287	7.5	163.9	15.4	21.3	29.9	5 964.8	424.4	306.2
28	青贮玉米	吉林省长春市榆树市	92.3	0.008	0.193	8.2	289.9	22.8	20.3	27.4	9 793.1	656.1	295.6
29	青贮玉米	吉林省长春市榆树市	92.3	0.006	0.157	6.6	342.8	32.1	13.3	26.3	7 716.5	352.3	317.2
30	青贮玉米	吉林省长春市榆树市	92.8	0.006	0.172	6.6	367.2	24.4	20.5	22.9	8 910.3	584.3	257.2

续表2-32

序号	原料名称	采样地点	干物质 DM/%	钠 Na/%	镁 Mg/%	铜 Cu/(mg/kg)	铁 Fe/(mg/kg)	锰 Mn/(mg/kg)	锌 Zn/(mg/kg)	硒 Se/(μg/kg)	铬 Cr/(μg/kg)	铅 Pb/(μg/kg)	砷 As/(μg/kg)
31	青贮玉米	吉林省长春市榆树市	92.5	0.009	0.215	6.3	285.7	44.9	18	26.5	10 702.6	190.5	290.3
32	青贮玉米	江苏省盐城市	85.1	0.002	0.29	13.8	483.1	36	16.1	37.3	9 098.8	319.9	0
33	青贮玉米	江苏省盐城市	85	0.013	0.24	12.5	400.6	34.8	18.5	28.3	10 722.5	403.8	311.3
34	青贮玉米	江苏省盐城市	85.1	0.013	0.296	13.7	531.1	37	15.8	41.3	12 062	419.4	363.5
35	青贮玉米	江西省宜春市高安市	91.1	0.014	0.308	11.8	3 541.1	65.8	27.5	154.7	81 216.2	3 689.1	1 112.6
36	青贮玉米	江西省宜春市高安市	91	0.016	0.267	14.4	2 308.9	61.3	41.5	154.7	183 464.5	1 756.1	1 158.6
37	青贮玉米	江西省宜春市高安市	91.1	0.016	0.254	14.6	2 177.3	58.2	46.7	139.5	79 585.2	1 546.8	1 295.9
38	青贮玉米	辽宁省阜新市彰武县	94.9	0.003	0.395	10	1 598.2	50.2	26.4	105.7	25 779.2	1 862.9	405.9
39	青贮玉米	辽宁省沈阳市法库县	94.2	0	0.324	10.5	492.8	76.8	31.7	50	7 929.9	927.5	84.8
40	青贮玉米	辽宁省沈阳市法库县	94.8	0	0.373	8.4	805.4	56.8	26.6	74.7	12 570.1	925.8	193.6
41	青贮玉米	辽宁省沈阳市法库县	95	0	0.336	9.2	175.9	41.3	22.7	51.1	5 493.4	431.7	0
42	青贮玉米	辽宁省沈阳市法库县	94.9	0	0.37	10.4	1 028.5	105.4	28	66	9 466.2	779.7	131.5
43	青贮玉米	辽宁省铁岭市西丰县	95.2	0.003	0.171	7.1	300.2	64.1	37.3	32.4	9 074.4	1 720.3	0
44	青贮玉米	内蒙古自治区呼和浩特市	92.1	0.014	0.315	7.2	308.1	29.1	13.5	59.1	11 516.6	352.7	494.2
45	青贮玉米	内蒙古自治区呼和浩特市	92.3	0.022	0.334	7	519.2	35.4	18.6	92.8	18 912.1	371.8	506.8
46	青贮玉米	内蒙古自治区呼和浩特市	92.3	0.022	0.278	7.3	314	27.8	13.7	38.4	12 493.6	311.5	498.7
47	青贮玉米	内蒙古自治区呼和浩特市	93.1	0.021	0.318	6.9	246.9	26	11	60.4	12 401.2	386.3	487.1
48	青贮玉米	内蒙古自治区包头市	94.5	0.041	0.337	6	313.5	22.8	15.7	196.9	8 137.2	216.6	376.3
49	青贮玉米	内蒙古自治区赤峰市	93.7	0.02	0.254	7	357.5	37.5	452.1	38.6	9 828.5	1 238.9	476.7
50	青贮玉米	内蒙古自治区赤峰市	94	0.015	0.253	7.4	455.1	43	200.6	57.6	10 500.1	2 058.3	640.8
51	青贮玉米	内蒙古自治区赤峰市	93.7	0.02	0.254	7.8	314.5	31.9	20	43.5	9 523.9	818.3	489.5
52	青贮玉米	内蒙古自治区鄂尔多斯市达拉特旗	91.1	0.017	0.377	6.9	205.5	17.9	15	314	6 997.2	268.6	437

续表2-32

序号	原料名称	采样地点	干物质 DM/%	钠 Na/%	镁 Mg/%	铜 Cu/ (mg/kg)	铁 Fe/ (mg/kg)	锰 Mn/ (mg/kg)	锌 Zn/ (mg/kg)	硒 Se/ (μg/kg)	铬 Cr/ (μg/kg)	铅 Pb/ (μg/kg)	砷 As/ (μg/kg)
53	青贮玉米	内蒙古自治区呼和浩特市	91.4	0.018	0.38	6.2	218.2	17.8	14.6	339.3	7 832.9	377.3	489.6
54	青贮玉米	内蒙古自治区乌兰察布市凉城县	91.9	0.045	0.432	7.5	219.2	22.1	17.3	112.9	9 284.5	154.5	347.1
55	青贮玉米	宁夏回族自治区石嘴山市惠农县	92.1	0.054	0.358	9.6	577.6	50.7	13.9	62.5	10 238.1	923.8	101.7
56	青贮玉米	宁夏回族自治区吴忠市	91.6	0.183	0.258	8.2	235.5	19.5	11	28.5	7 631.5	503.7	0
57	青贮玉米	宁夏回族自治区吴忠市	91.7	0.209	0.272	8.6	322.4	21.2	12.3	29.1	14 809.4	628.5	42.2
58	青贮玉米	宁夏回族自治区银川市	91.6	0.201	0.255	8.4	229	18.6	10.3	41	9 330.1	485.7	0
59	青贮玉米	青海省	92.3	0.02	0.188	6.8	736.3	48.8	12.5	46.1	14 735.5	444.9	646
60	青贮玉米	青海省海东市	94	0.016	0.15	6.7	793.3	33.2	9.8	25	45 290.6	1 080.5	549.3
61	青贮玉米	青海省海东市	92.9	0.016	0.243	7.2	710.6	38.8	11	15.1	36 175.8	1 028.3	490.5
62	青贮玉米	青海省海东市	93.4	0.014	0.172	7.5	886.9	40.1	12.9	34.5	52 596.6	1 046.3	551.7
63	青贮玉米	山东省济宁市任城区	94.3	0.015	0.335	11.6	3 767.7	72.7	26.7	140.8	75 729.5	2 955.9	1 077
64	青贮玉米	山东省济宁市任城区	93.3	0.015	0.32	33.2	2 345.9	70.5	18.9	177.8	33 019.5	1 236.5	686.6
65	青贮玉米	山东省青岛市	93.4	0.01	0.218	8.2	651.2	30	16	10.4	8 186	435.6	346.4
66	青贮玉米	山东省青岛市	93.3	0.01	0.251	7	136.3	27.8	17.1	26.7	7 321.4	219.1	361.4
67	青贮玉米	山西省临汾市	93.7	0.013	0.447	9.5	855.1	54.3	21.3	70	51 219.7	1 880.8	490.3
68	青贮玉米	山西省临汾市	93.6	0.012	0.455	10.1	485.5	55.7	22.2	61.3	22 462.7	1 526.9	470.6
69	青贮玉米	山西省临汾市	93.6	0.001	0.317	10.2	1 019	56.8	28.3	113.8	40 467.9	2 073.9	196.5
70	青贮玉米	陕西省宝鸡市	95	0.005	0.379	12.6	668	42	35.6	174.6	18 585.3	7 720.2	488
71	青贮玉米	陕西省宝鸡市	96.1	0.005	0.395	12.8	734.6	42.4	35.1	46.5	19 965.9	7 538	407.5
72	青贮玉米	陕西省渭南市	95.7	0.005	0.38	12.6	675.2	42.4	35.6	735.7	18 706.4	8 450.1	753.7
73	青贮玉米	上海市崇明区	85.1	0.013	0.3	12.8	350.3	35.8	15.6	28.5	9 196.9	347.6	322.1
74	青贮玉米	上海市崇明区	85.1	0.003	0.317	13.3	633.9	40.8	17.1	48.4	9 891.5	424.7	0
75	青贮玉米	上海市崇明区	85.1	0.013	0.286	13.3	390.2	43.1	20.7	58.4	9 216.8	608.6	325.9
76	青贮玉米	天津市	93.8	0.113	0.267	9	225.8	25.9	28.5	71.3	8 326.3	1 079.3	359.9
77	青贮玉米	天津市	92.8	0.156	0.245	8.8	197.3	22.4	26.3	53.7	8 240.4	937	177.1
78	青贮玉米	天津市	94.2	0.22	0.268	8.7	213.3	26.2	29.8	55.4	6 951	1 153	0

续表2-32

序号	原料名称	采样地点	干物质 DM/%	钠 Na/%	镁 Mg/%	铜 Cu/(mg/kg)	铁 Fe/(mg/kg)	锰 Mn/(mg/kg)	锌 Zn/(mg/kg)	硒 Se/(μg/kg)	铬 Cr/(μg/kg)	铅 Pb/(μg/kg)	砷 As/(μg/kg)
79	青贮玉米	新疆维吾尔自治区昌吉回族自治州昌吉市	93.8	1.344	0.231	9.2	1 080.8	45.9	10.7	78.4	35 481.7	577.5	241.7
80	青贮玉米	新疆维吾尔自治区昌吉回族自治州昌吉市六工镇	93.8	0.022	0.3	10.5	153.8	48.4	13.5	12.1	6 240.9	193.8	36
81	青贮玉米	新疆维吾尔自治区塔城地区额敏县	93.3	0.358	0.175	10.9	154.5	31.5	6.1	111.8	8 134.5	306.1	0
82	青贮玉米	新疆维吾尔自治区昌吉回族自治州阜康市滋泥泉镇	93.7	0.361	0.18	9.6	143	32	5.1	95.8	7 287.9	198.2	0
83	青贮玉米	新疆维吾尔自治区伊犁哈萨克自治州霍城县	93.4	0.218	0.317	5.8	122.3	35.8	9.4	69.3	6 967.6	126.5	471.7
84	青贮玉米	新疆维吾尔自治区昌吉回族自治州玛纳斯县	93.3	0.087	0.254	8	162	56.9	13.2	62.5	7 709.6	203.6	15.3
85	青贮玉米	新疆维吾尔自治区伊犁哈萨克自治州伊宁市	93.7	0.786	0.304	6.4	179.4	50.3	5.9	50.7	8 579.5	132	443.5
86	青贮玉米	新疆维吾尔自治区伊犁哈萨克自治州伊宁市	93.7	0.654	0.282	6.1	128.7	45.2	5.2	50.9	9 354.8	143.9	450.7
87	青贮玉米	云南省红河哈尼族彝族自治州泸西县	96.6	0	0.279	13.2	399.1	63.3	22.2	15.7	18 906.2	1 034.7	183.4
88	青贮玉米	云南省红河哈尼族彝族自治州泸西县	96.6	0	0.277	12.5	334.7	53.1	33	48	10 814.4	1 068.7	233.3

三十二、木薯干

表 2-33 木薯干原样中主要矿物元素及其含量

序号	原料名称	采样地点	干物质 DM/%	钠 Na/%	镁 Mg/%	铜 Cu/(mg/kg)	铁 Fe/(mg/kg)	锰 Mn/(mg/kg)	锌 Zn/(mg/kg)	硒 Se/(μg/kg)	铬 Cr/(μg/kg)	铅 Pb/(μg/kg)	砷 As/(μg/kg)
1	木薯干	福建省南平市	87.1	0.006	0.029	0.8	48.3	9.4	3.3	53.3	5 682.1	4 512.6	416.8
2	木薯干	福建省南平市	87	0.007	0.03	0.3	59.8	9.3	3.7	26.3	4 350.7	3 220.6	351.4

续表2-33

序号	原料名称	采样地点	干物质 DM/%	钠 Na/%	镁 Mg/%	铜 Cu/(mg/kg)	铁 Fe/(mg/kg)	锰 Mn/(mg/kg)	锌 Zn/(mg/kg)	硒 Se/(μg/kg)	铬 Cr/(μg/kg)	铅 Pb/(μg/kg)	砷 As/(μg/kg)
3	木薯干	广东省梅州市	88.3	0.01	0.074	2.5	81.1	77.4	31.2	17.8	4 454.7	17 907.4	367.1
4	木薯干	广东省清远市	89.2	0.011	0.088	2.1	110.6	4.3	6.5	596.2	5 733.2	572.9	779.3
5	木薯干	广东省云浮市	85.4	0.009	0.076	4.7	118.8	26.4	16.4	5.7	5 501	1 317	356.9
6	木薯干	广东省云浮市	85.5	0.009	0.091	5.2	113.8	30.4	17.9	7.8	5 833.7	1 379.4	390.4
7	木薯干	广东省湛江市	89.9	0.009	0.074	2.9	18.4	9	18.3	7.8	4 716.4	231.2	369.6
8	木薯干	广东省肇庆市	87.4	0.005	0.049	0.4	14.6	3.6	3	8.5	4 815.9	417.9	374.4
9	木薯干	广东省肇庆市	87.7	0.005	0.042	0.1	21.6	2.9	1.5	195.1	5 376.7	812.8	492.2
10	木薯干	广西壮族自治区北海市	90.5	0.009	0.061	0.8	36	8.3	11.5	94	5 596.2	30.7	412.6
11	木薯干	广西壮族自治区贵港市	92.1	0.011	0.116	1.3	125.1	13.4	13.2	51.7	4 959	512.9	494.4
12	木薯干	广西壮族自治区贵港市	91.6	0.014	0.092	2.4	48.1	13.5	13.7	37	5 212.2	210.7	443
13	木薯干	广西壮族自治区贵港市	91.4	0.015	0.103	2	111.9	16.4	13.7	73.2	7 900.7	537.4	535.4
14	木薯干	海南省白沙黎族自治县光雅镇	95.4	0.009	0.093	3.7	692.1	27.9	15.6	21.5	7 894.1	1 959.2	500.9
15	木薯干	海南省白沙黎族自治县光雅镇	95.3	0.009	0.094	2.3	712.3	28	16.4	26.6	8 721.8	1 782.9	470.6
16	木薯干	海南省儋州市	95.1	0.013	0.061	4.5	1 245.1	35	16.6	82.9	5 969.3	2 136	526.3
17	木薯干	海南省琼中黎族苗族自治县营根镇	95.3	0.026	0.069	3.1	479.1	20	15.5	46.1	9 361.5	1 686	485.5

三十三、甘薯藤

表 2-34 甘薯藤原样中主要矿物元素及其含量

序号	原料名称	采样地点	干物质 DM/%	钠 Na/%	镁 Mg/%	铜 Cu/(mg/kg)	铁 Fe/(mg/kg)	锰 Mn/(mg/kg)	锌 Zn/(mg/kg)	硒 Se/(μg/kg)	铬 Cr/(μg/kg)	铅 Pb/(μg/kg)	砷 As/(μg/kg)
1	甘薯藤	广东省广州市	87	0.042	0.26	11.3	348.2	79.9	28.7	104.6	17 340	1 082.4	458.7
2	甘薯藤	广西壮族自治区桂林市	91.4	0.155	0.313	8.4	529.8	51.1	15.6	84.4	13 137.1	936.1	448.4

续表2-34

序号	原料名称	采样地点	干物质 DM/%	钠 Na/%	镁 Mg/%	铜 Cu/(mg/kg)	铁 Fe/(mg/kg)	锰 Mn/(mg/kg)	锌 Zn/(mg/kg)	硒 Se/(μg/kg)	铬 Cr/(μg/kg)	铅 Pb/(μg/kg)	砷 As/(μg/kg)
3	甘薯藤	贵州省黔东南苗族侗族自治州	91.8	0.196	0.261	8	469	30	11.6	73.9	9 853.5	787.3	483
4	甘薯藤	贵州省铜仁市	92.3	0.05	0.245	27	409.4	215.6	33.5	152.4	9 135.3	1 402.2	622.7
5	甘薯藤	贵州省遵义市	93.4	0.032	0.271	26.8	457.1	355.2	32.6	155.3	26 249.3	1 362	621
6	甘薯藤	河北省邢台市信都区	91.3	0.3	0.451	12.1	977.2	83.7	24.5	173.1	16 654	2 401.1	785.7
7	甘薯藤	湖北省宜昌市	79	0.107	0.251	10.2	427	30.8	9.2	203.7	14 149	904.1	499.8
8	甘薯藤	湖南省永州市	87.3	0.169	0.238	13.5	480.1	75.4	15.8	312.4	12 693.5	805.1	667.2
9	甘薯藤	湖南省张家界市	87	0.161	0.254	14.4	479.6	71.5	18.5	362.3	13 789.7	899.5	656.8
10	甘薯藤	湖南省长沙市	86.9	0.303	0.228	16.5	463.2	100.8	43.7	74.5	12 495.1	952.5	587.9
11	甘薯藤	江西省南昌市	89.4	0.666	0.307	13.2	391.9	141.2	18.5	124.1	17 433.7	823.9	468.8
12	甘薯藤	山东省烟台市	92.2	0.092	0.666	14.6	1 387.3	252	41.3	131.5	73 834.8	1 166.9	691
13	甘薯藤	山东省烟台市	91.6	0.105	0.621	15.8	868.2	190.4	46.2	82.4	33 386.4	935.8	593.1
14	甘薯藤	四川省成都市	94.8	0.378	0.744	17.8	244.8	119.8	18.3	44.4	10 245.5	358.8	348.2
15	甘薯藤	四川省成都市	94.4	0.334	0.779	18.1	369.9	140.8	19	46.2	14 140.7	525.8	430.9
16	甘薯藤	四川省广元市	95.3	0.35	0.326	11.6	466	47.4	13.7	68.1	10 933.8	379.3	496.7
17	甘薯藤	四川省南充市	94.5	0.183	0.461	12.1	548.1	49.2	19.1	26.4	15 200.9	732.1	616.4
18	甘薯藤	四川省南充市	94.2	0.179	0.459	11	892.5	51.6	25	85.2	33 071.4	1 153.1	707.5
19	甘薯藤	天津市武清区下伍旗镇	91	0.378	0.607	10.3	305	37.5	12.3	66.4	5 700.1	615.5	448
20	甘薯藤	重庆市荣昌区	94	0.564	0.379	16.5	274.5	124.9	25.4	129.8	8 397.9	2 208.7	649.4

三十四、稻秸

表 2-35 稻秸原样中主要矿物元素及其含量

序号	原料名称	采样地点	干物质 DM/%	钠 Na/%	镁 Mg/%	铜 Cu/(mg/kg)	铁 Fe/(mg/kg)	锰 Mn/(mg/kg)	锌 Zn/(mg/kg)	硒 Se/(μg/kg)	铬 Cr/(μg/kg)	铅 Pb/(μg/kg)	砷 As/(μg/kg)
1	稻秸	安徽省安庆市	95.4	0.359	0.334	4.3	230.7	719.6	25.2	67	15 912.5	905.5	3 277
2	稻秸	安徽省滁州市天长市	94.8	0.023	0.148	5.1	315.3	979.4	31.8	111	24 223	1 410.3	1 858.1
3	稻秸	安徽省合肥市庐江县	95.2	0.059	0.239	3.7	163.8	1 087.1	31.2	157.4	11 817.2	2 175.5	6 445.1

续表2-35

序号	原料名称	采样地点	干物质 DM/%	钠 Na/%	镁 Mg/%	铜 Cu/(mg/kg)	铁 Fe/(mg/kg)	锰 Mn/(mg/kg)	锌 Zn/(mg/kg)	硒 Se/(μg/kg)	铬 Cr/(μg/kg)	铅 Pb/(μg/kg)	砷 As/(μg/kg)
4	稻秸	安徽省六安市裕安区	94.7	0.016	0.246	1.4	122.5	543.6	62.5	27.1	8 218.5	0	2 378.4
5	稻秸	北京市海淀区	93.2	0.138	0.184	3	182.9	199.6	12.2	55	9 955.4	53 625	4 160.8
6	稻秸	福建省南平市	93.8	0.7	0.225	3.2	1 094.2	289.1	24.3	133.1	84 568.3	2 130.3	3 250.4
7	稻秸	福建省南平市	94.2	0.402	0.244	4.1	1 170.1	337.3	23	127.3	73 343	2 231.4	2 237.2
8	稻秸	甘肃省白银市靖远县	92.7	0.582	0.298	2.4	324.5	253.3	12.4	7.5	14 660.4	328.8	9 986.6
9	稻秸	甘肃省张掖市	91.3	0.03	0.237	3.3	120.2	51.3	12.9	27.7	10 209.7	0	2 125.3
10	稻秸	广东省广州市	90.5	0.021	0.098	0.2	393.9	359.7	22.9	75.6	18 315.4	761.3	591.2
11	稻秸	广东省梅州市	90	0.016	0.12	2.6	216.4	937.7	52.3	52.5	9 095.5	1 207.6	724.8
12	稻秸	广东省湛江市	88.7	0.025	0.22	3	201	395.1	37.3	101.6	8 725.8	65 257.1	998.6
13	稻秸	广东省湛江市	88.9	0.38	0.194	2.2	182.8	602.4	44.3	34.3	17 179.1	573.8	1 731.9
14	稻秸	广西壮族自治区桂林市	94.3	0.045	0.128	1.2	410	794.3	35.9	55.9	20 058.6	34.3	2 270.5
15	稻秸	广西壮族自治区南宁市	94.3	0.159	0.137	2.4	101.8	442.5	16.5	18.7	13 286.4	197.6	1 186.9
16	稻秸	广西壮族自治区贵港市	94.1	0.016	0.109	4.3	238.5	427.1	57.8	27.5	23 774.1	1 457.1	1 110.7
17	稻秸	贵州省黔东南苗族侗族自治州	93	0.013	0.215	2	190.6	610.2	33.3	66.2	11 468.8	274	4 851.3
18	稻秸	贵州省遵义市	93.8	0.651	0.255	2.8	1 487.3	351.7	26.6	78.3	31 050	1 295.3	2 402.7
19	稻秸	海南省澄迈县	96.4	0.014	0.121	12.3	1 909.7	1 377.5	90.6	286.1	106 992.6	2 763.9	1 424.7
20	稻秸	海南省海口市琼山区红旗镇	96.8	0.029	0.182	4.9	181.2	1 691.4	32.8	74.5	16 433.2	612.4	307.3
21	稻秸	河北省唐山市乐亭县	93.8	0.952	0.261	2.7	356.6	225.7	20.7	81.8	10 759.5	1 643.2	3 642.4
22	稻秸	河北省唐山市乐亭县	93.7	0.742	0.287	3.1	513.1	223.8	18.8	84.1	11 587.7	1 978.3	3 745.8
23	稻秸	黑龙江省哈尔滨市	94	0.284	0.369	4.6	681.9	1 561.5	37.3	75	22 922.7	587.6	6 195.1
24	稻秸	黑龙江省齐齐哈尔市	94	0.469	0.324	5.1	224.7	836.6	39.3	41.4	13 058.4	68.9	5 746
25	稻秸	黑龙江省绥化市	93.2	0.172	0.301	1.6	138.8	164.4	14.6	21.5	7 467.4	85.3	6 858.5

续表2-35

序号	原料名称	采样地点	干物质 DM/%	钠 Na/%	镁 Mg/%	铜 Cu/(mg/kg)	铁 Fe/(mg/kg)	锰 Mn/(mg/kg)	锌 Zn/(mg/kg)	硒 Se/(μg/kg)	铬 Cr/(μg/kg)	铅 Pb/(μg/kg)	砷 As/(μg/kg)
26	稻秸	黑龙江省绥化市	92.3	0.044	0.245	3.4	596.9	243.7	12.2	41.5	52 525.7	748.4	2 449.6
27	稻秸	湖北省荆门市	90.6	0.012	0.152	3.1	186.9	644.5	18.8	112.7	22 166.9	1 278.9	1 364.3
28	稻秸	湖北省荆门市	91	0.011	0.172	4.5	231.3	247.7	14.8	71.5	25 535.1	1 005.2	760.8
29	稻秸	湖北省荆门市沙洋县	90.8	0.016	0.162	3.4	212	672.8	22.4	57.9	13 994.3	425.7	635.2
30	稻秸	湖北省仙桃市	91.2	0.023	0.231	2.2	201	629.4	31.1	59	25 586.7	822	1 302.2
31	稻秸	湖北省襄阳市	90.5	0.023	0.196	2.4	284.6	522.4	32.2	123.7	20 870.7	1 654.7	2 933.1
32	稻秸	湖北省襄阳市	91.3	0.201	0.211	2.8	225.1	467.3	31.6	126.2	16 528.2	1 313.2	3 154.2
33	稻秸	湖北省襄阳市	90.8	0.115	0.217	2.3	359	396.3	32.2	146.1	22 402.1	2 521.5	4 371.3
34	稻秸	湖南省常德市鼎城区	91.8	0.013	0.119	1.5	172	708.8	18.1	62.2	15 969.3	604.4	2 292.4
35	稻秸	湖南省常德市汉寿县	91.1	0.13	0.353	6.5	1 650	459.3	34.7	167.6	33 895.2	1 813.4	3 009.3
36	稻秸	湖南省衡阳市衡阳县	91.6	0.015	0.118	1.4	218.6	600.1	18.3	14.7	13 437.2	370.8	2 295.1
37	稻秸	湖南省长沙市宁乡市花明楼镇	91.9	0.043	0.319	10.7	754.2	504.5	24.5	65.6	14 883.4	958.4	2 196.8
38	稻秸	湖南省常德市桃源县架桥镇	90.6	0.027	0.126	1.7	219.8	490.2	32.2	35.2	13 125.7	542.5	2 100.7
39	稻秸	湖南省湘潭市湘潭县	90.8	0.021	0.13	2.4	239.5	672.1	24	44.2	15 177.4	775	2 501.2
40	稻秸	湖南省湘潭市湘乡市	88.5	0.001	0.113	2.6	79.6	64.5	27.6	25.6	4 367.6	96.8	225
41	稻秸	湖南省岳阳市	88.3	0.001	0.108	5.6	178.9	101.2	27	45.1	5 028.8	161.4	186.1
42	稻秸	湖南省长沙市	90.2	0.023	0.253	2.7	354.2	487.8	23.2	307.6	20 111.5	708.6	1 529.2
43	稻秸	吉林省通化市梅河口市	93.8	0.529	0.159	1.6	202.1	734.7	27	53.3	12 601.6	512.1	6 160.3
44	稻秸	吉林省长春市	93.5	0.314	0.153	2.4	524.5	574.7	21.1	83	45 765	231.8	6 930.9
45	稻秸	江苏省淮安市洪泽区	90.2	0.014	0.115	1.9	223.5	558.5	17.8	29	14 022.7	683.5	3 421.3
46	稻秸	江苏省淮安市洪泽区	90.1	0.017	0.086	3.2	284.8	590	21.6	56.3	19 435.6	915.3	3 129.2
47	稻秸	江苏省盐城市射阳县	89.1	0.122	0.149	3.7	178.3	150.8	24.2	35.4	13 874.5	492.2	3 593.6
48	稻秸	江苏省盐城市射阳县	89.4	0.109	0.256	4.9	2 043	315.8	26.1	102.5	88 134	1 297.8	5 954

续表2-35

序号	原料名称	采样地点	干物质 DM/%	钠 Na/%	镁 Mg/%	铜 Cu/(mg/kg)	铁 Fe/(mg/kg)	锰 Mn/(mg/kg)	锌 Zn/(mg/kg)	硒 Se/(μg/kg)	铬 Cr/(μg/kg)	铅 Pb/(μg/kg)	砷 As/(μg/kg)
49	稻秸	江苏省盐城市射阳县	88.8	0.228	0.29	3.2	257	199.4	26.6	34.9	18 107.5	326.1	6 362
50	稻秸	江西省宜春市丰城市	90.5	0.013	0.209	2.7	159.8	1 192.8	26.1	190.5	11 859.1	1 147.4	762.5
51	稻秸	江西省宜春市高安市	91.8	0.016	0.229	3.4	485.2	817	70.7	60.3	18 849.9	1 122.3	1 754.2
52	稻秸	江西省南昌市	92.2	0.033	0.168	2.6	314.7	1 972	25.5	61.1	16 448.2	2 120.3	1 799.3
53	稻秸	江西省上饶市鄱阳县	92.3	0.042	0.21	4.7	142.3	509.9	47.5	17.4	8 419.5	751.3	1 197.4
54	稻秸	江西省景德镇市乐平市	93.1	0.015	0.158	4.7	352.2	925.7	48.3	89.4	16 367.2	1 113.7	2 420.8
55	稻秸	辽宁省盘锦市大洼区	94.6	0.33	0.155	2.7	348.9	282.9	15.2	43.7	17 062.4	955.3	1 494.9
56	稻秸	辽宁省盘锦市大洼区	94.6	0.424	0.224	2.6	329.3	342.4	16	58.7	11 605.6	1 731.6	1 788.8
57	稻秸	辽宁省沈阳市辽中区	94.3	0.376	0.254	3.3	313.3	492.7	34.5	25.4	11 789	863	6 148
58	稻秸	内蒙古自治区呼伦贝尔市	91.6	0.277	0.215	1.6	302.5	406.5	20.3	41.5	23 406.6	843.3	5 730.4
59	稻秸	内蒙古自治区通辽市科尔沁区	92.5	0.433	0.214	2.3	369.6	425.8	24.1	41.6	27 175.2	909.2	5 648.1
60	稻秸	宁夏回族自治区银川市	92.6	0.069	0.174	0.7	146.1	145.7	9	47.2	11 586.8	380.1	9 641.2
61	稻秸	宁夏回族自治区银川市	92.9	0.119	0.182	1.2	242.3	170.7	11.2	38.8	11 172.7	446.5	10 201.8
62	稻秸	山西省忻州市	92	0.268	0.238	2.3	928.7	113.8	10.6	119.9	55 675	1 218.6	2 384.4
63	稻秸	陕西省西安市	95.3	0.155	0.156	3.2	184.3	28.4	1.5	20.2	10 348.9	165.9	365.6
64	稻秸	陕西省咸阳市	95	0.153	0.154	3.6	239.4	28.8	1.7	18.3	15 835.6	362.3	491
65	稻秸	上海市奉贤区庄行镇	89.7	0.072	0.107	2.8	165.1	359.6	19.9	40.4	18 927	255.6	4 185.6
66	稻秸	上海市奉贤区庄行镇	90.3	0.095	0.157	3.2	268	658	31.4	19.3	16 453.8	303.2	6 391
67	稻秸	四川省眉山市东坡区	96.4	0.083	0.308	7.4	1 960.6	483.9	103.7	114.6	76 715.8	4 201.3	1 536.6
68	稻秸	四川省自贡市	96.1	0.022	0.159	3	360.3	314.6	22.6	105.7	20 129.3	6 688.6	1 142.5
69	稻秸	四川省泸州市	96.8	0.03	0.163	3.2	145	707.1	45.8	91.7	15 207.2	353.2	1 200
70	稻秸	四川省泸州市	96.4	0.048	0.154	10.2	334.8	563.5	39.2	218.9	20 787.5	10 710.6	932
71	稻秸	天津市宝坻区新开口镇	93.7	0.218	0.251	5.6	436.7	274.7	33.2	65.1	15 216.4	1 093.6	1 425.8

续表2-35

序号	原料名称	采样地点	干物质 DM/%	钠 Na/%	镁 Mg/%	铜 Cu/(mg/kg)	铁 Fe/(mg/kg)	锰 Mn/(mg/kg)	锌 Zn/(mg/kg)	硒 Se/(μg/kg)	铬 Cr/(μg/kg)	铅 Pb/(μg/kg)	砷 As/(μg/kg)
72	稻秸	天津市宁河区芦台镇	94.4	0.934	0.295	3.8	293	317.4	31.4	77.7	9 322.5	1 242.5	2 170.5
73	稻秸	西藏自治区林芝市	96.7	0.011	0.051	0.7	122.4	341	11.3	12.7	17 719.2	18.2	2 878.3
74	稻秸	西藏自治区林芝市	95.2	0.01	0.072	1.6	120.4	470.3	14.4	29.1	13 263.1	62.6	1 221
75	稻秸	新疆维吾尔自治区伊犁哈萨克自治州察布查尔锡伯自治县	93.1	0.055	0.182	3.3	157.1	218	7.9	33.1	11 337.4	0	5 070.8
76	稻秸	新疆维吾尔自治区乌鲁木齐市	92.6	1.182	0.333	4.1	228.2	208.3	23.3	345.9	9 262.9	305.4	6 683.3
77	稻秸	云南省普洱市思茅区	96.6	0.011	0.142	2.1	184.4	707.9	32	34.3	10 093.1	37	5 296.8
78	稻秸	云南省红河哈尼族彝族自治州石屏县坝心镇	96.3	0.016	0.145	2	168.2	276.1	38.4	35	10 562.3	2 302.2	3 015
79	稻秸	浙江省嘉兴市	92.5	0.05	0.142	9.1	211	527.9	48.1	45.2	17 886.1	1 550.8	1 543.3
80	稻秸	浙江省绍兴市	91.6	0.125	0.147	4.3	156.5	355.2	48.3	15.1	13 982.2	730.4	1 524.3
81	稻秸	重庆市江津区	93	0.322	0.143	0.1	306	334.6	13.3	52.7	16 719.3	462.2	705.4
82	稻秸	重庆市永川区	93.7	0.019	0.151	1.1	266.8	489.5	23.4	70.7	13 796.9	722.3	2 198.5

三十五、小麦秸

表 2-36　小麦秸原样中主要矿物元素及其含量

序号	原料名称	采样地点	干物质 DM/%	钠 Na/%	镁 Mg/%	铜 Cu/(mg/kg)	铁 Fe/(mg/kg)	锰 Mn/(mg/kg)	锌 Zn/(mg/kg)	硒 Se/(μg/kg)	铬 Cr/(μg/kg)	铅 Pb/(μg/kg)	砷 As/(μg/kg)
1	小麦秸	安徽省亳州市	96.3	0.026	0.071	4	230.9	75.2	3.9	21.9	17 712.5	417.7	332
2	小麦秸	安徽省阜阳市颍上县	95.5	0.016	0.075	4.3	198.7	28.6	3.7	51	13 371.3	476.7	516.6
3	小麦秸	安徽省宿州市	95.8	0.031	0.072	3.1	80.4	9.2	0	12	9 017.7	127.6	273
4	小麦秸	安徽省宿州市	96.2	0.019	0.064	3.3	120.1	31	1.2	22.4	8 188	243.3	427.1
5	小麦秸	福建省南平市	93.1	0.088	0.119	2.1	307.7	17.4	1.1	10.6	23 662	57.5	359.7

续表2-36

序号	原料名称	采样地点	干物质 DM/%	钠 Na/%	镁 Mg/%	铜 Cu/(mg/kg)	铁 Fe/(mg/kg)	锰 Mn/(mg/kg)	锌 Zn/(mg/kg)	硒 Se/(μg/kg)	铬 Cr/(μg/kg)	铅 Pb/(μg/kg)	砷 As/(μg/kg)
6	小麦秸	甘肃省金昌市永昌县	93.1	0.019	0.088	2.5	323.4	30.2	1.2	101	21 340.2	260.9	553.6
7	小麦秸	甘肃省张掖市民乐县	92	0.019	0.107	4.6	210.1	26.8	0.1	9.5	14 441.3	1 570.2	374.1
8	小麦秸	贵州省贵阳市	94.2	0.064	0.088	2.8	140.1	39.5	0.7	49.5	11 010.5	35.4	462
9	小麦秸	贵州省贵阳市	95.9	0.02	0.08	3	169.2	34.8	4.9	86.9	8 808.5	652.4	502.6
10	小麦秸	河北省保定市定州市	89.1	0.024	0.109	4	300.2	11.8	6.3	212.1	14 824.6	405.5	604.9
11	小麦秸	河北省邯郸市大名县	89	0.043	0.089	3.6	143.3	21.4	1.7	0	9 154.4	251.1	355.2
12	小麦秸	河北省邢台市宁晋县	88.7	0.048	0.137	3.4	365.2	26	3.5	18.8	18 322.3	226.7	444.1
13	小麦秸	河南省商丘市柘城县	93.8	0.018	0.138	3.9	347.3	23.7	3.3	14.4	17 342.2	668.4	579.3
14	小麦秸	河南省周口市项城市	92.2	0.009	0.113	3.1	612.4	48.6	11.7	57	15 249.7	1 563.6	349.3
15	小麦秸	河南省新乡市	94.5	0.025	0.162	4.2	102.3	26.8	1	35.8	9 937.1	876.3	676.3
16	小麦秸	河南省新乡市	94.2	0.077	0.16	4.1	262.1	9.2	3.2	0	20 004.2	473.5	446.8
17	小麦秸	河南省新乡市	95.6	0.077	0.18	3.7	395.7	16.6	0.6	17.6	27 837.2	564.6	565.7
18	小麦秸	河南省驻马店市	94.2	0.012	0.11	4.2	151.8	77.6	0.8	37.7	10 580.3	927.7	339.2
19	小麦秸	黑龙江省黑河市北安市	92.4	0.054	0.089	2.4	181	6	0.1	21.9	17 713.9	0	347.1
20	小麦秸	黑龙江省黑河市北安市	92.4	0.05	0.091	2.3	88.2	3.2	0	5.2	8 368.3	0	271
21	小麦秸	黑龙江省黑河市	92.4	0.054	0.074	1.7	167.7	4	0.3	63.3	19 608.2	67.2	423.3
22	小麦秸	湖南省常德市澧县	91	0.006	0.069	5.9	651.8	51	11.4	177.5	23 392.6	1 118.7	532
23	小麦秸	江苏省南京市浦口区	89.3	0.028	0.106	4.6	241.5	41.9	6.6	50	11 730.8	324.5	372
24	小麦秸	江苏省南京市浦口区	88.9	0.025	0.076	5.5	264.8	28.1	8.1	27.7	9 050.9	717.1	347.7
25	小麦秸	江苏省宿迁市宿城区	89	0.028	0.209	6.1	2 834.3	58.1	13.3	117.1	98 288.5	1 351	1 276.6
26	小麦秸	江西省九江市	92.8	0.009	0.093	2.7	123	114	10	18.9	10 364.3	1 172.7	386.3
27	小麦秸	辽宁省朝阳市朝阳县	95.3	0.069	0.156	5.4	325	32.9	2.3	31.7	16 739.6	588.6	460.8
28	小麦秸	辽宁省朝阳市建平县	95.8	0.043	0.1	2.4	180.1	20.3	4.9	18.4	6 529.3	409.2	92.9

续表2-36

序号	原料名称	采样地点	干物质 DM/%	钠 Na/%	镁 Mg/%	铜 Cu/(mg/kg)	铁 Fe/(mg/kg)	锰 Mn/(mg/kg)	锌 Zn/(mg/kg)	硒 Se/(μg/kg)	铬 Cr/(μg/kg)	铅 Pb/(μg/kg)	砷 As/(μg/kg)
29	小麦秸	内蒙古自治区呼伦贝尔市	92.9	0.057	0.072	3.1	165.5	15.5	4.1	7.4	15 736.6	86.4	426.8
30	小麦秸	内蒙古自治区呼伦贝尔市	92.8	0.077	0.065	4.5	166.2	13.5	3.5	29.6	23 926.2	298.3	512.1
31	小麦秸	内蒙古自治区通辽市	93	0.013	0.495	18.1	99.4	85.2	88.7	11.6	2 572.7	0	375.5
32	小麦秸	宁夏回族自治区固原市	92.8	0.014	0.132	3.5	110.4	38.2	2.9	26.2	9 566.7	163.1	369.9
33	小麦秸	宁夏回族自治区银川市	93.7	0.03	0.082	4.6	212.6	15	2.2	0	17 316.7	257.9	476.8
34	小麦秸	青海省西宁市	94.3	0.034	0.134	2.4	342.7	27.3	8.6	48.2	19 847.5	1 362.7	608.3
35	小麦秸	山东省济宁市任城区	92.9	0.111	0.112	2	234	28.4	4.4	62.9	14 758.7	266.2	470.5
36	小麦秸	山东省济宁市任城区	92.9	0.063	0.13	3.4	246	27.3	5.5	18.3	15 851.7	218.6	348.3
37	小麦秸	山东省泰安市	94.1	0.089	0.083	2.7	153.5	12.9	0	20.8	13 122.1	243	295.1
38	小麦秸	山东省泰安市	93.5	0.05	0.17	3.6	168.1	45.2	2.2	17.8	12 753.6	42.4	354.4
39	小麦秸	山东省泰安市	93.4	0.366	0.176	5	4 432.3	31.9	15.8	40.5	30 068	540.3	654.6
40	小麦秸	山西省临汾市	94	0.054	0.205	2.7	161.1	23.4	3.6	17.6	15 954.1	51.1	316.3
41	小麦秸	山西省临汾市	93.7	0.03	0.122	3.3	344.5	18	3.2	72.4	25 980.6	501	415.4
42	小麦秸	陕西省咸阳市武功县	94	0.01	0.062	3.4	274.4	22	1.6	10.1	23 271.9	1 072.2	528.4
43	小麦秸	陕西省咸阳市杨陵区	95.3	0.014	0.07	3.8	113.6	20.7	1.5	36.5	10 822.6	426.5	409.9
44	小麦秸	陕西省西安市周至县	95.1	0.029	0.087	5.5	513.4	68.5	12.6	36.5	27 092.9	1 466.8	558.5
45	小麦秸	上海市崇明区城桥镇	86.8	0.013	0.043	4	105.9	17.5	1.8	0	6 917.3	216.1	295.5
46	小麦秸	四川省德阳市中江县	97.2	0.022	0.094	6	113.7	29	7.3	21.3	10 351.3	259.2	253.6
47	小麦秸	四川省眉山市仁寿县	97.2	0.008	0.085	3.6	124.7	26.8	11.4	30.2	9 012.6	323	323.2
48	小麦秸	四川省绵阳市三台县	97.1	0.015	0.072	4.1	133	19.7	6.5	11.3	10 117.2	311.9	330.6
49	小麦秸	天津市宝坻区新开口镇	90.7	0.07	0.159	4.5	276	42.5	8.2	8.2	14 912.4	260.8	356.4
50	小麦秸	天津市武清区下伍旗镇	89.5	0.098	0.156	4.2	278.5	30	5.1	22.1	16 149.1	326	347.4
51	小麦秸	西藏自治区林芝市	95.6	0.01	0.056	1.1	117.2	7.2	0	22.3	14 401.4	0	268.5

续表2-36

序号	原料名称	采样地点	干物质 DM/%	钠 Na/%	镁 Mg/%	铜 Cu/(mg/kg)	铁 Fe/(mg/kg)	锰 Mn/(mg/kg)	锌 Zn/(mg/kg)	硒 Se/(μg/kg)	铬 Cr/(μg/kg)	铅 Pb/(μg/kg)	砷 As/(μg/kg)
52	小麦秸	新疆维吾尔自治区阿克苏地区阿克苏市	93.2	0.078	0.141	5.3	87.9	8.8	0	62.6	10 153.2	0	395.1
53	小麦秸	新疆维吾尔自治区昌吉回族自治州奇台县	93.5	0.011	0.054	3.6	165.8	38.3	3.3	15.4	16 081.6	59.6	312.2
54	小麦秸	新疆维吾尔自治区塔城地区乌苏市西大沟镇	93.9	0.052	0.119	4.1	104.3	41.1	0	66.5	9 212.3	0	750.9
55	小麦秸	云南省文山壮族苗族自治州砚山县	96.9	0.008	0.132	4.1	138.2	27.8	6.8	0	10 605.5	1 076.7	886.2
56	小麦秸	重庆市云阳县路阳镇	88.5	0.009	0.078	3.5	70.4	113.3	25	20	6 019	186.9	254.7
57	小麦秸	重庆市忠县白公街道	86.7	0.008	0.064	3.4	135.4	75	12.5	5.5	8 756.3	441.3	274.7

三十六、玉米秸

表 2-37　玉米秸原样中主要矿物元素及其含量

序号	原料名称	采样地点	干物质 DM/%	钠 Na/%	镁 Mg/%	铜 Cu/(mg/kg)	铁 Fe/(mg/kg)	锰 Mn/(mg/kg)	锌 Zn/(mg/kg)	硒 Se/(μg/kg)	铬 Cr/(μg/kg)	铅 Pb/(μg/kg)	砷 As/(μg/kg)
1	玉米秸	安徽省亳州市	94.7	0	0.246	7.7	185.5	43.7	8.8	13.5	7 740.4	787.1	0
2	玉米秸	安徽省阜阳市	94.7	0	0.467	13.5	220.3	61.8	23	85.4	11 953.4	1 559.6	0
3	玉米秸	安徽省阜阳市	95	0	0.32	20.5	164.2	132.4	20	59.8	8 454.7	3 410.7	0
4	玉米秸	安徽省宿州市	94.4	0	0.218	8.4	192.6	35.9	15.7	19.9	15 650.3	271.7	0
5	玉米秸	北京市顺义区	93.3	0	0.303	7.7	150.3	34.7	13.1	70.6	7 584.9	571.3	0
6	玉米秸	北京市延庆区	93.3	0.001	0.274	7	216.7	18.7	15.4	19.6	9 185.7	488.8	12.3
7	玉米秸	北京市延庆区	93.7	0.004	0.417	6.6	241.1	31.8	12.4	13.9	14 033.8	669.8	36.5
8	玉米秸	福建省龙岩市漳平市	89.7	0.037	0.659	8.5	932.1	61.2	27.3	110.9	28 659.6	4 094.8	444.6
9	玉米秸	福建省三明市清流县	91.2	0.008	0.595	8.8	1 927.4	69.2	35.3	120.1	131 229	5 140.6	689.4
10	玉米秸	甘肃省庆阳市	88.9	0.007	0.486	11.6	599.7	44.6	14.8	2.9	34 170.1	407.9	153.1

续表2-37

序号	原料名称	采样地点	干物质 DM/%	钠 Na/%	镁 Mg/%	铜 Cu/(mg/kg)	铁 Fe/(mg/kg)	锰 Mn/(mg/kg)	锌 Zn/(mg/kg)	硒 Se/(μg/kg)	铬 Cr/(μg/kg)	铅 Pb/(μg/kg)	砷 As/(μg/kg)
11	玉米秸	甘肃省武威市	93.9	0.005	0.332	6.5	989.3	54.2	5.6	35.8	32 878.4	799.5	404
12	玉米秸	甘肃省武威市凉州区	87.3	0	0.361	6.6	204.6	39.3	6.4	11.6	14 736.7	305	53.8
13	玉米秸	甘肃省张掖市	93.9	0.004	0.401	6.8	372.1	30.9	1.6	11	16 236.3	546.7	148.5
14	玉米秸	甘肃省张掖市甘州区	84.9	0.009	0.284	7.8	470.9	25.6	9.1	31.4	24 922	461.1	231.2
15	玉米秸	广西壮族自治区南宁市	94.6	0	0.25	9.7	296.8	37.8	14.7	57	19 732.2	655.2	0
16	玉米秸	广西壮族自治区南宁市	94.3	0	0.135	7.7	153.2	15.2	13.8	79.3	10 624.4	258.5	0
17	玉米秸	贵州省毕节市	94.9	0.009	0.389	21.6	490.3	110.2	44.9	228.1	18 063	1 308.7	219.9
18	玉米秸	贵州省遵义市	94.2	0	0.28	14.4	217.9	23.3	22.9	52.1	9 943.5	1 086.6	80.3
19	玉米秸	海南省东方市八所镇	96.1	0.01	0.251	4.1	568	177.2	63	95.2	8 054.1	1 112.5	366.7
20	玉米秸	河北省保定市定州市	92.6	0.007	0.262	7.5	536.4	40.3	19.2	172.9	21 342.9	2 089.3	481.9
21	玉米秸	河北省廊坊市安次区	92.9	0.002	0.328	8.3	522.7	37.1	24.9	61.6	11 657.8	1 486.4	155.6
22	玉米秸	河北省廊坊市安次区	92.5	0.001	0.417	7.9	354.8	32.5	12.3	54.6	8 639.1	1 337.8	154.8
23	玉米秸	河南省商丘市柘城县	91.8	0.005	0.303	7.8	236.5	39	11.1	27.5	13 908.7	518	66.3
24	玉米秸	河南省驻马店市	94.7	0	0.29	12.5	224.2	247.6	9.3	39.4	16 195.4	1 324.3	57.9
25	玉米秸	黑龙江省哈尔滨市	90.7	0	0.236	5.2	197.4	44.1	2.7	14.9	8 882.4	587.7	66.8
26	玉米秸	黑龙江省哈尔滨市	91.4	0	0.113	8.9	195.7	62.9	4.1	511.9	18 639	581.5	276.3
27	玉米秸	黑龙江省绥化市	89.1	0	0.303	6.4	142.5	14.3	11.6	108.6	5 574.4	350.1	0
28	玉米秸	黑龙江省绥化市	90.8	0.002	0.147	6.3	257.1	16.4	14.6	81.8	5 740.7	328.3	20.2
29	玉米秸	黑龙江省大庆市肇州县	90.8	0	0.293	6.5	200.8	24	8	40.3	8 163.6	398.9	20
30	玉米秸	湖北省恩施土家族苗族自治州	88.2	0	0.513	7.6	341.7	26.4	8.4	16.7	12 196.6	3 092.1	0
31	玉米秸	湖北省襄阳市	88.4	0	0.406	13.4	259	27.7	22.3	18.5	7 280.6	242.5	0

续表2-37

序号	原料名称	采样地点	干物质 DM/%	钠 Na/%	镁 Mg/%	铜 Cu/(mg/kg)	铁 Fe/(mg/kg)	锰 Mn/(mg/kg)	锌 Zn/(mg/kg)	硒 Se/(μg/kg)	铬 Cr/(μg/kg)	铅 Pb/(μg/kg)	砷 As/(μg/kg)
32	玉米秸	湖南省长沙市宁乡市	90.9	0.001	0.334	10.4	357.7	49.6	18.3	206.7	10 560.4	1 454.9	170.4
33	玉米秸	湖南省长沙市望城区	91.9	0.002	0.262	10.4	315.2	42.1	18.6	168	6 293.9	1 138.2	117.7
34	玉米秸	吉林省四平市梨树县	96.2	0.029	0.298	11.7	2 261.7	144.1	19.2	142.1	45 286.1	2 283.3	793.7
35	玉米秸	吉林省长春市农安县	95	0.002	0.197	8	421.4	21.9	15.8	62.9	18 925.7	935.9	448.4
36	玉米秸	吉林省四平市	94.4	0.014	0.482	6.6	447.1	41.2	9.5	16.3	29 490.7	226.6	297.5
37	玉米秸	吉林省松原市	96.2	0.001	0.205	9.3	446.1	21.7	17.3	46	26 071.5	834.2	378.7
38	玉米秸	吉林省长春市榆树市	95.5	0.003	0.201	7.3	411.1	22.9	16.2	46.3	16 508.2	954.6	446.5
39	玉米秸	江苏省盐城市射阳县	88.7	0.032	0.194	9.6	276.5	47.3	26.9	55.4	16 987.3	889.9	61.7
40	玉米秸	江苏省盐城市亭湖区	89.2	0.022	0.27	9.6	363.2	32.7	36.4	30.4	20 402.7	544.9	35.2
41	玉米秸	江西省宜春市高安市	87.7	0	0.349	11.7	355.3	52.7	23	34.5	8 722.3	525.6	0
42	玉米秸	江西省宜春市高安市	91.6	0	0.478	11	383.9	57.9	43.5	53.9	8 979	556.7	0
43	玉米秸	辽宁省朝阳市建平县	93.9	0.003	0.259	10.2	759.2	40.9	24.9	17.6	10 010.3	761.3	46.8
44	玉米秸	辽宁省阜新市阜新蒙古族自治县	93.4	0.001	0.506	6.4	254.2	34.6	10.7	25	7 403.9	675.6	44.1
45	玉米秸	辽宁省铁岭市昌图县	94.3	0	0.311	7.1	524.5	73.9	14.6	34.9	20 427.7	1 032.1	229.2
46	玉米秸	辽宁省铁岭市昌图县	93.9	0	0.311	8.8	198	49.6	12	34.4	8 177.8	800.3	131
47	玉米秸	内蒙古自治区呼伦贝尔市	92.4	0.009	0.3	10.5	583.6	35.5	57.6	41.6	23 950.2	1 474	20.9
48	玉米秸	内蒙古自治区呼伦贝尔市	92.6	0.005	0.334	11.7	490.6	41.5	74.7	18.4	21 634.7	1 095.9	0
49	玉米秸	内蒙古自治区通辽市	92.4	0	0.258	11.9	587.6	34.6	32.4	46.1	38 117.2	811.2	308
50	玉米秸	内蒙古自治区通辽市	92.6	0	0.4	12.6	1 223.5	61.1	31.7	70.5	93 043.1	1 021.2	411
51	玉米秸	内蒙古自治区通辽市	92	0	0.282	13.7	1 727.5	54.8	15.9	95	160 903.2	1 565.9	608.8
52	玉米秸	宁夏回族自治区石嘴山市平罗县	93.3	0.005	0.232	4.9	165	31.6	3.3	22.5	6 426.9	374	0

续表2-37

序号	原料名称	采样地点	干物质 DM/%	钠 Na/%	镁 Mg/%	铜 Cu/(mg/kg)	铁 Fe/(mg/kg)	锰 Mn/(mg/kg)	锌 Zn/(mg/kg)	硒 Se/(μg/kg)	铬 Cr/(μg/kg)	铅 Pb/(μg/kg)	砷 As/(μg/kg)
53	玉米秸	宁夏回族自治区银川市西夏区	92.6	0.003	0.328	7	183.2	29.8	4	9.7	8 280.4	565	85.4
54	玉米秸	青海省海东市	92.9	0	0.237	16.3	1 146.2	63.1	25	64.1	91 728.1	2 398.7	322.7
55	玉米秸	青海省海东市	93.3	0	0.229	10.1	793.5	54.1	14.7	36.3	73 267.2	1 206.9	110.5
56	玉米秸	山东省德州市	93.2	0.005	0.317	11.5	216	25.9	21.9	44.1	12 128	683.6	0
57	玉米秸	山东省聊城市	93.2	0.01	0.241	10.7	205	14.9	13.9	55.1	8 479.3	484	5.7
58	玉米秸	山东省泰安市	94	0	0.145	8.4	281.2	23.5	14.3	67.7	14 878.9	954.3	0
59	玉米秸	山东省泰安市	94.3	0.003	0.464	14.3	368.7	48.9	23.6	63.1	20 487.2	840	0
60	玉米秸	山西省晋中市	94	0.003	0.224	7.5	994.2	25.6	37.4	233.1	91 828	2 733.8	247.9
61	玉米秸	山西省吕梁市	93.6	0	0.316	8.5	365.1	30.4	16.8	108.9	13 055.6	1 063.9	48.9
62	玉米秸	山西省忻州市五寨县	93.3	0	0.25	8.2	416.6	26.3	13.3	34.1	19 100.7	552.9	0
63	玉米秸	山西省忻州市	94.6	0.004	0.27	11.5	691.3	35.4	24.1	102.5	31 353.2	922.7	45.9
64	玉米秸	陕西省西安市	94.4	0.001	0.56	7.8	228.5	34.9	6.1	0	12 761	441.6	0.5
65	玉米秸	陕西省西安市	96	0.004	0.551	8.7	298.7	34.7	9.2	14.6	19 518.8	571.8	36.4
66	玉米秸	陕西省咸阳市	95.5	0.002	0.61	8.9	276.3	55	9.2	44.6	11 816.3	1 528.1	31.4
67	玉米秸	上海市奉贤区庄行镇	89.2	0.011	0.177	5.8	129.8	46.8	9	14.2	6 772.3	439.5	13.5
68	玉米秸	四川省绵阳市三台县	96.4	0	0.579	4.5	273.1	30.7	20	17.4	10 633.2	364.7	104.8
69	玉米秸	四川省德阳市中江县	96.6	0.001	0.43	6.4	661.3	67.3	28.2	43.9	21 048.7	934.4	232.2
70	玉米秸	天津市宝坻区新开口镇	92.9	0.003	0.301	8.5	282.2	34.9	10.4	46	7 399.5	1 341.9	136.3
71	玉米秸	天津市武清区下伍旗镇	93.9	0.011	0.521	7.1	201.6	29.7	19.3	48.9	7 451.8	732	44.7
72	玉米秸	西藏自治区林芝市	95	0	0.129	5.3	584.2	39.3	13	32.4	42 425.1	267.3	20.3
73	玉米秸	新疆维吾尔自治区昌吉回族自治州昌吉市	93.5	0.009	0.385	8.8	263.3	36.5	9.2	30.1	7 668.5	305	82.4

续表2-37

序号	原料名称	采样地点	干物质 DM/%	钠 Na/%	镁 Mg/%	铜 Cu/(mg/kg)	铁 Fe/(mg/kg)	锰 Mn/(mg/kg)	锌 Zn/(mg/kg)	硒 Se/(μg/kg)	铬 Cr/(μg/kg)	铅 Pb/(μg/kg)	砷 As/(μg/kg)
74	玉米秸	新疆维吾尔自治区昌吉回族自治州奇台县	93.7	0	0.145	5.4	262.7	29.2	6	5.7	7 763.5	2 713.6	24.1
75	玉米秸	新疆维吾尔自治区塔城地区乌苏市西大沟镇	93.2	0.004	0.203	6.7	377.4	41.6	10.6	38.4	22 028.4	363.8	119.7
76	玉米秸	云南省曲靖市陆良县	97.3	0	0.196	6.3	293.1	30.6	5.2	17.7	10 487.5	896.3	292.6
77	玉米秸	云南省文山壮族苗族自治州砚山县	96.6	0	0.279	9.8	527.1	94.1	74.3	54.9	8 028.9	3 528.8	1 029.1
78	玉米秸	云南省昭通市昭阳区靖安镇	96.6	0	0.187	8.4	218.9	19.5	11.7	21.4	10 491.6	730.4	46.8
79	玉米秸	云南省昭通市鲁甸县	96.9	0	0.223	6.5	159.8	101	26.5	61.7	4 183.4	1 276.6	34.5
80	玉米秸	浙江省杭州市	92.9	0.015	0.235	6.2	391.3	16.8	32.9	40.8	13 995.5	483	300.1
81	玉米秸	重庆市合川区	93.6	0	0.316	10	214.6	34.8	18.1	23.6	7 439.3	439.7	44.9
82	玉米秸	重庆市江津区	93.3	0	0.173	14.6	164.9	120	13.4	37.6	11 855.7	932.3	62.1

第三章

饲料生产企业典型样本养分数据

第一节　饲料样本来源

第一章、第二章的 36 种饲料及其样本主要采样于饲料的原产地(非使用地),是目前我国最常用的饲料。每一种类对应的样本数量充足且具有代表性。例如,最常用的原料如玉米、小麦麸、大豆粕、菜籽粕等均达上百种次以上,为研究饲料的主要养分在不同种类间及不同地域间的变化规律提供了必要的样本量,也便于我国饲料主要养分地理信息系统(GIS)的研发。尽管如此,目前国内大型的饲料生产企业所使用的饲料种类实际上不只上述的 36 种饲料,还有多种新型的饲料,如膨化大豆、发酵大豆粕、喷浆玉米皮、玉米淀粉渣及乳清粉等,甚至还有进口的转基因玉米、进口的鸡肉粉等。因此,项目课题组在前期收集饲料样本的基础上,于 2022 年安排相关研究组收集了南方、北方主要大型饲料厂采购及使用的饲料,涉及的饲料达 120 种次以上,弥补了第一章、第二章所述饲料类型的不足。

第二节　饲料样本测定的养分

本章采集的样本主要检测了饲料的常规成分及钙磷含量。在常规饲料成分指标中,主要增加中性洗涤纤维(NDF)及酸性洗涤纤维(ADF)两个主要指标,弥补了第一章饲料样本常规成分指标的不足。尽管本章与第一章所述的同名饲料不是同一个样本,但是本章提供的数据具有参考价值,必要时可以与中国饲料数据库情报网中心每年发布的《中国饲料成分及营养价值表》中的饲料常规成分表比对选用。

表 3-1 所列数据为检测的饲料样本原样中的养分数据含量,但因同名饲料检测时干物质含量不同,检测的相同指标数据不便于直接比较。因此,本章以表 3-1 的原样数据为基础,全部将所述的饲料常规成分及钙磷含量转换为绝干状态数据,总结在表 3-2 中,便于相关数据归一化处理后的直接比较或参考应用。

一、饲料原样中常规成分及钙磷含量

表 3-1　饲料原样中常规成分及钙磷含量

%

序号	饲料名称	采样地或产地	收样日期	干物质 DM	粗蛋白质 CP	粗脂肪 EE	粗纤维 CF	中性洗涤纤维 NDF	酸性洗涤纤维 ADF	粗灰分 Ash	钙 Ca	磷 P
1	玉米	吉林省	2022-5-19	96.4	9.09	3.63	2.09	10.36	4.68	1.31	0.03	0.32
2	玉米	产地:美国	2022-7-11	94.8	8.93	3.64	2.67	10.69	3.99	1.61	0.03	0.27
3	玉米,转基因	产地:美国	2022-6-22	96.3	8.72	2.71	1.36	8.08	3.68	0.95	0.05	0.45
4	玉米	吉林省辽源市东丰县	2022-6-24	97.2	8.38	3.94	2.08	12.69	3.14	1.27	0.03	0.29
5	玉米	东北地区	2022-6-22	90.1	8.35	3.14	2.93	9.22	2.71	1.13	0.06	0.2
6	玉米	唐人神集团股份有限公司	2022-6-5	96.2	8.32	—	1.97	20.57	5.93	1.35	0.04	0.27
7	玉米	新疆维吾尔自治区	2022-7-12	93.9	8.31	3.9	2.4	11.57	4.03	1.04	0.03	0.28
8	玉米	东北地区	2022-6-8	96.7	8.04	3.78	2.41	10.18	3.57	1.79	0.04	0.3
9	玉米	唐人神集团股份有限公司	2021-12-27	96.1	8	—	1.95	17.57	4.43	1.22	0.04	0.27
10	玉米	吉林省	2022-7-13	95.5	7.65	2.74	2.05	12.13	4.01	1.54	0.54	0.32
11	玉米	吉林省	2022-7-13	93.8	7.63	2.9	2.51	8.26	4.53	0.99	0.72	0.27
12	高粱	产地:美国	2022-7-11	95.1	9.76	5.27	1.75	15.13	8.23	1.35	0.13	0.31
13	大麦	产地:乌克兰	2022-6-8	97.1	11.9	2.3	3.08	11.17	3.61	2.2	0.05	0.31
14	小麦	浙江省嘉兴市	2022-6-22	97.9	13.57	1.91	1.49	13.82	3.83	1.44	0.27	0.49
15	小麦	河南省	2022-7-12	95.6	13.29	1.9	1.97	14.64	3.46	1.76	0.19	0.43
16	小麦,进口	产地:法国	2022-7-11	95.1	11.89	1.79	1.2	16.19	3.77	1.45	0.21	0.41
17	小麦次粉	郑州当进商贸有限公司	2022-4-23	96.6	17.06	2.89	1.96	20.85	5.54	1.7	0.1	0.5
18	小麦麸	益海嘉里金龙鱼粮油食品股份有限公司	2022-1-7	95.5	16.99	3.94	7.4	40.52	12.78	4.54	0.15	0.92
19	小麦面粉	河南省周口市	2022-5-19	95.7	11.44	2.46	—	1.69	—	1.22	0.03	0.09
20	稻谷	湖南省岳阳市	2022-6-8	96	7.61	1.73	10.38	25.1	14.33	3.85	0.03	0.37

续表3-1

序号	饲料名称	采样地或产地	收样日期	干物质 DM	粗蛋白质 CP	粗脂肪 EE	粗纤维 CF	中性洗涤纤维 NDF	酸性洗涤纤维 ADF	粗灰分 Ash	钙 Ca	磷 P
21	稻谷混合物	国投生物科技投资有限公司	2022-5-27	96.4	8.67	1.79	7.18	24.3	15.69	4.71	0.02	0.35
22	大米 DDGS	唐人神集团股份有限公司	2021-9-30	93.7	29.62	5.74	7.91	29.02	21.55	4.38	11.52	0.19
23	大米 DDGS	山东省日照市岚山区	2021-9-19	95.1	29.61	5.29	6.39	30.23	20.99	4.88	17.55	0.12
24	大米蛋白粉	湖南省常德市	2022-7-11	96.3	62.98	9.86	2.83	51.33	1.19	2.07	2.08	0.4
25	碎米	产地:缅甸	2022-7-14	95.7	10.7	2.27	1.16	4.27	—	1.28	0.06	0.41
26	碎米,二级	产地:印度	2022-7-11	95.5	8.33	2.57	2.61	4.13	—	1.26	0.07	0.41
27	糙米混合物	黑龙江省	2022-6-22	96.4	8.35	1.57	1.26	8.75	10.24	1.62	0.47	0.51
28	糙米小麦混合物	中牧(上海)粮油有限公司	2022-3-11	96.4	13.21	—	1.76	24.74	5.84	1.36	0.57	0.16
29	糙米玉米混合物	黑龙江省	2022-7-13	95.1	8.01	2.31	—	8.41	18.93	1.51	3.2	0.33
30	次粉	河南省洛阳市	2022-7-13	95.3	15.55	2.7	1.61	20.12	10.28	1.89	0.09	0.7
31	次粉	山东省德州市	2022-5-19	96.3	14.84	2.13	3.21	30.49	4.72	2.2	0.09	0.43
32	标准粉	陕西省	2022-7-12	96.1	13.82	1.7	2.2	14.45	3.73	1.41	0.2	0.43
33	面粉	五得利集团遂平面粉有限公司	2021-11-2	95.9	18.18	2.38	0.49	28.88	—	1.16	0.19	0
34	面粉	河南省,河北省	2022-7-13	96.5	17.47	2.16	0.66	16.92	—	1.64	0.09	0
35	面粉	湖北省武汉市	2022-6-8	97.2	15.55	2.46	0.42	20.75	—	0.86	0.03	0
36	面粉,高筋	河南省	2022-7-11	96.2	13.61	2.54	—	12.04	—	1.39	0.02	0
37	喷浆玉米皮	青岛绿益佳饲料有限公司	2022-4-23	95.2	19.6	2.44	7.81	41.65	11.14	4.9	0.17	0.49
38	喷浆玉米皮	山东省	2022-7-12	94.9	18.79	2.96	7.78	44.09	13.95	4.05	0.16	0.46
39	喷浆玉米片	山东福洋生物淀粉有限公司	2022-4-14	96.6	17.4	2.64	9.94	39.22	12.09	5.07	0.19	0.48

续表3-1

序号	饲料名称	采样地或产地	收样日期	干物质 DM	粗蛋白质 CP	粗脂肪 EE	粗纤维 CF	中性洗涤纤维 NDF	酸性洗涤纤维 ADF	粗灰分 Ash	钙 Ca	磷 P
40	喷浆玉米皮	河南省周口市	2022-6-8	96.1	17.22	2.77	9.25	42.38	11.31	4.1	0.15	0.45
41	喷浆玉米皮	山东省临沂市沂水县	2022-7-14	95.3	17.03	2.53	8.77	41.28	10.66	4.64	0.17	0.55
42	玉米皮	陕西省	2022-7-12	95	10.77	2.62	11.95	67.79	16.3	0.42	0.06	0.19
43	玉米皮	山东省	2022-7-12	96.1	10.45	1.8	13.7	66.11	16.79	1.35	0.05	0.47
44	玉米蛋白粉	吉林省松原市嘉吉生化有限公司	2022-6-22	97.9	64	4.94	0.64	8.57	4.57	1.52	0.09	0.42
45	玉米蛋白粉	梅花生物科技集团股份有限公司	2022-3-2	96.4	61.2	6.46	0.68	9.09	4.7	1.23	0.09	0.53
46	玉米蛋白粉	内蒙古自治区通辽市开鲁县	2022-6-24	97.7	57.54	7.23	0.59	9.78	4.1	1.37	0.08	0.58
47	玉米蛋白粉	山东省德州市	2022-5-19	97.2	56.97	5.46	0.53	8.49	4.76	1.2	0.08	0.41
48	玉米蛋白粉	甘肃省	2022-7-12	96.9	56.37	5.54	0.59	7.61	3.91	1.23	0.08	0.43
49	玉米淀粉渣	潍坊英轩实业有限公司	2022-4-6	98	18.83	15.8	0.23	72.19	21.51	5.24	0.97	0.49
50	玉米淀粉渣	宜兴协联生物化学有限公司	2022-6-22	97.4	17.1	13.65	0.21	65.45	19.99	5.11	0.95	0.41
51	玉米胚芽粕，喷浆	江苏省宿迁市沭阳县	2022-6-22	93.3	28.94	4.91	—	33.97	7.5	8.04	0.09	0.61
52	玉米胚芽粕	山东省	2022-7-12	95.6	20.95	2.11	6.93	40.63	12.52	5.99	0.06	0.49
53	玉米胚芽粕	吉林省	2022-7-13	95.7	18.62	2.76	7.57	43.98	13.04	6.17	0.05	0.45
54	玉米胚芽粕	辛集宏润油脂有限公司	2022-6-22	97.2	18.1	3.04	7.12	44.68	10.02	6.39	0.06	0.56
55	玉米胚芽粕	辽宁省铁岭市	2022-6-24	97.3	17.35	3.47	8.27	45.52	11.24	4.71	0.05	0.54
56	玉米 DDGS，国产低脂	吉林省通化市梅河口市（东北玉米）	2022-7-11	94.1	31.15	—	2.92	28.57	10.98	4.59	0.02	0.71

续表3-1

序号	饲料名称	采样地或产地	收样日期	干物质 DM	粗蛋白质 CP	粗脂肪 EE	粗纤维 CF	中性洗涤纤维 NDF	酸性洗涤纤维 ADF	粗灰分 Ash	钙 Ca	磷 P
57	玉米 DDGS，国产高脂	黑龙江省齐齐哈尔市（东北玉米）	2022-7-11	94.2	28.8	—	5.67	32.74	13.85	5.65	0.02	0.76
58	玉米 DDGS	河南省孟州市	2022-6-22	92.9	28.33	7.4	5.66	36.48	15.36	6.93	0.03	0.96
59	玉米 DDGS	孟州市同丰饲料有限公司	2022-4-15	93.9	27.64	8.43	6.28	38.75	10.28	5.92	0.02	1.02
60	玉米 DDGS	黑龙江省双鸭山市宝清县宝清镇	2022-7-14	94.8	27.63	8.8	5.62	37.71	14.63	5.2	0.03	0.73
61	玉米 DDGS	河北省石家庄市	2022-5-19	95	26.18	6.53	6.63	36.98	15.93	4.93	0.02	0.87
62	玉米 DDGS	吉林省榆树市	2022-6-24	93.4	26.07	6.98	6.62	37.94	15.02	4.64	0.02	0.83
63	玉米 DDGS	黑龙江省牡丹江市	2022-6-22	92.7	25.86	8.78	6.48	38.07	16.44	5.01	0.03	0.96
64	麸皮	河南省汝州市	2022-7-13	94.3	17.08	3.38	6.2	37.37	12.72	5.23	0.17	0.12
65	麸皮	河南省郑州市	2022-7-14	95.3	17.07	3.94	6.53	42.81	11.77	5.23	0.2	0.1
66	米糠	湖北省武汉市	2022-3-8	91	14.49	2.22	5.63	20.62	10.03	9.89	0.06	2.26
67	米糠	湖北省荆州市洪湖市	2022-5-19	91.9	11.19	7.22	6.6	22.94	12.75	10.85	0.08	2.16
68	米糠粕	洪湖市广胜饲料原料经营部	2022-5-18	91.5	17.04	2.2	4.5	28.48	8.47	9.03	0.57	1.98
69	米糠粕	东莞（安徽）	2022-7-11	91.8	16.75	2.34	5.06	21.98	8.25	10.43	0.17	1.78
70	米糠粕	辽宁省盘锦市	2022-7-14	90	16.64	2.77	6.8	22.21	8.33	9.44	0.16	1.68
71	米糠粕	湖北省	2022-7-13	90.2	15.66	2.54	7.18	24.37	7.19	9.78	0.18	1.96
72	米糠粕	天门天成谷物深加工有限公司	2022-5-17	92.3	15.44	—	—	23.1	8.71	—	0.18	1.76
73	米糠粕	吉林省	2022-7-12	90.5	15.06	2.14	5.59	23.45	7.96	10.01	0.14	1.76
74	米糠粕	益海嘉里（上海）国际贸易有限公司	2022-5-29	91.8	14.99	—	7.13	23.14	9.56	10.84	0.13	1.82
75	木薯 DDGS	江苏省宿迁市	2022-6-22	95	14.63	3.2	18.06	30.53	29.65	13.56	1.09	0.35

续表3-1

序号	饲料名称	采样地或产地	收样日期	干物质 DM	粗蛋白质 CP	粗脂肪 EE	粗纤维 CF	中性洗涤纤维 NDF	酸性洗涤纤维 ADF	粗灰分 Ash	钙 Ca	磷 P
76	苜蓿	产地:西班牙	2022-7-13	96.4	15.97	1.92	22.3	38	28.4	9.79	1.32	0.42
77	柠檬酸糟	广州屹龙饲料有限公司	2022-3-15	91.6	15.07	3.56	4.86	22.78	8.49	8.9	1.32	0.17
78	干啤酒糟	安徽省六安市	2022-5-19	94.1	20.65	6.31	16.32	42.44	22.79	5.65	0.33	0.49
79	谷氨酸渣	阜丰营销有限公司	2022-1-7	95.2	78.77	3.29	—	4.24	0.49	3.68	—	—
80	膨化大豆,转基因	广西壮族自治区钦州市	2022-7-14	96.5	47.45	2.98	3.34	17.08	6.79	7.29	2.85	0.44
81	膨化大豆	湖南省岳阳市	2022-6-8	97	37.78	15.48	4.91	20.31	18.75	5.29	0.35	0.38
82	膨化大豆	辽宁省营口市	2022-6-24	97.7	37.26	15.35	5.15	22.73	19.35	4.88	0.37	0.33
83	膨化大豆	益海嘉里(泰州)食品工业有限公司	2022-6-22	97.7	36.89	16.55	6.34	23.81	19.36	5.11	0.39	0.41
84	大豆粕,去皮	产地:美国	2022-7-11	95.9	47	2.04	5.3	10.58	9.6	6.41	0.37	0.65
85	大豆粕,去皮	舟山良海粮油有限公司	2022-6-22	97.4	46.71	1.66	6.6	12.13	8.83	6.78	0.32	0.7
86	大豆粕,去皮	河北省秦皇岛市	2022-6-24	96.4	46.28	1.93	6.18	12.06	8.43	6.12	0.3	0.68
87	大豆粕,去皮	江苏省南通市	2022-6-8	97.1	45.52	1.82	5.84	13.15	10.07	6.05	0.31	0.68
88	大豆粕,去皮	四川省	2022-7-12	96.3	45.49	2.55	6.55	14.73	11.86	7.15	0.56	0.85
89	大豆粕,带皮	舟山良海粮油有限公司	2022-6-22	97.5	44.03	1.98	6.3	12.47	9.73	6.47	0.04	0.7
90	大豆粕,带皮	辽宁省营口市	2022-6-24	97.7	43.87	1.71	5.14	12.39	8.52	6.48	0.31	0.72
91	大豆粕,带皮	进口:巴西	2022-7-13	96.3	43.76	1.97	6.08	11.77	8.11	6.52	0.03	0.65
92	大豆粕,带皮	益海嘉里(武汉)粮油工业有限公司	2021-5-4	96.4	43.67	2.17	6.08	14.9	10.62	6.71	0.38	0.61
93	发酵豆粕,干	湖北省荆州市	2022-7-13	96	51.09	1.86	3.32	7.15	3.85	20.86	7.75	0.71
94	发酵豆粕	益海(泰州)粮油工业有限公司	2022-6-22	97.2	50.92	1.75	4.22	7.49	4.51	6.77	3.59	0.74

续表3-1

序号	饲料名称	采样地或产地	收样日期	干物质 DM	粗蛋白质 CP	粗脂肪 EE	粗纤维 CF	中性洗涤纤维 NDF	酸性洗涤纤维 ADF	粗灰分 Ash	钙 Ca	磷 P
95	发酵豆粕	广西壮族自治区防城港市(美国/巴西)	2022-7-11	95.6	50.71	1.51	6	7.03	3.66	6.77	3.2	0.74
96	发酵豆粕	益海嘉里(武汉)粮油工业有限公司	2021-9-28	96.1	50.37	1.72	5.09	7.23	4.8	7.41	1.33	0.83
97	发酵豆粕,湿	江苏省泰州市	2022-7-13	95.4	47.11	1.83	7.35	18.61	10.22	6.81	6.26	0.67
98	大豆胚芽粉	山东省菏泽市	2022-5-19	96.5	45.35	2.09	9.13	32.75	10.11	5.83	0.19	0.91
99	大豆皮	广西壮族自治区防城港市	2022-7-13	95.2	11.45	3.1	35.33	60.49	42.35	5.17	6.76	1.49
100	大豆皮	江苏海港鑫隆粮油贸易有限公司	2022-1-7	95.3	11.09	2.77	33.92	65.56	46.06	4.57	5.84	1.39
101	大豆皮	湖南省岳阳市	2022-6-8	96.7	10.82	3.62	33.86	57.77	49.81	4.99	4.57	0.47
102	大豆皮	广西壮族自治区北海市(美国大豆)	2022-7-11	95.1	10.76	3.02	37.3	67.7	43.37	5.17	3.22	1
103	大豆皮	辽宁省盘锦市	2022-6-24	97.3	10.4	3.72	32.83	53.88	41.88	5.51	5.38	1.13
104	糖蜜豆皮	益海(泰州)粮油工业有限公司	2022-6-22	96.8	10.2	4.57	24.95	40.35	29.46	4.96	14.45	0.38
105	棉籽粕	新疆维吾尔自治区阿克苏地区阿克苏市西城区老西湖路	2022-7-14	92.5	48.07	1.69	9.72	21.58	10.12	6.92	0.44	1.06
106	棉籽粕	益海(昌吉)粮油工业有限公司	2021-7-26	92	46.05	2.48	9.19	22.27	13.85	6.55	0.26	1.42
107	菜籽粕	湖南省岳阳市	2022-5-19	97.8	35.96	2.19	10.67	34.7	21.98	8.19	0.65	0.99
108	花生仁粕	山东省临沂市	2022-6-22	97.6	46.32	1.28	4.98	16.97	0.62	8.3	0.62	0.49
109	花生仁粕	河南省	2022-5-19	96.8	45.67	2.42	5.76	14.41	5.66	10.56	0.95	0.51
110	葵花仁粕	大连象屿农产有限公司	2021-5-7	91.2	36.23	2.68	15.88	30.34	18.82	5.56	0.26	0.2
111	甜菜粕	产地:澳大利亚	2022-7-11	96.3	9.4	0.87	14.33	46.9	22.64	3.78	0.97	0.16

续表3-1

序号	饲料名称	采样地或产地	收样日期	干物质 DM	粗蛋白质 CP	粗脂肪 EE	粗纤维 CF	中性洗涤纤维 NDF	酸性洗涤纤维 ADF	粗灰分 Ash	钙 Ca	磷 P
112	甜菜粕	内蒙古自治区赤峰市阿鲁科尔沁旗	2022-6-24	97.6	8.69	0.68	15.12	44.01	20.36	3.85	0.94	0.15
113	棕榈粕	广西壮族自治区	2022-6-8	97.3	16.86	7.04	14.51	58.98	32.31	6.44	0.41	0.96
114	鱼粉,进口	山东和美集团有限公司	2021-11-17	91.2	67.44	10.24	—	9.08	2.21	17.13	4.12	2.38
115	鱼粉,超级,蒸汽	产地:秘鲁	2022-6-22	97.5	67.11	7.65	0.74	26.13	—	17.56	17.1	2.02
116	鱼粉,进口	产地:越南	2022-5-19	97.2	65.23	8.24	0.35	27.6	—	18.48	4.2	2.33
117	鱼粉,进口	产地:泰国	2022-7-13	97.1	56.8	6.71	0.76	26.61	—	25.92	3.58	1.94
118	猪肉粉	湖南省长沙市	2022-5-19	97.5	63.09	9	3.57	33.76	2.79	10.51	8.33	4.91
119	鸡肉粉	产地:美国	2022-5-19	96.9	59.96	4.78	10.01	28.66	13.14	16.1	2.19	0.42
120	乳清粉	产地:美国	2022-6-22	96.8	12.78	0.93	0.11	—	—	8.31	0.62	0.7
121	乳清粉	产地:美国	2022-7-13	95.3	11.8	0.81	0.2	—	—	8.47	0.65	0.68
122	磷酸氢钙	云南省昆明市	2022-7-11	95.6	—	—	—	—	—	75.54	27.9	20.15
123	石粉	广西壮族自治区南宁市	2022-7-11	97.3	—	—	—	—	—	98.74	33.38	0

二、饲料绝干样中常规成分及钙磷含量

表 3-2　饲料绝干样中常规成分及钙磷含量　　%

序号	饲料名称	采样地或产地	收样日期	干物质 DM	粗蛋白质 CP	粗脂肪 EE	粗纤维 CF	中性洗涤纤维 NDF	酸性洗涤纤维 ADF	粗灰分 Ash	钙 Ca	磷 P
1	玉米	吉林省	2022-5-19	100	9.43	3.76	2.17	10.74	4.85	1.35	0.04	0.33
2	玉米	产地:美国	2022-7-11	100	9.42	3.84	2.82	11.28	4.21	1.7	0.04	0.29

续表3-2

序号	饲料名称	采样地或产地	收样日期	干物质 DM	粗蛋白质 CP	粗脂肪 EE	粗纤维 CF	中性洗涤纤维 NDF	酸性洗涤纤维 ADF	粗灰分 Ash	钙 Ca	磷 P
3	玉米,转基因	产地:美国	2022-6-22	100	9.05	2.82	1.42	8.4	3.82	0.98	0.05	0.47
4	玉米	吉林省辽源市东丰县	2022-6-24	100	8.63	4.05	2.14	13.06	3.23	1.3	0.03	0.29
5	玉米	东北地区	2022-6-22	100	9.27	3.48	3.26	10.24	3.01	1.26	0.07	0.22
6	玉米	唐人神集团股份有限公司	2022-6-5	100	8.65	—	2.04	21.38	6.16	1.4	0.04	0.28
7	玉米	新疆维吾尔自治区	2022-7-12	100	8.85	4.15	2.56	12.31	4.29	1.1	0.03	0.3
8	玉米	东北地区	2022-6-8	100	8.31	3.91	2.49	10.52	3.69	1.85	0.04	0.31
9	玉米	唐人神集团股份有限公司	2021-12-27	100	8.33	—	2.03	18.29	4.61	1.27	0.04	0.28
10	玉米	吉林省	2022-7-13	100	8.01	2.86	2.15	12.69	4.2	1.61	0.56	0.34
11	玉米	吉林省	2022-7-13	100	8.13	3.1	2.67	8.81	4.83	1.06	0.76	0.29
12	高粱	产地:美国	2022-7-11	100	10.26	5.53	1.84	15.9	8.65	1.41	0.13	0.33
13	大麦	产地:乌克兰	2022-6-8	100	12.26	2.37	3.17	11.51	3.72	2.26	0.05	0.32
14	小麦	浙江省嘉兴市	2022-6-22	100	13.86	1.95	1.52	14.13	3.91	1.47	0.27	0.5
15	小麦	河南省	2022-7-12	100	13.89	1.98	2.06	15.31	3.62	1.84	0.19	0.45
16	小麦,进口	产地:法国	2022-7-11	100	12.5	1.88	1.26	17.03	3.97	1.53	0.22	0.43
17	小麦次粉	郑州当进商贸有限公司	2022-4-23	100	17.65	2.99	2.03	21.58	5.73	1.76	0.1	0.52
18	小麦麸	益海嘉里金龙鱼粮油食品股份有限公司	2022-1-7	100	17.8	4.12	7.75	42.45	13.39	4.76	0.16	0.96
19	小麦面粉	河南省周口市	2022-5-19	100	11.96	2.57		1.77	—	1.28	0.03	0.09
20	稻谷	湖南省岳阳市	2022-6-8	100	7.93	1.8	10.81	26.15	14.93	4.01	0.03	0.38
21	稻谷混合物	国投生物科技投资有限公司	2022-5-27	100	8.99	1.85	7.44	25.2	16.27	4.88	0.02	0.36
22	大米 DDGS	唐人神商贸集团股份有限公司	2021-9-30	100	31.62	6.13	8.44	30.98	23	4.67	12.3	0.21
23	大米 DDGS	山东省日照市岚山区	2021-9-19	100	31.15	5.57	6.73	31.8	22.07	5.13	18.46	0.13
24	大米蛋白粉	湖南省常德市	2022-7-11	100	65.38	10.24	2.93	53.29	1.23	2.15	2.16	0.42
25	碎米	产地:缅甸	2022-7-14	100	11.17	2.37	1.21	4.46	—	1.34	0.06	0.43

续表3-2

序号	饲料名称	采样地或产地	收样日期	干物质 DM	粗蛋白质 CP	粗脂肪 EE	粗纤维 CF	中性洗涤纤维 NDF	酸性洗涤纤维 ADF	粗灰分 Ash	钙 Ca	磷 P
26	碎米，二级	产地：印度	2022-7-11	100	8.73	2.69	2.73	4.33	—	1.32	0.07	0.43
27	糙米混合物	黑龙江省	2022-6-22	100	8.66	1.63	1.3	9.08	10.62	1.68	0.49	0.53
28	糙米小麦混合物	中牧（上海）粮油有限公司	2022-3-11	100	13.7	—	1.83	25.67	6.06	1.41	0.59	0.17
29	糙米玉米混合物	黑龙江省	2022-7-13	100	8.42	2.43	—	8.85	19.9	1.58	3.36	0.35
30	次粉	河南省洛阳市	2022-7-13	100	16.32	2.83	1.69	21.12	10.79	1.98	0.1	0.74
31	次粉	山东省德州市	2022-5-19	100	15.41	2.22	3.33	31.66	4.91	2.29	0.09	0.44
32	标准粉	陕西省	2022-7-12	100	14.37	1.77	2.29	15.03	3.88	1.47	0.21	0.45
33	面粉	五得利集团遂平面粉有限公司	2021-11-2	100	18.97	2.48	0.51	30.12	—	1.21	0.2	0
34	面粉	河南省，河北省	2022-7-13	100	18.1	2.24	0.68	17.54	—	1.7	0.09	0
35	面粉	湖北省武汉市	2022-6-8	100	16	2.53	0.43	21.35	—	0.88	0.03	0
36	面粉，高筋	河南省	2022-7-11	100	14.15	2.64	—	12.51	—	1.44	0.02	0
37	喷浆玉米皮	青岛绿益佳饲料有限公司	2022-4-23	100	20.58	2.56	8.2	43.73	11.69	5.15	0.18	0.51
38	喷浆玉米皮	山东省	2022-7-12	100	19.79	3.12	8.2	46.45	14.7	4.27	0.16	0.48
39	喷浆玉米片	山东福洋生物淀粉有限公司	2022-4-14	100	18	2.73	10.28	40.58	12.51	5.24	0.2	0.49
40	喷浆玉米皮	河南省周口市	2022-6-8	100	17.92	2.88	9.62	44.08	11.77	4.27	0.16	0.46
41	喷浆玉米皮	山东省沂水市	2022-7-14	100	17.88	2.65	9.2	43.33	11.19	4.87	0.18	0.58
42	玉米皮	陕西省	2022-7-12	100	11.34	2.76	12.58	71.34	17.16	0.44	0.07	0.2
43	玉米皮	山东省	2022-7-12	100	10.87	1.87	14.25	68.78	17.46	1.4	0.05	0.49
44	玉米蛋白粉	吉林松原市嘉吉生化有限公司	2022-6-22	100	65.37	5.05	0.66	8.76	4.67	1.55	0.09	0.43
45	玉米蛋白粉	梅花生物科技集团股份有限公司	2022-3-2	100	63.52	6.7	0.71	9.43	4.87	1.27	0.1	0.55
46	玉米蛋白粉	内蒙古自治区通辽市开鲁县	2022-6-24	100	58.88	7.4	0.61	10.01	4.2	1.4	0.08	0.59

续表3-2

序号	饲料名称	采样地或产地	收样日期	干物质 DM	粗蛋白质 CP	粗脂肪 EE	粗纤维 CF	中性洗涤纤维 NDF	酸性洗涤纤维 ADF	粗灰分 Ash	钙 Ca	磷 P
47	玉米蛋白粉	山东省德州市	2022-5-19	100	58.6	5.61	0.55	8.74	4.9	1.24	0.08	0.42
48	玉米蛋白粉	甘肃省	2022-7-12	100	58.16	5.71	0.61	7.85	4.04	1.27	0.08	0.44
49	玉米淀粉渣	潍坊英轩实业有限公司	2022-4-6	100	19.23	16.12	0.23	73.69	21.96	5.35	0.99	0.5
50	玉米淀粉渣	宜兴协联生物化学有限公司	2022-6-22	100	17.55	14.01	0.22	67.17	20.51	5.25	0.98	0.42
51	玉米胚芽粕，喷浆	江苏省宿迁市沭阳县	2022-6-22	100	31.04	5.27		36.43	8.05	8.62	0.1	0.66
52	玉米胚芽粕	山东省	2022-7-12	100	21.91	2.2	7.25	42.49	13.09	6.26	0.06	0.51
53	玉米胚芽粕	吉林省	2022-7-13	100	19.47	2.89	7.91	45.98	13.64	6.44	0.05	0.47
54	玉米胚芽粕	辛集宏润油脂有限公司	2022-6-22	100	18.63	3.13	7.33	45.99	10.31	6.58	0.06	0.58
55	玉米胚芽粕	辽宁省铁岭市	2022-6-24	100	17.83	3.57	8.5	46.79	11.56	4.84	0.05	0.55
56	玉米 DDGS，国产低脂	黑龙江梅河口（东北玉米）	2022-7-11	100	33.12		3.1	30.38	11.67	4.88	0.02	0.75
57	玉米 DDGS，国产高脂	黑龙江省齐齐哈尔市（东北地区玉米）	2022-7-11	100	30.56		6.02	34.74	14.7	5.99	0.03	0.81
58	玉米 DDGS	河南省孟州市	2022-6-22	100	30.49	7.96	6.09	39.27	16.53	7.45	0.03	1.04
59	玉米 DDGS	孟州市同丰饲料有限公司	2022-4-15	100	29.44	8.98	6.69	41.27	10.95	6.3	0.03	1.08
60	玉米 DDGS	黑龙江省双鸭山市宝清县宝清镇	2022-7-14	100	29.16	9.28	5.93	39.79	15.43	5.49	0.03	0.77
61	玉米 DDGS	河北省石家庄市	2022-5-19	100	27.56	6.87	6.98	38.93	16.77	5.19	0.02	0.92
62	玉米 DDGS	吉林省榆树市	2022-6-24	100	27.91	7.47	7.09	40.61	16.08	4.97	0.03	0.89
63	玉米 DDGS	黑龙江省牡丹江市	2022-6-22	100	27.9	9.47	7	41.07	17.73	5.4	0.03	1.03
64	麸皮	河南省汝州市	2022-7-13	100	18.11	3.58	6.57	39.63	13.49	5.54	0.18	0.13
65	麸皮	河南省郑州市	2022-7-14	100	17.93	4.13	6.85	44.94	12.36	5.49	0.21	0.11
66	米糠	湖北省武汉市	2022-3-8	100	15.92	2.44	6.18	22.66	11.02	10.87	0.06	2.49

续表3-2

序号	饲料名称	采样地或产地	收样日期	干物质 DM	粗蛋白质 CP	粗脂肪 EE	粗纤维 CF	中性洗涤纤维 NDF	酸性洗涤纤维 ADF	粗灰分 Ash	钙 Ca	磷 P
67	米糠	湖北省荆州市洪湖市	2022-5-19	100	12.17	7.86	7.18	24.95	13.86	11.8	0.09	2.35
68	米糠粕	洪湖广月饲粮原料	2022-5-18	100	18.63	2.41	4.92	31.14	9.26	9.88	0.62	2.17
69	米糠粕	东莞(安徽)	2022-7-11	100	18.24	2.55	5.51	23.93	8.99	11.35	0.18	1.94
70	米糠粕	辽宁省盘锦市	2022-7-14	100	18.49	3.08	7.56	24.67	9.25	10.49	0.18	1.87
71	米糠粕	湖北省	2022-7-13	100	17.35	2.82	7.96	27.01	7.96	10.84	0.2	2.17
72	米糠粕	天门天成谷物深加工有限公司	2022-5-17	100	16.72	—	—	25.02	9.43	—	0.19	1.9
73	米糠粕	吉林省	2022-7-12	100	16.65	2.36	6.18	25.93	8.8	11.07	0.16	1.95
74	米糠粕	益海嘉里(上海)国际贸易有限公司	2022-5-29	100	16.33		7.77	25.21	10.41	11.81	0.15	1.99
75	木薯 DDGS	江苏省宿迁市	2022-6-22	100	15.4	3.37	19.02	32.14	31.22	14.28	1.15	0.37
76	苜蓿	产地:西班牙	2022-7-13	100	16.57	1.99	23.14	39.43	29.47	10.16	1.37	0.43
77	柠檬酸糟	广州屹龙饲料有限公司	2022-3-15	100	16.45	3.88	5.31	24.87	9.27	9.71	1.44	0.19
78	干啤酒糟	安徽省六安市	2022-5-19	100	21.94	6.7	17.34	45.09	24.21	6	0.35	0.52
79	谷氨酸渣	阜丰营销有限公司	2022-1-7	100	82.77	3.45	—	4.45	0.52	3.86		
80	膨化大豆,转基因	广西壮族自治区钦州市	2022-7-14	100	49.16	3.09	3.46	17.7	7.04	7.56	2.95	0.46
81	膨化大豆	湖南省岳阳市	2022-6-8	100	38.94	15.95	5.06	20.94	19.33	5.45	0.36	0.4
82	膨化大豆	辽宁省营口市	2022-6-24	100	38.13	15.71	5.27	23.26	19.8	4.99	0.38	0.34
83	膨化大豆	益海嘉里(泰州)食品工业有限公司	2022-6-22	100	37.75	16.94	6.49	24.38	19.81	5.23	0.4	0.42
84	大豆粕,去皮	产地:美国	2022-7-11	100	48.99	2.12	5.52	11.03	10	6.68	0.38	0.68
85	大豆粕,去皮	舟山良海粮油有限公司	2022-6-22	100	47.95	1.7	6.78	12.45	9.07	6.96	0.32	0.72
86	大豆粕,去皮	河北省秦皇岛市	2022-6-24	100	47.99	2	6.41	12.51	8.74	6.34	0.31	0.7
87	大豆粕	江苏省南通市	2022-6-8	100	46.89	1.87	6.02	13.54	10.38	6.23	0.32	0.7
88	大豆粕,去皮	四川省	2022-7-12	100	47.23	2.65	6.8	15.29	12.32	7.42	0.59	0.88

续表3-2

序号	饲料名称	采样地或产地	收样日期	干物质 DM	粗蛋白质 CP	粗脂肪 EE	粗纤维 CF	中性洗涤纤维 NDF	酸性洗涤纤维 ADF	粗灰分 Ash	钙 Ca	磷 P
89	大豆粕，带皮	舟山良海粮油有限公司	2022-6-22	100	45.15	2.03	6.46	12.79	9.98	6.64	0.04	0.72
90	大豆粕，带皮	辽宁省营口市	2022-6-24	100	44.9	1.75	5.26	12.69	8.72	6.64	0.31	0.73
91	大豆粕，带皮	进口：巴西	2022-7-13	100	45.45	2.05	6.31	12.23	8.42	6.77	0.03	0.68
92	大豆粕，带皮	益海嘉里（武汉）粮油工业有限公司	2021-5-4	100	45.32	2.25	6.31	15.46	11.02	6.97	0.39	0.63
93	发酵豆粕，干	湖北省荆州市	2022-7-13	100	53.24	1.94	3.46	7.45	4.01	21.73	8.07	0.74
94	发酵豆粕	益海（泰州）粮油工业有限公司	2022-6-22	100	52.4	1.8	4.34	7.71	4.64	6.96	3.7	0.76
95	发酵豆粕	广西壮族自治区防城港市（美国-巴西）	2022-7-11	100	53.07	1.59	6.28	7.35	3.83	7.09	3.35	0.77
96	发酵豆粕	益海嘉里（武汉）粮油工业有限公司	2021-9-28	100	52.44	1.79	5.3	7.53	5	7.71	1.38	0.87
97	发酵豆粕，湿	江苏省泰州市	2022-7-13	100	49.37	1.91	7.71	19.5	10.71	7.13	6.56	0.7
98	大豆胚芽粉	山东省菏泽市	2022-5-19	100	47.02	2.17	9.46	33.95	10.48	6.04	0.19	0.94
99	大豆皮	广西壮族自治区防城港市	2022-7-13	100	12.02	3.25	37.11	63.54	44.48	5.43	7.1	1.57
100	大豆皮	江苏海港鑫隆粮油贸易有限公司	2022-1-7	100	11.64	2.9	35.57	68.76	48.31	4.79	6.12	1.45
101	大豆皮	湖南省岳阳市	2022-6-8	100	11.19	3.74	35.02	59.75	51.53	5.16	4.73	0.49
102	大豆皮	广西壮族自治区北海市（美国大豆）	2022-7-11	100	11.32	3.18	39.23	71.21	45.61	5.44	3.39	1.05
103	大豆皮	辽宁省盘锦市	2022-6-24	100	10.7	3.83	33.76	55.4	43.06	5.66	5.53	1.16
104	糖蜜豆皮	益海（泰州）粮油工业有限公司	2022-6-22	100	10.54	4.72	25.77	41.68	30.43	5.12	14.93	0.4
105	棉籽粕	新疆维吾尔自治区阿克苏地区阿克苏市西城区老西湖路	2022-7-14	100	51.95	1.83	10.5	23.31	10.94	7.47	0.48	1.15

续表3-2

序号	饲料名称	采样地或产地	收样日期	干物质 DM	粗蛋白质 CP	粗脂肪 EE	粗纤维 CF	中性洗涤纤维 NDF	酸性洗涤纤维 ADF	粗灰分 Ash	钙 Ca	磷 P
106	棉粕	益海(昌吉)粮油工业有限公司	2021-7-26	100	50.05	2.7	9.98	24.2	15.05	7.12	0.28	1.54
107	菜籽粕	湖南省岳阳市	2022-5-19	100	36.77	2.24	10.91	35.48	22.48	8.38	0.66	1.01
108	花生仁粕	山东省临沂市	2022-6-22	100	47.46	1.32	5.1	17.39	0.63	8.51	0.63	0.51
109	花生仁粕	河南省	2022-5-19	100	47.2	2.5	5.96	14.9	5.85	10.91	0.98	0.53
110	葵花仁粕	大连象屿农产有限公司	2021-5-7	100	39.72	2.94	17.41	33.26	20.64	6.1	0.29	0.22
111	甜菜粕	产地:澳大利亚	2022-7-11	100	9.76	0.9	14.88	48.68	23.5	3.93	1.01	0.17
112	甜菜粕	内蒙古自治区赤峰市阿鲁科尔沁旗	2022-6-24	100	8.91	0.7	15.49	45.09	20.85	3.94	0.96	0.16
113	棕榈粕	广西壮族自治区	2022-6-8	100	17.34	7.24	14.92	60.65	33.22	6.62	0.42	0.99
114	鱼粉,进口	山东和美集团有限公司	2021-11-17	100	73.95	11.23	—	9.96	2.42	18.78	4.52	2.61
115	鱼粉,超级,蒸汽	产地:秘鲁	2022-6-22	100	68.85	7.85	0.76	26.81	—	18.02	17.54	2.08
116	鱼粉,进口	产地:越南	2022-5-19	100	67.08	8.47	0.36	28.38	—	19	4.32	2.4
117	猪肉粉	湖南省长沙市	2022-5-19	100	64.69	9.23	3.66	34.61	2.86	10.78	8.54	5.04
118	鸡肉粉	产地:美国	2022-5-19	100	61.87	4.94	10.33	29.57	13.55	16.62	2.26	0.43
119	乳清粉	产地:美国	2022-6-22	100	13.2	0.96	0.11	—	—	8.58	0.64	0.72
120	乳清粉	产地:美国	2022-7-13	100	12.39	0.85	0.21	—	—	8.89	0.68	0.72
121	磷酸氢钙	云南省昆明市	2022-7-11	100	—	—	—	—	—	78.99	29.18	21.07
122	石粉	广西壮族自治区南宁市	2022-7-11	100	—	—	—	—	—	101.44	34.29	0